海技士4N標準テキスト

独立行政法人 海技教育機構 編著

海文堂

はじめに

　本書は四級海技士（航海）を目指す人のための学習参考書です。練習船での実践カリキュラムを基に，航海士になるための基礎を勉強したい方および四級海技士国家試験の勉強をしたい方に最適となるように，航海，運用，法規，英語を1冊にまとめました。

　理解を助けるために図をできる限り多用し，その一部はカラーとしました。また，編集にはLaTeXという組版ソフトを使用したため，数値や数式が読みやすくなっていると思量します。

　船舶やその運用に係るさまざまな技術や基準は，関連法規も含め日々進歩しています。各執筆者は初級航海士に必要な基本的事項を押さえつつ，できるだけ最新の情報を盛り込むよう努めましたが，本書に記載の内容も今後変わっていくことが予想されます。また，海技に係る学問の内容は幅広く，本書に収めることができなかった部分も多数あります。さらに詳しい内容や新たな情報を希望される方は末尾に掲載した参考文献や関連ホームページを参考に学習されることをお勧めします。

　国家試験対策としても使えるよう，航海，運用，法規の各部の最後に，過去10年間の筆記試験問題を調査し，出題された問題のなかから典型的な問題と解答例を掲載しました。また，巻末には四級海技士（航海）国家試験の試験科目および細目を掲載しました。知識の整理や理解の確認・復習に利用してください。ただし，実際に受験される場合は，過去数年間分の問題が掲載されている問題集などを併用し，出題の傾向なども参考にしながら学習してください。

　同じ語句でひらがな表記と漢字表記が混在している場合があります。たとえば，「びょう泊」と「錨泊」です。法律の条文や海技試験問題では使われている用語のままとし，それ以外の文章では一般的に多く使われている表現や読みやすい表現を採用しました。また，radar, recorderなどの日本語表記には語尾に長音符「ー」を付け，レーダー，レコーダーなどとしました。

　本書では，諸先輩方や海外の船長たちが執筆された名著や，インターネット上の良質なページを参考にさせていただきました。筆者のみなさまに敬意を表するものです。

2016年9月
編集者識

執筆者　航海　竹井義晴
　　　　運用　熊田公信
　　　　法規　大藤高広
　　　　英語　竹井義晴
監修, 編集　　　竹井義晴

目次

はじめに i

第 I 部　航海

第 1 章　航海当直 3
 1.1　航海当直の基準 3
 1.2　職務と責任 4
 1.3　当直の実施 5
  1.3.1　看視 5
  1.3.2　情報連絡 9
 1.4　航海当直体制と船橋共同作業 10
  1.4.1　船橋における航海当直体制 10
  1.4.2　船橋共同作業 11

第 2 章　航海計画 15
 2.1　航海情報の収集 15
  2.1.1　航路選定 15
  2.1.2　沿岸航路 16
  2.1.3　大洋航路 21
  2.1.4　航海計画の評価 21
 2.2　航海計画の作成 22
  2.2.1　航海計画の検討 22
  2.2.2　航海計画表の作成 23

第 3 章　地文航法 25
 3.1　水路図誌 25
  3.1.1　海図 25
  3.1.2　電子海図 32
  3.1.3　水路書誌 33
 3.2　航路標識 34
  3.2.1　光波標識 35
  3.2.2　電波標識 41

           3.2.3　その他の航路標識 42
   3.3　航法計算 43
           3.3.1　用語 43
           3.3.2　距等圏航法 45
           3.3.3　平均中分緯度航法 46
           3.3.4　漸長緯度航法 48
   3.4　船位の測定 49
           3.4.1　船位の測定 50
           3.4.2　風潮流の影響 54
           3.4.3　ランニングフィックス 55
           3.4.4　避険線 57
   3.5　海流と潮汐 58
           3.5.1　海流 58
           3.5.2　潮汐と潮流 60

第4章　天文航法 67
   4.1　用語 67
   4.2　時 69
           4.2.1　平時と視時 69
           4.2.2　太陽の正中時刻 73
   4.3　天体の出没 74
           4.3.1　日出没時 74
           4.3.2　天体方位角の算出 75
   4.4　緯度の測定 78
           4.4.1　太陽子午線高度緯度法 78
           4.4.2　北極星緯度法 80
           4.4.3　高度測定と測高度改正 81

第5章　電子航法 85
   5.1　レーダー 85
           5.1.1　レーダー波 86
           5.1.2　レーダーの性能 87
           5.1.3　距離および方位の測定 89
           5.1.4　方位基準と運動指示方式 90
           5.1.5　レーダー映像 91
           5.1.6　レーダープロッティング 98
   5.2　ARPA 99
   5.3　GPS 102
   5.4　AIS 104

第6章　航海計器 107
6.1　舶用磁気コンパス 107
6.1.1　液体式磁気コンパスの構造 108
6.1.2　磁気コンパスの誤差 109
6.1.3　自差測定法 112
6.2　六分儀 113
6.3　ジャイロコンパス 114
6.3.1　ジャイロスコープとその性質 115
6.3.2　ジャイロコンパス 116
6.4　GPS コンパス 117
6.5　方位測定具 118
6.5.1　方位環 118
6.5.2　方位鏡 119
6.6　電磁ログ 121
6.7　ドップラーソナー 122
6.8　音響測深機 124
6.9　ECDIS 126
6.9.1　基本機能 126
6.9.2　表示項目 127
6.9.3　航路計画と航行監視 128
6.10　VDR 129
6.11　クロノメーター 130
6.12　操舵制御装置 131

第7章　演習問題と解答 133
7.1　航海計器 133
7.2　潮汐及び海流 139
7.3　地文航法 140
7.4　天文航法 145
7.5　電子航法 147

第II部　運用

第1章　船体の構造および設備 163
1.1　船体要目 163
1.1.1　主要寸法 163
1.1.2　トン数 164
1.2　船体構造 166
1.2.1　船型 166

		1.2.2 船体に働く力と構造 166
		1.2.3 水密構造 173
		1.2.4 防火構造 174
	1.3	主要設備 176
		1.3.1 甲板機械 176
		1.3.2 救命設備 186
		1.3.3 消防設備 192

第2章 検査と整備 195
 2.1 検査工事 195
  2.1.1 船体検査 195
  2.1.2 出渠と工事 195
 2.2 船体整備 202
  2.2.1 発錆と塗装 202

第3章 船体重量と復原性 207
 3.1 船体重量と排水量 207
  3.1.1 船体重量 207
  3.1.2 排水量 209
 3.2 復原力 211
  3.2.1 横方向の復原力 211
  3.2.2 横傾斜 214
  3.2.3 縦方向の復原力 214
  3.2.4 縦傾斜 215

第4章 気象および観測 217
 4.1 気象現象 217
  4.1.1 気温，気圧，露点温度 218
  4.1.2 上昇気流 220
  4.1.3 高気圧と低気圧 221
  4.1.4 風 224
  4.1.5 雲と霧 226
  4.1.6 熱帯低気圧および台風 229
 4.2 日本近海の天気 231
  4.2.1 気圧配置 231
  4.2.2 温帯低気圧 233
  4.2.3 熱帯低気圧および台風 233
  4.2.4 気象図 234
 4.3 気象海象観測 238

第 5 章 操船 ... 241
- 5.1 操船の基本 ... 241
  - 5.1.1 旋回 ... 241
  - 5.1.2 抵抗と推進 ... 244
  - 5.1.3 操船に及ぼす外力の影響 ... 247
- 5.2 特殊操船 ... 248
  - 5.2.1 制限水域における操船 ... 248
  - 5.2.2 荒天時における操船 ... 249
- 5.3 入出港操船 ... 254
  - 5.3.1 岸壁の係留および離岸 ... 254
  - 5.3.2 離着岸操船 ... 256
  - 5.3.3 錨泊 ... 261

第 6 章 荷役装置および属具 ... 265
- 6.1 荷役装置 ... 265
- 6.2 ロープ ... 266
  - 6.2.1 ロープの種類 ... 266
  - 6.2.2 ロープの強度 ... 267
- 6.3 ブロックおよびテークル ... 269
  - 6.3.1 ブロック ... 269
  - 6.3.2 テークル ... 269

第 7 章 非常措置 ... 273
- 7.1 海難の防止 ... 273
  - 7.1.1 海難の種類と原因 ... 273
  - 7.1.2 海難発生時の措置 ... 275
- 7.2 救助活動 ... 283
  - 7.2.1 海中転落者 ... 283
  - 7.2.2 捜索および救助 ... 284
  - 7.2.3 洋上曳航 ... 289

第 8 章 海上無線通信 ... 291
- 8.1 無線局 ... 291
- 8.2 GMDSS ... 293
- 8.3 通信 ... 294
  - 8.3.1 遭難・緊急・安全通信 ... 294
  - 8.3.2 一般通信 ... 295

第 9 章 演習問題と解答 ... 297
- 9.1 船舶の構造, 設備, 検査 ... 297

	9.2 復原性および安定性 300
	9.3 気象, 海象 302
	9.4 操船 306
	9.5 貨物取扱い 310

第Ⅲ部　法規

第 1 章　海上衝突予防法 329
1.1　海上衝突予防法と海上交通三法 329
1.2　法の概要 329
1.2.1　目的と適用 329
1.3　衝突予防の原則 331
1.3.1　航法の履行 332
1.3.2　衝突予防の基本 332
1.4　航法規定 334
1.4.1　あらゆる視界の状態における船舶の航法 335
1.4.2　互いに他の船舶の視野の内にある船舶の航法 341
1.4.3　視界制限状態における船舶の航法 345
1.5　灯火および形象物 346
1.5.1　自船の情報の表示 346
1.5.2　各種船舶の灯火および形象物 349
1.6　音響信号および発光信号 357
1.6.1　定義 357
1.6.2　音響信号設備 357
1.6.3　各種信号 358

第 2 章　海上交通安全法 363
2.1　法の概要 363
2.1.1　目的および適用 363
2.1.2　航路略図 365
2.2　衝突予防の原則 376
2.3　交通方法 376
2.3.1　航路における一般的航法 376
2.3.2　航路毎の航法 385
2.3.3　特殊な船舶の航路における交通方法の特則 399
2.3.4　航路以外の海域における航法 401
2.3.5　灯火など 402
2.3.6　船舶の安全航行を援助させるための措置 403

- 第3章 港則法 ... 405
  - 3.1 法の概要 ... 405
    - 3.1.1 目的と適用 ... 405
  - 3.2 衝突予防の原則 ... 407
    - 3.2.1 衝突予防の基本 ... 407
  - 3.3 交通方法など ... 408
    - 3.3.1 一般的な航法規定 ... 408
    - 3.3.2 航路 ... 410
    - 3.3.3 航法 ... 411
    - 3.3.4 危険物 ... 420
    - 3.3.5 水路の保全 ... 420
    - 3.3.6 灯火等 ... 421
    - 3.3.7 雑則 ... 421

- 第4章 海上交通三法と適法措置 ... 423
  - 4.1 適法の要領 ... 423
    - 4.1.1 追越しの場合 ... 423
    - 4.1.2 行会いの場合 ... 424
    - 4.1.3 横切りの場合 ... 425
    - 4.1.4 保持船のみによる衝突回避動作による場合 ... 427
    - 4.1.5 視界制限状態における場合 ... 428
    - 4.1.6 運航上の危険および衝突の危険に対する注意義務による場合 ... 429
    - 4.1.7 切迫した危険のある特殊な状況 ... 429
    - 4.1.8 船員の常務として必要とされる注意義務 ... 429
    - 4.1.9 航路航行船に対する場合 ... 430

- 第5章 海事法規 ... 433
  - 5.1 船員法 ... 433
    - 5.1.1 船員法 ... 433
    - 5.1.2 船員労働安全衛生規則 ... 441
  - 5.2 船舶職員及び小型船舶操縦者, 海難審判法 ... 448
    - 5.2.1 船舶職員及び小型船舶操縦者法 ... 448
    - 5.2.2 海難審判法 ... 449
  - 5.3 船舶法 ... 450
  - 5.4 船舶安全法 ... 452
    - 5.4.1 船舶安全法 ... 452
    - 5.4.2 危険物船舶運送及び貯蔵規則 ... 458
    - 5.4.3 国際条約証書にかかる省令 ... 459
    - 5.4.4 船舶の技術基準などを定める省令 ... 459

5.5	海洋汚染等及び海上災害の防止に関する法律	463
5.6	検疫法	471
5.7	国際公法	473
	5.7.1 海上における人命の安全のための国際条約（SOLAS 条約）	473
	5.7.2 船員の訓練及び資格証明並びに当直の基準に関する国際条約（STCW 条約）	473
	5.7.3 船舶による汚染の防止のための国際条約（MARPOL 条約）	474

第 6 章　演習問題と解答 ... 475

6.1	海上衝突予防法	475
6.2	海上交通安全法	481
6.3	港則法	484
6.4	その他海事法規	488

第 IV 部　英語

第 1 章　海事英語 ... 509

1.1	用語	509
1.2	通話	512
	1.2.1 通話相手の特定	512
	1.2.2 航行に関する通話例	513
	1.2.3 通話手順	514

第 V 部　その他

第 1 章　資料 ... 517

1.1	航海当直基準	517
1.2	国際信号旗およびモールス符号	521

第 2 章　海技試験 ... 523

参考文献　529

索引　531

第Ⅰ部

航　海

第1章

航海当直

1.1 航海当直の基準

　海上を航行する船舶は，その船体のみならず旅客や乗組員といった尊い人命および高価な積荷を積載しており，その安全を守ることは大切である。ひとたび海難を起こせば，貴い生命はもとより莫大な金額にのぼる船舶や積荷が失われる。とくに油が流出すれば，海難に係る船舶の当事国のみだけではなく，沿岸諸国との間で国際的問題に発展することもありうるなど，損害は計り知れない。

　海難事故の原因の一つに船舶職員の能力があることから，1984年，船舶職員の訓練・資格証明・当直についての国際的な最低基準を定めたSTCW条約[*1]が発効され，1995年および2010年に包括的な見直しが行われた（第III部5.7.2節参照）。

　わが国では，船舶職員及び小型船舶操縦者法により，船舶の安全運航を図るための航海当直体制を維持するため，航海当直を担当する職員の資格要求，および船舶の大きさおよび推進出力，航行区域などに応じて船舶の職員の最小員数が定められている。また，STCW条約に準拠した航海当直基準[*2]を定め，航海中および停泊中の当直を実施するときに遵守すべき基本原則を次のとおり定めている（第V部1.1.1節参照）。

　　　I　　総則
　　　II　　航行中の当直基準
　　　　　1　甲板部における当直基準
　　　　　2　機関部における当直基準
　　　　　3　無線部における当直基準
　　　III　　停泊中の当直基準

　船会社では，条約に準拠した航海当直基準が定められる以前から，航海当直を行う上で遵守しなければならない必要な事項を社内規則で定めており，甲板部では一般に**船長命令簿**[*3]に，基本・規範を定めた**スタンディングルール**が記載されている。

[*1] International Convention on Standards of Training, Certification and Watchkeeping for Seafarers, 1978, 1978年の船員の訓練及び資格証明並びに当直の基準に関する国際条約
[*2] 船員法施行規則関係告示：平成8年12月24日 運輸省告示第704号
[*3] 船長命令簿は夜間当直時に指示されることが多いので**夜間命令簿**とも呼ばれる。また，同命令簿には，船長から当直航海士への特別な指示事項（航行に関する指示，気象海象への対処指示など）が記載される。

スタンディングルール（例）
（1）当直航海士は船長または責任ある航海士に引き継いだ後でなければ船橋を離れてはならない。
（2）当直航海士は常時船舶の航行に関して注意を払い，状況の許す限り船位を確認しなければならない。
（3）当直航海士は自ら厳重な見張りを続けると共に，見張り員に対しても所定の場所における厳重な見張りを励行させなければならない。双眼鏡は見張りに際して，昼夜の別なく使用しなければならない。陸岸に接近して航行するとき，もしくは視界の悪いときは，特別の注意をもって油断することなく当直に当たらなければならない。
（4）当直航海士は当直部員を監督し，船長および水先案内人の命令が正確に実行されるように注意しなければならない。
（5）当直航海士は変針などを行った場合，ジャイロコンパスおよびマグネティックコンパスによるコースを互いに比較し，両コンパスによる新たな針路を掲示板に表示すると共に，それらを船長に報告しなければならない。マグネティックコンパスによって保針する場合，自差を無視してはならない。適宜，ジャイロコンパスの誤差を測定しなければならない。
（6）当直航海士は緊急の事態に際し，船長の命令を待つ余裕のないときは，法の定めるところに従って信号を発したり，針路を変更したり，機関を停止または反転するなど必要な措置をとると共に，直ちに船長に報告しなければならない。
（7）当直航海士はつねに操舵について注意を払い，操舵員が交代するときは，針路が正確に引き継がれているかどうか確認しなければならない。
（8）当直航海士は灯火が規定どおりに表示されているかどうか自ら確認すると共に，少なくとも半時間毎に見張り員に灯火の状況を報告させなければならない。とくに接近する船舶がある場合，灯火の表示に注意しなければならない。
（9）当直航海士は，当直交代時に，針路，速力，船位その他必要な事項および船長命令を申し継がなければならない。当直を終わった航海士は，船内の状況，とくに火災に注意を払って船内を巡視しなければならない。船内巡視後は，必要な事項を航海日誌に記入しなければならない。

1.2 職務と責任

　船長の職務は航海の目的およびその環境に応じて，船舶，乗組員，旅客，積荷などに関する通常の安全管理から緊急の事態の措置に至るまで，必要なあらゆる船務遂行に当たることである。そのため，船長の職務遂行および権限の行使に関係する法律は公法上および私法上にわたる広範囲なものとなっている（船舶法，船員法，船舶職員及び小型船舶操縦者法，船舶安全法，商法，海洋汚染等及び海上災害の防止に関する法律，海上衝突予防法，関税法など）。船長はそれぞれの船舶の目的を達成するため，中断することなく継続して職務遂行に当たらなければならない。例として，船員法に定める船長の職務および権限を表1.1に示す。内容については，第Ⅲ部5.1.1.3節を参照されたい。
　一方，航海士の職務についての船員法上の具体的規定はないが，航海士は船長や上長の補佐として，また，船長を代行する者として，定められた時間帯において，船舶の安全な運航とその運航の目的に沿った職務を行わなければならない。したがって，当直航海士はその職務，とくに安全な運航についての職務を行う際は，関係法令や船舶の運航上の慣行を熟知し，航海設備および安全設備に精通していなければならない。

表 1.1　船長の職務および権限（船員法）

指揮命令権	第 7 条	非常配置表及び操練	第 14 条の 3
発航前の検査	第 8 条	航海の安全の確保	第 14 条の 4
航海の成就	第 9 条	水葬	第 15 条
甲板上の指揮	第 10 条	遺留品の処置	第 16 条
在船義務	第 11 条	在外国民の送還	第 17 条
船舶に危険がある場合における処置	第 12 条	書類の備置	第 18 条
船舶が衝突した場合における処置	第 13 条	航行に関する報告	第 19 条
遭難船舶等の救助	第 14 条	船長の職務の代行	第 20 条
異常気象等	第 14 条の 2		

1.3　当直の実施

当直には航海当直と停泊当直があるが，ここでは航海当直を主体に述べる。航海当直基準（第 V 部 1.1.1 節）も参照されたい。

当直を引き継ぐべき航海士は当直中の寒さなどに耐えられる服装とし，かつ，当直者としての身だしなみを整え入直する。また，立直中に必要な用具（双眼鏡やサングラスなど）を準備し，用便を済ませ，夜間における人間の目の暗順応に要する時間も考慮して，交代 15 分前までに登橋[*4]することが望ましい。

前直航海士からの引継ぎに先立って，当直中に航行する海域の海図で予定される険礁，変針点，灯台などを把握し，天気図により現況を理解し，今後を予想する。船長命令簿に目を通し，指示された事項を確認の上，署名する。前直当直航海士から現状に関する引継ぎを受け，その内容を確認する。

1.3.1　看視

1.3.1.1　見張り

昼夜，航泊中を問わず，見張りは船舶の安全運航にとって極めて重要である。見張りは

- 他の船舶との衝突のおそれの判断
- 船舶の輻輳状況の把握
- 他の船舶が置かれている状況の把握
- 陸上の物標や灯台など航路標識，障害物の発見
- 気象海象（とくに視界の状態）の把握
- 遭難船などの発見など

を目的とし，そのときの状況に適した**すべての手段**（視覚，聴覚，視界制限状態にあっては嗅覚も有効である）を用いて行う。

見張りは間断なく実施されることが重要であり，見張りの中断は最小限に留めなければならない。船位測定などのために海図室に入る場合，その前に自ら周囲の状況を確認し，また，入室中は他の見張り員にその旨を告げるなど，適切な見張りの維持に努めなければならない。

[*4] 登橋：航海船橋に行くこと。

(1) 目視による見張り

　自船の光が外に漏れないように注意する。これらの光は他船が自船の航海灯を視認するのを妨げるだけでなく，自船での見張りの妨げになる。また，目の暗順応を妨げないように海図室の照明はできるだけ暗くし，海図作業はできる限り短時間とするように心がける。

　一般的に使用される双眼鏡の視野は約 7°[*5] で，肉眼の視野 200° に対して視野が非常に狭いことに注意しなければならない。

　船舶を発見したならば，**方位および方位変化**と**距離および距離変化**（レーダーの併用）を測定する。

(2) レーダーによる見張り

　衝突のおそれを早期に知るための長距離レンジによる走査や探知した物件について，レーダープロッティングや ARPA による系統的な観察を行うなど，レーダーを適切に利用することが必要である。レーダーによる見張りを行っている場合にあっても，通常の視覚，聴覚などによる見張りを怠ってはならない。

　レーダーの観測には技量のある者（レーダー級海上特殊無線技士）がこれに当たる。自船の速力，視程，船舶の輻輳度などを考慮して使用レンジを決定し，適当な間隔を置いてレンジを切り換え，自船の周囲や遠方の状況を監視する。探知しようとする目標の種類，距離など監視の目的を考慮した上，外部環境の変化に合わせてゲイン，海面反射除去，雨雪妨害除去などを調整し，つねに最良の状態で運用する。

　他船などの動向は連続したレーダープロッティングによる情報などを参考にして判断する。レーダー情報によって衝突のおそれの有無を判断するためには，一般に次の要件を満たしている必要がある。

- レーダーが適切に調整されていること。
- 船舶などの同一性が確認できること。
- 映像として表示されていない船舶などが周囲に存在しないことが判断できること。
- 船舶などの位置が一定以上の精度で表示されていること。
- 船舶などが連続して表示されていること。

(3) AIS

　AIS（船舶自動識別装置）は他船の情報（識別符号，船名，位置，針路，速力，目的地など）や航路標識の情報をレーダー画面に表示することができ，他船の意図を推察したり VHF での交信に有効である。また，肉眼やレーダーでは探知できない島影などにいる船舶の存在を事前に察知することもできる。ただし，誤った情報を発信している可能性もあるため，AIS 情報のみによって衝突のおそれを判断してはならない。

1.3.1.2　計器の作動確認

　a．操舵装置：自動操舵装置は正常に作動しているか，各種調整は現在の気象海象に適切かなどを確認する。手動操舵中は操舵員が指示された針路を適切に維持しているかを確認する。適

[*5] 7×50, 7.3° の双眼鏡を使うことが多い。この双眼鏡の仕様は倍率 7 倍，対物レンズ径 50 mm，視野 7.3° である。

宜，自動・手動を切り替えて正常に作動するかを確認する。
- b．**コンパス針路とジャイロ針路の比較**：スタンダードコンパスとジャイロコンパスの示度を変針の都度比較し，ジャイロコンパスの故障に備える。また，示度を記録し，自差を求める。
- c．**ジャイロコンパスとレピーターコンパスの同期**：レピーターコンパスの示度がジャイロコンパスのそれと一致しているかを確認する。
- d．**航海灯などの点灯確認**：夜間においては，航海灯が規定どおりに点灯しているか，信号灯が正常に作動するかを確認する。
- e．**各航海計器の作動確認**：各航海計器が適切に作動しているか確認する。

1.3.1.3　観測
- a．**船位測定と測深**：航行状態に合った適切な方法により船位を測定する。測定間隔は陸岸からの距離，自船の速力，潮流の影響などを勘案して適切な間隔とする。

    一般に，沿岸航海では地物による船位測定を 15 分毎に行い，航路からの偏位を確認する。錨地，港口，険礁付近や狭水道にあっては，連続して船位を測定すると共に，航行海域の水深と自船の喫水により余裕水深の少ないとき，および暗礁など危険物に接近するときには連続して測深する。海図の使用に当たっては，必要とする目標がすべて入っている最大尺度の海図を使用し，海図の境界では航路の連続性が明確になるよう，次の海図に前海図の最後の船位を正確に転記する。
- b．**針路と速力**：自船の針路・速力ばかりでなく，他船の相対針路・速力を随時測定し，その変化により衝突のおそれを検知する。とくに，船舶の輻輳する海域では ARPA を有効に活用する。
- c．**コンパス誤差の測定**：重視目標，交差方位法または天体方位などにより適宜ジャイロコンパスの誤差を検出する。また，ジャイロコンパスと磁気コンパスの示度を比較することによって磁気コンパスの自差を適宜算出し，記録する。
- d．**気象海象観測**：気象海象は定時に観測を行い，その変化に注意すると共に，随時，目視観測を併せて行う。目視観測は観測機器の作動確認にもなることに留意する。視認している船舶や物標と自船との距離をレーダーで測定することにより，視程を正確に把握できる場合がある。

1.3.1.4　保針・変針・避航
- a．**保針**：船長から指示された針路を保持する。手動操舵中は操舵員の保針を確認し，自動操舵中は操舵コンパスやコースレコーダーの記録で確認する。沿岸航行中において，船位測定により予定針路からの偏位が検出された場合，それを修正する。大きな偏位が検出された場合は，直ちに船長に報告し，指示を受ける。
- b．**変針**：変針に際し，他船との間に新たな衝突のおそれが生じないか，他船の航行を妨げないか確認する。沿岸航行中，変針点に差し掛かったならば，新針路距離を考慮して，適当な舵角により変針する。また，荒天状況においては，変針によってより激しく動揺する場合があることに注意する。
- c．**避航**：衝突のおそれが生じた場合，自船または他船の避航動作によって衝突を回避する。避航に際しては，可能な限り AIS 情報を元に国際 VHF 無線電話により当該他船とコンタクト

を取り，当該他船の意図の確認に努める。避航動作は通常は操舵によるが，必要なときには機関の使用を躊躇してはならない。海上衝突予防法を基本とし，特定の水域および港域を航行する場合には，海上交通安全法，港則法などに従った航法および信号による。

d．**IMO 標準操舵号令**：IMO[*6] 勧告の標準操舵号令は舵角指示を原則としているので，号令の意味が明確である。操舵者は発令された操舵号令を復唱し，操船者は操舵者の報告と操舵を確認して応答しなければならない。また，針路をつねに3桁で指示する。たとえば，針路を8度にしたい場合は，「針路008度」と指示する（表1.2，表1.3）。

表1.2　舵角指示の号令

操舵号令	意味
Midships.	舵を船首尾線方向（中央）に保て。
Port five.	舵を左5°にとって保て。
Hard-a-port.	舵を左一杯にとって保て。
Starboard ten.	舵を右10°にとって保て。
Hard-a-starboard.	舵を右一杯にとって保て。
Ease to fifteen.	舵を15°まで減じて保て。
Steady.	できる限り早く振れ回りを減じよ。
Steady as she goes.	発令時に示されたコンパス示度の方向に針路を安定させよ。
Nothing to Starboard.	船の右方向への振れ回りを止め，船首を右に振るな。

表1.3　操舵号令の例

作業者	操舵号令	備考
航海士	Port twenty.	
操舵者	Port twenty.	復唱し，指定舵角をとる。
操舵者	Port twenty, sir. 040, sir... 020, sir...	指定舵角となったら復唱し，その後，回頭中の針路を一定間隔で読み上げる。
航海士	Midships.	
操舵者	Midships.	復唱し，舵中央とする。
操舵者	Midships, sir. 000, sir.	舵中央となったら復唱し，そのときの針路を読み上げる。
航海士	Steady.	
操舵者	Steady.	復唱し，当舵をとる。
操舵者	Steady, sir.	回頭が止まったら復唱する。
航海士	Steady as she goes.	
操舵者	Steady as she goes 325.	発令時の針路を読み上げる。
操舵者	Steady on 325, sir.	その針路に落ち着いたときに復唱する。

[*6] IMO：International Maritime Organization，国際海事機関

1.3.2 情報連絡

(1) 引継ぎ

当直終了 15 分前までに諸データを整理し，交代 5 分前までに次直航海士に以下を引き継ぐ。

- 針路（チャーティッドコース，ジャイロコンパスコース，マグネティックコンパスコース）
- 速力および航程（交代時の予想積算ログ示度，4 時間の対水航走距離，最後 1 時間の予想対水速力，4 時間の対地航走距離，最後 1 時間の予想対地速力）
- 船位・偏位傾向（コースラインから左右の偏位量と次の変針点までの距離）
- 周囲の状況（他船の動静，レーダー情報など）
- 気象海象（視界の状態など，顕著な海流や潮流）
- 船長の命令事項
- その他（航行警報，各機器・灯火の状態，船内の状況など）

(2) 船長への報告事項

次の場合，船長に報告する。その他，不安や疑念を抱いたときには直ちに報告し，船長の指示や応援を求めなければならない。

- 視界が制限されたときおよび視界が制限されることが予測されるとき。
- 主機関，操舵装置，重要航海計器など，運航に支障のある機器が故障を生じたとき。
- 船内外に異常が発生したとき。
- 他の船舶の交通状況または動向が，自船の予定針路および速力の維持に影響を及ぼすことが予測されるとき。
- 予定の陸岸もしくは航路標識を視認できないとき，予期しない陸岸もしくは航路標識が視認されたとき。
- 荒天中，波浪により損害を被るおそれのあるとき。
- 遭難船や異常な漂流物を発見したとき，また，遭難信号を傍受したとき。
- 変針点や指示されている地点に接近したとき，著名物標を航過したとき。
- 大きな偏位を観測したとき。
- ジャイロコンパスの誤差，磁気コンパスの自差を測定したとき。
- 信号の発受があったとき。
- ハッチの開放など保安上重要な作業を行うとき。
- その他，気象海象に関することなど，運航上重要な情報を得たとき。

(3) 信号の発信と接受

- 通常の運航に係る信号（海上衝突予防法，港則法，海上交通安全法に定められた信号）
- 遭難信号
- 国際信号書による信号
- 国際 VHF による信号

(4) 航海日誌などの記入

航海日誌（航海日誌，無線業務日誌）は当直中の事象について記入要領に従って記入する。各日誌は運航に関する貴重な記録として残ると共に，公式な記録となるので，間違いのないよう記入する必要がある。誤記をした場合には，その部分を二重線で削除し，訂正文を記入する。

スタンバイブックは主機の使用，パイロットの乗下船などを記録するためのもので，主として出入港時，仮泊・抜錨時に記載する。航海日誌記入のための資料となり，海難事故の際には重要な証拠となるので正確に記入する。

1.4 航海当直体制と船橋共同作業

衝突事故の8～9割がヒューマンエラーに起因し，衝突に至るまでの個々のヒューマンエラーが複数連鎖することによって事故が発生するといわれており，船舶を安全に運航するためには「人間は誤りを犯すものである」という前提に立ち，「誤りの連鎖を断ち切る」安全対策が必要である。

このような考えから，個々の海技者の能力を高めるだけではなく，船橋における海技者の集団（ブリッジチーム）としての能力を高めることを目的として生まれたのが BRM[*7] である。

1.4.1 船橋における航海当直体制

船舶が出発地から目的地へ航海する間には，港内，沿岸，狭水道など，さまざまな海域を航行し，また，気象海象や船舶輻輳状況などに遭遇することにより**航海環境**が著しく変化する。変化する航海環境に応じて，航海当直に従事する海技者の数など当直体制を変更し，より安全性を高めることが必要とされる。

1.4.1.1 航海環境に応じた当直体制

図 1.1 に安全運航の成立条件を示す。横軸はある航海環境において安全運航を達成するために求められる能力を示し，縦軸は海技者が発揮できる能力を示す。

45°の傾きを持つ直線は海技者の能力と要求される能力の値が同一である状態を示しており，海技者が航海環境が要求する能力を最低限達成し，安全運航が辛うじて実現されていることを意味する。この直線より上の領域（白い部分）は，航海環境が要求する能力を上回る能力を当直体制が発揮

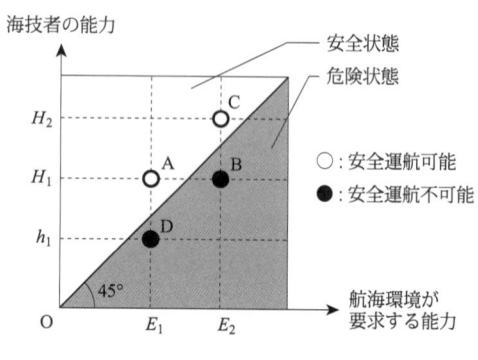

図 1.1 安全運航の成立条件

できており，安全な運航が達成されている状態である。一方，直線より下の領域（灰色の部分）は要求される能力を当直体制が実現できない危険な運航状態で，海難が起こりやすい状況といえる。

たとえば，H_1 の能力を持つ海技者は航海環境 E_1 では A となり，安全に運航することが可能だが，より高度な能力が求められる環境 E_2 では B となり，安全運航は不可能になる。この環境にあっ

[*7] BRM：Bridge Resource Management

ては，船長はより高い能力 H_2 を持つ海技者を配置しなければならない（C）。また，同じ能力を持つ海技者であっても，疲労などによってその能力が低下（$H_1 \rightarrow h_1$）すると D となり，同じ環境であっても安全運航は不可能になる。

さらに，航海士単独では安全運航が困難な航海環境（狭水道や視界制限状態など）においては，複数の航海士による運航に移行しなければならない。船長は航海環境におけるブリッジチームの編成をあらかじめ定めておく必要がある（表 1.4）。

表 1.4 航海環境とブリッジチーム例

航行環境	船長	パイロット	航海士	操舵手	その他
出入港	1	1	1	1	外部からの応援
輻輳海域	1	0	1	1	
狭水道	1	0	1	1	
荒天時	1	0	1	1	
狭視界時	1	0	2	1	見張りとして1名増員
航路	1	0	2	1	
沿岸・大洋	0	0	1	1	

1.4.2 船橋共同作業

ブリッジチームが組織され船橋共同作業が行われる場合，海技者が分担された作業を遂行するのみでなく，チーム全体の活動能力を高め，安全運航を達成することが求められる。このチームにおいて，「船舶の安全運航を達成するために，船橋において利用可能なあらゆる資源を有効に活用する」という管理機能が BRM である。

1.4.2.1 船橋共同作業に必要な要素

船橋共同作業に必要な要素はブリッジチーム構成および作業分担，情報交換および協調動作であり，これらが統合化される必要がある（図 1.2）。狭水道航行（表 1.4 参照）を例として，これらの要素を考えてみる。

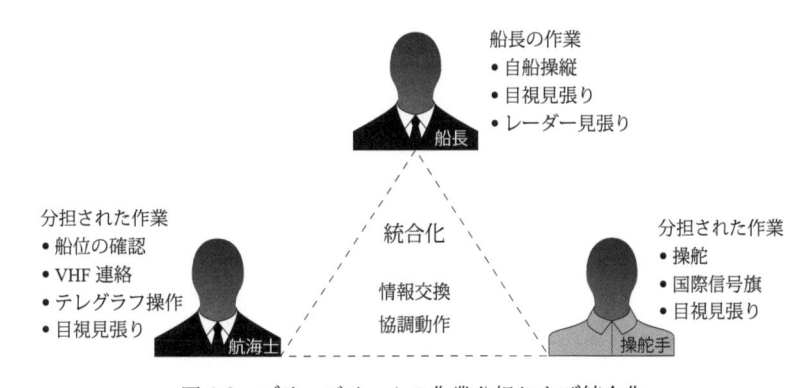

図 1.2 ブリッジチームの作業分担および統合化

a．作業分担：ブリッジチームは船長・航海士・操舵手で構成され，作業分担は，その時の状況に応じ船長が決めるとともに，明確に指示する．以下に作業分担例を示す．航海士及び操舵手は，割り当てられた作業を遂行しているとき以外は，見張り業務に従事する．
　　ⅰ．船長：自ら目視やレーダーにより他船や障害物との距離を確認しつつ，航海士に操船上必要な操作を指示し，関連する情報の報告を参考にしながら自船を操縦する．
　　ⅱ．航海士：船位の確認，VTS[*8] や他船との VHF 連絡，テレグラフ操作および船内各所への連絡を分担する．
　　ⅲ．操舵手：船長の命令に従って操舵し，舵効きの状態などを報告する．
b．情報交換：個々の海技者に分担された作業に関する情報を相互に伝達し，共有化するための要素である．単に指示とその結果の報告を行うだけでなく，各海技者が同一の目的意識を持ち，関連する情報を共有することが求められる．たとえば，船長から伝えられる操船意図や，航海士から船長に報告される他船の動向，VTS からの指示事項，自船の船位などの情報をチームの全員が理解し共有していることが，良好なコミュニケーションを維持している状態といえる．
c．協調動作：チームとしての活動が円滑に行われるためには，メンバー相互の協調動作が不可欠である．協調動作は作業の連携，作業の相互監視，作業の補足に細分化される．たとえば，次のような例がある．
　　ⅰ．作業の連携：船長が減速を指示した際に，航海士は後続の船舶との距離を報告する．
　　ⅱ．作業の相互監視：船長の命令どおりにテレグラフが操作されたか，他の者が確認する．また，船長の命令などに疑義がある場合は，航海士，操舵者は躊躇なく船長に確認する．
　　ⅲ．作業の補足：航海士が VHF で連絡している間，他の者が船位を確認する．

1.4.2.2　船橋共同作業の実施
（1）ブリーフィング

　航海開始前，船長はブリーフィングを行い，関係者と情報を共有しておくことが，円滑な共同作業を行う上で有効である．ブリーフィングでは主に次の内容を確認する．

- 計画航路の目的と概要
- 出入港操船計画
- 航海環境の周知
- 喫水と余裕水深
- 気象海象
- 他船の交通状況
- 通過点および目的地の ETA
- 航海中の作業など

　航海環境の周知については，船長は計画した航路上において想定される航海環境に関する情報を収集・分析し，必要な当直体制を決めると共に，航行に関する留意点をまとめ，航海計画表や航海計画図（図 1.3）を用いて周知しなければならない．

[*8] VTS：Vessel Traffic Service．日本では海上交通センター

航海計画図　General Concept of Navigation

平成○年○月○日　練習船青雲丸

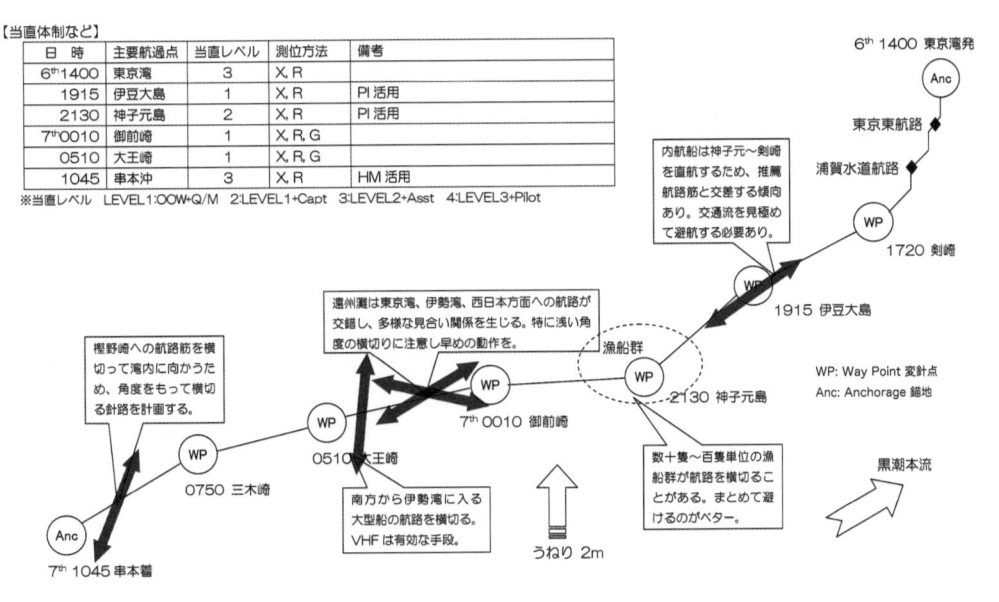

図 1.3　航海計画図

(2) 操船計画

狭水道などにおける操船計画について，操船意図を共有するために，海図へ記入すべき主な事項を示す（図 1.4）。

- a．ノーゴーエリア（No-go areas）：自船が航行できないすべての海域を強調マークおよび斜線などにより示し，その範囲から安全余裕を確保した範囲にコースラインを記入する。
- b．避険線，避険方位：可視物標の方位など，操船中に利用できる危険回避法を記入する。避険線には"NMT（No more than）042"（042°以上に見てはいけない）などと方位の制限を記入する。
- c．転舵開始地点（W/O：Wheel over point）：変針後に次のコースラインに正確に乗せるため，転舵開始地点を記入する。
- d．船首目標，船尾目標，重視目標：精度の高い操船が要求される場合には，あらかじめ操船目標を決めて針路を設定し，これらの目標を明示する。

(3) パイロットの乗船

パイロットを含むブリッジチームによる船橋共同作業を行うこととなる。船長はパイロットと情報を交換することによって，船橋共同作業を円滑かつ正確に進める必要がある。

また，パイロットが操船指揮を執っている場合においても，本船の安全に対する責任は船長にあることから，当直航海士から船長への報告は通常どおり行われなければならない。

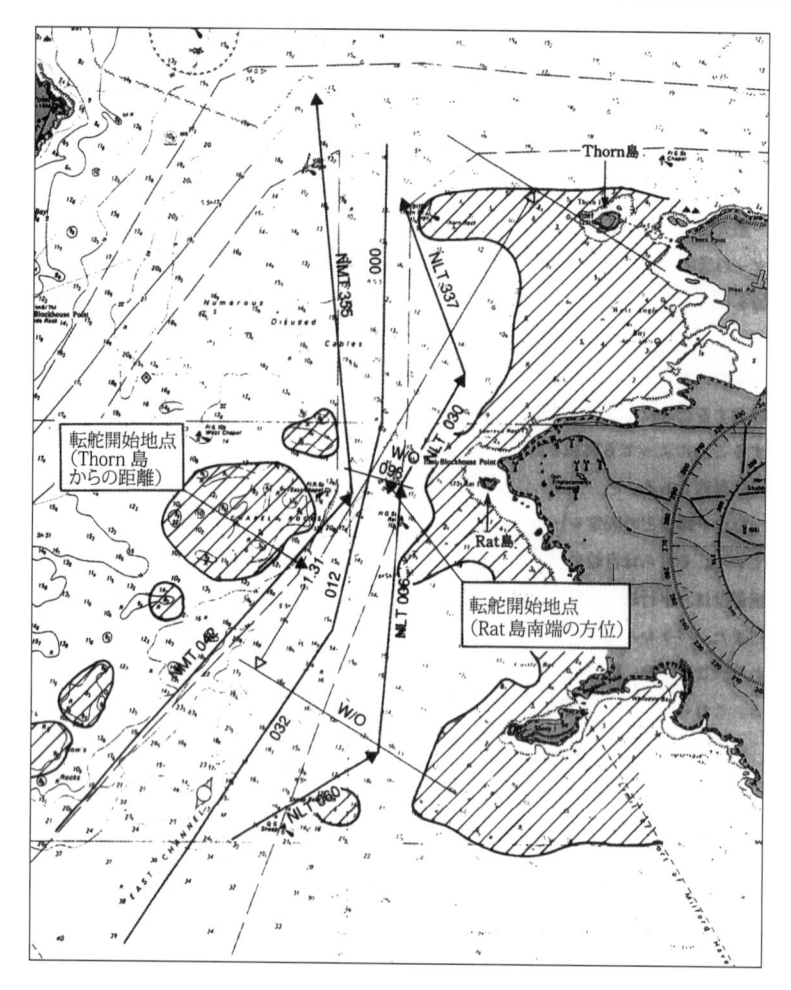

図1.4 通狭計画（参考文献 [7] より）

表1.5 船長とパイロットの情報交換

船長 → パイロット	船長 ← パイロット
本船の仕様（パイロットカード）	操船計画
本船の操縦性能	推定速力とETA
アンカーの状態	タグおよびVTSなどの陸上支援
主機関の種類および制御方法	想定される緊急事態など
利用できる乗組員など	

（4）デブリーフィング

航海終了後，関係者によるデブリーフィングを行い，航海および操船の計画と実績について検討し，参考とすべき点や問題のあった点などについて整理しておく．検討結果をデータとして残すことにより，以後の航海計画および操船計画の立案，船橋共同作業の実施のための有効な参考資料とすることができる．

第 2 章

航海計画

　航海計画の目的は事前に計画した航路について，船舶が計画に沿って航行しているかどうかの監視手順を確立することにある。また，航海計画は水先人を含むブリッジチーム全員が航海に必要な情報を共有する手段でもあり，一連の手順と個人のエラーを防ぐ機能を持つ。

　航海を実施する場合，準備（航海情報の収集，航海計画の作成）と実行（航海の実行と監視業務）に分けられる。

　　a．航海情報の収集：予想される航海に関連するすべての情報の収集，およびそれに基づく分析・評価
　　b．航海計画の作成：岸壁（仕出港）から岸壁（仕向港）までのすべての海域を含む航海の計画
　　c．航海の実行：計画の実行
　　d．航海の監視：計画の実行段階における船舶の航行状況の監視

2.1　航海情報の収集

　予想される航海に関連するすべての情報を収集し，それに基づき航海計画を分析および評価する。

2.1.1　航路選定

　航路の選定には，以下を考慮する。

　　a．航海の目的および条件：航海の目的および条件の設定を明確にする。
　　b．水路図誌と情報収集：最新の水路図誌（航海用海図，水路誌，航路誌，パイロットチャート，水路通報，航行警報など），気候図，天気図などを利用して情報を収集する。各国の海上保安庁や気象庁のインターネットを積極的に利用するとよい。
　　c．自船の要目，能力および資格：トン数，全長，幅，喫水および UKC[*1]，船体構造物の水線上高さ（エアドラフト[*2]），速力，航続距離，操縦性能，復原性，船齢，資格（航行区域），積荷などを把握する（図 2.1）。

[*1] UKC：Under Keel Clearance，船底と海底との距離。十分な UKC がないと船底接触の危険がある。
[*2] 航行海域にある橋や電線の高さと自船のエアドラフトにより，航行の可否や安全性を検討する。

d．航路と航程：仕出港および仕向港の位置関係および距離や航海の目的や条件を考慮し，航路を決定する。基本的に，沿岸航海にあっては距等圏・航程の線による航路を，大洋航海にあっては距等圏・航程の線・大圏を組み合わせて航路とする。大圏航路において最高緯度がかなり高度になる場合には厳しい気象条件が予想され，復原性の悪い船や船齢の古い船における高緯度航行は危険である。集成大圏航路[*3]として最高緯度を抑える必要がある。水路誌や近海航路誌には長年蓄積されたデータに基づく推薦航路が紹介されている。自船の性能や積荷，航海の長短といった固有の条件を考慮し，航路を決定する。また，ウエザールーティングにより最適航路を求めることもできる。
e．航路標識：航路標識の有無，密度を考慮し，離岸距離などを決める。
f．気象海象：気象（季節風，暴風，霧（視界），天候，気温など）および海象（海流，潮汐・潮流，波浪など）を調査する。海流など，利用できるものは積極的に利用する。
g．法規や規則：海上衝突予防法，VTSの利用，位置通報義務などを遵守する。
h．水路図誌の精度：未精測海域や長らく測量がなされていない海域への接近は避けるべきである。
i．乗組員の技量と経験：乗組員の技量を考慮し，離岸距離や航路を決定する。
j．交通の難所，狭水道の通過：交通の難所や輻輳海域はなるべく昼間の航行とし，狭水道にあっては潮流の弱いときに通過するよう調整する。
k．避難港の有無：船体の故障，急病人，避泊などのため，避難できる港を選定しておく。
l．紛争地域，海賊：危険海域に入らないように航路を選定する。

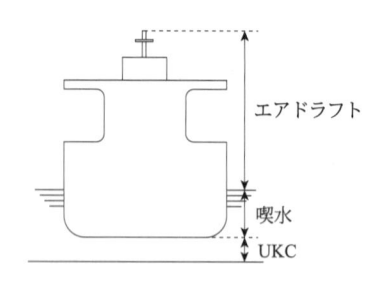

図 2.1　UKC とエアドラフト

2.1.2　沿岸航路

　沿岸航路では，沿岸国の主権の及ぶ海域を通航することになる。国連海洋法条約で無害通航権が認められており，外国船舶は領海内を通航できるが，当該船舶は沿岸国が国際法に従って制定した領海における無害通航に係る当該法令を遵守しなければならない。また，航海に関する事項を十分に調査・検討し，最適な沿岸航路を決定する。ここでは，本邦における沿岸航路を例に説明する。

[*3] 大圏航路と他の航路との組み合わせを集成大圏航路という。大圏航路において制限緯度を設定し，出発地からその緯度までを大圏航路，その緯度間を距等圏航路，その緯度から目的地までを再び大圏航路とする。途中，群島などがあれば，その間は航程の線航路とし，その後，再び大圏航路とする。たとえば，横浜・シアトル間航路を集成大圏航路とする場合，アリューシャン列島の南側49°Nを制限緯度とし，日本から170°Wまでを大圏航海，170°W～130°Wを距等圏，その地点からシアトル沖までを航程の線航路とする。

2.1.2.1 離岸距離

昼夜，視界の状況，当直者の技量および経験を考慮し，離岸距離を決定しなければならない。次の事項を考慮し決定する。内航船はその船舶の大きさにもよるが離岸距離を 3 nm 未満としているものが多い。これらの船舶の速力は 10～12 kn 程度であるため，高速のフェリーやコンテナ船などは，離岸距離を大きくとり，沿岸の内航船と行き会わないような航路を設定することが多い。

a．船舶の大小，操縦性能：喫水，水線上高さ，船速，舵効き，惰力などを勘案する。
b．航路の長短：離岸距離を大きくとることにより距離が大きく伸びる場合を除き，沖合いの航路を航行する。
c．航路・針路法：海図や水路誌を参考に，航路や針路を決定する（図 2.2，図 2.3）。
d．気象海象：視界が悪い場合には，通常よりも沖合いの航路を採用する。また，海流や潮流を利用できる場合はそれを利用して，経済運航に努める。
e．海図の信頼性：測量が精密でない場合は，離岸距離を大きくとる。オホーツク海の資料は乏しく，カムチャツカのオホーツク海側の測量は完全ではない。また，航路標識が十分に整備されていない海域もある。
f．交通の難所：航路標識の整備状況にもよるが，できる限り昼間に航行する。
g．航海士の技量：航海士の技量が低い場合には，離岸距離を大きくとり，主要地点の通過が昼間になるように調整する。

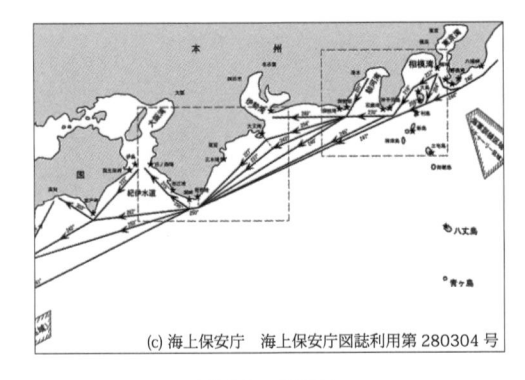

図 2.2　針路法

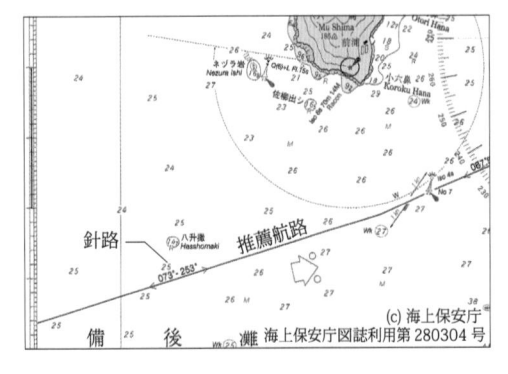

図 2.3　推薦航路

2.1.2.2　気象

水路誌や近海航路誌には，長年の気象データから求めた各地の平均的な気象と各海域の特徴的な気象現象が記載されている。これにその年の気象の傾向を加味して航路を検討する。

アジア季節風帯に属する日本付近の風は，アジア大陸の高・低気圧の消長と北太平洋の高気圧の動向に左右される。

冬季，アジア大陸では高気圧が発達し，北太平洋の高気圧は東方へ退く。夏季には，アジア大陸は低圧部になり，北太平洋高気圧は本州の近くにその勢力を拡大する。春・秋はその交代期に当たり，やや複雑である。

(1) 気圧配置

日本およびその周辺海域では，季節ごとに次のような気圧配置がある。それぞれの特徴を理解した上で，航路や避難港を検討する必要がある。気圧配置の詳細は第Ⅱ部第4章4.2節を参考にされたい。

- 冬型気圧配置（西高東低型，二つ玉低気圧）
- 春先にかけての気圧配置（日本海低気圧型，南岸低気圧型）
- 初夏の気圧配置（梅雨前線型）
- 夏の高気圧（南高北低型）
- 秋にかけての気圧配置（秋雨前線型，台風型）

(2) 霧

北海道南東岸や三陸沿岸では，夏季に海霧が発生する。これは北太平洋高気圧から吹き出す比較的温暖で湿潤な空気が，寒冷な親潮に冷却されて生じる**移流霧**である。4～10月には100日以上霧が発生し，津軽海峡では6，7月に最も多い。

大阪湾，備讃瀬戸から燧灘，安芸灘および伊予灘などの海域では，年間霧発生日数が20日以上を記録する。霧は4～6月に多い。瀬戸内海の霧は**前線霧**と**放射霧**である。

可能であれば，霧の発生する海域を避ける航路とする。三陸沖のように広い海面であれば，内航船や漁船が接航する沿岸を避け，沖合いの航路を選定する。

2.1.2.3 海象

(1) 海流

航路を設定する際，順流の場合はそれに乗るように，逆流の場合はその本流から外れるように航路を設定すると，所要時間や燃料消費を抑えながら効率的な航海ができる。とくに，本州南岸を航行する場合は，黒潮流域を十分に意識し，航路を決定する必要がある。

日本近海の主な海流として，暖流である黒潮，対馬暖流（対馬海流），寒流である親潮（千島海流），リマン海流がある（図2.4）。海上保安庁海洋情報部が毎日発表する海洋速報（図2.5）で，その流れを確認することができる。各海流の特徴については，3.5.1節を参照されたい。

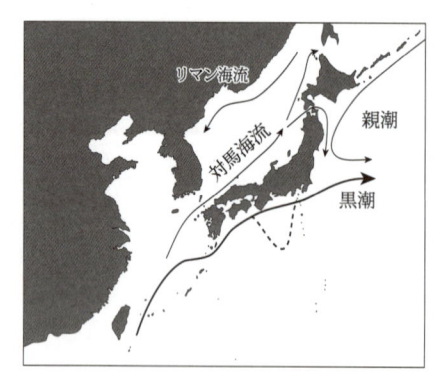

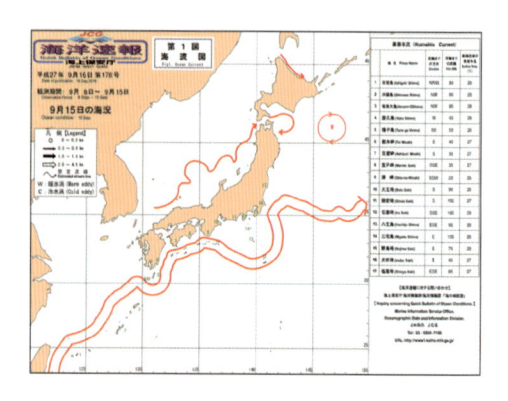

図2.4　日本近海の海流　　　　図2.5　海洋速報（参考文献[27]より）

(2) 潮汐および潮流

潮汐および潮流にかかる情報収集は極めて重要である。ここでは日本周辺の傾向について述べる。詳しくは，3.5.2 節を参照されたい。

日本海沿岸や大村湾などでは潮差が小さく，日本海沿岸では 0.2〜0.5 m 程度である。一方，日本の太平洋側周辺は潮差が大きく，北海道から東京湾にかけて最大 1.5 m 程度，四国から九州東岸にかけて最大 2 m 程度，九州西岸で最大 3.5 m 程度あり，とくに潮差が大きいのは有明海・八代海で最大 5.5 m 程度に達する[*4]。

有明海や瀬戸内海は内湾であるが，水深が浅いため，外海の干満に引きずられて内湾の海水が出入りし，外海よりも潮差が大きくなる。瀬戸内海西部（備讃瀬戸以西）では，潮差は最大 3 m 程度あるが日潮不等は小さい。一方，瀬戸内海東部では，潮差は最大 2 m 程度であるが日潮不等は大きい（表 2.1）。日本で日潮不等の大きい場所は日本海沿岸，明石海峡などで，毎月 2〜4 日程度の割合で 1 日 1 回潮（干満が 1 日に 1 回だけ起こる）が発生する。日潮不等の小さい場所は九州西岸および北岸，瀬戸内海西部などで，1 日 1 回潮となることはない。

表 2.1 年間最大潮差（単位：m）

地域	港	潮差						
北海道	小樽	0.49	函館	0.98	釧路	1.48		
本州東岸	釜石	1.81	小名浜	1.79				
本州北西岸	秋田	0.35	新潟	0.38	舞鶴	0.32		
本州南岸，四国南岸	東京	2.45	名古屋	3.05	高知	2.51		
大阪湾，瀬戸内海	神戸	2.26	高松	2.95	広島	4.47	下関	3.24
九州	博多	2.66	三池	5.86	鹿児島	3.65	細島	2.53
奄美・沖縄	名瀬	2.71	沖縄	2.70				

水路誌より

日本で潮流の強い海峡は，鳴門海峡，瀬戸内海の来島海峡，音戸瀬戸，関門海峡の早鞆瀬戸，明石海峡，大村湾の針尾の瀬戸，八代海入口の黒瀬戸，有明海入口の早崎瀬戸などがある。来島海峡や関門海峡は流速が著しく速く，かつ非常に狭いため，可能な限り，転流もしくは潮流が弱い時期の通峡が良い。一般に順潮よりも逆潮のほうが舵効きが良くなるために通峡に適している（表 2.2）。

表 2.2 年間最大流速（単位：kn）

地域	水道	流速		
北海道・本州	津軽海峡	7.0		
東京湾	浦賀水道	1.9		
伊勢湾	伊良湖水道	2.6		
大阪湾	友ヶ島水道	3.4	明石海峡	7.5
瀬戸内海	備讃瀬戸	3.4	来島海峡	10.1
四国	鳴門海峡	10.4	豊後水道（速吸瀬戸）	6.0
九州	関門海峡（早鞆瀬戸）	9.9		

2016 年潮汐表より

[*4] 外国では，地中海やメキシコ湾などは潮差が小さく，カナダ東岸ファンディ湾（最大 15 m 程度），イギリス西岸ブリストル湾（最大 13 m 程度），韓国西岸仁川（最大 10 m 程度，朝鮮半島西側は遠浅のため潮差が大きい）では潮差が大きい。

(3) 海氷

海氷には，港や沿岸で海水が凍結しその場で成長する**定着氷**（沿岸結氷）と，発生場所から風や海潮流によって運ばれる**流氷**とがある。

- a. **定着氷**：12〜3月，北海道東側（釧路港から宗谷海峡）に発生する。
- b. **流氷**：1月中下旬，サハリン東岸で結氷したものが流氷として北海道北岸に到達する。2月中旬〜3月中旬，流氷の南下勢力が最大になる。一部の流氷は太平洋や日本海に流れ，太平洋に出たものは親潮によって北海道南岸に運ばれる。4月下旬〜5月上旬には流氷は見られなくなる。

2.1.2.4 海上警報

気象庁は日本近海の船舶向けに低気圧などに関する情報と共に，強風・濃霧・着氷などの海上警報，天気や風向・風速，波の高さなどの海上予報を発表している（表 2.3）。

表 2.3　海上警報（参考文献 [33] より）

海上警報	説明
海上台風警報	台風による風が最大風速 64 kn 以上（風力階級 12 相当）
海上暴風警報	最大風速 48 kn 以上（風力階級 10 以上相当）
海上強風警報	最大風速 34 kn 以上 48 kn 未満（風力階級 8 または 9 相当）
海上風警報	最大風速 28 kn 以上 34 kn 未満（風力階級 7 相当）
海上濃霧警報	視程 0.3 nm 以下（瀬戸内海は 0.5 nm 以下）

2.1.2.5 法規

基本的に海上衝突予防法が適用され，東京湾・伊勢湾・大阪湾および瀬戸内海の一部では海上交通安全法が，各港にあっては港則法が適用される。詳しくは，第 III 部 法規を参照されたい。

2.1.2.6 港湾事情調査

港湾事情の調査には次の書類などを利用する。

- a. **港湾調査**：国内港であれば，海上保安庁発行の水路誌や『日本の港湾』（公益社団法人日本港湾協会）を利用する。外国の港に寄港する場合には，Guide to Port Entry，BA 版水路誌，DMA 版水路誌を利用する。また，最新の情報として代理店情報，港のホームページなどを利用する。過去に寄港したことのある港であれば，その航海資料も利用する。
- b. **港内の物理現象**：潮汐表，天測暦を利用する。
- c. **港則法**：水路誌，法令集，代理店情報などを活用する。

2.1.2.7 その他

- a. **避難港および避泊地**：航路の途中に自船が入港可能な避難港や荒天避泊に適した錨地を選定する。避難港では，その設備や援助，官庁などを事前に調査しておく。避泊地では，どの風向に適しているか，水深，底質，漁具・漁網などの有無，泊地の広さの他，普段の錨泊船の状況を確認しておく。荒天時には，避難する小型船が多く，大型船が仮泊する余地がない場合が

あるので，複数の避泊地を用意し，海図等も備えておく．
b．フェリーなどの定期航路：フェリーや RORO 船は関東～北海道南東岸，関東～九州，関西～九州，瀬戸内海，丹後～北海道などの航路で運航されている．各社のホームページで，出入港日時や航路を確認しておく．とくに，瀬戸内海では，四国，本州および島を結ぶフェリーなどの航路が縦横に設定されている．
c．演習区域：日本の近海では，在日米軍，防衛省および海上保安庁の各種訓練が実施されている．実施時期やその内容については，航行警報，水路通報およびラジオ放送および共同通信社の FAX ニュースで通報されるので，これを確認しておく．日本沿海には大小さまざまな演習区域が設定されており，そのなかでも野島崎南方のチャーリー区域，九州東岸のリマ区域，九州西岸のゴルフ区域およびフォクストロット区域は常時危険区域となっているので，これらを避けて航路を設定しなければならない（参考文献 [24]）．
d．その他：西ノ島など，火山活動が活発な海域に近づいてはいけない．十分に距離をとって航行しなければならない．

2.1.3 大洋航路

大洋航路を選定するに当たっては，とくに気象海象の影響が大きいため，それについての十分な検討が必要である．検討に当たっては，パイロットチャートや大洋航路誌を参考にする．

a．パイロットチャート：海域および月別の風・海流・波浪・等温線・台風の経路などの気象海象情報や主要港間の大圏航路などが記載されている．風については緯度および経度の 5° 内の実績データを基にした風配図が示されており，風向・風速の月毎の傾向がわかりやすく示されている．
b．大洋航路誌：海域別に気象，海象，航海上の注意事項，推薦航路が記されている．推薦航路はそれぞれの海域における長年の平均的な気象海象条件に基づき標準的な動力船に対して推奨する航路である．平均的な条件であれば，時間と燃料の節約，そして船体の損傷や消耗を防ぐことができる．また，不測の事態が生じた際に，同じ航路上の他船から支援を受けることができる．しかし，この推薦航路はあくまで標準的な動力船が平均的な気象海象条件のもとで航海するときの航路であり，実際には自船の条件を考慮しなければならない．また，近年は地球温暖化，エルニーニョ現象などにより，気象海象が著しく異なることがあり，これらについても最新の情報を入手し検討しなければならない．
c．航法：航海の目的や各種条件により，航程の線と大圏航法を使い分ける．

2.1.4 航海計画の評価

すべての関係情報が集められた後，航海士の意見を参考にして，船長は予定される航海を総合的に評価する．船長は安全航海が可能となるよう，次の事項を考慮しなければならない．評価後においても，評価時と異なる情報を得た場合には，再評価しなければならない．

- 本船の復原性，機器類の運転制限の有無，港内や水路における許容喫水（エアドラフト，UKC，運転制限を含む操縦データ）

- 積載貨物（とくに危険品）の特殊性，積付け，固縛状態
- 当該航海を成就するための技量を持つ乗組員の配乗
- 船舶，設備機器，乗組員，旅客，または貨物に関する証書や書類の更新の状態
- 海域に適した縮尺の海図，最新の状態の海図，ならびに関係する水路通報，無線航行警報
- 最新の水路誌，灯台表，航海無線設備リスト
- 適用される海洋環境保護規制への配慮

表 2.4 航海計画の評価に利用する情報

分類	取得	備考
航路	近海航路誌，大洋航路誌，パイロットチャート	
書誌	水路誌，灯台表，潮汐表，天測暦，水路通報，無線航行警報	
港	水路誌，Guide to Port Entry	
海図	航海用海図，大圏図	
無線	無線航行援助施設関連書籍	
気象海象	天気図，海流図，パイロットチャート，その他データ	インターネットの利用
経験	船社や代理店の情報，船長・航海士の知見	

2.2　航海計画の作成

2.2.1　航海計画の検討

詳細な航海計画を作成するには，以下の項目を検討および考慮し，航海計画表を作成し，開示する。

- 各変針点および変針点間の距離
- 各航程における安全な速力（予定航路付近に存在する航海に支障のある危険物，自船の操縦性能，船体沈下と回頭時の傾斜影響を含む水深と自船の喫水との関係などを考慮）
- 航海計画上の重要地点における予定到着時刻
- 海洋汚染防止に係る海域（MARPOL Special Area など）
- 各国規定（海洋保護区など）や，水深または危険物により本船の入出が制限されている海域
- VTS，先導船の要否，強制水先などの各地の規定
- 船舶交通の輻輳状態，フェリー航路の横断の有無
- 船長，有資格者，または水先人の常時昇橋を要求されている海域
- 機関用意が必要となる海域
- 目視航海中，変針点近くで使用できる顕著な物標
- 夜間航行や潮汐による制限に伴う，速力調整の必要性
- 水深の制限される海域における，UKC 確保に必要とされる最低余裕水深
- 橋や電線の高さとエアドラフト
- 本船の操縦性能や速力，周囲の海潮流を考慮した転舵点と変針点
- 測位方法（第 1 手段，第 2 手段，測位精度が重要となる海域）と間隔の確認
- 航路上の予想気象，海潮流，風，うねり，および視界

- 水先人要請，入出港タグボート，VTS などとの通信に使用する VHF の周波数
- 水先人乗下船地点（パイロットステーション）
- バラスト水の張替えなど，航行海域にて求められる運航要件
- 緊急対応計画（航海計画の放棄が必要となるような緊急時における，安全な待機海域，緊急着桟や避難港，安全錨地などを検討）

2.2.2　航海計画表の作成

図 2.6 に航海計画表作成例を示す。表で使われている記号は次のとおりである。

- W.P. No.：起点・終点および各変針点の番号。
- E.T.P.（L.T.）：変針点の通過予想時刻（地方時）。遠洋航海であれば，世界時との差の欄を設ける。
- Way Point, Landmarks, buoys, etc.：変針目標（航路標識など）の名称。
- Way Point, Lt., Lg.：変針点の緯度・経度。
- Way Point, B'g, Dist.：変針点の方位・距離（Port side：変針目標を左舷に見る）。
- Co., Dist., Speed：変針点間の針路，距離，速力。
- Distance, From, To：航程の積算，および残航。
- Position fixing, Method, freq（min）：位置の測定方法（XB：クロス方位法，RD：レーダー，GPS：衛星航法，AO：天測），および測定間隔（分）。
- Manning Level（Watch Level）：船橋当直体制（1：航海士のみ，2：船長＋航海士，3：航海士＋補佐，4：船長＋航海士＋パイロット）。
- Expected U.K.C.：予想 UKC（enough：十分にある）。
- Chart：使用する海図の番号。
- Master's Instructions, Remarks, evaluation：船長の指示や備考（S/B＋15 min：出入港 S/B として 15^m を加える。One Main Engine：片舷運転。Sailing Drill＋3 h：帆走訓練で 3^h を加える）。

- Bridge Notebook -

Voyage Number : 4
From: Tokyo Bay To: Tsuna
2016/8/4

W.P. No.	E.T.P. (L.T.)	Way Point Landmarks, buoys etc.	Lt, Lg.	B'g	Dist	Co.	Dist.	Speed	Distance From	Distance To	Position fixing Method	Position fixing freq(min)	Manning Level	Expected U.K.C.	Chart	Master's Instructions Remarks / evaluation
1	14th Jan 1600	東京湾 Tokyo Wan	-	-	-	-	-	-	0	356				9m		S/B +15min
2	1800	浦賀水道航路中央第6号灯浮標 Uraga Suido Koro Center No.6 L't B'y	35-19.8N 139-42.6E	Port side		Var.	19	11.0	19	337	XB/RD	5	3	enough	W1061 W1062	
3	1845	浦賀水道航路中央第1号灯浮標 Uraga Suido Koro Center No.1 L't B'y	35-12.7N 139-46.4E	Port side		Var.	8	11.0	27	329	XB/RD	5	2	enough	W90	
4	1925	剱崎灯台 Tsurugi Saki L't	35-06.4N 139-43.7E	310	3.3	199	7	11.0	34	322	XB/RD	15	1	enough		
5	2145	伊豆大島灯台 Izu O Shima L't	34-51N 139-17.4E	135	5.8	237	26	11.0	60	296	XB/RD	15	1	enough		
6	15th Jan 0005	神子元島灯台1 Mikomoto Shima L't	34-30N 138-59.6E	330	5.0	214	26	11.0	86	270	XB/RD	15	1	enough	W80 W1078	
7	0020	神子元島灯台2 Mikomoto Shima L't	34-28.7N 138-56.6E	000	5.8	242	3	11.0	89	267	XB/RD	15	1	enough		
8	0330	御前崎灯台 Omae Saki L't	34-28.7N 138-13.6E	000	7.2	270	35	11.0	124	232	XB/RD	15	1	enough	W70	One Main Engine
9	1145	大王埼灯台 Daio Saki L't Ho	34-05.9N 136-58.6E	340	11.4	250	66	8.0	190	166	XB/RD	15	1	enough	W93	Sailing Drill +3h Two Main Engines
10	2325	樫野埼灯台 Kashino Saki L't	33-23N 135-54E	340	5.6	232	69	8.0	259	97	XB/RD	15	1	enough		
11	16th Jan 0010	潮岬灯台 Shiono Misaki L't	33-20.3N 135-45.2E	000	6.0	250	8	11.0	267	89	XB/RD	15	1	enough	W77	
12	0210	市江崎灯台 Ichie Saki L't	33-28.9N 135-20.7E	023	7.0	293	22	11.0	289	67	XB/RD	15	1	enough		
13	0445	紀伊日ノ御埼灯台 Kii Hino Misaki L't	33-49.9N 134-59.3E	050	4.7	320	28	11.0	317	39	XB/RD	5	2	enough	W150C	
14	0720	波路由良港成山防波堤灯台 Awaji Yura Ko Naruyama B.W L't Ho	34-17.9N 134-59.3E	270	1.2	000	28	11.0	345	11	XB/RD	15	1	enough		
15	0740	洲本沖灯浮標 Sumoto Oki L't B'y	34-21.3N 135-01.2E	Port side		Var.	4	11.0	349	7	XB/RD	5	3	enough	W1143 W69	
16	0835	津名仮泊地 Tsuna Offing	-	-	-	Var.	7	11.0	356	0				18m		S/B +15min

Position fixing XB: Cross Bearing RD: Radar G.P.S.: Global Positioning System AO: Astronomical Observation
Manning Level 1: O.O.W. 2: Capt. + O.O.W. 3: O.O.W. + Supporter 4: With Pilot

図 2.6　航海計画表例

第3章

地文航法

3.1 水路図誌

　水路図誌とは一般船舶が安全に航海し，かつ能率的に運航できることを主な目的として，水路測量・海象観測の成果および諸々の情報を基に編集された刊行物である。
　水路図誌は海図と水路書誌に大別される（表3.1）。

表3.1　水路図誌の分類

水路図誌	分類	刊行物
海図	航海用海図	紙海図，電子海図
	特殊図	海図図式，海流図など
	海の基本図	
水路書誌	水路誌	国内水路誌，国外水路誌
	特殊書誌	灯台表，潮汐表，天測暦，水路図誌目録など

3.1.1 海図

3.1.1.1 航海用海図

　船舶が航海で使用する海図である。船舶が安全かつ能率的に航行できるように，水深・底質・沿岸の地形・航路標識，その他航海・停泊に必要な事項を記載した図であり，通常，海図というときはこの航海用海図を指す。航海用海図は紙媒体と電子媒体で提供されている。
　航海用海図はその縮尺により，総図，航洋図，航海図，海岸図，港泊図の5つに分類される（表3.2）。大縮尺海図[*1] ほど航海に必要な水深，航路標識，地形，地物などが詳細に表現されているので，航海の目的に応じ大縮尺海図を使用すべきである。

[*1] 海図の大きさを表す場合，**大縮尺**，**小縮尺**という表現をする。これは縮尺の分母（縮尺母数）の大きさではなく，同一地域を表示したときの図の大小を表す。たとえば，縮尺1/100万と1/30万を比べた場合，1/100万は1/30万よりも同一地域は小さく表されるので小縮尺といい，縮尺1/5万は1/30万よりも大きく表されるので大縮尺という。

表 3.2　航海用海図の縮尺による分類

海図	縮尺	解説
総図	1/400 万未満	主として航海計画立案時の検討用として使用する。
航洋図	1/100 万未満～1/400 万	視認可能な自然物標や主要灯台が図示されており，これも航海計画立案の検討用として使用することが多い。台風や低気圧などからの避航検討にも利用できる。
航海図	1/30 万未満～1/100 万	描画は航洋図に比べて詳細で，陸上物標で船位の確認ができる程度に表現されている。沿岸よりやや沖合を航海する際に使用する。
海岸図	1/5 万～1/30 万	日本沿岸のほぼ全域がこの航海図で包括されており海図間のつながりが良いため，沿岸航海に多用される。
港泊図	1/5 万超	港湾，泊地，水道など小区域が詳細に描かれている。詳細な操船計画を立案する際に使用する。

3.1.1.2　海図の図法

海図には以下の図法がある。航海用海図には原則として漸長図法が使用される。

a．**平面図法**：地球表面の小部分を平面とみなして作図する図法で，1/5 万超の大縮尺の港泊図の一部に用いられている。これらの海図は順次，漸長図法に変更される[*2]。

b．**漸長図法**：オランダの数学者メルカトル（Mercator）が 1569 年に発表した図法で，メルカトル図法ともいう。船が一定の針路で航行する場合の航程の線が直線で表示され，つねに方位（任意の 2 地点を結んだ線と子午線との成す角）は正しく表されるため，漸長図法は航海用海図に最適な図法である。図法上は正角図法に分類される。高緯度になるほど緯線間隔が増大する（高緯度地域ほど大きく表現される）ため，高緯度以外の航海用海図にはこの図法を用いている。

c．**大圏図法**：この図法は，地球の中心に光源を置き，地球接平面上に地表面を投影するものである。図法上の名称は心射図法である。大圏図として，北太平洋大圏航法図，南太平洋大圏航法図，インド洋大圏航法図がある。

d．**その他の図法**：その他，正規多円錐図法やランベルト正角円錐図法が利用されている。

3.1.1.3　基準面

海図における物標の高さおよび水深の基準となる水面を示す（表 3.3, 図 3.1）。

a．**平均水面**：現地の長期間の潮汐観測記録から，毎時の潮高を平均して得られる水面をいう。

b．**最低水面**：平均水面から干満差の 1/2（Z_0 という）を引いた水面で，もうこれ以上下降しないであろうと想定されるおおよその海水面をいう[*3]。

c．**最高水面**：平均水面に Z_0 を足した水面で，これ以上上昇しないであろうと想定されるおおよその海水面をいう。

[*2] 漸長図法に変更されたものは，緯度尺が白黒の 2 色になり「メルカトル図法」と記載される。
[*3] 潮汐観測記録から調和分解によって潮汐調和定数を求め，このうち主要 4 分潮（M_2, S_2, K_1, O_1 潮）の半潮差の和（Z_0）だけ平均水面から下げた面をいう。したがって，最低水面よりも水面が低くなることがある。

表 3.3　高さおよび水深の基準

物標	高さおよび水深の基準面
灯台，その他の物標の標高	**平均水面**からの高さ
橋梁，その他の障害物の高さ	**最高水面**からの高さ
干出する岩など，および干出堆の高さ	**最低水面**からの高さ
水深	**最低水面**からの深さ
海岸線	水面が**最高水面**に達したときの陸地と水面との境界
低潮線	水面が**最低水面**に達したときの陸地と水面との境界

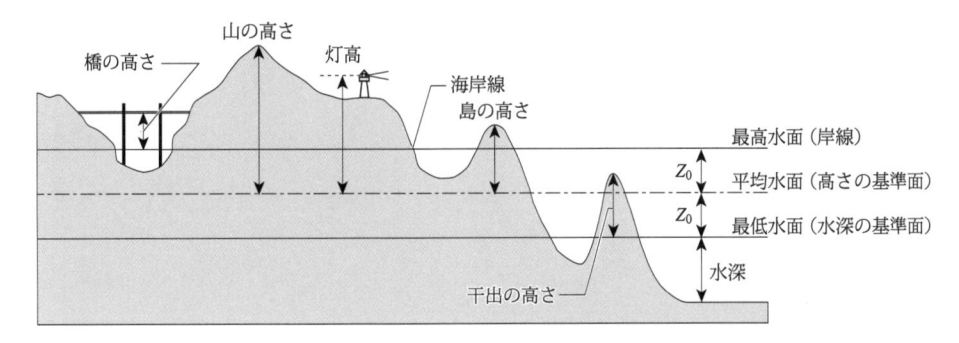

図 3.1　高さ，深さの基準

3.1.1.4　海図図式

　海図には航海に必要となる情報が記載される。国際水路機関（IHO）の基準によって，各国の海図図式はほぼ統一され，どの国の海図もほぼ同様に使用することができる（図 3.2）。

(1) 表題，欄外

- a．**表題**：海図の表題はその内容を表示するものとして，地方名，図名，縮尺，水深・高さの単位などが記載されており，和文表題と英文表題が併記されている。表題はその海図の内容を代表するものなので，むやみに変更されることはない（図 3.3）。
- b．**海図番号**：海図番号は表題と同様にその海図を表す固有の番号が割り振られ，表題同様むやみに変更されることはない。海図番号の前に付く記号は，W：世界測地系海図，JP：英語版海図，INT：国際海図（番号は国際的共通番号），F：漁業用海図である（図 3.3）。
- c．**刊行年月日**：海図の下欄中央部に刊行年月日が記載される。
- d．**緯度・経度**：海図の輪郭線に目盛りを振って，度数，分数が記載される。漸長図法で描かれるため，緯度が高くなるにつれて緯度間隔は広くなる。
- e．**測地系**：緯度・経度の基準になる測地系が記載される。日本の海図は WGS-84 に基づいて作成されている。
- f．**コンパス図**：真方位と磁方位を表した記号で，偏差および年差が記載される（図 3.4）。

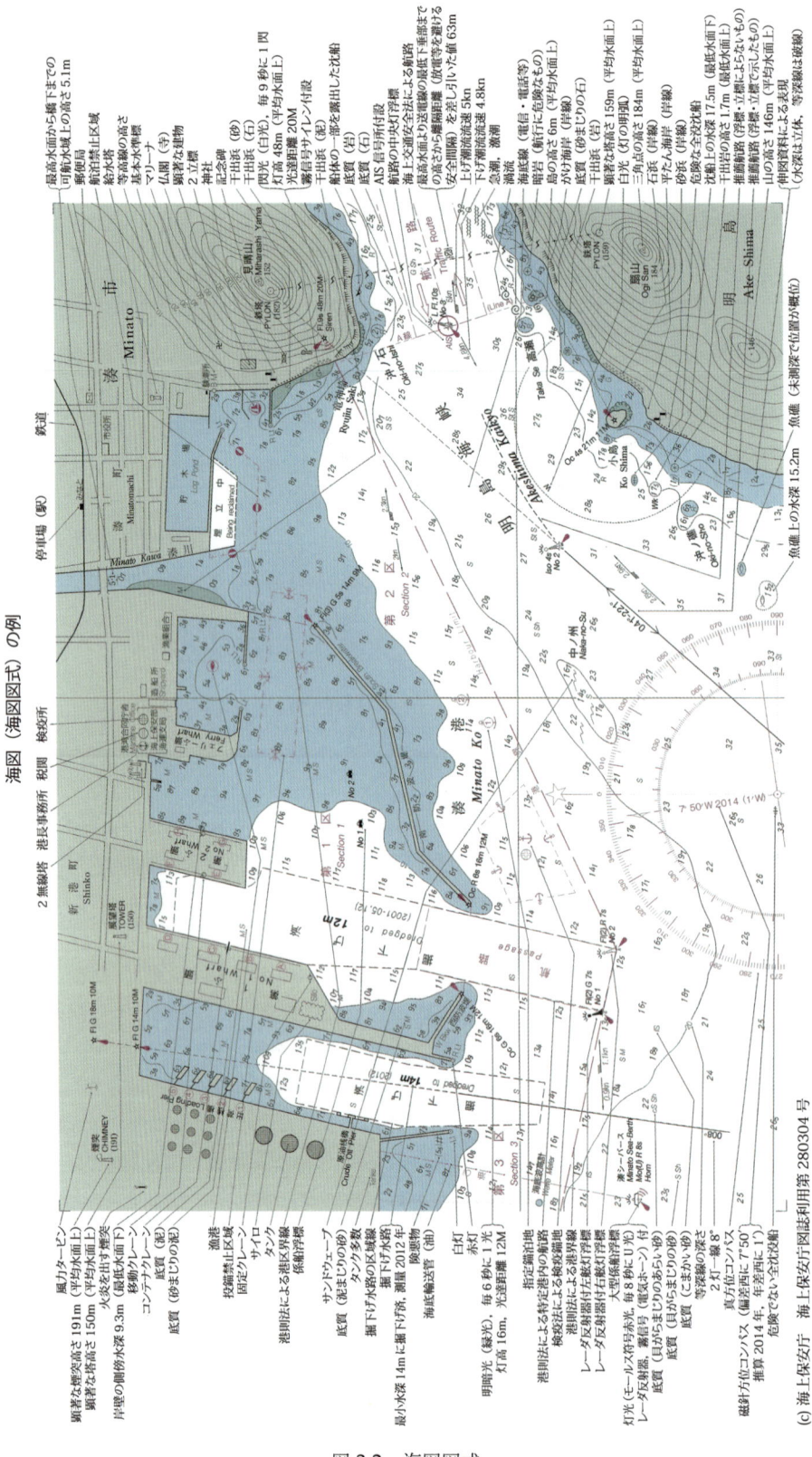

図 3.2　海図図式

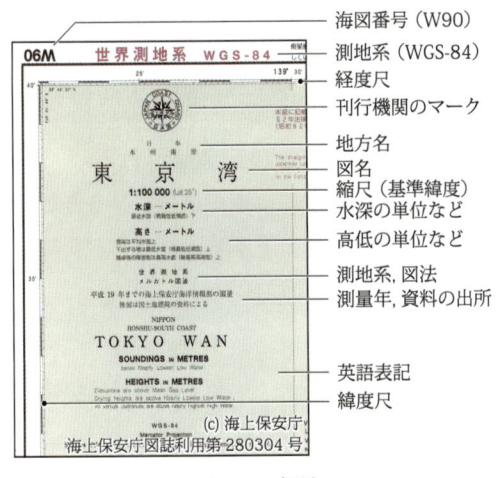

図 3.3　表題

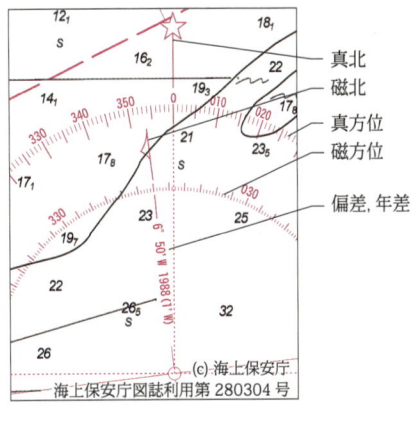

図 3.4　コンパス図

(2) 海部

a．**水深**：水深は海図記載情報のなかでも最も重要な情報の一つである。日本の海図の水深の単位はメートルである[*4]。港湾内の航路などでは，断線で囲まれた区域内に「掘下げ済 Dredged to 14 m (2013)」という記載があれば，他の海域に比べ極めて密な測深間隔で測深されていること，および「2013 年に水深 14 m まで掘り下げた」ことを表している。海峡・水道・航路などの狭水路では，航行可能水域と航行できない水域の境界付近の水深が密に記載される。

b．**暗岩**：暗岩（低潮時に水面上に露出しない岩）や瀬などは，それ自体を表現すると共に，付近の水深を詳細に記載して，その存在が容易にわかるように表現している。水深は不明であるが海上交通に危険と思われるものを"＋"記号で記載し，とくに危険と思われるものは危険界の記号で囲んでいる。

c．**空白**：港湾施設などの完成直後で，その前面および周囲に信頼できる水深がない海域は空白（白抜き）で表される。また，小縮尺の海図では港内などを空白にしている場合があるので，状況により詳細な安全情報が記載される大縮尺海図を使用しなければならない。

d．**広い海域**：広い海域では危険海域を除き一般に水深はまばらに記載される。水深の変化の激しい錨泊海域においては，海底の地形がわかるように水深はやや多く記載される。

e．**等深線**：海底の起伏の状態を見やすくするために描かれる線で，等高線に相当する。等深線は海底地形を正確に表したものではなく，航海の安全を考えて描かれている。大縮尺になるほど細かく（2, 5, 10, 20, 200 m）描かれ，大縮尺海図では浅所は青く着色されている。

f．**底質**：水底を構成する物質の性状（海底の地質または堆積物など）をいう。たとえば，S（砂），M（泥），Cy（粘土）。

g．**航路標識**：灯台，灯標，灯柱，灯浮標，無線標識局，レーダー局などが記載されている。灯台や灯浮標の略記が使用され，縮尺や個々の状況によって必要な程度に簡略化して記載されている。

h．**推薦航路**：推薦航路とは地形，海潮流その他の自然条件を考慮して，航海の安全のために水

[*4] 外国版海図ではファゾム（1 fathom = 6 feet = 1.8288 meters）を使用している場合があるので注意しなければならない。

路図誌発行者が推薦した航路である（図 2.3 参照）。
- i. **海上区域**：港界，検疫錨地，投錨禁止区域，航泊禁止区域，海上交通安全法の航路など，法律などで定める区域で，大縮尺海図に記載される。
- j. **海底危険物**：暗岩，沈船，魚礁，海底線，海底輸送管，水中障害物などが記載される。
- k. **潮流**：潮汐に伴う海水の周期的な流動を潮流という。上げ潮中に流速が最強となる方向の潮流を**上げ潮流**といい，下げ潮中に流速が最強となる方向の潮流を**下げ潮流**という。これらの潮流は，海図に流速（大潮期の最強流速）と流向（流れていく方向）で表示される。

(3) 陸部
- a. **岸線**：海岸線の形状は大縮尺海図では平坦，崖，砂浜などを詳細に，小縮尺海図では区別せず実線で記載される。
- b. **地形**：起伏は等高線で表現される。その他，著樹，河川，滝など必要なものが記載される。
- c. **地物**：道路，鉄道，架空線，橋など沿岸付近のものが記載される。
- d. **建造物**：大縮尺海図には港湾諸施設，海事関係諸官署，工場，学校，神社，仏閣，病院，郵便局など，施設として使用および目標物として使用対象となるものが記載され，小縮尺海図になるに従い必要に応じて記載される。
- e. **地名**：海図に記載する地名は船位測定のため重要な岬，島，山などの陸部の地名，航行の障害となる浅瀬や暗礁の名称，港湾，海峡，水道など，その目的から航海者が必要なものを優先し，現地の呼称で記載される。

3.1.1.5　水路図誌の最新の維持

刊行後時間が経過するにつれ，水路図誌の記載内容は現状を反映していない事態が生じる。水路通報に基づいて，水路図誌を加除・訂正し，最新の状態に保つことを**改補**（かいほ）という。改補が自船の安全を図る上で重要な事項であることを認識し，誤りのないよう確実に実施しなければならない。

改補には，図誌の記載内容に小さな変更（港湾工事による岸線や水深の変化，航路標識の設置や変更など）が生じた場合に図誌を加除・訂正する**小改正**と，一時的な変更（海上で実施される射撃訓練の実施や一時的な船舶交通規制の他，航路標識の臨時設置や変更などその継続期間が概ね 1 年程度のもの）が生じた場合に一時的に訂正する**一時関係**がある。水路図誌の最新維持の方法を表 3.4 にまとめる。

表 3.4　水路図誌の最新維持

水路図誌	最新維持の方法
航海用海図	水路通報による。
電子海図	電子水路通報による。
水路誌	追補（1 回/年）及び改版（1 回/5 年）による。
灯台表	追加表（第 1 巻は 2 回/月，第 2 巻は 1 回/月）のインターネット配信による。
水路図誌目録	水路通報による。

- a. **水路通報**：水路通報には，水路図誌の刊行に関する情報，水路図誌を最新維持するための改補に必要な小改正通報と，航行警報など船舶交通の安全のために必要な一時関係情報が記載

され，印刷物とインターネットで毎週金曜日に発行される（表3.5 参照）。水路通報は次のとおり構成される。図3.5 に小改正の掲載例を示す。

- 小改正通報（水路図誌の小改正に係る事項）
- 一時関係および予告通報（水路図誌の一時的な改補に係る事項）
- 航行警報有効一覧
- 出版（水路図誌の刊行に係る事項）
- 参考情報（船舶交通の安全および能率的な運航のために必要な事項）
- お知らせ

表3.5　水路通報の発行

	発行の方法
水路通報	電子メール，印刷物，インターネットにより毎週金曜日発行される。
電子水路通報	毎週金曜日発行される。
管区水路通報	管区海上保安本部の担当水域およびその付近の船舶交通の安全および効率的な運航に資する情報を掲載した印刷物で，原則として週1回発行される。

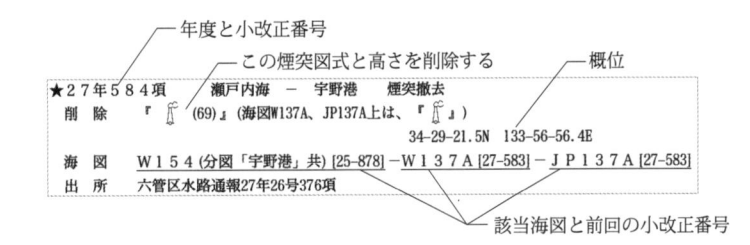

図3.5　水路通報の小改正掲載例

b．**航海用海図の最新維持**：水路通報により航海用海図を最新に保つ。

　ⅰ．**小改正**：海図は海洋情報部や各海図販売所によって最新の改補がなされ，海図の裏側に「第x号まで改補済」と裏印が押されて販売される。購入後は，この改補済号数の水路通報から使用時までの間に発行された水路通報の該当項目を改補する。改補には補正図の貼り付けや赤ペンなどで記入するなど恒久的な方法をとる。小改正実施後，小改正の項数を海図の欄外左下に記入する（図3.6）。

　ⅱ．**一時関係，予告通報**：一時的な情報は鉛筆で記入し，後に改正事項が消滅したら消去する。航路標識の変更などを予告する予告通報もこの一時的な改補に含まれ，概ね3か月以前に通報される。これらの情報は水路通報に掲載される。

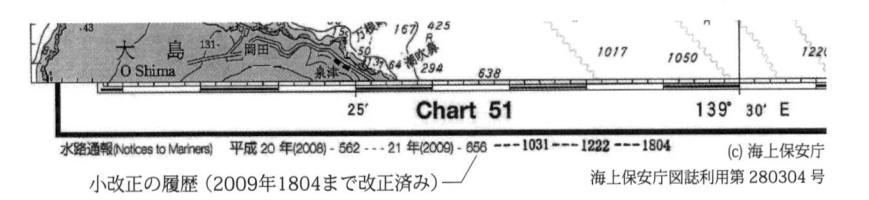

図3.6　海図の小改正の記録

3.1.2 電子海図

紙海図のデータを基に，それらを電子化したものを電子海図といい，電子海図を表示するシステムを**電子海図表示情報システム**（**ECDIS**[*5]）という。ECDISについては6.9節を参照されたい。

3.1.2.1 電子海図

電子海図はGPSなどの測位装置により自船位置が連続的に表示されることを前提としているため，地文航法用の陸上の地形，地物などの陸部の内容について大幅に省略されている。電子海図のデータベースとなっているのは紙海図であり，表示される情報の精度は紙海図を超えるものではないことを念頭に置かなければならない。

数値化した情報を基にした電子海図を**ベクター海図**（vector chart）といい，このうち政府機関またはその権限の下で刊行された公式海図を**航海用電子海図**（**ENC**[*6]）という。ENCは次の特徴を持つ。

- ENCに記載される内容物は信頼のおける測量か，政府刊行の紙海図に基づく。
- ENCの作成仕様はIHOの定めに基づく。
- ENC上の位置情報はWGS-84に基づく。
- ENCは政府か政府の機関の作成による。
- ENCは定期的に公式に更新される。

ENCはセル（cell）というある一定の地理的範囲を単位として取り扱われ，8文字のコードでそのセルを識別する。たとえば，JP440JBCというコードであれば，JP（作成国コード），4（航海目的区分），40JBC（セル名）を表す。

a．**作成国コード**：JP（日本），KR（韓国），RU（ロシア），SG（シンガポール），C2（香港），EA（南シナ海），MS（マラッカ・シンガポール海峡），AU（オーストラリア），NZ（ニュージーランド），US（アメリカ），CA（カナダ），BR（ブラジル），FR（フランス），GB（イギリス）

b．**航海目的区分**：ENCのセルは航海目的別に6区分されている。その区分にどのような縮尺範囲を割り当てるかは各作成機関によって異なる。日本では紙海図の分類に対応して5つに区分している（表3.6，図3.7）。

表3.6　ENCの航海目的区分（日本）

区分	航海目的	編集縮尺	セル幅	備考
JP1	概観（Overview）	1:1,500,001〜	8°以上	北太平洋中部〜南シナ海
JP2	一般航海（General）	1:300,001〜1:1,500,000	4°	日本領海全域
JP3	沿岸航海（Coastal）	1:80,001〜1:300,000	1°	日本全沿岸
JP4	アプローチ（Approach）	1:25,001〜1:80,000	30′	港湾へのアプローチ
JP5	入港（Harbour）	1:7,501〜1:25,000	15′	主要港湾
JP6	停泊（Berthing）	〜1:7,500	15′	未刊行

[*5] ECDIS : Electric Chart Display System
[*6] ENC : Electric Navigation Chart

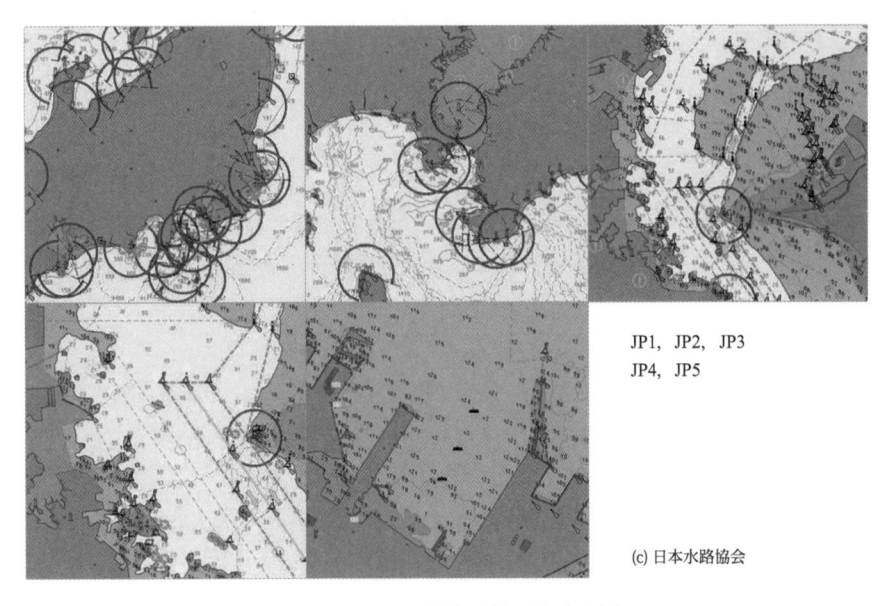

図 3.7　ENC の航海目的区分（日本）

JP1, JP2, JP3
JP4, JP5

(c) 日本水路協会

ENC はセル毎に購入する。また，購入はライセンス制となっており，1 セル毎に期間使用契約を締結してその使用料金を支払うことになる。そのため，継続利用者については契約期間を超えて使用する際には更新が必要である。

3.1.2.2　航海用電子海図の最新維持

電子水路通報により ENC を最新に保つ。電子水路通報の内容は紙海図のそれと同じである。海図の修正は電子海図表示システムにより自動的に行われ，電子水路通報のみをシステム上に表示することはできない。

a．**小改正**：小改正情報は電子媒体に収録した情報により，ECDIS 内のデータベースを書き換える。

b．**一時関係事項および参考事項**：一時的な情報や航海安全にかかわる各種情報は，電子媒体に収録した情報により ECDIS 内のデータベースに収録され，表示画面に重畳される。

3.1.3　水路書誌

3.1.3.1　水路誌

水路誌は海上の諸現象，航路の状況，沿岸および港湾の地形，施設，法規などを詳しく記述した海の案内記で，海図と共に一般船舶が安全に航海および停泊するために必要な書誌である。水路誌には日本およびその周辺海域について記載した国内水路誌と，太平洋・インド洋および付近諸海域について記載した国外水路誌との 2 種類がある。

国内水路誌は日本およびその周辺海域を包含し，海上保安庁海洋情報部が行う測量・観測・調査から得られた資料および海上保安庁が他の機関などから収集した資料に基づき編集したものである。日本語版と英語版がある。

水路誌は総記，航路記，沿岸・港湾記で構成される。

- a．**総記**：その海域の概要，気象，海象，磁気，航路・信号，水先，警戒，海難，船舶交通安全情報，法規の説明が記載される。
- b．**航路記**：各港間の大型船の主要な航路，その付近の気象海象，および針路法（図2.2参照）の説明。たとえば，本州南・東岸水路誌では，包含海域を東京湾〜津軽海峡間の本州東岸沖，東京湾〜豊後水道間の本州南岸沖と四国南岸沖，東京湾〜小笠原群島間の南方諸島付近の3海域に分けて説明している。
- c．**沿岸・港湾記**：港湾（その港の概要，気象，目標，針路法，港湾施設，修理施設，海事関係官公署の説明，航空斜め写真・レーダー映像図など），湾や錨泊地の説明が記載される。

3.1.3.2　特殊書誌

水路書誌のうち，水路誌以外のものを**特殊書誌**という。特殊書誌には次のものがある。

- a．**航路誌**：主要港間の標準的な航路および過去の航海実績から選定した航路の障害物，気象海象などの事項が掲載される。大洋航路誌と近海航路誌がある。
- b．**距離表**：主要港間の海上距離が掲載される。
- c．**灯台表**：航路標識の名称，灯質，位置などが掲載される。日本沿岸と東南アジアの2巻がある。
- d．**潮汐表**：第1巻として，日本付近における標準港（主要な71港）の毎日の高低潮時とその潮高，および標準地点（主要な瀬戸19地点）の毎日の最高流速時刻およびその流速，他の港の潮汐の概値や他の地点の潮流の概値を求めるための改正数などが掲載される。太平洋およびインド洋のデータを収録する第2巻がある。
- e．**天測暦**：航海用として，毎日の太陽・惑星・月および恒星の位置や日出没時などが掲載される。簡略版として天測略暦がある。※2022年末で廃版
- f．**天測計算表**：天文航法で使用する高度方位角計算表などが掲載される。※2022年末で廃版
- g．**水路図誌目録**：水路図誌と航空図の目録で，海図の購入や航海における海図の選定に利用される。
- h．**水路図誌使用の手引き**：水路図誌の説明と効果的な使い方が解説される。

3.1.3.3　水路書誌の最新維持

表3.4参照。

3.2　航路標識

航路標識とは，灯光，形象，彩色，音響，電波などの手段により港，湾，海峡その他の日本国の沿岸水域を航行する船舶の指標とするための灯台，灯標，立標，浮標，霧信号所，無線方位信号所その他の施設をいう。表3.7にそれぞれの基数を示す。

表 3.7　航路標識（参考文献 [28] より）

種類	施設	基数
光波標識	灯台, 灯柱, 灯標, 照射灯, 指向灯, 導灯, 灯浮標, 立標, 浮標	5,094
電波標識	AIS 航路標識, ディファレンシャル GPS 局, レーダービーコン	*35
音波標識	霧信号所	0
その他	潮流信号所, 船舶通航信号所	34

2020 年 3 月 31 日現在　*電波標識基数には AIS 航路標識を含まない。

3.2.1　光波標識

　灯台や浮標など視覚を利用した航路標識を光波標識という。これらは夜間は灯火により，昼間は形象および彩色により，その位置を示す。灯火設備のないものに立標や浮標がある。

- a．**灯台および灯柱**：主要な岬や主要変針点，船位を確認するため，沿岸，海上，港湾周辺に設置された塔状の建造物で，夜間および視界が制限されるとき光を発する。灯台の位置は非常に正確に計測されているので，灯台は方位による位置の線の目標として最も良い。灯台の塗色は通常は白色であるが，より目立たせるため白赤や白黒に塗色されたものもある。港湾の防波堤に設置される灯台は，水源に向かって左側は白色に塗色され，夜間などは緑光を発し，右側は赤色に塗色され，赤光を発する。
- b．**灯標および立標**：船舶に障害物や航路の所在を示すために，岩礁，浅瀬などに設置した構造物で，灯光を発するものを灯標，発しないものを立標という。
- c．**照射灯**：船舶に障害物の存在を知らせるために，暗礁，岩礁，防波堤先端を照射するものをいう。
- d．**導灯および導標**：通航困難な水道，狭い湾口などの航路を示すために，航路の延長線上の陸地に設置された 2 基一対の構造物で，灯光を発するものを導灯，発しないものを導標という。物標の方位を測ることなく，航路からの偏位を知ることができる。図 3.8 は**重視線**（導標を重視する線）と船位の関係を示している。船舶が O にあるときは導標が重なって見えるので重視線上にあり，L, R にあるときは導標はずれて見え，それぞれ重視線の左，右に偏位している。

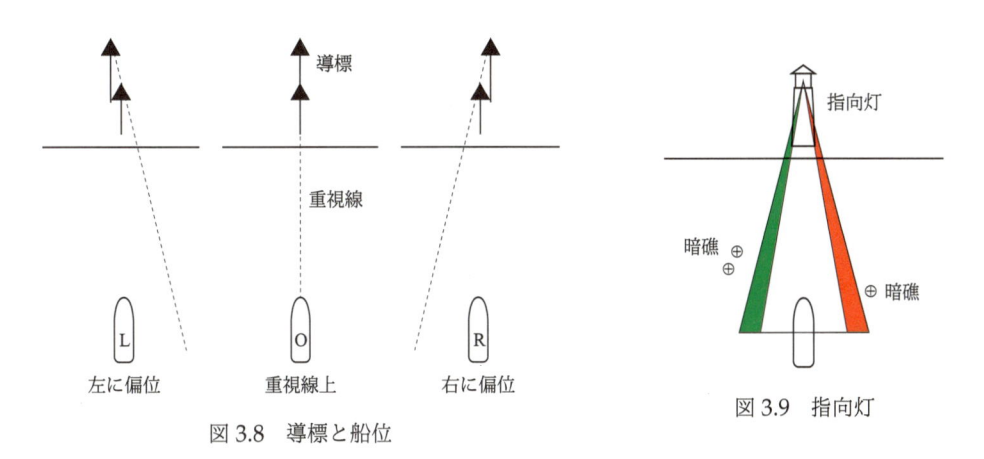

図 3.8　導標と船位

図 3.9　指向灯

e．指向灯：通航困難な水道，狭い湾口などの航路を示すために，航路の延長線上の陸地に設置された構造物で，白光により航路を，緑光により左舷危険側を，赤光により右舷危険側をそれぞれ示すものをいう（図 3.9）。

3.2.1.1 灯質

灯質とは灯光の発射状態，灯色，および周期をいう。周期とはある位相から次に起こる同一位相の始めまでの時間をいう。灯質例を表 3.8 に示す。

表 3.8 灯質例（1）

種類	略記[*7]	説明 / 図解
不動光	F	一定の光度を維持し，暗間のないもの F W
閃光	Fl	一定の光度を持つ 1 分間に 50 回未満の割合の光を一定の間隔で発し，明間または明間の和が暗間または暗間の和よりも短いもの（▲〜▲ は周期を表す） Fl W 8s
等明暗光	Iso	一定の光度を持つ光を一定の間隔で発し，暗間と明間が同じもの Iso W 8s
明暗光	Oc	一定の光度を持つ光を一定の間隔で発し，暗間が明間よりも短いもの Oc W 8s
急閃光	Q	一定の光度を持つ 1 分間に 50 回の割合の光を一定の間隔で発し，明間の和が暗間の和よりも短いもの Q W
モールス符号光	Mo	モールス符号の光を発するもの Mo (A) W 8s

基本的な灯質に加え，群（数個まとめて光るもの，Group），交互（灯色の異なる光が交互発光するもの，Alternate）などがある（表 3.9）。詳しくは灯台表（参考文献 [16]）を参照されたい。

3.2.1.2 光達距離

光達距離とは，航路標識の灯光が到達する最大距離をいう。光達距離には，地理学的光達距離，光学的光達距離，名目的光達距離がある。灯台表や海図に掲載される光達距離は，地理学的光達距離と名目的光達距離のうち小さいほうの値である。

[*7] 不動光（Fixed），閃光（Flashing），等明暗光（Isophase），明暗光（Occulting），急閃光（Continuous Quick），モールス符号光（Morse Code）

表 3.9 灯質例（2）

種類	略記	説明 / 図解	
群閃光	Fl	1 周期内に複数の明間を持つ閃光	Fl (2) W 8s
群明暗光	Oc	1 周期内に複数の明間を持つ明暗光	Oc (2) W 10s
不動互光	Al	暗間のない互光	Al W R 8s
単閃互光	Al Fl	1 周期内の 2 単閃光が互光となるもの	Al Fl W R 8s

(1) 地理学的光達距離

地球の曲率，大気による光の屈折，灯高および眼高（がんこう）により決める光達距離を地理学的光達距離という。地理学的光達距離 D [nm] は次式により求めることができる。

$$D = 2.083(\sqrt{H} + \sqrt{h}) \text{ [nm]} \tag{3.1}$$

ただし，H：灯高 [m]，h：眼高 [m]（灯台表では $h = 5$ m）。

(2) 光学的光達距離および名目的光達距離

灯火は発散し，また，大気による散乱・吸収のためにしだいに衰退して見えなくなる。その最大距離を光学的光達距離という。光学的光達距離 d [nm] は次式により求めることができる。

$$E = \frac{IT^d}{(1852d)^2} \tag{3.2}$$

ただし，E：限界可視照度 [lx]（$E = 2 \times 10^{-7}$，暗黒の背景），I：標識の光度 [cd]，T：大気透過率（$T = 0.85$，快晴時）。

式 (3.2) は晴天の暗黒という非常に条件の良い場合を仮定しており，実際の光達距離は同式から算出した距離よりも短くなる。大気透過率 T を 0.74（気象学的視程約 10 nm における透過率）として算出したものを**名目的光達距離**[8] という。

3.2.1.3 明弧，分弧

航路標識から発する灯光の範囲を**明弧**（一般的に，白色の灯色）といい，浅瀬など危険物の存在範囲を表示するために発する灯光の範囲を**分弧**（一般的に，赤色または緑色の灯色）という。弧の範囲

---

[8] 閃光などのリズム光はその点灯時間の長短に左右されるため，不動光に比べ光度が低くなり光達距離も短くなる。同じ光度 I の閃光と不動光があるとき，これらが同じ明るさに見えるまで不動光の光度を下げたときの不動光の光度 I' を実効光度という。式 (3.2) において，標識の光度を実効光度 I'，大気透過率を 0.74 として求められる光達距離を実効光度を用いた名目的光達距離という。

は海上から見た方位で表される。

　図 3.10 は男木島灯台の明弧と分弧を表している。明弧は 052°〜280° で，灯質は Fl W 10s である。分弧は備讃瀬戸東航路の南北の浅瀬などの存在を示しており，052°〜073° は緑光でアツサ岩および中瀬を，081°〜092° は赤光でオーソノ瀬を示している。

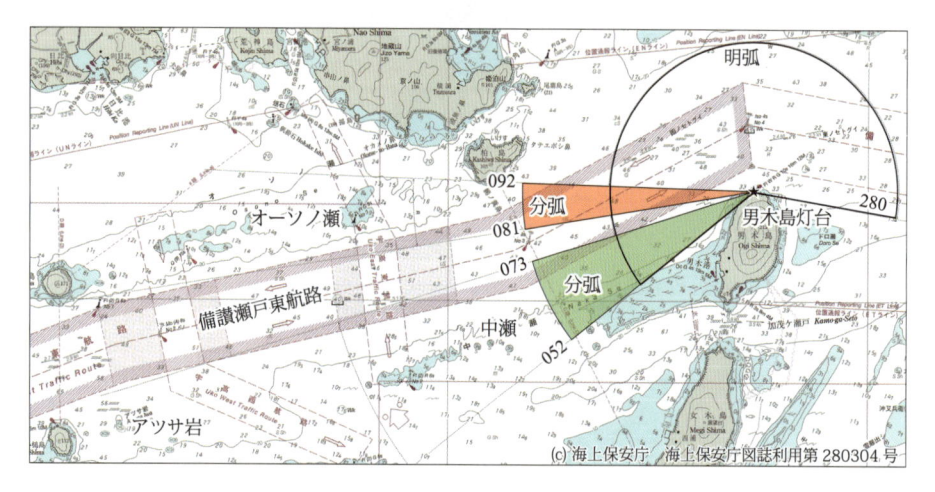

図 3.10　男木島灯台（明弧と分弧）

3.2.1.4　IALA 海上浮標式

　海上に設置される航路標識（灯浮標，浮標，灯標，立標）の表現方法を浮標式といい，IALA 海上浮標式によって統一されている。IALA 海上浮標式には，**A 方式**（左舷標識は赤，右舷標識は緑）と **B 方式**（左舷標識は緑，右舷標識は赤）があり，わが国は B 方式を採用している。種類およびそれぞれの意味は次のとおりである。

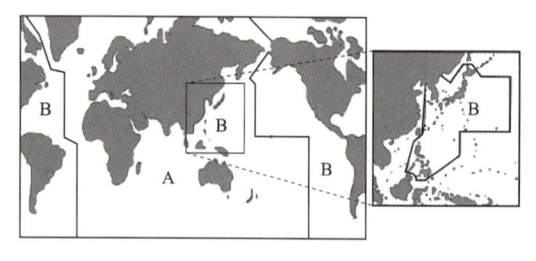

図 3.11　IALA 海上浮標式 A，B 方式

(1) 側面標識

　側面標識には，左舷標識と右舷標識がある。

図 3.12　側面標識

表 3.10　側面標識の灯質

標識	灯質
左	単閃緑光（1 閃光 / 3, 4, 5 s）
	連続急閃緑光（2 閃光 / 6 s）
	モールス符号緑光（A, B, C / 8 s, D / 10 s）
	連続急閃緑光
右	単閃赤光（1 閃光 / 3, 4, 5 s）
	連続急閃赤光（2 閃光 / 6 s）
	モールス符号赤光（A, B, C / 8 s, D / 10 s）
	連続急閃赤光

a．**左舷標識**：航路または可航水域の水源に向かって左側の端を示す．塗色は緑色で，トップマークは緑色円筒形である．
b．**右舷標識**：航路または可航水域の水源に向かって右側の端を示す．塗色は赤色で，トップマークは赤色円すい形である（図3.12, 表3.10）．

(2) 方位標識

方位標識には，北方位標識，東方位標識，南方位標識，西方位標識がある．

それぞれの方位標識の名称の方角に可航水域または航路の出入口・屈曲点・分岐点・合流点があることを示し，その名称の反対の方角に岩礁・浅瀬・沈船などの障害物があることを示す．

塗色は黒と黄色で，トップマークは黒色円すい形2個である．閃光数は標識の方位と時計の文字盤の時刻の方向と合わせて覚えるとよい[*9]（図3.13, 表3.11）．

表3.11 方位標識の灯質

標識	灯質
北	連続急閃白光
東	群急閃白光（3急閃光/10 s）
南	群急閃白光（6急閃光と1長閃光/15 s）
西	群急閃白光（9急閃光/15 s）

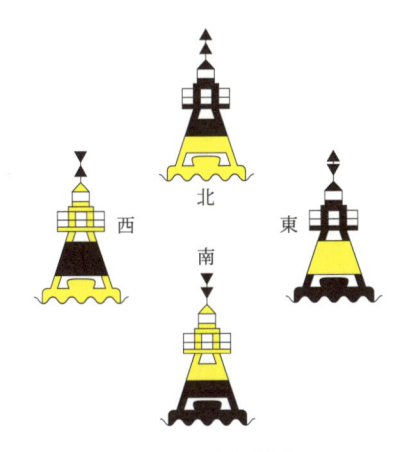

図3.13 方位標識

(3) 孤立障害標識

標識の位置，またはその付近に小規模な孤立した障害物（岩礁，浅瀬，沈船など）のあることを示している．一般に，周囲は航行可能であるが，あまり近寄りすぎるのは危険である．標体の塗色は黒地に赤の横帯が1本以上で，トップマークは黒色球形2個である．灯色は白で，光り方は群閃光（毎5秒または10秒に2閃光）である（図3.14, 表3.12）．

表3.12 孤立障害標識の灯質

灯質
群閃白光（2急閃光/5, 10 s）

図3.14 孤立障害標識

[*9] 東（3時）：3閃光，南（6時）：6閃光，西（9時）：9閃光

(4) 安全水域標識

安全水域標識は障害物のない海域で，とくに大切な地点（たとえば，航路の中央線や港湾の入口など）を示す。塗色は赤白縦しまで，トップマークは赤色球形1個である。灯色は白で，光り方は等明暗光，モールス符号A，または長閃光（毎10秒に1閃光）のいずれかである（図3.15，表3.13）。

図3.15　安全水域標識

表3.13　安全水域標識の灯質

灯質
等明暗白光（明2s暗2s）
モールス符号白光（A/8s）
長閃白光（1長閃光/10s）

(5) 特殊標識

特殊標識は，工事区域・土砂捨場・パイプラインなどの標示および海洋データ収集施設のような特定の目的のために使う。塗色は黄色で，トップマークは黄色×形1個である。灯色は黄で，光り方は単閃光，群閃光（毎20秒に5閃光），またはモールス符号光（AとUを除く）いずれかである（図3.16，表3.14）。

図3.16　特殊標識

表3.14　特殊標識の灯質

標識	灯質
特殊	単閃黄光（1閃光/3〜5s）
	群閃黄光（5/20s）
	モールス符号黄光（A, U以外/8〜10s）

(6) 緊急沈船標識

緊急沈船標識が設置されている場合，標識付近に沈船が存在することを意味する。沈船の標示には，孤立障害標識，側面標識，方位標識に加え，緊急沈船標識が利用される。緊急沈船標識の塗色は青黄縦しまで，トップマークは黄色＋形1個である。灯質は0.5秒間隔で交互に青色と黄色が1秒点灯する。日本には未設置である（図3.17，表3.15）。

図3.17　緊急沈船標識

表3.15　緊急沈船標識の灯質

灯質
0.5秒間隔で交互に青色と黄色が1秒点灯（青1s暗0.5s黄1s暗0.5s/3s）

(7) 水源

IALA海上浮標式の水源は，主航路から港湾に接続する航路は港湾側を，また，港湾内における航路は通常船舶が停止して荷役するところを水源とする。これ以外については表3.16による。水源

の方向が紛らわしい水道などには，海図に水源の方向が記載される[*10]。

表 3.16　水源

水域	水源
港，湾，河川およびこれらに接続する水域	港もしくは湾の奥部または河川の上流
瀬戸内海（関門海峡を含み，宇高東，西航路を除く）	神戸港
宇高東，西航路	宇野港
八代海	三角港
上記各項以外の水域	与那国島（南西諸島）

3.2.1.5　橋梁標識

橋梁標識とは，橋梁の保護および橋梁下を航行する船舶の安全確保を図る目的で橋桁および橋脚などに設置される航路標識で，橋梁標（昼間）または橋梁灯（夜間）をいい，次の標識（灯火）がある（図 3.18）。

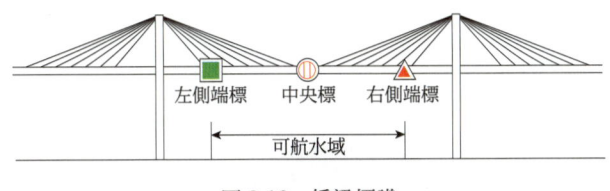

図 3.18　橋梁標識

a．左側端標（灯）：橋梁下の可航水域または航路の（水源に向かって，以下同）左側の端を示すための標識板など（灯火）をいう。

b．右側端標（灯）：橋梁下の可航水域または航路の右側の端を示すための標識板など（灯火）をいう。

c．中央標（灯）：周囲に可航水域があることまたは航路の中央であることを示すための標識板など（灯火）をいう。

3.2.2　電波標識

3.2.2.1　AIS 航路標識

AIS 航路標識は AIS の機能を利用した航路標識で，気象条件に左右されることなく航路標識の位置情報（種別，名称，位置など）を通航船舶に提供すると共に，レーダー画面に信号所のシンボルマークを表示させることができる。AIS 航路標識には次のものがある[*11]。

a．リアル AIS 航路標識：実在する航路標識を示す信号を当該航路標識から送信し表示させる方式。

b．シンセティック AIS 航路標識：実在する航路標識を示す信号を当該航路標識以外の場所から送信して表示させる方式。

[*10] 布施田水道，倉良瀬戸，平戸瀬戸，松島水道，片島水道では，水源が逆転しているので注意が必要である。
[*11] real：実存，synthetic：擬似，virtual：仮想。

c．バーチャル AIS 航路標識：実在しない航路標識を表示させる方式で，水深が非常に深いなど航路標識の設置が困難な海域や，経路指定が行われている海域に設置される。2015 年 11 月現在，明石海峡および友ヶ島水道に設置されている。安全水域標識の海図図式を表 3.17 に示す。

表 3.17　バーチャル AIS シンボルの一例

標識	紙海図	レーダー上
安全水域標識	頭標　V-AIS	

3.2.2.2　レーダービーコン（レーコン）

　レーダービーコンは船舶レーダーから発射された電波を受信するとレーダー帯域内の符号化された電波を発射し，レーダーがレーダービーコンからの電波を受信すると，送信局の位置の後方に符号を表示する施設をいう。有効範囲は 9 km または 17 km である。

　浦賀水道航路中央第 1 号灯浮標（東京湾），洲本沖灯浮標（大阪湾）など約 15 か所に設置されている（図 3.19）。

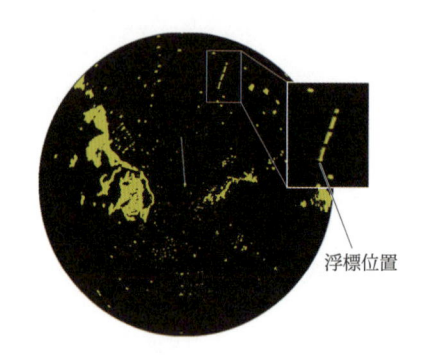

図 3.19　レーダービーコン（洲本沖灯浮標）

3.2.3　その他の航路標識

3.2.3.1　音波標識

　霧信号所が音波標識に当たる。霧信号所は，音波標識として霧や吹雪などによる視界不良時に船舶に対し信号所の概位方向を知らせるために設置された標識である。近年，舶用レーダーや GPS の普及により，視界不良時においても容易に測位が可能となったことから，わが国では霧信号所は 2010 年に全廃された。

3.2.3.2　潮流信号所

　潮流の強い海峡の潮流の流向および流速の変化を無線電話，一般電話または電光表示板により船舶に通報する施設をいう（表 3.18）。

表 3.18 潮流信号所電光掲示板の記号

分類	記号	意味
流向	N, E, S, W	北流（北に流れる潮流），東流，南流，西流
流速	1, 2, ⋯	潮流の速さ [kn]
流速の傾向	↑, ↓	今後の流速が速くなる，遅くなる

3.2.3.3 船舶通航信号所

船舶通航信号所はレーダーやテレビカメラなどにより船舶の動静を把握し，船舶の航行安全に必要な情報を無線電話，一般加入電話または電光表示板などを用いて提供する施設である。海上交通センターがこれに当たる。

3.3 航法計算

2地点間の航路には航程の線と大圏がある。船が一定の針路で航走する場合，その航跡を**航程の線**という。漸長海図は航程の線を直線で表すことができるという特徴を持つ（図 3.20）。本書では，航程の線航法の計算について説明する。

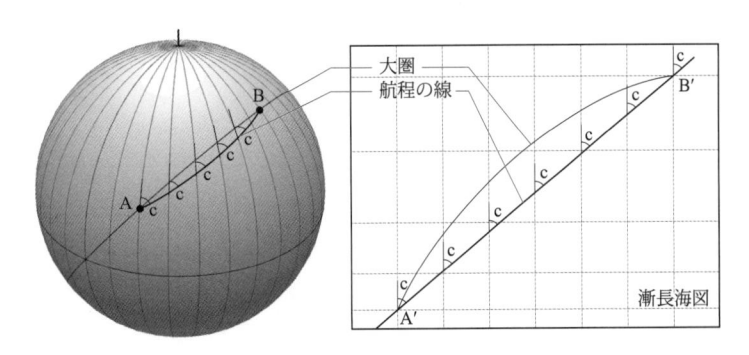

図 3.20 航程の線と大圏

3.3.1 用語

a．**子午線**：北極と南極を通る大圏をいう（図 3.21 の NQR など）。

b．**緯度** (l)：ある地点を通る子午線上において，ある地点と赤道が成す角を緯度[12]という。赤道を緯度 0°，北極および南極を緯度 90° とし，北極側を北緯（N），南極側を南緯（S）とする（図 3.22 の l）。

c．**経度** (L)：グリニッジ子午線（図 3.22 の NGE）とある地点を通る子午線（同図の NPF）が赤道上で成す角（同図の L）をその地の経度という。グリニッジ子午線を 0° として，東西にそれぞれ 180° まで測り，東側を東経（E），西側を西経（W）とする。

d．**位置**：緯度と経度で表す。P(l, L)。

---

[12] 緯度には，地心緯度，地理緯度，天文緯度があり，海図などには地理緯度が用いられる。

e．変緯（dl）：2地点の緯度差をいう。両地の緯度が同名[*13]のときは両緯度の差，異名のときは両緯度の和が変緯となる。

$$dl = l_2 \pm l_1 \tag{3.3}$$

f．変経（dL）：2地点の経度差をいう。両地の経度が同名[*14]のときは両経度の差，異名のときは両経度の和が変経となる。

$$dL = L_2 \pm L_1 \tag{3.4}$$

g．距等圏：同緯度を結んだ小円をいう（図3.21のPR）。

h．東西距（dep）：2地点間を結ぶ航程の線を無数の子午線で分割し，それぞれの子午線間にできる微小距等圏の総和を東西距という（図3.21）。

$$dep = \Delta d_1 + \Delta d_2 + \cdots \tag{3.5}$$

i．航程（$dist$）：2地点間の距離をいう。航程の線上の距離（図3.21のPQ）と大圏上の距離がある。

j．海里（nm）：距離の単位で緯度1′の長さを1海里（nautical mile）といい，1海里の1/10を1鏈(cable)という。図3.22において，1nmは弧NFの1/(90×60)の長さQRに相当し，1nm = 1852 mである。

k．ノット（kn）：速力の単位。1 kn = 1 nm/h = 1852 m/h。

l．真針路（True course）：真子午線と航跡の交角をいう（図3.23の∠NOG）。

m．視針路（Apparent course）：真子午線と船首尾線の交角をいう（同図の∠NOH）。

n．磁針路（Magnetic course）：磁気子午線と船首尾線の交角をいう（同図の∠MOH）。

o．羅針路（Compass course）：羅針南北線と船首尾線の交角をいう（同図の∠COH）。

p．風圧差（leeway）：風や海潮流に圧流された量を風圧差という。視針路と真針路の差となる（同図の∠HOG）。

q．真方位（True bearing）：真子午線と船および物標を通る大圏との交角をいう。

r．磁針方位（Magnet bearing）：磁気子午線と船および物標を通る大圏との交角をいう。

s．羅針方位（Compass bearing）：羅針南北線と船および物標を通る大圏との交角をいう。

[*13] 両地が同じ南北半球にあるときを緯度が**同名**，異なる半球にあるときを**異名**であるという。たとえば，30°Nと25°Nは同名，30°Nと25°Sは異名である。

[*14] 両地が同じ東西半球にあるときを経度が**同名**，異なる半球にあるときを**異名**であるという。たとえば，130°Eと125°Eは同名，130°Eと125°Wは異名である。

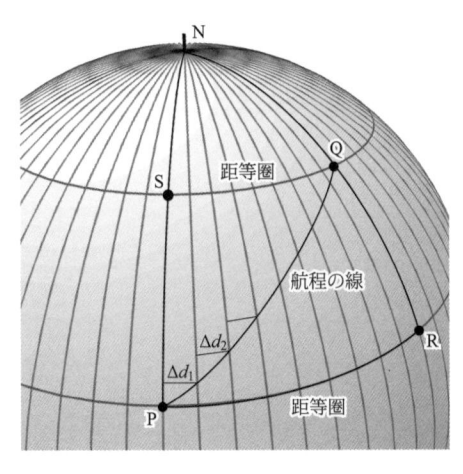

図 3.21　航程の線

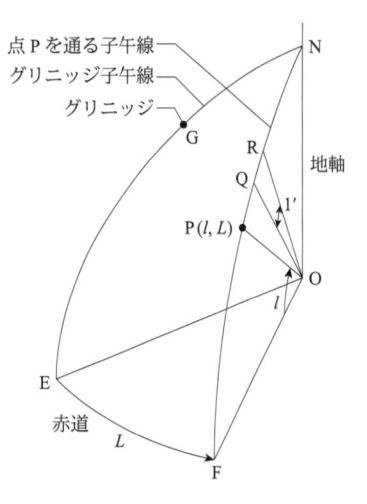

図 3.22　緯度, 経度, 1 海里

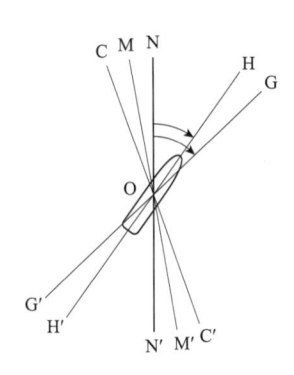

NON′ : 真子午線
MOM′ : 磁気子午線
COC′ : 羅針南北線
NOM : 偏差
MOC : 自差
NOC : コンパス誤差

GOG′ : 航跡 (実航航路)
NOG : 真針路
HOH′ : 船首尾線
NOH : 視針路
MOH : 磁針路
COH : 羅針路
HOG : 風圧差

図 3.23　針路

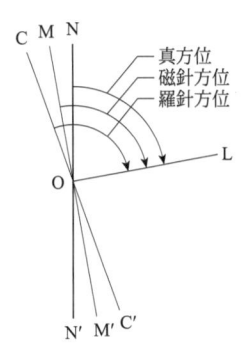

NON′ : 真子午線
MOM′ : 磁気子午線
COC′ : 羅針南北線
NOM : 偏差
MOC : 自差

OL : 大圏
NOL : 真方位
MOL : 磁針方位
COL : 羅針方位

図 3.24　方位

3.3.2　距等圏航法

距等圏 (図 3.21 の PR, SQ) を航行する場合に使用する航法を**距等圏航法**という。この航法では, 針路は 090° または 270° となる。

同図において, PR と SQ の変経 dL は同じであるが, それらの航程 $dist\ (= dep)$[15] は異なる。同変経であっても, 緯度が低いほど航程は長く (赤道で最も長い), 緯度が高くなるにつれて短くなる。

2 地点間の変経 dL が与えられたとき, 2 地点間の航程 $dist$ は次式で表される。

$$dist = dL \cos l \tag{3.6}$$

2 地点間の航程 $dist$ が与えられたとき, 2 地点間の変経 dL は次式で表される。

$$dL = \frac{dist}{\cos l} \tag{3.7}$$

これらの変数の関係は図 3.25 (49 ページ) のとおりである。

---

[15] 距等圏上では, 距離と東西距は等しくなる。

例題 1 地点 P_1 (30°00′N, 142°30′E) から，P_2 (30°00′N, 145°30′E) に至る針路および航程を求めよ。

【解答】最初に変経 dL を求め，次に航程 $dist$ を算出する。次の計算から，$Co = 090°$, $dist = 155.9′$。

	L_2	145°30.0′E	
−	L_1	142°30.0′E	
	dL	3°00.0′E	E なので，$Co = 90°$
		180.0′	′ に変換
×	$\cos l$	0.86603	$l = 30°00.0′$
	$dist$	155.9′	式 (3.6)

例題 2 地点 P (0°00′N, 142°00′E), Q (30°00′N, 142°00′E), R (60°00′N, 142°00′E) のそれぞれの地点から，針路 090° に距離 60′ を航行した。それぞれの到着経度を求めよ。

【解答】下記のとおり。緯度が高くなるほど，変経は大きくなる点に注意。

		P(0°)	Q(30°)	R(60°)	
	$dist$	60.0′	60.0′	60.0′	
÷	$\cos l$	1.0	0.86603	0.5	
	dL	60.0′E	69.3′E	120.0′E	式 (3.7), $Co = 90°$ なので E
		1°00.0′E	1°09.3′E	2°00.0′E	
+	L_1	142°00.0′E	142°00.0′E	142°00.0′E	
	L_2	143°00.0′E	143°09.3′E	144°00.0′E	

3.3.3 平均中分緯度航法

緯度の異なる 2 地点（図 3.21 の PQ）を航行する場合に使用する航法には，平均中分緯度航法と漸長緯度航法がある。

2 地点間における東西距は図 3.21 の PR よりも短く，SQ よりも長いはずである。平均中分緯度航法は航路の東西距を 2 地点間の平均中分緯度における東西距と仮定する航法である。

平均中分緯度航法は計算が簡単である反面，次の欠点がある。

- 2 地点の緯度が異名の場合には利用できない。
- 平均中分緯度航法は漸長緯度航法の近似解であり，若干の誤差を生じる。

2 地点間の変緯 dl, 変経 dL が与えられたとき，平均中分緯度を l_m とすると，2 地点間の針路 Co, 航程 $dist$ は次式で表される。

$$l_m = \frac{l_2 + l_1}{2} \tag{3.8}$$

$$dep = dL \cos l_m \tag{3.9}$$

$$Co = \arctan \frac{dep}{dl} \tag{3.10}$$

$$dist = \frac{dl}{\cos Co} \tag{3.11}$$

出発地, 針路 Co, 航程 $dist$ が与えられたとき, 2 地点間の変緯 dl, 変経 dL は次式で表される。

$$dl = dist \cos Co \tag{3.12}$$

$$dep = dist \sin Co \tag{3.13}$$

$$l_m = l_1 + \frac{dl}{2} \tag{3.14}$$

$$dL = \frac{dep}{\cos l_m} \tag{3.15}$$

例題 1 地点 P_1 (30°00′N, 142°00′E) から, P_2 (35°00′N, 145°00′E) に至る針路および航程を平均中分緯度航法により求めよ。

【解答】最初に, dl, dL, l_m を求める。

	l_2	35°00.0′N	L_2	145°00.0′E
−	l_1	30°00.0′N	L_1	142°00.0′E
	dl	5°00.0′N	dL	3°00.0′E 　針路は NE
		300.0′N		180.0′E
	l_m	32°30.0′N		

式 (3.9)〜(3.11) を使用して

$$dep = dL \cos l_m = 180.0' \cos 32°30.0' = 151.8'$$

$$Co = \arctan \frac{dep}{dl} = \arctan \frac{151.8'}{300.0'} = 26.839° \to \text{N}26.8°\text{E} = 027°$$

$$dist = \frac{dl}{\cos Co} = \frac{300.0'}{\cos 26.8°} = 336.1'$$

例題 2 地点 P (30°00′N, 142°00′E) から, 針路 030° に距離 300′ を航行した。到着地点を平均中分緯度航法により求めよ。

【解答】dl, dL を求める。式 (3.12)〜(3.15) を使用して

$$dl = dist \cos Co = 300.0' \cos 30° = 259.8'\text{N} = 4°19.8'\text{N}$$

$$dep = dist \sin Co = 300.0' \sin 30° = 150.0'$$

$$l_m = l_1 + \frac{dl}{2} = 30°00'\text{N} + 2°09.9' = 32°09.9'$$

$$dL = \frac{dep}{\cos l_m} = \frac{150.0}{\cos 32°09.9'} = 177.2' = 2°57.2'\text{E}$$

到着地点を求める。

	l_1	30°00.0′N	L_1	142°00.0′E
+	dl	4°19.8′N	dL	2°57.2′E
	l_2	34°19.8′N	L_2	144°57.2′E

3.3.4 漸長緯度航法

漸長緯度航法は理論的に正しく，正確な航程の線航法を与える。したがって，精密に航法計算をする必要がある場合には，漸長緯度航法による必要がある。漸長緯度航法の利点は

- 漸長緯度航法は理論的に正しく，正確な航程の線航法を与える。
- 2 地点の緯度が異名の場合にも利用できる。

欠点として

- 式 (3.22) から，090° または 270° に航行する場合は利用できない（∵ $\tan 90°, \tan 270° \to \infty$）。
- 式 (3.16) で表される漸長緯度の計算が若干複雑である。

漸長緯度航法では東西距を算出せず，漸長変緯 dm から変経を求める。2 地点の漸長緯度 m_1, m_2 を求め，漸長変緯 dm，変経 dL が与えられたとき，2 地点間の針路 Co，航程 $dist$ は次式で表される。

$$m(l) = \left(\ln\tan\left(\frac{\pi}{4} + \frac{l}{2}\right) - e^2 \sin l\right)\frac{180 \cdot 60}{\pi} \tag{3.16}$$

$$dm = m_2 - m_1 \tag{3.17}$$

$$Co = \arctan\frac{dL}{dm} \tag{3.18}$$

$$dist = \frac{dl}{\cos Co} \tag{3.19}$$

出発地，針路 Co，航程 $dist$ が与えられたとき，2 地点間の変緯 dl，変経 dL は次式で表される。

$$dl = dist \cos Co \tag{3.20}$$

$$dm = m_2 - m_1 \tag{3.21}$$

$$dL = dm \tan Co \tag{3.22}$$

例題 1 地点 P_1 (30°00′N, 142°00′E) から，P_2 (35°00′N, 145°00′E) に至る針路および航程を漸長緯度航法により求めよ。

【解答】 最初に，漸長緯度 m_1, m_2 を求める。

	l_2	35°00.0′N	m_2	2231.1′	L_2	145°00.0′E	
−	l_1	30°00.0′N	m_1	1876.9′	L_1	142°00.0′E	
	dl	5°00.0′N	dm	354.2′	dL	3°00.0′E	∴ 針路は NE
		300.0′N				180.0′E	

式 (318), (3.19) を使用して

$$Co = \arctan\frac{dL}{dm} = \arctan\frac{180.0′}{354.2′} = 26.939° \to \text{N}26.9°\text{E}$$

$$dist = \frac{dl}{\cos Co} = \frac{300.0′}{\cos 26.939°} = 336.5′$$

第 3 章 地文航法

例題 2 地点 P（30°00′N, 142°00′E）から，針路 030° に距離 300′ を航行した。到着地点を漸長緯度航法により求めよ。

【解答】dl, dL を求める。式 (3.20)〜(3.22) を使用して

$$dl = dist \cos Co = 300.0' \cos 30.0° = 259.8'\text{N} = 4°19.8'\text{N}$$
$$dm = m(l + dl) - m(l) = m(34°19.8') - m(30°00.0') = 2182.4' - 1876.9' = 305.5'$$
$$dL = dm \tan Co = 305.5' \tan 30.0° = 176.4' = 2°56.4'\text{E}$$

dl, dL を加減して，到着地点を求める。

	l_1	30°00.0′N	m_1	1876.9′	L_1	142°00.0′E
+	dl	4°19.8′N	dm	305.5′	dL	2°56.4′E
	l_2	34°19.8′N	m_2	2182.4′	L_2	144°56.4′E

各航法における変数の関係は図 3.25〜3.27 のとおりである。距等圏航法は平均中分緯度航法の特殊な場合で，$Co = 90°$, $dl = 0$, $dist = dep$ である。図 3.26 の左側の三角形が平坦になったと考えることができる。

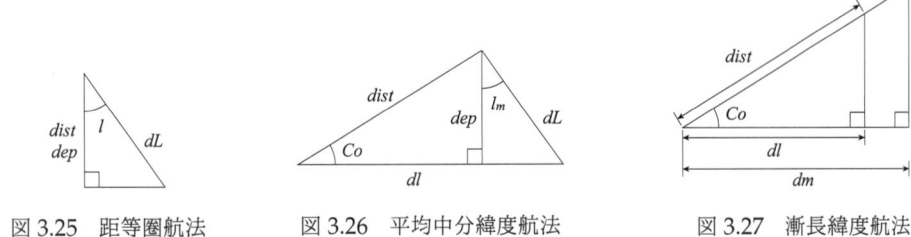

図 3.25　距等圏航法　　図 3.26　平均中分緯度航法　　図 3.27　漸長緯度航法

3.4　船位の測定

船位には次のものがある。

- a．**実測船位**（**OP**[*16]）：地物，天体，電波航路標識などを利用して，実際に測定した位置をいう。実測船位を ● とし，周囲を ○ で囲んで表す（図 3.28 の A, D）。実測船位を結んだものを，対地針路・航程という。実測船位を求めるには次の方法がある。
  - i．**地文航法**：光波標識などを利用した航法。クロス方位法などがある。
  - ii．**天文航法**：天体を利用した航法。
  - iii．**電子航法**：地上にある電波標識を利用した航法。
  - iv．**衛星航法**：人工衛星を用いた航法。GPS などがある。
- b．**推測船位**（**DRP**[*17]）：実測船位（起程点）から，対水針路・航程により計算して求めた位置をいう。推測船位 ● を △ で囲んで表す（同図の B）。推測船位の算出には，距等圏航法，中分緯度航法，漸長緯度航法，大圏航法がある。

[*16] OP : Observed Position
[*17] DRP : Dead Reckoning Position

c．推定船位（EP*18）：推測船位に，風圧流，潮流，海流などの影響を加味して得た位置をいう（図3.28のC）。

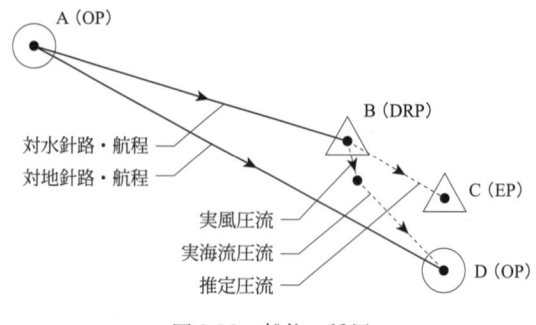

図3.28　船位の種類

3.4.1　船位の測定

3.4.1.1　位置の線

　船位を決定するためには，船舶から地物の方位や距離，天体の高度，電波の到来時間などを測定することにより，船舶が存在する線を求める必要がある。この線を**位置の線**（LOP*19）という。

　沿岸航海における代表的な位置の線には次のものがある（図3.29）。

　a．**方位による位置の線**：コンパスによる地物の方位。
　b．**距離による位置の線**：レーダーや測距儀による地物の距離。
　c．**水深による位置の線**：音響測深機などによる水深。
　d．**仰角による位置の線**：六分儀による物標の仰角。

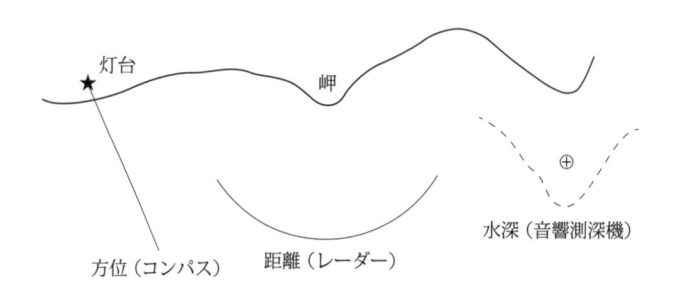

図3.29　位置の線の種類

　船位は位置の線上のどこかにあるが，位置の線1本のみでは船位を決定することはできない。複数の位置の線を組み合わせて船位を決定する必要がある（図3.30）。

---

*18 EP : Estimated Position
*19 LOP : Line of Position

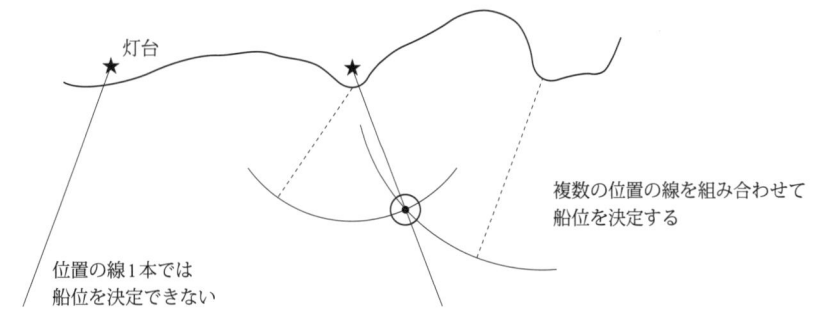

図 3.30　船位の測定

3.4.1.2　クロス方位法

2以上の物標の方位をほぼ同時に測定し，それらの位置の線を海図に記載して方位線の交点を船位とする方法である。簡便でありながら，精度の高い船位を得ることができる（図 3.31）。

方位を測定し作図したら，測定時刻を記入する（作図が終了した時刻ではない）。時刻は航行方向の後ろに書くと次の作図の邪魔にならない。毎正時には時分（たとえば，11$^{\underline{00}}$）を書き，それ以外の時刻では分（たとえば，1115 であれば，15）のみを書く。速力（1時間の航程）を求めやすくするため，15分毎の測定が良い（図 3.31）。

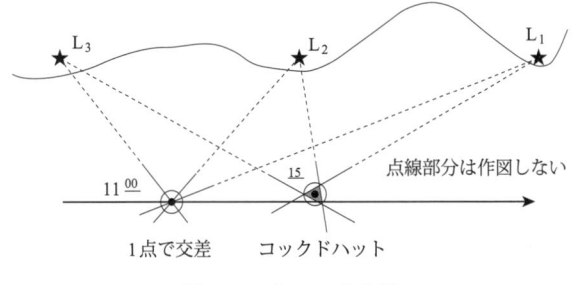

図 3.31　クロス方位法

クロス方位法実施時の注意事項は次のとおりである。

- 位置の正確な物標を選ぶ。灯台や三角点のある山が良い。
- 物標の取り間違えを防ぐため，顕著な物標を選ぶ。
- なるべく近距離の物標を選ぶ。方位測定に誤差があっても，遠方物標よりも船位誤差を小さくできる。
- 1本の位置の線に重視物標を用いると，その物標の方位を測定する必要がない。また，重視線の方位からコンパス誤差が得られるので，測定した方位線の誤差を修正することによって，正確な船位を得ることができる。ただし，物標を重視できる時機にしか船位を得られない。
- 船首方向の物標を選定することにより，予定航路から左右への偏位を検知することができる。
- 2物標であれば交角が90°，3物標であれば交角が60°に近いものを選択する。
- 浮標などは移動している可能性があるので使用しない。

3.4.1.3　レーダー距離法

2以上の海岸線の距離をほぼ同時に測定し，その距離を海図に記載して距離線の交点を船位とする方法である。簡便でありながら，精度の高い船位を得ることができる（図 3.32）。

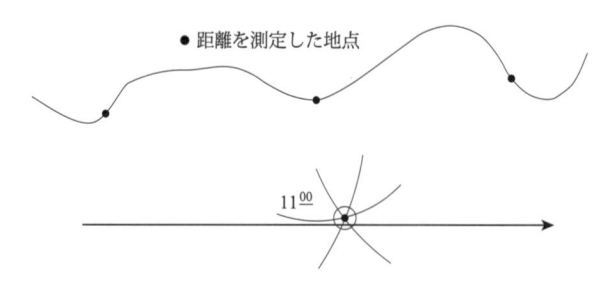

図 3.32　水平距離による位置

レーダー距離法実施時の注意事項は次のとおりである。

- レーダーにはっきり映る海岸線を利用する。切り立った崖などが最も良く，なだらかな砂浜などは避ける。
- 認識の容易な形のものを利用する。岬や島は判別しやすい。
- 正横方向の物標を選定することにより，予定航路から左右への偏位を検知することができる。
- 2物標であれば交角が90°，3物標であれば交角が60°に近いものを選択する。

3.4.1.4　船位の誤差

図 3.31 に示すように，3物標による位置の線に誤差がある場合，コックドハットと呼ばれる誤差三角形ができるので，コックドハットができるかどうかで船位の精度を推測できる。2本の位置の線では誤差を検知できないので，できる限り3個以上の物標を利用する。

クロス方位法およびレーダー距離法では次の場合に位置の線に誤差が発生する。

- 装置（コンパスやレーダー）自体に誤差がある場合。
- 物標を取り間違えた場合。
- 測定に時間がかかりすぎた場合。それぞれの測定の間に船はある程度航走してしまい，それぞれの測定位置が異なる。
- 測定に誤差がある場合。測定精度が低く，得た数値に誤差が含まれる。
- 海図に作図する際，その精度が低い場合。
- 偶然誤差。測定は正しいものの，それを覚え間違えた場合など。

コックドハットができた場合，次のように対処する。

- 三角形が小さい場合は，その中心（内接円の中心）を船位とする。
- 3本が同精度でない場合，最も精度が低いと思われる1本を除外して船位を決定する。
- 危険に最も近い所（たとえば，陸側，険礁側）を船位とする。
- 三角形が大きい場合，再度船位を測定する。

3.4.1.5 海図用具

海図用具には**三角定規**(方位線, 直線, 経緯度線, 位置の線などの記入に使用。定規の周囲に方位が記載された井上式三角定規がよく使われる), **コンパス**(距離の描き込み, 円・弧の記入に使用), **デバイダー**(距離・間隔の測定に使用)がある。その他, **鉛筆**(芯の柔らかい 2B 以上のものを使用), 文鎮(海図の固定), 消しゴムなどがある。

- a．**距離の測定**：図 3.33 において, 船位 P から変針点 B までの距離を測る場合, その距離 $\overline{PB}$ をデバイダーでとり, ほぼ同緯度の緯度尺を利用して, 距離を得る。ある物標から距離の線を記入する場合は, その物標とほぼ同緯度の緯度尺でコンパスにより距離をとり, 当該物標から必要とされる弧を記入する。

- b．**方位線の記入と測定**：ある地点(物標など)から 120°の方位線を引く場合, 三角定規をコンパスローズの中心と外周の"120"に当て, 直角二等辺三角形を固定し, 当該地点まで直角三角形を平行移動して, 方位線を記入する。また, 井上式三角定規を使用すると, 経度線を利用して方位を記入することができる(図 3.33, 3.34)。実針路や物標の方位を測る場合には, それらの線に三角定規を当て, コンパスローズか経度線まで移動して針路などを得る。

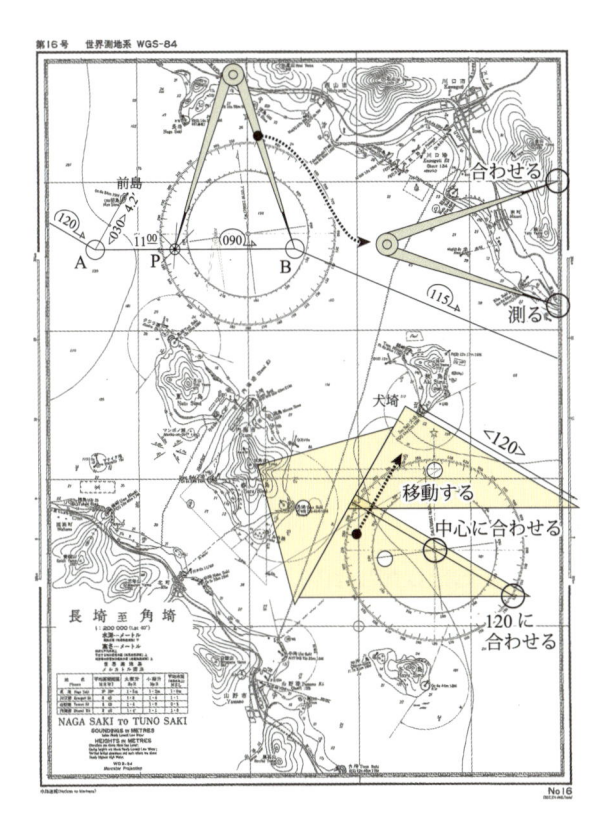

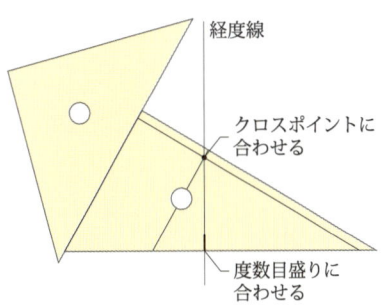

図 3.33　海図と作図

図 3.34　井上式三角定規

3.4.2 風潮流の影響

風潮流などの外力を受けると，船は自船の針路・速力ベクトルと外力ベクトルの合成ベクトルを実航針路・速力として航行することになる。ベクトル演算を使用することによって，自船ベクトル，外力ベクトル，合成ベクトルを求めることができる。

3.4.2.1 実航針路・速力の算出

図 3.35 は，A 船が対水針路・速力ベクトル $\overrightarrow{OA}$ で航行中，潮流を受けた場合の実航（対地）針路・速力を表している。A 船の対水針路・速力を 090°，10 kn，流速を 2 kn とする。

a．A 船が逆潮 $\overrightarrow{AC}$ を受けた場合：A 船の実航針路・速力は $\overrightarrow{OC}$ となる。針路は変わらず，実航速力は $\overrightarrow{OC} = 10 - 2 = 8$ kn となる。

b．A 船が順潮 $\overrightarrow{AD}$ を受けた場合：A 船の実航針路・速力は $\overrightarrow{OD}$ となる。針路は変わらず，実航速力は $\overrightarrow{OD} = 10 + 2 = 12$ kn となる。

c．A 船が流潮 $\overrightarrow{AB}$ を受けた場合：A 船の実航針路・速力は $\overrightarrow{OB}$ となる。ベクトル $\overrightarrow{OA}$ と $\overrightarrow{AB}$ を加算することによって $\overrightarrow{OB}$ を求める。作図から，針路は ∠NOB = 099.3°，速力は $\overrightarrow{OB} = 8.7$ kn である。A 丸が $\overrightarrow{OB}$ を航行しているとき，A 船の針路 $\overrightarrow{SH}$ は $\overrightarrow{OA}$ に平行であるため，航海士は実測船位を得るまで，潮流の影響を受け斜航していることには気がつかない。

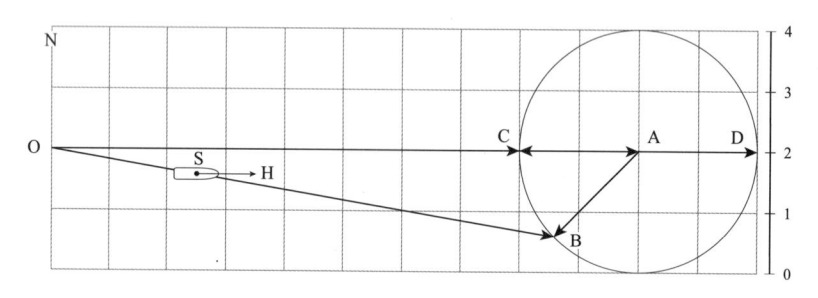

図 3.35　潮流影響と実航航路

3.4.2.2 流向・流速の算出

図 3.36 は，A 船が対水針路・速力ベクトル $\overrightarrow{OA}$ で航行したときの，推測位置 A および実測位置 B を示している。これらから潮流を求める。A 船の対水針路・速力などは同様とする。

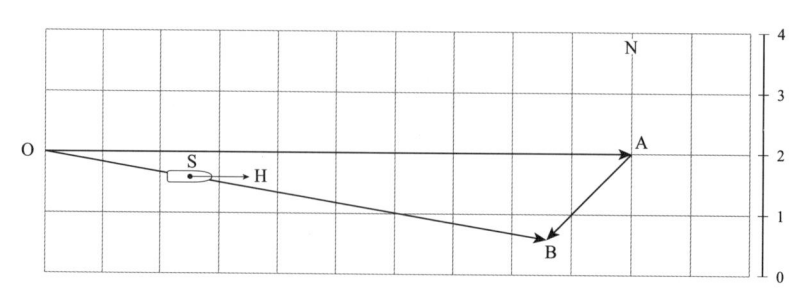

図 3.36　潮流の算出

潮流の影響がなければ，実測船位はAになったはずであるから，潮流は$\overrightarrow{AB}$である。潮流ベクトル$\overrightarrow{AB}$は$\overrightarrow{OB}$から$\overrightarrow{OA}$を減算することによって求めることができる。作図から，流向は$\angle NAB = 225.0°$，流速は$\overrightarrow{AB} = 2.0\,\text{kn}$である。

3.4.2.3 正横距離の算出

図3.37は，A船の対水針路・速力ベクトル$\overrightarrow{OA}$，潮流ベクトル$\overrightarrow{AB}$，A船の実航針路・速力$\overrightarrow{OB}$を表している。LはOから北に2.0′，東に7.0′の位置にある灯台を表す。A船が灯台Lを正横に見るときの航程，所要時間，正横距離を求める。

A船の実航針路・速力は$\overrightarrow{OB}$である。A船が灯台Lを正横に見る点は，Lから$\overrightarrow{OA}$に垂線を下ろし，その延長線が$\overrightarrow{OB}$と交差する点Fである（A船の針路$\overrightarrow{SH}$は$\overrightarrow{OA}$に平行であることに注意）。

作図から，OからFまでの距離は$\overline{OF} = 7.1′$，所要時間は$t = 60^{\text{m}} \times \overline{OF}/\overline{OB} = 60 \times 7.1/8.7 = 49^{\text{m}}$，灯台Lの正横距離は$\overline{LF} = 3.2′$である。

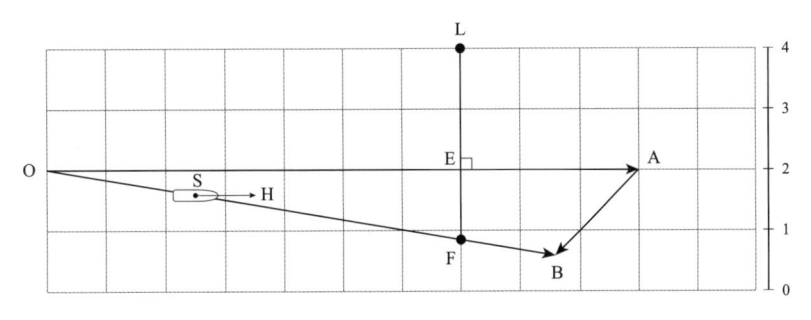

図3.37　灯台の正横距離

3.4.3　ランニングフィックス

1本の位置の線しか得られないとき，ランニングフィックスによって船位を求めることができる。

3.4.3.1　位置の線の転位

位置の線を推測針路・航程に合わせて移動することを**転位**という。図3.38で方位による位置の線の転位を説明する。ある時刻に灯台Lを30°に測定し，その位置の線をaとする。船位は位置の線a上にあるものの，どこにあるかはわからない。その後，船は針路090°に5.0′航走したものとすると，a上の各点A, B, $\cdots$ は線a'上のA′, B′, $\cdots$ に移動（転位）する。a'を位置の線aの**転位線**という。

位置の線の転位は途中で変針や変速が入っても同様に考えてよい。図3.39は090°に2.0′，110°に3.0′航走した様子を示している。位置の線a上の各点A, B, $\cdots$ はA′, B′, $\cdots$ を通り，A″, B″, $\cdots$ に転位する。

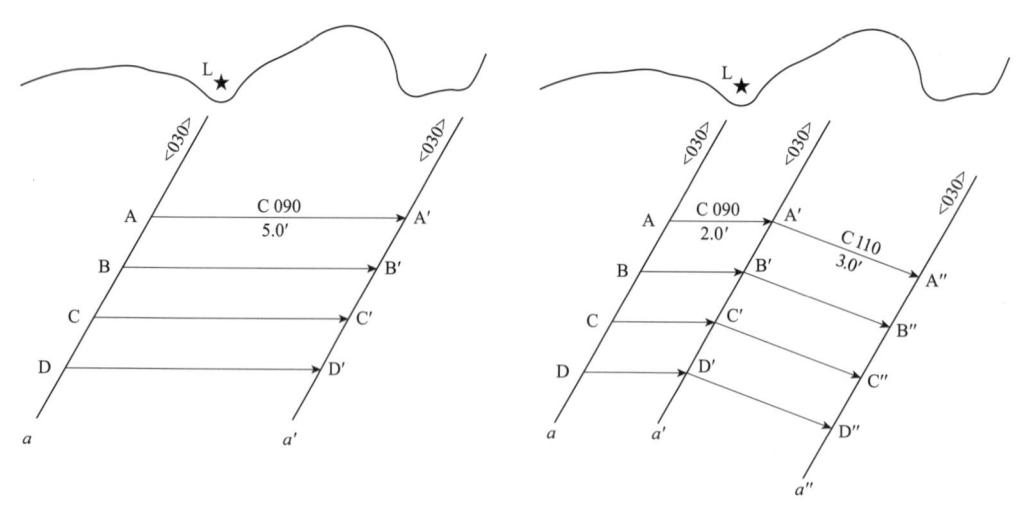

図 3.38 位置の線の転位（直航）

図 3.39 位置の線の転位（変針）

3.4.3.2 ランニングフィックス

ある物標の方位（または距離）を測定し，ある程度時間が経過してから再度同物標の方位（または距離）を測定し，最初の位置の線を転位し，転位した位置の線と後測時の位置の線を交差させて船位を求める。これをランニングフィックスという[20]。

ある時刻に灯台 L を 30°に測定し，090°に 5.0′ 航走後，同灯台を 310°に測定したものとする（図3.40）。前測の位置の線 a を 090°に 5.0′ 転位しそれを a' とし，次に灯台 L を 310°に見る位置の線を b とする。転位線 a' と b の交点 F が後測時の船位である。

距離の転位によるランニングフィックスでも同様である。ある時刻に地点 P を 4.0′ に測定しその位置の線を a とし，090°，5.0′ 転位した転位線を a' とする。その後，地点 P を 6.0′ に測定し，その位置の線を b とする。線 a' と b の交点 F が後測時の船位である（図 3.41）。

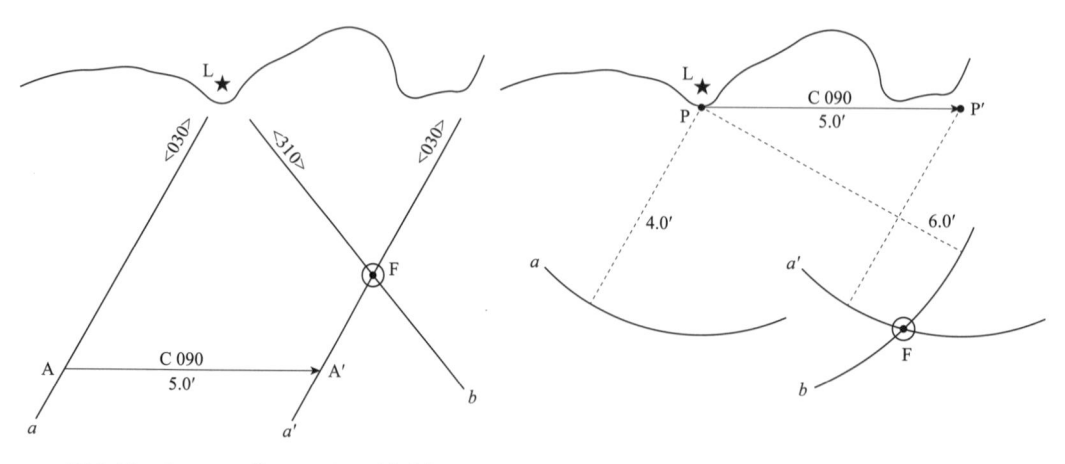

図 3.40 ランニングフィックス（方位）

図 3.41 ランニングフィックス（距離）

---

[20] 沿岸航海中，物標の測定において位置の線が 1 本しか得られないということは稀であろう。しかし，大洋航海中の昼間の天測では，位置の線を求める対象は太陽しかなく，1 回の測定で得られる位置の線は 1 本である。したがって，時間をおいて再度測定し，ランニングフィックスによって船位を決定する。

針路と物標の測定角を特定の値とすると，物標までの距離を同時に得ることができる。灯台 L の前測時の方位を α, 後測時の方位を $\beta = 2\alpha$ とすることによって，△LAB は二等辺三角形となり，地点 B における灯台までの距離は $\overline{LB} = \overline{AB}$ として求めることができる。これを**船首倍角法**という（図 3.42）。正横距離 $\overline{LC}$ の算出は次式による。

$$\overline{LC} = \overline{LB}\sin\beta \tag{3.23}$$

さらに，特殊な場合として，$\alpha = 45°$, $\beta = 2\alpha = 90°$ とすると，△LAB は直角二等辺三角形となり，地点 B における灯台までの距離 $\overline{LB}$ は灯台の正横距離を与える。これを**四点方位法**という（図 3.43）。

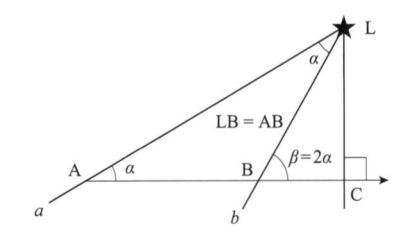

図 3.42 船首倍角法

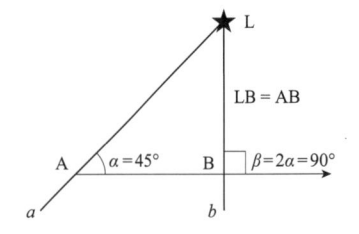

図 3.43 四点方位法

ランニングフィックスでは両測間にある程度の時間の経過があるため，外力の影響が入り込む余地がある。図 3.44 に示すように，船速を u, 潮流の流速を v とする。潮流がなければ，ランニングフィックスによって，船位 B を得る。逆流であれば実船速は $u - v$ となり実船位は B′, 順流であれば実船速は $u + v$ になり実船位は B″ となる。しかし，航海士は潮流のあることに気がつかないので，船位を B とする。実船位が B′ となるような場合，陸に近づくこととなり危険状態に陥ることがある。

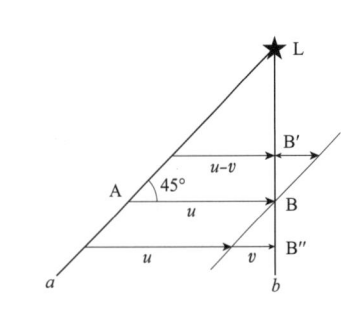

図 3.44 ランニングフィックスの誤差

3.4.4 避険線

狭水道通過時や入港時，他船の避航などのためクロス方位法などによって船位を確認できない場合がある。そのような場合を想定し，あらかじめ危険な地点に近づかないように危険を回避する線を設定しておく。この危険回避線を**避険線**という。避険線には次のものがある。

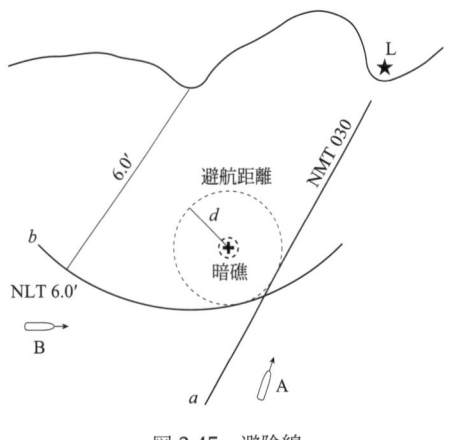

図 3.45 避険線

a．方位によるもの：顕著な物標の安全方位を定め，コンパスでその方位以上（または以下）に船位を保つ。図 3.45 において，北航する A 船が暗礁を避けるには，方位 a による避険線が適している。

b．距離によるもの：顕著な物標からの安全距離を定め，レーダーでその距離以上（または以下）に船位を保つ。同図において，東航する B 船が暗礁を避けるには，距離 b による避険線が適している。

c．水深によるもの：安全水深を定め，音響測深機でその水深以上に船位を保つ。

d．2 物標の挟角によるもの：安全挟角を定め，六分儀でその角度以上（または以下）に船位を保つ。

e．物標の垂直角によるもの：安全垂直角を定め，六分儀でその角度以上（または以下）に船位を保つ。

3.5 海流と潮汐

3.5.1 海流

海流とは海洋の一部に生じる海水の水平方向の流れの総称である。海流は季節により若干の変動はあるものの，ほぼ一定の流速で流れる。海流が起こる主な原因は，風や海面の傾斜[21]である。

3.5.1.1 日本近海の海流

日本近海には黒潮，親潮，対馬海流，リマン海流がある（図 2.4 参照）。

a．**黒潮**：黒潮は台湾南東方付近に端を発し，東シナ海大陸棚の外縁に沿って北東上し，九州と奄美大島の間を通り，日本南岸に沿って流れ，房総半島沖を東流する海流である。黒潮はメキシコ湾流と並ぶ世界の強大海流の一つであり，最強流速は 5 kn に達する。強い流れの幅は 100 km 以上あり，輸送する水の量は毎秒 5000 万トンに達する。水温は 20〜30°C と高く，8 月末から 9 月初め頃が最も高い。栄養塩やプランクトンが少なく，透明度が高いため藍色に見える。黒潮は四国・本州南岸にほぼ沿って流れる流路（非大蛇行流路）と，紀伊半島・遠州灘沖で南へ大きく蛇行する流路（大蛇行流路）がある[22]。

b．**親潮**：親潮（千島海流）は北太平洋北側に反時計回りに流れる循環を形成する。ベーリング海に端を発し，カムチャツカ半島，千島列島沿いを南西に流れ，三陸沖より東に向きを転じる海流である。流速は 0.3〜0.5 kn で，冬季から春先にかけて強勢となる。親潮は栄養塩やプランクトンに富み，低温・低塩分で溶在酸素量が多く，緑や茶色がかった色をしている。流域は世界有数の漁場であり，多くの有用水産物を生み出すため，親潮の名が付けられた。また，親潮は北海道から東北の気象にも大きな影響を与える。親潮が強いときに北太平洋高気圧から吹き出す風が親潮で冷やされて，冷たい東風（やませ）として吹き，冷害を招くことがある。

c．**対馬海流**：黒潮の一部は沖縄西方で主流から分岐し，九州西岸を北上して対馬海峡を通って日本海に入り対馬海流となる。さらに北上し，津軽海峡から東流する津軽暖流，宗谷海峡か

---

[21] 海流の形成過程については，参考文献 [2] を参照されたい。
[22] この蛇行現象を**黒潮大蛇行**という。

ら東流する宗谷暖流となる。流速は平均で 0.5～1.0 kn で，津軽海峡では 3.0 kn 以上，宗谷海峡では 2.5 kn と速くなる。

　d．リマン海流：日本海の北東部からは，リマン海流が大陸沿いに南下しており，オホーツク海およびアムール河を起源とする低水温・低塩分水を日本海北部の表層に供給している。

3.5.1.2　世界の海流

世界の代表的な海流を示す（図 3.46）。

　a．北太平洋環流：この環流は北太平洋を時計回りに循環する。赤道と北緯 50° の間に位置し，北太平洋の大部分を占める。この環流は黒潮，北太平洋海流，カリフォルニア海流，北赤道海流で構成される。

　b．南太平洋環流：この環流は南太平洋全体に広がり，反時計回りに循環する。この環流は南赤道海流，東オーストラリア海流，南太平洋海流，ペルー海流（フンボルト海流）で構成される。北太平洋環流と南太平洋環流の間（3～8°N）には東流する赤道反流がある。

　c．北大西洋環流：この環流は北大西洋を時計回りに循環する。この環流は北赤道海流，アンティル海流，メキシコ湾流，カナリー海流で構成される。

　d．南大西洋環流：この環流は南大西洋を反時計回りに循環する。この環流は南赤道海流，ブラジル海流，南大西洋海流，ベンゲラ海流で構成される。太平洋と同様に，北大西洋環流と南大西洋環流の間には東流する赤道反流がある。

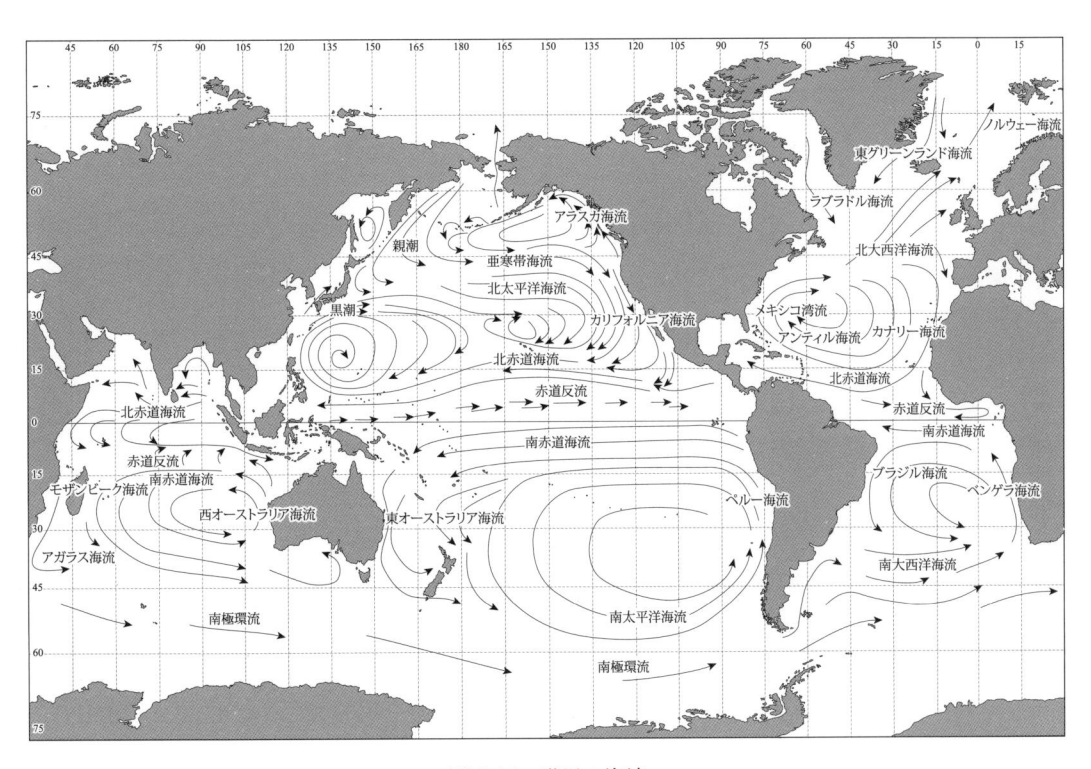

図 3.46　世界の海流

e．インド洋環流：この環流はインド洋を反時計回りに循環する。この環流は南赤道海流，モザンビーク海流，アガラス海流，西オーストラリア海流で構成される。

f．その他の環流：北大西洋亜寒帯循環，北太平洋亜寒帯循環（アラスカ海流，親潮へつながる反時計回りの流れ），南極環流などがある。

3.5.2　潮汐と潮流

海面が約半日の周期で規則正しく上昇と下降を繰り返す現象を**潮汐**といい，潮汐の上下動に伴う海水の水平方向の動きを**潮流**という。潮汐が起こる主な原因は月と太陽が地球に及ぼす引力と，地球とこれら天体が公転するために生じる遠心力である。引力と遠心力の合力を**起潮力**という。

3.5.2.1　起潮力

月・太陽・地球の位置関係によって起潮力は異なる。これらが一直線に並ぶ朔望[*23]頃に起潮力および潮差は最大となる。これを**大潮**という。月と太陽が地球から見て直角の位置にある上弦および下弦の月の頃に起潮力は最小で，潮差は最小となる。これを**小潮**という。大潮と小潮は新月から次の新月までの間にほぼ2回ずつ現れ，大潮は朔望から1～2日遅れて発生する（図3.47）。

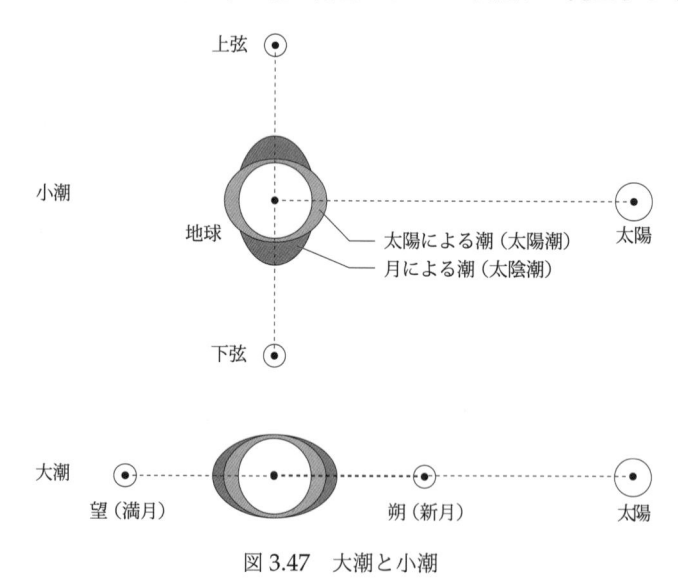

図3.47　大潮と小潮

3.5.2.2　潮汐

基準となる水面から測った海面の高さを**潮高**という。海面の水位が最も高くなるときを**高潮**（満潮），最も低くなるときを**低潮**（干潮）といい，潮高の差を**潮差**という。一般的に海水が出入りする入口が狭く，奥が広く，水深の深い内湾では，潮差が小さい。潮汐に関する用語には次のものがある。

a．**平均高高潮**：1日に2回ある高潮のうち，高高潮（高いほうの高潮）の平均の高さ（MHHW）

b．**平均高い低潮**：1日に2回ある低潮のうち，高いほうの低潮の平均の高さ（MHLW）

[*23] 朔望とは月の満ち欠けをいい，朔は新月，望は満月である。

c．平均低い高潮：1日に2回ある高潮のうち，低いほうの高潮の平均の高さ（MLHW）
d．平均低低潮：1日に2回ある低潮のうち，低低潮（低いほうの低潮）の平均の高さ（MLLW）
e．上げ潮：低潮から高潮までの潮位が高くなる状態
f．下げ潮：高潮から低潮までの潮位が低くなる状態
g．停潮：高潮時と低潮時に海面の昇降が一時的に停止する状態
h．月潮間隔：高潮や低潮は月がある地点の子午線上を通過したとき，および180°反対側の子午線を通過したときからやや遅れて起こる。この遅延時間を月潮間隔という。海陸の分布，海底地形，海水と海底の摩擦抵抗などに起因する。
i．日潮不等：地球は自転するため，高潮および低潮は1日に2回あり，潮汐は月による支配が大きいため1太陰日[*24]を周期に起こると考えられ，2回ずつ現れる高潮および低潮の潮位は同じはずだが，通常は一致しない。さらには，1日に1回しか満潮と干潮が現れなくなることもある。このような現象を日潮不等という。
j．気象の潮汐への影響：その他の潮汐の要因として，気圧低下による海水の吸い上げ，向岸風，風浪などの気象条件によって海水面が昇降する**気象潮**がある。1hPaの変化で潮位は約1cm変化する[*25]。気圧の低下による海面の上昇と，向岸風による海水の吹き寄せが重なると**高潮**（たかしお）となる。

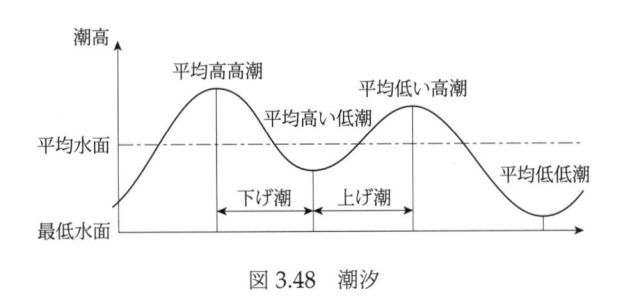

図 3.48　潮汐

3.5.2.3　潮流

潮汐の上下動に伴う海水の周期的な水平方向の動きを**潮流**という。潮流は**流向**[*26]と**流速**で表される。潮流は海岸地形や複雑な海底地形の状況に影響されることが多く，水深が浅く，潮差の大きい場所で強く，狭い瀬戸では激しいことが多い。表3.19に各海峡・水道の潮流を示す。

a．上げ潮流：低潮から高潮までの間で流速が最大となる方向の潮流をいう。
b．下げ潮流：高潮から低潮までの間で流速が最大となる方向の潮流をいう。
c．憩流（けいりゅう）：一方向の潮流の流速が極大になり，流れが一時的に停止する状態をいう。
d．転流：憩流を過ぎて海水が反対方向に流れ始める状態をいう。

[*24] 1太陰日とは，月が正中し再び正中するまでの1日で，約 $24^h 50^m$ である。
[*25] 1気圧（1013 hPa）は約 1034 cm 水柱である。したがって，気圧の 1 hPa の変化で潮位は約 1 cm 変化する。
[*26] 流向は流れていく方向で表され，風向（吹いてくる方向）と異なるので注意。

表 3.19　海峡・水道における潮流

海峡・水道	上げ潮流	下げ潮流	最強流速
東京湾湾口	北西流	南東流	約 2 kn
伊良湖水道	北西流	南東流	約 3 kn
鳴門海峡	北流	南流	約 10 kn
友ヶ島水道	北流	南流	約 4 kn
明石海峡	西北西流	東南東流	約 7 kn
播磨灘	西流	東流	約 0.5 kn
備讃瀬戸	西流	東流	約 3 kn
備讃瀬戸（三ツ子島）	西南西流	東北東流	約 3 kn
尾道水道	東流	西流	約 3 kn
長崎瀬戸	南東流	北西流	約 3 kn
来島海峡（中水道）	南流	北流	約 10 kn
大畠瀬戸	東流	西流	約 7 kn
釣島水道	北東流	南西流	約 3 kn
周防灘東部	北西流	南東流	約 1 kn
関門海峡（早鞆瀬戸）	西流	東流	約 10 kn
速吸瀬戸	北流	南流	約 6 kn
平戸瀬戸	北東流	南西流	約 6 kn
早崎瀬戸	東流	西流	約 7 kn
長島海峡	北北東流	南南西流	約 5 kn
鹿児島湾湾口	北北東流	南南西流	約 1 kn

2015 年潮汐表から

3.5.2.4　潮汐の計算

潮汐表には標準港とそれ以外の港が掲載されており，標準港にあっては毎日の潮汐が掲載され，それ以外の港などにあっては標準港の潮汐を改正することによって潮汐を求める。

(1) 標準港

表 3.20 に標準港横浜港における 2011 年 11 月 25 日の潮汐を示す。図 3.49 はその潮汐の変化を図示したもので，h は潮高，MSL は平均水面，DL は最低水面を表す（図 3.1 参照）。実際の水深 D は海図記載水深 d に潮高 h を加えたものになる。

$$D = d + h \tag{3.24}$$

表 3.20　横浜港の潮汐表

日	時刻	潮高 h
	h m	cm
25	05 15	189
	10 34	105
●	15 57	195
	23 00	−6

2011 年潮汐表から

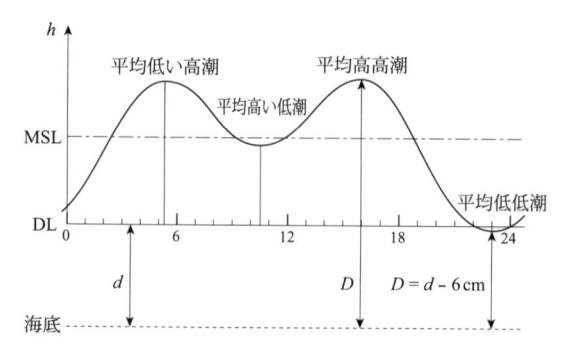

図 3.49　横浜港の潮汐図

当日は新月●で，最大潮差は 201 cm に達する。23^h00^m の潮高は -6 cm であるから，平均低低潮時の水面は最低水面よりも 6 cm 下がり，水深は海図記載値よりも 6 cm 浅くなる。

(2) 標準港以外の港

標準港以外の港では，当該港の**改正数**（潮時差，潮高比）を標準港の値に改正して，潮汐を求める。

a. **潮時差**：標準港と標準港以外の港の高低潮時の時間差
b. **潮高比**：標準港と標準港以外の港の潮汐の振幅の比

館山港の潮汐算出を例に説明する。館山港の改正数などは表 3.21 のとおりである。館山港の標準港は横浜港で，潮時は横浜港よりも 10 分早く，振幅比は 0.89 倍であることを示している。

表 3.21　館山港の潮汐改正数

番号	地名	潮時差	潮高比	平均水面 Z_0
	標準港：横浜			
176	館山	–0 10	0.89	1.00

2011 年潮汐表から

2011 年 11 月 25 日の横浜港の潮汐から，同日の館山港の潮汐を求める。

	項目	高潮	低潮	高潮	低潮	備考
	横浜港の潮時	0515	1034	1557	2300	2011/11/25
+	潮時差	–0010	–0010	–0010	–0010	潮時は標準港よりも 10 分早い
	館山港の潮時	0505	1024	1547	2250	
	横浜港の潮高	189	105	195	–6	
–	横浜港の Z_0	115	115	115	115	
	横浜港の振幅	74	–10	80	–121	平均水面からの振幅
×	潮高比	0.89	0.89	0.89	0.89	振幅は標準港の 0.89 倍
	館山港の振幅	66	–9	71	–108	平均水面からの振幅
+	館山港の Z_0	100	100	100	100	
	館山港の潮高	166	91	171	–8	

両港の潮汐の関係を次図に示す。

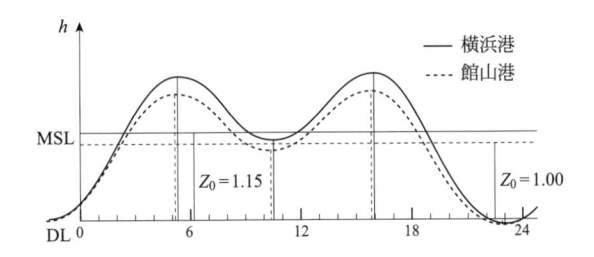

(3) 任意の時刻の潮高

当該港の潮高差に任意時の潮高を求める表（表 3.22）の潮高比を掛けて，任意の時刻の潮高を求める。

例として，横浜港の 2011 年 11 月 25 日 1200 の潮高を求める。

表 3.22 任意時の潮高を求める表（一部）

A：相次ぐ高低潮時の差　　B：低潮時からの時間

A \ B	h	0				1			
	m	0	15	30	45	0	15	30	45
h　m									
5　0		0.00	0.01	0.02	0.05	0.10	0.15	0.21	0.27
10		0.00	0.01	0.02	0.05	0.09	0.14	0.19	0.26
20		0.00	0.01	0.02	0.05	0.08	0.13	0.18	0.24
30		0.00	0.01	0.02	0.05	0.08	0.12	0.17	0.23
40		0.00	0.00	0.02	0.04	0.07	0.12	0.16	0.22
50		0.00	0.00	0.02	0.04	0.07	0.11	0.15	0.21

	項目	時刻	備考
	直前の高潮	10 34	表 3.20
−	直後の低潮	15 57	表 3.20
	潮時差 A	5 23	
	当該時	12 00	
−	低潮時	10 34	
	潮時差 B	1 26	
	高潮高	195	表 3.20
−	低潮高	105	表 3.20
	潮差	90	
×	潮高比	0.16	表 3.22
	低潮面からの高さ	14	
+	低潮高	105	
	当該時の潮高	119	

3.5.2.5 潮流の計算

潮汐表には標準地点とそれ以外の地点が掲載されており，標準地点にあっては毎日の潮流が掲載され，各地点にあっては標準地点の潮流を改正することによって潮流を求める。

(1) 標準地点

標準地点は転流時刻，最強時刻およびその流向・流速が示される。表 3.23 に 2011 年 11 月 25 日の来島海峡における潮流を示す。来島海峡では，上げ潮流は南流，下げ潮流は北流，当日は新月●で，最大流速は南流 9.3 kn に達することがわかる。

(2) 標準地点以外の地点

標準地点以外の地点では，その地点の**流向**と**改正数**（**潮時差，流速比**）を標準地点の値に改正して，潮流を求める。表3.24に竜神島灯台の南方約1.0 nmの地点の潮流改正数を示す。

  a．**流向**：標準地点以外の地点の上げ潮流および下げ潮流の流向。竜神島南方では東西流となる。
  b．**潮時差**：標準地点と標準地点以外の地点の転流時および最強時の時間差。竜神島南方では標準地点よりも30分遅くなる。
  c．**流速比**：標準地点と標準地点以外の地点の流速の振幅の比。竜神島南方では流速は1/10になる。

表 3.23　来島海峡（中水道）の潮流表

＋：南流　－：北流

日	転流時	最強	
	h m	h m	kn
25		01 39	−7.8
	04 46	08 03	+9.3
●	11 23	14 26	−7.3
	17 33	20 19	+6.5
	23 46		

2011年潮汐表から

表 3.24　竜神島灯台の南方約1.0 nmの地点の潮流改正数

番号	流向	潮時差		流速比
		転流時	最強時	
1371	93	+0 30	+0 30	0.1
	273	+0 30	+0 30	0.1

2011年潮汐表から

竜神島灯台の南方約1.0 nmの地点（来島海峡航路東端）の潮流の算出を次に示す。

	項目	南流	北流	南流	北流	備考
	標準地点の転流時	0446	1123	1733	2346	
＋	潮時差	+0030	+0030	+0030	+0030	標準地点よりも30分遅い
	竜神島転流時	0516	1153	1803	2416	
	標準地点の最強時	0139	0803	1426	2019	
＋	潮時差	+0030	+0030	+0030	+0030	
	竜神島最強時	0209	0833	1456	2049	
	標準地点の最強流速	−7.8	+9.3	−7.3	+6.5	
×	流速比	0.1	0.1	0.1	0.1	
	竜神島最強流速	−0.8	+0.9	−0.7	+0.7	

(3) 任意の時刻の潮流

水道の任意の時刻の流速は，当該水道の最強流速に任意時の流速を求める表（表 3.25）の流速比を掛けることによって求める。

例として，来島海峡（中水道）（表 3.23 参照）の 1200 と 1600 の流速を求める。

表 3.25　任意時の流速を求める表（一部）

A：転流時と最強時の差　　B：転流時からの時間

A＼B	h	0				1			
	m	0	15	30	45	0	15	30	45
h	m								
3	0	0.00	0.13	0.26	0.38	0.50	0.61	0.71	0.79
	10	0.00	0.12	0.25	0.36	0.48	0.58	0.68	0.76
	20	0.00	0.12	0.23	0.35	0.45	0.56	0.65	0.73
	30	0.00	0.11	0.22	0.33	0.43	0.53	0.62	0.71
	40	0.00	0.11	0.21	0.32	0.42	0.51	0.60	0.68
	50	0.00	0.10	0.20	0.30	0.40	0.49	0.58	0.66

来島海峡の 1200 の潮流

項目	時刻
直前の転流時	11 23
－直後の最強時	14 26
潮時差 A	3 03
当該時	12 00
－転流時	11 23
潮時差 B	0 37
最強流速	−7.3
×流速比	0.31
当該時の流速	−2.3

来島海峡の 1600 の潮流

項目	時刻
直前の最強時	14 26
－直後の転流時	17 33
潮時差 A	3 07
当該時	16 00
－転流時	17 33
潮時差 B	1 33
最強流速	−7.3
×流速比	0.71
当該時の流速	−5.2

第 4 章

天文航法

4.1 用語

天文航法で使用する用語を説明する。地文航法の用語（3.3.1 節）も参考にされたい。

(1) 天球に関する用語

図 4.1 は赤道座標系といい，天体の天球上の位置が描かれている。

- a．**天球**：地球を中心とした無限大の仮想球を天球といい，すべての天体はこの天球上にあるものと考える。
- b．**天の赤道**：地球の赤道面を延長し，天球と交差した大圏を天の赤道という。
- c．**天の北極，天の南極**：地球の地軸を北極方向に延長し天球と交差した点を天の北極，南極方向に延長し天球と交差した点を天の南極という。
- d．**天の子午線**：天の北極および天の南極を通る大圏をいう。測者の天頂を通るものを測者の子午線，ある天体を通るものをその天体を通る子午線という。
- e．**黄道**：天球上の太陽の軌道をいう。天の赤道と約 23.4° の傾きを持つ。
- f．**赤緯 (d)**：ある天体を通る子午線上において，その天体と天の赤道が成す角を赤緯という。赤道は赤緯 0°，天の北極および南極は 90°，天の北極側の赤緯を北緯 (N)，南極側を南緯 (S) とする。地球の緯度に相当する。
- g．**赤経 (RA[*1])**：春分点を通る子午線とある天体を通る子午線が成す角をその天体の赤経という。春分点を通る子午線を 0^h として，東回りに 24^h まで測る。地球の経度に相当するが，経度のように**東経・西経はない**。海上保安庁の発行する天測暦には，赤経の代わりに E と呼ばれる特殊な値が使われている。
- h．**春分点 (γ)**：天の赤道と黄道とが交わる点で，太陽が南から北に横切る点を春分点といい，北から南に横切る点を秋分点という。春分点は赤経の始点になる重要な点である。
- i．**天体の位置**：天球（赤道座標系）では，天体の位置を赤経と赤緯で表す。
- j．**恒星**：天球上の位置をほとんど変えない天体をいう。天測に使用するのは 1 等星を中心とした 45 天体である。

[*1] RA : Right ascension

k．**惑星**：惑星は天球上の位置を絶えず変化させる。天測に使用するのは金星，火星，木星，土星である。

(2) 測者に関する用語

図4.2を地平座標系といい，我々が天球を見た様子を表している。

a．**天頂**：測者の鉛直線を上方に延長し天球と交差した点を天頂といい，下方に延長し天球と交差した点を**天底**という。

b．**高度 (a)**：ある天体を通る子午線上において，その天体と真水平が成す角を**真高度**といい，視水平と成す角を**視高度**という。測定した天体高度を**測高度**という。測高度を真高度に改正することを**測高度改正**という。

c．**方位 (z)**：ある天体を通る子午線と測者を通る子午線の交角をいう。

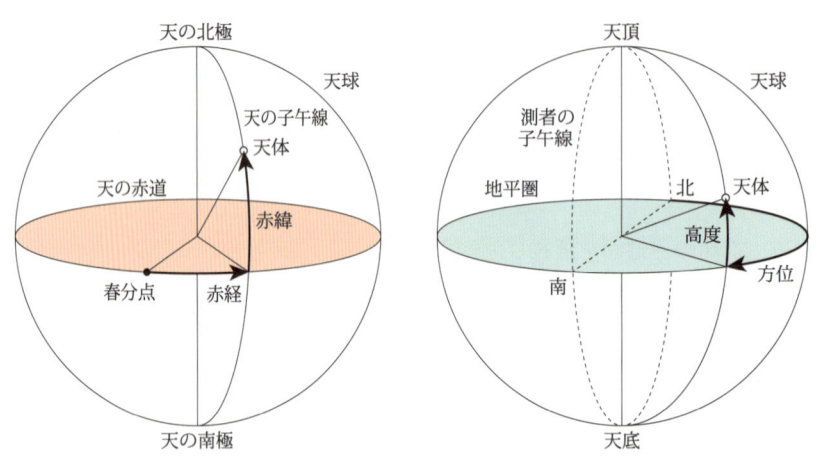

図4.1　天球（赤道座標系）　　　図4.2　天球（地平座標系）

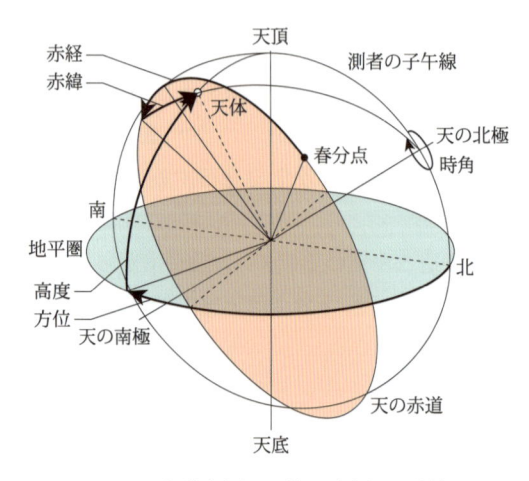

図4.3　赤道座標系と地平座標系の関係

d．**天体の位置**：地上（地平座標系）では，天体の位置を方位と高度で表す。天体の天球上の位置（赤緯・赤経）を地上から見た位置（高度・方位）に変換することを天測計算という。図 4.3 は図 4.1 と図 4.2 を合わせたものである。測者の緯度，天体の時角などによってそれらの関係が決まる。

e．**正中**(せいちゅう)：ある天体が測者の子午線上に来ることを正中という。天頂を含む側の子午線を通過することを**極上正中**，天底を含む側の子午線を通過することを**極下正中**という。とくに，太陽の正中高度を測定することによって，正中時の緯度を求めることができる。

f．**時角**（h）：天体が正中してからの経過した時間（恒星時という時間を用いる）をいう。天体が正中時の時角は 0° で，西に向かって 360° まで通算する。天体の時角が 0〜180°（0〜12^h）のとき，その天体は西にあり，180°〜360°（12〜24^h）のとき東にある。

g．**航海薄明**：太陽が水平線下の近くにあるとき，そちらの空は薄く白む。この時間帯を薄明という。太陽の中心高度が −6°〜−12°（水平線下）にあるときが星測に最適で，水平線と明るい恒星が同時に見える。これを**航海薄明**という[*2]。

(3) その他

a．**天測暦**：毎日の天体位置（赤緯，E），日出没表，月出没表，北極星緯度表など，天測に関するデータを集めた暦である。各データは世界時毎に記載されているので，現在使用している時（LMT，LST など）を世界時に直し参照する必要がある。天測暦は毎年発行される（図 4.4）。

b．**天測計算表**：天測計算に使用する測高度改正表などを掲載した計算表である。

※ a，b 共に 2022 年末で廃版

4.2 時

4.2.1 平時と視時

太陽が子午線に極上正中するときを 12^h として時を定める。

実際に見えている太陽を**視太陽**といい，視太陽によって決められる時を**視時**（AT[*3]）という。地球は太陽を 1 焦点とする楕円軌道上を公転し，地球の地軸はその楕円面に対し 23.4° 傾いているため，視太陽の運行速度と高度が変化する。このため，視太陽を基準として時を定めると 1 日の長さが一定しないという不都合が生じる。

視時の欠点を解消するため，天の赤道上を均一な速力で運行する**平均太陽**(へいきん)という仮想の太陽を導入する。平均太陽によって決められる時を**平時**（MT[*4]）といい，我々は平均太陽による時刻を使用している。

ある子午線によって定められる時刻を**地方平時**（LMT[*5]）という。子午線は無数にあるため，地方

[*2] その他，常用薄明と天文薄明があり，常用薄明は太陽高度が −50′〜6° にあるときをいい，まだ十分に明るさが残っている。金星などの惑星は見えるが，恒星は見えない。天文薄明は太陽高度が −12°〜−18° にあるときをいい，水平線が不明瞭になり，天測には不適である。

[*3] AT：Apparent Time

[*4] MT：Mean Time

[*5] LMT：Local Mean Time

104　　**4 月 14 日**　　月齢 Age 24.6 d　　2015

☉ 太陽

U (h)	E☉ (h m s)	d (° ′)	dのP.P. (h m)	(′)
0	11 59 32	N 9 12.7	0 00	0.0
2	11 59 33	N 9 14.5	10	0.2
4	11 59 35	N 9 16.3	20	0.3
6	11 59 36	N 9 18.1	30	0.5
8	11 59 37	N 9 19.9	40	0.6
10	11 59 38	N 9 21.7	0 50	0.8
12	11 59 40	N 9 23.5	1 00	0.9
14	11 59 41	N 9 25.3	10	1.1
16	11 59 42	N 9 27.1	20	1.2
18	11 59 43	N 9 28.9	30	1.4
20	11 59 44	N 9 30.7	40	1.5
22	11 59 46	N 9 32.5	1 50	1.7
24	11 59 47	N 9 34.3	2 00	1.8

視半径 S.D. 15′ 59″

✳ 恒星　U = 0h の値

No.		E✳ (h m s)	d (° ′)
1	Polaris	10 37 53	N89 19.7
2	Kochab	22 36 41	N74 05.5
3	Dubhe	2 22 44	N61 40.1
4	β Cassiop.	13 17 25	N59 13.9
5	Merak	2 24 38	N56 18.1
6	Alioth	0 32 41	N55 52.6
7	Schedir	12 46 03	N56 37.1
8	Mizar	0 02 51	N54 50.7
9	α Persei	10 02 00	N49 54.8
10	Benetnasch	23 39 15	N49 14.2
11	Capella	8 09 36	N46 00.7
12	Deneb	16 45 27	N45 19.9
13	Vega	18 49 56	N38 47.8
14	Castor	5 51 50	N31 51.1
15	Alpheratz	13 18 15	N29 10.3
16	Pollux	5 41 09	N27 59.2
17	α Cor. Bor.	21 52 03	N26 39.8
18	Arcturus	23 11 02	N19 06.1
19	Aldebaran	8 50 37	N16 32.1
20	Markab	14 21 54	N15 17.1
21	Denebola	1 37 33	N14 29.1
22	α Ophiuchi	19 51 45	N12 33.0
23	Regulus	3 18 13	N11 53.4
24	Altair	17 35 53	N 8 54.5
25	Betelgeuse	7 31 25	N 7 24.3
26	Bellatrix	8 01 28	N 6 21.5
27	Procyon	5 47 18	N 5 10.8
28	Rigel	8 12 09	S 8 11.4
29	α Hydrae	3 59 03	S 8 43.8
30	Spica	0 01 23	S11 14.5
31	Sirius	6 41 36	S16 44.6
32	β Ceti	12 43 04	S17 54.3
33	Antares	20 57 02	S26 27.8
34	σ Sagittarii	18 31 11	S26 16.4
35	Fomalhaut	14 28 56	S29 32.4
36	λ Scorpii	19 52 45	S37 06.6
37	Canopus	7 03 08	S52 42.7
38	α Pavonis	17 00 34	S56 40.8
39	Achernar	11 49 11	S57 09.7
40	β Crucis	0 38 43	S59 46.4
41	β Centauri	23 22 26	S60 26.7
42	α Centauri	22 46 42	S60 53.8
43	α Crucis	0 59 53	S63 11.2
44	α Tri. Aust.	20 37 04	S69 02.9
45	β Carinae	4 14 00	S69 47.2

R_0　13h 27m 24s

P 惑星

♀ 金星　正中時 Tr. 14h 35m

U (h)	E_P (h m s)	d (° ′)	P.P. (h m)	E_P (s)	d (′)
0	9 26 00	N22 16.8	0 00	0	0.0
2	9 25 55	N22 18.2	10	0	0.1
4	9 25 50	N22 19.5	20	1	0.2
6	9 25 45	N22 20.9	30	1	0.3
8	9 25 41	N22 22.3	40	2	0.5
10	9 25 36	N22 23.7	0 50	2	0.6
12	9 25 31	N22 25.1	1 00	2	0.7
14	9 25 26	N22 26.4	10	3	0.8
16	9 25 21	N22 27.8	20	3	0.9
18	9 25 17	N22 29.2	30	4	1.0
20	9 25 12	N22 30.5	40	4	1.1
22	9 25 07	N22 31.9	1 50	4	1.3
24	9 25 02	N22 33.2	2 00	5	1.4

♂ 火星　正中時 Tr. 13h 02m

U (h)	E_P (h m s)	d (° ′)	P.P. (h m)	E_P (s)	d (′)
0	10 57 52	N14 45.9	0 00	0	0.0
2	10 57 57	N14 47.1	10	0	0.1
4	10 58 03	N14 48.3	20	1	0.2
6	10 58 08	N14 49.6	30	1	0.3
8	10 58 14	N14 50.8	40	2	0.4
10	10 58 19	N14 52.0	0 50	2	0.5
12	10 58 25	N14 53.2	1 00	3	0.6
14	10 58 30	N14 54.4	10	3	0.7
16	10 58 35	N14 55.6	20	4	0.8
18	10 58 41	N14 56.8	30	4	0.9
20	10 58 46	N14 57.9	40	5	1.0
22	10 58 52	N14 59.1	1 50	5	1.1
24	10 58 57	N15 00.3	2 00	5	1.2

♃ 木星　正中時 Tr. 19h 31m

U (h)	E_P (h m s)	d (° ′)	P.P. (h m)	E_P (s)	d (′)
0	4 25 54	N17 55.4	0 00	0	0.0
2	4 26 13	N17 55.3	10	2	0.0
4	4 26 32	N17 55.3	20	3	0.0
6	4 26 52	N17 55.3	30	5	0.0
8	4 27 11	N17 55.2	40	6	0.0
10	4 27 30	N17 55.2	0 50	8	0.0
12	4 27 50	N17 55.2	1 00	10	0.0
14	4 28 09	N17 55.1	10	11	0.0
16	4 28 29	N17 55.1	20	13	0.0
18	4 28 48	N17 55.1	30	15	0.0
20	4 29 07	N17 55.0	40	16	0.0
22	4 29 27	N17 55.0	1 50	18	0.0
24	4 29 46	N17 55.0	2 00	19	0.0

♄ 土星　正中時 Tr. 2h 43m

U (h)	E_P (h m s)	d (° ′)	P.P. (h m)	E_P (s)	d (′)
0	21 16 55	S18 51.0	0 00	0	0.0
2	21 17 16	S18 51.0	10	2	0.0
4	21 17 36	S18 50.9	20	3	0.0
6	21 17 57	S18 50.9	30	5	0.0
8	21 18 18	S18 50.8	40	7	0.0
10	21 18 38	S18 50.8	0 50	9	0.0
12	21 18 59	S18 50.7	1 00	10	0.0
14	21 19 20	S18 50.7	10	12	0.0
16	21 19 41	S18 50.6	20	14	0.0
18	21 20 01	S18 50.6	30	16	0.0
20	21 20 22	S18 50.5	40	17	0.0
22	21 20 43	S18 50.5	1 50	19	0.0
24	21 21 03	S18 50.4	2 00	21	0.1

☾ 月　正中時 Tr. 8h 06m

U (h)	E☾ (h m s)	d (° ′)
0	16 11 30	S11 30.3
	16 10 24	S11 25.8
1	16 09 18	S11 21.4
	16 08 12	S11 16.9
2	16 07 06	S11 12.5
	16 06 01	S11 08.0
3	16 04 55	S11 03.4
	16 03 49	S10 58.9
4	16 02 43	S10 54.3
	16 01 37	S10 49.8
5	16 00 31	S10 45.2
	15 59 25	S10 40.6
H.P. 59′.7	S.D. 16′ 16″	
6	15 58 20	S10 35.9
	15 57 14	S10 31.3
7	15 56 08	S10 26.6
	15 55 02	S10 21.9
8	15 53 56	S10 17.2
	15 52 50	S10 12.5
9	15 51 45	S10 07.7
	15 50 39	S10 03.0
10	15 49 33	S 9 58.2
	15 48 27	S 9 53.4
11	15 47 21	S 9 48.6
	15 46 16	S 9 43.8
H.P. 59′.8	S.D. 16′ 18″	
12	15 45 10	S 9 38.9
	15 44 04	S 9 34.1
13	15 42 58	S 9 29.2
	15 41 52	S 9 24.3
14	15 40 47	S 9 19.4
	15 39 41	S 9 14.4
15	15 38 35	S 9 09.5
	15 37 29	S 9 04.5
16	15 36 23	S 8 59.5
	15 35 18	S 8 54.5
17	15 34 12	S 8 49.5
	15 33 06	S 8 44.5
H.P. 60′.0	S.D. 16′ 20″	
18	15 32 00	S 8 39.5
	15 30 55	S 8 34.4
19	15 29 49	S 8 29.3
	15 28 43	S 8 24.2
20	15 27 37	S 8 19.1
	15 26 32	S 8 14.0
21	15 25 26	S 8 08.9
	15 24 20	S 8 03.7
22	15 23 15	S 7 58.6
	15 22 09	S 7 53.4
23	15 21 03	S 7 48.2
	15 19 57	S 7 43.0
24	15 18 52	S 7 37.8
H.P. 60′.1	S.D. 16′ 23″	

月 P.P.（E☾, d）

m	E☾ (s)	d (′)	m	E☾ (s)	d (′)
1	2	0.2	1	2	0.2
2	4	0.3	2	4	0.3
3	7	0.5	3	7	0.5
4	9	0.6	4	9	0.7
5	11	0.8	5	11	0.8
6	13	0.9	6	13	1.0
7	15	1.1	7	15	1.2
8	18	1.2	8	18	1.3
9	20	1.4	9	20	1.5
10	22	1.5	10	22	1.7
11	24	1.7	11	24	1.9
12	26	1.9	12	26	2.0
13	29	2.0	13	28	2.2
14	31	2.2	14	31	2.4
15	33	2.3	15	33	2.5
16	35	2.5	16	35	2.7
17	37	2.6	17	37	2.9
18	40	2.8	18	39	3.0
19	42	2.9	19	42	3.2
20	44	3.1	20	44	3.4
21	46	3.2	21	46	3.5
22	48	3.4	22	48	3.7
23	50	3.6	23	50	3.9
24	53	3.7	24	53	4.0
25	55	3.9	25	55	4.2
26	57	4.0	26	57	4.4
27	59	4.2	27	59	4.5
28	61	4.3	28	61	4.7
29	64	4.5	29	64	4.9
30	66	4.6	30	66	5.0

P 惑星

星名	赤経 R.A. (h m)	赤緯 d (° ′)	等級 Mag.	地平視差 H.P. (′)	視半径 S.D. (″)
♀ 金星	4 01	N22 17	−4.1	0.1	7
♂ 火星	2 30	N14 46	+1.4	0.1	2
♃ 木星	9 02	N17 55	−2.2	0.0	19
♄ 土星	16 10	S18 51	+0.2	0.0	8
☿ 水星	1 44	N10 34	−1.9	0.1	3

E_* の比例部分 P.P.

U (h)	0m (m s)	10m (m s)	20m (m s)	30m (m s)
0	0 00	0 02	0 03	0 05
1	10	11	13	15
2	20	21	23	25
3	30	31	33	34
4	39	41	43	44
5	49	0 51	0 53	0 54
6	0 59	1 01	1 02	1 04
7	1 09	11	12	14
8	19	20	22	24
9	29	30	32	34
10	39	40	42	43
11	48	1 50	1 52	1 53
12	1 58	2 00	2 02	2 03
13	2 08	10	11	13
14	18	20	21	23
15	28	29	31	33
16	38	39	41	43
17	48	49	2 51	2 52
18	2 57	2 59	3 01	3 02
19	3 07	3 09	11	12
20	17	19	20	22
21	27	29	30	32
22	37	38	40	42
23	3 47	3 48	3 50	3 52

U (h)	30m (m s)	40m (m s)	50m (m s)	60m (m s)
0	0 05	0 07	0 08	0 10
1	15	16	18	20
2	25	26	28	30
3	34	36	38	39
4	44	46	48	49
5	0 54	0 56	0 57	0 59
6	1 04	1 06	1 07	1 09
7	14	16	17	19
8	24	25	27	29
9	34	35	37	39
10	43	45	47	48
11	1 53	1 55	1 57	1 58
12	2 03	2 05	2 06	2 08
13	13	15	16	18
14	23	25	26	28
15	33	34	36	38
16	43	44	46	48
17	2 52	2 54	2 56	2 57
18	3 02	3 04	3 06	3 07
19	12	14	15	17
20	22	24	25	27
21	32	34	35	37
22	42	43	45	47
23	3 52	3 53	3 55	3 57

図 4.4　天測暦（2015/04/14）

平時も無数にあることになる。それではいささか不便であるので，ある特定の子午線を定め，その子午線を平均太陽が通過する時刻を**標準時**（ST[*6]）とする。**世界時（UT）**は **0° 子午線**（グリニッジ子午線，本初子午線という）を平均太陽が通過する時刻を世界時 12^h とする。日本では，$135°E$ を基準子午線として**日本標準時**（JST[*7]）を設定している。JST は UT との間には 9^h の時間差があり，両者の関係は次式で表される。

$$JST = UT + 9^h \tag{4.1}$$

各国とも基準子午線[*8] を定め，その国の標準時としている[*9]（図 4.5）。

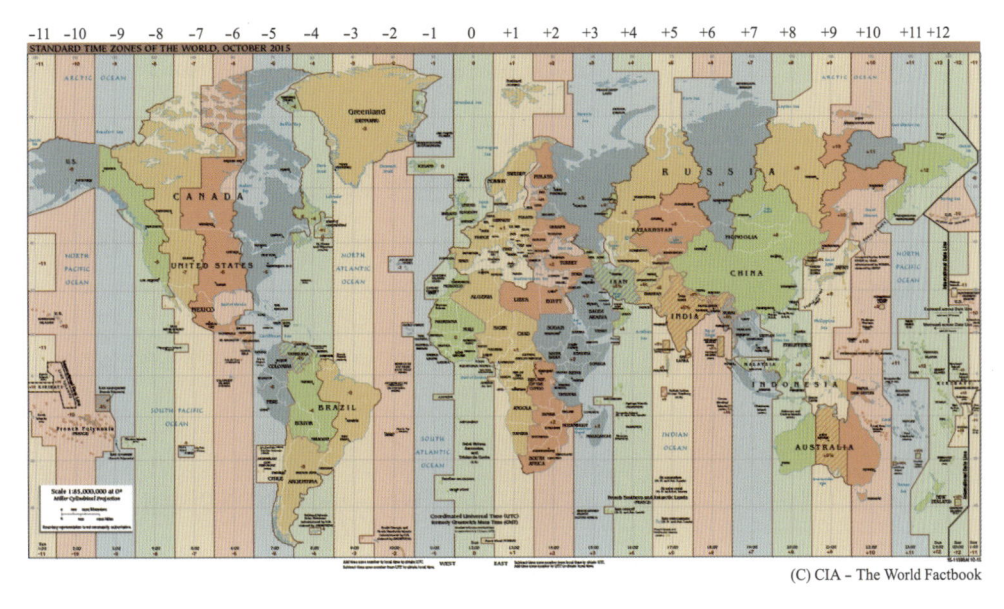

図 4.5 標準時間帯（参考文献 [34] より）

経度（L）を時間に変換した値を**経度時**（$LinT$[*10]）という。地球は 24^h で 1 回転（360°）するので，式 (4.2) が導かれる。表 4.1 に経度と時間の関係を示す。

表 4.1 経度と時間の関係

角度			↔	時間		
°	′	″		h	m	s
360				24		
15				1		
1					4	
	15				1	
	1					4
		15				1

$$LinT = \frac{24^h}{360°} L = \frac{L}{15} \text{ [h]} \tag{4.2}$$

[*6] ST : Standard Time
[*7] JST : Japan Standard Time
[*8] 世界時との差を整数時間にすると計算が簡単なので，15° で割り切れる経度を採用する場合が多い。各国の標準時は天測暦 [18] を参照されたい。
[*9] アメリカやロシアなど東西に延びる国では，基準子午線から離れる地域では標準時の正午と視太陽が正中する時刻が大きくずれてしまうことになるので，複数の標準時を設けている。
[*10] $LinT$: Longitude in Time

4.2.1.1　地方平時と標準時

地方平時（LMT）と標準時（ST）の関係を考える。図 4.6 は，140°（東京），135°（明石），131°（門司）に平均太陽◎が正中したとき，地上から平均太陽を見た様子を示している。東西の位置関係に注意されたい。

平均太陽◎がその地の子午線に正中したときが地方平時の正午であり，135° 子午線に正中したときが日本標準時の正午である。したがって，各地点における平均太陽の正中時刻は，LMT では 12^h となるが，JST では異なった時刻となる。たとえば，140° に平均太陽が正中したとき，その地の LMT は 12^h であるが，JST では 11^h40^m である（表 4.2）。

この差は経度差により発生するものである。したがって，経度 L における LMT を，経度 L_{ST} を基準とする標準時（ST）に変換するには，両地の経度時を次式により加減する必要がある。東経を＋，西経を－とすると

$$ST = LMT - LinT(L) + LinT(L_{ST}) \tag{4.3}$$

例として，140°E および 131°E における 12^h00^m LMT を JST に変換してみる。平均太陽が最初 140°E 子午線に正中したときの日本標準時は

$$JST = 12^h00^m - LinT(140°) + LinT(135°) = 12^h00^m - 9^h20^m + 9^h00^m = 11^h40^m$$

131°E 子午線に正中したときの日本標準時は

$$JST = 12^h00^m - LinT(131°) + LinT(135°) = 12^h00^m - 8^h44^m + 9^h00^m = 12^h16^m$$

それぞれ，LMT と JST の時間差は経度時に等しいことを表 4.2 で確認されたい。

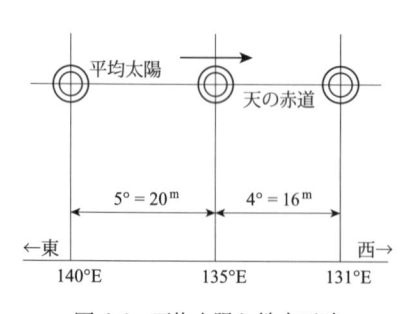

図 4.6　平均太陽と地方平時

表 4.2　地方平時と日本標準時の関係

◎位置	時刻	140°	135°	131°
140°	LMT	12 00	11 40	11 24
	JST	11 40	11 40	11 40
135°	LMT	12 20	12 00	11 44
	JST	12 00	12 00	12 00
131°	LMT	12 36	12 16	12 00
	JST	12 16	12 16	12 16

4.2.1.2　均時差

図 4.7 は平均太陽を原点として視太陽の 1 年間の相対位置を示したものである。縦軸は赤緯を表し，横軸は均時差を表す。視太陽は平均太陽の近傍にあり 8 の字の軌跡を描く。

均時差（EqT）は視時（AT）と平時（MT）の差で，次式で定義される。均時差は正負の値をとる。

$$EqT = AT - MT \tag{4.4}$$

均時差は天測暦（図 4.4 参照）の太陽 ⊙ の表値 $E_⊙$ から求めることができる。

$$EqT = E_\odot - 12^{\mathrm{h}} \tag{4.5}$$

式 (4.4), (4.5) から EqT を消去して，視時から平時への変換式を得る．

$$\mathrm{MT} = \mathrm{AT} - (E_\odot - 12^{\mathrm{h}}) \tag{4.6}$$

縦軸は赤緯 (d) を表す．視太陽の赤緯は夏至 (6月23日頃) に最大となり約 23.4°N，冬至 (12月22日頃) に最小となり約 23.4°S である．春分や秋分のときは赤緯 0° である．

横軸は均時差を表す．均時差は春分・夏至・秋分までの間は比較的小さく，秋分・冬至・春分にかけて大きくなり，11月1日頃最大となり約 +16^{m} である．

この図は赤緯と均時差を同時に理解でき非常に便利である．この図をアナレンマという．

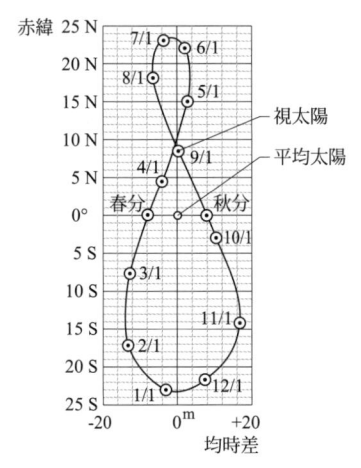

図 4.7 平均太陽と視太陽の位置関係

4.2.2 太陽の正中時刻

太陽の正中時刻を標準時で求める．式 (4.6) は視時を平時に変換する式である．視正午は $\mathrm{AT} = 12^{\mathrm{h}}$ であるから，これを式 (4.6) に代入すると，経度 L における視正午を平時で求めることができる．

$$\mathrm{MT} = 12^{\mathrm{h}} - (E_\odot - 12^{\mathrm{h}}) \tag{4.7}$$

式 (4.7) により得た平時を，式 (4.3) により標準時に変換する．

例題 次図は，2015 年 4 月 14 日，視太陽 ☉ が 137°20′E 子午線に正中しているところを図示したものである．137°20′E における視太陽 ☉ の正中時刻を日本標準時で求めよ．

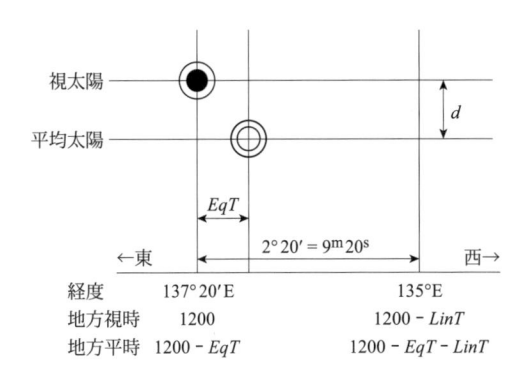

経度	137°20′E	135°E
地方視時	1200	1200 − $LinT$
地方平時	1200 − EqT	1200 − EqT − $LinT$

【解答】 図から，視太陽の正中時は地方視時で 12^{h}，地方平時で $12^{\mathrm{h}} - EqT$ になる．地方視時を世界

視時に直し均時差 EqT を参照し，正中時刻を世界平時で求め，最後に日本標準時にするために，経度 135° の経度時を加える。

	時		日付	時刻	備考
	太陽正中視時	App. Noon	4/14	$12^h00^m00^s$	
−	経度時	$LinT$		$9^h09^m20^s$	$= 137°20'$E
	世界視時	GAT	4/14	$2^h50^m40^s$	式 (4.3)
−	均時差	EqT		$−0^m26^s$	$= 11^h59^m34^s − 12^h$
	世界平時	GMT	4/14	$2^h51^m06^s$	式 (4.7)
+	経度時	$LinT$		$9^h00^m00^s$	$= 135°$E
	日本標準時	JST	4/14	$11^h51^m06^s$	式 (4.3)

4.3　天体の出没

4.3.1　日出没時

日出没には，**常用日出没**と**真日出没**がある。常用日出没とは太陽の上辺が水平線に接するときをいい，普段我々がいう日の出・日の入りである。一方，真日出没とは，太陽の中心高度が真水平に対して 0° になったときをいい，視水平線上約 20′ にあるときである。時機の目安として，太陽の視半径は約 16′ なので，太陽の視半径程度視水平から上にあるときと考えればよい。真日出没時の太陽方位はコンパス誤差を求める場合などに利用される。

図 4.8 に常用日出没と真日出没の高度を示す[*11]。

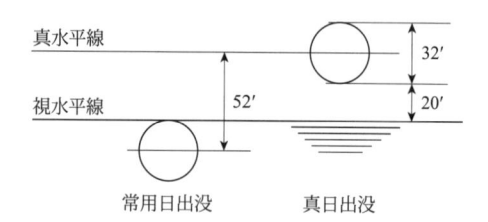

図 4.8　真日出没と常用日出没の高度

4.3.1.1　日出没時の算出

常用日出没時刻の算出には天測暦の北緯（南緯）日出（没）時と薄明時間表を用いる。港の場合には，**港別日出没時表**を使用することができる。ここで注意しなければならないのは各表の基準時刻で，北緯（南緯）日出（没）時と薄明時間表では地方平時（LMT）を，港別日出没時表では港の地方標準時（LST）を使用している[*12]。

例題　2015 年 4 月 14 日，館山港（34°59′N, 139°51′E）の日出時刻を北緯（南緯）日出（没）時と薄明時間表と港別日出没時表を用いて求めよ。表 4.3 に北緯日出時と薄明時間表，表 4.4 に港別日出没時表の抜粋を示す。

[*11] 太陽の視直径は約 32′ なので，常用日出の高度は約 −0°52′ である。天測暦では −0°54′ の値を用いている。
[*12] LST：Local Standard Time, JST：Japan Standard Time

表 4.3　北緯日出時と薄明時間表（地方平時）

月	日	日出時	
		34°N	36°N
4	11	5 34	5 33
	21	5 22	5 19

天測暦 2015 年版から

表 4.4　港別日出没時表（日本標準時）

港	月	日	時刻	備考
横浜	4	14	5 11	館山の標準港
改正数			0	4 月の改正数

天測暦 2015 年版から

【解答】最初に，館山港の日出時を表値を比例配分して求める。

月	日	日出時（LMT）			備考
		34°N	35°N	36°N	
4	11	5 34	5 34	5 33	34°N と 36°N の値の比例配分
	14		5 30		← 4 月 14 日，館山港の日出時
	21	5 22	5 21	5 19	34°N と 36°N の値の比例配分

得られた日出時刻（LMT）を日本標準時（JST）に変換する。

時		日付	時刻	備考
地方平時	LMT	4/14	5 30	
経度時	$LinT$		−9 19	= 139°51′E
世界時	UTC	4/13	20 11	
経度時	$LinT$		+9 00	= 135°E
日本標準時	JST	4/14	5 11	館山港の日出時

港別日出没時表により，日出時刻を求める。該当日の標準港の日出時刻を求め，改正数を加減してその他の港の日出時刻を求める。

港	月	日	時刻	備考
横浜	4	14	5 11	横浜港の日出時（JST）
改正数			0	館山港の 4 月の改正数
館山			5 11	館山港の日出時（JST）

4.3.2　天体方位角の算出

コンパス誤差の測定に天体の方位角を使用する。コンパスで天体を測定し，測定値と計算値を比較することによってコンパス誤差を求めることができる。

天体の方位角を算出するには，**時辰方位角法**，**出没方位角法**，**北極星方位角法**がある。時辰方位角法は任意の時刻および任意の天体で実施でき，また，時機的および地理的な制約はない。出没方位角法や北極星方位角法ではそれらの制約があるが，比較的簡単な計算で方位角を算出することができる。ここでは，日出没方位角法と北極星方位角法を説明する。

4.3.2.1 出没方位角法

天体の出没時（真高度が 0° の時機）という特殊な時機を利用するため，測定できるのは 1 日 2 回に限定される。真高度が 0° のとき水平線上にある天体は太陽と星であるが，星は光が弱く低高度においては視認できないため，実質的には太陽のみが出没方位角法として利用できる。また，真日出没の判定には水平線を使用するので，もやなどで水平線が見えない状態では実施できない（図 4.9）。

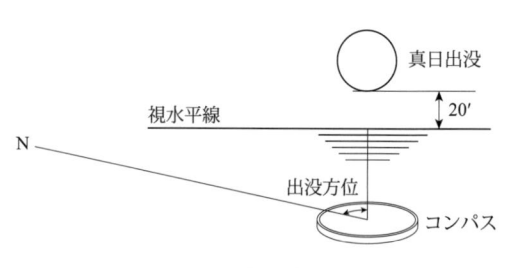

図 4.9 日出没方位角法

天測暦の天体出没方位角表，または次式により方位角 z を求めることができる。

$$z = \arccos \frac{\sin d}{\cos l} \tag{4.8}$$

例題 2015 年 4 月 14 日，33°00′N，138°30′E の地点における日没方位を求めよ。また，そのときの太陽をジャイロ方位 282° に測定した場合，ジャイロ誤差を求めよ。表 4.5 に北緯日没時と薄明時間表の表値の抜粋を示す（図 4.4 天測暦を使用）。

表 4.5 北緯日没時と薄明時間表（地方平時）

月	日	日没時	
		32°N	34°N
4	11	18 27	18 28
	21	18 33	18 36

天測暦 2015 年版から

表 4.6 天体出没方位角表

$l°$	d		
	8°	9°	10°
30	80.8	79.6	78.4
31	80.7	79.5	78.3
32	80.6	79.4	78.2
33	80.4	79.2	78.1
34	80.3	79.1	77.9

天測暦 2015 年版から

【解答】 最初に，日没時刻を求める。表 4.5 から，18^h29^m LMT である。

次に，赤緯 d を求めるため，地方平時を世界時に変換する。

地方平時	LMT	4/14	18^h29^m	北緯日没時と薄明時間表
経度時	$LinT$		-9^h14^m	= 138°30E
世界平時	GMT	4/14	09^h15^m	→ d = N9°21.1′（図 4.4 から）

次に，天体出没方位角表により方位を算出する。表 4.6 から，78.8° を得る。この問題では，赤緯は N で日没であるから，日没方位は N78.8°W である。ジャイロ誤差は −0.8° である。

真方位	z	281.2°	N78.8°W（天体出没方位角表）
ジャイロ方位	z_G	282.0°	
ジャイロ誤差	GE	−0.8°	

4.3.2.2 北極星方位角法

図 4.10 に示すように，北極星は天の北極の至近にあるため，北 (0°) に若干の修正を加えればその方位を算出することができる。北極星の方位が北から最も離れるのは，時角が 6^h および 18^h の頃で，それぞれ西および東に 2° ずれる。夜間であれば何時でも実施できるものの，北極星を見ることのできる海域に限定される。

ここで，時角とは天体が正中してからの経過時間を表したもので，時間または角度で表される。時角の計算を容易にするため，天測暦は E という特殊な値を掲載している。天測暦抜粋（図 4.4）を参照されたい。

グリニッジ時角 (H) および地方時角 (h) は次式で求められる。H と h の差は経度の差である。

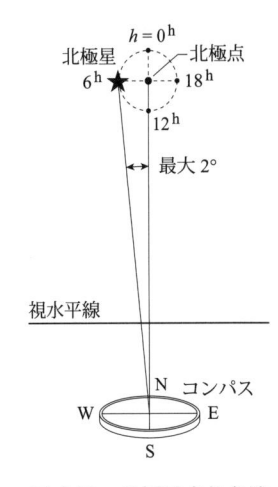

図 4.10 北極星方位角法

$$H = \mathrm{UT} + E \tag{4.9}$$
$$h = H \pm LinT \tag{4.10}$$

ただし，式 (4.10) において，東経の場合は＋，西経の場合は－とする。

例題 2015 年 4 月 14 日地方平時 20^h00^m, 33°00′N, 138°30′E の地点における北極星の方位を求めよ。また，そのときの北極星をジャイロ方位 1° に測定した場合，ジャイロ誤差を求めよ。表 4.7 に北極星方位角表の抜粋を示す（図 4.4 天測暦も使用）。

表 4.7 北極星方位角表

$l°$	h		
	5^h	6^h	7^h
25	0.7	0.7	0.7
30	0.8	0.8	0.7
35	0.8	0.8	0.8
40	0.8	0.9	0.8
40	0.9	0.9	0.9

天測暦 2015 年版から

【解答】 解の精度上，時角 (h) は分単位まで求めれば十分である。

時刻	L.M.T.	4/14	20^h00^m	
経度時	$LinT$		-9^h14^m	$=138°30'E$
世界平時	GMT	4/14	10^h46^m	
E	$E_\star$		10^h38^m	4/14 10^h46^m の値（図4.4 天測暦）
	$E_\star PP$		2^m	
グリニッジ時角	H		21^h26^m	
経度時	$LinT$		$+9^h14^m$	
地方時角	h		6^h40^m	
真方位	z		$0.8°W$	$0<h<12^h$ ∴ W（表4.7 北極星方位角表）
	z		$359.2°$	
ジャイロ方位	z_G		$1.0°$	
ジャイロ誤差	GE		$-1.8°$	

4.4 緯度の測定

4.4.1 太陽子午線高度緯度法

　太陽の正中高度を測定することによって，測者の緯度を知ることができる．図4.11～4.14は測者の真東から測者Oを見た図で**子午線面図**という．測者の子午線は円 ZSZ'N で表され，子午線における天体の位置関係を表す際に利用される．図の∠QOZ が測者の緯度 l を，∠QOS が太陽の赤緯 d を，∠SOC（または∠NOC）は太陽の真高度 A を表す．

　図4.11は緯度，太陽共に北緯にある場合を，図4.12は緯度は北緯，太陽は南緯にある場合を，図4.13は緯度は南緯，太陽は北緯にある場合を，図4.14は緯度，太陽共に南緯にある場合を表している．

　図4.11, 4.12の場合，太陽 C は天頂 Z と南 S の間にあり，測者は太陽を南に見ており，図4.13, 4.14の場合，太陽 C は天頂 Z と北 N の間にあり，測者は太陽を北に見ている点に注意する必要がある．

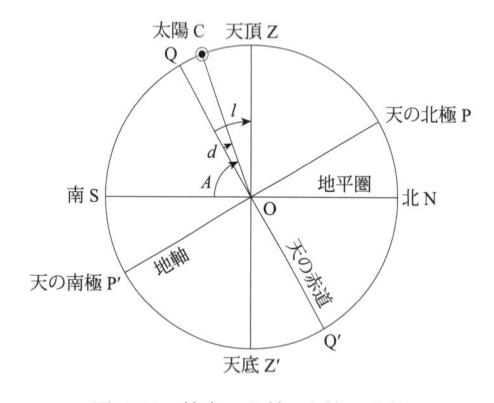

図4.11　緯度：北緯，赤緯：北緯

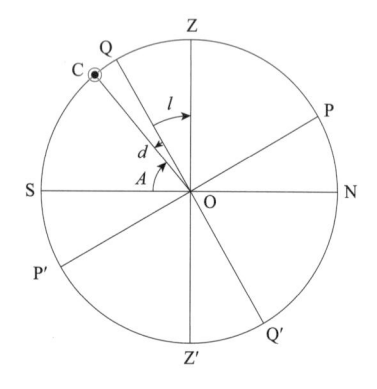

図4.12　緯度：北緯，赤緯：南緯

図 4.13　緯度：南緯, 赤緯：北緯　　　　　図 4.14　緯度：南緯, 赤緯：南緯

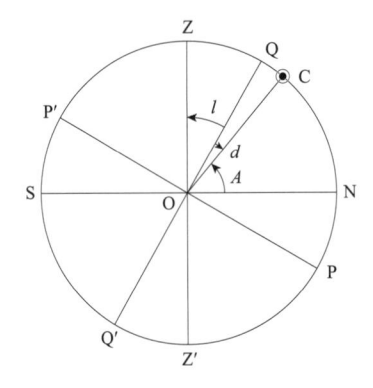

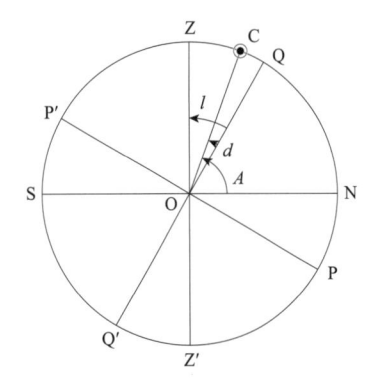

図 4.11～4.14 を吟味し，緯度と高度を求める式を得る。

緯度 l は次式で表される。

$$l = 90° - |A \pm d| \tag{4.11}$$

ただし，太陽を南に測るとき A の符号を N，太陽を北に測るとき A の符号を S とし，A と d が異名のとき＋，同名のとき－とする。｜ ｜は絶対値記号である。

また，計算高度 A_C は次式で表される。

$$A_C = 90° - |l \pm d| \tag{4.12}$$

ただし，l と d が異名のとき＋，同名のとき－とする。

例題　2015 年 4 月 14 日，推測位置 10°08′S, 137°20′E において，太陽の下辺高度を測定し測高度改正により，太陽の真高度 70°38.2′ を得た。実測緯度を求めよ（図 4.4 天測暦を使用）。

【解答】73 ページの例題で求めた正中時刻の，太陽の赤緯 d は 9°15.3′N である。この問題は，緯度 S，赤緯 N であるので，子午線面図は図 4.13 となる。

式 (4.11) から緯度 l を求める。

90°		90°00.0′	
真高度	A	70°38.2′S	北に向かって測るので S
赤緯	d	9°15.3′N	
緯度	l	10°06.5′	

一方，式 (4.12) から計算高度 A_C を求め，真高度と比べることによって修正差 I[*13] を求め，その量を推測緯度 l_D に修正し，実測緯度 l を求める。

[*13] I : Intercept

90°		90°00.0′	
緯度	l	10°08.0′S	
赤緯	d	9°15.3′N	
計算高度	A_C	70°36.7′	
真高度	A	70°38.2′	
計算高度	A_C	70°36.7′	
修正差	I	1.5′N	← 太陽は北中し，真高度 > 計算高度，∴ N（図4.15 参照）
推測緯度	l_D	10°08.0′S	
実測緯度	l	10°06.5′S	

修正差 I の符号の付け方は次の考え方による．修正差を次の式で定義する．

$$I = A - A_C \tag{4.13}$$

I は A, A_C の大小によって正負の値をとり，その意味は次のとおりである．

$I > 0$：真高度のほうが高いので，実測位置は DRP よりも天体に近いほうにいる．

$I = 0$：真高度と計算高度が等しいので，実測位置は DRP に等しい．

$I < 0$：真高度のほうが低いので，実測位置は DRP よりも天体から遠いほうにいる．

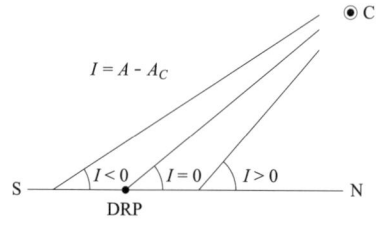

図 4.15　修正差の考え方

この問題では，$I > 0$ であり，測者は太陽を北に見ている点に注意して，符号は "N" となる．推測緯度（S）から修正量を引いて，実測緯度 l を得る．

4.4.2　北極星緯度法

天の北極と真地平との成す角はその地の緯度を表す．図 4.16 に示すように，北極星は天の北極の近傍にあり，天の北極との距離（極距）は 40′ 程度であるので，北極星の高度に若干の修正を加えれば，その地の緯度を求めることができる．図 4.17 は測者から北極星を見たときの様子を示しており，点線は北極星の運行軌跡である．時刻（時角）によってその高度は変化する．

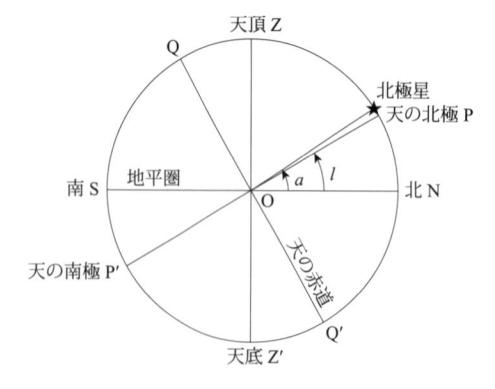

図 4.16　子午線面図（北極星）

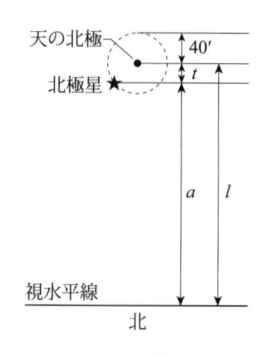

図 4.17　北極星高度

図 4.17 に示すとおり北極星の測高度を a, 真高度を A, 修正値を t とすると，緯度 l は次式で表される。

$$l = A \pm t \tag{4.14}$$

例題　2015 年 4 月 14 日 1925 JST に，136°E の推測地点で北極星の高度を測定し，測高度改正後，真高度 $A = 30°46.0'$ を得た。このときの緯度を求めよ（図 4.4 天測暦を参照）。

表 4.8　北極星緯度表（第 1 表）

h	5^h	6^h	7^h
m			
5	−10.6	+0.1	+10.3
6	−10.4	+0.1	+10.4
7	−10.2	+0.2	+10.6
8	−10.1	+0.4	+10.8
9	−9.9	+0.6	+11.0

表 4.9　北極星緯度表（第 2 表）

A	5^h	6^h	7^h
°		add	
25	0.1	0.1	0.1
30	0.1	0.1	0.1
35	0.2	0.2	0.2
40	0.2	0.2	0.2
45	0.2	0.2	0.2

表 4.10　北極星緯度表（第 3 表）

月日	5^h	6^h	7^h
		add	
4 11	1.0	1.0	1.0
5 01	1.0	1.0	1.0
5 21	1.0	1.0	1.0
6 10	0.9	1.0	1.1
6 30	0.9	1.0	1.1

【解答】最初に，北極星の時角を算出する。

観測時刻	JST	4/14	19^{h}25^{m}00^s	
経度時	$LinT$		−9^{h}00^{m}00^s	= 135°E
世界時	UT	4/14	10^{h}25^{m}00^s	
	$E_\star$		10^{h}37^{m}53^s	4/14 0^h の値
	$E_\star PP$		1^{m}45^s	10^{h}25^{m}00^s 分の改正値
グリニッジ時角	H		21^{h}04^{m}38^s	
経度時	$LinT$		+9^{h}04^{m}00^s	= 136°E
時角	h		6^{h}08^{m}38^s	

次に，北極星緯度表（第 1～3 表）により緯度を求める。

真高度	A	30°46.0′
緯度改正	第 1 表	+0.5′
	第 2 表	+0.1′
	第 3 表	+1.0′
実測緯度	l	30°47.6′N

4.4.3　高度測定と測高度改正

4.4.3.1　六分儀による高度測定

天体の高度は六分儀を使用して測定する。測定した高度を測高度という。

a．**高度の設定**：太陽正中高度の測定であれば，式 (4.12) から予想測高度を算出し，事前に高度を算出していない場合は太陽高度を目測し，その高度に六分儀を合わせる。北極星であれば，推測緯度を北極星高度として六分儀を合わせる。

b．**シェードグラスの使用方法**：太陽を測定する際は，動鏡側に必ずシェードグラスをかけ太陽を直接見ないように注意する。最初は最も濃いシェードグラスを使用し，それでも太陽が明

るすぎる場合は薄いものを重ねる。反対に太陽が暗くなりすぎる場合は薄いシェードグラスに変更し，太陽の輪郭がはっきりする組み合わせを選ぶ。太陽高度が低い場合には，太陽光の反射で水平線が見えにくい場合があるので，水平鏡側にも薄めのシェードグラスをかける必要がある。北極星は2等星で暗いので，水平鏡側に薄めのシェードグラスをかけて水平線を暗くしたほうが観測しやすい場合がある。

c．**測定時の注意**：六分儀を鉛直にして天体の高度を測定しなければならない。六分儀を傾けて測定すると天体高度を過大に測定してしまうことになる。これを避けるために，六分儀を振り子のように左右に振り，その弧が水平線に接するところを測高度とする。

d．**子午線正中高度の測定**：天体は東から高度を上昇させながら子午線に近づく。六分儀のマイクロメーターを右に回している間，高度は上昇していることになる。正中に近づくに従って高度の変化は少なくなり，正中時に最大高度となる。最高高度に達するとマイクロメーターを回す必要がなくなる。この高度を視極大高度という。高度が極大に達したかどうかは，その後は六分儀で天体が上昇しないこと（マイクロメーターを右に回す必要がなくなること）により判定する。

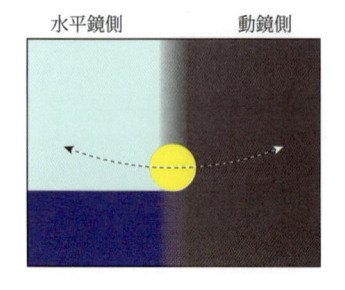

図 4.18　六分儀による高度測定

太陽：太陽の下辺か上辺の高度を測定する。
恒星，惑星：その中心を測定する。
動鏡側：太陽を測定する場合は，濃いシェードグラスをかけ太陽の輪郭を明瞭にする。
水平鏡側：太陽の海面反射が強いときや，測定する星が暗い場合には，水平線を暗くするために薄いシェードグラスを使用する。

4.4.3.2　測高度改正

図 4.19 は太陽の下辺高度を測定した場合の測高度と真高度の関係を示しており，測高度は∠SrEHa，地球の中心から太陽の中心を見た真高度は ∠SCH で表される。

測高度を真高度に改正することを**測高度改正**といい，これに必要な要素は，眼高差 Dip，大気差 Ref，視差 Par，視半径 SD で，眼高差と大気差は地球の大気に起因し，すべての天体に影響する。視差は地球半径に，視半径は天体の見かけの半径に起因する。恒星の場合，地球から十分に遠くまた点に見えるので，視差と視半径の修正は必要ない。また，六分儀そのものの誤差を器差 IE という。

六分儀高度を a_S，測高度を a とすると，真高度 A は次式で与えられる。

$$\begin{aligned} A &= a - Dip - Ref + Par \pm SD \\ &= a_S + IE - Dip - Ref + Par \pm SD \end{aligned} \tag{4.15}$$

天測計算表の測高度改正表で改正する（参考文献 [15]）。

a．**太陽の測高度改正**：第 1, 2, 3 改正を実施する（表 4.11, 4.12, 4.15）。第 2 改正が太陽の視半径によるもので，測定時期と上辺・下辺の別によって修正する。

b．**恒星の測高度改正**：第 1, 3 改正を実施する（表 4.13, 4.15）。第 2 改正は惑星にのみ実施する

（表4.14）。

第3改正は気温・水温差によるもので，太陽・星共通である（表4.15）。

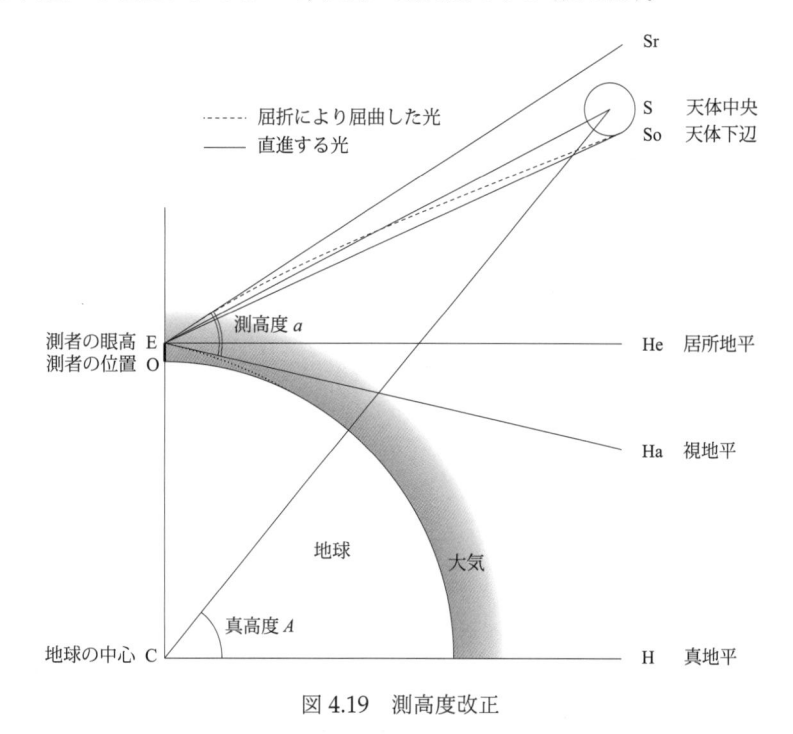

図4.19　測高度改正

表4.11　太陽の測高度改正表（第1改正）

測高度	眼高 m		
	12	13	14
	測高度に加（＋）		
65°00′	9.2′	9.0′	8.7′
70°00′	9.3′	9.0′	8.8′
75°00′	9.4′	9.1′	8.9′

天測計算表より抜粋

表4.12　太陽の測高度改正表（第2改正）

	3月	4月	5月	6月
下辺 ◉	+0.4′	+0.2′	+0.1′	+0.0′
上辺 ⊖	−31.9′	−31.7′	−31.6′	−31.5′

天測計算表より抜粋

表4.13　星の測高度改正表（第1改正）

測高度	眼高 m		
	11	12	13
	測高度から減（−）		
36°00′	7.2′	7.5′	7.7′
38°00′	7.1′	7.4′	7.6′
40°00′	7.0′	7.3′	7.6′

天測計算表より抜粋

表4.14　星の測高度改正表（第2改正）

測高度	惑星地平視差 H.P.		
	0.1′	0.2′	0.3′
	測高度に加（＋）		
10°	0.1′	0.2′	0.3′
30°	0.1′	0.2′	0.3′
50°	0.1′	0.1′	0.2′

天測計算表より抜粋

表 4.15 測高度改正表（第 3 改正）（太陽，星共通）

温度差 °C	0°	1°	2°	3°	4°	5°
改正数	0.0′	0.2′	0.4′	0.6′	0.8′	1.0′

気温 > 水温ならば加（＋），気温 < 水温ならば減（−）
気温は目の高さにおける温度

天測計算表より抜粋

例題 1 太陽下辺高度 ◉ を 70°28.0′ に測った．六分儀器差を +1.0′，眼高を 13 m，気温 20°C，海水温度 18°C として，真高度 A を求めよ．

【解答】次による．

六分儀高度	a_S	70°28.0′	
器差	IE	+1.0′	
測高度	a	70°29.0′	
測高度改正	第 1 改正	+9.0′	← 眼高 13 m
	第 2 改正	+0.2′	← 4 月
	第 3 改正	+0.4′	← 気温 > 水温で ＋
真高度	A	70°38.6′	

例題 2 北極星を 39°47.0′ に測った．六分儀の器差 −1.0′，眼高 12 m，気温 18°C，海水温度 20°C として，真高度を求めよ．

【解答】次による．

六分儀高度	a_S	39°47.0′	
器差	IE	−1.0′	
測高度	a	39°46.0′	
測高度改正	第 1 改正	−7.3′	← 眼高 12 m
	第 2 改正	0.0′	← 惑星の場合のみ実施
	第 3 改正	−0.4′	← 気温 < 水温で −
真高度	A	39°38.3′	

第 5 章

電子航法

5.1 レーダー

　レーダー (Radar[*1]) は電波をパルス状にしてアンテナから発射し，物標に反射して戻ってきた電波を受信し，物標の映像を表示する装置である．電波を発射してから反射波を受信するまでの時間 t を測定することにより物標までの距離 r を，反射波受信時のアンテナ方向から物標の方位 θ を知ることができる（図 5.1）．

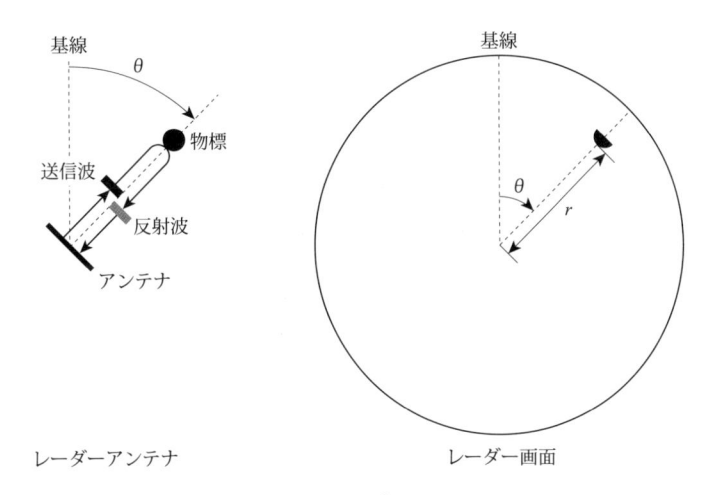

図 5.1　レーダーの原理

受信時間を t [s]，光速（3×10^8 [m/s]）を c とすると，物標までの距離 r は次式で表される．

$$r = \frac{ct}{2}$$
$$= 1.5 \times 10^8 \cdot t \text{ [m]} \tag{5.1}$$
$$= 8.1 \times 10^4 \cdot t \text{ [nm]} \tag{5.2}$$

[*1] Radar : Radio Detection and Ranging

5.1.1 レーダー波

5.1.1.1 波長

小さい物標まで探知できるよう，マイクロ波と呼ばれる非常に波長の短い電波を使用する。波長の長い電波を使用すると，電波は物標を回り込んでしまい，その物標から反射波を得ることはできない。レーダーは波長により X-Band と S-Band に区別される（表5.1）。

表 5.1　レーダー波

名称	波長 [cm]	周波数 [MHz]	水平, 垂直ビーム幅 [°]
X-Band	3	9410 ± 30	1, 20
S-Band	10	3050 ± 20	2, 25

5.1.1.2 パルス幅

電波が物標に当たり，反射して戻ってくる時間を計測して，アンテナから物標までの距離を測定するので，パルス波が使用されている。パルス波の幅をパルス幅という（図5.2）。距離を正確に測定するためには，送信パルスの波形ができるだけ方形波に近いことが望ましい。

5.1.1.3 パルス繰返し周期

1つのパルスを発射してから次のパルスを発射するまでの時間をパルス繰返し周期といい，一定の周期で繰り返される毎秒当たりのパルス数をパルス繰返し周波数という。パルス発射直後から，次のパルスが送出されるまでの時間を休止時間という。この休止時間中に物標からの反射波を受けるので，設定レンジにおいて反射波の受信に十分な時間が必要である（図5.2, 表5.2）。

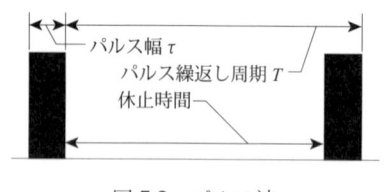

図 5.2　パルス波

表 5.2　パルス幅とパルス繰返し周波数

レンジ [nm]	パルス幅 [μs]	パルス繰返し周波数 [Hz]
3	0.15, 0.3, 0.5, 0.7	3000, 1500, 1000
6	0.3, 0.5, 0.7, 1.2	1500, 1000, 600
12, 24	0.5, 0.7, 1.2	1000, 600
48, 96	1.2	600

5.1.1.4　ビーム幅

レーダー波は水平方向と上下方向にある程度の幅を持っている。水平方向の幅を水平ビーム幅，垂直方向の幅を垂直ビーム幅という（図 5.3，表 5.1 参照）。

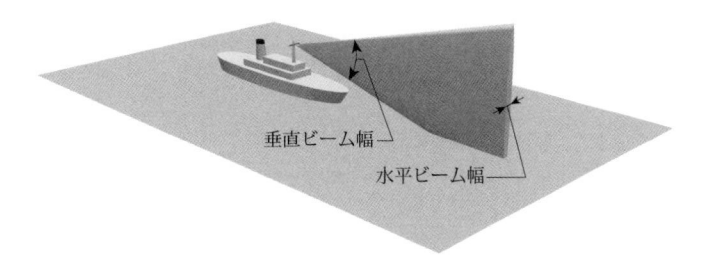

図 5.3　ビーム幅

5.1.2　レーダーの性能

レーダーの性能は探知距離（最大探知距離，最小探知距離）と分解能（方位分解能，距離分解能）で評価される。

5.1.2.1　最大探知距離

レーダーで物標を探知できる最大の距離を最大探知距離という。探知距離は信号強度またはアンテナの高さにより決定され，信号強度による探知距離またはレーダー見通し距離の小さいほうが最大探知距離となる。

信号強度による最大探知距離 $R\,[\mathrm{m}]$ は次式で表される。式の分子にある送信電力（$P\,[\mathrm{W}]$），アンテナ利得（G），物標の有効反射面積（$\sigma\,[\mathrm{m}^2]$），アンテナの有効開口面積（$A\,[\mathrm{m}^2]$）が大きいほど，分母にある最小受信信号電力（$p\,[\mathrm{W}]$）が小さいほど，最大探知距離が大きくなる。

$$R = \sqrt[4]{\frac{PG\sigma A}{(4\pi)^2 p}}\,[\mathrm{m}] \tag{5.3}$$

レーダー電波は光より波長が長いため，光よりも遠方まで到達する（図 5.4）。アンテナ高さを $h\,[\mathrm{m}]$ とすると，レーダー水平距離 $r\,[\mathrm{nm}]$ は次式で表される。

$$r = 2.23\sqrt{h}\,[\mathrm{nm}] \tag{5.4}$$

島や山など物標の高さが高い場合，レーダー水平距離を超えてもそれらを捉えることができる。物標の高さを $H\,[\mathrm{m}]$ とすると，それを探知することができる距離 $R\,[\mathrm{nm}]$ は次式で表される。ただし，これは島の頂部付近からの反射波であり，海岸線からの反射ではないことに注意しなければならない。

$$R = 2.23(\sqrt{h} + \sqrt{H})\,[\mathrm{nm}] \tag{5.5}$$

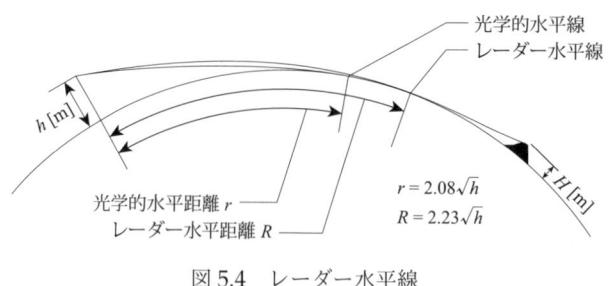

図 5.4　レーダー水平線

5.1.2.2　最小探知距離

物標を表示画面上に映像として表示できる最小の距離を最小探知距離という。最小探知距離は送信波のパルス幅または垂直ビーム幅で決定され，どちらか大きいほうが最小探知距離となる。

（1）パルス幅による最小探知距離

物標がレーダーアンテナからパルス幅 τ の半分の幅に相当する距離にあるとする（図 5.5）。

発射されたパルス波は物標に当たり反射する。パルス波が半幅進んだところで反射波はアンテナまで戻ってくるが，アンテナは電波発信中には受信できないことから，その反射波を捉えることはできない。したがって，レーダーアンテナからパルス幅の半幅以内にある物標を捉えることはできない。

パルス幅による最小探知距離 R_{pulse} [m] は，パルス幅 τ の単位を [μs] とすると

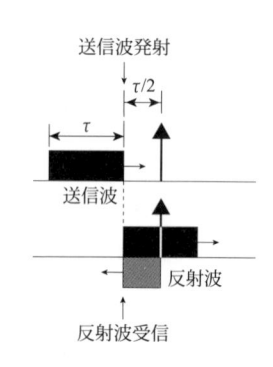

図 5.5　パルス幅による最小探知距離

$$R_{pulse} = \frac{c\tau}{2} = \frac{3 \times 10^8}{2}\tau = 150\tau \text{ [m]} \tag{5.6}$$

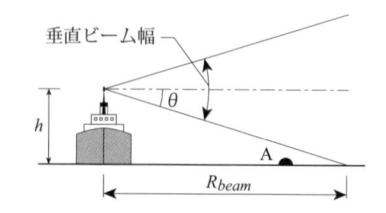

（2）垂直ビーム幅による最小探知距離

垂直ビームの俯角（空中線を水平に取り付けたとき，垂直ビーム幅の半幅）以内にある物標 A を探知することはできない（図 5.6）。

垂直ビームの俯角による最小探知距離 R_{beam} [m] は

図 5.6　垂直ビーム幅による最小探知距離

$$R_{beam} = \frac{h}{\tan\theta} \text{ [m]} \tag{5.7}$$

例題　パルス幅 0.15 μs，垂直ビーム幅 20°，アンテナ高さ 30 m のレーダーがある。このレーダーの最小探知距離を求めよ。

【解答】パルス幅による最小探知距離を R_{pulse} [m]，垂直ビーム幅によるそれを R_{beam} [m] とする。

$$R_{pulse} = 150\tau = 150 \times 0.15 = 22.5 \text{ [m]}$$

$$R_{beam} = \frac{h}{\tan\theta} = \frac{30}{\tan 10°} = 170 \text{ [m]}$$

上式から，このレーダーの最小探知距離は 170 m である。

5.1.2.3 方位分解能

アンテナから等距離にある 2 物標が表示画面上で 2 物標として識別できる最小の角度を方位分解能という。図 5.7 に示すように，方位分解能は水平ビーム幅で決定される。水平ビーム幅内にある物標 A，B は同一の物標として認識され，レーダー画面上に 1 物標として表示される。また，方位分解能は表示画面の輝点の大きさの影響も受ける。

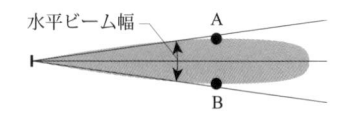

図 5.7 方位分解能

【例題】 水平ビーム幅 1° のレーダーは，2 nm の距離にある 60 m 離れている 2 物標を，2 物標として識別できるか。
【解答】 このレーダーが距離 2 nm にある 2 物標を識別するには，2 物標は次の距離以上離れている必要がある。よって，判別できない。

$$r_{direction} = 2 \times 1852 \times \frac{\pi}{180} = 64.6 \text{ [m]}$$

5.1.2.4 距離分解能

同一方向にある 2 物標が表示画面上で 2 物標として識別できる最小の距離を距離分解能という。

図 5.8 に示すように，物標 A，B は同一方向にあり，それらの距離はパルス幅 τ の半分の幅に相当するとする。パルス波は A 物標に当たり，さらに半幅進んだところで B 物標に当たる。それぞれの反射波は図の最下段に示されるように一体となってしまい，レーダーは反射波を 2 波として認識できない。つまり，パルス幅の半幅以内にある 2 物標を分離して判別することはできない。

以上から，距離分解能 r_{range} は以下の式で表される。

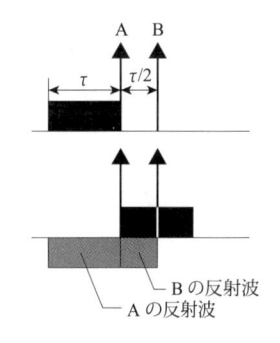

図 5.8 距離分解能

$$r_{renge} = \frac{c\tau}{2} = \frac{3 \times 10^8}{2}\tau = 150\tau \text{ [m]} \tag{5.8}$$

5.1.3 距離および方位の測定

レーダーの画面上の起点は物標の形を正確に表現しているわけではなく，物標の形とは若干の乖離がある。距離および方位を測定する際はこれらを考慮しなければならない。

図 5.9 はレーダーが小物標（黒丸）をどのようにレーダー画面上に輝点（周囲の四角）として表すかを示したものである。真北を N，自船レーダーアンテナの位置を O とする。

a．距離の測定：輝点の内側までの距離 OR を物標の距離とする。可変距離環（VRM[*2]）の外周を輝点の最も内側に合わせて測定する。また，輝点の後面はパルス幅の半幅分遠方へ拡大される。また，物標の後面は映像とならない場合もあるので，後面の距離を測定してはならない。

b．方位の測定：その物標の映像は水平ビーム幅の半幅分左右方向に拡大される。図に示す島のような物標であれば，輝点の中心方位 ∠NOB を物標の方位とする。電子カーソル（EBL[*3]）を物標の輝点の中心 R に合わせて，方位を測定する。岬などの陸地の端の方位を測定する場合は，1/2 水平ビーム幅分内側に電子カーソルを合わせ，B′（または B″）を測定する。

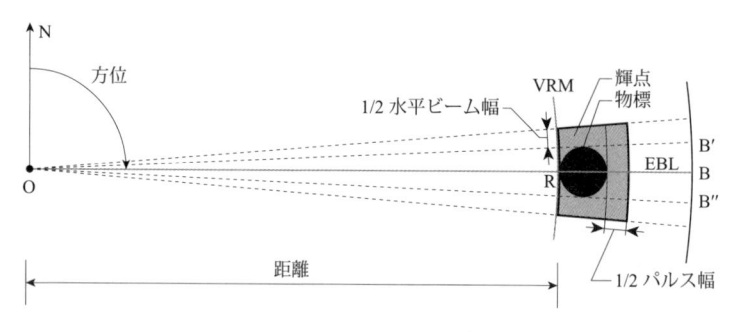

図 5.9　距離および方位の測定

5.1.4　方位基準と運動指示方式

5.1.4.1　方位基準

方位の基準のとり方には次の 3 つの方法がある（図 5.10）。

a．真方位表示（**North up**）：表示画面の中心とその頂部を結ぶ線が真北方向を示す方式である。映像と海図の対比が容易である。変針やヨーイングしている際，映像が振れ回らないのでぶれることがなく，正確に方位測定を行うことができる。

b．相対方位表示（**Head up**）：表示画面の中心とその頂部を結ぶ線が船首方向を示す方式である。自船で視認した物標と映像との方位関係が同一となるため，物標と映像の対比が容易である。ヨーイングにより映像がぶれる。

c．針路表示（**Course up**）：表示画面の中心とその頂部を結ぶ線が予定の針路方向を示す方式である。設定針路が固定されるためヨーイングなどによる映像のぶれはないが，設定針路を変える毎に針路を設定し直す必要がある。

[*2] VRM：Variable range marker
[*3] EBL：Electric bearing line

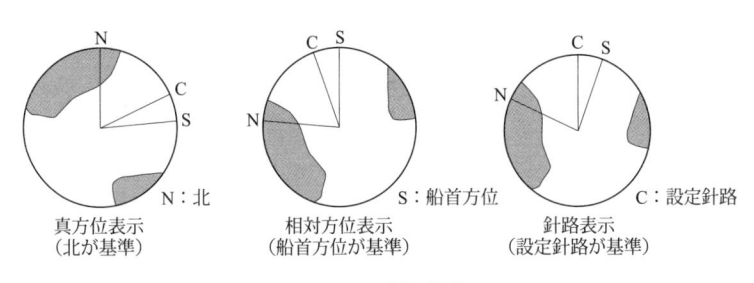

図 5.10　方位基準

5.1.4.2　運動指示方式

運動表示方式には次の 2 方式がある（図 5.11）。

- a．**相対運動表示**：自船の位置を表示画面に固定して他船や陸地を表示する方法である。すべての画像は自船の運動に合わせ相対運動で表示される。
- b．**真運動表示**：陸などを固定して表示する方式で，自船がその針路に沿って運動する表示方法である。この運動表示では，自船の針路・速度情報の入力が必要である。

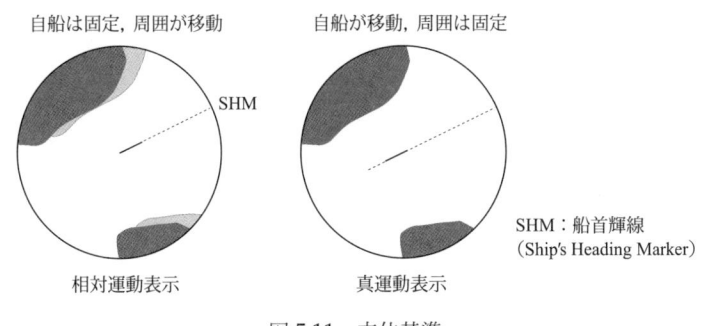

図 5.11　方位基準

5.1.5　レーダー映像

5.1.5.1　偽像

レーダーでは実在しない物の映像や実在するが実態と著しく異なった映像がレーダー画面に現れることがある。実態と異なった映像を偽像といい，実像と見分けることが重要である。

（1）多重反射偽像

自船の正横方向に反射強度の強い物標がある場合，反射波が自船とその物標の間を往復し，真像と同じ方向に，距離が 2, 3, … 倍の位置に偽像が現れる。これを多重反射偽像という。偽像の大きさは反射回数の順に小さくなる（図 5.12）。自船と相手船の距離が近く，反射波が強い場合に現れる。

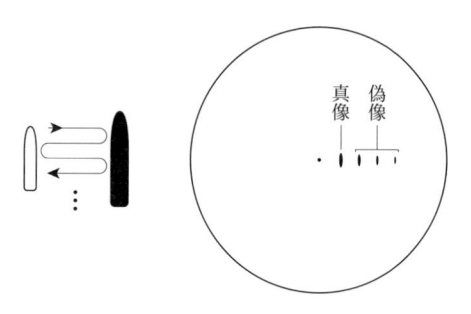

図 5.12　多重反射偽像

(2) サイドローブ偽像

送信波にはアンテナに直角な方向に発射されるメインローブだけでなく，その左右にサイドローブが含まれる。このサイドローブが物標に当たると，そのときのメインローブの方向に真像と同距離で偽像が現れる。これをサイドローブ偽像という（図 5.13）。

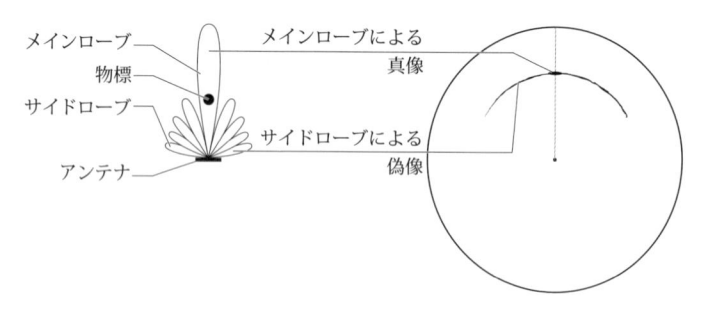

図 5.13　サイドローブ偽像

(3) 船上の構造物による偽像

送信波が自船のマストや煙突などの構造物に当たり，その電波が物標を捉えた場合に偽像が現れる。偽像は自船の構造物の方向に真像と同距離で表示される（図 5.14）。

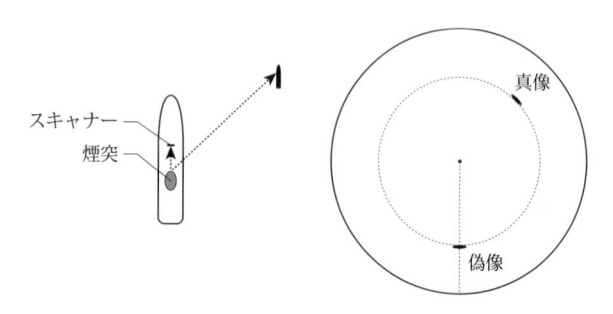

図 5.14　船上の構造物による偽像

(4) 第 2 掃引偽像

レンジ範囲を超えた遠方の物標からの反射を受信することがある。これは反射波が発射直後の休止時間に戻ることができず，その次の休止時間に戻ってくるためである。これを第 2 掃引偽像という。

図 5.15 により，パルス繰返し周期が 1000 ms（パルス繰返し周波数は 1000 Hz）のレーダーを例に考えてみる。このレーダーの探知距離は 81 nm である。距離 81 nm 以下，たとえば距離 60 nm の物標であれば，反射波 E_1 はパルス P_1 の休止時間内に戻ってくるため，距離 60 nm として表示する。

距離 81 nm 以上，たとえば距離 100 nm の距離にある物標から反射波が得られるものとする。パルス P_1 がその物標に当たってできた反射波 E_1 はパルス P_1 の休止時間内に戻ることはできず，パルス P_2 の休止時間に戻ってくることとなる。レーダーはこの反射波をパルス P_2 の反射波として処理するため，距離 19 nm（= 100 − 81）に偽像が現れる。

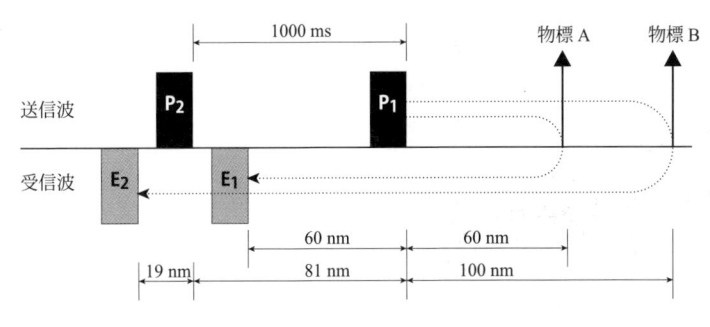

図 5.15　第 2 掃引偽像

5.1.5.2　特殊な映像

(1) レーダービーコン（レーコン）

3.2.2.3 節参照。

(2) SART

SART[*4] は GMDSS における生存艇の発見と位置特定のための装置である。X-Band レーダーの電波を受信すると応答信号を発射し，捜索している船舶や航空機の表示画面上に，SART 位置を始点として 12 個の輝点を外周に向かい約 8 nm の長さで表示する。レーダーと SART が約 1 nm に接近すると弧が，至近距離に達すると円が表示される（図 5.16）。

SART 信号の到達距離は船舶に対しては約 10 nm，航空機に対しては約 30 nm である。

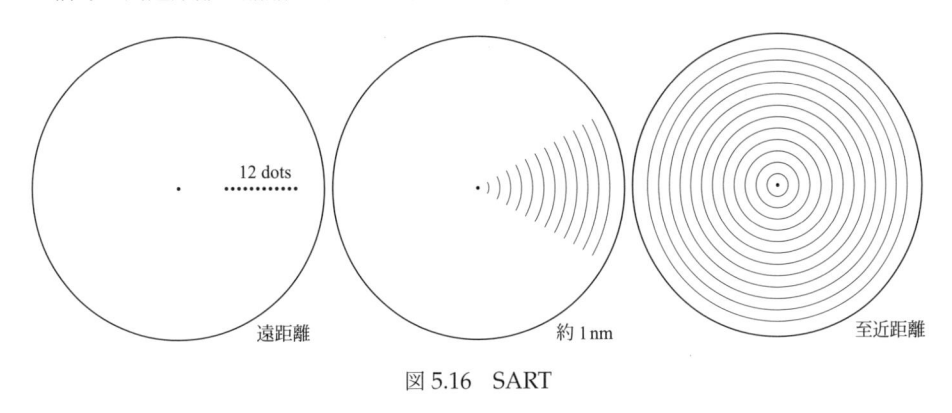

図 5.16　SART

[*4] SART : Search and Rescue Radar Transponder

(3) 障害物の背後

レーダーの電波は光と同じように物標の背後に回り込むことはできず，自船の煙突や島などの背後にある物標を捕捉することはできない。レーダー反射波のない部分は映像が映らず，海図の図示とは違って見える（図5.17）。

図 5.17　障害物の背後（三河湾）

(4) 送電線

送電線は船からの垂線の足にあたる点だけが強く反射し，そこだけが輝点となって現れる。したがって，送電線が船の航路に対して斜めになっているときには，船がその送電線に近づくに従って，輝点は横切り船のように見える。図 5.18 の例では，送電線は点線で表示されている。

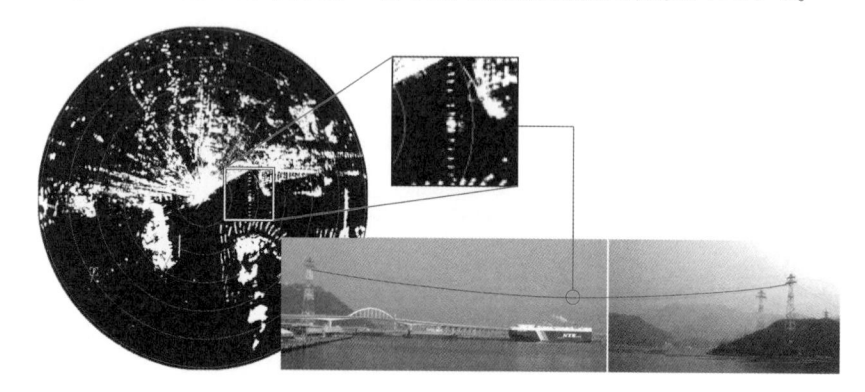

図 5.18　送電線（広島港）

5.1.5.3　映像の調整

レーダーは電波を反射するものであれば，海面の波でも雨でもすべて映し出す。これらが映り込むと陸地や船舶などを隠してしまい，レーダー観測に支障をきたす場合もある。必要となるデータを得られるよう，映像を適切に調整する必要がある。

（1）海面反射

海面に風浪があるとその波頭に電波が当たり，その波頭が映ってしまう。これを海面反射という。レーダー画面の中心付近に海面反射が強く現れ，このなかに船舶などがあってもその映像を判別できない。なお，海面反射は実際にあるものの映像であり，偽像とは異なる。

図 5.19 は海面反射の状態とそれを除去する海面反射抑制（A/C SEA，または STC）の効果を示したものである。あまり強くすると漁船やブイなどの小物標の映像も消えてしまう。STC は自船の近傍（4 nm 程度）のみに作用する。

(a) A/C SEA を弱くした状態である。強い海面反射のため，中心付近の船舶などの存在を検知することはできない。

(b) A/C SEA を中程度にした状態である。反射はだいぶ減ったが，強い反射はまだ残っている。

(c) A/C SEA を強くした状態である。中心付近は反射波の映像がなくなり，視認性は良くなったが，中心付近にある漁船などの小型船の映像も消えている可能性がある。

この海象であれば，(b) と (c) の中間程度に調整すると良い。

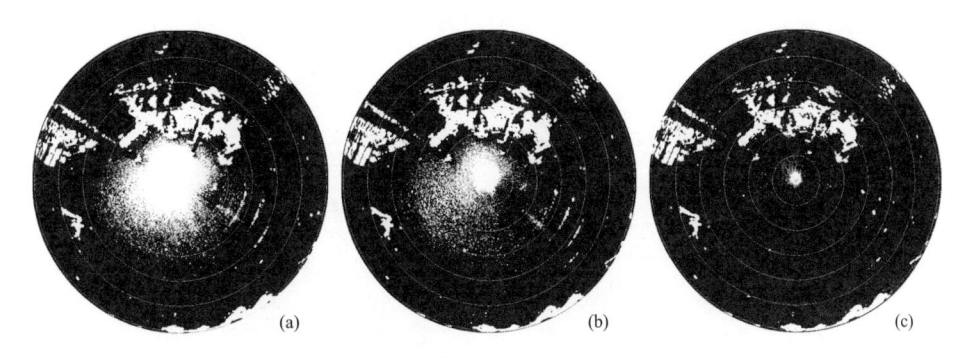

図 5.19　海面反射と A/C SEA

（2）雨雪反射

雨雪からの反射を雨雪反射という。しゅう雨性の強い雨であれば，島と思わせるほどはっきりとした映像となる。強い雨雪反射があれば，漁船やブイなどの小物標の映像を判別することは難しい。雨雪反射は物標からの反射と異なり，同じ所にはとどまらないため，受信信号を時間成分で微分すれば除去することができる。この機能を雨雪反射抑制（A/C RAIN，または FTC）という。A/C SEA 同様，あまり強くすると小物標の映像は消えてしまう。FTC は画面全体に作用する。

図 5.20 は A/C RAIN の効果を示したものである。

(a) A/C RAIN をかけていない状態である。

(b) A/C RAIN を 30 % 程度かけた状態である。若干の風雪反射はまだ残っているが，視認性は非常に良い。

(c) A/C RAIN を 60 % 程度かけた状態である。風雪反射は完全に消え，かつ陸上の映像も消えかけている。反射の弱い船舶の映像は消えている可能性がある。

この雨雪であれば，(b) 程度に調整すると良い。

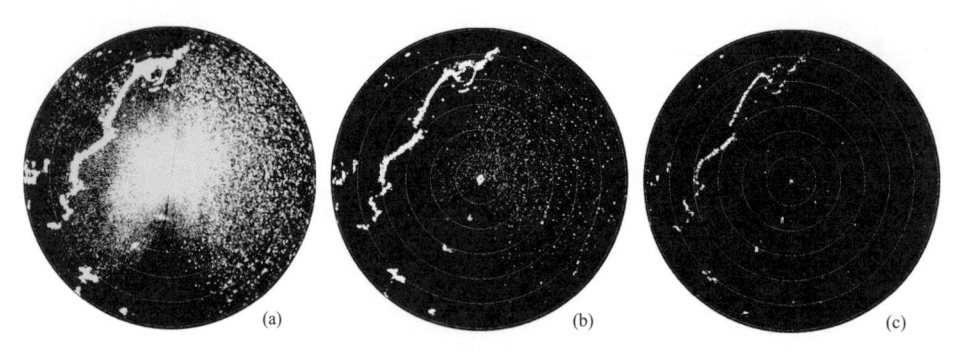

図5.20　雨雪反射と A/C RAIN

(3) 他船のレーダーとの干渉

自船の近くの周波数が同じ他船のレーダー電波を受信すると，表示画面上に放射状のノイズが現れる（図 5.21 OFF）。レーダー干渉除去（同図 ON）によりレーダー干渉を除去できるが，レーダービーコンや SART 信号（後述）も消えてしまう可能性があるので注意しなければならない。

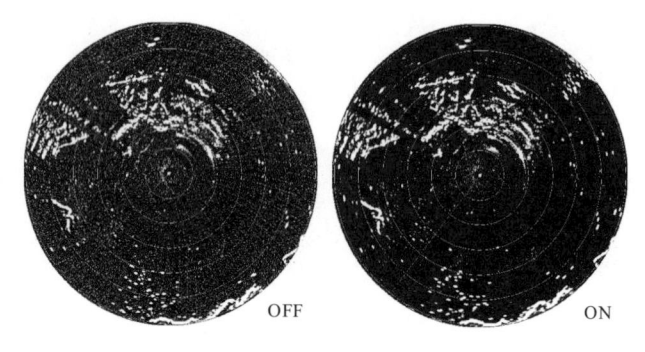

図5.21　レーダー干渉

(4) その他の調整

　i．チューニング（TUNING）：局部発振器の周波数を調整して，中間周波増幅器が最も有効に働くように調整するものである。チューニングメーターが最大となるように合わせる。
　　図 5.22 はチューニングの効果を示したものである。
　(a) チューニングが最良の状態ですべての画像がくっきりと映っている。
　(b) チューニングが不良で画像全般が劣化し，映っていない部分が多い。
　ii．ゲイン（GAIN）：中間周波増幅器の利得を調整するものである。ノイズが出始める程度に調整すると良い。
　　図 5.23 はゲインの効果を示したものである。
　(a) ゲインを上げ過ぎているため，陸上の非常に多くの建造物からの反射波が映っている（A/C SEA および A/C RAIN は切）。
　(b) ゲイン調整が適切である（A/C SEA および A/C RAIN は切）。

第 5 章 電子航法

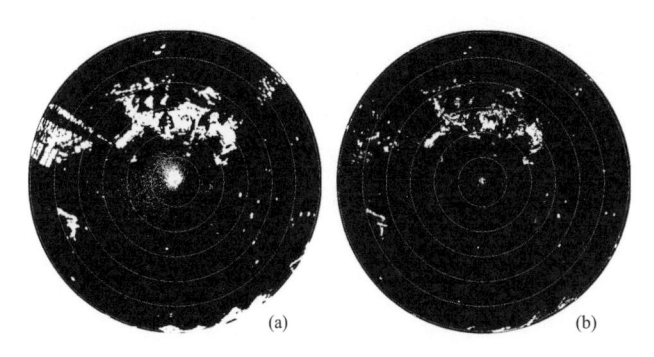

図 5.22 チューニング調整

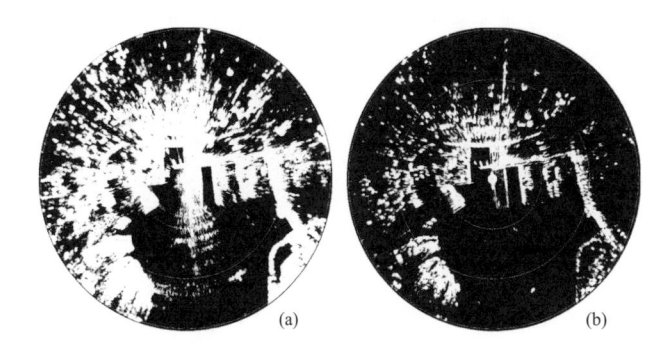

図 5.23 ゲイン調整

iii. インテンシティ（INTENSITY）：映像の明るさを調整する。

　図 5.24 はインテンシティの効果を示したものである。

(a) 最も明るく調整。

(b) 暗めに調整。

これらの中間程度に調整すると良い。

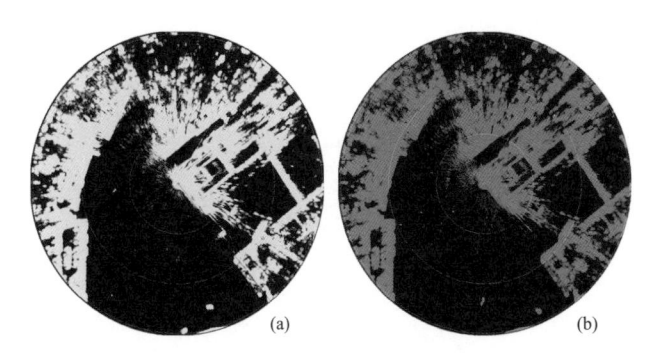

図 5.24 インテンシティ調整

5.1.6　レーダープロッティング

　自船のレーダーにより得た他船の方位・距離情報から，他船の針路・速力，最接近点，最接近距離などの情報を求める必要がある。自船が動いている場合，自船のレーダーから得られるデータは自船の動きを含んでおり，それらを差し引かないと，他船の真の動きを知ることはできない[*5]。
　他船の真の動き $\vec{u_T}$ を作図により解析する方法を**レーダープロッティング**という。

5.1.6.1　実景プロットと相対プロット

　自船と他船との運動の関係を把握する方法として，実景プロットと相対プロットがある（図5.25）。実景プロットとは自船をその運動に沿って移動させ（同図左 O_1, O_2, O_3），それぞれの位置から他船の相対位置（図 S_1, S_2, S_3）を描く方法をいい，相対プロットとは自船を固定し（同図右 O），固定した位置から他船の相対位置を描く方法をいう。レーダープロッティングは後者である。

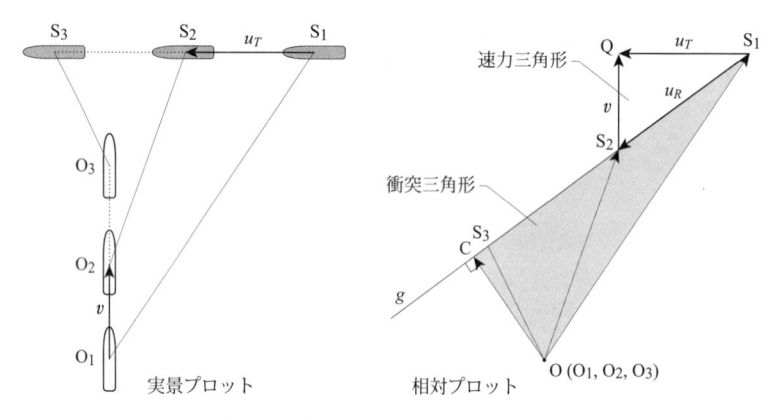

図 5.25　実景プロットと相対プロット

5.1.6.2　速力三角形と衝突三角形

　図 5.25 の相対プロットにおいて，自船 O の単位時間 t 当たりの針路・速力ベクトルを $\vec{v}$，他船 S の針路・速力ベクトルを $\vec{u_T}$，他船の相対針路・相対速力ベクトルを $\vec{u_R}$ とすると，これら3ベクトルでつくる $\triangle S_1QS_2$ を**速力三角形**という。これらのベクトルには以下の関係が成り立つ。

$$\vec{u_T} = \vec{u_R} - \vec{v} \tag{5.9}$$

　$\vec{v}$ は自船のジャイロコンパスおよび速力計により求める。$\vec{u_R}$ はレーダーで他船 S の方位・距離を測定することにより求める。

$$\vec{u_R} = \vec{OS_2} - \vec{OS_1} \tag{5.10}$$

　ただし，これらは単位時間 t 当たりのベクトルなので，速力 [kn] を求めるには1時間ベクトル $\vec{u_T}$ に換算する必要がある。

[*5] この考え方は，他船の真針路・真速力を知る場合に限ったことではなく，船上で観測した風向・風速から，真風向・真風速を求める場合も同様である。

$$\overrightarrow{U_T} = \frac{60}{t}\overrightarrow{u_T} \tag{5.11}$$

自船 O から直線 g（S_1, S_2, S_3 を含む直線）に下ろした垂線の足を C とする。点 C は他船 S が自船 O に最接近する点で，この点を**最接近点**（**CPA**[*6]）という。垂線の長さ $\overline{OC}$ は最接近時の距離を与え，**最接近距離**（**DCPA**[*7]）という。この値が小さいほど自船と他船は近づくこととなり，DCPA = 0 は衝突を意味する。他船 S が CPA に至るまでの時間を**最接近時間**（**TCPA**[*8]）という。

△OS$_1$C は衝突を判断するために利用されることから，これを**衝突三角形**という。

5.2 ARPA

ARPA[*9]（**自動衝突予防援助装置**）は前述のレーダープロッティングを自動的に行い，他船の真針路，真速力，最接近距離，最接近時間などの情報を表示する装置である。また，自船が変針，変速を行った場合の他船との関係がどのようになるかをシミュレーションする機能を有し，航行支援を行うことができる（図 5.26〜5.28）。

ARPA はレーダー映像による他船の相対位置情報，ジャイロコンパス，ログまたは GPS による自船の運動情報を入力し，他船の針路，速力などの情報を表示画面上にベクトルや数値として表示する（表 5.3）。

表 5.3 ARPA の機能

分類	項目	機能
入力	レーダー映像位置	自動または手動入力によりレーダー映像を捕捉・追尾
	自船針路	ジャイロコンパス信号による自動入力，または手動入力
	自船速力	GPS 信号またはログ信号などによる自動入力，または手動入力
データ処理	映像の行動解析	追尾映像の相対針路，相対速力，真針路，真速力の解析
	衝突危険	最接近距離，最接近時間の予測
	試行操船	自船の針路，速力を変化させたときの追尾映像との関係
出力	レーダー映像表示	使用レーダーと同質の映像を ARPA 表示画面に表示
	情報表示	捕捉・追尾映像：映像の捕捉範囲（自動捕捉の場合），捕捉・追尾映像の識別マーク，追尾映像の運動ベクトル，トレイル表示，航跡表示
		数値情報：指定した追尾映像の情報（距離，方位，真針路，真速力，最接近距離，最接近時間）
		試行操船：自船および追尾物標との関係表示
	警報	侵入警報，消失目標警報，危険目標警報，追尾目標数超過警報，システム異常警報

(1) 目標の捕捉

 a．**手動捕捉**：捕捉したい物標にカーソルを置き，捕捉ボタンを押すことにより捕捉する。物標捕捉後，1 分以内に当該物標の移動の概略の予測が，3 分以内に移動の予測が，ベクトルまた

[*6] CPA : closest point of approach
[*7] DCPA : distance to CPA
[*8] TCPA : time to CPA
[*9] ARPA : Automatic Radar Plotting Aids

は図形により表示される。捕捉直後の情報は精度が低いことに留意すべきである。また，少なくとも20物標を捕捉できなければならない。

b．**自動捕捉**：自動捕捉機能により，表示画面上に表示されている物標を自動的に捕捉する。自動捕捉の場合，陸地，雨雲，海面反射などの映像も捕捉してしまう場合があるので，捕捉除外区域を設定する機能がある。

c．**消去**：物標を個別に消去することができる。消去モードにした後，消去したい物標にカーソルを合わせて消去する。すべての物標を一度に消去する場合は"All cancel"スイッチを押す。

d．**物標の乗移り**：追尾されている物標と追尾されていない物標が接近した場合，追尾されていない物標の反射強度が強いと，追尾が追尾されていなかった物標に移ることがある。これを物標の乗移りという。

e．**AIS情報**：レーダーにAISからの情報を表示する場合，ARPAの追尾目標と同様に扱われなければならない。また，活性AISは20目標，不活性AISは100目標以上表示できなければならない。

(2) ベクトル表示

捕捉された目標はベクトル表示される。

a．**真ベクトル表示**：真ベクトル表示は真針路・真速力を表示する（図5.26）。他船の動向（同航，横切り，反航の関係）を容易に判断できる。しかし，表示画面上に表示されているベクトルを見ただけでは，DCPAがどの程度になるかなどの自船に対する危険の度合いを判断しにくい。

b．**相対ベクトル表示**：相対ベクトル表示は相対針路・速力を表示する（図5.26）。ベクトルが画面中心付近に向いている場合はCPAが小さいことを意味し，衝突のおそれを容易に判断することができる。湾内などの船舶交通が輻輳する海域においてはとくに有効である。

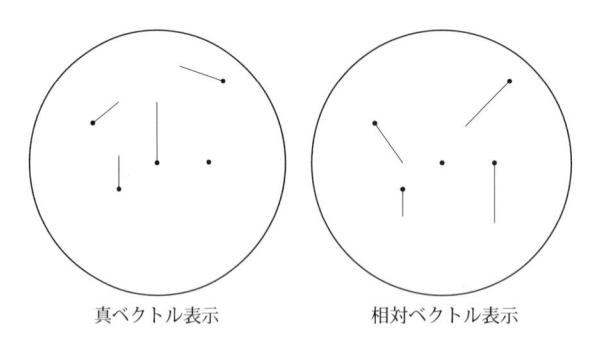

真ベクトル表示　　　相対ベクトル表示

図5.26　ベクトル表示

c．**対水安定と対地安定**：対水安定とは自船の針路・速力としてジャイロコンパスなどによる船首方位とログなどによる対水速力を使用することをいい，対地安定とはGPSなどによる対地針路・対地速力を使用することをいう。対水安定の場合，画面に表示される他船の真ベクトルは海面に対する運動を表すため，潮流の影響などにかかわらず目視による見合い関係と一

致する。一方，対地安定の場合，画面に表示される真ベクトルは対地運動を表すため，潮流などの影響がある場合には，目視による見合い関係と一致しないので注意しなければならない。

- d．**ベクトルの安定性と追従性**：物標のベクトルは自船の針路・速力をもとに計算されるため，自船の針路・速力の変化により安定性を欠くことがある。これを避けるため，ある一定の時間の自船の平均針路・速力を用いる。したがって，物標が変針・変速してもそのベクトルは直ちに反映されず，一定の時間後に表示されることに注意しなければならない。
- e．**トレイル表示**：トレイル表示は航跡を残光で表示する。トレイルは真ベクトル表示，相対ベクトル表示のいずれでも表示できなければならない。
- f．**航跡表示**：航跡表示とは追尾目標の過去の位置を表示する機能をいう。少なくとも8分にわたって表示される。真ベクトル表示の場合は，航跡の変化によりその目標の速度変化（変針・変速）の状況を判断できる。

(3) 警報

- a．**侵入警報**：侵入警報とは設定されたガードリングに物標が到達した場合に発する警報をいう。なお，ガードリング設定時にすでにその内側にいた物標にはこの警報を発しない。ガードリングは手動で設定する。
- b．**消失物標警報**：消失物標警報とは追尾中の物標の追尾ができなくなった場合，最後の追尾位置を示すと共に発する警報をいう。物標の消失は物標の反射が弱くなった場合，海面反射や雨雪反射に埋もれてしまった場合，自船のレーダーの死角（煙突やマストの陰）に入った場合などに発生する。

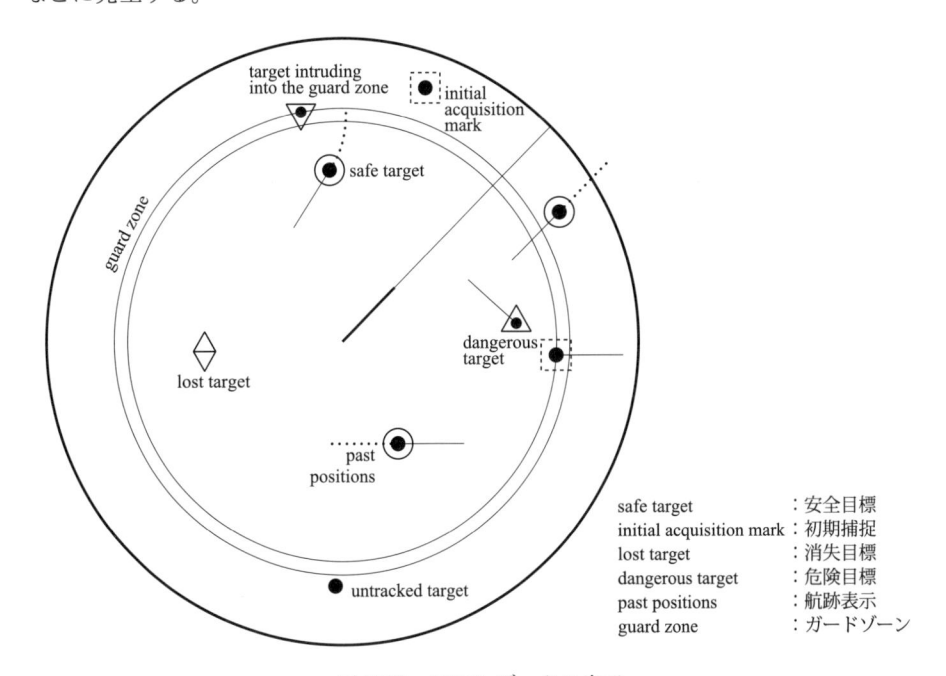

図 5.27　ARPA データの表示

記号	説明
⦿ (破線)	追尾初期段階の物標
 ⦿— (破線)	追尾初期段階の物標およびベクトルによる物標移動の概要予測
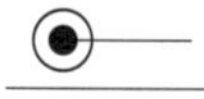 ⦿—	追尾安定状態の物標およびベクトルによる物標移動の予測
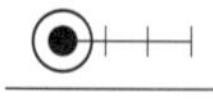 ⦿—┼┼┼	同上（上記表示に時間等分割線を付加）
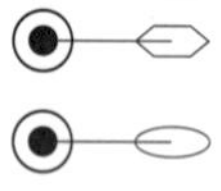 ⦿ ⇔	追尾安定状態の物標および図形による物標移動の予測
●	未捕捉物標
◆	追尾中に消失した物標
▽	接近警戒圏に進入した物標
▲	物標の CPA および TCPA が設定値以内になることが予測された物標

図 5.28　ARPA シンボル

- c. **危険物標警報**：危険物標警報とは CPA, TCPA が設定値以下になると予想される物標に対して，可視または可聴の少なくともいずれかの方式で発する警報をいう。CPA, TCPA の設定値は手動で設定する。
- d. **追尾物標数超過警報**：追尾物標数超過警報とは追尾物標数がその ARPA の制限数を超えた場合に発する警報をいう。

5.3　GPS

全地球航法衛星システム GNSS[*10] の完成形として運用されているのは GPS[*11] のみである[*12]。ここでは，GPS の概要を説明する。

GPS は衛星からの電波の到来時間（衛星からの距離）を利用して船位を求める方式である。沿岸航法において，複数の地点からの距離の位置の線により船位を求めるのと同様と考えればよい。GPS は宇宙部分，地上制御部分，利用者部分により構成される。測地系は WGS-84 である。

- a. **宇宙部分**：測者がいつでもどこでも正確な位置などを得られるよう，GPS 衛星は赤経が 60° ずつずれる 6 軌道で構成され，各軌道面には 4 個以上の衛星が配置される。各軌道は高度 2 万 200 km，傾斜角 55° の楕円軌道で，衛星はその軌道を秒速 3.87 km，周期約 12 時間で周回する（図 5.29）。
- b. **地上制御部分**：主制御局，モニター局および地上アンテナで構成される。モニター局は各衛星から収集したデータを主制御局に送り，主制御局はそのデータを基に衛星の軌道を正確に

[*10] GNSS : Global Navigation Satelite System
[*11] GPS : Global Positioning System
[*12] 日本は準天頂衛星システム，みちびきが 2010 年より運用されている。GLONASS（ロシア），Galileo（EU），北斗（中国）が運用中である。

保持する。
c．利用者部分：受信機，プロセッサー，アンテナから構成され，衛星からのデータを受信して測者の位置と時刻を得ることができる。

GPSによる測位の方法は単独測位と相対測位に分類される。

a．**単独測位**：1つの受信機で同時に4個以上のGPS衛星からの電波を受信し，各衛星からの距離を算出して測位する方法である。測位精度は概ね数十m程度である。

　単独測位の原理を説明する。GPS衛星の信号には時刻が含まれているため，電波が衛星を発してから受信機に到達するまでに要した時間が得られる。ただし，受信機に搭載されている時計（水晶時計）は衛星に搭載されている時計（セシウム時計，ルビジウム時計）に比べ精度が低いため，電波の到来時間の計測値には誤差が含まれており，これから得られる距離にも誤差が含まれることになる。この距離を疑似距離という。

　疑似距離を R とすると，受信機の位置 (x, y, z) との間には次の関係が成り立つ。この式では未知数は受信機の位置と時計誤差の計4つとなるため，単独測位では少なくとも4つの衛星の電波を同時に受信する必要がある（図5.29）。

$$R = \sqrt{(x - X_i)^2 + (y - Y_i)^2 + (z - Z_i)^2} + C\Delta t \tag{5.12}$$

ただし，X_i, Y_i, Z_i：衛星iの3次元位置，C：電波伝播速度，Δt：受信機の時計誤差。

　単独測位では，測者から見て4個の衛星の配置が精度に影響する。衛星が天空に均等に分布していれば精度は良くなり，1か所に固まっていれば精度は悪くなる。測位精度の目安として精度劣化係数（DOP[13]）という数値が用いられる（図5.30）。

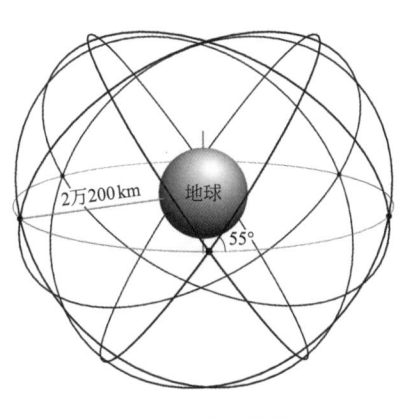

図5.29　衛星軌道

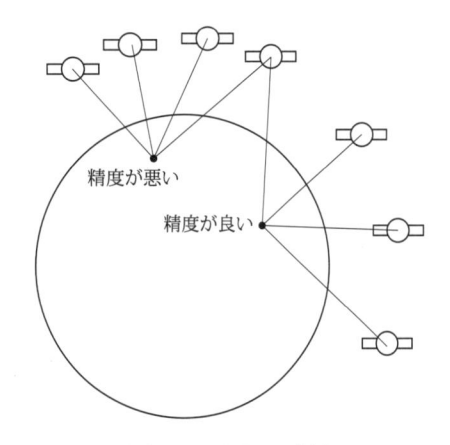

図5.30　DOPの概念

b．**相対測位**：複数の受信機で4個以上のGPS衛星を同時に測定して受信機間の相対的な位置関係を計測する方法で，単独測位より高精度である。複数の受信機で単独測位を行ってそれ

---

[13] DOP（Dilution of Precision）：GDOP（幾何学的DOP），PDOP（3次元位置DOP），HDOP（水平面位置DOP），VDOP（垂直方向DOP），TDOP（時間的DOP）がある。

それの位置情報から相対位置を求める DGPS と，複数の受信機と衛星との距離の差（行路差）を搬送波の位相により求め，受信機間の相対位置を決定する干渉測位がある。精度は，DGPS は概ね 1 m，干渉測位は mm 単位で測定でき GPS 測位のなかで最も精度が良く，精密測量などで使用される。

5.4 AIS

AIS[*14] は船舶の航行情報（表 5.4）を能動的に発信し，船舶局相互間および船舶・陸上局間で情報を交換するシステムである[*15]。また，AIS は航路標識の位置情報などを表示するためにも使用される（3.2.2.1 節参照）。

表 5.4　AIS における航行情報

動的情報	静的情報	航海関連情報
位置情報	IMO 番号	喫水
世界標準時（UTC）	呼出符号，船名	危険貨物（種類）
対地針路・速力	船舶の長さ・幅	目的地
船首方位	船舶の種類	到着予定時刻
航海の状態	測位アンテナの位置	航行の安全に関する情報
回頭率		

従来，航海士は双眼鏡やレーダーを用いて船舶などの存在を知り，継続的に看視することによって他船の動静（距離，概略針路・速力）を把握していたが，AIS の出現によって，近傍にいる船舶は互いの航行情報を的確に，ほぼリアルタイムで知ることができるようになった。また，AIS 情報は海上交通センターでの船舶通航業務に利用され，レーダーのみでは困難であった船舶識別に威力を発揮する。

レーダーが物標を探知するには，レーダー見通し上に陸地などがないことが条件になるが，AIS は船舶の AIS が発信した電波を捉えてその船舶の存在を知るため，電波の届く範囲であれば途中に障害物があっても有効である[*16]。

海上保安庁では AIS 関連施設（AIS 送受信所，運用所）が AIS 搭載船舶の静的情報，動的情報，航海関連情報（表 5.4）をつねに把握し，東京湾，伊勢湾，瀬戸内海など船舶交通が輻輳する海域においては，主として航路およびその付近を航行する船舶に対する航行管制と情報提供を行い，また，沿岸海域においては，乗揚げのおそれのある船舶や荒天時に走錨のおそれのある船舶に対し注意喚起すると共に，AIS 搭載船舶に海難情報や気象海象情報などの各種航行安全情報を提供している。

AIS は超短波の電波を使用して通信するため，アンテナの見通し距離が通達範囲と考えてよい。アンテナ高さにも関係するが，自船から 20 nm 程度が実用上の限界と思われる（図 5.31）。

[*14] AIS：Automatic Identification System，船舶自動識別装置
[*15] 国際航海の客船，国際航海の 300 トン以上の船舶，非国際航海の 500 トン以上の船舶に搭載義務がある。
[*16] AIS は超短波の電波を用いており，レーダー電波と比較して電波伝搬の状態が若干良いという程度なので，半島の陰などでは船舶を捕捉できなくなる（ロストする）ことがある。

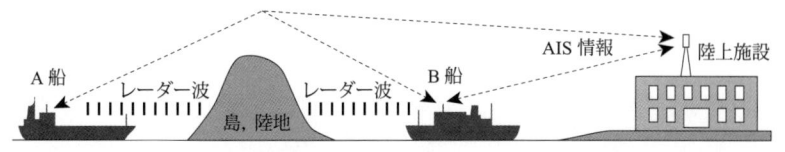

図 5.31　AIS の概念

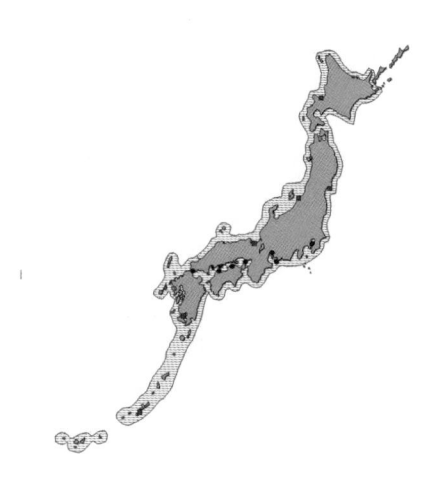

図 5.32　海上保安庁の AIS 運用海域

a．**目的地情報の入力**：>XX＿XXX＿YY/ZZZ の形式で手動入力する必要がある。>，＿（スペース），/ も必須である。入力するコードについては，参考文献 [26] を参照されたい。

　ⅰ．XX＿XXX：目的港を示す記号（国と港を表す記号の組合せ）

　ⅱ．YY：港内での進路を示す記号（係留場所などを示す）

　ⅲ．ZZ：その他必要な情報を示す記号（通過するルートなどを示す）

〔例 1〕博多港を目的港とし，博多港内では第 2 区の係留施設に向かう船舶。途中，関門港を西口の六連島東方に向かって同港を通過する。
　　→ >JP＿HKT＿E2/WM（JP＿HKT：日本の博多港，E2：第 2 区の係留施設，WM：途中，関門港を西向きに通過し，六連島東方から出域）

〔例 2〕名古屋港を目的港とし，入港前に港の境界付近で錨泊する。
　　→ >JP＿NGO＿OFF（JP＿NGO：日本の名古屋港，OFF：入港前に港界付近で錨泊）

b．**レーダー画面などへの重畳**：AIS 対応のレーダーや ECDIS では，その画面上に AIS シンボルマークを表示し，詳細情報を確認することができる。AIS 情報が重畳されたレーダー画像を図 5.33 に示す。同図に表示された AIS シンボルの意味は図 5.34 のとおりである。

　(a) 休止目標と活性化された目標。

　(b) データを表示させるために選択された目標。

　(c) CPA/TCPA の設定値から危険と判断された目標で，赤色で表示される。

　(d) AIS1 はレーダー反射映像と AIS 目標表示の両方が表示されている。AIS2 はレーダー反射映像は確認できないが，AIS の信号受信により目標が表示されている。

c．AIS シンボル：図 5.34 に示す。

(a) 休止目標と活性化目標

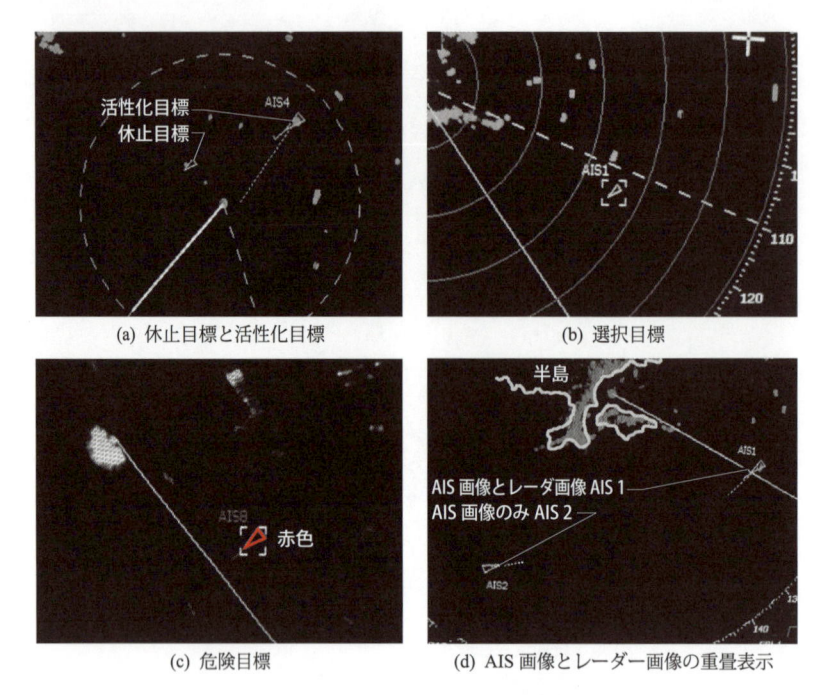

(b) 選択目標

(c) 危険目標

(d) AIS 画像とレーダー画像の重畳表示

図 5.33　レーダー画面上の AIS 表示

ターゲットの種類	シンボル表示
Sleeping Target 不活性目標	二等辺三角形の方向は Heading の方向を表示 他のシンボルより若干小さい
Activated Target 活性目標，追尾目標	点線は COG/SOG，実線は Heading を表示 実線のフラグは回頭方向 予想針路の表示
Selected Target 選択目標	シンボルを四角で表示
Dangerous Target 危険目標	二等辺三角形の辺を太く表示 表示色は赤
Lost Target ロスト目標	太線でシンボルを上書き

図 5.34　AIS シンボル

第 6 章

航海計器

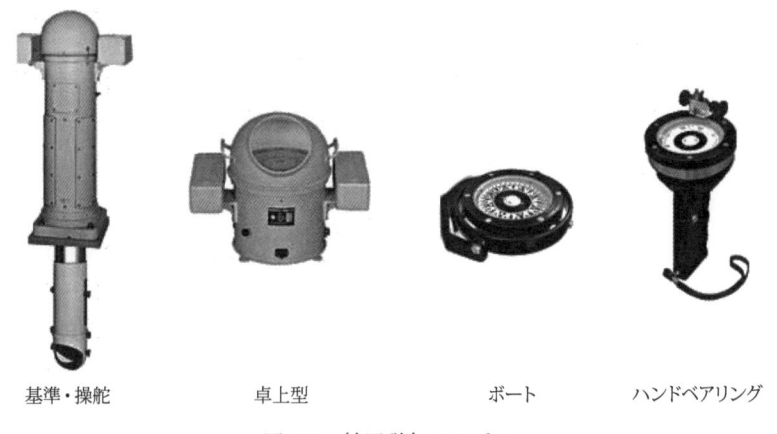

6.1 舶用磁気コンパス

舶用磁気コンパスは方位磁針を指北装置に用い，これをコンパスボウルに封入する構造となっている。コンパスボウルをコンパス液で満たした方式を**液体式コンパス**，同液で満たしていない方式を**乾式コンパス**という。液体式コンパスは液体の浮力を利用するため指北力が強く，機関などの振動を低減することができるため，船舶では液体式コンパスが使用されている。

表示形式により反映式と投影式[*1]に，使用目的や用途により基準コンパス，操舵コンパス，ボートコンパス，卓上型コンパス，ハンドベアリングコンパスに分類される（図 6.1）。

基準・操舵 　　卓上型 　　ボート 　　ハンドベアリング

図 6.1 舶用磁気コンパス

- a．**反映式磁気コンパス**：反映装置によってカードの全部または一部を読み取ることができるものをいう。
- b．**投影式磁気コンパス**：光学的方法によってカードの像の全部または一部が直接スクリーンに投影されるものをいう。
- c．**基準コンパス**：船舶が航海する上で，針路や方位の測定上基準となるものをいう。
- d．**操舵コンパス**：操舵スタンドの前に置き，主に操舵用に使用されるものをいう。

[*1] 日本のメーカーにおいては，反映式と投影式は明確に区別されていない。

e．**卓上型コンパス**：主に内航船で針路や方位測定に用いるものをいう。
f．**ボートコンパス**：端艇（救命艇など）に搭載する小型のものをいう。
g．**ハンドベアリングコンパス**：手に持って目標に向かって構えて方位を測るものをいう。小型船舶で使用される。

6.1.1 液体式磁気コンパスの構造

液体式コンパスはボウル，ジンバル，ビナクルおよび自差修正装置などで構成されている。

6.1.1.1 ボウル

ボウル（羅盆）は黄銅や青銅などの非磁性体でつくられた磁気コンパスの指北装置を収納する容器をいい，内部はコンパス液で満たされている。すりガラスにより上下2室に分かれた構造のものや，膨張室が設けられたものが一般的である。ボウルの内壁にカードの目盛りを読むための船首，船尾，右舷および左舷に基線が取り付けられている。また，バージリングに船首を基準とする相対方位の測定のために方位が刻まれているものもある（図6.2）。

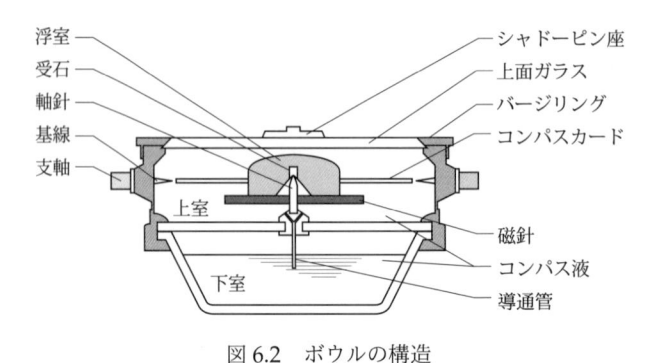

図6.2　ボウルの構造

a．**コンパス液**：一般に，コンパス液は約40％のエチルアルコールと約60％の蒸留水の混合液が使用されている。コンパス液には次の働きがある。
- 指北装置の重量を軽くして，軸針が受ける圧力を少なくして，この部分の摩擦と破損を防ぐ。
- コンパス液には粘性があるため，カードは素早く指北して静止し，いったん静止すれば安定性を得る。
- ボウルへの衝撃や振動を緩和する。

b．**指北装置**：コンパスカード，磁針，軸帽および浮室で構成される。軸針によって支えられ，自由に回転してカードの北が水平磁界の北に一致したままの状態を保つようになっている。

c．**コンパスカード**：磁針が取り付けられている雲母または黄銅製の方位目盛板である。

d．**磁針**：棒磁石で，コンパスカードの南北線と平行になるように浮室の下部に取り付けられている。

e．**軸帽**：浮室の下部中央にあるくぼみに取り付けられ，指北装置を軸針によって支える受け皿である。

f．浮室：指北装置の中央にある気密が保たれた金属缶で，浮きの役目をすることから，指北装置の重量を軽減し，軸針との摩擦抵抗を軽減する。

g．軸針：ボウル中心線上にある指北装置の垂直支軸である。

h．温度調節装置：コンパス液は気温の変化によって膨張・収縮するため，ボウル内に気泡を発生させたり，ボウルの機密機構や上面ガラスを破ったりすることがある。ボウルは上室と下室に分かれ，上室はコンパス液で満たされ，下室は半分程度満たされている。両室は導通管によってつながれており，上室のコンパス液の膨張・収縮に対応できるようになっている。

6.1.1.2　ジンバル装置

U 形軸受でボウルを支え，船の前後方向および左右方向の軸まわりの運動に対して自由性を持たせるように設計された装置をジンバル装置という。ジンバル装置は船体がローリングやピッチングで 30° 傾斜しても，ボウルを水平に保つ。

6.1.1.3　ビナクル

ボウルを支持している耐食性軽合金鋳物および耐食アルミニウム板製の固定台をビナクルといい，自差修正装置，照明具などを収納している（図 6.3）。

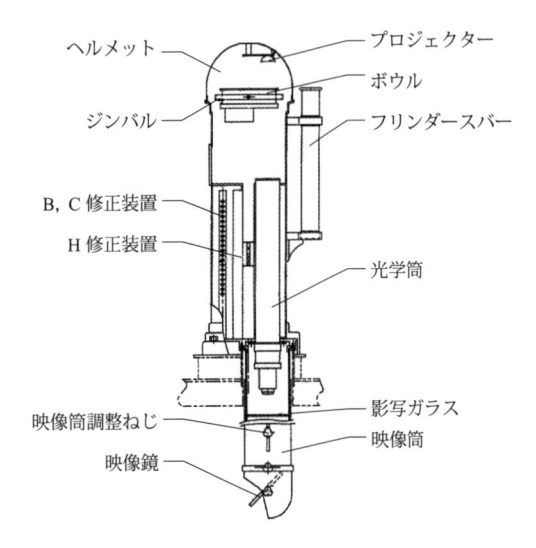

図 6.3　ビナクル（反映式）

6.1.2　磁気コンパスの誤差

磁気コンパスは必ずしも真北を指すわけではない。その原因は次による。

a．**器差**：磁気コンパス自体の誤差で，磁気コンパス製造時および船舶建造時に発生するものである。

b．**偏差および自差**：磁場の乱れによる誤差である。偏差は地球の地磁気に起因し，自差はコンパスが設置されている船体の磁気に起因するため，磁気コンパスの個体に関係なく発生する。自差は船体固有のもので，自差修正装置によって修正する。

6.1.2.1　器差

器差の原因として次が考えられる。

a．**方位誤差**：コンパスカードの目盛りの不整一，カードの支点のずれなどによる誤差。

b．**シャドーピン座誤差**：シャドーピン座がコンパスカードの支点の真上に設置されていないことによる誤差。

c．**磁針とカードの南北線の不一致**：磁針とカードの南北線が一致しないために発生する誤差。

d．**軸針の摩擦誤差**：軸針と軸受石の間に摩擦抵抗があり，カードが自由に回転できないときに発生する誤差。

e．指標誤差：船首指標が正しく船首方向を向いていないことによる誤差。方位測定に誤差は生じないが，船首方位（針路）に誤差を生じる。

6.1.2.2　偏差

地球には地磁気があり，北極付近には磁北が，南極付近には磁南が存在する（図6.4）。

磁気コンパスは磁力線による磁気子午線に沿い，磁気コンパスのN極は磁北を，S極は磁南を向く。真子午線と磁気子午線の交角を**偏差**（variation）といい，磁北が真北の右にあるときを**偏東偏差**（E'ly var.）といい "E" 符号を付け，磁北が真北の左にあるときを**偏西偏差**（W'ly var.）といい "W" 符号を付ける。

日本付近の偏差は，2010年現在，沖縄で約4°W，九州・四国・本州で6〜8°W，北海道で10°Wである。航行海域の詳しい偏差は海図に記載されたコンパスローズから読み取ることができる。図6.5に示すコンパスローズには "7°50'W 2014（1'W）" と表記されており，2014年の偏差は7°50'Wで，毎年1'偏西に変化することを示している。

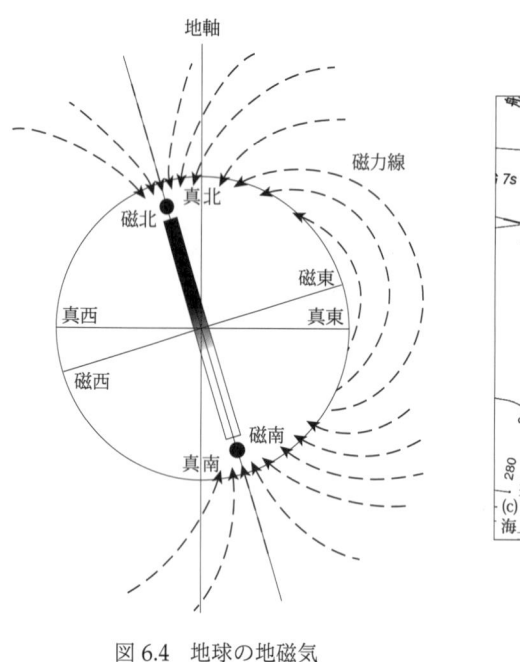

図6.4　地球の地磁気

図6.5　偏差の表示

6.1.2.3　自差

磁気コンパスを船舶に搭載した場合，鋼鉄製船体の磁気や他の計器類からの妨害磁力の影響を受けて，コンパス北は磁北とは一致しないことが多い。

磁気コンパスの南北線と磁気子午線との交角を**自差**（deviation）といい，コンパス北が磁北の右にあるときを**偏東自差**（E'ly dev.）といい "E" 符号を付け，コンパス北が磁北の左にあるときを**偏西自差**（W'ly dev.）といい "W" 符号を付ける。

建造後の海上公試などにおいて，各船体磁針路における自差を測定し，必要な修正を加えて自差を最小にした後，**自差曲線**（Deviation curve）（図6.6）を作成する。

自差は変化するため，つねに自差を測定してコンパスジャーナルに記録し，必要に応じて自差曲

線を修正する。自差は次の場合に変化する。

- 船首方位を変えたとき
- 積荷したときまたは貨物を移動したとき，船内構造物を移動したとき
- 船体に強い衝撃を受けたときまたは連続して衝撃を受けたとき
- 船体に落雷を受けたとき
- 船体の温度が変化したとき

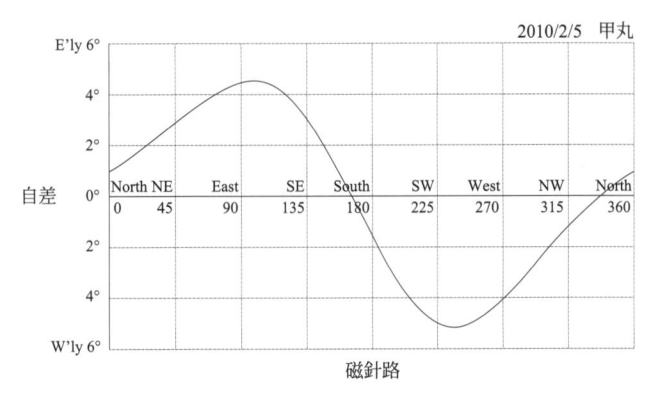

図 6.6　自差曲線図

6.1.2.4　コンパス誤差

真子午線と磁気コンパスの南北線との交角を**コンパス誤差**（compass error：CE）という。磁気コンパス北が真北の右にあるときを**偏東コンパス誤差**（E'ly CE）といい "E" 符号を付け，磁気コンパス北が真北の左にあるときを**偏西コンパス誤差**（W'ly CE）といい "W" 符号を付ける。

図 6.7 にコンパス誤差，偏差，自差の関係を示す。∠POM が偏差，∠MOC が自差，∠POC がコンパス誤差である。ここでは，偏西偏差，偏東偏差，偏東コンパス誤差の場合を表している。

コンパス誤差は次式で表すことができる[*2]。

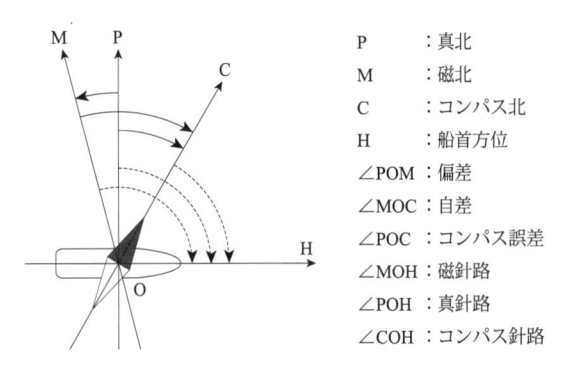

P　：真北
M　：磁北
C　：コンパス北
H　：船首方位
∠POM：偏差
∠MOC：自差
∠POC：コンパス誤差
∠MOH：磁針路
∠POH：真針路
∠COH：コンパス針路

図 6.7　コンパス誤差

$$CE = var. + dev. \tag{6.1}$$

[*2] コンパス誤差は器差，偏差，および自差の合計であるが，本書では器差は微小であると考え，コンパス誤差は偏差と自差の和とする。

6.1.2.5 コンパス針路

磁気子午線と船首方位の交角を磁針路（Magnetic course）（図 6.7 の ∠MOH），真子午線と船首方位の交角を真針路（True course）（同図 ∠POH），コンパスの南北線と船首方位の交角をコンパス針路（Compass course）（同図 ∠COH）という。

6.1.3 自差測定法

自差を測定するには次の方法がある。

6.1.3.1 遠方物標の方位による方法

コンパス針路を 8 主方位（N, NE, E, SE, S, SW, W, NW）とし，それぞれの針路にて顕著な遠方物標のコンパス方位を測定し，その平均値を遠方物標の磁気方位とし，測定したコンパス方位と比較して自差を求める方法である。このとき，物標の視差を極力小さくするため，旋回径を小さくする必要がある。視差を 30′ 以内にするため，物標までの距離は旋回径の 100 倍以上とする。

遠方物標の方位による自差測定例を表 6.1 に示す。

表 6.1 遠方物標の方位による自差測定例（参考文献 [5] の例を改変）

コンパス針路 C		コンパス方位 b	方位平均 B	自差 $b-B$	
N	0°	300.0°	296.9°	3.1°	W
NE	45°	280.0°	296.9°	16.9°	E
E	90°	276.5°	296.9°	20.4°	E
SE	135°	282.5°	296.9°	14.4°	E
S	180°	294.0°	296.9°	2.9°	E
SW	225°	306.5°	296.9°	9.6°	W
W	270°	317.0°	296.9°	20.1°	W
NW	315°	319.0°	296.9°	22.1°	W

6.1.3.2 天体の方位による方法

天体の磁気コンパス方位と計算値を比較して，そのときの船首方位の自差を求める。時辰方位角法，日出没方位角法，北極星方位角法がある。4.3.2 節を参照されたい。

6.1.3.3 顕著な物標または重視線の磁気方位による方法

顕著な物標や重視線の磁気コンパス方位と海図方位を比較して，そのときの船首方位の自差を求める。

6.1.3.4 ジャイロコンパス方位による方法

ジャイロコンパス針路と磁気コンパス針路を読み合わせこれを記録し，各船首方位の自差を集計することによって自差測定を行う。最も手軽に自差を測定できる。磁気 8 方位を針路とし，そのときのジャイロ針路と比較し，磁気 8 方位における自差を求める。

この方法の実施に際し，次項に注意する必要がある。

第 6 章　航海計器

- 変針に伴う速度誤差, 加速度誤差を考慮し, 速力はなるべく低速とし, 小舵角により回頭する。
- 変針後, しばらくその針路で航走し, 磁気コンパスが安定してから測定する。
- ジャイロ誤差を取り除き, 操舵用レピーターの示度を主コンパスに合わせる。
- 緯度速度修正器を調整しておく。

また, 実施に際しては, 単に測定するだけでなく, 磁気コンパス針路の変化よりもジャイロコンパス針路の変化が大きい場合は, ジャイロコンパスに異常が生じている可能性があることも念頭におくと良い。

6.2 六分儀

六分儀は物標間の角度や天体の高度を測定する機器で, 角度の分 (′) 単位まで正確に測定できる。六分儀の構造と名称を示す (図 6.8)。

a. **フレーム**：扇形の弧の部分をいう。実測角 1° に相当する目盛りが刻まれており, 目盛りの部分をアークという。

b. **インデックスバー**：弧の中心に回転軸を持つ棒をいい, 動鏡やマイクロメーターを備えている。

c. **マイクロメーター**：実測角 1′ 毎に目盛が刻まれており, 1 回転で実測角 1° に相当する。マイクロメーターを 1 回転することによって, インデックスバーがアーク上を 1° 進む。アーク上で角度の度の単位を, マイクロメーターで分の単位を読み取り, 角度を得る。

d. **動鏡**：インデックスバーに固定されインデックスバーと共に動き, 物標の像を水平鏡に反射する。

e. **水平鏡**：フレームに固定され鏡の半面は動鏡からの像を反射し, 半面は透視ガラスで物標や水平線を望遠鏡から直接見通す。

f. **シェードグラス**：動鏡と水平鏡の前に設置された和光ガラスで, 物標 (太陽) や水平線の強い光を和らげる。

g. **望遠鏡**：物標を拡大する。

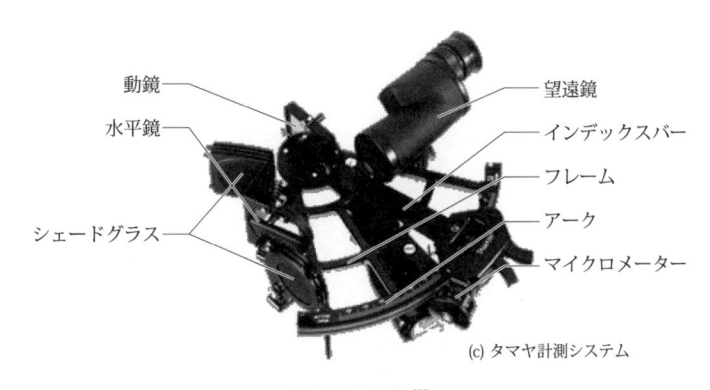

(c) タマヤ計測システム

図 6.8　六分儀

六分儀の誤差は，主に鏡が器面に垂直でないことによる。これらの誤差は使用者が修正することによって取り除くことができる。

a．**垂直差**：動鏡がインデックスバーに垂直に固定されていないために生ずる誤差をいう。インデックスバーを50〜60°あたりに置き，六分儀の上部からアーク自体と動鏡に映ったアークの像とを見て，それらが一直線に見えれば垂直差はない。

b．**サイドエラー**：水平鏡が器面に垂直でないために生ずる誤差をいう。サイドエラーの検出には水平線や星を利用する。

  i．**水平線による検出**：六分儀を垂直に持ち，真水平線と反射像が一直線になるようにインデックスバーを0°付近に合わせる。儀を左右に傾け，真水平と反射像が変わらず一直線であれば，サイドエラーはない。

  ii．**星による検出**：六分儀を垂直に持ち，インデックスバーを0°付近に合わせ，適当な星を見る。インデックスバーを動かして，反射像が真像に重なって上下を移動すれば，サイドエラーはない。

c．**器差（インデックスエラー）**：垂直差およびサイドエラーを取り除いた後，インデックスバーが0°0′のときに，動鏡と水平鏡が平行でないために生じる誤差を器差という。器差の検出には水平線や星を利用する。

  i．**水平線による検出**：六分儀を垂直に持ち，真水平線と反射像が一直線になるようにインデックスバーを合わせる。そのとき，0°0′からのずれが誤差量である。誤差がある場合，水平鏡が動鏡に平行になるように修正する。誤差が小さいときはその誤差量を器差とし，測定値に加減する。

  ii．**星による検出**：六分儀を垂直に持ち，適当な星を見てその星の真像と映像を重ねる。そのとき，0°0′からのずれが誤差量である。誤差がある場合，水平鏡が動鏡に平行になるように修正する。誤差が小さいときはその誤差量を器差とし，測定値に加減する。

6.3　ジャイロコンパス

高速で回転するコマ（ジャイロスコープ）の性質を利用したコンパスをジャイロコンパスという。ジャイロコンパスは磁気コンパスに比べ，次の利点を持つ。

- 偏差の影響を受けない。また，自差のような不定誤差がない。
- 指力（北を指す力）が強いため，強い振動に対しても指示が乱れない。
- 高緯度では指力が減少するものの磁気コンパスほど急激ではないため，極地方でも使用できる。
- 主ジャイロコンパスから複数のレピーターコンパスに信号を送ることができ，各所で方位の測定が可能である。
- レピーターコンパスはその用途によって水平・垂直・傾斜状態など，いずれにも装備できる。
- 各種航海計器（コースレコーダー，オートパイロット，ARPAレーダー，AIS，VDRなど）に方位信号を連続して出力できる。

6.3.1 ジャイロスコープとその性質

図 6.9 にジャイロスコープの図を示す。ジャイロとはコマ（ローター）のことで，ジャイロスコープとはそのコマ端を空間のあらゆる点を指すことができるようにした装置である。ジャイロスコープはローター面に垂直でローターを回転させるためのスピン軸，ローターを水平方向に回転させるための水平軸，ローターを垂直方向に回転させるための垂直軸の 3 軸を持ち，これらの軸によりスピン軸（ローター端）は空間のあらゆる点を指すことができる。これを 3 軸の自由という。

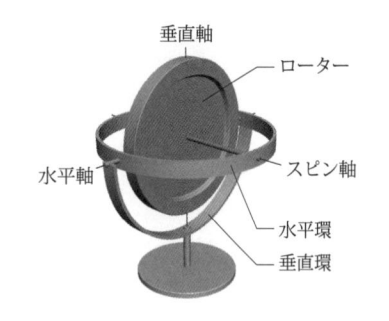

図 6.9　ジャイロスコープ

ローターは中心よりも縁に質量を集めた構造とし，これを高速で回転させることによって，方向保持力（6.3.1.1 参照）を高めている。

ジャイロスコープは方向保持性とプレセッションという性質を持つ。

6.3.1.1　方向保持性

ジャイロが高速で回転すると，スピン軸にトルクを加えない限りスピン軸の方向は空間に対してつねに一定方向を指し続ける。この性質を**方向保持性（回転惰性）**という。

高速で回転するジャイロスコープを地球上の地点 P に置く。地球が自転しジャイロが地点 P′ に移動しても，ジャイロスコープは最初に置いたときと同じ方向を指し続ける。一方，地球上の P（P′）点にいる人には地球が自転していることは認識できないから，ジャイロが回転した（向きが変わった）ように見えることになる（図 6.10）。

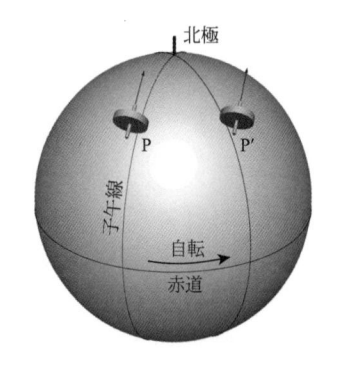

図 6.10　方向保持性

方向保持性の方向はジャイロの回転方向によって決まり，右ねじの方向に定義される。また，方向保持力はジャイロの慣性モーメントが大きいほど，ジャイロが高速に回転するほど大きい。

6.3.1.2　プレセッション

回転軸に力を加えると，力と直角な方向に軸の旋回が起こる。この旋回運動を**プレセッション**という。

図 6.11 に示すように，高速で回転するスピン軸は方向保持性 I を持っている。スピン軸の一端に力 F を与えると，水平軸にトルク T が発生する。スピン軸端（垂直軸）は F と T の合力 R の方向に回転する。図 6.12 はプレセッションを平面で表したものである。

平面図からわかるように，方向保持力 I が大きいほど，スピン軸にかかる力 F が大きいほど（トルク T が大きいほど），プレセッションは大きくなる。

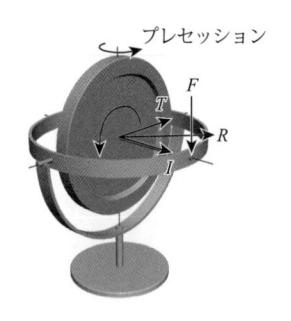

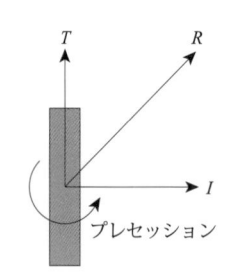

図 6.11　プレセッション　　　図 6.12　プレセッション（平面図）

6.3.2　ジャイロコンパス

ジャイロスコープは力を加えない限り一定方向を向き続ける。これをコンパスとして利用するには，スピン軸が地軸を向き続けるように地球の自転と反対のプレセッションを与え続ける必要がある。

そのようなプレセッションを起こさせるには，ジャイロスコープのスピン軸に錘を取り付け，その重力により生じるトルクを利用する（図 6.13）。

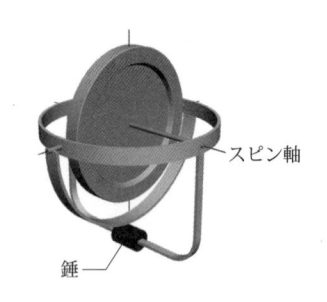

図 6.13　スピン軸に取り付けた錘

6.3.2.1　指北原理

図 6.14 を使ってジャイロコンパスの指北原理を説明する。

(a) 赤道でジャイロスコープを指北端（スピン軸）を東にして水平に置く。
(b) 微小時間経過すると自転により軸は傾き，ジャイロスコープの錘の重力の方向は真下よりも若干傾いた方向に働く。これはジャイロの指北端を下げる力が働いたことと同じになる。
(c) 力 F が働いたことにより，垂直軸 z 軸まわりにプレセッションを起こし，指北端は北の方向に回転を始める。
(d) (a), (b) を繰り返し，ジャイロは北の方向にプレセッションを続ける。北向きにプレセッションを続けるためには，指北端はつねに水平よりも上向きになり，力 F を受けなければならない。

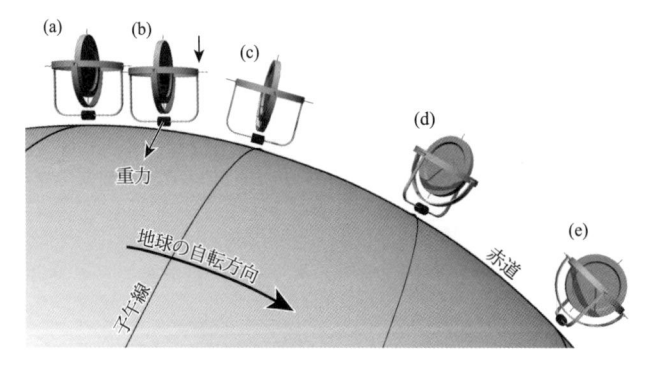

図 6.14　方向保持性

(e) 指北端は北を向く。

6.3.2.2　ジャイロコンパスの誤差
a．**速度誤差**：速度誤差とは，ジャイロコンパスを装備した船が東航または西航以外を航行するときに発生する誤差である。この誤差はジャイロコンパスの形式に関係なく発生する。
b．**変速度誤差**：船が加速度運動（増減速や変針）をしたときに発生する誤差である。
c．**動揺誤差**：船のローリング，ピッチングにより加えられる動揺の周期と方向により誤差が生じる。

6.3.2.3　ジャイロコンパス使用上の注意
ジャイロコンパスを使用する際，次の点に注意する。

- 電源喪失時や故障に備え，磁気コンパスと併用しなければならない。針路を変更するたびにそのジャイロ針路に対する磁針路を読み取り比較する。
- 指力が安定するのに，電源投入後4時間程度必要である。したがって，出港前遅くとも4時間前には電源を投入する必要がある。
- ジャイロ誤差の発生を防止するため，緯度および船速が正しく入力されていることを確認する。

6.4　GPSコンパス

ジャイロコンパスは高価であることや方位の安定（制振）時間が長いなどの欠点を補うため，GPSの測位原理を利用した新たな方位情報出力装置としてGPSコンパスが開発された。GPSコンパスは船首方位伝達装置[*3]に分類される。GPSコンパスとジャイロコンパスの特徴の比較を表6.2に示す。

表6.2　GPSコンパスとジャイロコンパスの比較

項目	GPSコンパス	ジャイロコンパス
価格	安価	高価
追従性	良い	良い
安定時間	速い（電源投入後約3分）	遅い（同約4時間）
装備	軽量で装備性に優れる	ある程度の設置場所が必要
方位取得の継続性	GPS信号受信不可時（橋脚下航行時など）は方位を得られない	常時取得可
保守	ほとんど必要ない	定期的な保守が必要
他のデータ出力	位置情報，速度	なし

[*3] Transmitting Heading Devices：THD

GPSコンパスはGPS衛星の信号を用いた方位センサーで，船首尾方向にアンテナを2基設置し，アンテナ間の基線ベクトルを求めることにより，船首方位を求める。

衛星とアンテナ1および2との距離の差（行路差）をGPS電波のキャリア位相を測定して求め，一方では行路差は衛星の位置とアンテナ1，2間の基線ベクトルがわかれば計算でも求めることができる。衛星の位置はGPS衛星から送られてくるデータにより求めることができるが，基線ベクトルは未知なので基線ベクトルを変化させながらいくつかの行路差を計算する。測定した行路差と計算で求めた行路差を比較し，誤差が最も小さくなる基線ベクトルを真の基線ベクトルとし，その方位を船首方位とする。

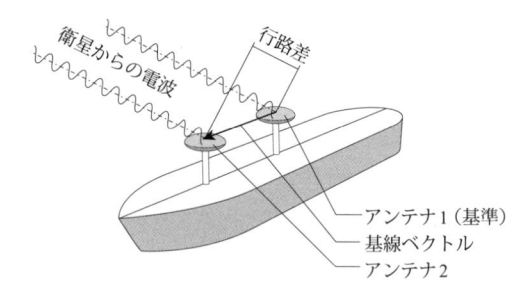

図 6.15　GPS コンパスの原理

6.5　方位測定具

コンパスによって天体方位または遠方物標方位を測定するためにボウルに取り付けられるか，または上に載せられる器具のことを方位測定具という。

ごく一般的なものに，シャドーピンがある。一般に黄銅製で黒色塗装（または黒白塗装）された細く真っ直ぐなピンで，コンパスの中心にあるシャドーピン座に差し込んで使用する。コンパスカード1°とシャドーピンの太さは同じ太さに見えるので，約0.5°の精度で測定することができる。

6.5.1　方位環

方位環はより精度の高い方位の測定や太陽の方位角の測定などに用いる。各部の名称は次のとおりである。

- a．見通し：見通しワイヤーを用いて方位を測定する際に用いるスリットである（折畳み可）。
- b．見通しワイヤー：物標の方位を測定する際の指標として，シャドーピンと同じ役割を果たす（折畳み可）。
- c．反射鏡：太陽の方位を測定する際に，太陽を写す鏡の役割を持つ（折畳み可）。
- d．凹面反射鏡：太陽光を集光してプリズムに反射させるための凹面鏡（折畳み可）。
- e．プリズム：見通しワイヤー直下のプリズムは，見通しからのぞき込むことによりコンパスカードを読み取ることができるように配置されている。凹面反射鏡の向かいにあるプリズムは，スリットを持つケースのなかにあり，凹面反射鏡で太陽光を集光し，スリットに当たるように反射させることにより直下のコンパスカードに光の線として表示されるように配置されている。
- f．水準器：コンパスボウルの水平を確認する。

6.5.1.1　方位環の使用法

方位環での測定に際しては，水準器で水平になるよう調整し，コンパスカードの目盛りを読み取る。

a．**見通しと見通しワイヤーを用いる方法**：太陽の方位角を測る場合は，太陽を背にして立ち，反射鏡を立て反射鏡に太陽を映し，見通しから見通しワイヤーを見てプリズムを通してコンパスカードを読み取る。物標の方位を測る場合は，反射鏡を倒す。見通しワイヤーはシャドーピンよりも細いため，より細かい精度で読み取ることができる（図 6.16 左）。

b．**凹面反射鏡とプリズムを用いる方法**：太陽の方位角を測る場合は，太陽に向かって立ち，凹面反射鏡で太陽光を集光してプリズムのスリットに導き，コンパスカードに光の線を示すことにより方位を読み取る。光の線の太さは約 1° で，0.5° の精度で測定することができる。太陽の方位測定の場合，こちらの方法のほうが一般的である（同図右）。

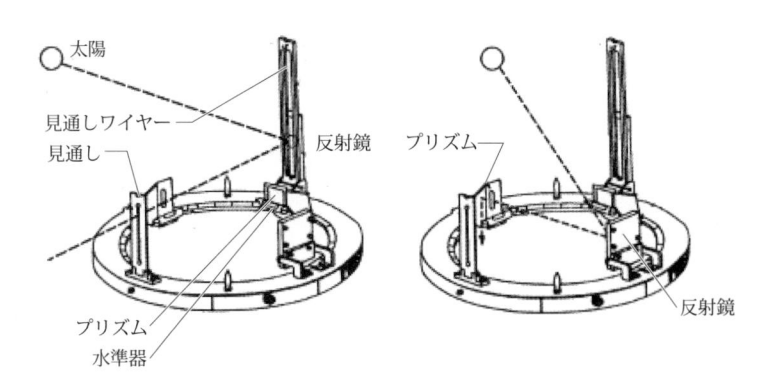

図 6.16　方位環の使用方法

6.5.2　方位鏡

方位鏡は方位環と同様に，より精度の高い方位の測定や天体の方位角の測定に用いる。

a．**シャドーピン**：礎板の中心部分に取り付けられている。長短 2 本あり，使用方法で使い分ける。

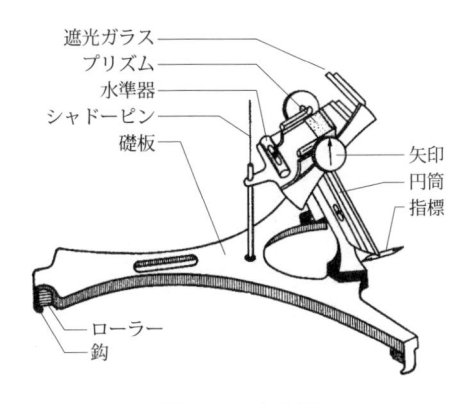

図 6.17　方位鏡

b．水準器：より精密な方位測定を行うために，コンパスボウルの水平を確認できるように配置されている。
c．プリズム：矢印の付いたツマミを回すことにより，回転させることができる。使用方法により，物標を反映させたり，コンパスカードを反映させたりすることができる。
d．矢印：プリズムの調整つまみに描かれている。方位鏡の使用方法には**アローアップ**と**アローダウン**とがあり，この矢印の向きで用法を表している。
e．遮光ガラス：太陽の方位を測定する際に用いる。
f．円筒：方位の測定の際にのぞき込む筒で，コンパスカードの目盛りが読み取りやすいように内部に拡大レンズが設置されている。
g．指標：コンパスカードの目盛りを読み取るためのもので，円筒をのぞくと中心に来るように配置されている。
h．礎板：方位鏡の骨格となる部分で，先端に鈎とローラーを持った3つの脚でコンパスボウル上に支持される。また，シャドーピンは礎板を貫通しており，これをコンパスボウルのシャドーピン座にはめ込むようにして取り付ける。

6.5.2.1 方位鏡の使用法

方位鏡は，水準器で水平になるよう調整し，シャドーピン，物標，指標が同一垂直面上にあるときコンパスカードの目盛りを読み取る。

a．アローアップ（Arrow-up）：高い高度の物標や近距離で明瞭な物標の方位を測定する際に用いる方法である。測定する物標に向かって立ち，矢印が上になるようにツマミを回す。上方より円筒をのぞき，物標がプリズムに入るよう調整する。水準器で水平になるよう調整し，シャドーピン，物標，指標が一直線になるときのコンパスカードの目盛りを読み取る。拡大レンズによりコンパスカードの目盛りが拡大されるので，0.1°の精度で測定することができる。Arrow-upで高高度（高度38°以上）の物標を測定する場合，方位鏡が傾いていると誤差が増大する。

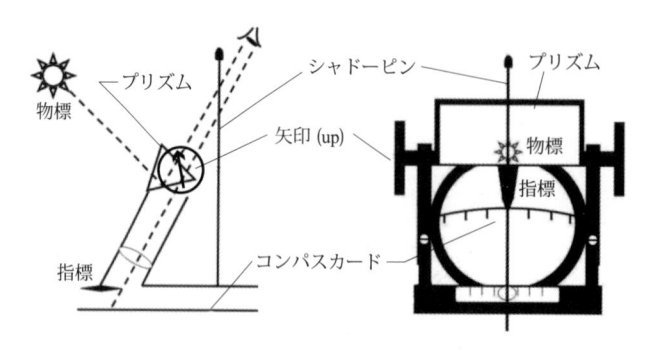

図6.18 Arrow-up

b．アローダウン（Arrow-down）：低高度の物標や遠距離で不明瞭な物標の方位を測定する際に用いる方法である。測定する物標に向かって立ち，矢印が下になるようにツマミを回す。プリズムと同じ高さからプリズムをのぞき，物標とシャドーピンを重視した際に，指標とコン

パスカードの目盛りが読み取れるようにプリズムの向きを調整する．拡大レンズにより 0.1°の精度で測定することができる．

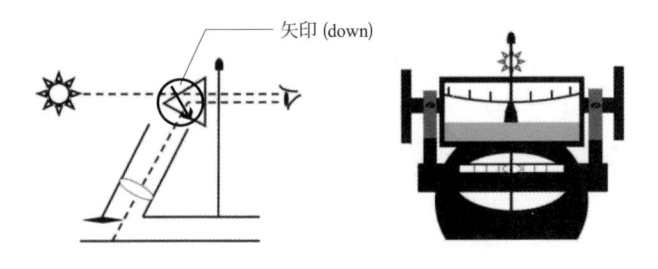

図 6.19　Arrow-down

6.6　電磁ログ

電磁ログは電磁誘導の原理を利用し，対水速力を測定するための機器である．導体の運動方向と磁束の方向，誘導起電力の方向の規則性はフレミングの右手の法則（図 6.20）として知られており，誘導起電力の大きさは導体を横切る磁界の変化率，つまり導体の運動の速さに比例する．

磁界の方向と誘導起電力の方向が直角に交差するように電極を設けた速力受感部を船底に設置すると，海水が導体として働き，船の運動につれて反対方向に運動することから，船速に比例した誘導起電力 E が生じる（図 6.21）．

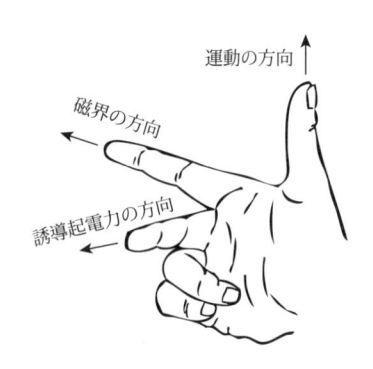

図 6.20　フレミングの右手の法則

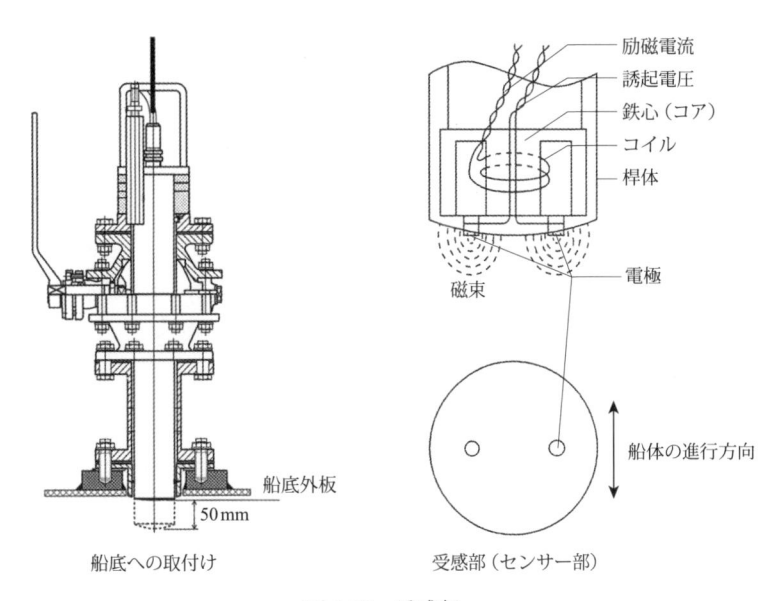

図 6.21　受感部

電極間距離を d [cm]，磁束密度を B [G]*4，船速を V [cm/s] とすると，誘導起電力 E [V] は式 (6.2) で表される．誘導起電力 E は海水の電気的性質や温度に影響されることはないので，精度の高い安定した測定結果を得ることができる．

$$E = dBV \times 10^{-8} \text{ [V]} \tag{6.2}$$

電磁ログは，一般に船底弁および測定桿，接続箱，マスターユニット，マスター指示器から構成される．

a．**船底弁**：測定桿センサーの保持と，センサーを取り外す場合に海水の浸入を防止する（コックバルブが付いている）．なお，船底弁の構成は船底の構造に合わせ，二重底タンク貫通型など数種類ある（図 6.21，図は単底型）．

b．**測定桿**：測定桿は桿体および接続ケーブルで構成され，測定桿の先端が船速を検出する受感部（図 6.21）となっている．通常，受感部は船底からわずかに（7 mm）突出させて艤装されるが，船底の汚損状況などにより突出量を最大 50 mm まで調整することができるようになっている．測定桿の取扱いには次の注意が必要である．

- 船体や測定桿先端（電極部）が汚れたり，海洋生物が付着したりすると，実際の速力より表示速力が低下するため，つねに清浄な状態に保つ必要がある．入渠時や速力の表示低下が見られた際には，点検整備を行う．
- 測定桿センサー部は破損しやすいので先端を傷めないよう，引抜き制限用のチェーン一杯まで測定桿を引き上げてから船底弁を閉める．
- 停泊中など長時間使用しないときは，チェーン一杯まで引き上げてから弁を閉じておく．
- 入渠時などは，チェーンを外して測定桿を船内に引き抜いておく．
- 測定桿の FWD（船首）マークが船首方向に正しく向いていないと速力表示が低下する．

c．**マスターユニット**：センサーに内蔵されたアンプに電源（24 V）を供給するとともに，センサーからの船速信号を受信し，その信号の船速校正を行った後，速力と航程信号を外部の指示器などに発信する．

d．**マスター指示器**：マスターユニットからのデジタル信号を受信し，速力および航程を表示する．

6.7　ドップラーソナー

ドップラーソナーはドップラー効果を利用した船速計で，対地速力も測定することができる．ドップラーソナーは次の特徴を持つ．

- 水深が 150～200 m 以浅では対地船速を，それよりも深い場合は対水船速が測定できる．
- 精度が良い．0.02 kn（1 cm/s）程度の精度がある．
- 前後方向および左右方向の船速を測ることができる．
- 保守が容易である．

---

*4 G：ガウス，1 G = 10^{-4} T

(1) 測定の原理

音波を発信する物体が動くとき、定点にいる観測者が聞く音の高さ（周波数）が変化して聞こえる。これを**ドップラー効果**といい、警笛を鳴らしながら走る列車などが近づいて来るときや離れて行くときに経験することができる。

発信周波数を f_0 [Hz]、音波を受信する物体の速度を V [m/s]、海水中の超音波の速度を C [m]（一定）とすると、ドップラー変位（音の周波数の変位量）Δf は次式で表される。

$$\Delta f = f_0 \frac{V}{C} \tag{6.3}$$

また、音波の受信周波数を f_1 とすると、ドップラー変位は次式で表すことができる。

$$\Delta f = f_1 - f_0 \tag{6.4}$$

式 (6.3), (6.4) から、物体の速度 V は次式で求められる。

$$V = \frac{f_1 - f_0}{f_0} C \tag{6.5}$$

(2) 船速の測定

船速を求める場合のドップラーソナーの音波発射例を示す（図 6.22）。周波数 f_0 の超音波は船底から斜め前方および後方に発射され[*5]、それぞれの反射の周波数を f_1, f_2 とする。船体が前進している場合、$f_1 > f_0$, $f_2 < f_0$ の関係がある。

超音波は θ 下方に発射されるから、船速と海底の相対速度は $V \cos \theta$ になる。船底に設置された送受波器はドップラー効果を2度受けるから、ドップラー変位 Δf_s は

$$\Delta f_s = 2 f_0 \frac{V \cos \theta}{C} \tag{6.6}$$

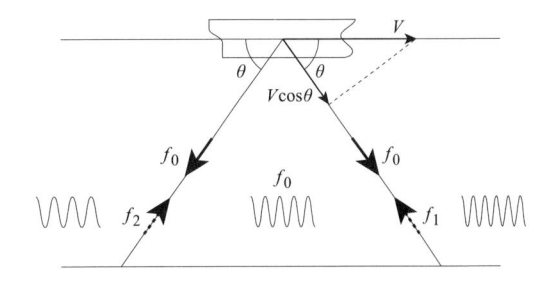

図 6.22 ドップラーソナーによる船速の測定

また

$$f_1 = f_0 + \Delta f \tag{6.7}$$
$$f_2 = f_0 - \Delta f \tag{6.8}$$

式 (6.6)〜(6.8) から、船速 V_s は次式で求められる。

$$V_s = \frac{f_1 - f_0}{4 f_0 \cos \theta} C \tag{6.9}$$

[*5] この一対の音波をペアビームという。ペアビームを用いずに、前方のビームのみで前後方向の船速を測定するものをドップラーログという。

6.8 音響測深機

船底から音波を発射し，海底からの反射波が船底に戻るまでの時間を測定し，水深を測定する機械を**音響測深機**（Echo sounder）という（図 6.23）。

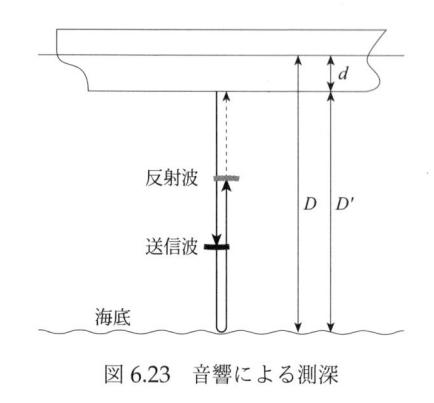

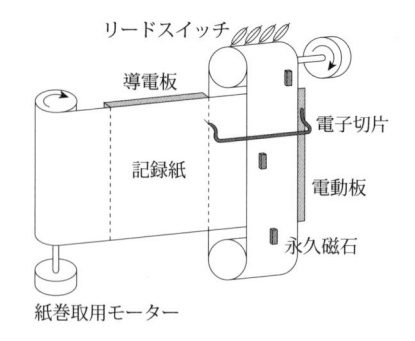

図 6.23　音響による測深

図 6.24　送信制御部の構造

(1) 測深原理

水中における音波の伝搬速度は 1500 m/s である。船底に装備した送波器から発信された音波が海底で反射して受波器に受信されるまでに要した時間を t [s] とすると，船底から海底までの水深 D' [m] は次式で求められる[*6]。

$$D' = \frac{1500\,t}{2} = 750\,t \text{ [m]} \tag{6.10}$$

水面から海底までの真水深 D [m] を求めるには，船の喫水 d [m] を考慮して[*7]

$$D = D' + d \text{ [m]} \tag{6.11}$$

音波の周波数は 10～200 kHz である。周波数が低いと水中での減衰が少なく，深い水深まで測れるが精度が悪くなる。現在の音響測深機は精度を重視して 200 kHz 程度の高い周波数を用いるものが多い。

音響測深機では送信波と反射波の識別を容易にし，また，送波器と受波器を一つの送受波器として兼用するために，超音波信号をパルス波として用いるのが普通である。

一つのパルスを発射してから次のパルスを発射するまでの時間をパルス繰返し周期といい，毎秒当たりのパルス発射数をパルス繰返し周波数という。発射してから反射波が戻ってくるまでの時間を測定して水深を求めるので，反射波が戻るまで，次のパルスを発射することはできない。したがって，深水深のときは往復時間が長いので，十分な発信間隔をとるためパルス繰返し周波数を低くする必要がある。

パルス幅は測深能力と関係し，一般にパルス幅が広いと測深距離は大きくなるが，精度が低下する。通常は感度調整と連動し，浅水測深の場合は反射波も強いので感度調整を小さくし，深水測深の場合は反射波が弱いので感度調整を大きくしパルス幅を広くするようにしている。

[*6] t は往復時間なので，2 で割っていることに注意。

[*7] 喫水調整という。

(2) 雑音など

音響測深機には海底画像の他，多重反射や雑音が記録される。

a．**海底多重反射**：比較的浅いところでの測深で，海底が岩質などの場合，増幅器の感度を上げ過ぎると海底の2番反射（ときには3番，4番反射など）が現れることがある（図6.25）。これは海底で反射した超音波が船底で反射し，再び海底で反射して受信されることによる。多重反射は等間隔で現れるので容易に識別でき，感度を落とすと消える。

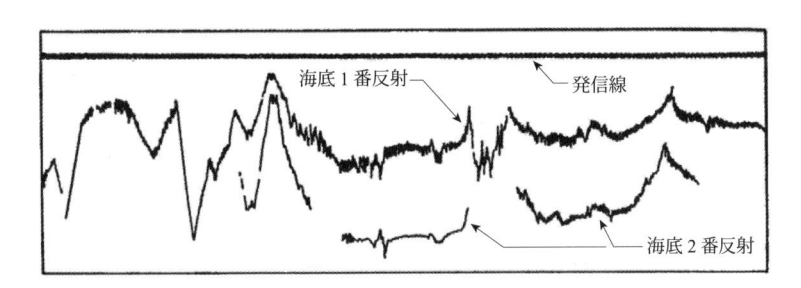

図6.25　海底多重反射

b．**表層雑音**：表層雑音は海上が時化たときや，他船の航跡，雨などによる気泡によって発生しやすい。STCによって除去することができる（図6.26）。

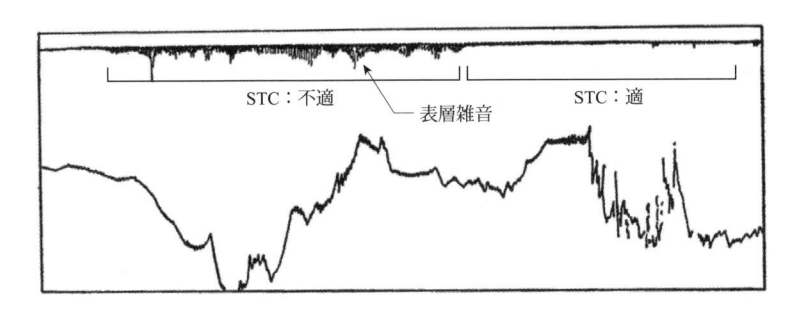

図6.26　表層雑音

c．**干渉や誘導による雑音**：他の電気機器からの誘導，音響雑音，他船の音響測深機の干渉などを受ける。これらの雑音は増幅器の感度を下げることによって低減または消去することができる（図6.27）。

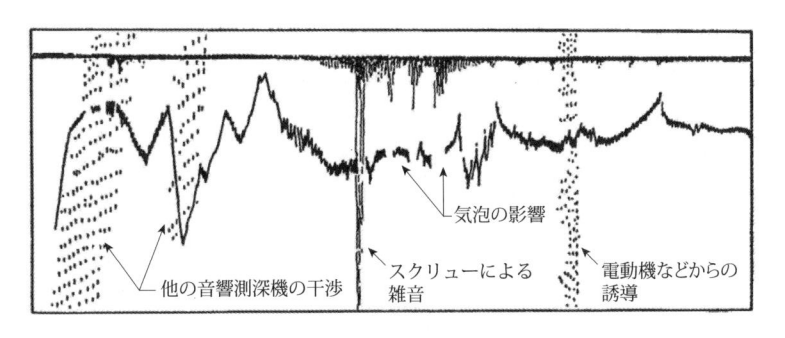

図6.27　干渉や誘導による雑音

(3) 調整

調整装置により雑音などを除去したり，喫水を調整する（図 6.25～6.27 参照）。

- a．感度調整：増幅器の感度を調整する。多重反射が生じた際には感度を下げる。
- b．STC 調整：パルスを発射した直後は感度を低くし，その後，時間の経過に従って徐々に感度を上げ，表層雑音の影響を除去する。
- c．喫水調整：実際の水深を表示させるため，現在の喫水を設定する。とくに，浅水域を航行するときには重要である。
- d．目盛板位置調整：記録紙に隣接する目盛板（スケール）を上下させることによって零点を調整する。

6.9 ECDIS

本節では ECDIS の機能を説明する。電子海図（ENC）については，3.1.2 節を参照されたい。

6.9.1 基本機能

表 6.3 に ECDIS の機能を示す。同表からわかるように，ECDIS は海図表示をするための装置に留まらず，航海情報を一元的に管理し，ENC 上の航路を自動航行する機能まで持つ統合化航海システムといえる。

表 6.3　ECDIS の機能

機能	内容	備考
基本機能	自船の位置情報	GNSS 情報
	針路/速力の表示	
	ルートプランニング	
	ルートモニタリング	
	アラーム/警告表示	
	海図（ENC）の表示	
	航海記録	
付加機能	ターゲットトラッキング情報の表示	ARPA 情報
	AIS 情報の表示	
	レーダー重畳	
	自動航行	
	気象情報の表示	

表示には次のものがある。

- a．方位表示モード：ノースアップモード（北を画面の上にして表示する方式）とコースアップモード（針路を画面の上にして表示する方式）を選択できる。
- b．運動モード：真運動モード（静止した海図上を自船が移動する表示方法）と相対運動モード（海図が移動し，自船の位置は固定して表示される方式）
- c．データの単位：船位などのデータの単位を表 6.4 に示す。

表 6.4　ECDIS で使用するデータの単位

データ	単位	備考
位置（緯度，経度）	°′	小数点以下第 3 位まで
水深	m	小数点以下第 1 位まで
高度	m	
距離	nm または m	
速力	kn	小数点以下第 1 位まで

　統合的にデータが表示されるため，それらがつねに正確であると錯覚することがある。元となるデータは他の航海計器から得られたものであり，その計器の精度を超えるものではない。したがって，ECDIS にあっても他の航海計器と同様の注意をする必要がある。

- a．**海図データの精度**：使用する ENC データは紙海図の精度を超えることはない。データへの過度な信頼は禁物である。
- b．**船位のチェック**：船位データは GPS などのデータを利用する。沿岸航海中は地物を利用した交差方位法によって船位を確認すべきである。ECDIS は LOP（Line of Position）機能を用いて自船の船位を表示させることができる。
- c．**作動確認**：ECDIS が正常に機能していることを，他の航海計器を利用して確認する。
- d．**目視との連係**：情報が集中して表示されるので，ついそのデータのみを使用してしまいがちになる。目視情報も併用し，両者をしっかりと連係させて利用しなければならない。

6.9.2　表示項目

　ECDIS には多彩な情報を表示させることができる。しかし，これらの情報をすべて表示させてしまうと煩雑になり，かえって情報の判読が困難になる。このため，ECDIS は表示できる情報を選択できる機能を持つ（表 6.5）。また，自船の情報として，船首方位，対水速力，対地針路，対地速力，日付，船位を表示する。

表 6.5　ECDIS の表示項目

表示カテゴリー	項目	備考
基本表示	海岸線	満潮時
	自船の安全等深線	
	孤立した危険物	自船の安全等深線よりも深い位置にある危険物
	固定構造物	自船の安全等深線よりも深い位置にある構造物
	縮尺，距離目盛り，方位	
	水深および高さの単位	
	表示モード	
標準表示	基本表示情報	
	干出線	
	固定航路標識	浮標を含む
	航路の境界	
	地理的特徴	目視およびレーダーで確認できるもの
	航行禁止区域	
	海図縮尺境界	
	その他	警告文の表示，フェリー航路
全表示	任意の点の水深	
	海底ケーブル	
	孤立障害物	
	航路標識	
	ENC の更新日	
	その他	磁針偏差，経緯度線，地名

6.9.3　航路計画と航行監視

6.9.3.1　航路計画

安全な航路計画を作成するためには，正しい手順で計画を作成する必要がある。

a．**海図の最新維持**：ENC が最新の状態に維持されていることを確認する。

b．**海図の表示設定**：全表示から適切な項目を選んで画面に表示する。自船の喫水に適した安全等深線を設定し，それよりも深い等深線のうち最も浅い等深線を強調表示する。

c．**警戒区域の選択**：警告表示を発生させるための区域（分離通航帯，制限区域，避航水域，軍事演習区域，潜水艦航行区域，特別保護区域など）を選択する。

d．**航路パラメーターの設定**：計画する航路のパラメーター（航路幅，船速，変針旋回半径・旋回角速度，変針点への接近警報距離など）を設定する。

e．**航路作成**：航路作成機能には，表に緯度・経度や速力を数値入力する方法と，画面上に直接コースラインを入力する方法とがある。

f．**安全確認**：設定した航路幅内に，安全等深線や警戒区域が入っていると警告が表示される。警告の内容を確認し，必要がある場合は航路を変更する。

g．**航海時間・航海距離の計算**：目的地までの航海時間・航海距離を計算する。

h．**航路計画の保存**：航路計画を保存する。

i．ユーザー情報の作成と保存：航行の際に必要となるユーザー情報（No Go Line, No Go Area）を作成する。

6.9.3.2　航行監視

ECDIS には計画した航路を表示して，航行を監視する機能がある。次の準備後，航行監視機能を用いて航行を監視する。

a．海図の最新維持：ENC が最新の状態に維持されていることを確認する。
b．海図の表示設定：適切な項目を選んで画面に表示し，安全等深線を設定する。
c．計画航路の安全確認：海図が改補され，航路計画時と海図が異なっている可能性があるので，保存してある計画航路を読み込み再度安全性を確認する。航路内に障害物が入るようであれば，航路を修正する。
d．計画航路のユーザー情報の選択・表示：計画航路のファイルとユーザー情報を表示する。
e．前方監視エリアの設定：自船の前方や周囲に前方監視エリアを設定し，当該エリアが警戒区域や航路標識と交差したとき警報が出るように設定する。
f．自船ベクトル・航跡の設定：自船が設定した計画航路が危険な海域などに向かっていないかどうか確認する。
g．センサーの確認：ECDIS に入力される測位センサー（DGPS など），ジャイロ，ログ信号を確認する。
h．レーダー画像，ターゲットトラッキング，AIS の確認：レーダー画像などが正常に動作することを確認する。レーダー画像が海図と一致しない場合には測位センサーに誤差がある。ターゲットトラッキング，AIS にあっては，CPA/TCPA を設定する。

6.10　VDR

VDR[8]（航海データ記録装置）は海難事故の原因を究明するために，船舶の針路，速力および船橋での会話などを記録する設備である[9]。

VDR には次のデータ項目が記憶される。データの保存時間は 48 時間で，古いデータから上書きされる。

- 日付および時刻
- 位置，速力，船首方位
- 船橋における音響，無線通信における音声
- レーダー画面に表示された映像
- 音響測深機
- 船橋における警報
- 命令伝達装置および舵角指示器など

---

[8] VDR : Voyage Data Recorder
[9] 1994 年 9 月 28 日に起きた RORO 客船エストニア号の海難事故を契機に，SOLAS 条約でその搭載が定められた。エストニア号は，同日未明，バルト海において沈没し，乗船者 989 名のうち，137 名が生存，95 名が死亡，757 名が行方不明となった。

- 船体開口部の状態，水密戸および防火戸
- 船体応力監視装置および加速度計
- 風速計および風向計
- AIS

記録媒体には，船体に固定された固定式記録媒体と沈没後浮遊する自己浮遊式記録媒体がある。

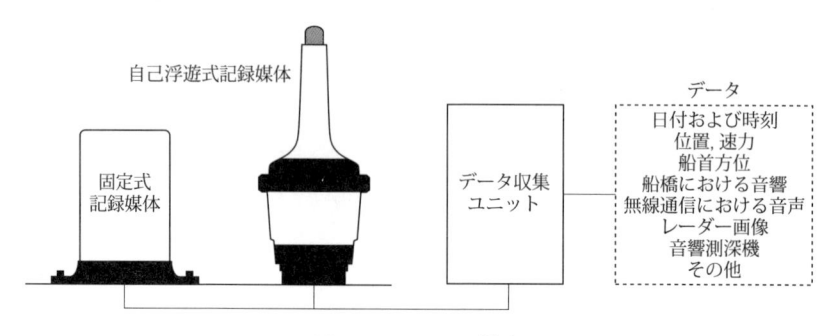

図 6.28　VDR の構成

6.11　クロノメーター

クロノメーターとして，舶用水晶時計が使われる。舶用水晶時計は次の特徴を持つ。

- 精度が高く，日差 ±0.2 s 以内である。
- 振動，衝撃，温度，湿度，気圧などの諸条件に対して安定しており，クロノメーター（航海用の精度の高い時計）として使用できる。
- 時刻改正（遠洋航海時，船の現在位置に合わせて船内の時刻を変更すること）を容易に行うため，この時計一台で船内各所の子時計を駆動している。このため本体内の調整装置によって船内時計の調整を一斉に行うことができる。
- 航海計器や記録装置に時刻信号を出力する。
- 船内電源故障の場合は，自動的に補助電源に切り換えられる。
- 調整や保守が簡単である。

水晶時計は水晶の圧電気現象を利用した時計である。

a．**圧電気現象**：結晶体にひずみまたはひずみ力を加えると表面に電荷を生じ（圧電気効果），逆に結晶体に電界を与えるとひずみまたはひずみ力を生じる（圧電気逆効果）。これらを圧電気現象といい，この現象を現す結晶体の一つに水晶がある。

b．**水晶発振器**：圧電気現象を有する水晶と真空管またはトランジスタとを組み合わせると安定な発信器が得られ，これを水晶発振器という。

c．**水晶振動子**：水晶の結晶を一定の方向に切断してつくった薄片を金属板で挟んだものを水晶振動子という。音叉や釣鐘で知られるように，一定の形を持った物体はその形に応じた固有振動数を持っており，何らかの方法で衝撃を与えるとその固有振動数で振動する。しかし，物体の内部の摩擦抵抗と空気中に（音）波を起こす造波抵抗のためにこの振動はやがて減衰し，ついには静止する。水晶には圧電気現象があるので，外部から機械的振動を与えなくて

も，水晶振動子の2電極に電圧を加えると，電圧の極性に応じて伸び縮みのひずみを起こす。水晶振動子が弱い振動をしているとき，それが減衰しないように絶えず適当な電圧を加えて励振してやると振動は永続する。この振動を永続させるために，加える電圧は一定以上の大きさで，かつ，振動を助けるような位相であることが必要であり，このような回路をつくることで水晶発振器として利用できる。

6.12 操舵制御装置

命令された針路を保つように自動的に操舵する装置を自動操舵装置（**オートパイロット**）という。

手動により舵角を制御することを**手動操舵**という。操舵手はコンパスによって船首方位が針路からずれたことを知ると，船首を針路に戻すように操舵する。操舵手は針路からずれた角度（偏角）に比例するように操舵し，反対側にずれてしまわないように適宜**当舵**をとって，船首が設定した針路を保つように操舵している。

オートパイロットによる操舵を**自動操舵**という。操舵手がコンパスにより偏角を知り適当な当舵をとることを，オートパイロットも同様に実行する必要がある。偏角 θ と舵角 δ を比例させて，$\theta = 0$ となったときに $\delta = 0$ となるように操舵する方法を**比例操舵**という。しかし，比例操舵のみでは回頭の惰性のため，船首は原針路を過ぎて反対側に振れてしまう。この反対側への振れを防ぐには，船首が原針路に戻る前に舵を反対側に操舵する**当舵操舵**を行う必要がある。

比例操舵による舵角は $N\theta$，当舵操舵による舵角は $R\,d\theta/dt$ で表され，操舵角 δ はこれらの加算値として与えられる。

$$\delta = N\theta + R\frac{d\theta}{dt} \tag{6.12}$$

a．**舵角調整**：偏角 1° に対する舵角量を決める調整 N をいう。$N = 1$ とすれば，偏角 1° に対し舵角を 1° とることになる。通常 1.0 に設定されている。

b．**当舵調整**：角速度 1°/s に対する舵角量を決める調整 R をいう。この調整はその船の特性に合わせて設定されている。回頭中，目標針路に近づいた際，**オーバーシュート角**を抑え，目標針路に早く向かうよう調整する。適正な当舵調整を図 6.29 で考えてみる。

　ⅰ．目標の針路に早く向かうためには，少しだけオーバーシュートさせて目標方位角に早く収束するように調整するのが最適である。

　ⅱ．当舵調整が小さすぎると，ヨーイングする。

　ⅲ．当舵調整が大きすぎると，なかなか目標の針路に近づかない。

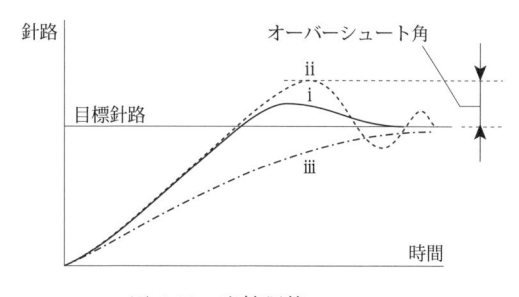

図 6.29 当舵調整

c．**天候調整**：荒天海域を航行する場合，波の影響により激しくヨーイングする場合がある。

ヨーイング毎に操舵すると操舵機に大きな負荷ががかることになるので，ヨーイングによる偏角に対し不感帯の幅（操舵しない偏角範囲）を調整する機能をいう。

※故障時の対処
　通常操舵ができなくなった場合，その故障箇所によって，船橋での対応（船橋操舵スタンドで緊急操舵系に切換え），操舵機室での対応（直接操舵に切換え）をとる。

- a．**船橋での対応**：操舵不能に陥ったならば，警報を確認し原因を特定する。
  - 操舵機に関する警報であれば，操舵機を切り換える。
  - オートパイロットのシステムに関する警報であれば，手動操舵とする。その系統での手動操舵が不能であれば，オートパイロットを別系統に切り換える。
  - 上記を実施しても操舵不能であれば，**ノンフォローアップ操舵**に切り換え，操舵機の弁を直接操作し，操舵する。
- b．**操舵機室での対応**：船橋で対応しても操舵可能とならない場合は，操舵機室で直接操舵を行う必要がある。舵取機のポンプユニットに電源からの供給があり正常に作動している場合は，アクチュエーターの電磁弁やサーボシリンダーを操舵機室で直接制御して操舵する。舵取機のポンプユニットが停止している場合，人力油圧操舵（同装置装備船）で操舵する。また，船内電源喪失（ブラックアウト）となった場合，通常は自動で非常用発電機が起動するが，操舵機2系統のうちの片方にしか給電されないので，あらかじめ確認しておく必要がある。

第 7 章

演習問題と解答

　平成 27 年 4 月から過去 10 年間に出題された筆記国家試験問題を調査，分類整理した演習問題ならびに解答例を掲載する。出題年月に "*" の付いているものは，例示問題に類似した問題（異なる数字や語句を使用した問題）が出題されたことを示している。解答の《…》は補足説明や解説である。

　四級海技士（航海）の国家試験の「学科試験科目及び科目の細目」については，第 V 部 表 2.1 を参照されたい。

7.1 航海計器

問題 1　次の (1)〜(6) は，液体式磁気コンパスのどの部分について述べたものか。それぞれの名称を記せ。
(1) コンパスカードの目盛を指して船首方位を示し，一般に黒く塗られている。
(2) コンパスカードの下部についている浮室に浮力を与えてカードの重さを軽減し，指北力を増大させるとともに，船体の動揺や振動がコンパスカードに伝わるのをできるだけ防止し，カードを安定させる。
(3) コンパスバウルの支軸を支え，船が傾斜しても，ある程度までコンパスバウルを水平に保つことができる。
(4) コンパス液が温度の変化によって膨張や収縮をしても，バウルが破損したり，気泡が生じたりすることのないように液量を調整する。
(5) コンパス液中において，軸針にかかる指北装置全体の荷重を少なくするために設けられている。
(6) 雲母又は非磁性金属あるいは合成樹脂の薄板で，方位目盛が印刷されている。
　→ 出題：27/2, 25/10*, 25/7*, 24/4*, 22/10*, 22/4*, 20/10*, 20/7*, 19/10*, 19/4*, 17/10*

問題 2　コンパス液は，通常，どのようなものをどのような割合で混合したものか。
　→ 出題：24/4, 22/10, 21/10, 20/7, 18/7, 17/10

問題 3　船内の液体式磁気コンパスの自差が変化する場合を 3 つあげよ。
　→ 出題：27/4, 26/7, 25/2, 23/2, 21/10, 20/2, 18/7

問題 4　液体式磁気コンパスの自差測定に関する次の問いに答えよ。

(1) ジャイロコンパスとの比較により自差測定を行う場合，どのような注意が必要か．

(2) (1) のほか，自差を測定する方法を 3 つあげよ．

→ 出題：23/7, 22/2, 20/10, 20/4, 19/2

問題 5 偏差 7°W の海域において，磁気コンパス（自差 4°E）により L 灯台のコンパス方位を 096° に測定した．この場合の L 灯台のコンパス方位，磁針方位及び真方位の関係を図示し，次の (1) 及び (2) を求めよ．

(1) L 灯台の磁針方位　　(2) L 灯台の真方位

→ 出題：26/4, 24/7, 23/10, 22/4, 21/4, 19/4, 18/2

問題 6-1 表 7.1 はそれぞれ，針路改正に必要な諸要素の関係を示したものである．この表により (1)～(4) に該当する数値等を番号と共に記せ．

表 7.1 問題 6-1

実航真針路	磁針路	コンパス針路	風向	風圧差	自差	偏差
060°	(1)	(2)	SE	2°	2°W	3°W
(3)	176°	173°	E	2°	(4)	5°W

問題 6-2 表 7.2 はそれぞれ，針路改正に必要な諸要素の関係を示したものである．この表により (1)～(4) に該当する数値等を番号と共に記せ．

表 7.2 問題 6-2

実航真針路	磁針路	コンパス針路	風向	風圧差	自差	偏差
(1)	009°	012°	W	2°	(2)	5°W
317°	(3)	(4)	SW	3°	2°E	4°W

→ 出題：26/10, 26/2, 25/4, 24/10, 24/2, 23/4, 21/7, 21/2, 19/7, 18/4, 17/7

問題 7 ジャイロコンパスの特性について述べた次の文の（　）内に適合する字句又は数字を記号とともに記せ．

(1) (ア) 軸の自由を有するジャイロ（コマ）を高速回転させると，ジャイロ軸の指す方向を変えようとする．トルク（偶力）を加えない限り，ジャイロ軸は宇宙空間の一定方向を指し続ける．この性質をジャイロの (イ) 性という．

(2) 高速回転中のジャイロ軸にトルクを加えると，トルクとジャイロの回転によって生じるそれぞれの回転 (ウ) の合成方向へ，ジャイロ軸は最短距離をとって移動する．この運動をジャイロ軸の (エ) という．

→ 出題：24/10

問題 8 ジャイロコンパスは，通常，使用する何時間前に起動すればよいか．

→ 出題：26/7, 26/2, 25/4, 24/7, 20/2, 18/10, 17/7

問題 9 航行中，ジャイロコンパスの示度については，どのような注意が必要か．

→ 出題：27/4, 25/7, 24/2, 20/7, 19/7, 18/7, 17/7

問題 10 航海当直中，ジャイロコンパスの示度と磁気コンパスの示度をときどき比較しなければならないのは，なぜか．

→ 出題：26/10, 25/10, 24/4, 22/4, 20/2, 18/10

第7章　演習問題と解答

問題 11　オートパイロットにより自動操舵で航行中，一般にどのような注意が必要か。3つあげよ。
→ 出題：25/4, 23/2, 22/2, 20/10, 19/7, 18/2

問題 12　オートパイロットを使用して航行中，自動操舵から手動操舵に切り換えておかなければならないのは，どのような場合か。
→ 出題：26/7, 25/2, 21/10, 18/7

問題 13　オートパイロットの操舵スタンド（コントロールスタンド）には，どのような調整装置が取り付けられているか。2つあげよ。
→ 出題：26/4, 24/10, 23/10, 22/10, 21/2, 20/4, 17/10

問題 14　操舵制御装置に関して述べた次の(A)と(B)の文について，それぞれの正誤を判断し，下の(1)～(4)のうちからあてはまるものを選べ。
　(A) 自動操舵の舵角調整は，船が針路から偏位して生じた偏角に対する復元舵角の大きさを調整するもので，船の大小，積荷の有無，速力の大小等の変化に応じて適切に調整する。
　(B) 非常操舵用のハンドルによって，舵を右方向に動かすときは右に倒し，倒しているときだけサーボモーターが働き，ハンドルを中央にもどすと舵中央となる。
(1) (A)は正しく，(B)は誤っている。　　(2) (A)は誤っていて，(B)は正しい。
(3) (A)も(B)も正しい。　　(4) (A)も(B)も誤っている。
→ 出題：27/4, 24/4, 21/4, 19/2, 18/4

問題 15　音響測深機の喫水調整について述べよ。
→ 出題：26/4, 25/2, 23/7, 21/7, 20/7

問題 16　音響測深機で水深を測定する場合，喫水調整を行わなければならないのはなぜか。
→ 出題：26/10, 24/10, 23/10, 23/2, 21/4, 19/10

問題 17　音響測深機で測深中，表示面（記録紙）に明瞭な反射線が2つ（場合によっては3つ）現れることがあるのは，どのような場合か。また，この場合，水深を示すのはどの反射線か。
→ 出題：27/2, 25/10, 24/7, 23/4, 22/2, 18/10, 17/7

問題 18　六分儀の次の誤差の原因を述べよ。
(1) サイドエラー　　(2) 器差　　(3) 垂直差
→ 出題：26/7, 26/2*, 25/7*, 23/10, 22/4*, 17/10*

問題 19　次の(1)及び(2)は，六分儀の誤差の検出法を述べたものである。それぞれ何という誤差について述べたものか。番号とともに答えよ。
(1) 六分儀を垂直に持ち，水平線の真像と映像とを正しく一直線に合わせて，右又は左にゆっくりと傾け，真像と映像が離れるかどうかを見る。
(2) インデックスバーを本弧の中央付近に置き，器面を上方に向けて水平に持ち，動鏡に映る弧と真の弧とが一直線に見えるかどうかを確かめる。
→ 出題：27/4, 23/4, 20/7, 19/10

問題 20　次の(1)～(3)は，六分儀の誤差の原因について述べたものである。それぞれの原因によって生じる誤差の名称を記せ。
(1) 水平鏡が六分儀の器面に垂直でない。
(2) インデックスバーを本弧の0°の位置に合わせたとき，動鏡と水平鏡が平行でない。

(3) 動鏡が六分儀の器面に垂直でない。

→ 出題：25/4, 23/2*, 21/2*

問題 21 六分儀で太陽の高度を正しく測るためには，次の (1) 及び (2) については，どのような注意が必要か。

(1) 波浪がある場合の眼高

(2) 薄い霧等のため，水平線が明瞭でない場合の眼高

→ 出題：26/4, 24/7, 22/10, 21/4, 19/2

問題 22 六分儀で太陽等の明るすぎる天体の高度を測定する場合は，それぞれの和光ガラス（シェードグラス）をどのように使用すればよいか。

→ 出題：26/10, 24/2, 20/10

問題 23 六分儀で太陽の高度を正しく測るためには，太陽直下の水平線に対する太陽映像の接触についてどのような注意が必要か。

→ 出題：27/2, 25/10, 24/4, 21/10, 20/4, 18/2

問題 24 六分儀で太陽の下辺高度を測定するときは，映像の下辺を水平線に接触させ，六分儀を静かに左右に傾け，下辺が最も下がったところで水平線に接することを確認し，そのときの示度を読まなければならないのはなぜか。

→ 出題：23/7, 21/7, 18/4

問題 25 電磁ログに関して述べた次の (A) と (B) の文について，それぞれの正誤を判断し，下の(1)～(4) のうちからあてはまるものを選べ。

(A) 船底下に突出させた受感部に船の速力に比例した電圧が発生するので，これを増幅して速力を指示させる。

(B) 対地速力は測定できるが，対水速力は測定できない。

(1) (A) は正しく，(B) は誤っている。　(2) (A) は誤っていて，(B) は正しい。

(3) (A) も (B) も正しい。　(4) (A) も (B) も誤っている。

→ 出題：27/2, 26/2, 24/2, 21/7, 20/4, 19/4, 18/2

問題 26 ドップラーログについて述べた次の文の（　）内に適合する字句を下の語群から選べ。

[解答例：⑤―ク]

ドップラーログは，（①）を利用して船の速力を測定するための計器である。一般に，水深が 150～200 m より浅い水域では（②）を，それより深い水域では（③）を測定することができる。喫水の浅い船舶が（④）するとき等には，送受波器付近に回り込んだ気泡により反射波が受信できなくなり測定値に影響を受けることがある。

語群：(ア) 漂流，(イ) 後進，(ウ) 超音波，(エ) 電波，(オ) 対地速力，(カ) 光波，(キ) 対水速力

→ 出題：25/7, 23/7, 21/10, 20/10, 20/2, 19/7, 18/4

問題 27 GPS に関して述べた次の (A) と (B) の文について，それぞれの正誤を判断し，下のうちからあてはまるものを選べ。

(A) GPS は，海上の船舶や陸上の自動車等では利用できるが，空間を移動する航空機では利用できない。

(B) GPS 受信機のアンテナは，周囲からの信号の干渉や再反射がなく，衛星からの信号が直接

受信できるような障害物のない場所に据え付けるのがよい。
  (1) (A) は正しく，(B) は誤っている。　　(2) (A) は誤っていて，(B) は正しい。
  (3) (A) も (B) も正しい。　　　　　　　　(4) (A) も (B) も誤っている。
  → 出題：25/2, 22/10, 21/2, 19/10, 18/7

問題 28　無線方位測定機によってできるだけ正しい方位を得るためには，船首尾線方向や正横方向以外の方向からくる電波の方位線についてはどのような注意が必要か。
  → 出題：20/2

問題 29　無線方位測定機で測定した電波方位に含まれる誤差の種類をあげよ。
  → 出題：19/2

問題 30　図 7.1 に示す灯浮標の灯質は，次のうちどれか。
  （ア）群急閃白光（毎 10 秒に 3 急閃光）　　　（イ）モールス符合白光（毎 8 秒に A）
  （ウ）群閃白光（毎 5 秒又は 10 秒に 2 閃光）　（エ）連続急閃白光
  → 出題：27/4, 25/7, 24/7, 23/4, 21/10, 20/4, 19/4, 18/2

問題 31　図 7.2 に示す灯浮標の灯質は，次のうちどれか。
  （ア）群急閃白光（毎 10 秒に 3 急閃光）　　　（イ）モールス符合白光（毎 8 秒に A）
  （ウ）群閃白光（毎 5 秒又は 10 秒に 2 閃光）　（エ）連続急閃白光
  → 出題：26/10, 25/2, 22/7, 20/7, 18/7

問題 32　図 7.3 に示す灯浮標の灯質は，次のうちどれか。
  （ア）群急閃黄光（毎 10 秒に 3 急閃光）　　（イ）群閃黄光（毎 20 秒に 5 閃光）
  （ウ）長閃黄光（毎 10 秒に 1 長閃光）　　　（エ）連続急閃黄光
  → 出題：26/7, 25/4, 24/4, 23/10, 22/2, 21/2, 18/10, 17/7

図 7.1　問題 30 　　　　　図 7.2　問題 31 　　　　　図 7.3　問題 32

問題 33　図 7.4 に示す灯浮標の灯質は，次のうちどれか。
  （ア）群急閃白光（毎 10 秒に 3 急閃光）　　　　　（イ）群急閃白光（毎 15 秒に 9 急閃光）
  （ウ）群急閃白光（毎 15 秒に 6 急閃光と 1 長閃光）　（エ）連続急閃白光
  → 出題：27/2, 24/10, 22/10, 20/10, 19/7

問題 34　図 7.5 に示す灯浮標の灯質は，次のうちどれか。
  （ア）群急閃白光（毎 10 秒に 3 急閃光）　　　　　（イ）群急閃白光（毎 15 秒に 9 急閃光）
  （ウ）群急閃白光（毎 15 秒に 6 急閃光と 1 長閃光）　（エ）連続急閃白光
  → 出題：26/4, 24/2, 22/4, 20/2

問題 35　図 7.6 に示す灯浮標の灯質は，次のうちどれか。
  （ア）群急閃白光（毎 10 秒に 3 急閃光）　　　　　（イ）群急閃白光（毎 15 秒に 9 急閃光）
  （ウ）群急閃白光（毎 15 秒に 6 急閃光と 1 長閃光）　（エ）連続急閃白光

→ 出題：26/2, 23/7, 21/7, 19/10, 18/4

問題 36 図 7.7 に示す灯浮標の灯質は，次のうちどれか。

(ア) 群急閃白光（毎 10 秒に 3 急閃光）　　　(イ) 群急閃白光（毎 15 秒に 9 急閃光）
(ウ) 群急閃白光（毎 15 秒に 6 急閃光と 1 長閃光）　　　(エ) 連続急閃白光

→ 出題：25/10, 23/2, 21/4, 19/2

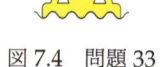

図 7.4　問題 33 　　　図 7.5　問題 34 　　　図 7.6　問題 35 　　　図 7.7　問題 36

問題 37 日本の浮標式（IALA 海上浮標式 B 地域）における次の標識の頭標の塗色及び頭標の形状を述べよ。

(1) 南方位標識　　　(2) 安全水域標識

→ 出題：17/10

問題 38 瀬戸内海（関門海峡を含み，宇高東・西航路を除く。）の水源はどこになっているか。

→ 出題：27/2, 25/7, 23/10, 21/10

問題 39 灯標とは，どのような航路標識か。

→ 出題：26/2, 24/10, 23/2, 20/10, 19/7, 18/2

問題 40 導灯は，どのような航路標識か。

→ 出題：26/4, 24/4, 22/7

問題 41 指向灯は，どのような航路標識か。

→ 出題：26/10, 24/2, 21/7

問題 42 船舶通航信号所とはどのような航路標識か。

→ 出題：27/4, 25/2, 22/10, 20/2, 18/4

問題 43 橋梁標識はどのような航路標識か。

→ 出題：25/4, 23/4, 20/7, 19/10

問題 44 音響による霧信号の種類（機械の種類による分類）を 2 つあげよ。

→ 出題：22/2, 18/7

問題 45 霧信号所の霧信号を利用するにあたって，注意しなければならない事項を述べよ。

→ 出題：23/7, 21/2, 19/2, 17/7

問題 46 レーダービーコン（レーコン）は，どのような航路標識か。

→ 出題：26/7, 24/7, 21/4, 20/4, 18/10

問題 47 レーダービーコン局から発射される電波は，船舶のレーダー表示面上にどのように表示されるか。自船を中心としたレーダー表示面の略図を描き，レーダービーコン局の位置とともに示せ。

→ 出題：25/10, 22/4, 19/4, 17/10

7.2 潮汐及び海流

問題 48 潮汐に関する次の用語を説明せよ。

(1) 日潮不等　　(2) 月潮間隔　　(3) 最低水面

→ 出題：27/4, 25/4, 23/7*, 21/10*, 19/2, 17/10

問題 49 潮汐に関する用語の「大潮」を太陽，地球，月の相互間の関係を図示して説明せよ。

→ 出題：26/7, 24/10, 20/7, 19/7, 18/2

問題 50 次の海峡又は水道における潮流の最強流速及び上げ潮流の流向を記せ。

(1) 来島海峡　　(2) 関門海峡（早鞆瀬戸）　　(3) 明石海峡　　(4) 浦賀水道

→ 出題：26/2, 25/7*, 23/2*, 22/4, 21/2*, 20/4, 18/4*

問題 51 図 7.8 は，日本近海の海流の概要を示したものである。次の問いに答えよ。

(1) ①～⑤ の海流の名称をそれぞれ記せ。　　(2) ①の最強流速はどれくらいか。

→ 出題：26/4, 24/4*, 23/4, 22/7*, 19/10*, 18/10*

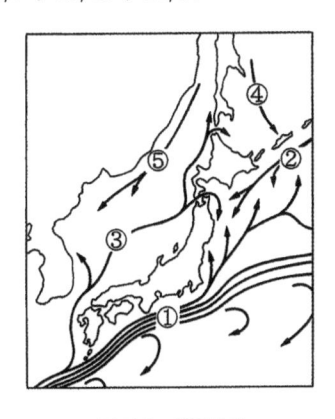

図 7.8　問題 51

問題 52 潮汐表によれば，当日の A 海峡の潮流は，表 7.3 のとおりである。次の問いに答えよ。

(1) 当日午後の西流は何時何分から何時何分までか。

(2) 0900 の流速はどのくらいか。ただし，潮汐表の「任意時の流速を求める表」の表値は，0.67 である。

(3) 2100 の流向を述べよ。

→ 出題：27/2, 23/10*, 22/10*, 20/2*

問題 53 明石海峡の潮流に関する次の問いに答えよ。ただし，当日の潮流は表 7.4 に示すとおりである。

(1) 明石海峡を西の方向に航行する予定の船舶にとって，当日午後の順潮は何時何分から何時何分までか。

(2) 1500 の流速はどのくらいか。ただし，潮汐表の「任意時の流速を求める表」の表値は，0.81 である。

→ 出題：26/10, 24/2*, 21/7*, 19/4*

問題 54 来島海峡の潮流に関する次の問いに答えよ。ただし，当日の潮流は表 7.5 に示すとおりである。

(1) 来島海峡の上げ潮流は，北流及び南流のうちどちらか。

(2) 瀬戸内海を東航し，同海峡を通過する予定の甲丸にとって，当日午前の順潮は何時何分から何時何分までか。

(3) 1700 の流向を述べよ。

→ 出題：25/10, 25/2*, 22/2*, 20/10*, 18/7*

表 7.3 問題 52

転流時	最強	
+：西流	−：東流	
h m	h m	kn
00 58	03 54	+7.8
07 41	10 29	−8.0
14 07	16 50	+6.4
20 01	22 31	−6.9

表 7.4 問題 53

転流時	最強	
+：西北西流	−：東南東流	
h m	h m	kn
01 46	04 10	+1.7
06 43	09 47	−2.7
12 55	16 24	+4.0
19 58	23 01	−3.0

表 7.5 問題 54

転流時	最強	
+：南流	−：北流	
h m	h m	kn
02 28	05 18	+2.8
08 01	11 35	−4.5
14 49	18 14	+5.0
21 48		

問題 55 関門海峡の潮流に関する次の問いに答えよ。ただし，当日の潮汐表の関係部分は表 7.6 及び表 7.7 のとおりである。

(1) 当日午前の東流は何時何分から何時何分までか。

(2) 1700 の流速を求めよ。（計算過程も示すこと。）

→ 出題：24/7, 21/4*, 17/7*

表 7.6 問題 55

転流時	最強	
+：西流	−：東流	
Slack	Maximum	
h m	h m	kn
	00 34	+7.9
04 12	07 20	−6.4
10 24	12 40	+4.6
15 33	18 48	−6.6
22 20		

表 7.7 問題 55
[任意時の流速を求める表]
A：転流時と最強時の差　B：転流時からの時間

A\B	h	0				1			
	m	0	15	30	45	0	15	30	45
h m									
3　0		0.00	0.13	0.26	0.38	0.50	0.61	0.71	0.79
10		0.00	0.12	0.25	0.36	0.48	0.58	0.68	0.76
20		0.00	0.12	0.23	0.35	0.45	0.56	0.65	0.73
30		0.00	0.11	0.22	0.33	0.43	0.53	0.62	0.71
40		0.00	0.11	0.21	0.32	0.42	0.51	0.60	0.68
50		0.00	0.10	0.20	0.30	0.40	0.49	0.58	0.66

7.3　地文航法

問題 56 沿岸航行中，クロス方位法によって船位を求める場合，物標選定上注意しなければならない事項を3つあげよ。

→ 出題：26/7, 25/10, 25/2, 21/2, 20/4

問題 57 クロス方位法により，3物標を選んで船位を求める場合，海図上において位置の線が1点で交わらずに三角形ができることがあるが，その原因を述べよ。

→ 出題：27/4, 25/7, 23/7, 19/10

問題 58 クロス方位法による船位の測定に関する次の問いに答えよ。

(1) 方位測定に要する時間については，どのような注意が必要か。

(2) クロス方位法による船位を求める場合，1本の位置の線にトランシットを用いると，どのような利点があるか。2つ述べよ。

(3) 一般に遠距離の物標よりも近距離の物標を選ぶほうがよい理由を述べよ。

(4) 物標は2個よりも3個選ぶほうがよい理由を述べよ。

→ 出題：26/10, 25/7*, 24/10*, 23/10*, 23/4*, 22/7*, 22/4*, 21/7*, 21/4*, 19/7*, 19/2*, 18/2*, 17/10*

問題 59 沿岸航行中，単一物標を利用して四点方位法により船位を求める場合，潮流がないものとして求めた船位と比較して，船首尾線に沿って逆潮流があるときの船位はどのようになるか。図示して説明せよ。

→ 出題：24/4, 20/7, 19/4

問題 60 沿岸航行中，方位線の転位による船位測定法（ランニングフィックス又は両測方位法）によって船位を求める場合，次の (1)～(3) についてはそれぞれどのような注意が必要か。

(1) 第1方位線と第2方位線の交角　　(2) 海潮流や風等の外力の影響　　(3) 針路と速力

→ 出題：26/4, 24/2, 23/2, 22/2, 20/2, 18/7

問題 61 避険線としてどのようなものを利用するか。2つあげよ。

→ 出題：25/4, 22/7, 21/10, 19/10

問題 62 試験用海図 No.15（この海図に引かれている緯度線，経度線の間隔はそれぞれ 30′，⊕の位置は問題ごとに指示）を使用して，次の設問に答えよ（図7.9, 143ページ）。

問題 62-1 B丸（速力 16 ノット）は，ジャイロコース 315°（誤差なし）で航行中，0121 緑埼灯台のジャイロコンパス方位を 198° に測定したのち同灯台は見えなくなり，その後も同一の針路，速力で航行を続け，0200 黄岬灯台のジャイロコンパス方位を 283° に測定した。0200 の B 丸の船位（緯度，経度）を求めよ。ただし，風潮の影響はない。⊕の位置は 30°N, 132°E。

→ 出題：27/2, 24/7*, 23/2*, 22/7*, 21/7*, 21/2*

問題 62-2 B丸（速力 18 ノット）は，ジャイロコース 245°（誤差なし）で航行中，1045 鹿島灯台のジャイロコンパス方位を 282° に測り，その後も同一の針路，速力で航行し，1200 再び同灯台のジャイロコンパス方位を 015° に測った。1200 の B 丸の船位（緯度，経度）を求めよ。ただし，風潮の影響はない。⊕の位置は 30°N, 147°E。

→ 出題：26/7, 26/2*, 25/7*, 25/2*, 24*2*, 23/7*, 22/2*, 20/7*, 20/2*, 19/7*, 19/2*, 18/7*, 18/2*, 17/7*

問題 62-3 B丸（速力 10 ノット）は，1430 黒埼灯台から真方位 180°，距離 9 海里の地点を発し，ジャイロコース 188°（誤差なし）で航行した。この海域には，流向 235°（真方位），流速 3 ノットの海流があるものとして，次の (1)～(3) を求めよ。⊕の位置は 30°N, 132°E。

(1) 実航真針路及び実速力　　(2) 赤岬灯台の正横距離　　(3) 赤岬灯台が正横となる時刻

→ 出題：26/2, 24/7*, 20/2*, 19/7*

問題 62-4 A丸（速力 13 ノット）は，1300 緑埼灯台の真北 5 海里の地点を発し，30°45′N, 136°20′E の地点まで直航する予定である。次の (1)～(3) を求めよ。ただし，この海域には，流向 205°（真方位），流速 3 ノットの海流があり，ジャイロ誤差はない。⊕の位置は 30°N, 135°E。

(1) A丸がとらなければならないジャイロコース　　(2) A丸の実速力

(3) 黄岬灯台が正横となる時刻

→ 出題：25/7, 25/2*, 24/2*, 22/7*, 21/7*, 20/7*, 19/2*, 18/7*

問題 62-5 A 丸（速力 16 ノット）は，2000 白埼灯台の真北 7 海里の地点を発し，中島灯台の真南 8 海里の地点まで直航する予定である。次の (1)〜(3) を求めよ。ただし，この海域には流向 060°（真方位），流速 2 ノットの海流がある。⊕の位置は 30°N, 133°E。

(1) A 丸がとらなければならない磁針路　　(2) A 丸の実速力

(3) 中島灯台の灯光の初認が予想される真方位とその時刻（A 丸からの同灯台の灯光の初認距離を 16 海里とする。）

→ 出題：23/7, 18/2

問題 63　試験用海図 No.16（この海図に引かれている緯度線，経度線の間隔はそれぞれ 10′，⊕の位置は問題ごとに指示）を使用して，次の設問に答えよ（図 7.10，144 ページ）。

問題 63-1　B 丸（速力 12 ノット）は，ジャイロコース 330°（誤差なし）で航行中，1336 冬島灯台のジャイロコンパス方位を 193° に測定したのち同灯台は見えなくなり，その後も同一の針路，速力で航行を続け，1400 馬埼灯台のジャイロコンパス方位を 286° に測定した。1400 の B 丸の船位（緯度，経度）を求めよ。ただし，風潮の影響はない。⊕の位置は 40°N, 142°E。

→ 出題：27/4, 26/10*, 26/4*, 25/10*, 25/4*, 23/10*, 23/4*, 22/10*, 21/10*, 21/4*, 20/10*, 20/4*, 17/10*

問題 63-2　B 丸（速力 15 ノット）は，ジャイロコース 020°（誤差なし）で航行中，1124 犬埼灯台のジャイロコンパス方位を 344° に測り，その後も同一の針路，速力で航行し，1200 再び同灯台のジャイロコンパス方位を 268° に測定した。1200 の B 丸の船位（緯度，経度）を求めよ。ただし，風潮の影響はない。⊕の位置は 40°N, 137°E。

→ 出題：24/10, 24/4*, 22/4*, 19/10*, 19/4*, 18/10*, 18/4*

問題 63-3　B 丸（速力 13 ノット）は，1400 前島灯台の真南 3 海里の地点を発し，鶴岬灯台を右舷 3 海里で航過する予定である。次の (1)〜(3) を求めよ。ただし，この海域には，流向 320°（真方位），流速 2 ノットの海流がある。⊕の位置は 40°N, 142°E。

(1) B 丸がとらなければならない磁針路　　(2) B 丸の実速力

(3) 鶴岬灯台が右舷 3 海里となる時刻

→ 出題：26/10, 25/10*, 25/4*, 23/10*, 22/4*, 21/4*, 20/4*, 18/10*

問題 63-4　B 丸（速力 12 ノット）は，1100 冬島灯台の真東 4 海里の地点を発し，40°18′N, 135°58′E の地点まで直航する予定である。次の (1)〜(3) を求めよ。ただし，この海域には，流向 113°（真方位），流速 2 ノットの海流があり，ジャイロ誤差はない。⊕の位置は 40°N, 136°E。

(1) B 丸がとらなければならないジャイロコース　　(2) B 丸の実速力

(3) 犬埼灯台が正横となる時刻

→ 出題：26/4, 24/4*, 20/10*

問題 63-5　A 丸は，1330 長埼灯台の真南 3 海里の地点を発し，犬埼灯台から 265°（真方位）5 海里の地点へ 2 時間で直航する予定である。次の (1) 及び (2) を求めよ。ただし，この海域には，流向 290°（真方位），流速 1.5 ノットの海流があり，ジャイロ誤差はない。⊕の位置は 40°N, 137°E。

(1) A 丸がとらなければならないジャイロコース及び対水速力

(2) 上埼灯台が正横となる時刻

→ 出題：24/10, 22/10*, 19/10*, 17/10*

第 7 章　演習問題と解答

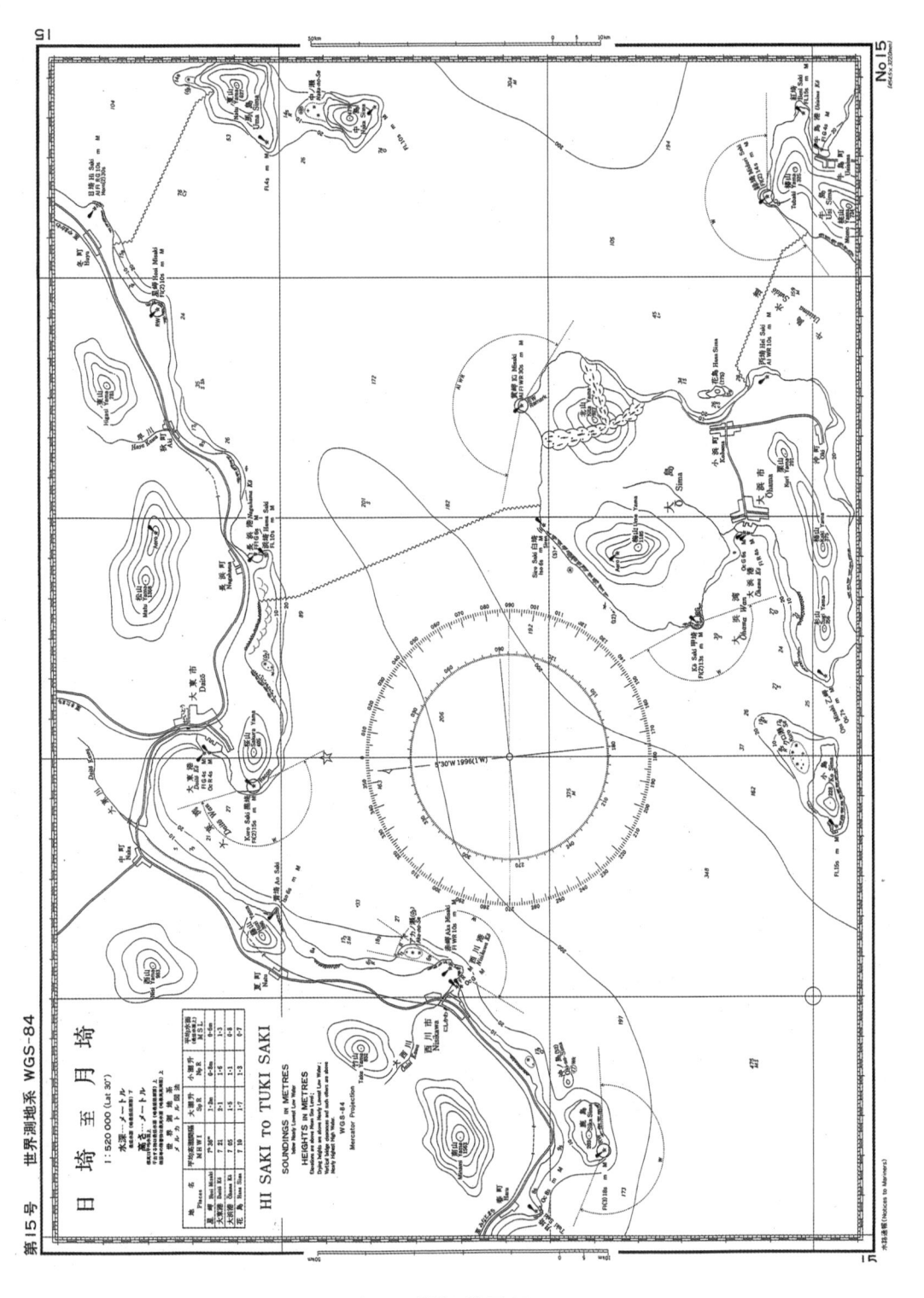

図 7.9　試験用海図 No.15

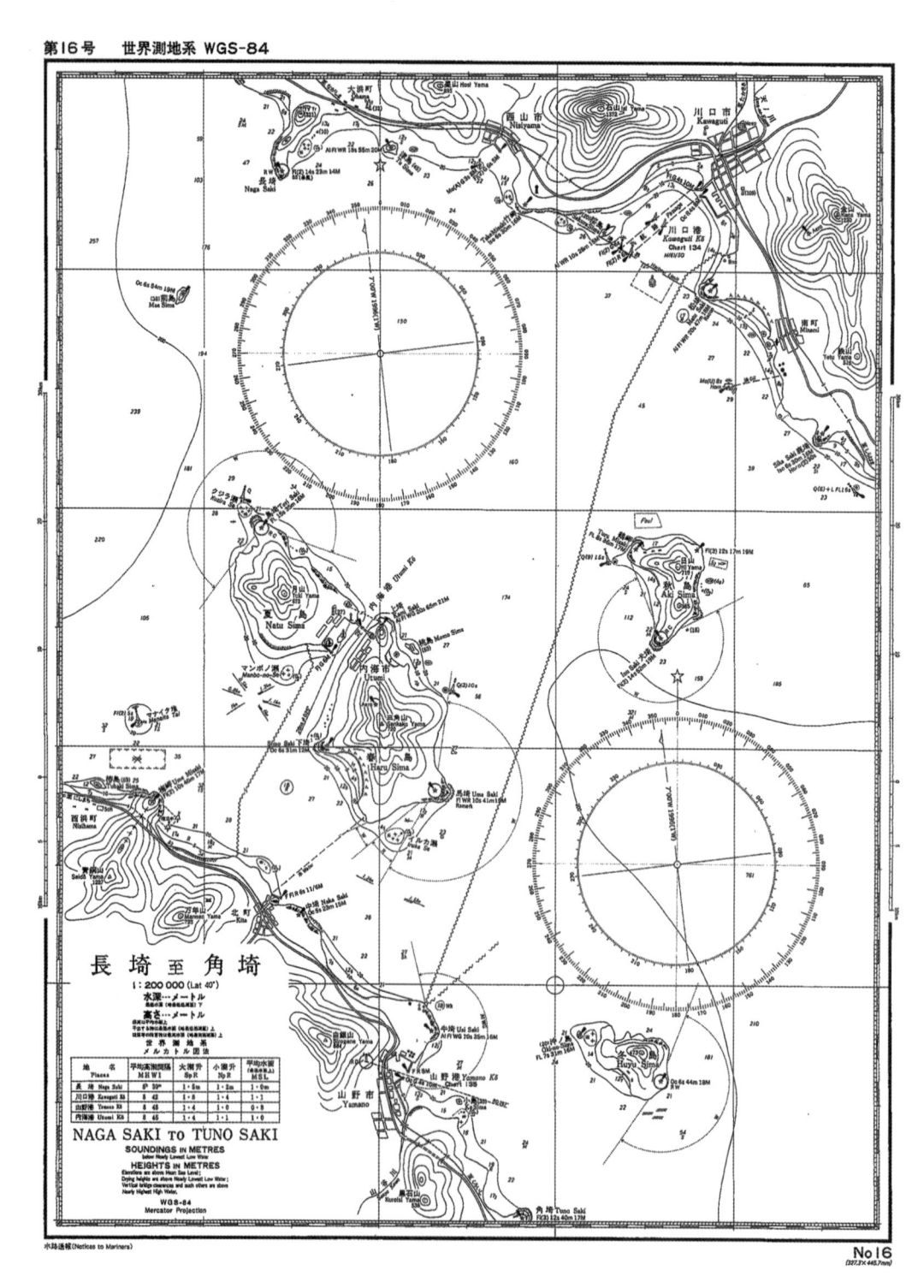

図 7.10　試験用海図 No.16

第 7 章　演習問題と解答　　145

問題 64　図 7.11 は，距等圏航法における各要素間の関係を示すために用いられる図形である。次の問いに答えよ。
(1) 図中の㋐の名称（用語）を示せ。
(2) ㋐，緯度及び東西距の間には，どのような関係があるか。計算式を示せ。
→ 出題：26/4, 23/10, 21/7, 19/2

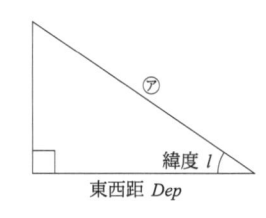

図 7.11　問題 64

問題 65　緯度 46° の距等圏上で，経差（経度差）1° は何海里か。
→ 出題：25/7, 23/2*, 21/4*, 18/7*

問題 66　35°24′N, 170°20′E の地点から真針路 270° で 310 海里航走した。到着地点の緯度，経度を求めよ。
→ 出題：26/10, 24/4*, 22/7*, 20/4*, 19/7*

問題 67　速力 14 ノットの船が，28°30′N, 177°12′W の地点から真針路 270° で航行した場合，日付変更線（180° の経度線）に到達するのは何時間後か。
→ 出題：26/7, 24/7*, 22/4*, 18/10*, 17/7*

問題 68　39°00′N, 167°15′E の地点から真針路 090° で航走するとき，日付変更線（180° の経度線）までは，何海里あるか。
→ 出題：27/2, 23/4*, 22/10*, 19/10*

問題 69　甲船及び乙船はともに 35°00′N の距等圏上にあって，その距離は 240 海里である。いま両船が 15 ノットの速力で真針路 000° に航行した場合，20 時間後の両船の距離はいくらになるか。
→ 出題：26/2, 24/2*, 22/2*, 20/2*, 17/10*

7.4　天文航法

問題 70　平成 27 年 4 月 14 日，推測位置 10°08′S, 137°20′E において，太陽の下辺子午線高度を 70°28.0′ に測った。六分儀の器差 +1.0′，眼高 13 m として，次の (1) 及び (2) を求めよ。天測暦は表 4.4（70 ページ），測高度改正表は表 4.11, 4.12（83 ページ）参照のこと。
(1) 太陽の子午線正中時（135°E を基準とする標準時で示せ。）　　(2) 実測緯度
→ 出題：毎回出題

問題 71　平成 27 年 4 月 15 日，北極星の時角 h が $15^h10^m55^s$ のとき，その高度を 39°47.0′ に測った。このときの緯度を求めよ。ただし，六分儀の器差 −1.0′，眼高 12 m である。北極星緯度表は表 7.8～7.10，測高度改正表は表 4.13（83 ページ）参照のこと。
→ 出題：27/4, 25/10*, 25/2*, 23/7*, 20/10*, 19/4*, 18/4*, 17/7*

表 7.8　問題 71
北極星緯度表（第 1 表）

h	14^h	15^h	16^h
m			
10	+33.0	+26.2	+17.6
11	+32.9	+26.1	+17.5
12	+32.8	+26.0	+17.3
13	+32.7	+25.8	+17.1
14	+32.6	+25.7	+17.0

表 7.9　問題 71
北極星緯度表（第 2 表）

A	14^h	15^h	16^h
°		add	
25	0.0	0.1	0.1
30	0.0	0.1	0.1
35	0.0	0.1	0.1
40	0.0	0.1	0.1
45	0.1	0.1	0.2

表 7.10　問題 71
北極星緯度表（第 3 表）

月日	14^h	15^h	16^h
		add	
4 11	1.0	1.0	1.0
5 01	1.0	1.0	1.0
5 21	1.1	1.1	1.1
6 10	1.2	1.2	1.1
6 30	1.2	1.2	1.1

問題 72　太陽出没方位角法に関する次の問いに答えよ。
(1) 常用日出没時及び真日出没時とは，太陽が視水平に対してどのように見えるときか。それぞれ図示せよ。
(2) コンパス誤差測定のための方位測定の時機は，(1) においてどちらの日出没時のときか。
→ 出題：25/4, 19/4

問題 73　太陽出没方位角法によりコンパス誤差を測定する場合について，次の問いに答えよ。
(1) 太陽と視水平線の関係を示した図 7.12 の (ア)〜(オ) のうち，太陽がどのように見える時機に測ればよいか。
(2) (1) の時機を何というか。
→ 出題：21/2, 18/2

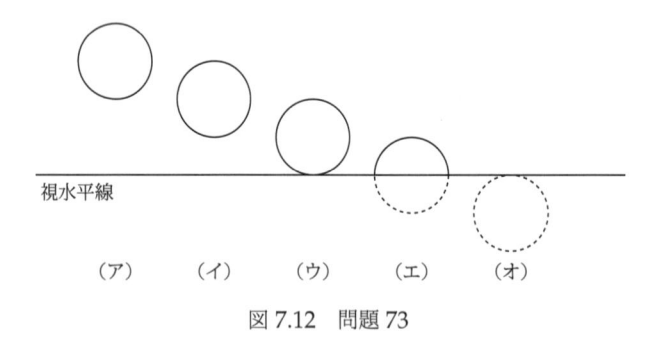

図 7.12　問題 73

問題 74　平成 19 年 10 月 15 日，推測位置 32°45′N, 138°30′E において，日出時の太陽のジャイロコンパス方位を 101° に測った。ジャイロ誤差を求めよ。天測暦等は表 7.11〜7.13 を参照のこと。
→ 出題：24/10, 21/10*, 20/7*

表 7.11　問題 74
北緯日出時と薄明時間表（地方平時）

月	日	日出時 32°N	34°N
10	08	5 58	5 59
	18	6 05	6 07

天測暦 2007 年版より抜粋

表 7.12　問題 74
天体出没方位角表

$l°$	d 8°	9°	10°
30	80.8	79.6	78.4
31	80.7	79.5	78.3
32	80.6	79.4	78.2
33	80.4	79.2	78.1
34	80.3	79.1	77.9

天測暦 2007 年版より抜粋

表 7.13　問題 74
10 月 14 日　2007
◉ 太陽

U	$E_⊙$	d	d の P.P	
0	12 13 48	S 7 55.2	0 00	0.0
2	12 13 49	S 7 57.1	10	0.2
4	12 13 50	S 7 59.0	20	0.3
6	12 13 51	S 8 00.8	30	0.5
8	12 13 53	S 8 02.7	40	0.6
10	12 13 54	S 8 04.5	0 50	0.8
12	12 13 55	S 8 06.4	1 00	0.9
14	12 13 56	S 8 08.3	10	1.1
16	12 13 57	S 8 10.1	20	1.2
18	12 13 58	S 8 12.0	30	1.4
20	12 14 00	S 8 13.8	40	1.5
22	12 14 01	S 8 15.7	50	1.7
24	12 14 02	S 8 17.6	2 00	1.9

天測暦 2007 年版より抜粋

7.5　電子航法

問題 75　レーダーのみを利用して船位を測定する方法を 3 つあげよ．また，ほとんど同一方向に 2 物標が存在する場合，最も適当な測定方法はそれらのうちどれか．
→ 出題：27/2, 26/2, 24/7, 22/10, 20/10, 18/10, 18/4

解答 1　(1) 基線，(2) コンパス液，(3) ジンバル装置，(4) 自動調整装置（温度調整装置），(5) 浮室，(6) コンパスカード

解答 2　蒸留水とエチルアルコールをおよそ 6:4 の割合で混合してある．

解答 3　（3 つ解答）
- 船内の鉄材や船橋内の鉄器の配置が変わったとき
- 積荷を行ったとき
- 荷役装置やヤードの向きが変化したとき
- 航海計器の影響を受けたとき
- 船体に衝撃（衝突，触雷，乗揚げなど）を受けたとき
- コンパスの据付場所が変わったとき
- 日時の経過により船体磁気が変化したとき

解答 4　(1)
- ジャイロコンパスの示度が正確であること．誤差があればその量を把握しておく．
- ジャイロコンパスの誤差修正装置を正しく調整しておく．
- 自差測定時にはなるべく直進させ，磁針の振れ回りを生じさせないこと．

(2) （3 つ解答）
- トランジット（2 物標重視線）法
- 遠方物標方位法
- 太陽の出没方位角による方法
- 北極星の方位を測定する方法

148　第Ⅰ部　航海

- 天体の時辰方位角による方法

解答 5　図 7.13 において，TN を真北，MN を磁北，CN をコンパス北とする。

題意から，偏差：∠TNOMN = 7°，自差：∠MNOCN = 4°

(1) L 灯台の磁針方位：∠MNOL = 96° + 4° = 100°

(2) L 灯台の真方位：∠TNOL = 96° − (7° − 4°) = 93°

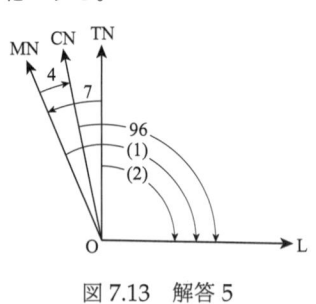

図 7.13　解答 5

解答 6-1　図 7.14 において，TN を真北，MN を磁北，CN を羅北とし，T を実航針路，H を視針路とする。∠TNOMN は偏差を，∠MNOCN は自差を表す。

図 (a) において

(1) 磁針路：∠MNOH = ∠TNOMN + 60° + leeway = 3° + 60° + 2° = 65°

(2) コンパス針路：∠CNOH = ∠TNOMN + ∠MNOCN + 60° + leeway = 3° + 2° + 60° + 2° = 67°

図 (b) において

(4) 自差：∠MNOCN = 176° − 173° = 3°E

(3) 実航真針路：∠TNOT = 173° − ∠TNOCN + leeway = 173° − (5° − 3°) + 2° = 173°

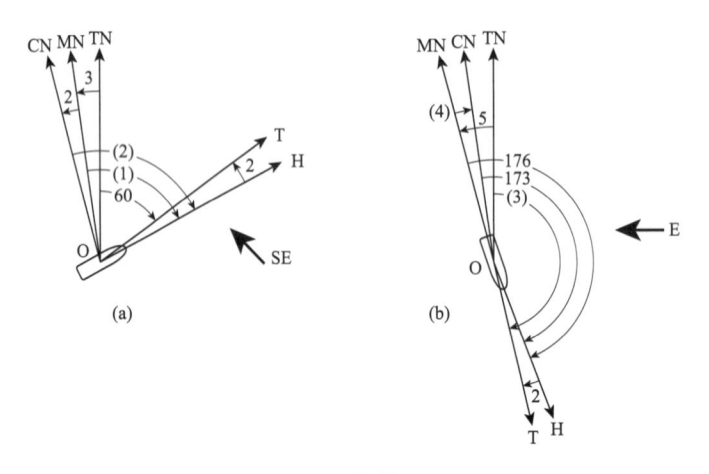

図 7.14　解答 6-1

解答 6-2　図 7.15 において，TN を真北，MN を磁北，CN を羅北とし，T を実航針路，H を視針路とする。∠TNOMN は偏差を，∠MNOCN は自差を表す。

図 (a) において

(2) 自差：∠MNOCN = 012° − 009° = 3°W

(1) 実航真針路：∠TNOT = 4°(= 12° − 3° − 5°) + 2° = 006°

図 (b) において

(3) 磁針路：∠MNOH = 317° − 3° + 4° = 318°

(4) コンパス針路：∠CNOH = ∠MNOH − ∠CNOMN = 318° − 2° = 316°

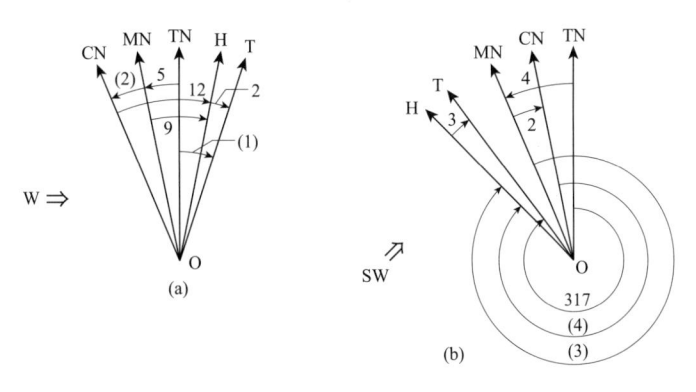

図 7.15　解答 6-2

解答 7　ア：3, イ：回転, ウ：惰性, エ：プレセッション
解答 8　約 4 時間前
解答 9　● マスターコンパスとレピーターコンパスの示度が合致していることを確かめる。
　　● ジャイロエラー量を確かめる。
　　● 磁気コンパスの示度と照合して，ジャイロコンパスに異常がないかを確かめる。
　　● 誤差修正装置で誤差を修正しておく。
解答 10　● 同一偏差の海域を同じジャイロ針路で航行しているとき，磁気コンパス針路に変化があれば，ジャイロコンパスに異常が発生した可能性を検知することができるため
　　● ジャイロコンパスが故障した際，直ちにマグネットコンパスで同一針路を航行できるため
　　● ジャイロコンパスが正しい方位を示していれば，磁気コンパスの自差を測定することができるため
解答 11　（3 つ解答）
　　● 設定針路を保持しているか（コースレコーダーで確認）
　　● オートパイロットへ入力される方位は正しいか（ジャイロコンパスなどの誤差の確認）
　　● 各調整装置が適切に設定されているか（コースレコーダーで確認）
　　● 予定のコースラインを航行しているか（船位の測定）
　　● 手動操舵は正常か（適宜，手動操舵に切り替えて確認）
　　● 操舵機が正常に動作しているか（舵角指示器で確認）
　　● 警報が正常に働いているか（ランプテストにより確認）
解答 12　● 出入港時
　　● 狭水道などの狭い水域を航行するとき
　　● 船舶の輻輳する海域を航行するとき
　　● 浅瀬や暗礁など，航行上の危険が多い海域を航行するとき
　　● 大角度の変針を頻繁に行うようなとき
　　● 視界制限状態および荒天中に航行するとき
解答 13　（2 つ解答）舵角調整装置，当舵調整装置，天候調整装置
解答 14　(1)《(B)はレバー操舵のことで無追従操舵といわれ，レバーの動きに舵が追従しない。つまり，レバーを左（または右）に倒しているときのみ舵を左（または右）に取り，レバーを中央にし

解答 15 音響測深機は船底から音波を発信しているので，船底から海底までの深さを測定することになる。したがって，水面からの水深値に修正するためには，喫水値を加える必要がある。これを喫水調整という。受信機の発信線を調整することによって行う。

解答 16 音響測深機で直接測定できるのは発信器から海底までの距離である。発信器は船底部に取り付けられることが多いので，喫水分修正することによって正しい水深を得る必要があり，記録紙上の発信線を下げることで修正する。

解答 17
- 水深が比較的浅く，超音波を反射しやすい海底（岩盤など固い底質）を測深したとき，超音波が船底と海底との間で多重反射する場合である。
- この場合の海底を示す線は発信線にいちばん近い反射線である。

解答 18 (1) サイドエラー：水平鏡が六分儀の器面に対して垂直でないために起こる誤差。

(2) 器差：アークの歪みや視軸のずれなどのために起こる誤差。《サイドエラーと垂直差を修正した後に残った誤差》

(3) 垂直差：動鏡が六分儀の器面に対して垂直でないために起こる誤差。《六分儀の誤差には水平差と垂直差があり，これらを修正した後に残存した誤差を器差という。》

解答 19 (1) サイドエラー (2) 垂直差

解答 20 (1) サイドエラー (2) 器差（インデックスエラー） (3) 垂直差

解答 21 (1) 波浪がある場合の眼高：眼高を高くすると良い。《測高度改正において，眼高 h に関係する要素は眼高差 D で，眼高差 D の変化率は眼高が高いほど小さい。したがって，波浪があり眼高が変化する場合，眼高を高くすると眼高差の変化率を小さくすることができる。》

(2) 水平線が不明瞭であるときの眼高：眼高を低くして，近くの明瞭な水平線を利用すると良い。

解答 22 太陽など明るすぎる天体と水平線のコントラストが適切になるように調整する。太陽などには最初は最も濃いシェードグラスを使用し，天体のみがはっきり見える濃さのものに変更していく。太陽の高度が低い場合，その方向の海面反射光が強いことがある。その際には，水平線に中濃度のシェードグラスを使用し，反射光を除去し水平線が明確に視認できるようにする。

解答 23
- 太陽を六分儀の望遠鏡の視野の中央に保つ。
- 太陽には濃いシェードグラスを使用し，太陽の像が滲むことなく明瞭に見えるように調整する。
- 水平線には太陽の海面反射や海面と空のコントラストを考慮して，適度な濃さのシェードグラスを使用する。
- 六分儀を静かに左右に振子のように振ると太陽は弧を描いて移動するので，いちばん低くなるときの太陽の下辺または上辺を水平線に接するようにして高度を計測する。

解答 24 正しく太陽直下の水平線に太陽の映像を降ろすため。

解答 25 (1)《電磁ログは対水速力のみ測定できる。》

解答 26 ①—ウ，②—オ，③—キ，④—イ

解答 27 (2)《GPS は航空機でも利用できる。》

解答 28 船首尾線方向や正横方向以外から来る電波の測定方位には，船体誤差が含まれており，船首尾線と 45° の角度を持つ電波方位には最大の誤差が含まれる。あらかじめ誤差較正曲線を作成しておき，修正して使用する。

解答 29 海岸線誤差，船体誤差，夜間誤差

第7章　演習問題と解答

解答 30　（イ）　　　解答 31　（ウ）　　　解答 32　（イ）

解答 33　（エ）《灯質の覚え方：3.2.1.4 節参照》

解答 34　（イ）　　　解答 35　（ア）　　　解答 36　（ウ）

解答 37　(1) 頭標の塗色：黒，頭標の形状：円すい形 2 個を両頂点下向きに連掲

(2) 頭標の塗色：赤，頭標の形状：球形 1 個

解答 38　阪神港神戸区

解答 39　灯標とは，船舶に岩礁，浅瀬などの障害物の存在を知らせるため，または航路を示すため，岩礁，浅瀬などに設置した構造物で，灯火を発するものをいう。

解答 40　導灯とは，通航困難な水道，狭い湾口などの航路を示すために，航路の延長線上の陸地に設置した 2 基を一対とする航路標識で，灯光を発するものをいう。《灯光を発しないものは導標。》

解答 41　指向灯とは，通航困難な水道や狭い湾口などの航路を示すために，航路の延長線上の陸地に設置し，白光により航路を，緑光により左舷危険側を，赤光により右舷危険側をそれぞれ示すものをいう。

解答 42　船舶通航信号所とは，港内，特定の航路およびその付近水域や船舶交通の輻輳する海域における船舶交通に関する情報を収集し，その情報を無線電話や電光表示板などの方法で船舶に通報する施設である。

解答 43　橋梁標識とは，橋梁の保護および橋梁下を航行する船舶の安全確保を図る目的で橋桁および橋脚などに設置される航路標識で，橋梁標または橋梁灯をいう。

解答 44　
- エアサイレン（圧搾空気方式：圧縮空気によりサイレンを鳴らすもの）
- ダイヤフラムホーン（電磁式発信器：電磁弁により発音弁を振動させて吹鳴させるもの）

《我が国では，霧信号所は廃止された。》

解答 45　
- 霧信号の音速は，大気の状態および地勢などによって変わるので，音の方向および強弱によって信号所の方位，距離を判断してはならない。
- 海上で霧が発生していても，信号所で霧を認めていない場合は，信号を発しないことがある。

解答 46　レーダービーコン（レーコン）とは船舶レーダーから発射された電波を受信すると，レーダー帯域内の符号化された電波を発射し，レーダーがその電波を受信すると，送信局の位置の後方に符号を表示する航路標識である。

解答 47　図 3.19（42 ページ），解答 46 参照

解答 48　(1) 日潮不等：地球は自転するため，高潮および低潮は 1 日に 2 回あり，潮汐は月による支配が大きいため 1 太陰日（月が正中し再び正中するまでの 1 日，$24^h 50^m$）を周期に起こると考えられ，2 回ずつ現れる高潮および低潮の潮位は同じはずだが，通常は一致しない。さらには，1 日に 1 回しか満潮と干潮が現れないこともある。このような現象を日潮不等という。

(2) 月潮間隔：高潮や低潮は月がある地点の子午線上を通過したとき，および 180° 反対側の子午線を通過したときからやや遅れて起こる。この遅延時間を月潮間隔という。海陸の分布，海底地形，海水と海底の摩擦抵抗などに起因する。

(3) 最低水面：最低水面とは，潮が最も引いたときの海面のことで，海図に記載されている水深の基準面となっている。また，港湾施設の計画，設計，施工などの基本となる港湾工事基準面としても使用されている。この最低水面は普段はこれ以上海面が低くならない面で，潮の満ち引きを長期間観測して平均した「平均水面」から計算して海上保安庁が決定する。

解答 49　潮汐は月と太陽の合成引力で起こる。大潮はその合成引力が最大となったときに起こる。合成引力が最大になるのは，太陽・月・地球が一直線に並んだときで，月の満ち欠けでいえば，新月と満月の頃である。図 3.47（60 ページ）。

解答 50　(1) 来島海峡：約 10 kn, 南流　　(2) 関門海峡（早鞆瀬戸）：約 10 kn, 西流
(3) 明石海峡：約 7 kn, 西北西流　　(4) 浦賀水道：約 2 kn, 北西流

解答 51　(1) ①黒潮（日本海流），②親潮（千島海流），③対馬海流，④東樺太(からふと)海流，⑤リマン海流
(2) 約 5 kn（近海航路誌より）

解答 52　(1) 1407～2001　　(2) 5.4 kn（= 8.0 × 0.67）　　(3) 東流

解答 53　(1) 西航船にとって順潮は西北西流＋だから，午後の順潮時間は 1255～1958
(2) +3.2 kn（= +4.0 × 0.81）

解答 54　(1) 南流《上げ潮流は "＋"，下げ潮流は "−" で表される。》
(2) 午前中の順調（南流）時間帯：0228～0801　　(3) 南流

解答 55　(1) 0412～1024
(2) 転流時と東流最強時刻の差は，$T_M - T_S = 1848 - 1533 = 0315$
当該時刻と転流時刻の差は，$T - T_S = 1700 - 1533 = 0127$
任意時の流速を求める表から係数は 0.65，当該時刻の流速は $v = -6.6 \times 0.65 = -4.3$ kn

解答 56　（3つ解答）
- 位置が正確な物標を選ぶ。灯台や三角点のある山が良い。
- 顕著な物標を選ぶ。　　● なるべく近距離の物標を選ぶ。
- 船首方向の物標を選定することにより，予定航路から左右へのずれを検知することができる。
- 3 物標以上とする。2 物標による場合，船位に誤差があっても検知できない。
- 位置の線の交角は，2 物標であれば 90°，3 物標であれば各 60° に近いものを選択する。
- 浮標などは移動している可能性があるので，できる限り使用しない。

解答 57　1 本以上の位置の線に誤差がある場合，誤差三角形ができる。要因は次のとおり。
- 機械的な誤差：コンパスの誤差，シャドーピンの曲がり，コンパス面が傾いている状態での測定
- 人為的な誤差：測定誤差，作図誤差，物標の誤認，航走中各物標の測定時間のかかり過ぎ

解答 58　(1) クロス方位法に要する時間はできる限り短くする必要がある。船が航走している場合，測定間隔が長くなると異なる船位から方位を測定していることになるので，なるべく測定間隔を短くしほぼ同じ船位から測定することにより，船位測定誤差を小さくすることができる。
(2) ● 重視線を位置の線とすることができるので，短時間で船位が測定できる。
● 重視線を測定することによってコンパス誤差が得られ，測定した方位線の誤差を修正することによって，正確な船位を得ることができる。
(3) 位置の線に方位誤差が含まれている場合，遠距離であれば大きな船位誤差となって現れる。
(4) 2 本の位置の線は必ず 1 点で交わるので，位置の線に誤差があっても検知できない。一方，3 本であれば明らかに誤差三角形ができるので，誤差を検知することができる。

解答 59　図 7.16 に示すように，潮流がない場合は，A 点から B 点への対水航程で B 点に船位が求められる。船首尾線に逆潮流 B′B″ がある場合，対水航程は A′B″ になり，船位は B″ となる。

第 7 章 演習問題と解答　　153

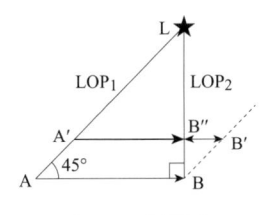

図 7.16　解答 59

解答 60　(1) 第 1 方位線と第 2 方位線の交角は 40° から 100° の範囲が適当である。

(2) 海潮流や風などがあれば，当然これらの影響を考える必要があり，それによる船位の誤差を十分考慮しておかなくてはならない。

(3) 針路と速力については，これを正確に見積もることができれば正確な船位が求められるが，両測方位法で針路の偏移や速力の増減を見積もることは極めて困難である。

解答 61　避険線には方位による避険線と，距離による避険線とがある。

- 方位による避険線では顕著で位置の正しいものを目標とする。灯台などを利用すると良い。方位の測定方法としては，単一物標の方位線，2 物標の重視線などがある。
- 距離による避険線ではレーダーに明瞭に映る位置の正しい目標とする。岬などを利用すると良い。距離の測定としてはレーダーの固定レンジマーカーを利用する。

解答 62-1　（図 7.17）

緑埼灯台灯火を 198° に見る方位線を m，黄岬灯台灯火を 283° に見る方位線を k とする。

方位線 m 上の任意の点 O から，B 丸の 39 分間の $\overrightarrow{OB}$ (315°, 10.4′) を描く。

点 B に方位線 m を転移し，その転移線 m′ が方位線 k と交わる点を F とする。点 F が B 丸の 0200 の船位を表す。船位：30°28.3′N, 133°37.4′E

解答 62-2　（図 7.18）

鹿島灯台を 282° に見る方位線を s とし，同灯台を 15° に見る方位線を t とする。

方位線 s 上の任意の点 O から B 丸の針路 245° を描く。点 O から B 丸の航走距離 22.5′（= 18.0 kn × 1.25^h）をとった地点を B とする。

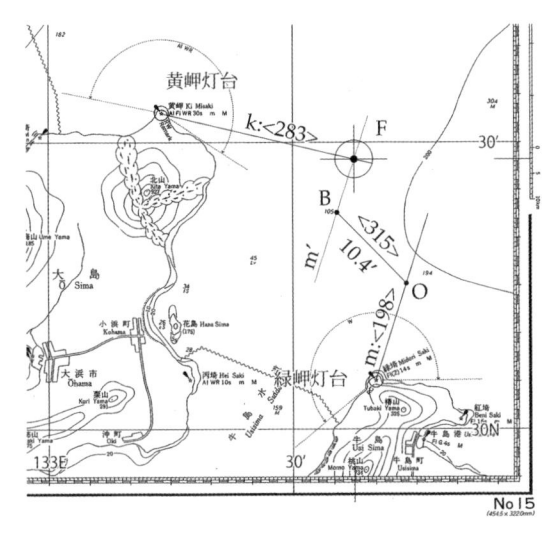

図 7.17　解答 62-1

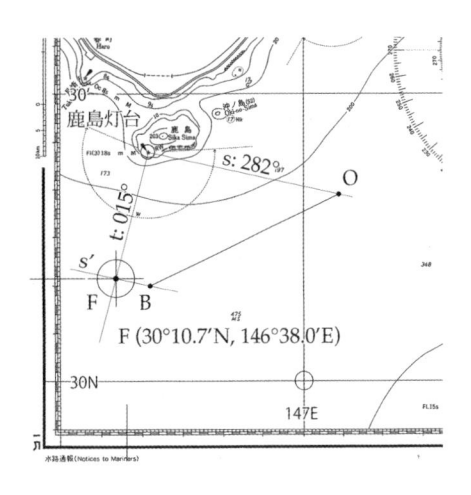

図 7.18　解答 62-2

B 点に方位線 s を転移し，その転移線を s' とする。

転移線 s' と方位線 t との交点 F が B 丸の 1200 の船位である。船位：30°10.7′N, 146°38.0′E

解答 62-3 （図 7.19）

(1) 黒埼灯台から真方位 180°，距離 9.0′ の地点を O とする。

地点 O から海流 $\overrightarrow{OW}$ （235°, 3.0′）を描く。

点 W から B 丸の針路・速力 $\overrightarrow{WB}$ （188°, 10.0′）を描く。

$\overrightarrow{OB}$ が B 丸の実航真針路・実速力を表す。実航真針路 198.3°，実速力 12.2 kn

(2) $\overrightarrow{WB}$ を延長し，赤埼灯台 L を正横に見る点を P とする。

B 丸の実航針路 OB の延長線が赤埼灯台を正横に見る線 PL と交差する点を Q とする。

$\overrightarrow{QL}$ が B 丸が赤埼灯台を正横に見るときの正横距離である。15.1′

(3) $\overrightarrow{OQ}$ = 15.8′, 所要時間 t = 15.8′/12.2 kn = 1^h18^m, 到達時刻 T = 14^h30^m + 1^h18^m = 15^h48^m

解答 62-4 （図 7.20）

出発点 O（緑埼から 000°, 5.0′ の地点），到着点 P（30°45′N, 136°20′E）を作図する。航路 OP が A 丸の実航航路である。

この海域の海流 $\overrightarrow{OW}$ （205°, 3.0′）を作図する。

(1) $\overrightarrow{OW}$ の終点 W から A 丸の船速である 13.0′ の円と OP との交点を A とする。

$\overrightarrow{WA}$ が A 丸の針路・速力ベクトルである。A 丸のジャイロコース：344°

(2) $\overrightarrow{OA}$ が A 丸の実航針路・速力ベクトルである。A 丸の実速力：10.9 kn

(3) $\overrightarrow{WA}$ を延長し，黄埼灯台を正横に見る点を Q とする。黄埼と Q を結んだ線と OP との交点を R とすると，R が同灯台を正横に見るときの船位である。

$\overrightarrow{OR}$ = 29.0′, 所要時間 t = 29.0′/10.9 kn = 2^h40^m, 到達時刻 T = 13^h00^m + 2^h40^m = 15^h40^m

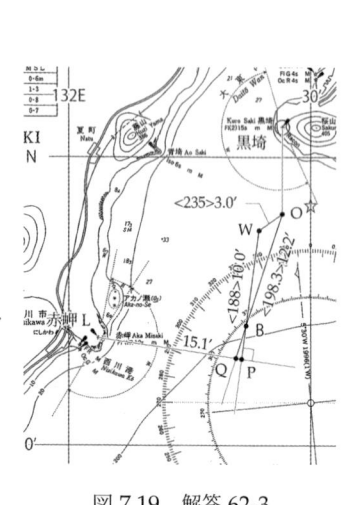

図 7.19　解答 62-3

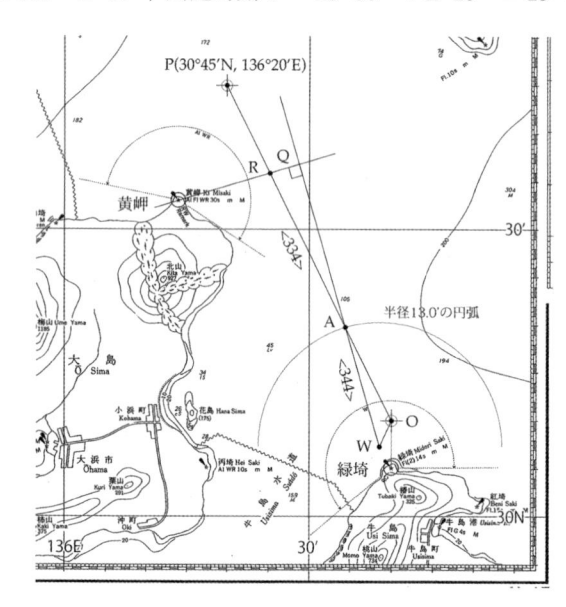

図 7.20　解答 62-4

解答 62-5 （図 7.21）

(1) 白埼灯台から真方位 000°，距離 7.0′ の点を O とする。

中島灯台から真方位 180°，距離 8.0′ の点を P とする。

点 O から，海流の流向 060°，流程 2.0′ の点を W とする。

点 W から，距離 16.0′ の円弧を描き，航路 OP との交点を A とする。$\overrightarrow{WA}$ が A 丸がとらなければならない針路・速力となる。

コンパスローズ内側の目盛りで磁針路を読み取る。094°

(2) A 丸の実速力は $\overrightarrow{OA}$ である。17.8 kn

(3) 中島灯台から 16.0′ の円弧を描き，航路 OP 線との交点を Q とする。

QL が中島灯台の初認方位となる。055°

$\overrightarrow{OQ}$ = 32.8′, Q への到達時刻は $T = 20^\mathrm{h}00^\mathrm{m} + 32.8/17.8 = 21^\mathrm{h}51^\mathrm{m}$

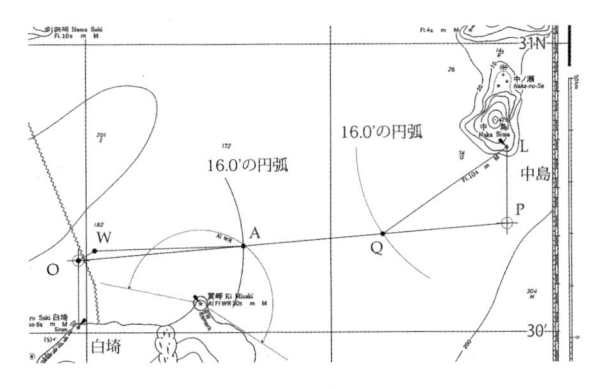

図 7.21　解答 62-5

解答 63-1　（図 7.22）

冬島灯台を 193° に見る方位線を s，馬埼灯台を 286° に見る方位線を t とする。

方位線 s 上の任意の点 O から，B 丸の 24 分間の $\overrightarrow{OB}$（330°, 4.8′）を描く。

点 B に方位線 s を転移し，その転移線 s′ が方位線 t と交わる点を F とする。点 F が B 丸の 1400 の船位を表す。船位：40°05.8′N, 142°04.5′E

解答 63-2　（図 7.23）

犬埼灯台を 344° に見る方位線 i，同灯台を 268° に見る方位線 j を描く。

方位線 i 上の適当な点 O から B 丸の 36 分間の $\overrightarrow{OB}$（020°, 9.0′）を描く。

B から方位線 i に平行な線 i′ を描く。方位線 i′ と線 j の交わった点 F が，A 丸の 1200 の船位である。船位：40°14.8′N, 137°13.0′E

解答 63-3　（図 7.24）

前島灯台真南 3.0′ の地点を O とする。

鶴岬灯台を中心に半径 3.0′ の円を描き，点 O から同円に接線を引き，その接点を P とする。OP は B 丸の実航針路を与え，$\overrightarrow{OP}$ = 20.8′

点 O から海流 $\overrightarrow{OW}$（320°, 2.0′）を描く。

点 W から B 丸の速力である 13.0′ の円を描き，実航針路 OP との交点を B とする。

$\overrightarrow{WB}$（116°, 13.0′）が B 丸の対水磁針路・速力になる。

$\overrightarrow{OB}$（103°, 11.4′）が B 丸の対地真針路・速力になる。

$\overrightarrow{OP}$ = 20.8′, 所要時間 $t = 20.8′/11.4\,\mathrm{kn} = 1^\mathrm{h}49^\mathrm{m}$, 到達時刻 $T = 14^\mathrm{h}00^\mathrm{m} + 1^\mathrm{h}49^\mathrm{m} = 15^\mathrm{h}49^\mathrm{m}$

(1) 116°, (2) 11.4 kn, (3) $15^\mathrm{h}49^\mathrm{m}$

156　第Ⅰ部　航海

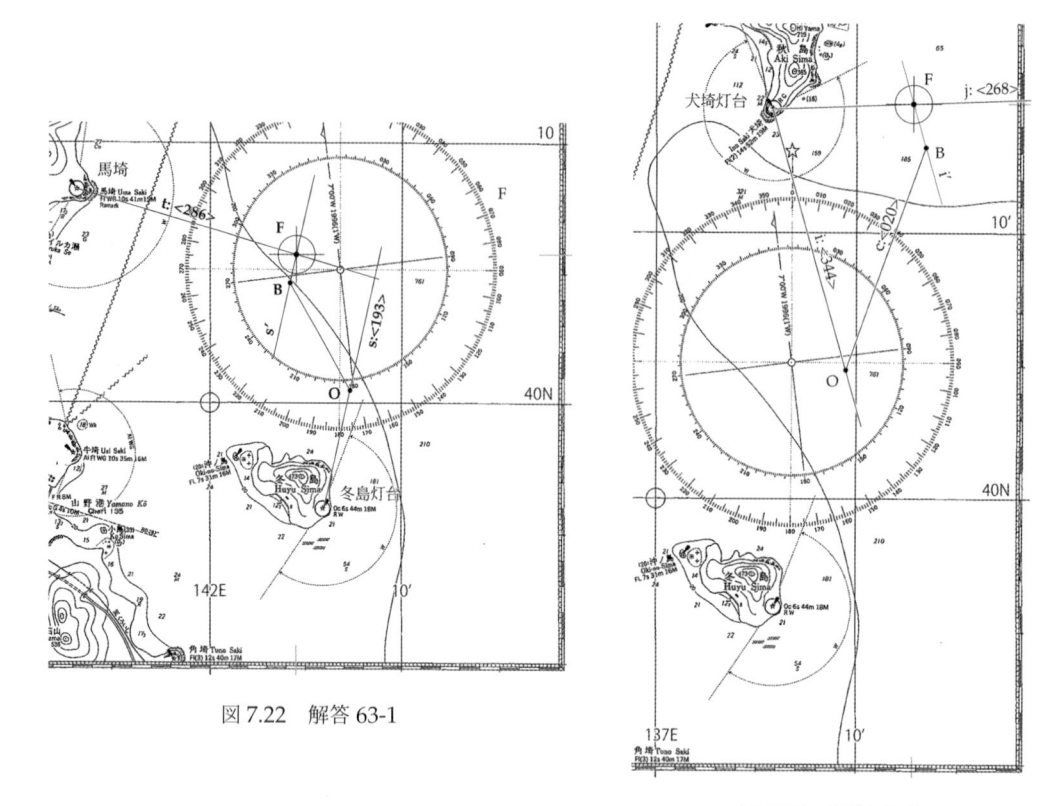

図 7.22　解答 63-1

図 7.23　解答 63-2

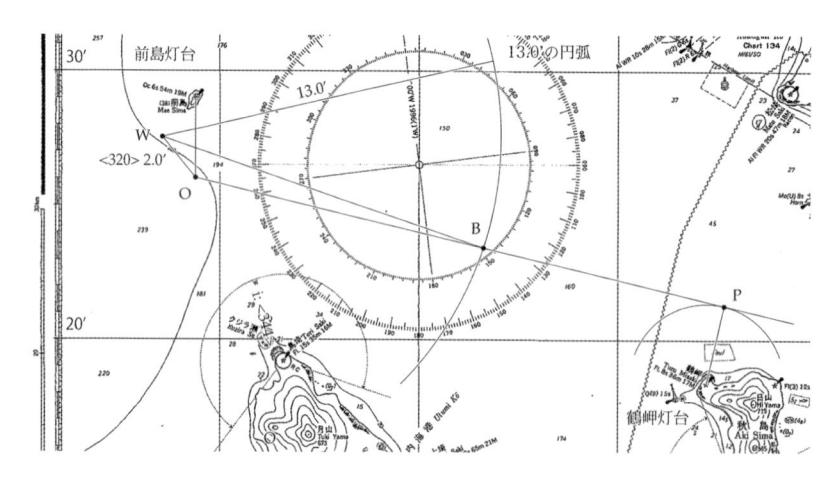

図 7.24　解答 63-3

解答 63-4　（図 7.25）

(1) 冬島灯台から 090°，4.0′ の地点を O とし，地点 40°18′N，135°58′E を P とする。

　　地点 O から海流 $\overrightarrow{OW}$（113°，2.0′）を描く。

　　点 W から B 丸の速力 12.0′ の円弧を描き，OP との交点を B とする。$\overrightarrow{WB}$ の方向が B 丸のとるべき針路となる。329°

(2) 実航実速力は $\overrightarrow{OB}$ の長さである。10.4 kn

(3) $\overrightarrow{\mathrm{WB}}$ を延長し，犬埼灯台 L を正横に見る点を Q とする。

B 丸の実航針路 OP と犬埼灯台を正横に見る線 QL との交点が，犬埼を正横に見たときの位置 R である。

$\overrightarrow{\mathrm{OR}}$ は 18.4′，実速力は 10.4 kn である。

R に至る時刻は $T = 11^\mathrm{h}00^\mathrm{m} + 18.4/10.4 = 12^\mathrm{h}46^\mathrm{m}$ である。

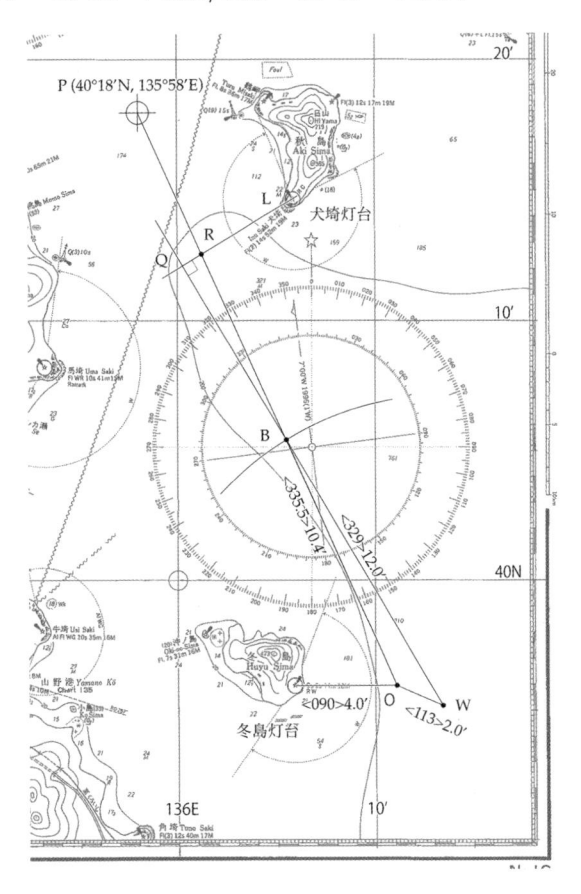

図 7.25　解答 63-4

解答 63-5　（図 7.26）

(1) 長崎灯台から 180°，3.0′ の地点を O とし，犬埼灯台から 265°，5.0′ の地点を P とする。

地点 O から 2 時間の海流 $\overrightarrow{\mathrm{OW}}$ (290°, 3.0′) を描く。

$\overrightarrow{\mathrm{WP}}$ (142°, 23.0′) は A 丸の 2 時間の針路・航程を与える。したがって，A 丸の針路・速力は (142°, 11.5 kn) である。

(2) $\overrightarrow{\mathrm{OP}}$ は 20.4′ である。したがって，A 丸の実速力は 10.2 kn である。

上埼灯台を正横に見る地点は Q で，$\overrightarrow{\mathrm{OQ}}$ は 15.4′ である。

A 丸が Q に達する時刻は $T = 13^\mathrm{h}30^\mathrm{m} + 15.4/10.2 = 15^\mathrm{h}01^\mathrm{m}$ である。

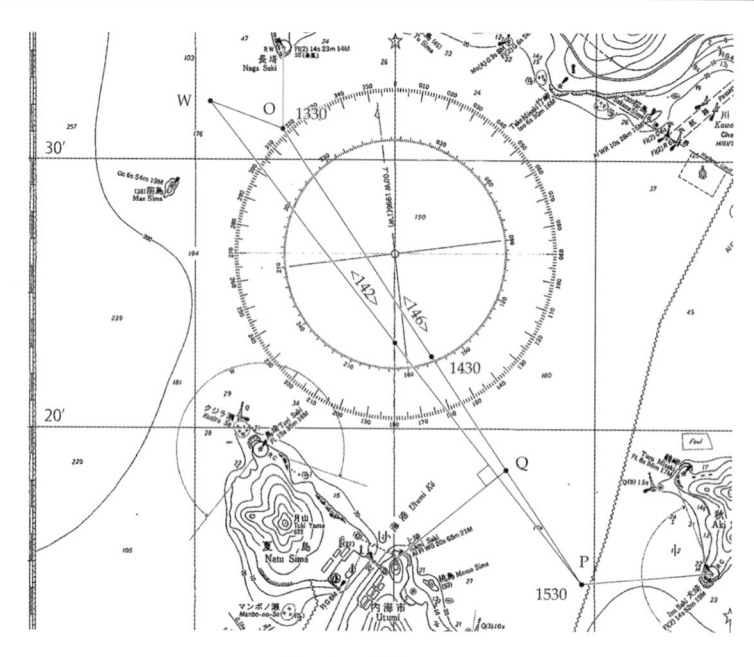

図 7.26　解答 63-5

解答 64　(1) 変経　(2) 東西距を dep, 変経を dL, 緯度を l とすると, $dep = dL \cos l$

解答 65　図 7.27 は地球上における経度 1° を表している。

△ORR′ と △PLL′ は相似である。

したがって

$$LL' = RR' \cos 46° = 60' \cos 46° = 41.7'$$

解答 66　針路 270° に航走するから, 緯度 l は変化せず, 経度 L のみ変化する。

35°24.0′ における変経 dL は

$$dL = \frac{310W}{\cos 35°24'} = 380.3 = 6°20.3'W$$

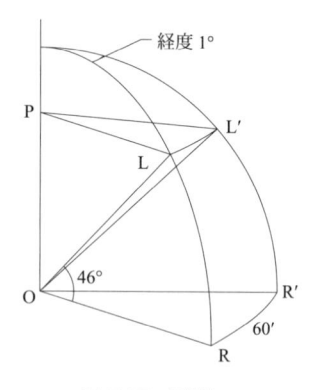

図 7.27　問題 65

したがって

$$l = 35°24'N$$
$$L = 170°20.0'E + 6°20.3'W = 163°59.7'E$$

解答 67　地点 P (28°30′N, 177°12′W) と 180° との経度差 dL, および東西距 dep を求める。

$$dL = 180° - 177°12' = 2°48' = 168'$$
$$dep = dL \cos 28°30' = 168' \cos 28°30' = 147.6'$$

船速は 14.0 kn だから到達時間は $t = 147.6'/14.0\,\mathrm{kn} = 10^\mathrm{h}33^\mathrm{m}$

解答 68　経度 180° までの距離 $dist$ は以下のとおり求める。

$$dL = 180° - 167°15' = 12°45' = 765'.0$$
$$dist = dep = dL \cos l = 765.0' \cos 39°00' = 594.5'$$

解答 69　図 7.28 に示すように，35°N における甲船の位置を A，乙船の位置を B とする。

　甲船および乙船は 000° に 5°($= 15\,\text{kn} \times 20^\text{h}$) 航走すると，航走後の位置 A′, B′ の緯度は 40°N，経度は A, B と同経度である。それぞれの経度における緯度 0° の位置を A″, B″ とすると，AB, A′B′, A″B″ には次の関係が成り立つ。

$$\text{A″B″} \cos 35° = \text{AB}$$
$$\text{A″B″} \cos 40° = \text{A′B′}$$

両式から A″B″ を消去し，A′B′ を求める。

$$\text{A′B′} = \text{AB}\,\frac{\cos 40°}{\cos 35°} = 224.4'$$

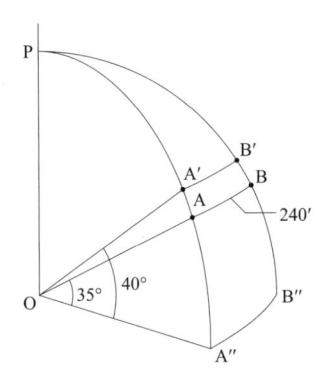

図 7.28　問題 69

解答 70

(1) 太陽の子午線正中時刻を 135°E を基準とする地方標準時 LT で求める。

太陽正中視時		$12^\text{h}00^\text{m}00^\text{s}$	
経度時	$LinT$　−	$9^\text{h}09^\text{m}20^\text{s}$	$= 137°20'\text{E}$
世界視時	GAT	$2^\text{h}50^\text{m}40^\text{s}$	
均時差	EqT　−	$-0^\text{m}26^\text{s}$	$= 11^\text{h}59^\text{m}34^\text{s} - 12^\text{h}$
世界平時	GMT	$2^\text{h}51^\text{m}06^\text{s}$	$\to d = \text{N}9°15.3'$
経度時	$LinT$　+	$9^\text{h}00^\text{m}00^\text{s}$	$= 135°\text{E}$
地方平時	LT	$11^\text{h}51^\text{m}06^\text{s}$	

(2) 実測緯度を求める。

90°		90°00.0′	
$-(l+d)$	−	19°23.3′	$= 10°08.0' + 9°15.3'$, 異名なので＋
計算高度	A_C	70°36.7′	

六分儀測高度	a_S	70°28.0′	
器差	IE	+1.0′	
測高度	a	70°29.0′	
測高度改正	第1改正	+9.0′	← 眼高 13 m
	第2改正	+0.2′	← 4月
真高度	A	70°38.2′	
計算高度	A_C	70°36.7′	
修正差	I	1.5′N	緯度 S, 赤緯 N ∴ N
推測緯度	l_D	10°08.0′S	
実測緯度	l_N	10°06.5′S	

解答 71

六分儀測高度	a_S	39°47.0′	
器差	IE	−1.0′	
測高度	a	39°46.0′	
測高度改正	第1改正	−7.3′	← 眼高 12 m
真高度	A	39°38.7′	
緯度改正	第1改正	+26.1′	
	第2改正	+0.1′	
	第3改正	+1.0′	
実測緯度	l	40°05.9′N	

解答 72 (1) 図 4.8（74 ページ）　(2) 真日出没

解答 73 (1)（イ）　(2) 真日出没（時）

解答 74

日出時刻	LMT	10/15	06^h04^m	北緯日出時と薄明時間表
経度時	$LinT$		-9^h14^m	138°30E
世界平時	GMT	10/14	20^h50^m	→ $d =$ S 8°14.6′

真方位	z	099.9°	S80.1°E 天体出没方位角表
ジャイロ方位	z_G	101.0°	
ジャイロ誤差	GE	−1.1°	

解答 75 レーダーのみにより船位を求める場合は次による。

(a) 2 物標以上の物標のレーダー距離による方法
(b) 2 物標以上の物標のレーダー方位による方法
(c) 1 物標のレーダー距離とレーダー方位による方法

ほとんど同一方向に 2 物標が存在する場合は (c) による方法が最も良く，2 物標のうち近いものを利用する。

第Ⅱ部

運　用

第1章

船体の構造および設備

1.1 船体要目

1.1.1 主要寸法

1.1.1.1 長さ

船の長さには全長，垂線間長，登録長さなどがある。

a．**全長**（L_{OA}[*1]）：船首最先端から船尾最後端までの水平距離をいう。

b．**垂線間長**（L_{PP}[*2]）：舵頭材（もしくは舵柱）の中心を通る**船尾垂線**（AP[*3]）から計画満載喫水線と船首材の前面（外板の外側）の交点を通る**船首垂線**（FP[*4]）までの水平距離をいう。両垂線の中点を**船体中央**（midship）という。

c．**登録長さ**（LR）：上甲板の下面において船首材の前面より舵頭材の中心線（舵柱のある船はその後面）までの長さをいう。舵のない船舶では船尾外板の後面に至る長さの90％の長さをいう。船舶国籍証書に記載される。

d．**水線長さ**：計画満載喫水線上における船首前端から船尾後端までの水平距離をいう。

e．**測度長**：上甲板の下面において，船首材前面から船尾外板後面までの水平距離をいう。

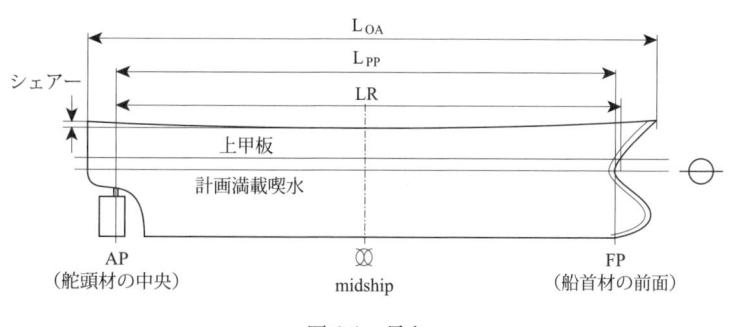

図1.1 長さ

[*1] L_{OA} : Length over all
[*2] L_{PP} : Length between perpendiculars, L_{BP} ともいう。
[*3] AP : After Peak
[*4] FP : Fore Peak

1.1.1.2 型幅，型深さ

型幅および型深さは外板の内法寸法で定義される。

a．型幅（B_{mld}）：船体の最も広い部分の外板の内側から反対舷の内側までの水平距離を型幅といい，その中点の垂線を船体中心線という。型幅に外板の厚みを加えたものを最大幅という。

b．型深さ（D_{mld}）：船の長さの中央において，基線（キール上面）から船側外板の内側の線と上甲板下面の交点までの垂直距離（図 1.2 の a）を型深さという。

c．型喫水：基線から満載喫水線までの垂直距離（同図 b）を型喫水といい，型喫水にキールの厚みを加えたものを最大喫水（同図 c）という。

d．乾舷：船体中央の上甲板上面から満載喫水線までの垂直距離を乾舷（freeboard）という（同図 d）。

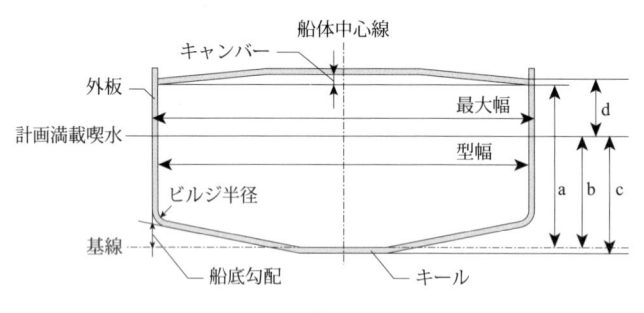

図 1.2　幅と深さ

1.1.2　トン数

トン数は船体の大きさを表す指標であり，船体の容積を基準とした**容積トン数**と，船体の重量を基準とした**重量トン数**がある。特殊なトン数として，パナマ運河トン数やスエズ運河トン数がある。

1.1.2.1　容積トン数

a．国際総トン数（GT[5]）：TONNAGE 条約（日本では，「船舶のトン数の測度に関する法律」）に基づいて算出される国際的に統一された船体の大きさを表す指標で，国際航海に従事する長さ 24 m 以上の船舶に必要となる。閉囲場所（外板，（可動式）仕切り，隔壁，甲板，覆いにより閉囲されている船舶内のすべての場所）の容積から除外場所（開口を有する閉囲場所内の場所）の容積を除いた容積を基準として算出される。単位を「トン」と呼称する。

b．総トン数（国内総トン数）：日本国内において適用されるトン数である。総トン数は国際総トン数に係数を乗じて算出され，国際総トン数が 4000 GT 未満の船舶にあっては国際総トン数より小さな値になり，それ以外の船舶にあっては国際総トン数と同じ値となる。

c．純トン数（NT[6]）：旅客または貨物の運送の用に供する場所とされる船舶内の場所の大きさを表すための指標である。国際総トン数の 30 % に満たない場合は国際トン数の 30 % とする。

---

[5] GT：Gross Tonnage
[6] NT：Net Tonnage

1.1.2.2 重量トン数

a. **載貨重量トン数（DWT**[*7]**）**：船舶の航行の安全を確保することができる限度内における貨物などの最大積載量を表すための指標で，最大積載量を重量トンで表したものである。

b. **排水トン数**[*8]：船体が浮いているとき，船体沈水部分が排除した水の重量を排水トン数という。その時点における船全体（船体重量を含め，船体内にあるすべてのもの）の重量を表し，貨物の積荷・揚荷による重量計算，船体運動の計算などに使用する。このトン数は貨物の積み降ろしに伴って大きく変化するため，一般に商船ではトン数の指標としては使用されない。

1.1.2.3 満載喫水線

必要な予備浮力を確保するために許容される喫水を満載喫水という。満載喫水を示すため，船体中央両側外板に満載喫水標（甲板線，満載喫水線標識，満載喫水線を示す線）を表示しなければならない。これらは点刻するなど恒久的な方法で標示しなければならない。図 1.3 および図 1.4 に JG 船級船[*9] の満載喫水標を示す。

a. **甲板線**：甲板線の上縁は乾舷甲板（上甲板など）の上面が外板と接する線で，この線を基準として満載喫水線が決定される。

b. **満載喫水線標識**：満載喫水線を表す標識をいう。

c. **満載喫水線を示す線**：満載喫水線は季節や航行海域によって変わる（表 1.1）。

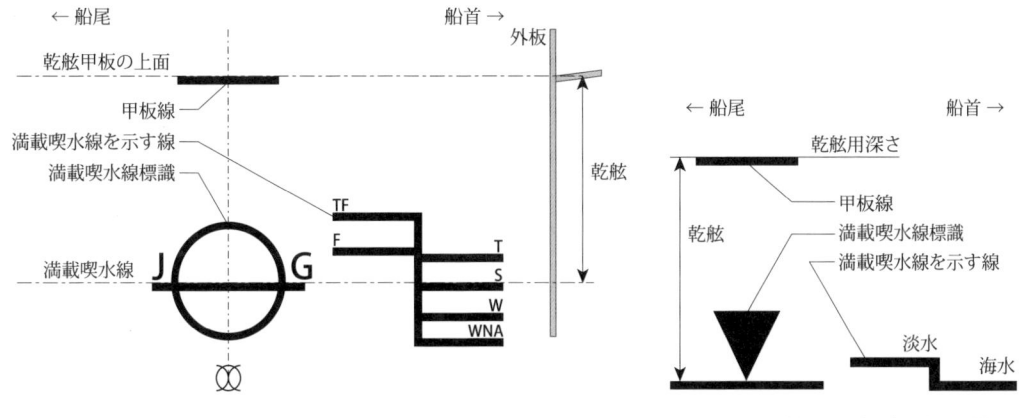

図 1.3　満載喫水標（近海区域，遠洋区域）　　　図 1.4　満載喫水標（沿海区域）

[*7] DWT：Dead Weight Tonnage
[*8] 排水トン数：Displacement Tonnage
[*9] 船級：船舶の船体や構造，艤装などを検査し，それらが一定の基準にあることを認めた船舶に対して与えられる資格や等級を船級といい，与える機関を船級協会という。日本では国が行う JG 船級と民間が行う NK 船級がある。その他，LR（ロイド），ABS（米国），BV（フランス）などがある。

表 1.1　満載喫水を示す線

記号		意味
TF	Tropical Fresh water load line	熱帯淡水満載喫水線
F	Fresh water load line	夏季淡水満載喫水線
T	Tropical load line	熱帯満載喫水線
S	Summer load line	夏季満載喫水線
W	Winter load line	冬季満載喫水線
WNA	Winter North Atlantic load line	冬季北大西洋満載喫水線

1.2　船体構造

1.2.1　船型

船型はその船の機能だけではなく美観の観点からも非常に大切なものである。上甲板上にあって両舷に達する閉囲された構造物を**船楼**といい，船首部にある船楼を船首楼，船尾部にある船楼を船尾楼という。上部に甲板のある上甲板上の構造物で船楼以外のものを**甲板室**という。これらの配置によって船型を区別している。

- a．平甲板船：上甲板上に倉口や機関室の囲壁と甲板室がある他は平らで船楼のない船。一般に，平甲板船は波の打込みによる甲板の損傷の危険が少ない中・大型船に採用される。
- b．船首楼付平甲板船：平甲板船に船首楼のある船[*10]。
- c．船首尾楼付平甲板船：平甲板船に船首楼および船尾楼のある船。
- d．三島型船：上甲板上に船首楼，船橋楼および船尾楼のある船型で，かつては多く建造されたが最近では建造されない。

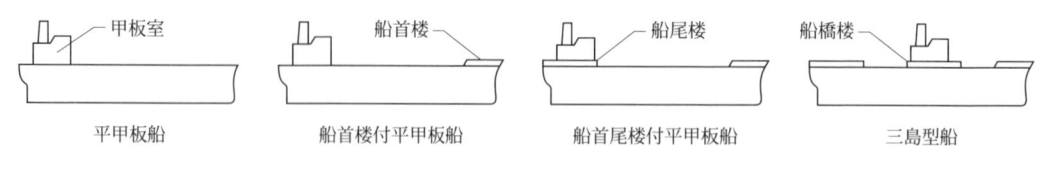

図 1.5　船型

1.2.2　船体に働く力と構造

1.2.2.1　船体に働く力

- a．横方向に働く力：船体が横方向から波を受け，その形が歪むことをラッキングという。また，大きな水圧や岸壁との接触などの局部荷重により，外板が凹むことがある。
- b．縦方向に働く力：船体のそれぞれの部分の浮力と重量が等しければ船体は縦方向に水平に浮上するが，部分重量と部分浮力に不釣合いがある場合，船体は縦方向に歪むこととなる。船体中央部の浮力がその部分の重量に勝り，船体船首尾部の重量がその部分の浮力に勝ると，

[*10] 船首楼付平甲板船や船首尾楼付平甲板船は中・小型の一般貨物船，専用船に多く採用される船型である。

船体は中央部を凸にして歪む。この歪みを**ホギング**という。船体中央部の重量がその部分の浮力に勝り，船体船首尾部の浮力がその部分の重量に勝ると，船体は中央部を凹にして歪む。この歪みを**サギング**という。ホギング・サギングは波によって増幅される。ホギングを招く重量配分の船体に波長が船長と等しい波の山が船体中央に来たときホギングが最大となり，サギングを招く重量配分の船体に波長の等しい波の山が前後端に来たときサギングが最大となる。

斜めの方向から波を受けるとき，船体にねじれを生じ，甲板などに斜めのしわができることがある。

図1.6　ホギングとサギング

c．**局所に働く力**：荒天航行中，外板に局所的に大きな力を受ける。船首尾外板に受ける波による局部的な衝撃を**パンチング**といい，波と縦揺れとの相対作用により船首船底が露出し，再度水中に没するときに船首船底部に受ける大きな衝撃を**スラミング**という。大型船では船首後方 $L/5$ あたりの船底部にスラミングを受けやすく，船尾機関船のバラスト航海のとき最も激しい。また，タンク内の液体が船体動揺に共振し，タンク内壁を激しく叩くことによって生じる衝撃を**スロッシング**という。

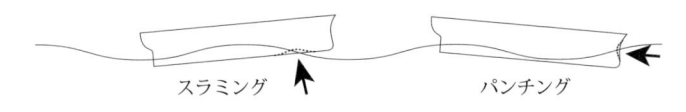

図1.7　スラミングとパンチング

1.2.2.2　構造の要素
(1) フレームとビーム

フレームは船体強度を受け持つ部材である。横式構造船では，フレームはビームおよびフロアと結合して枠組みを形成し船体横強度を受け持ち，外板のスチフナとして水圧などの外力に対抗して外板を補強する。縦式構造船では，フレームは船首尾方向に配置され（縦フレームという），船体縦強度を受け持ち，船側および船底を縦通して外板を補強する。

横式構造のフレームには船尾垂線の位置のフレームを0番として，前方に向かって順番に**フレーム番号**を付ける。フレームとフレームの間隔を**フレーム間隔**という。波浪の衝撃を受ける船首尾部のフレーム間隔は中央部の間隔よりも狭くする。

ビームは甲板下面に配置され，甲板上の荷重を支え甲板を補強すると共に，横式構造船では両舷のフレームを結び付けて横方向からの水圧や貨物の内圧を支え船体横強度を受け持つ。縦式構造船では縦ビームとして船首尾方向に配置され船体縦強度を受け持つ。

(2) 外板とキール

外板は船体の外側を水密に包んで，船体に浮力を与えると共に，波浪による衝撃や水圧，その他の荷重に対して強度を有し，船体縦強度の大部分を受け持つ重要な縦強度材である。外板は船楼外板，舷側厚板，船側外板，ビルジ外板，船底外板により構成され，キールによって左右の外板がまとめられる（図1.8）。

- a. **船楼外板**：舷側厚板上，船楼甲板までの船側に設ける外板をいう。
- b. **舷側厚板**：強力甲板（上甲板）の舷側に設ける外板をいう。
- c. **船側外板**：舷側厚板とビルジ外板の間の船側に設ける外板をいう。
- d. **ビルジ外板**：船側外板と船底外板の間の円弧部分の外板をいい，この円弧の半径をビルジ半径という。ビルジ外板には船体横揺れを軽減するためにビルジキールが取り付けられる。
- e. **船底外板**：キール端からビルジ外板までの外板をいう。船底外板は船側に向かって上がり傾斜となっており，この傾斜線と船側垂直線の交点と基線との距離を船底勾配（図1.2参照）という。
- f. **キール**：船体中心線上の最下部を縦通する一列の鋼板を平板キールという。キールは重要な縦強度材であり，船底外板よりも厚くする。

図1.8 外板とキール

(3) 甲板

甲板は甲板口（機関室口などや倉口）などの開口部分を除いて船側から船側まで達し，甲板荷重に対して強度を有すると共に，全通甲板は船体縦強度を受け持ち，最上層甲板は雨や海水が船内に浸入するのを防ぐ役割がある。甲板には上甲板や船楼甲板などがある。

- a. **上甲板**：船体の主要部を構成する最上層の全通甲板を上甲板といい，船体の主要部を構成する最上層の全通甲板で，船体縦強度を受け持つ強力甲板として最も重要な甲板である。
- b. **キャンバーおよびシェアー**：甲板の横方向における円弧状の曲線をキャンバーといい，水はけを良くすると共に甲板の強度を増加させる（図1.2参照）。また，縦方向の船首尾部を高くする弓なりの曲線をシェアーといい，凌波性を良くすると共に船首尾部の予備浮力を増し，船体外観を美しくする（図1.1参照）。

1.2.2.3 船体構造

船が安全に航海するためには，船体に十分な強度を持たせなければならない。船が置かれる環境は風や波など自然環境が相手であるため，船体に加わる力を正確に予測することは難しい。実際には一定の条件を仮定した船体強度で建造される。

- a. **横式構造**：船体横方向の力に対抗するため十分な横強度を持たせなければならない。横式構造は甲板下にビーム，外板にフレーム，船底にフロアを配置し，それらをつなぎ合わせて船体

の骨組みをつくり横隔壁と共に横強度を保つ構造である。ホギングやサギングなど縦方向の力に対しては，外板，甲板，内底板という薄い部材が担当するので，縦強度には若干弱い構造である。中型船以下の船舶向きの構造といえる（図1.9）。

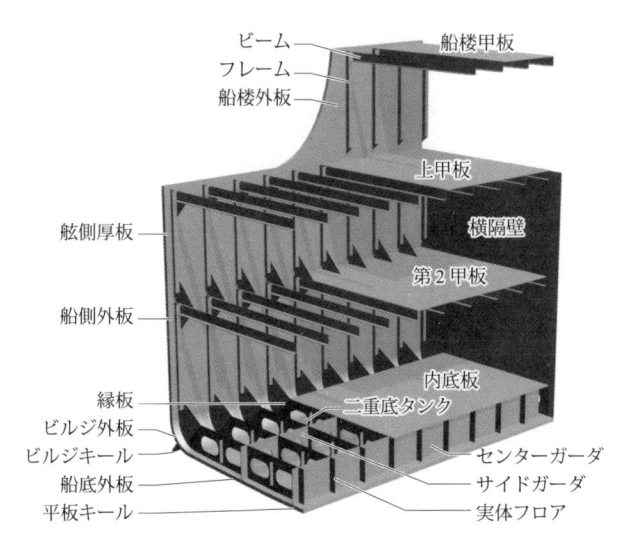

図1.9　横式構造

b．**縦式構造**：縦方向の力に対抗する強度を縦強度という。船体が折れたり曲がったりしないようにするための船体強度で，非常に重要である。縦式構造は甲板にあっては縦ビーム，外板にあっては縦フレームを縦通させ，外板や船底外板と共に縦強度を，トランスリング（デッキトランス，サイドトランス，ボトムトランスおよびストラットにより構成するリング状の桁材）によって横強度を保つ構造である。大部分の部材を縦方向に配置するので縦強度が強く，大型船に適している（図1.10）。

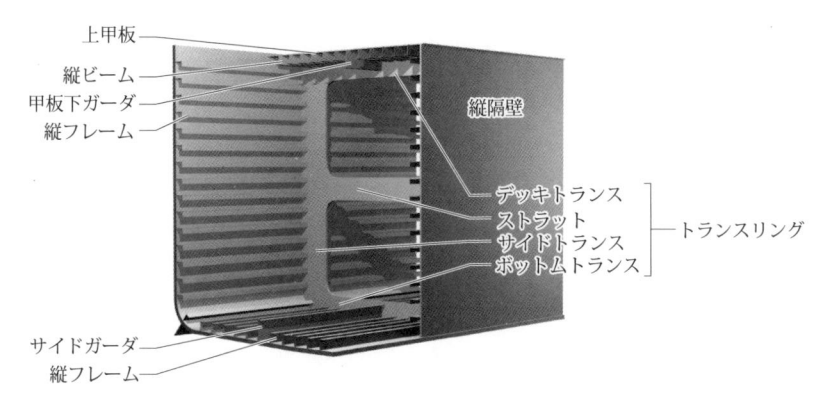

図1.10　縦式構造

c．**縦横混合式構造**：横式構造と縦式構造を混合し，それぞれの長所を活かした構造を縦横混合式構造という。縦強度を担う船底や甲板には縦式構造を，横強度を担う船側には横式構造を使用する（図1.11）。

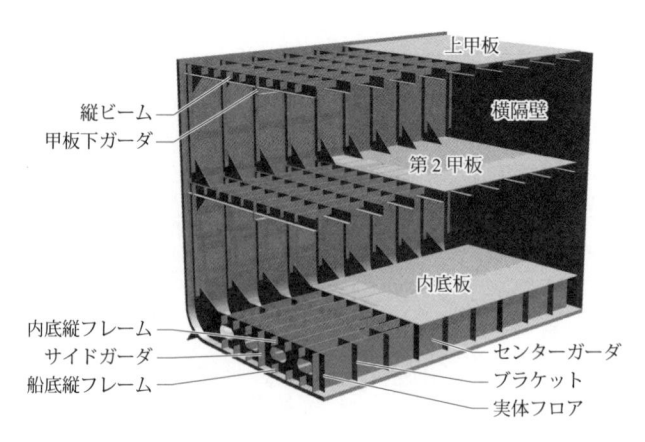

図 1.11　縦横混合式構造

1.2.2.4　二重底構造

　船底外板の内側に水密の内底板を設け，船底を二重にした構造を二重底構造という。船首隔壁から船尾隔壁の間を二重底とし，内底板は船側から船側まで達しなければならない。

　二重底は内底板，ガーダ，フロアにより構成される。二重底を水密に保つため，内底板に開口を設ける場合には水密に閉鎖することができるものでなければならない。船体中心線上にある二重底内を縦通する縦強度材を中心線ガーダといい，中心線ガーダと縁板との中間に設ける縦通板をサイドガーダという。実体フロアは二重底内に横方向に配置され，船体横強度を増すと共に船底を強固にする。二重底内の交通や通水を考慮して，実体フロアにマンホールなどを設ける（図 1.9, 1.11）。

　二重底構造には次の利点がある。

- 船底外板が破損しても，内底板で浸水を防ぐことができる。
- 内底板により，船体縦強度および横強度を増強することができる。
- 二重底内部をタンクにすることによって，この部分に燃料油や清水を積載でき，船体の重心を下げ復原力を増加させることができる。このタンクを**二重底タンク**という。二重底タンクには清水や燃料油などが積載され，清水タンクと燃料油タンクの間には燃料油が清水に混入するのを防止するため**コファダム**を設ける。

1.2.2.5　船首および船尾構造

(1) パンチング構造

　船首は船体の最前部にあり，衝突や波浪などの衝撃を最も受ける部分で，パンチング構造とし船体で最も強固に構成されている。船尾も船首同様パンチング構造とし，船尾からの波浪に対して強固な構造とする。

　　a．**船首パンチング構造**：船首から船首隔壁までの間は，これに作用する波浪による荷重その他の荷重に対するため，船首パンチング構造とする。船首パンチング構造はブレストフック，パンチングストリンガー，船底部のディープフロアにより構成され，フレーム間隔を狭くして増強する。ブレストフックは船首材およびそれに隣接する外板を補強するために設ける水平板で，パンチングストリンガーは波の衝撃荷重を分散させるため船首尾部外板の内面を縦

通する骨材である。ディープフロアはフロアに比べ深さを増したもので，船底部を堅固にする（図1.12）。
b．**船尾パンチング構造**：船尾から船尾隔壁までの間は，これに作用する波浪による荷重その他の荷重に対して船尾パンチング構造としなければならない。船尾部における波の衝撃は船首部ほど強くないので，船尾部パンチング構造は船首部に比べてやや軽微な構造とする（図1.13）。

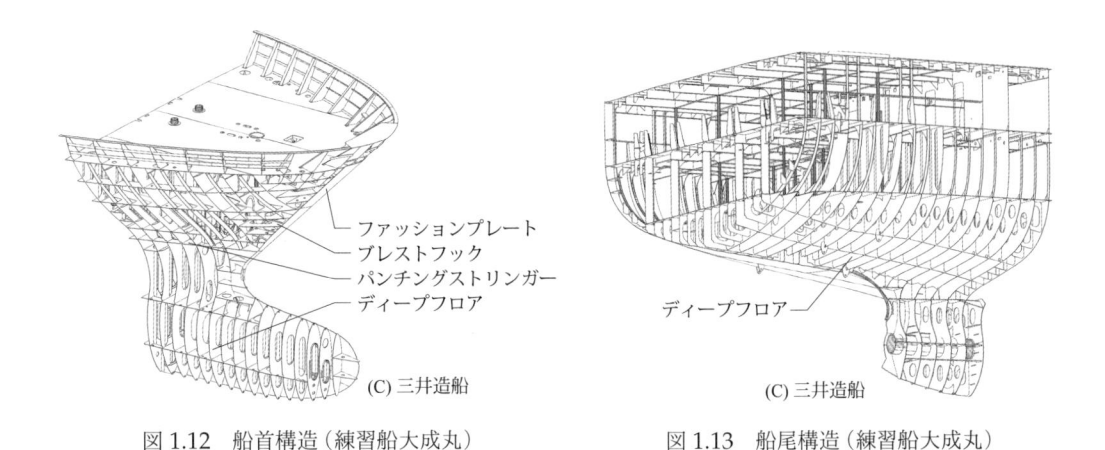

図1.12　船首構造（練習船大成丸）

図1.13　船尾構造（練習船大成丸）

(2) 船首形状

航行する際，船首は波を切って進まなければならないので，目的に合う範囲で抵抗の少ない形状とする必要がある。図1.14に示す。

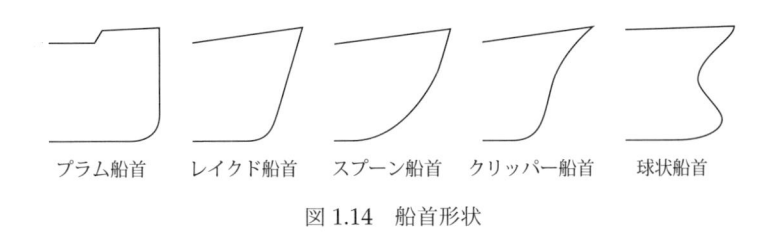

プラム船首　　レイクド船首　　スプーン船首　　クリッパー船首　　球状船首

図1.14　船首形状

(3) 船尾骨材

船尾は舵やプロペラを支えると共に，それらによる振動などに対しても十分な強度を持たなければならない。船尾骨材の型式は舵の型式によって異なる。

a．**不釣合舵用船尾骨材**：不釣合舵（舵の回転軸の前方に舵の面積のない舵）を持つ船には舵柱のある船尾骨材が用いられる。舵柱には数個の壺金を設け，これに舵針を用いて舵を取り付ける）。練習船日本丸および海王丸には不釣合舵が装備されている（図1.15）（表1.2参照）。
b．**釣合舵用船尾骨材**：釣合舵（舵を回転させるモーメントを少なくするために回転軸の前方にも舵の面積を持たせ，舵の圧力中心が回転軸付近にある舵）を持つ1軸船には舵柱のない船尾骨材が用いられる。釣合舵であるから舵柱は不要となり，舵は上下2個の壺金で支えられる（図1.16）。
c．**半釣合舵用船尾骨材**：半釣合舵（釣合舵と同様に回転させるモーメントを少なくするために

回転軸の前方にも舵の面積を持たせているが，その面積が小さい舵）を持つ船にはラダーホーンが用いられ，シューピースはない。練習船青雲丸には半釣合舵が装備されている（図 1.17）（表 1.2 参照）。

d．**吊舵用船尾骨材**：吊舵（船体から舵頭材だけで吊り下げた舵）を持つ船には船尾外板からの突起物はない。舵頭材のみで支えられるので船尾骨材の十分な強度が必要である。練習船大成丸および銀河丸には吊舵が装備されている（図 1.18）（表 1.2 参照）。

表 1.2　練習船の舵の型式

日本丸・海王丸	大成丸・銀河丸	青雲丸
複板式不平衡舵	オーシャンシリング舵	KFR 型フラップ舵

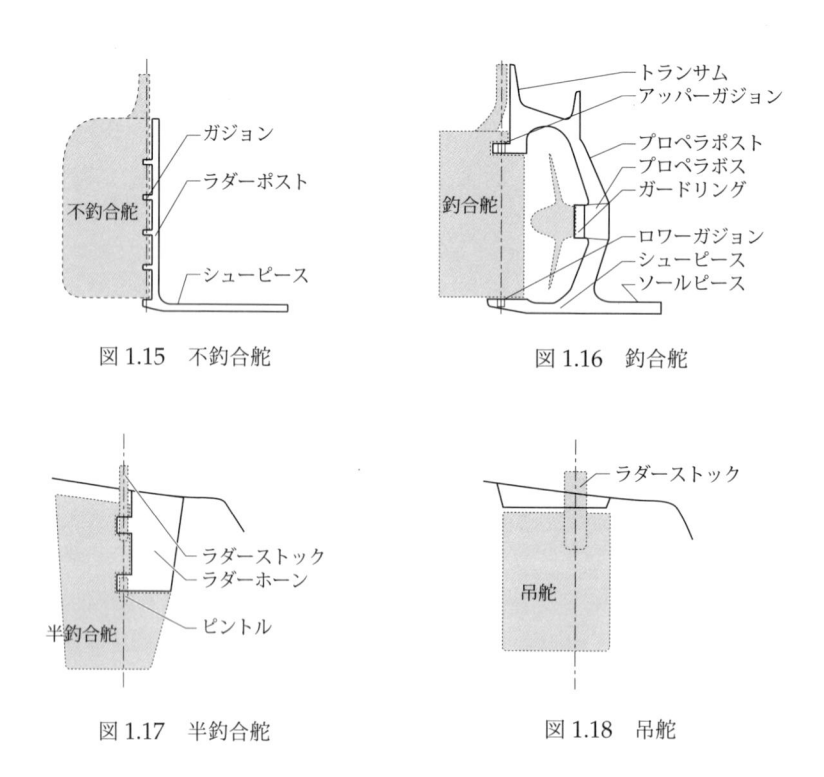

図 1.15　不釣合舵

図 1.16　釣合舵

図 1.17　半釣合舵

図 1.18　吊舵

1.2.2.6　ディープタンク

　船体の一部を構成するタンクで水や燃料油などの液体を積載するために船倉内または甲板間に設置されるものを**ディープタンク**という。ディープタンク壁の構造は水密隔壁とほぼ同じである。常時液体の衝撃を受けるため，水密隔壁に比べてやや強いものとする。タンク内には積載した液体の自由水影響による GM の減少や液体の流動による隔壁への衝撃（スロッシング）を考慮して，タンクを二分する縦通水密仕切壁を設ける。ディープタンクには次のものがある。

　a．**船首タンク，船尾タンク**：船体のトリムを調節するために船首隔壁前および船尾隔壁後に配置するタンクを船首タンク（FPT），船尾タンク（APT）という。船首タンクには油を搭載してはならない。

b．倉内ディープタンク：倉内の一部に設ける大容量のタンクで，空船時には水バラストを積んで船の喫水と重心の高さを調節する。

1.2.3　水密構造

(1) 外板

　外板は船体の浮力を生み出す極めて重要な構造物であるため，設置する開口は最小限に止め，開口部には十分な水密を確保する必要がある。

　　a．舷窓：上甲板よりも下方の外板に設ける舷窓は十分な強度を有する丸窓とする。隔壁甲板の下方の舷窓には水密に保つことができるヒンジ付鋼製内蓋を設ける。
　　b．海水吸入口：吸入管に弁を設け，水密に閉鎖することができるものでなければならない。
　　c．載貨門など：載貨門，舷門その他これらに類似する開口などは外板と同等の強度を有し，閉鎖装置により水密に閉鎖することができるものでなければならない。門は外開きとする。日本丸には載貨門が搭載されている。
　　d．バウドア：船首隔壁よりも前方に設ける載貨門は外板と同等の強度を有するバウドアにより，風雨密に閉鎖することができるものでなければならない。バウドアはフェリーなどに搭載されている。

(2) 甲板

　隔壁甲板とは横置水密隔壁の上端および外板に接する甲板で，船舶が損傷を受け浸水した場合においても没水しない甲板をいい，上甲板あるいは船楼甲板がこれに当たる。上甲板および上方の暴露甲板ならびに上甲板より下方に通ずる開口を閉囲する甲板室の上部の暴露甲板は水密とし，これらに開口を設ける場合には次によらなければならない。

　　a．ハッチの閉鎖：上甲板などに設けるハッチをコーミングおよび閉鎖装置により閉鎖する。
　　b．機関室口の閉鎖：上甲板などに設ける機関室口を機関室口囲壁または甲板室により閉囲することにより，風雨密とする。
　　c．昇降口の閉鎖：上甲板などに設ける昇降口を昇降口室または甲板室により閉囲することにより風雨密とする。
　　d．マンホールおよび平甲板口の閉鎖：上甲板などに設けるマンホールおよび平甲板口は閉鎖装置により水密に閉鎖する。
　　e．通風筒の開口の閉鎖：上甲板などに設ける通風筒の開口をコーミングおよび閉鎖装置により風雨密に閉鎖する。
　　f．空気管，測深管などの開口の閉鎖：上甲板などに設ける空気管や測深管の開口は風雨密に閉鎖する。
　　g．錨鎖管および錨鎖庫の開口の閉鎖：上甲板などに設ける錨鎖管および錨鎖庫の開口は閉鎖することができるものとする。

(3) 水密隔壁

横置水密隔壁は船底外板，船側外板および甲板を結び付け，船体の横強度材として働き，火災の際には防火壁となる。水密隔壁および隔壁甲板に設ける開口の数はできる限り少なくし，開口を設ける場合は水密閉鎖装置を設けなければならない。

船舶には船首隔壁，機関室隔壁および船尾隔壁を設ける必要があり，船体の長さに応じて隔壁を増設する必要がある。

- a. **船首隔壁**：船首部は船体のなかで最も損傷を受けやすい部分で浸水の危険性が高いため，浸水を船首区画で食い止めるための船首隔壁を設置する。船首隔壁は船首垂線の後方 $0.05 \sim 0.08L$ に設置し，隔壁端は隔壁甲板まで達していなければならない。船首隔壁の隔壁甲板下には，船首タンク用の注入・排出管1個を除き，マンホール，出入口その他の開口を設けてはならない。
- b. **船尾隔壁**：船尾隔壁をプロペラ孔よりも前方の適当な位置に設けなければならない。満載喫水線以上にある甲板を船尾隔壁から船尾まで水密にすれば，船尾隔壁の上部をこの甲板位置で止めてよい。隔壁甲板下に開口を設ける場合は水密すべり戸とする。
- c. **機関室隔壁**：機関室の前後端（船尾機関船では機関室の前端）には水密隔壁を設けなければならない。機関室隔壁端は隔壁甲板まで達していなければならない。当該隔壁の上甲板よりも下方の部分は水密とし，閉鎖装置のある開口（水密すべり戸による出入口，閉鎖装置により水密にすることができるマンホール）以外の開口を設けてはならない。
- d. **倉内隔壁**：船の長さに応じて，前記隔壁の他に倉内隔壁を増設しなければならない。当該隔壁の上甲板よりも下方の部分は水密とし，閉鎖装置のある開口（水密すべり戸による出入口，閉鎖装置により水密にすることができるマンホール）以外の開口を設けてはならない。

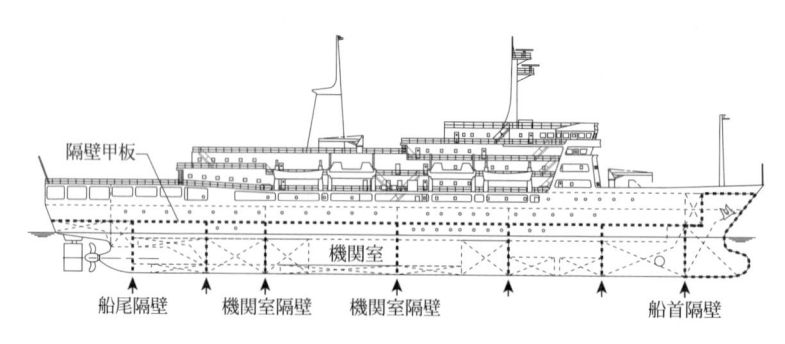

図 1.19 水密隔壁

1.2.4 防火構造

船舶の防火構造は船体を鋼などの不燃性材料で区画して火災を発生した区画に閉じ込め，内装材をできる限り不燃性材料を使用するなどして火災の拡大を最小限にできる構造でなければならない。防火構造は次を目的とする。

- 火災や爆発の発生を防止する。
- 火災による生命の危険を軽減する。

- 火災により生じる船舶，その貨物および環境に対する損傷の危険を軽減する。
- 火災や爆発をその発生区域内において，抑止，制御および鎮圧する。

本節では，主に貨物船（総トン数500トン以上）の防火構造について，その概要を述べる[*11]。

1.2.4.1 火災の抑止
(1) 防火仕切り

ある区画で発生した火災を他の箇所に延焼させないため区画間に設ける仕切りで，次のものがある。

a．A級仕切り：次の要件に適合する隔壁または甲板で形成する仕切り。
- 鋼または鋼と同等の材料を用いたものであること。
- 適当に補強されたものであること。
- 不燃性材料で防熱が施されたものであること。
- 60分の標準火災試験で煙および炎の通過を阻止することができるものであること。

b．B級仕切り：次の要件を満たす隔壁，甲板，天井張りまたは内張りで形成する仕切り。
- 不燃性材料を用いたものであること。
- 不燃性材料で防熱が施されたものであること。
- 30分の標準火災試験で炎の通過を阻止することができるものであること。

c．C級仕切り：不燃性材料でつくられた仕切り。

(2) 保護方式

居住区域，業務区域および制御場所（以下，「居住区域等」という）には次の保護方式のいずれかを採用した防火構造としなければならない。

a．第1保護方式：居住区域等にA級仕切り，B級仕切りまたはC級仕切りの隔壁を設ける方式
b．第2保護方式：居住区域等の火災の発生が予期されるすべての場所に自動スプリンクラー装置を備え付ける方式
c．第3保護方式：居住区域に50 m^{2}を超えない床面積毎にA級仕切りまたはB級仕切りの隔壁を設け，かつ，居住区域等の火災の発生が予期されるすべての場所に火災探知装置を備え付ける方式

(3) 隔壁および甲板

隔壁および甲板の仕切りは国が告示[*12]で定める耐火性を有するものでなければならない。また，B級仕切りによる隔壁は，垂直方向には甲板から他の甲板まで，水平方向では外板その他の囲壁から他の外板その他の囲壁まで達するものでなければならない。

(4) 階段および昇降機

階段は鋼製の骨組みのものとし，A級仕切りで形成する階段囲壁の内部に設けなければならな

[*11] 船舶防火構造規則による。
[*12] 船舶の防火構造の基準を定める告示

い。昇降機はA級仕切りで形成するトランクの内部に設けなければならない。

(5) 隔壁および甲板の開口

AおよびB級仕切りに電線や管を通す場合には仕切りの耐火性を損なわないような措置を講じ，開口に設ける閉鎖装置や戸はその仕切りと同等の耐火性能を有するものでなければならない。自己閉鎖型であることが要求される戸には開け放し用フックを取り付けてはならない（フェイルセーフ型の遠隔閉鎖装置を備える開放装置は使用可）。

(6) 機関区域の境界における開口の保護

天窓，戸，通風筒，排気通風のための煙突の開口その他の機関区域の開口の数は通風の必要性および船舶の適正かつ安全な運航と両立しうる範囲内で最小としなければならない。

(7) 不燃性材料の使用

防熱材は貨物区域，冷凍区域室のものを除き，不燃性のものでなければならない。居住区域等内の通路および天井の内張りや根太は不燃性材料のものでなければならない。

(8) 通風装置

特定機関区域，調理室，RO-RO区域および車両甲板区域の通風用ダクトは居住区域等を，居住区域等の通風用ダクトは特定機関区域等を通してはならない。主吸気口および主排気口には通風する場所の外部で容易に接近することができる場所から閉鎖することができる閉鎖装置を設けなければならない。

1.3 主要設備

1.3.1 甲板機械

揚錨装置，係船装置，荷役装置や操舵装置など，船舶の推進以外の目的に使われる補助機械で，機関室に置かれていないものを総称して**甲板機械**という。船舶に設備される艤装品（錨，錨鎖，係船索，曳航索）の大きさならびに重量および数量はその船舶の**艤装数**[*13]に応じて定められている。

1.3.1.1 操舵装置

船舶には船舶設備規程の告示で定める要件に適合する主操舵装置および補助操舵装置を備えなければならない。一般的に操舵装置は次の装置で構成され，舵柄との接合部の舵頭材の直径が120 mmを超える主操舵装置は動力によるものでなければならない。

- 舵柄（チラー）
- 伝導装置（電気式，水圧式，油圧式）
- 舵取機
- 操舵輪および操舵スタンド

[*13] 船の幅と深さの和に長さを掛けた数に，各種船楼などの上部構造物の寸法などを付加して求める数で，その計算方法は「船舶安全法」に定められている。

- その他の付属装置

主操舵装置は，最大航海喫水において最大航海速力で前進中に，舵を片舷35°から反対舷35°まで操作でき，片舷35°から反対舷30°まで28秒以内に操作できる必要がある。また，補助操舵装置は，最大航海喫水において最大航海速力の1/2または7knのいずれか大きいほうの速力で前進中に，舵を片舷15°から反対舷15°まで60秒以内に操作できる必要がある。

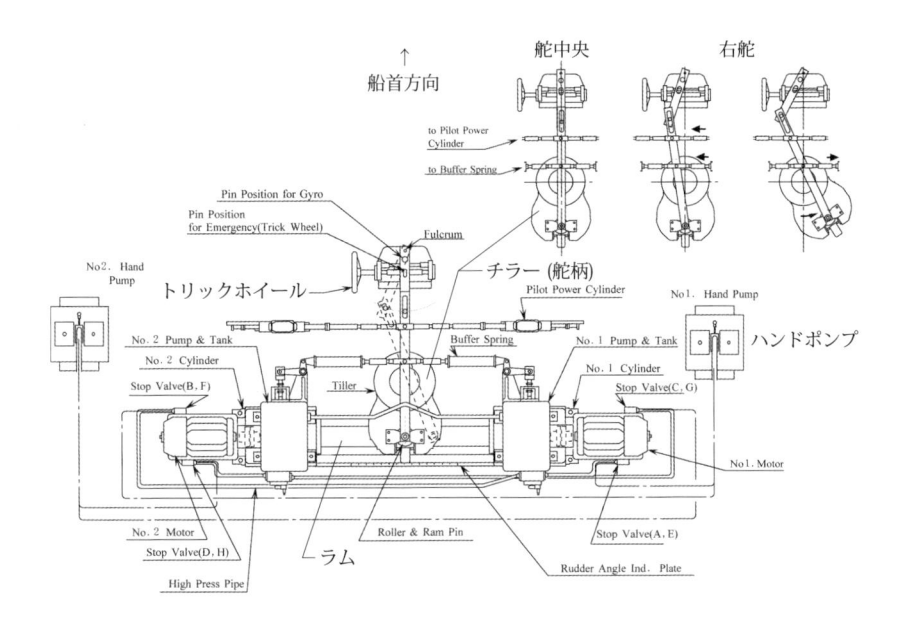

図 1.20　操舵機

1.3.1.2　揚錨装置

揚錨装置は揚錨機，制鎖器，チェーンパイプおよびホーズパイプにより構成される。ホーズパイプ下部出口は収納時に錨が強く当たるためリングパイプ状に補強されており，この部分をベルマウスという。また，錨の爪などが当たる部分に凹みを設けて錨の収まりを良くする工夫などがなされている。

錨鎖は揚錨機の鎖車およびチェーンパイプを経由して錨鎖庫に納められ，また，錨側へはコントローラーを介し，ホーズパイプを通じて錨のアンカーシャックルに連結されている。

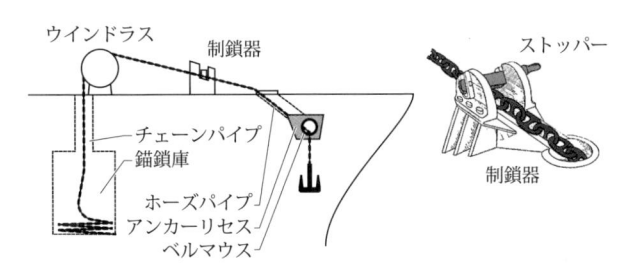

図 1.21　揚錨装置の構成

(1) 揚錨機

揚錨機は錨および錨鎖を海中に投入または巻き込む装置である。重さ 150 kg 以上の錨を備える船舶は適当な動力揚錨機を設備しなければならない。一般に揚錨機に必要な性能要件は次のとおりである。

- ブレーキだけの操作で片舷錨または両舷錨を同時に投錨できる。
- 片舷錨または両舷錨を同時に機械で静かに巻き下すことができる。
- ブレーキで片舷の錨鎖を延ばしながら，他の舷の錨鎖を巻き込むことができる。
- 揚錨機は両舷の錨および各3節の錨鎖（合計重量）を同時に，1分間に9m以上の速度で巻き込める。
- 負荷の変動に対して広範囲にわたる速度制御が可能である。
- 有効な制動装置（ブレーキ）を有する。

揚錨機の動力には油圧，電動および空気の3種があり，主流は油圧と電動である。

a．**電動油圧式揚錨機**：電気モーター，油圧ポンプ，油圧モーターを組み合わせたものを原動機としたもので，電気式揚錨機とほぼ同じ性能を持っているが，連続的に速度の変化ができ，負荷に対して比較的無理が利く利点がある。一方，油圧ポンプの作動音が大きく，油圧配管が必要（設備面積が大きい）であり，油圧回路の漏れなどにも注意しなければならないという欠点がある。最近では，油圧ポンプ，電動機，油タンク，オイルクーラーなどを一体に組み込んだポンプユニットにより，比較的コンパクトに設備されるようになってきている。

b．**電動式揚錨機**：電動式は電気モーターをその動力として用いるもので効率が良く，運転が円滑で騒音も少ない。油圧式に比べて配管などの設備が不要で比較的コンパクトに設備できる。電気モーターを船首甲板上に据えるものが多く，そのために絶縁に注意が必要で湿気に弱いという欠点がある。また，負荷に対する無理が利かない。小・中型船に多く用いられる。

揚錨機は電動原動機，減速機，ブレーキ装置およびクラッチ装置から構成される（図1.22）。

a．**電動原動機**：インバーター制御方式の3相誘導電動機で，低速から高速までリニアに無段階でスムーズな速度制御が可能である。電磁ブレーキを有している。

b．**減速機**：密閉式3段の減速装置で，電動原動機の回転速度を歯車などを用いて減じる。練習船銀河丸の揚錨機の巻上げ速度は定格荷重（147 kN）で9 m/min である。

c．**ブレーキ装置**：各ドラム（錨鎖車および係留ウインチのドラム）にはそれぞれバンド方式のブレーキライニングを有しており，手回し式のハンドルを回すことにより，手動でブレーキの ON，OFF 操作ができる。また，コントローラーのセレクターでの遠隔操作も可能となっている。

d．**クラッチ装置**：回転軸の動力を各ドラムに伝達するための爪クラッチを有し，手動式のクラッチレバーを左右に操作するかコントローラーのセレクターで遠隔操作することによって，嵌脱が可能である。

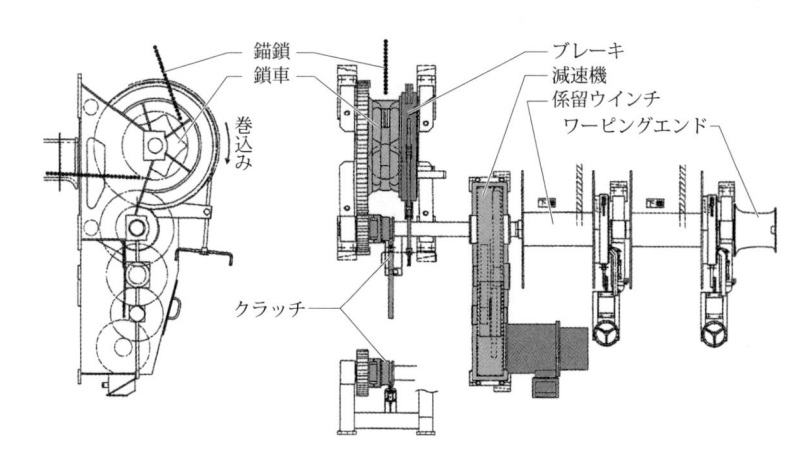

図 1.22　揚錨機

　揚錨機の操作は次のとおりである。

　投錨するときは，揚錨機の鎖車をブレーキで締め（またはブレーキが効いていることを確認），次にクラッチを操作して鎖車と動力機構の縁（clutch）を切る。錨地に達したならばブレーキを緩め錨と錨鎖の自重により投下，その後は船体の動きに合わせてブレーキ操作により錨鎖を伸出させる。所要の錨鎖が出たところで，再度しっかりとブレーキを締め，錨かきが確認できれば，制鎖器のストッパー（コントローラーストッパー）をかける。

　錨鎖を巻き上げるときは，クラッチを操作して鎖車と動力機構との縁を入れ，次にコントローラーストッパーを外し，ブレーキを緩め巻上げ準備とする。揚錨機の駆動レバーなどを操作し錨鎖を巻上げる。

　揚錨機には次の整備を施す。操作時に異常音などがある場合は使用を止め，速やかに点検する。

- a．**外観検査**：錆の発生や油漏れ，ネジの緩みなどの有無を確認し，必要に応じて錆打ち，シールパッキンの交換，増締めなどの手入れをする。
- b．**注油など**：可動部などの必要箇所に設けられたグリスニップルや，クラッチの溝や開放歯車などの歯面に注油する。
- c．**潤滑油など**：密閉型の減速装置などの潤滑油量を確認し，必要があれば給油や運転時間などに応じてオイル交換を行う。また，定期的に開放するなど歯車の損傷などの有無を確認する。
- d．**ブレーキバンドライニング**：摩耗量を確認し，入渠時に新替えする。

(2) 錨および錨鎖

　錨には**有かん錨**（stock anchor）と**無かん錨**（stockless anchor）があり，現在一般に使用される錨は無かん錨である。

- a．**無かん錨**：把駐力では有かん錨にやや劣るものの，収納や投錨が容易で操作性が高い（図1.23）。
- b．**有かん錨**：無かん錨に比べて把駐力が大きいが，使用する際ストックを差し込む必要があり，投錨時の組立および格納時の分解など極めて煩雑であり，錨操作のためのアンカークレーン

や錨を固縛しておくアンカーベッドなどの設備を必要とする（図1.24）。
c．**把駐力**：錨の能力は把駐力で表される。把駐力とは錨を海底で水平に引いたとき錨の抵抗する力で，抵抗する最大の力を最大把駐力といい，その大きさは錨の形状や大きさに関係する。最大把駐力を錨の空中重量で除した値を**把駐力係数**という。この係数は摩擦抵抗係数の一種である。底質が砂地の場合，AC-14型やDA-1型はJIS型の2倍以上の把駐力を有する（図1.25）。

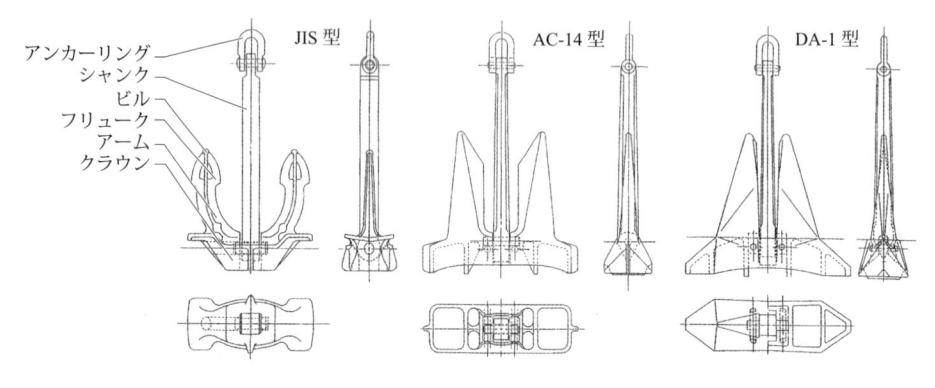

図1.23　無かん錨

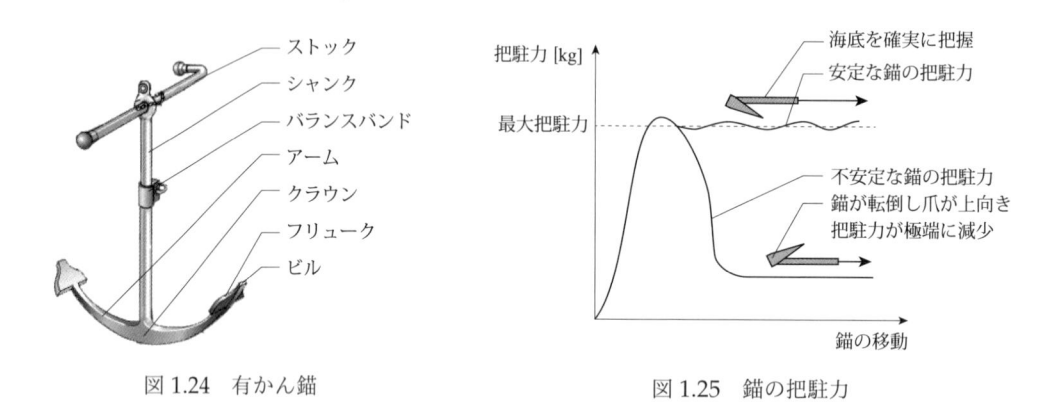

図1.24　有かん錨

図1.25　錨の把駐力

　船舶で使用される錨鎖にはその錨鎖を構成する個々の鎖環の中央にスタッドを有するスタッドリンクと，スタッドのないスタッドレスリンクがある。スタッドはリンクの強度を強め変形を防ぐ他，錨鎖のもつれや捩れを防ぎ，錨鎖が捩れたときに過大な荷重が加わりリンクに急激な衝撃が生じて切断するといった事故を減じる効果がある。
　錨鎖の製造法は鍛接，鋳鋼，電気溶接に分類される。鍛接と鋳鋼は量産が難しく，現在一般商船に装備される錨鎖のほとんど（国内では100％）は電気溶接である。
　a．**鍛接錨鎖**：古くからつくられており，輪に曲げた丸鋼の接合部を融点近くまで加熱し圧着させる方法によるもので，溶かし付けともいわれる。現在は大型の錨鎖ではこの製造法は用いられていない。
　b．**鋳鋼錨鎖**：電気炉で鋳造されるもので，溶けた鋼を砂でつくった鋳型に流し込みリンクの形を製造する方法によるもので，接続部がないので強度は最も大きいが製造に多大な手間がかかる。

c．**電気溶接錨鎖**：輪に曲げた丸鋼の接合部に通電しながら接触と離脱を繰り返し，接合面が均一に溶解したときに圧力を加え圧着させる方法によるもので，鍛接法に比べて接合部の強度と信頼性が高い。JIS では，船舶の電気溶接錨鎖について材料となる錨鎖用丸鋼の引張強度に応じて第 1〜3 種に区分し，引張強度のより強い第 2, 3 種の錨鎖を備える場合は，艤装数および備付け要件に対する径の軽減などが認められている。

　錨鎖の各節は端末鎖環，拡大鎖環，普通鎖環により構成され，各節の両端に付けられた端末鎖環の内側外端から他端の端末鎖環内側外端までの錨鎖の長さを 1 節（シャックル）といい，JIS 規格では 25 m または 27.5 m を原則としている（ただし，錨鎖 1 連の長さは連結用のシャックルを含む長さとしてもよい）。連結用シャックルが揚錨機の鎖車（ジプシーホイール）のホルダーでつねに横になるよう，1 節を構成する鎖環の数は奇数個とする（図 1.26）。

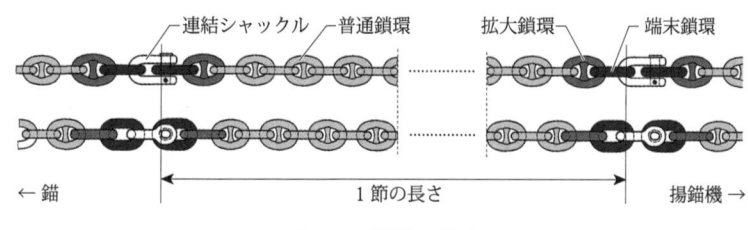

図 1.26　錨鎖の構成

　一般商船では両舷錨鎖の合計長さが概ね 400〜600 m（片舷 8〜12 節）の錨鎖を備える。

　a．**端末鎖環（エンドリンク）**：1 節の両端に 1 個ずつあってスタッドなしの大きい鎖環。
　b．**拡大鎖環（エンラージドリンク）**：普通鎖環と端末鎖環を連結するスタッド付きの鎖環で，普通鎖環よりやや大きい鎖環。
　c．**普通鎖環（コモンリンク）**：錨鎖の主体をなすスタッド付きの鎖環。普通鎖環の径をその錨鎖の呼び径という。
　d．**連結用シャックル（ジョイニングシャックル）**：各 1 節をつなぎ合わせるシャックルを連結用シャックルといい，U 字型と組立式楕円型がある。U 字型シャックルは錨鎖の走出や巻込みを円滑にするためシャックルピンの両端がラグの外側にほとんど出ない形としてあり，シャックルピンが抜け出さないようにラグとピンを通す穴を設けてこの穴にステンレス製などのテーパーピンが差し込まれて固定されている。組立式楕円型シャックルの代表的なものとして，**ケンターシャックル**およびデタッチャブルリンクがあり，鋳鋼製で錨鎖に似た形をしている。ケンターシャックルなどで継ぐ鎖には端末鎖環や拡大鎖環は用いられず，すべて普通鎖環による錨鎖構成となる。
　e．**アンカーシャックル**：錨のアンカーリングと錨鎖を連結するシャックルをアンカーシャックルといい，形状は U 字型連結用シャックルと同様であるが，寸法はさらに大きくなっている（図 1.29）。
　f．**スイベル**：錨鎖に生じる撚りを戻し，収錨を容易にするために用いられる。
　g．**シャックルマーク**：錨鎖は錨側から第 1, 2, … 節と数える。第 1 節目のマークは 1 節目の最後のスタッド付き鎖環と 2 節目の最初のスタッド付き鎖環（第 1 節のマークの場合は，い

ずれも拡大鎖環となる)のスタッドにシージングワイヤーを巻き,白く塗装する。第2節目のマークは2節目の最後から2番目のスタッド付き鎖環と3節目の最初から3番目のスタッド付き鎖環(第2節目のマークから以降はすべて普通鎖環となる)のスタッドに同様なマークを施す。

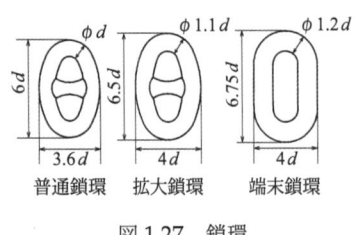

図1.27 鎖環

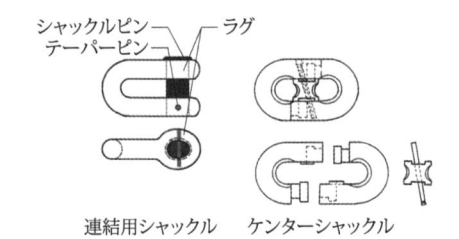

図1.28 連結用シャックル

　錨鎖は揚錨機の下部に設けられた錨鎖庫に収納されており,その根付けは錨鎖庫の内底板または下部側壁に設けられたアイボルトかリングボルトに連結されるが,緊急時などに簡単に取外しができるようにセンハウススリップを介して連結されている。センハウススリップは数個のスタッドのないリンクとスリップフックから構成されている(図1.30)。

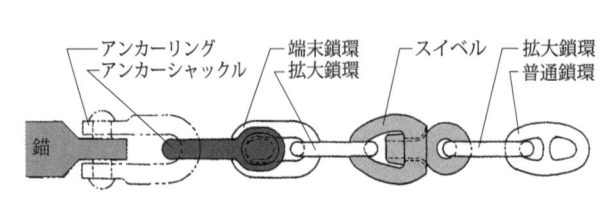

図1.29 錨鎖の連結

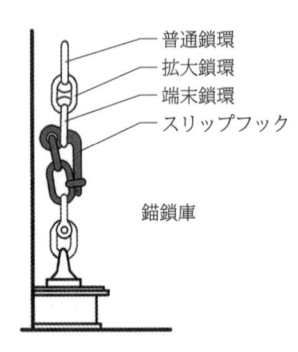

図1.30 錨鎖端部の連結(船体側)

錨,錨鎖には次の整備を施す。
- 錨は可動部に注油またはグリースを施し,錆などによる固着を防ぐ。
- 錨および錨鎖を巻き込み収納するとき十分に洗浄して泥などの付着物をよく落とす。
- 錨鎖や錨の連結シャックルのテーパーピンの緩みや脱落,異常の有無,シャックルマークを検査する。
- 入渠時には,錨・錨鎖の錆打ち手入れを行うと共に変形や,テストハンマーなどを用いてスタッドの外れなどが生じていないか検査する。また,錨鎖の各リンクについてリンク直径の計測を行い摩耗損耗の状態を適宜検査し,規定以上に衰耗があるときは,その1節のすべてを新替えする必要がある。
- 入渠時に連結シャックルを開放整備し,テーパーピンを新替えする。
- 錨鎖全体の衰耗を均一にするため,錨鎖の各節を順次入れ替える(錨側と船体根付け側を振り替える)などの対策を講じる。

1.3.1.3 係船ウインチとキャプスタン

　係船索を巻き込むウインチを係船ウインチといい，揚錨機と同様にその動力として，電動，油圧および空気が用いられている。保守が容易で無段階速度制御も可能な電動式が主流である。

　係船ウインチの主な構成は揚錨機の構成と同様で，電動原動機，減速機，ブレーキ装置およびクラッチ装置から構成される。係船索を巻き取っているメインドラムの他，その両端にはワーピングエンドがあり，巻き胴と係船索との間の摩擦力を利用して係船索を巻き付け，係船索をボラードなどに係止するのに使用する（図 1.31）。

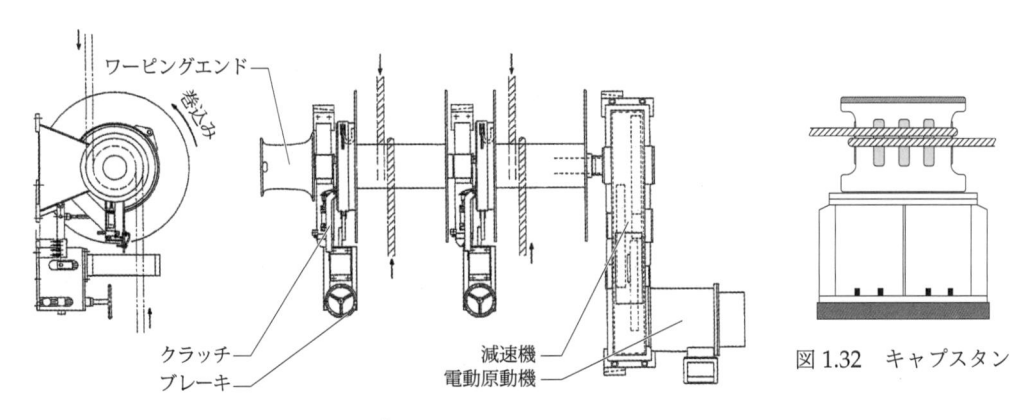

　係船ウインチの巻上げは定格荷重では 15～20 m/min，無負荷では 40～50 m/min が一般的な速度である。また，停泊中，潮汐や荷役による喫水の変化に応じて係船索がつねに適度な張力を保つようウインチが自動調整する機能をオートテンション機能といい，この機能を有するものも多く設備されるようになっている。

　キャプスタンは甲板上に垂直な綱巻き胴を持つ（図 1.32）。練習船日本丸および海王丸には電動キャプスタンの他に，人力キャプスタン（棒を差し込んで押し回す形式）が装備されている。

図 1.31　係船ウインチ

図 1.32　キャプスタン

1.3.1.4 係船索

　船舶を岸壁や専用ドルフィンにつなぎ止めるためのロープ類を係船索（係留索，ホーサー）といい，太くて比較的大きな荷重のかかる係船索は安全性とその取扱いの面でその特性を理解して使用する必要がある。現在，舶用の係留索として使用されている繊維索の種類と特徴を表 1.3 に示す。

表 1.3　ロープの種類と特徴

一般商品名	繊維名	特徴
ナイロン	ポリアミド	伸縮率大
テトロン	ポリエステル	重い
クレモナ	ポリビニールアルコール	重い，収縮率小
ハイゼックス	ポリエチレン	軽量，浮遊性
リーレン	ポリプロピレン	最軽量
ダイニーマ	超高分子量ポリエチレン	高強力，軽量

係船中の船は風，風浪，うねりや潮流の他，他船の引き波などの影響を受けて動く。接岸中の大きな移動や動揺は荷役などの妨げとなるばかりでなく，ときには船体に損傷を及ぼすこともあり，状況に応じて係船索を増やす（増舫い）などの適切な対応が必要である（図 1.33）。

- a．**ヘッドラインおよびスターンライン**：船首および船尾からそれぞれの方向に張った索をヘッドラインおよびスターンラインという[*14]。スプリングと共に船の前後方向への運動を抑制し，船首揺れを抑える効果がある。中・小型船では，着離岸時に操船補助の目的でこれらのラインを使って船体を引き寄せたり，前後に移動させることが多いので，ラインにかかる衝撃荷重を緩和させるため繊維ロープが一般に用いられる。また，荷役中の安全確保のため船体移動を極度に嫌い，同時に比較的大きな係船力が要求される大型船では，これらのラインにワイヤーロープを使用することがある。

- b．**スプリング**：スプリングは船首および船尾からそれぞれ逆方向へ斜めに張られ，船体の前後方向運動を抑える。とくにフォワードスプリングは接岸時に前方水域に余裕がない際に，本船の前後運動を制御する効果を期待できる。また，中・小型船では離岸時に，これを係止したまま機関を前進にかけると船尾を外側に振り出すことができ，離岸操船にも利用されることが多い。

- c．**ブレストライン**：ブレストラインは船首尾から正横付近に張られ，船体の左右方向運動を抑える。岸壁側から船体に対して横からの強風が吹くような際には，ブレストラインをとると船体が岸壁からあまり離れず有効である。

- d．**非常用曳航索**：タンカーでは，係留中，自船や陸上施設に火災などの緊急事態が発生し，自力で離岸，沖出しができない場合に備えて，非常時曳航用のワイヤーを備え付けている（図 1.34）。

1. ヘッドライン
2. フォワードブレストライン
3. フォワードスプリング
4. アフトスプリング
5. アフトブレストライン
6. スターンライン

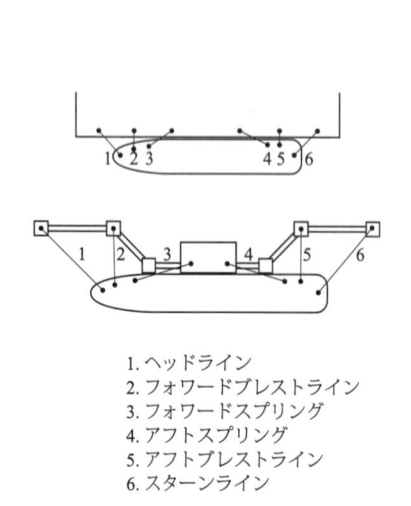

図 1.33　係船索とその名称

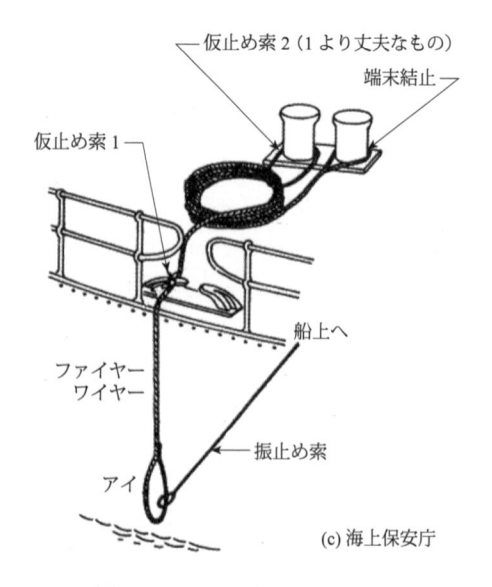

図 1.34　ファイヤーワイヤー

[*14] 流しともいう。

係留，離岸時における係船索の操作では次の点に注意する。
- a．**係船索の切断事故**：係船，離岸作業で係船索の切断事故については次のような要因で起こりやすいので，作業に際しては注意を要する。
  - ⅰ．**索表面の摩擦・損傷**
    - 索が岸壁上の車止めや船体と接触することで摩耗を進行させることがある。
    - 索を使用する際の曲げ，引張りを繰り返すことにより，索の内部の繊維が摩擦により損傷し，強度の低下を引き起こす。また索の復元性が損なわれ，索が伸びきった状態となり，強度の低下を引き起こす。
    - 損傷のない索においても，過大な力が加わることが原因で切断事故が発生することもある。
  - ⅱ．**索にかかる過大な張力**
    - 離岸・着岸時，船体が前後左右に移動することで索に超過荷重が作用し，切断に至ることがある。
    - 強風時，船体に加わる突発的に作用する風圧による荷重が索にかかり索が切断に至ることがある。
    - 上記が複合的に作用し，切断に至ることがある。
  - ⅲ．**離岸・着岸作業における問題点**
    - 係岸作業時に索が防舷材の下に潜り込み，過度な負荷がかかって切断に至ることがある。
    - 作業時に索がプロペラ，スラスターに巻き込まれ，過度な負荷がかかって切断に至ることがある。
- b．**スナップバックゾーン**

    索の切断は次の箇所で起こることが多い。
  - 荷重が集中する岸壁側のアイスプライス箇所で切断する傾向がある。
  - スナップバックは伸縮性のある混撚索で発生することが多く，大型船で使用される高強度繊維索（ダイニーマなど）では発生しにくいが，予兆なく切断することがある。
  - 索が屈曲する船体側のフェアリーダー部分で切断することが多い。屈曲角度が鋭くなるほど，強度は低下する。

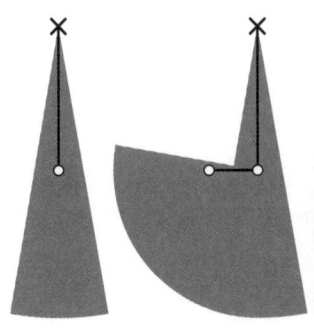

図 1.35　スナップバックゾーン

破断したロープは破断箇所から約 10° の扇形に広がりながらロープの延長線上を振動しながら跳ね戻る。また，ロープがボラードやフェアリーダーなどを経由して屈曲させられている場合には，屈曲箇所を中心としてさらに大きい扇形に跳ね戻る範囲が広がるといわれている。破断したロープエンドが跳ね戻る範囲のことをスナップバックゾーンといい，この範囲を危険ゾーンとして係船作業中は極力その範囲に身を置かない注意が必要である（図 1.35）。

1.3.2　救命設備

救命設備は SOLAS 条約および LSA コード[15] によって国際基準が定められ，日本では船舶救命設備規則に規定される。船舶救命設備規則は救命設備を 3 種類に，船舶を 4 種類に区分し（表 1.4, 1.5）（詳しくは第 III 部 5.4.4.2 節参照），救命設備の要件と船舶に応じた救命設備の積付数量・方法を規定している。

表 1.4　救命設備の分類

分類	救命設備
救命器具	救命艇，救命いかだ，救命浮器，救助艇，救命浮環など
信号装置	自己点火灯，救命胴衣灯，EPIRB，警報装置など
進水装置	進水装置，乗込装置

表 1.5　船舶の分類

分類	船舶
第 1 種船	旅客船（国際航海）
第 2 種船	旅客船（非国際航海）
第 3 種船	500 GT 以上の貨物船（国際航海）
第 4 種船	500 GT 未満の貨物船（国際航海）

救命設備の一般的要件は次のとおりである。

- 積載状態で気温 −30〜65°C までの範囲で損傷しないこと。
- 海水に浸る可能性のある救命設備は海水温度 −1〜30°C までの範囲で動作すること。
- 防腐性および耐食性があり，海水，油または菌類により不当に影響を受けず，太陽にさらされる場合にあって劣化を招きにくいこと。
- 探知を容易にするため，すべての部分が極めて見やすい色のものであり，再帰反射材が取り付けられていること。
- 荒天海面でも十分に動作すること。

1.3.2.1　救命器具

救命設備は集団で使用するもの（救命艇など）と個人で使用するもの（救命胴衣など）とがある。

(1) 救命艇

旅客船を対象とした部分閉囲型救命艇と，貨物船を対象とした全閉囲型救命艇がある。全閉囲型救命艇にはその用途に応じて空気自給式救命艇や耐火救命艇があり，進水方法の違いによりダビット進水式と自由降下式がある。救命艇はディーゼル機関を搭載し，人および艤装品を満載した状態で 6 kn 以上で 24 時間以上航走できなければならない。

---

[15] 国際救命設備コード（1996 年の SOLAS 条約改正時に導入）

a．**部分閉囲型救命艇**：救命艇の前端および後端から艇長の20％以上を覆う固定覆いが取り付けられ，固定覆いのない部分には風雨密の折りたたみ可能な天幕を設け，救命艇の前後両端および左右舷に入口を設ける。練習船は50人を超える特殊乗船者（実習生）を運送する**特殊目的船**となるため，短国際航海以外の国際航海に従事する旅客船の規定に適合する救命設備を備え付けることになっており，部分閉囲型救命艇を積み付けている（図1.36）。

b．**全閉囲型救命艇**：救命艇の全長にわたり固定覆いが取り付けられている救命艇である。ばら積み貨物船（毒性貨物をばら積み輸送するもの）には閉鎖した状態の艇内に10分間空気を供給できる空気自給式救命艇を，タンカー（引火点が60℃以下の貨物を運送するもの）には油火災に連続して8分間包まれた場合に乗員を保護することができる散水装置付きの耐火救命艇を装備しなければならない（図1.37）。

c．**自由降下式救命艇**：貨物船の船尾から自由降下し，吊索を用いることなく進水する全閉囲型救命艇である。着水時に大きな衝撃が艇体に掛かるので，艇体は頑丈につくられ衝撃を和らげるため細身になっている。艇員分の座席は艇尾向きに装備され，着水時の加速度を背中で受ける構造である。乗込口は艇尾に設けられる（図1.38）。

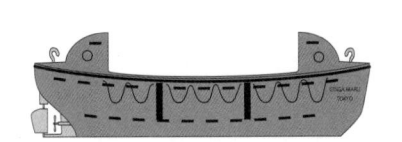

図1.36　部分閉囲型救命艇　　　図1.37　全閉囲型救命艇

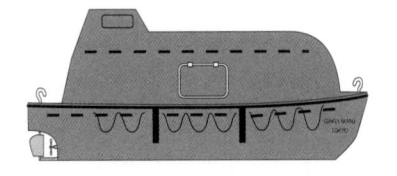

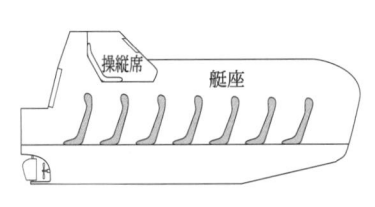

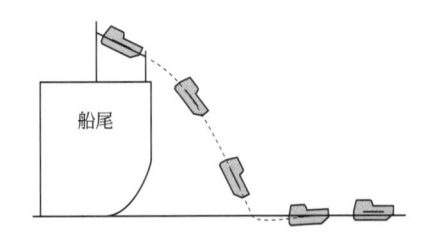

図1.38　自由降下式救命艇　　　図1.39　自由降下式救命艇の降下

(2) 救命いかだ

　救命いかだには膨脹式と固形式がある。膨脹式救命いかだはFRP製コンテナに格納された状態で装備され，装備空間が小さいという利点がある。救命いかだはあらゆる海面状態において，水上で30日間風雨に曝されてもそれに耐えるものでなければならない。

　膨脹式救命いかだは自動的に炭酸ガスで膨脹する気室，天幕および手動充気により膨脹させる甲板により構成され，手動または自動での展張が可能である（図1.40）。膨脹式救命いかだが本船に固定された状態で沈没した場合は，自動離脱装置が水深2～3mの水圧で作動し，固縛ワイヤーともやい綱が解放されコンテナは浮上し，自動展張する。

　進水方法が異なる救命いかだとして，人員および艤装品を積載したまま救命いかだ進水装置により進水させる進水装置用膨脹式（固型）救命いかだがある。ダビット進水装置を使用して舷外に下げて膨脹させ，人員が乗り込んだ後，海上に降下し脱出する（図1.41）。

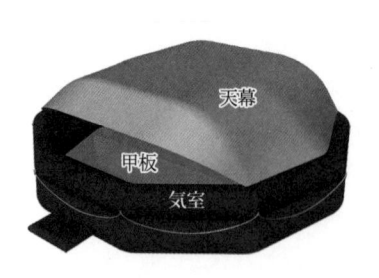

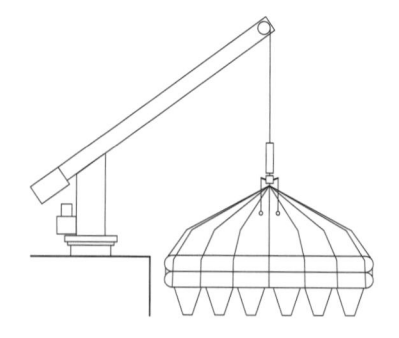

図 1.40　救命いかだ　　　　　　　図 1.41　進水装置用救命いかだ

(3) 救助艇

　救助艇には一般救助艇（前進速力 6 kn 以上）と高速救助艇（同 20 kn 以上）がある。救助艇は 5 人が着席した状態で，担架に横臥した 1 人を運ぶことができ，5 分以内に揚収できなければならない。救助艇が救命艇の要件を満たす場合，これを救命艇とすることができる。

(4) その他の救命設備

　a．**救命浮環**：本質的に浮力のある固形物質でつくられ，外径 800 mm 以下，内径 400 mm 以上，重さ 2.5 kg 以上で，周囲につかみ綱が取り付けられている。14.5 kg 以上の鉄片を淡水中で 24 時間以上支えられるもの（図 1.42）。

　b．**救命胴衣**：固形式と膨脹式がある。装着時，淡水中において，口が水面上 120 mm の高さになるまで人を持ち上げるための浮力を 24 時間以上維持することができ，水中において体が垂直よりも後方に傾き，意識を失っていても溺れることはなく安全な浮遊姿勢が維持できるもの。膨脹式のものは 2 個の独立した気室を有し，口によっても膨脹させることができなければならない。旅客船では小児（1〜12 歳未満の者）用救命胴衣も装備しなければならない（図 1.42）。

　c．**イマーションスーツ**：冷水中において当該スーツの着用者の身体の熱損失を減ずる防護服である。容易に着用でき，十分な保温性を有し，顔面以外の体全体を覆い，水中において安全な浮遊姿勢となるようにつくられたものである。4.5 m の高さから水中に飛び降りても，内部に過度に浸水せず外れないもの（図 1.42）。

　d．**耐暴露服**：救助艇の乗組員および海上脱出装置の担当者が用いるため設計された保護衣である。体の全体（足首から先の部分を除く）を覆うもので，イマーションスーツに比べ作業性を重視したものである。救命胴衣を着用しなくても最小限浮遊できるように，70 N 以上の浮力を有するもの。

　e．**保温具**：熱伝導性の低い防水材でつくられている袋または服で，着用したまま泳ぐことができないものは水中で容易に脱ぐことができるもの（図 1.42）。

　f．**救命索発射器**：漂流する他船や救命艇，救命いかだなどに本船が直接接近できないような場合，これを用いて細索を先に送り，それに曳航用の索をつないで渡すときなどに使用する。救命索発射器は索を 230 m 以上，安全かつ容易に飛ばすことができるもの。

　g．**救命いかだ支援艇**：救命いかだ支援艇は救命いかだを運航する船員が乗り込んでいない救命いかだを支援するための艇をいう。人員および艤装品を満載した状態で平水における前進速

力を 4 kn 以上出せるもの。
- h．遭難者揚収装置：海上において遭難者を収容することができる装置および収容した遭難者を安全かつ迅速に甲板上に移動することができる管海官庁が認める装置により構成されるもの。

救命浮環　　救命胴衣　　イマーションスーツ　　保温具

図 1.42　救命設備

1.3.2.2　信号装置

- a．自己点火灯：発炎式と電池式があり，現状そのほとんどが電池式である。発炎式は 2 cd（カンデラ）以上の白色の光を 2 時間以上連続して発することができること，電池式は閃光式の場合 2 cd 以上の白色の閃光を一定の間隔で毎分 50 回以上 70 回以下発することができるもの。電池式は発光部を上にすると自動的に点灯するので，収納時は発光部を下にしておく。海中転落があった場合に救命浮環と一緒に投げ入れる。
- b．自己発煙信号：静穏な水面で極めて見やすい色の煙を 15 分間一様に発することができ，爆発的に発火せず，炎を発しないもの。煙の色はオレンジ色が一般的である。
- c．救命胴衣灯：少なくとも 8 時間 0.75 cd 以上の白色光を発し，閃光灯である場合は手動にて作動し 50〜70 回/分の閃光を発するもの。
- d．落下傘付き信号：付近を航行する船舶や航空機に対して遭難を知らせるための信号。当該信号は高度 300 m 以上で開傘して点火し，毎秒 5 m 以下の速度で落下しながら 3 万 cd 以上の赤色星火を 40 秒以上発するもの。
- e．火せん：ロケットまたはこれに相当する方法で上昇し，約 150 m の高さで爆発，250 cd 以上の赤色星火を 3 秒以上発することができるもの。
- f．信号紅炎：手に持って場所を示すときに使う信号であり，自己点火手段を有し，1 万 5000 cd 以上の明るい赤色で 1 分以上燃えるもの。
- g．発煙浮信号：静穏な水面で極めて見やすい色の煙を 3 分間一様に発することができるもので，爆発的に発火せず，炎を発しないもの。煙の色はオレンジ色が一般的である。
- h．水密電気灯：モールス符号の発信に適した水密の電気灯。
- i．日光信号鏡：船舶や航空機に対して，太陽光を反射して遭難者がいることを知らせるために使う長方形の鏡で，中央にのぞき穴がある。
- j．極軌道衛星利用非常用位置指示無線標識装置（EPIRB[16]）：船舶の遭難信号を発信する装置のことで GMDSS によって規定されている設備の一つである。船舶遭難時，衛星を経由して，陸上局や付近の航空機に船名，国籍および位置を送信する装置。

---

[16] EPIRB：Emergency Position Indicate Radio Beacon

k．SART[*17]：GMDSS の機能のなかで生存艇（救命艇および救命いかだ）の発見と位置特定のための装置で，船舶用または航空機用のレーダー電波を受信すると応答信号を発射し，捜索側のレーダー画面に生存者の位置が一連の信号映像として表示される。
l．捜索救助用位置指示送信装置：AIS 信号により遭難情報を発信する装置（AIS-SART）であり，SART よりも位置情報がより正確に通報されるなどの利点があるが，AIS 搭載船舶のみしか情報を受信できないという欠点がある。
m．双方向無線電話装置：遭難現場において主として，生存艇と本船・救助船間，生存艇相互間などの連絡通信に使用される小型の無線電話の送受信機である。常時は操舵室などに格納されていて，非常の際に持ち出して使用する持運び式双方向無線電話装置と，常時救命艇に装備されている固定式双方向無線電話装置の 2 種類がある。
n．船舶航空機間双方向無線電話装置：非常の際に船舶と航空機との間で有効かつ確実に通信を行うことができる装置で，旅客船に装備する。
o．探照灯：水平方向および上下方向 6° の範囲に，2500 cd 以上の光を 3 時間以上連続して発する装置。
p．再帰反射材：光を光源方向に効果的に反射するもので，救命器具に取り付けて使用する。
q．船上通信装置：招集場所，乗艇場所，指令場所，中央制御場所などの相互間で通信する装置である。
r．一般非常警報装置：旅客および乗組員を招集場所に集め，非常配置表に掲げる行動を開始するため，船内のすべての場所で聞くことができるベル，ブザーその他音響を発する装置で，短声 7 回以上長声 1 回以上からなる一般非常警報信号を発することのできるもの。
s．船内通報装置：居住区域，業務区域，制御場所および開放された甲板の全域にわたって有効なスピーカー設備。

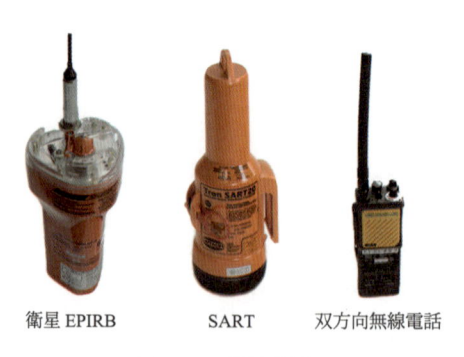

衛星 EPIRB　　　SART　　　双方向無線電話

図 1.43　信号装置

1.3.2.3　進水装置および乗込装置

(1) 進水装置

　救命用端艇およびいかだまたは救助艇を積付け位置から水面に安全に移動する装置をいう。進水装置の一般要件として，船舶のどちらの側への 20° の横傾斜および 10° の縦傾斜に対しても，人員および艤装品を満載した救命艇の振出しおよび降下を安全かつ迅速に行えなければならない。

[*17] SART : Search And Rescue Radar Transponder

a．救命艇揚降装置：重力降下式と自由降下式がある。
　b．救命いかだ進水装置：進水装置用救命いかだに定員を満載したまま静穏な状態において 10 分以内に水上に降ろすことが可能な進水装置。当該救命いかだ進水装置が遭難者揚収装置の要件に適合する場合には，これを遭難者揚収装置とみなすことができる。

(2) 乗込装置

　a．乗込用はしご：水上にある救命艇，救命いかだまたは救助艇に安全に乗り込むことができるものであること。船舶の最小航海喫水におけるいずれの舷への 20° の横傾斜および 10° の縦傾斜の場合にも水面に達することができる十分な長さのもの。
　b．降下式乗込装置：乗艇場所の高さが水面から 4.5 m を超えるものには乗込装置を搭載する必要がある。乗込装置には滑り台式と吊下げ式とがある。これらの下部にプラットフォームがあり，救命いかだを接舷することができる。救命設備の一般要件に加え，船舶が最小航海喫水においていずれの側に 20° 横傾斜した場合にも，水面に達するのに十分な長さがあるもの。
　c．海上退船システム：降下式乗込装置と膨脹式救命いかだにより構成されている退船設備を海上退船システム という。退船警報が発せられてから，旅客船では 30 分以内に，貨物船では 10 分以内に救命いかだに移動できなければならない。

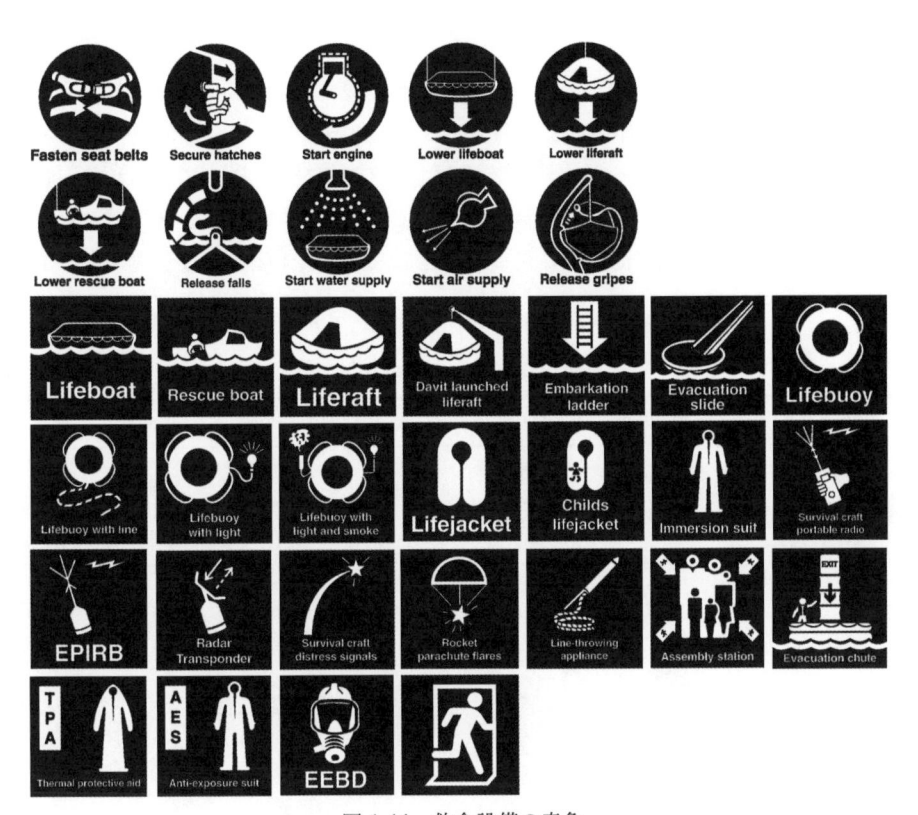

図 1.44　救命設備の表象

1.3.2.4　救命設備の積付け位置などの標示

救命設備には当該救命設備の取扱いに関する注意事項を表示しなければならない。救命設備のコンテナ，棚，架台その他同様の積付け場所は各目的に応じて当該場所に積み付けられた設備を示す表象で標示しなければならない（図1.44）。

1.3.3　消防設備

消火の基本は初期消火であり，火災が拡大する前に消火することが最も大切である。初期消火に最も有効な手段は**持運び式消火器**である。以下，主要消火設備について記す。

(1) 持運び式消火器

　a．**持運び式粉末消火器**：容器内に消火剤と高圧ガスが加圧状態で封入されており，レバー操作で粉末を放射し，放射された粉末が空中に舞う状態で火元を覆うようにして，炎を抑制作用で抑え込んで消火する。火炎を急激に減衰させる点では非常に効果的な消火器であるが，冷却作用はないため炎が見えなくなっても再燃することもあり，使用後は完全に火災が鎮火したかどうかを確認する必要がある（図1.45）。

　b．**持運び式泡消火器**：この消火器は2薬剤から構成されており，消火器本体を逆さにして両薬剤を混合させることで化学泡を放出し，火災を消火する。薬剤は変質しやすく，1年毎に詰め替える必要がある（図1.45）。

　c．**持運び式炭酸ガス消火器**：消火器内に封入された炭酸ガスを火災に放射することで外気からの酸素の供給を絶ち，窒息作用により消火する（図1.45）。

　d．**持運び式泡放射器**：ノズルを射水消火装置のホースに接続し，送水することで泡原液タンクから原液を吸引して発泡する。この泡を放射して消火する。消火ホースで送水管に連結できる発泡ノズル，20L以上の泡原液の入った持運び式タンク1個および予備タンク1個により構成される（図1.46）。

表1.6　消火器と有効火災

消火器	A（普通）火災	B（油）火災	C（電気）火災	備考
粉末消火器	✔	✔	✔	冷却効果なし
泡消火器	✔	✔	—	
炭酸ガス消火器	—	✔	✔	とくに電気・機関火災に有効

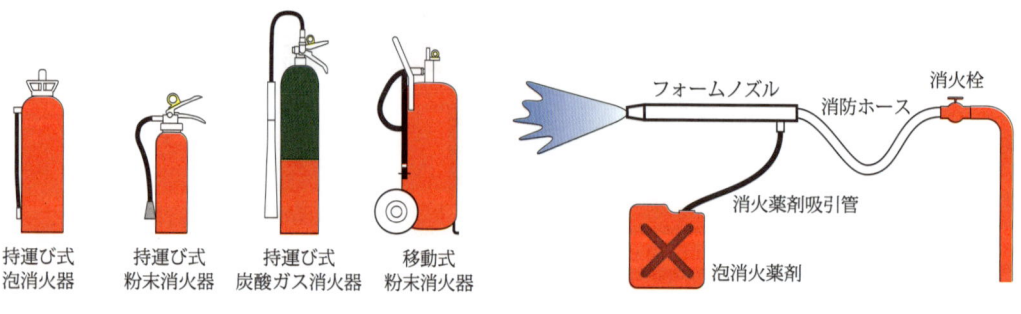

図1.45　持運び式・移動式消火器

図1.46　持運び式泡放射器

(2) 固定式消火装置

機関室などでは持運び式消火器の他，固定式の消火装置が装備されている。区画を密閉して，ガスなどによる窒息効果により消火するもので，この消火装置を使用する前には，その区画に人が残っていないことを確認した上で使用しなければならない。

- a．**固定式鎮火性ガス（炭酸ガス）消火装置**：CO_2 を消火剤として使用し，窒息・冷却作用により消火を行う固定式消火システムである。機関室や貨物倉などの区画に対し，きわめて効果的な消火装置である。
- b．**固定式鎮火性ガス（不活性ガス）消火装置**：消火用ガスには主に窒素やハロンなどの遊離ガスが使用される。
- c．**固定式泡消火装置**：燃料油を使用する区画に用いられ，固定された管および放出口から泡を放出して消火する。機関区域に要求される固定式高膨脹泡消火装置は原液を海水ラインに供給し海水と混合させ，混合液の噴霧，または空気放出により大量の泡を発生させ，火災区画を泡で充満させて消火する（保護された最大の場所を毎分 1 m の厚さで満たすための泡，泡の膨脹率は 800～1000 倍）。ポンプ，泡原液貯蔵タンク，原液供給ポンプ，ダクトおよび泡放射器により構成される。
- d．**固定式加圧水噴霧消火装置（スプリンクラー）**：火災が発生した区画の制御弁を手動または遠隔操作によって開くことにより清水圧力タンクから加圧送水されてくる清水がノズルから噴射され，同時に装置内の圧力低下によりポンプが自動的に起動して海水による連続噴射が行われる。加圧された水霧により，拡散放射された噴霧状の水を消火に使用し，冷却作用および水の蒸発による膨脹で酸素の供給を絶つ窒息作用で消火する。
- e．**固定式イナートガス装置**：ボイラーの排ガスを冷却，脱硫，除塵して得られる低酸素濃度ガス（イナートガス，酸素含有率が体積比で 5% 以下）を貨物タンクに充填し，タンク内の酸素濃度を下げて爆発を防止する。

(3) 火災探知装置

火災探知装置は，火災受信機・煙感知器・熱感知器・炎感知器・手動火災発信器などで構成されており，機関室，居住区等の火災を監視する。

(4) 射水消防装置

海水により消火する方法で，船舶で最も基本的な消火方法である。装置には次のものがある。

- 消火ポンプ，非常ポンプ
- 消火主管，消火栓
- 消火ホース，ノズル，水噴霧放射器
- 国際陸上施設連結具

- a．**消火ポンプおよび非常ポンプ**：2 個のポンプが独立の動力により駆動され，いかなる場合にもノズルからの射程が 12 m 以上の 2 条の射水を送ることができる必要がある（通常，油の吸排に使用していないポンプ（衛生ポンプ，バラストポンプ，ビルジポンプおよび雑用ポンプ）も消火ポンプとして使用される）。1 区画室における火災によってすべての消火ポンプが

作動不能になるおそれがある場合には，別の区画に非常ポンプを備えなければならない。非常ポンプの電源および海水連絡部は主消火ポンプまたはその動力源が配置される区域の外部になければならない。

b．消火主管および消火栓：定期的に無人の状態に置かれる機関区域を有する貨物船または1人のみで当直を行う場合の貨物船については，船橋（および火災制御室）から遠隔操作によって主消火ポンプの一を遠隔起動させるかまたは主消火ポンプの一によって消火主管装置を恒久的に加圧して，適当な圧力で消火主管装置から迅速に給水するものでなければならない。消火主管および消火栓は凍結しないように配置しなければならない。

　船舶の航行中に旅客または船員が通常近づくことができる場所および貨物区域のいずれの部分にも2条（そのうち1条は単一の消火ホース）の射水が達することができる位置および数とする。また，それぞれの消火栓の位置には次の制限がある。

- 消火ホースを容易に連結することができる位置にあること。
- 暴露甲板に備え付ける消火栓はつねに容易に近づくことができる位置にあること。
- RO-RO区域などに備え付ける消火栓のうち1個は当該区域の出入口の近くの位置にあること。

c．消火ホースおよびノズル：各消火ホースには1組のノズルおよびホース継手を備え，ホース長さは10m以上で，使用場所に応じた長さ（機関区域では15m，その他の区域および開放甲板では20m，最大幅が30mを超える船舶の開放甲板では25m）を超えないこと。

　消火ノズルは停止装置付きの射水および噴霧兼用のものを使用しなければならない。射水は1本の射水を遠くまで飛ばすのに用いられ，噴霧は水を噴霧させるのに使用される。普通の水では油火災には使用できないが，霧状にすれば油による火災にも使用できる。

　ホースの両端に取り付けられるホースカップリングにはいろいろな種類があるが，ホースの一端にはオス型を他端にはメス型を取り付けるのが普通である。ホースカップリングには，中島式カップリング，町野式カップリングなどがある。

d．国際陸上施設連結具：第1種船（総トン数500トン以上）には，少なくとも1個の同連結具を備え，船舶の両舷にこれを使用できる施設を設ける。

(5) 消防員装具

　消防員装具は個人装具（防護服，手袋，長靴，ヘルメット，安全靴など），自蔵式呼吸具（30分以上使用可能）および命綱（30m以上）により構成される。

(6) 可燃性ガス検知器

　可燃性ガスの爆発限界の下限の1/20の濃度のガスを確実に検知でき，検知しようとする可燃ガスに対し安全でなければならない。

第 2 章

検査と整備

2.1 検査工事

2.1.1 船体検査

　船体検査は国際的規則においては SOLAS 条約および LL 条約によって，国内においては船舶安全法によって定められている。旅客船および貨物船は構造，配置，機関，設備などの検査を受け，検査後その状態を維持し検査対象を勝手に変更してはならない。

　船舶安全法に次の検査が定められている。詳しくは，第 III 部 5.4.1.4 節を参照されたい。

  a．検査の種類：定期検査，中間検査（第 1～3 種），臨時検査，臨時航行検査，特別検査，製造検査，予備検査
  b．検査の申請：受検には，管海官庁へ船舶検査申請書を提出しなければならない。申請時に提出する書類は船舶検査証書，船舶検査手帳，該当する図面（新規に検査を受ける場合，事項を変更する場合）などである（船舶安全法施行規則第 31，32 条）。
  c．検査の準備：定期検査，第 1 種および第 3 種中間検査では，上架して受検しなければならないなど，それぞれの検査を受検するにあたり，定めによって必要な準備をしなければならない。第 III 部表 5.9 を参照されたい。

2.1.2 出渠と工事

　船舶には法令による定期検査の他，船舶を長く健全に運航させるための定期的な整備も欠くことはできない。運航に関する装置や生活に関係する厨房機器の保守整備や修理工事も検査工事で入渠した際にあわせて実施する。

2.1.2.1 入渠準備

　工事仕様書（図 2.1）に基づき受検や工事内容を把握し，入渠工事に支障のないように準備する。

  a．造船所との連絡：船底栓や EM ログなど各種センサー類の配置を船底栓配置図などで造船所に知らせ，造船所はこれらが盤木[*1]に重ならないように船体位置や盤木を調整する。専門業

[*1] 造船時や上架時に，船体を載せ，支えるために用いる大きな角材やコンクリートブロックなどのこと（図 2.3 参照）。

者が整備する設備（救命いかだなど）や効力試験が予定されているものはその時期を造船所側と打ち合わせる。

b．**船倉，タンクの受検準備**：船倉やタンクの受検に備え，タンク内液体の処理や移動を行う。マンホール位置を確認し，通行路を確保する。

c．**効力試験準備**：消火設備や救命設備の動作確認や装備数を確認する。

d．**船体コンディションの調整**：造船所から指示された船体コンディション（トリム，平均喫水，ヒールなし）に調整する。

e．**船主手配品**：入渠時までに造船所への納入が完了するかなど本社に確認をとる。

f．**回航計画**：造船所まで船を運航することを回航という。造船所から指示される船渠長（ドックマスター）の乗船地点・時刻に合わせて回航を計画する。排出可能海域において汚水などを法令基準に適合した範囲内で排出しておく。

g．**主要図面の準備**：入渠工事などで使用される図面を用意する（表2.1）。

第2章　第2A種及び第3種中間検査工事
第1節　船体部

G中2A・3－N－1

項	番	仕　様	備　考
1		入渠及び外板工事	第2A種及び第3種中間検査
	1	銀河丸を入渠させる	海防法　第1種中間検査
	2	外板工事	
		（1）船底、舵、全面塗装工事　　　2487㎡	
		a.貝殻、海草類を完全に除去	バウスラスタートンネル：1
		b.清掃、水洗い及び乾燥	シーチェスト　：高所1・低所2
		c.発錆部等錆打手入　　　　　　30㎡	非常用消防ポンプ用1
		d.塗装	
		変性エポキシA/Cタッチアップ　30㎡×1回	
		加水分解型A/F全面塗装　　2487㎡×2回	日本ペイント　NOA 10 M
		（2）水線上外板全面塗装工事	日本ペイント　エコロフレックスSPC600
		a.水洗い、乾燥	
		b.発錆部等錆打手入　　　　　　30㎡	日本ペイント　外舷用ウレタン系
		c.塗装	
		変性エポキシA/Cタッチアップ　30㎡×1回	
		ウレタン系塗料　白全面塗装　2487㎡×1回	日本ペイント　NOA 10 M
		（3）船名等塗装工事	日本ペイント　ポリウレマイティラックM
		a.船首船尾船名	日本ペイント　外舷用ウレタン系
		b.船籍港名	
		c.IMOナンバー	
		d.喫水標、乾舷標及び満載喫水標	
		e.スラスタマーク、バルバスバウマーク	
		f.タンク表示マーク	
		（4）受検	
		a.乾舷標及び満載喫水線	
		b.船底検査	
	3	船底保護亜鉛板新替工事　　　　99個	
		内訳	本船支給
		a.船尾外板部付ボルト型(300L×150B×30H)　32個	
		b.ビルジキール付ボルト型(300L×150B×30H)　52個	ZAP-A B-9　32個
		c.シーチェスト付ボルト型(300L×150B×30H)　7個	ZAP-A B-9　52個
		d.バウスラスタートンネル付ボルト型(300L×150B×30H)　4個	ZAP-A B-9　7個
		e.プロペラロープガード用ボルト型(200L×100B×50H)　4個	ZAP-A B-9　4個
			ZAP-A B-4(50)　4個

図2.1　工事仕様書例（外板工事）

表 2.1　主要図面

図名	記載内容
一般配置図	船体の中心線縦断面図と各甲板の平面図とで構成され，マスト，煙突，船室，船倉，諸タンク，機関室，甲板装置，救命艇などその船の全般にわたる艤装や諸設備が容易にわかるように記載された図面である。**GA**（General Arrangement）ともいう。
中央横断面図	船体中央部の横断面図で，一般に紙面の半分に機関室部分，他の半分に船倉部分の断面が描かれる。この図には主要寸法，各甲板間の高さ，断面部分の構造と使用鋼材などの形状，寸法などの詳細が記載されている。
外板展開図	外板を平面に展開した図面で，各外板と肋骨の関係，船外開口部の位置，形状および寸法，外板の厚さなどを示してあり，外板の面積などを容易に知ることができる。
鋼材配置図	船体の中心線縦断面図と各甲板，二重底頂板の構造を示す平面図で，各甲板，頂板の厚さ・形状，各種桁板，各種船側縦材，水密隔壁，ウェブフレーム，特設ビーム，支柱，甲板上の開口部，マンホールなどの配置，形状，寸法などの詳細が記載されている。
排水量等曲線図	完成時の状態における船体諸データを喫水を基準として表した図で，船体コンディション計算に必要となる。
容積図	船体中心線縦断面図と船倉平面図で表されており，各船倉，倉庫，タンクの積載容積とその重心位置，積載重量トン数表などが記載されている。
横隔壁構造	各水密隔壁の設置場所（フレーム番号による）を横断面で表したもので，開口部，スチフナなどの形状，寸法など詳細に記載されている。
各種管系統図	機関室の各ポンプから船内各所に送られる各管系，船外に通じる各管系，各タンクから機関室のポンプに吸引する管を系統的に図示したもので，それぞれの使用管径，バルブの取付け位置などが記載されている。
入渠用図	船体の中心線縦断面図と最下層甲板の平面図などが描かれており，船外への開口部の位置，各タンク，コファダムの船底栓の位置などが記載されている。船底栓配置図ともいう。

2.1.2.2　入渠

水線下の検査工事や修繕工事がある場合には船体を**船渠**（ドック）に入れ，上架させる。入渠作業は船渠長と係留作業員が担当する。船渠には乾ドックと浮ドックがある（図2.2）。

　　a．乾ドック：陸地を掘って構築した長い箱型をした船渠で，これに船を引き入れて，入口のゲートを閉じ船渠内の海水を排出し，船底を盤木（キールブロック）に定置させる方式の船渠である（図2.3）。

図 2.2　乾ドック

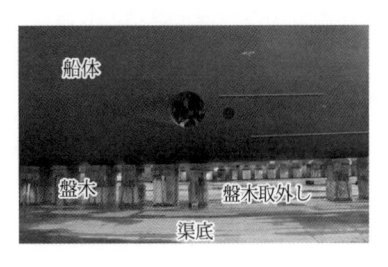

図 2.3　盤木

b．浮ドック：横断面が凹型の箱舟で，その内部にある多数の区画に海水を注水し，ドック自体を浮沈させる船渠をいう。沈下させた後，船体を引き入れ，ドック区画内の水を排水して浮上し，船底を盤木に定置させる。

(1) 入渠前の確認

- 船底や舷側の突起物を確実に収納する（EMログなどの測定棹など）。
- 舷窓を確実に閉鎖する。
- 汚水処理装置，雑用排水タンクなどの排出ポンプを止め，バルブを閉鎖する。
- ドップラーソナーや波高計などのセンサー類の電源を停止する。

(2) 入渠時の記録

- 船渠長および係留作業員乗下船時刻，船渠長氏名
- 使用するタグボートの船名，使用時刻，使用状況
- ガイ（ドックの係留ワイヤー）などを取った時刻
- ドックゲートの通過時刻
- ドック内に占位し，完全に係留した時刻および喫水（船首尾および中央の両舷）
- ドックゲート閉鎖時刻および排水開始時刻
- 船体が盤木に触れた時刻，船体全体が盤木に触れた時刻，排水完了（dry up）時刻

(3) 工事工程会議

　入渠作業終了後，工程会議が開催される。本船側職員と造船所側職員が一堂に会し，実施する工事全体工程や工事内容が打ち合わされる。一例を紹介する。

- 職員紹介（造船所側，本船側）
- 全体工程説明
- 造船所施設案内
- 安全対策（消防体制，緊急連絡体制，工事管理）
- 造船所での規則（喫煙，歩行，自転車の利用，通門証の管理など）
- 個別会議（船体，機関，電気毎に，担当技師と打合わせ）

　一等航海士はこの会議において次の点を確認する。

- 適切な工程管理，天候の状況の加味，検査日程
- 緊急連絡体制の整備と電話の設置箇所
- 消火設備の整備と消火栓や消防ホースの配置
- 避難経路や安全照明設置
- 工事作業員の乗船管理方法
- 火気工事の実施と工事後の確認方法の取決め
- 時間外工事の管理
- 乗組員の安全確保（タラップの保全，照明，構内通路の安全）
- 乗組員の生活環境の確保（トイレ，洗面所，浴室，船内への給水，ごみの処理など）

(4) 検査申請

本社で受検申請書を作成し，当該船一等航海士が入渠地を所管する運輸局に申請する。申請の際，検査証書や検査手帳などを添付する。

(5) 船底検査

ドックの排水完了後，渠底に降りて，外板，舵，プロペラまわりを検査し，重大損傷の有無を本社宛報告する。

- 船側および船底外板：凹み，変形，痩せ，接触痕，塗装の剥離，発錆，亜鉛板の損耗・脱落状況，船首部分の錨，錨鎖による損傷，衝突痕などを調査する。外板の汚損状況については，防汚塗料の効果，塗膜の状態などを調査する。
- 舵：舵板の歪，亀裂，凹みなど外観検査をする。舵を持ち上げた場合は，舵板，ピントル，ストック，カップリングおよび船尾材を検査する。
- プロペラ：翼の変形，欠損，ロープなどの巻付きを調査する。

(6) ギャレーシフト

入渠中，船内のギャレーや食堂が使えない場合，調理器具や食材をドックハウスの調理場へ移動する。この作業をギャレーシフトという。冷凍機の停止時刻や事務部の準備などを考慮して，造船所側と事前に開始時刻を打ち合わせ，クレーンや車の手配をしておかなければならない。

2.1.2.3 工事監督

造船所側には船体，機関，電気それぞれに工事担当技師（以下，「工担」という）が任命されているので，工事監督（一等航海士またはその代理）は工担を介して造船所との間で工事の調整，監督をすることとなる。

(1) 工事の確認

工事監督は工事が仕様書に従って実施されているかを念頭に置き，工事を監督する。工事監督は各工程で必要と思われるところで，工担立会いのもとその仕上がりを検査する。工事が仕様のとおりに実施されていれば，工担に次の工程に進んでよい旨を伝える。工事が停滞しないよう，速やかに行う。外板塗装工事であれば，貝殻などの除去・清掃・水洗いが終了した時点，A/Cタッチアップが終了した時点，A/F塗装が終了した時点で検査する。

工事監督は適宜工事現場を回り，工事の進捗状況を確認し，工事のやり残しなどがあれば，テープやチョークでその箇所を示し，現場のリーダーに指示する。日々の工事終了後，進捗状況を把握し記録すると共に，工事後の火の始末を確認し，火災防止に努める。

(2) 受検

造船所が検査官と打ち合わせ，受検日が設定される。工担と受検の順序，受検準備の内容を確認する。前日には，試運転を行うなどして問題がないことを確認する。舷窓や水密扉の効力試験結果や信号火器や救命具の有効期限などを一覧表にまとめておくと，検査が順調に進むことが多い。

(3) 入渠工事の注意点

入渠工事に際し，注意すべき点を次に挙げる。

a．**船底栓の開放**：船底栓付近の外板には船底栓の略号が描かれている。この略号と入渠用図とを照合して確認してから取り外す。取り外した船底栓は造船所または船主のどちらが保管するのかを明確にし，場所を明記して他と混同しないように区別して保管する。船齢が進むと船底栓が緩んでくる場合もある。相当に緩みがある場合は新替えする。プラグだけでなく，ソケットとプラグ共に新替えしなければならない場合は，次回の入渠仕様に入れる。

図 2.4 船底栓の取り外しと二重底タンク内の清水の放出

b．**外板の洗浄，外板手入れ**：外板の洗浄は高所作業車からの高圧水で行う。洗浄後，フジツボなどの残り，剥離しそうな塗膜，発錆箇所の研磨を指示する（図 2.5, 2.6）。

図 2.5 外板の高圧洗浄　　図 2.6 外板の研磨

c．**外板塗装**：外板塗膜に傷が入っている箇所や研磨した箇所に防錆塗料（A/C）をタッチアップし，その上に防汚塗料（A/F）を全面塗装する。

図 2.7 外板の塗装

d．**舵の検査**：外観として，舵板の亀裂や凹みを調査する。検査工事によって，舵を持ち上げまたは取り外した場合は，舵板，ピントル，ストック，カップリングおよび船尾材の現状検査を行う。

2.1.2.4 出渠

　外板・舷側，プロペラや舵の工事が終了後，船体を船渠から修繕岸壁へ移動する。乾ドックでは水門を開けることによって，浮ドックではドック自体を沈めることによって注水する。出渠時のタンクコンディションは入渠時と同一状態が望ましい。異なる場合は予想喫水・トリム・傾斜を算出し，許容範囲であることを確認し，垂直浮上が望めない場合は，甲板上に錘（おもり）を搭載して調整する。

　工事監督は工担の立会いのもと，出渠前の確認を行う。早朝に出渠する場合は，前日までに船底部分の確認を済ませておかなければならない。

- a．**船底確認**：渠底にて，船底および水線下外板工事箇所，プロペラ，シーチェスト，バウスラスター，保護亜鉛板の装着，船底栓の閉鎖とマーキング，塗装具合，養生や足場の撤去を最終確認する（図 2.8）。
- b．**船内確認**：注水前，検査で開放したストームバルブやパイプなどが復旧されているか確認する。注水中，工事監督は機関室や軸室，船尾管，取水管，排水管，外板張替え箇所，EM ログ測定部，船底弁や船外弁などを巡視し，浸水のないことを確認する。浸水がある場合は，直ちに注水を停止させる（図 2.9）。
- c．**浮上確認**：浮上予定喫水付近まで注水が進んだらドックサイドに移動し，浮上を確認して，その時刻・喫水を記録する。出渠時の運航は船渠長が指揮する。入渠時と同様に，注水開始時刻や浮上時の喫水などを記録する。

図 2.8　注水前最終確認　　　　図 2.9　乾ドックへの注水

2.1.2.5 仕上げと終了

- a．**工事内容確認**：出渠期日が近づいてきたら，工事監督は工担と共に工事箇所を回り，仕様書と照らし合わせ未了工事の有無，完了期日を確認する。
- b．**試運転など**：係留試運転の予定を確認し，各配置の要員を手配する。
- c．**船内設備の復旧**：工事が進捗し，種々の機器が運転可能となれば，空調設備，水，電気，蒸気，冷凍機の復旧状況を確認し，ギャレーシフトや衛生設備の使用許可の日程を調整する。
- d．**船舶検査証書**：実施すべき全検査項目の合格を確認し，船舶検査証書受領の時期を打ち合わせる。返却時，提出した全証書が返却されていること，期日や有効期限などの誤記や記載漏れがないことを確認する。
- e．**検査調書**：工事完了を確認したら，船長は検査調書に署名・押印し工事契約を完了する。
- f．**工事報告書**：入渠工事が終了した後，一等航海士は工事内容を取りまとめて工事報告書を作成し，証書類の写しと共に本社宛送付する。

2.2　船体整備

　船は木造船，鋼船の区別なく水上に浮かんでおり，船体構造物は海上であればつねに潮風にさらされて腐食し，船底は海水および海中の生物により汚損し腐食する。船体内部は空気の流通が悪く，かつ日光の照射を受けにくいため，発錆と腐食が発生し進みやすい。船体を良好な状態で維持するには日常的に船体の点検・整備を行い，汚損，発錆や腐食を防止する措置を講じる必要がある。

2.2.1　発錆と塗装

a．**錆**：錆は鉄が空気（酸素）や水に触れることにより，表面の不安定な原子がイオン化して酸素と結合することによってできる酸化物である。この酸化作用は熱により助長されるため，高温多湿の場所では錆が発生し，広がりやすい。したがって，船内においては次のような場所ではとくに注意を要する。

- 船体露出部は空気中の湿度，風雨，海水の飛沫などで発錆しやすい。
- 海水と空気が交互に接する水線部分は船底部に比べて発錆が早い。

b．**点食**：鉄鋼材製造の際，一部の性質不同（原子が不安定）な箇所があり，その部分にとくに著しい錆が発生したものを点食といい，鋼材に多く見られる錆である。

c．**電食作用**：酸に2個の異質金属を浸し，これらを金属で接続した場合，この両者の間には電気現象が生じ，電流は電気的陽性の金属から電気的陰性の金属の方向に流れる。そしてその結果として，電気的陽性の金属の表面はイオン化して，その作用により侵食される。これを電食作用という。海水はそのなかに浸される異金属間に同様な影響を及ぼす。したがって，船体の内外で海水またはビルジ（溜まり水）に浸される部分の異金属間には，この電食作用が進み，陽性金属に腐食が起こる。また，一般に同一材料の金属間でも純粋な部分と純度の低い部分があると，その部分に集中して腐食が進む。これを局部腐食という。これは点食となって異常な早さで進むことがある。

2.2.1.1　船体の腐食防止対策

　鉄および鋼の箇所の発錆および電食作用による腐食を防止するためには，これらを湿気，有害ガスおよび水分に触れさせないようにすることが必要で，直接的な方法は塗装などである。間接的な対策として，通風・換気や溜まり水の排除などがあげられる。

a．**防錆塗料の塗布**：防錆塗料として，ペイント，ワニス，瀝青質塗料，セメント，油などを塗装し，金属表面を塗膜で保護する方法。多重に塗ることで塗膜を厚くし，保護効果を高める。なお，塗装前に，被保護面の下地処理や十分に乾燥させるなどの対策が必要である。

b．**亜鉛メッキ**：鉄または鋼面に亜鉛メッキを施し，亜鉛の塗膜で金属面を保護する方法で，溶解した亜鉛のなかに浸す熱処理法（どぶ漬け）と，電解液に浸して電流を流す電気メッキ法がある。この方法は防錆としては最良であるが，大型のものには不向きである。

c．**防食（保護）亜鉛**：つねに海水に浸されている外板，舵，プロペラ，ビルジキールおよびシーチェストを電食から守るために亜鉛板を取り付け，亜鉛が鋼板よりも先に腐食することで鋼板を保護する。亜鉛板は著しく腐食するので，入渠毎に交換する。

2.2.1.2　塗装

船の内外の塗装は船体保存整備上，重要な作業である。塗装に際しては，塗装箇所の状況，塗装の時期，作業時の環境によってもさまざまな塗装方法がある。

(1) 塗装用具

a．**刷毛**：刷毛塗りの利点は，手軽さである。塗る物の形を選ばず，狭所や手の入りにくいところやコーナー部まで塗装することができる。また，マスキングが簡単である。欠点としては，広くて大きな物を塗るときにはハケ目（毛の筋のようなもの）が出やすい。刷毛には次のものがある。

　　i．ペイント刷毛：豚毛，馬毛，ナイロン製などの穂先を有する刷毛である。穂先が柄と45°の角度を持つ筋違刷毛などもある。

　　ii．ワニス刷毛：硬質の毛を使用する扁平な刷毛である。柄と穂先の接続部は銅または青銅板で挟むものが一般的である。毛は馬毛，豚毛，貂毛などが使用される。

　　iii．ラック刷毛：ラッカーなどの速乾性塗料に使用するため，比較的穂先の柔らかい刷毛である。

　　iv．筆：広範囲の塗装ではなく，仕上げ時の文字，数字，記号，模様，線などを描く際に使用する。主に毛筆刷毛が使用される。

b．**ローラー刷毛**：ローラー刷毛はスポンジがローラー状になったものに柄が付いたもので，船体外板やハウスなど広い平面の塗装に使用される。柄の部分を長柄として，手の届かない高所や岸壁からの船体の塗装にも使用される。ローラー刷毛塗りの利点は塗りムラやハケ目が出にくく，刷毛塗りよりも作業者が疲れにくい。欠点としては，ローラー形状のため，狭所やコーナー部は塗装が難しく，塗装部の大きさや形状によっては使えない場合がある。

c．**スプレー**：スプレーは圧搾空気を利用して塗料を吹き付け塗装する方法で，広い面積に対応でき，仕上がり面が美しい。欠点としては，コンプレッサーなどの準備や，塗料が飛散しやすいので広範囲にわたって周囲を養生する必要があるなど準備と手仕舞いに手間がかかる。

| 筋違刷毛 | ワニス刷毛 | ローラー刷毛 |

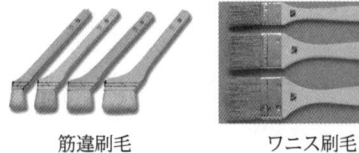

図2.10　刷毛

d．**足場など**：外板や高所の作業のために次の用具を使用する。

　　i．ステージボード：外舷や煙突を塗装する際，足場としてステージボードを使用する。

　　ii．ボースンチェア：静索やマストなどを塗装する際，高所から低所に塗り下るときにボースンチェア（1人用の作業用腰掛け）を使用する。

e．**塗装下地処理，塗膜修正道具**：次の用具がある。

　　i．チッピングハンマー：頭の部分が丸タガネ（ポイント）または平タガネ（チゼル）状になっており，両頭（ポイント＆チゼル）を使い分けながら，錆を剥離させる。

ⅱ．パワーファイター，ジェッター：塗装面の錆を剥離させるために，多針（ニードル）が振動して発錆部を打撃，剥離させる道具で，電動式や圧縮空気を使用したものがある。凹凸部や狭い作業箇所ではその効果は大きい。
ⅲ．ディスクサンダー，グラインダー：研削砥石や金属ブラシを回転させ研削する。
ⅳ．ワイヤブラシ：歯ブラシ状の金属ブラシで，小規模な発錆を落とす。
ⅴ．スクレイパー：鉄製のへらで発錆部を剥離させる。

チッピングハンマー　　ジェッター　　ディスクサンダー

図2.11　下地処理の道具

(2) 塗装準備

a．**鋼材の塗装準備**：最も重要な下地処理は錆落としである。鋼材の錆の程度によりスクレイパー，チッピングハンマー，ジェッターなどを使用し，鋼材表面に傷をつけないように注意して錆だけを剥離する。錆打ちが終われば，鋼材面をワイヤーブラシ，研磨機（ディスクサンダー）などで磨き，必要に応じて金属面の地金の光沢が出るまで磨き，ウェスなどで鉄粉を完全に拭き取り除去する。完全に錆を落とし，鋼板面を清掃・乾燥した上でウォッシュプライマー[*2]を塗布し，その上に防錆塗料を2〜3回，すなわち下塗り，中塗り，上塗りを施し，その上に着色塗料を同様に2〜3回塗布するのが理想である。

b．**木部の塗装準備**：木材の裂け目や凹部にコーキングまたは目止めを施し表面を平滑にする。とくに，ワニスを塗る場合など，美観を必要とする箇所では地塗りとして砥の粉を木目に拭き込んで目止めを行い，乾燥後，余分な砥の粉を拭き取り，凹凸があればサンドペーパーを用いて塗装面を平滑にする。木部には直接着色塗料を使用し，1〜2回塗りで仕上げるのが一般的である。

c．**上塗り塗装準備**：下塗りを施した塗膜の上に中塗り，上塗りを施す場合，下塗りの塗膜が十分に乾燥していることが重要である。また，鉄粉や塵埃や油類，手垢などが付着していると，塗膜の変質，流れ，焼けが起こり，塗り映えがしない結果となるので，上塗り塗装前にはウェスなどでの空拭きや水拭きを行い，十分に乾燥させる。

d．**塗装開始直前の準備**：塗装開始直前には適切な道具を用意し，安全対策を確実に実施する。
　ⅰ．足場の確保：作業場所で確実かつ安全に作業が行えるようにステージボード，ボースンチェア，脚立などの準備をして足場を確保する。
　ⅱ．甲板上の清掃：塗膜面の煤煙，砂，飛沫，塵埃などを除去する。
　ⅲ．養生用カバー：塗料の飛沫，垂れなどにより塗装箇所以外の場所を汚損しないようにカバー類を準備する。また，塗装不要箇所には事前に養生テープなどでマスキングを施す。
　ⅳ．水濡れ防止：水止め，作業場所周辺の水の使用を制限し，塗装中，水の飛散を防止する。

[*2] 錆止め塗料の一種で下塗りとして使用される塗料で，金属と塗膜の付着性を向上させる。

ⅴ．通風・換気：塗料に含有される成分には有毒性のものもあるため，塗装区画を通風・換気する．とくに，密閉区画での塗装には十分な通風・換気が必要である．
　　ⅵ．照明：倉内，錨鎖庫，タンク内などの暗所での塗装にあたっては十分な明るさを確保する．ただし，防爆型の照明を使用する．
　　ⅶ．作業者の保護具の装着：揮発性の塗料を使用する場合，作業者が有毒なガスを吸引しないようにマスク，眼鏡，手袋などの保護具を必ず着用する．

(3) 塗装方法
　a．**タッチアップ塗装**：塗膜の一部分の補修を目的とする塗装方法である．錆打ちを実施した場合は，防錆塗料を2～3回塗布し，その上に所定の着色塗料を塗装する．
　b．**総塗装（オールペイント）**：一度に広範囲の場所を塗装することをいう．総塗装は年間の作業計画で施工箇所，時期を適切に決めておくと良い．日本の気候風土では晩春から初夏にかけて，または初秋が最適で，塗料の延びが良く，乾燥も早い．また，長期航海の発航前，または梅雨期前や秋雨期前に行うオールペイントは発錆防止に有効である．

(4) 塗装の注意点
　a．**塗装時機**：以下の条件を考慮して行う．
　　● 数日間，晴天の予報が出ているとき．
　　● 空気が乾燥していて，湿度が低いとき．日出直後を避ける．
　　● 塵埃，煤煙のないとき．
　b．**塗料の取扱方法**：次の点に注意する．
　　● 作業範囲，天候その他の状況を考慮して，その必要量を用意し，使用前までに大缶で十分に攪拌しておく．
　　● 塗料を大缶から小分けの缶に分配する際にも十分に攪拌して各缶の濃度をできる限り均一にする．また，作業者は作業をしながら適宜攪拌する．
　　● 長期間貯蔵されたペイント缶は顔料が缶底に沈殿しているので，使用前に入念に攪拌し，シンナーなどを加えて使用しやすい粘度とする．
　　● 残った塗料は大缶にまとめ，溶剤揮発による乾燥を防止するため缶口を密閉する．
　c．**塗装上の注意点**：次の点に注意する．
　　● 塗装箇所の塗り始めと塗り終わりを定め，刷毛跡を残さないように仕上げる．仕上げの方法は木部については木目に，鋼板は水平のものは水平に，垂直のものは縦に塗装する．
　　● 塗り残しのないように注意する．とくに鋲頭，継ぎ目重ね合わせ部分，管系の裏側など適宜確認しながら塗装する．
　　● 塗膜は厚すぎず薄すぎず，均一に十分に伸ばす．
　　● 塗装作業は困難なところから始め，順次容易な場所に移るように行う．
　　● 刷毛の穂先の半分程度まで塗料を付けるのが適当である．
　d．**塗装後の注意点**：次の点に注意する．
　　● 塗膜が乾燥しない間は，人を近づけないように注意喚起表示をする．
　　● 荷役作業などで塵埃の飛散がある場合は，養生し塗膜の汚損を防止する．

- 塗装に使用した刷毛類はウェスなどで拭き取り，洗い油（灯油など）で洗う。
- 使用した塗料容器は拭き取りの上，収納する。
- 塗料，油類で汚れたウェスなどは放置せず，蓋のある缶に入れて処理する。
- 塗装箇所以外に付着した塗料は直ぐに拭き取る。

(5) 船体各部の塗装の要点

船体各部の機能・用途に応じた塗料の選択と塗装が重要である。塗装の要点を次に挙げる。

a. **船底部**：鋼材の海水中の自然腐食量は平均 0.1 mm/年，局部的な腐食では 0.5 mm/年にも達するといわれ淡水に比べ著しい。船体を保護するためには，強い優れた錆止め塗料の塗布が必要である。また，船底の水中生物による汚損などもあり，これらは防汚塗料で保護する必要がある。

b. **水線部**：水線付近は乾湿相互作用により船底以上に腐食しやすい。また，衝撃などを考慮し，耐水性，耐候性，耐衝撃性に優れた塗料を塗装する。

c. **外舷部**：常時，海水に接触することはないが，飛沫や強烈な紫外線を受けると共に，船の美観にも大きな影響を与えるため，これらを保持するよう錆止め塗料を塗布した上に光沢保持性，保色性の優れた外舷塗料を塗装する。

d. **上部構造物**：最も耐候性と美観が要求されるので，一般的には，長期防食のためエポキシ系塗料やアクリル系塗料を，また，美観のため上塗りとしてポリウレタン系塗料を塗布することが多い。

e. **甲板**：航海中は海水に洗われることも多く，洋上では強烈な紫外線を最も受けやすい箇所でもある。加えて，乗組員の歩行，荷役での貨物による摩耗損傷も受けやすい。甲板については耐水性の優れた錆止め塗料を塗装した上に，耐候性・耐摩耗性に優れた塗料を塗装する。

f. **船倉**：航海中は密閉されて湿度が高く，結露や貨物による影響を受けやすい箇所である。ガスや酸などによる化学的腐食作用や荷役による衝撃など機械的損傷も受けるため，耐水性・耐摩耗性・耐腐食性の強い塗料を塗装する。

g. **原油タンク**：原油中に含まれる硫黄分，その他の酸などの積荷の原油に含まれる不純物の影響を受けて腐食しやすい。また，バラスト海水の搭載により腐食が進行する。耐油性・耐海水性の強い塗膜に電気防食法を併用して保護する。

h. **バラストタンク**：海水による腐食と，原油タンクのバラスト搭載時と同様に船体動揺による衝撃や船体のひずみによっても腐食が進行しやすい箇所である。耐海水性の優れた塗料または電気防食法との併用により保護する。

i. **飲料水タンク**：鋼板の腐食防止と共に，搭載した飲料水を清潔な状態に保つため，飲料適性試験に合格した耐水性の塗料を塗布する。

j. **カーゴタンク**：船に積載される貨物は多種多様にわたるため，これらによる船体の腐食を防止すると同時に積荷の汚損を防ぐため，積荷に応じて耐溶液性，耐薬品性などに優れた塗料を使用する場合もある。

k. **その他の箇所**：船内の浴室，ギャレーのようにつねに熱気と湿度を受ける箇所や，バッテリー室のように酸と湿気を受けるなど腐食を受けやすい箇所では，それぞれの環境に応じた塗装が必要となる。

第 3 章

船体重量と復原性

3.1 船体重量と排水量

図 3.1 に示すように，船体は**船体重量** W と**浮力** B が釣り合ったところで静止して浮く。船体重量とは自重（軽荷重量）と積載しているすべての物の重量を加えたもので，重心（船体重量の中心）G に鉛直下向きに働く。浮力とは船体が押しのけた海水の重量に等しい力で，浮心（水線下容積の中心）B に鉛直上向きに働く（**アルキメデスの原理**）。また，船体が押しのけた海水の重量を排水量 $Disp$ という。これらには次の関係が成り立つ。

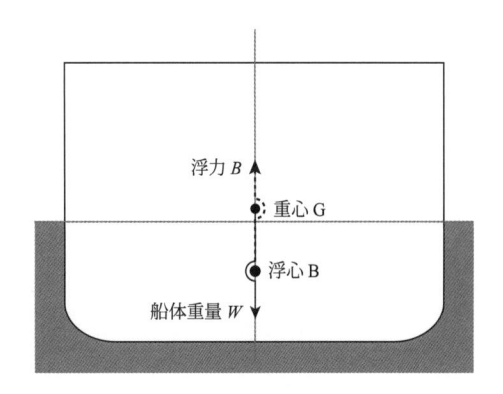

図 3.1 船体重量と浮力

$$W = B = Disp \tag{3.1}$$

3.1.1 船体重量

船体重量は船体自重と貨物や燃料など搭載されているすべての物体の重量の総和である。式 (3.2) に示すように，船体重量 W は船体や貨物の重量 w を加算して算出する。

$$W = w_1 + w_2 + \cdots + w_n = \sum_{i=1}^{n} w_i \tag{3.2}$$

式 (3.2) の計算を練習船大成丸のコンディションシートを例にとって説明する。

a．**コンディションシート**：船体重量などを計算するための表をコンディションシートという。船体重量や重心位置の算出に使用される。出港時や貨物積載時に作成する。表 3.1 に練習船大成丸のコンディションシートを示す。

表 3.1 大成丸船体コンディションシート

日時　2016/01/07, 1000JST
場所　東京港

名称		全容量	割合	容量	W	KG	W·KG	MG	W·MG
単位		m³	%	m³	t	m	tm	m	tm
軽荷重量					2676.1	7.16	19160.88	3.60	9633.96
固定バラストなど					132.4	5.96	789.10	26.10	3455.64
小計					2808.5	7.10	19949.98	4.66	13089.60
バラスト水					1.000				
FPT	C	92.1	48	44.5	44.5	2.50	111.25	−39.28	−1747.96
NO.1 WBT	C	46.2	73	33.8	33.8	1.66	56.11	−31.72	−1072.14
NO.2 WBT	C	55.1	61	33.7	33.7	1.34	45.16	−26.10	−879.57
APT	P	56.3	69	39.0	39.0	5.40	210.60	36.28	1414.92
APT	S	56.3	73	41.0	41.0	5.44	223.04	36.30	1488.30
APT	C	105.4	73	76.8	76.8	5.14	394.75	37.30	116.59
小計		411.4	65	268.8	268.8	3.87	1040.91	−2.53	−679.86
清水, 飲料水					1.000				
NO.3 DWT	P	44.7	100	44.7	44.7	2.00	89.40	−18.58	−830.53
NO.3 DWT	S	44.7	100	44.7	44.7	2.00	89.40	−18.58	−830.53
NO.4 FWT	P	93.3	100	93.3	93.3	1.94	181.00	−13.98	−1304.33
NO.4 FWT	S	93.3	100	93.3	93.3	1.94	181.00	−13.98	−1304.33
NO.5 FWT	P	83.4	100	83.4	83.4	1.90	158.46	−9.16	−763.94
NO.5 FWT	S	83.4	100	83.4	83.4	1.90	158.46	−9.16	−763.94
NO.6 FWT	P	75.0	100	75.0	75.0	1.87	140.25	−5.34	−400.50
NO.6 FWT	S	75.0	100	75.0	75.0	1.87	140.25	−5.34	−400.50
小計		592.8	100	592.8	592.8	2.53	1138.22	−8.45	−6598.61
燃料油（A 重油）					0.863				
NO.7 DOT	P	74.8	38	28.1	24.3	0.80	19.40	−1.14	−27.65
NO.7 DOT	S	77.8	35	27.3	23.6	0.78	18.38	−1.14	−26.86
NO.8 DOT	P	56.7	87	49.1	42.4	1.51	63.98	2.00	84.75
NO.8 DOT	S	62.7	84	52.8	45.6	1.60	72.91	2.00	91.13
NO.9 DOT	P	45.7	77	35.4	30.6	0.73	22.30	8.16	249.29
NO.9 DOT	C	63.1	76	48.2	41.6	0.58	24.13	8.19	340.68
NO.9 DOT	S	45.7	80	36.4	31.4	0.75	23.56	8.16	256.33
NO.10 DOT	P	19.8	75	14.8	12.8	0.76	9.71	15.51	198.10
NO.10 DOT	S	19.8	79	15.6	13.5	0.77	10.37	15.53	209.08
DO SETT.T	P	11.2	58	6.5	5.6	7.19	40.33	25.45	142.76
DO SERV.T	S	11.2	73	8.2	7.1	7.36	52.08	25.45	180.10
小計		488.5	66	322.4	278.2	1.28	357.14	−8.45	1697.71
総計					3948.3	5.70	22486.26	1.90	7508.85

b. **軽荷重量**：船体自重をいう。燃料や貨物を搭載していないときの船体重量で，鋼材，機器，船内備品の総計である。船体建造時に計測される。

c. **重量 W**：船体自重，燃料，清水，貨物の重量を加えた船体総重量をいう。式 (3.2) の重量はこの列で求められる。この時点での総重量は 3948.3 t である。

d. **KG**：鉛直方向の重心位置を表す。K は base line である（図 3.2 参照）。総計欄における KG は，鉛直重心位置は base line の上方 5.70 m（= 22486.26/3948.3）にあることを示している。

e. **W·KG**：鉛直方向のモーメントを表す。

f. **MG**：船体中央から前後方向の重心位置で，"−" は船体中心よりも前方にあることを，"＋" は後方にあることを表す。M は midship（船体中央）である（図 1.1 参照）。総計欄の MG

は，前後重心位置は midship の後方 1.90 m（= 7508.85/3948.3）にあることを示している。

g．$W \cdot MG$：前後方向のモーメントを表す。

3.1.2 排水量

排水量は船体の水面下の容積が押しのけた海水の重量である。排水容積を $V\,[\mathrm{m}^3]$，海水密度を $\rho\,[\mathrm{t/m}^3]$ とすると，排水量 $Disp$ は次式から算出することができる。

$$Disp = \rho V \ [\mathrm{t}] \tag{3.3}$$

排水量算出は次の手順による。

(1) 喫水の測定
(2) 海水比重の測定
(3) 排水量の算出
(4) 海水比重の修正

(1) 喫水の測定

喫水は喫水標で測定する。喫水標はキールの下面からの高さが表示されており，日本ではメートル表示である。文字の高さと間隔はそれぞれ 10 cm，文字の太さは 2 cm である（図 3.2）。同図において，水面が WL にある場合，喫水は 5.44 m である。波で海面が上下している場合には，極大値および極小値を数回読み，その平均値をその喫水とする。極端に大きい値や小さい値は除外する。

喫水の測定は，船首，中央，船尾の両舷の喫水を測定し，それぞれの平均を船首喫水 d_f，中央喫水 d_M，船尾喫水 d_a とする。平均喫水の算出には 2 種類ある。船首・船尾喫水を単純平均した喫水 d_m（式 3.4）と，船首・船尾・中央喫水の重み付け平均喫水 d_{MMM}（式 3.5）である。後者を QM 喫水[*1] という。

$$d_m = \frac{d_f + d_a}{2} \tag{3.4}$$

$$d_{MMM} = \frac{d_f + d_a + 6 d_M}{8} \tag{3.5}$$

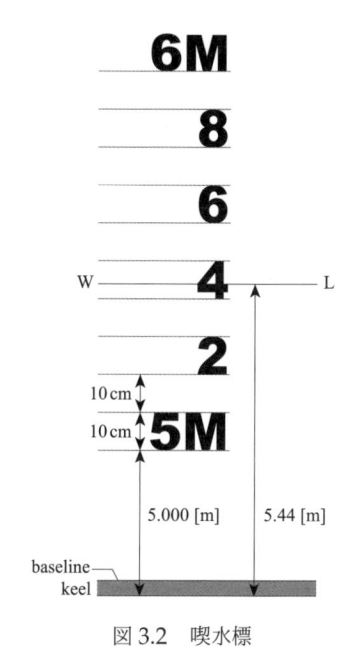

図 3.2　喫水標

(2) 海水比重の測定

海水比重の測定はできる限り喫水測定の直前または直後に行う。

海水を採取する際，船体の周囲（船首，中央，船尾の左右。できない場合は 2 箇所）の喫水の半分の深さの海水を採取する。とくに，河川港では清水と海水とが混ざり合い，測定箇所によって比重が大きく異なることが考えられる。また，スカッパーなどの近くでの測定は避ける。

[*1] QM：Quater Mean，クォーターミーン

採取した海水をメスシリンダーに入れ十分に攪拌し，海水比重計を入れて2，3目盛り沈め上下動が静止した後，その示度を小数点以下3桁まで読み取る。海水比重計に**上縁視定**[*2]の表記がある場合や視定方法の表記がない場合，メニスカスの上縁の値を測定し，**水平面示度**の表記がある場合，流体表面と目盛りの交差点の値を測定する（図3.3）。

同図に示した海水比重計を上縁視定とすると比重値は1.024，水平面示度とすると1.025である。

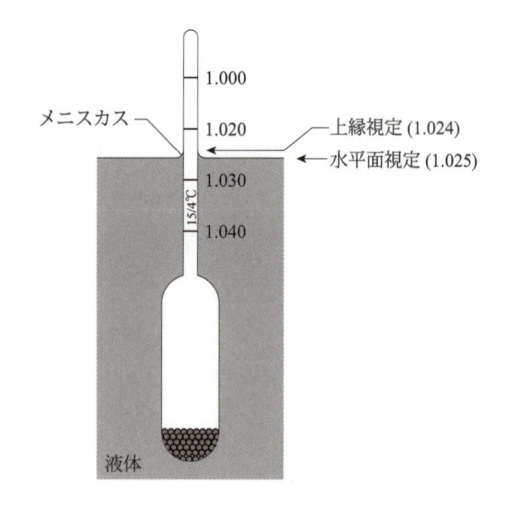

図3.3　比重計

（3）排水量の算出

排水量等曲線図（または排水量等数値表）を利用し，式(3.4)または(3.5)で求めた喫水から排水量を読み取る。喫水と排水量などの関係や浮心位置，浮面心位置，毎センチ排水トン数などが描かれた図を排水量等曲線図という（図3.4）。縦軸は喫水，横軸は換算尺で，この尺の値に換算値を掛けて，それぞれの値を算出する。排水量等数値表は排水量等曲線図を数値化したものである。

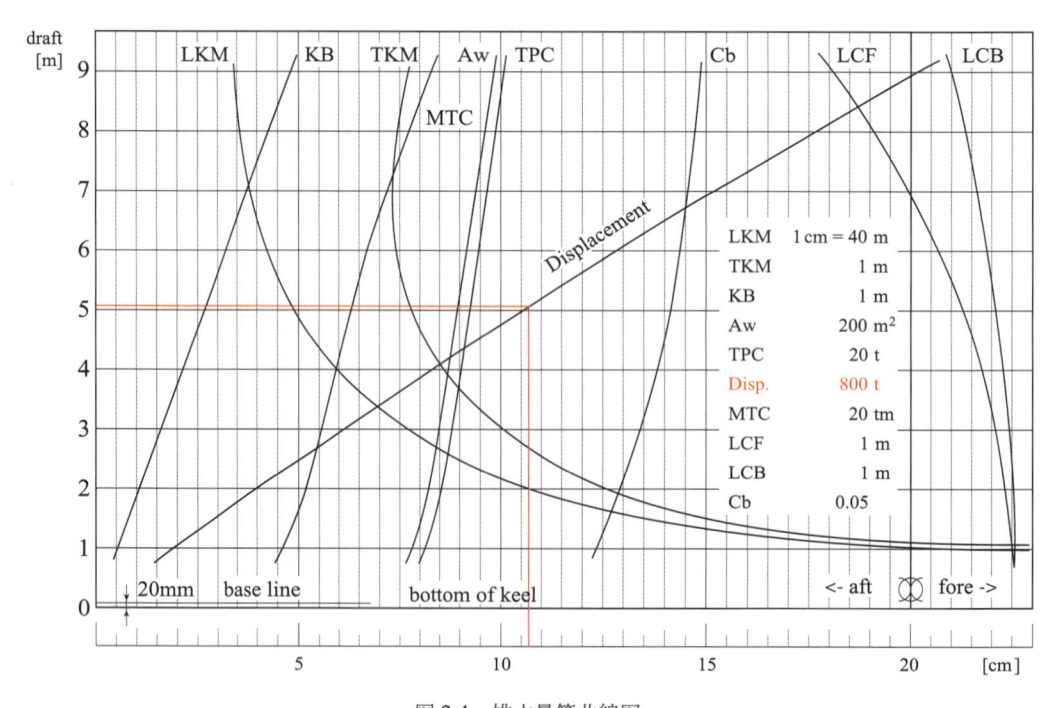

図3.4　排水量等曲線図

[*2] 液体が透明でない場合，水平面示度を読むことができないので，上縁視定がある。

(4) 海水比重の修正

求められた排水量に対し，海水比重を修正する。排水量等曲線図では海水比重を $1025\,[\mathrm{kg/m^3}]$ としているので，測定した比重 ρ がこれと異なる場合には，修正が必要である。

$$Disp_\rho = Disp_{1025} \frac{\rho}{1025} \;[\mathrm{t}] \tag{3.6}$$

例題 図 3.4 に示す船の喫水を $d_f = 4.75\,\mathrm{m}$, $d_M = 5.10\,\mathrm{m}$, $d_a = 5.25\,\mathrm{m}$ に，海水比重を 1.024 に測定した。排水量を求めよ。

【解答】 最初に QM 喫水を算出する。

$$d_{MMM} = \frac{d_f + d_a + 6\,d_M}{8} = \frac{4.75 + 5.25 + 6 \times 5.10}{8} = 5.075\,[\mathrm{m}]$$

次に，図 3.4 から排水量 $Disp_{1.025}$ を求める。喫水 $5.08\,\mathrm{m}$ と曲線 "Displacement"（排水量）の交点の換算尺の値は $10.7\,\mathrm{cm}$ で（図の赤線），排水量換算値は $800\,\mathrm{t/cm}$ だから（図の赤字），排水量は

$$Disp_{1025} = 800 \times 10.7 = 8560.0\,[\mathrm{t}]$$

求めれらた排水量に海水比重を修正する。式 (3.6) に $Disp_{1025}$ と海水比重 $1024\,\mathrm{kg/m^3}$ を代入し，測定時の排水量 $Disp_{1024}$ を求める。

$$Disp_{1024} = Disp_{1025} \frac{\rho}{1025} = 8560.0 \times \frac{1024}{1025} = 8551.6\,[\mathrm{t}]$$

3.2 復原力

船体を横方向または縦方向に傾斜させると，船体は元の状態に戻ろうとする。この性質を復原性といい，その力を**復原力**（stability）という。

3.2.1 横方向の復原力

図 3.1 に示すように垂直に浮上する船体は船体重心 G と浮心 B が同一鉛直線上にある。図 3.5 はこの船体を右に θ 傾斜させた状態を示している。船体が傾斜することにより水中の船体形状が変化し，浮心 B は B′ に移動することにより，重量 W と浮力 B は偶力をつくり，船体を元の状態に戻そうとする復原力を発生させる（図 3.5）。

復原力 S は重心から浮力 B の作用線に下した足の長さ（**復原てこ**）GZ と重量 W との積で表される。単位は [tm] である[3]。

$$S = W \cdot \mathrm{GZ}\;[\mathrm{tm}] \tag{3.7}$$

---

[3] 単位 [tm] は重量 [t]（[kg] でもよい）と距離 [m] の積である。重量だけではなく，その位置も考える必要がある場合に使用される。たとえば，天秤の釣合いを考える場合，天秤の左右の重りの重量とその距離の積 $wl\,[\mathrm{kg \cdot m}]$ を考慮する必要がある。左の重り w_L が距離 L にあり，右の重り w_R が距離 R にある場合，$w_L \cdot L = w_R \cdot R$ となるとき天秤は釣り合う。

GZと船体傾斜θの関係を示した曲線を**復原力曲線**という（図3.6）。GZはθの増加に伴い山型の曲線を描き，GZが最大となるときを**最大復原て**といい，GZが0となるときの角度を**復原力滅失角**という。復原力滅失角まではGZ > 0であるから復原力はあるが，これを超えて傾くと復原力は"−"になり船体は転覆する。

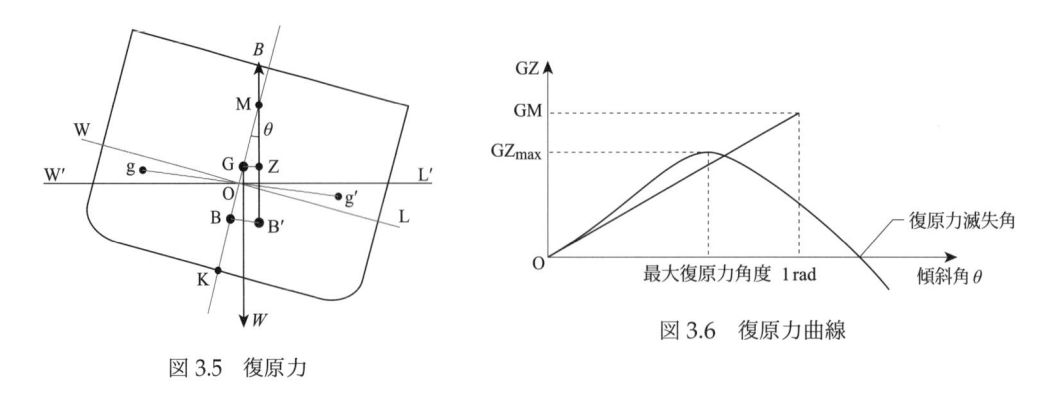

図 3.5　復原力

図 3.6　復原力曲線

浮力線 B'Bと船体中心線との交点 M を**横メタセンタ**という（図3.5）。傾斜角θが小さい場合（約10°以下），横メタセンタ位置はほぼ一定である。重心Gと横メタセンタMとの距離GMを**メタセンタ高さ**という。

図3.6の傾斜角θが小さい範囲に注目してみると，GZ曲線はGM直線とほぼ一致していることがわかる。この場合，GZとGMには次の関係がある。

$$GZ = GM \sin\theta \ [\text{m}] \tag{3.8}$$

したがって，船体の傾斜角θが小さい場合，復原力は次のとおり表すことができる。このときの復原力を**初期復原力**という。式(3.7)，(3.8)から，次式を得る。

$$S = W \cdot GM \sin\theta \ [\text{tm}] \tag{3.9}$$

GMを知ることは非常に大切で，出港前には必ず算出しなければならない。微小な横揺れの周期を測定することによって，GMを推定することができる。横揺れ周期をT [s]，船幅をB [m]とすると，次の近似式が成り立つ。

$$T \simeq \frac{0.8B}{\sqrt{GM}} \ [\text{s}] \tag{3.10}$$

3.2.1.1　安定性

横メタセンタ位置KMは喫水により，重心位置KGは搭載物の鉛直方向の重量配分によって決まり，GMは次式で表すことができる。

$$GM = KM - KG \ [\text{m}] \tag{3.11}$$

GMは正負の値をとり，それによって船体は安定・不安定状態となる。

$\text{GM} > 0$ （MがGの上方にある）　　安定
$\text{GM} < 0$ （MがGの下方にある）　　不安定
$\text{GM} = 0$ （MとGが重なる）　　　　中立

a. **安定**：GM > 0であれば，船体を若干傾けたとき浮心は重心よりも船側側に移動するので，重量と浮力が偶力を形成し，それが復原力となって船体を直立に戻そうとする。この状態を**安定**という（図3.7）。

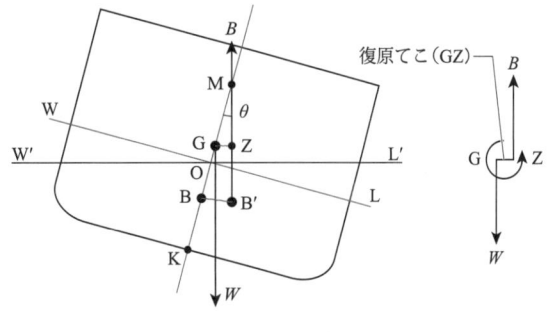

図3.7　安定

b. **不安定**：GM < 0であれば，船体を若干傾けたとき浮心は船側側に移動するものの，重心よりも船側側に移動できないため，復原力が働かず船体はより傾斜する。この状態を**不安定**という（図3.8）。

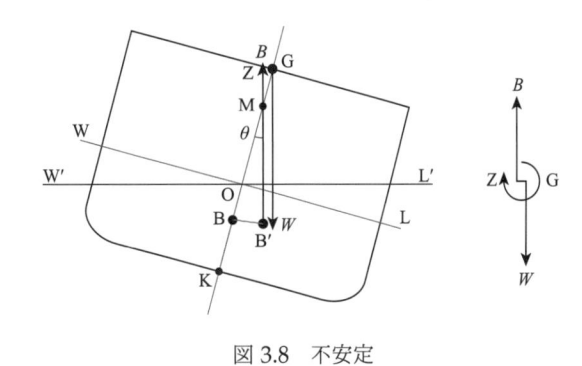

図3.8　不安定

c. **中立**：GM = 0であれば，船体を若干傾けても浮心と重心は同一鉛直線上にあり，復原力や傾斜力は発生しない。この状態を**中立**という（図3.9）。船体が傾いた状態からさらに傾くと，浮心Bは船側側に移動して復原モーメントが働き，船体が直立に近づくと浮心Bは中心線に近づき傾斜モーメントが働く（図3.9）。

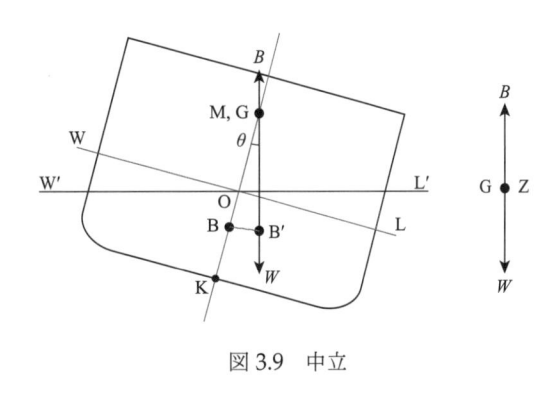

図3.9　中立

3.2.1.2　復原力を減少させる現象

GMが減少することによって，初期復原力が減少する。GMを減少させる原因には，次のものがある。

a. **貨物の搭載や移動**：重心よりも上部位置への貨物の搭載，重心よりも下部位置にある貨物の荷揚，下層から上層への貨物の移動。

b．燃料などの消費：二重底内にある燃料や清水の消費。
c．船上装置の稼働：船上荷役装置による貨物の吊上げ，可動式ヤードによる展帆。
d．自由水影響：タンク内に液体が一杯になっていないとき，液体が動き重心を移動させ，GM を減少させる。この現象を自由水影響という。
e．船体構造の変更：改造による上部構造物の増加。
f．気象海象：高緯度航行時の船体着氷，荒天時の大量の海水の甲板への打込み，スカッパーや放水孔の整備不良による海水の残留，ハッチなどからの海水の浸入。
g．その他：入出港時の乗客の甲板上での見学，入渠時の盤木への接触。

3.2.2 横傾斜

図 3.10 に示すように，船上にある物体を横方向に移動させると，その移動に伴って船体は傾斜する。

傾斜量は物体の重量とその移動距離に比例する。物体の重量を w [kg]，移動距離を gg' [m]，船体重量を W [kg]（W には w も含まれる）とすると，船体重心の移動距離 GG' [m] は次式で表すことができる。

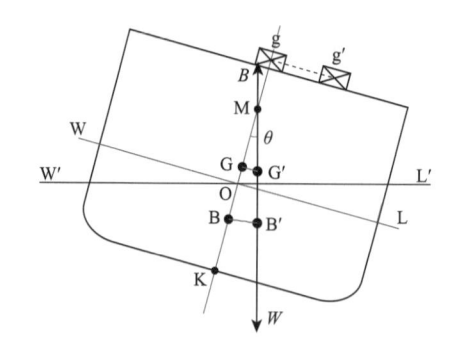

$$GG' = \frac{w \cdot gg'}{W} \text{ [m]} \quad (3.12)$$
$$= GM \sin\theta \text{ [m]} \quad (3.13)$$

図 3.10 物体の移動による船体傾斜

式 (3.12) は GG' を gg' の重量割合 w/W として求めた式で，式 (3.13) は図 3.10 から得られる式 $GG' = G'M \sin\theta$ を $G'M = GM$ として近似したものである。

式 (3.12)，式 (3.13) の右辺から，傾斜角 θ を導くことができる。

$$\sin\theta = \frac{w \cdot gg'}{W \cdot GM} \quad (3.14)$$

3.2.3 縦方向の復原力

基本的には，縦方向の復原力は横方向のそれと同様に考えることができる。図 3.11 は船体が縦方向に傾斜角 θ_L 傾いた状態を示している。

船体にトリムが生じると浮心は B から B′ に移動する。B′ には上向きに浮力 B が働き，重心 G には船体重量 W が働くので，船体には元の状態に戻ろうとする偶力が働く。横傾斜と同様に船体中央線と浮心の鉛直線とが交わる点 M_L を縦メタセンタという。縦メタセンタはほぼ船の長さ L に等しい。

縦方向の復原力 S_L は，次式で表すことができる。式 (3.17) は復原力をトリム τ [m] で表したものである。

$$S_L = W \cdot GZ_L \text{ [tm]} \tag{3.15}$$
$$= W \cdot GM_L \sin\theta_L \text{ [tm]} \tag{3.16}$$
$$= W \cdot GM_L \frac{\tau}{L} \text{ [tm]} \tag{3.17}$$

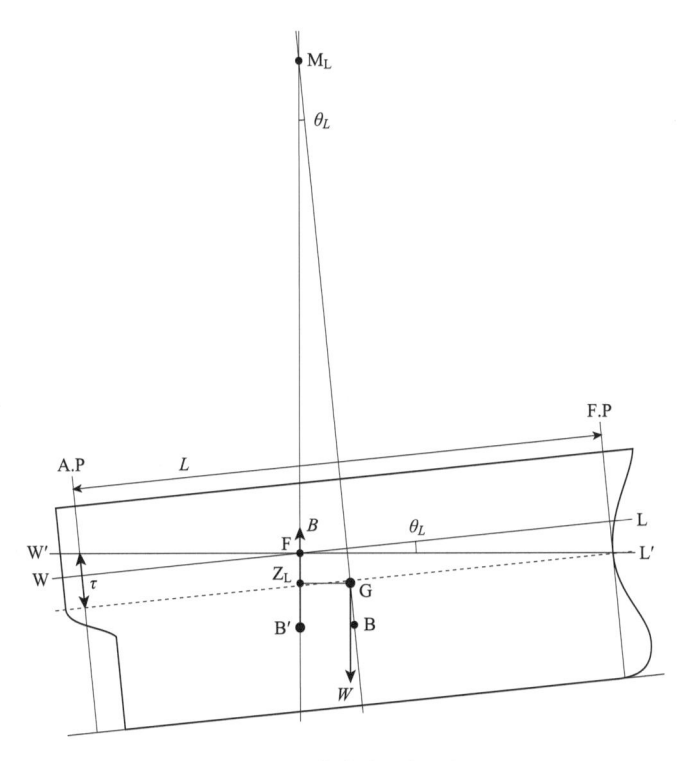

図 3.11　縦方向の復原力

3.2.4　縦傾斜

船上にある貨物を前後方向に移動した場合，縦傾斜が変化する．縦方向の傾斜は船の長さに比べ非常に小さいので，角度ではなく，**トリム**（船首尾の喫水差）で表す．

トリムを 1 cm（0.01 m）変化させるのに必要なモーメントを**毎センチトリムモーメント**（**MTC**）という．MTC は次式で表すことができる．また，排水量等曲線図（図 3.4）から求めることができる．

$$\text{MTC} = \frac{W \cdot G_L M_L}{100L} \text{ [tm]} \tag{3.18}$$

トリム量は物体の重量とその移動距離に比例する．物体の重量を w [t]，移動距離を gg' [m]，船体重量を W [kg] とすると，船体重心の移動距離 $G_L G_L'$ [m] は

$$G_L G_L' = \frac{w \cdot gg'}{W} \text{ [m]} \tag{3.19}$$
$$= G_L M_L \sin\theta_L \text{ [m]} \tag{3.20}$$
$$= G_L M_L \frac{\tau}{L} \text{ [m]} \tag{3.21}$$

式 (3.19), (3.21) の右辺から，トリム変化量 τ [cm] を求めることができる。

$$\tau = \frac{w \cdot gg'}{W \cdot G_L M_L / L} \; [\mathrm{m}] \tag{3.22}$$

$$= \frac{w \cdot gg'}{W \cdot G_L M_L / 100L} \; [\mathrm{cm}] \tag{3.23}$$

$$= \frac{w \cdot gg'}{\mathrm{MTC}} \tag{3.24}$$

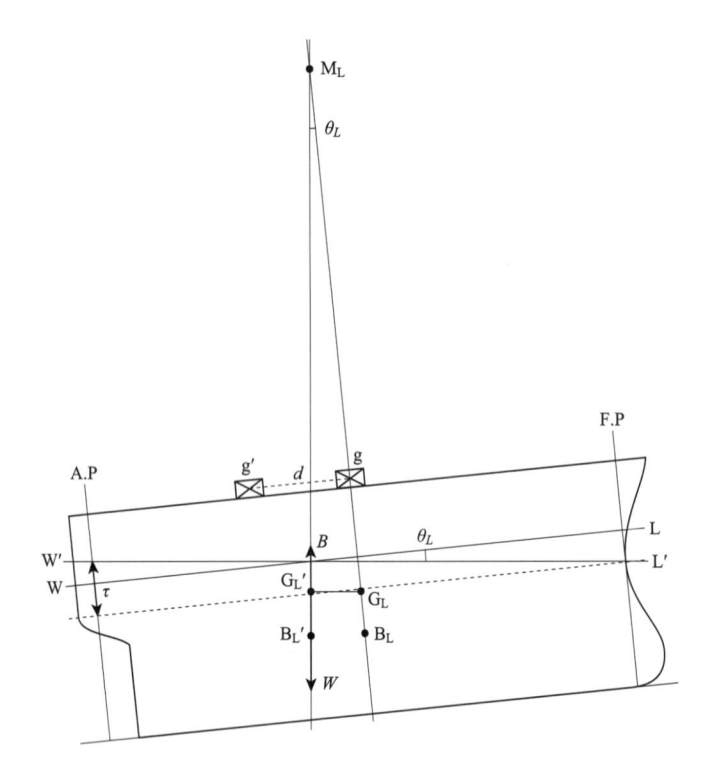

図 3.12　物体の移動による船体傾斜

第 4 章

気象および観測

4.1 気象現象

　地球に届く太陽の熱エネルギーは地表や大気を暖め，暖められた地球は赤外線として宇宙にエネルギーを放射している。太陽から地球に送り届けられるエネルギーを 100 % とすると，地表を暖めるのに 49 %，雲や大気中の水蒸気を暖めるのに 20 % が使われ，残り 31 % は雪や雲により反射される。一方，地球を暖めるのに使われた 69 % のエネルギーは赤外線として放出されるので，地球全体としての熱収支は ±0 で，暖まり続けることも冷え続けることもない。

　地球は太陽から熱エネルギーを受け地表が暖まる。空気は熱せられた地表によって暖められる。したがって，**気温**は地表に近いほど高く，上空にいくほど低くなる（図 4.5 参照）。地表で暖められた気塊は軽くなり，上空で冷やされた気塊は重くなることによって，上下の気塊は入れ替わり，さまざまな気象現象を生む。このように，**気温は大気の鉛直方向の動きをもたらす**。

　強く暖められた気塊は軽くなり上昇気流となる。空気は暖かく軽くなったため気圧は低くなり**低気圧**をつくる。上昇した気流は冷やされることによって，上昇気流とは別の場所で下降気流となって地表に戻る。空気は冷たく重くなったため，気圧は高くなり**高気圧**をつくる。下降気流は地表に当たり水平方向へとその流れを変え，気圧の低いほうに風をつくる。このように，**気圧は風をもたらす**。

　一方，上空ほど気圧は低いため，上昇した気塊は上昇するほど膨張し，その温度を下げる。気塊のなかに**水蒸気**があれば，気温の低下と共に水滴に変わり雲を発生させる。このように，**水蒸気は雲をもたらす**。

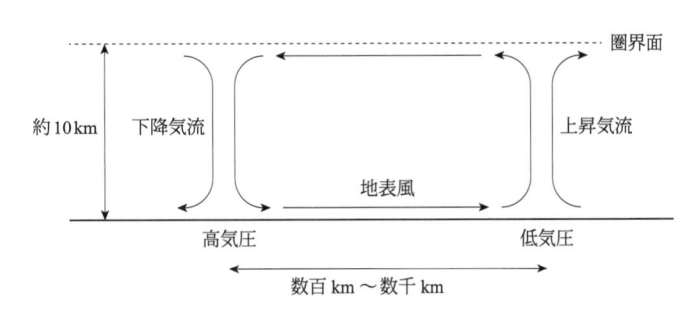

図 4.1　大気の鉛直および水平方向の運動

気象現象は大気の鉛直および水平方向の運動である。鉛直規模は対流圏（後述）の高さである10km程度であるのに対し，水平規模は数百〜数千kmにも及ぶ。また，気象現象の運動の速さは，温帯低気圧を例にとれば，鉛直方向は0.01〜0.1m/sであるのに対し，水平方向は10〜20m/sである。

4.1.1 気温，気圧，露点温度

現在の大気の状況を知るには，大気を観測し，大気の状態を定量的に捉える必要がある。

a．**気温**：大気の温度を気温という。温度はその下限を0°とする絶対温度K（ケルビン）を用いる。通常は氷点を0°とした°C（セルシウス度）を使う。Kと°Cの関係は次式で表される。

$$°C = K - 273.15 \tag{4.1}$$

b．**気圧**：大気の圧力を気圧という。気圧の大きさは気柱の重さで考えることができ，気柱の低所ほど気圧は高くなり，高所ほど気圧は低くなる（図4.2）。

気圧の単位にはhPa（ヘクトパスカル）を用いる。Pa（パスカル）とは圧力の単位で，$1\,\text{m}^2$に1N（ニュートン）の力が働いている状態である。hは100倍を表す。

$$1\,\text{Pa} = 1\,\frac{\text{N}}{\text{m}^2} \tag{4.2}$$

Nとは力の単位で，1kgの物体が$1\,\text{m/s}^2$の加速度を持つときの力である。地球表面の重力加速度は$9.8\,\text{m/s}^2$であるから

$$1\,\text{N} = 1\,\frac{\text{kg} \cdot \text{m}}{\text{s}^2} = 0.102\,\text{kg} \times 9.8\,\frac{\text{m}}{\text{s}^2} \tag{4.3}$$

上式から1Paとは$1\,\text{m}^2$当たり0.102kgの重力（ほぼ単一乾電池1個の重さ）がかかっている状態である（図4.3）。地表面における大気圧は1013hPa（= 10万1300Pa）であるから，$1\,\text{m}^2$当たり10t（$1\,\text{cm}^2$当たり1kg）の力がかかっていることになる。

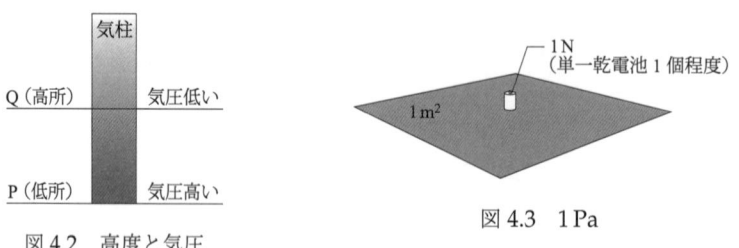

図4.2　高度と気圧

図4.3　1Pa

c．**露点温度**：大気に含まれている水蒸気の分圧を**蒸気圧**といい，通常の大気の蒸気圧は0〜41hPaである。水は海水から大気中に蒸発し，大気中の水蒸気は海水に溶け込むこと（凝結）を繰り返している。蒸発および凝結ができなくなった状態を**気液平衡**といい，このときの蒸気圧を**飽和蒸気圧**という。飽和蒸気圧は大気の温度によって決まり，その温度が高いほど飽和蒸気圧は高い（図4.4）。現在の大気の圧力を変えずに冷却していくと，水蒸気は凝固し物

体の表面に露が付き始める。このときの温度を露点温度という。

空気中の水蒸気量を表したものを**湿度**といい，蒸気圧と飽和蒸気圧の比を**相対湿度**という。図 4.4 において，30.0 °C のときの飽和蒸気圧は 42.4 hPa (a) である。蒸気圧を 20.0 hPa (b) とすると，相対湿度は $r = 20.0/42.4 \times 100 = 47.2\%$ である。この大気が飽和状態 (c) になる露点温度は約 17.5 °C (d) である。

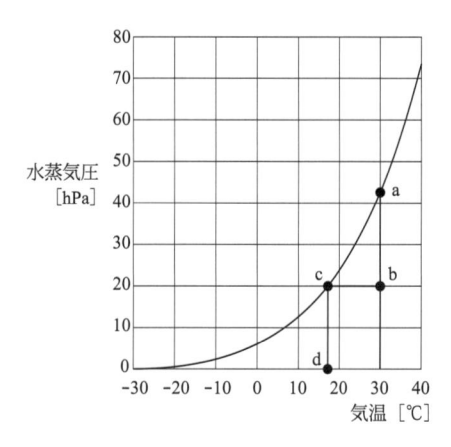

図 4.4 気温と飽和蒸気圧

4.1.1.1 大気の鉛直構造と循環

天体が保持している気体を大気という。地球の大気の主成分は窒素 78%，酸素 21%，アルゴン 1% であり，二酸化炭素，一酸化炭素，ネオン，ヘリウム，メタン，クリプトン，一酸化二窒素，水素，オゾンがわずかに含まれる。大気には水蒸気も含まれるが，その量は地域によって大きく異なる[*1]。

大気の存在する範囲を**大気圏**といい，鉛直温度分布により対流圏，成層圏，中間圏，熱圏の 4 層に分類する (図 4.5)。

a．**対流圏**：大気の最下層を対流圏といい，その高さは地表温度に比例し，赤道部で約 17 km，両極では約 9 km である。対流圏には，地球の大気の全質量の約 75% と水蒸気のほとんどが存在する。対流圏では高さと共に気温が下降しているため空気が鉛直に運動し，さまざまな気象現象が起こる。対流圏の高さによる気温の下がり方を**気温減率**といい，その割合の平均値は約 −0.65 °C/100 m である。対流圏とその上層の成層圏との境界を**圏界面**という。視覚的には，積乱雲の頂部が水平方向に広がりかなとこ状 (図 4.26 参照) となったところが圏界面である。

b．**成層圏**：対流圏の上の層を成層圏といい，その高さの範囲は約 10～50 km である。成層圏下部ではほぼ気温が一定であるが，高さ 20～50 km 程度では高さと共に気温が上がっている。このため，成層圏では対流が起こりにくく大気は安定している。成層圏には大気の全質量の約 17% が含まれているので，大気の 92% は対流圏と成層圏に含まれることになる。

c．**中間圏**：成層圏の上の層を中間圏といい，その高さの範囲は約 50～80 km である。中間圏では，気温は高さと共に下がり，高さ 80 km で約 −80～−90 °C になる。対流圏から中間圏までの大

[*1] 水蒸気の影響を排除するため，一般には水蒸気を含まない乾燥大気で考えることが多い。

気組成はほぼ同じであるが，中間圏の大気の密度は地表付近の大気の 1/1 万程度しかない。

d．**熱圏**：中間圏の上の層を熱圏といい，その高さの範囲は約 80〜800 km である。熱圏では，高さと共に気温が上昇し，高さ 400 km 以上では 1000 °C にもなる[*2]。熱圏では，大気の各成分は分子よりも原子（窒素原子や酸素原子）の形で存在し，熱圏の最下部（高度 90〜130 km）でオーロラが発生する。

赤道付近と極付近が太陽から受け取る熱エネルギー量を比較すると，赤道付近は太陽光がほぼ真上から当たるため受け取るエネルギー量が多いのに対して，極地方は太陽光が斜めに当たるため受け取るエネルギー量は少ない。一方，地球が放射するエネルギーは低緯度でも高緯度でもほぼ同じであるため，熱収支は低緯度で正，高緯度で負になる。

赤道で得た熱エネルギーは図 4.6 に示す大循環によって極地方に運ばれ，大循環を形成する低緯度および中緯度の循環は**貿易風**や**偏西風**を生み出す。

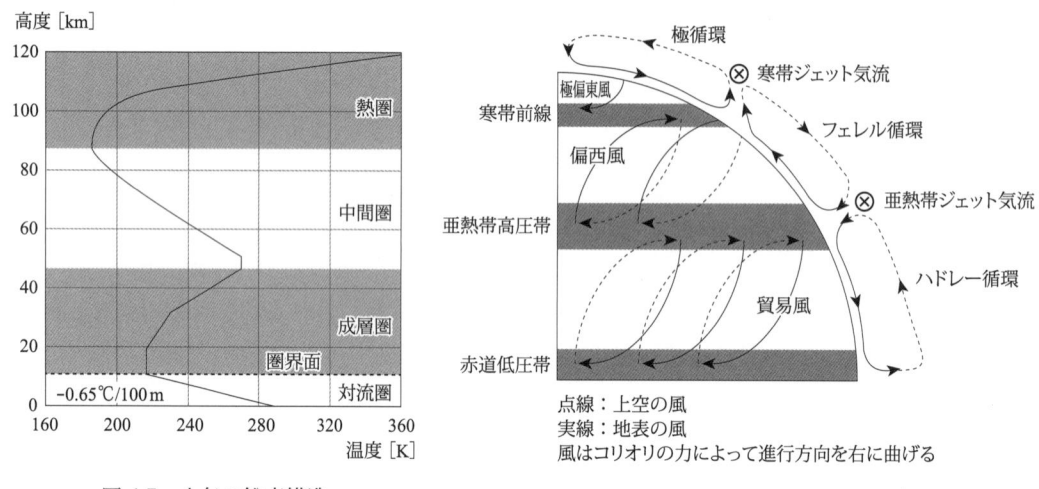

図 4.5　大気の鉛直構造

図 4.6　大気の大循環（北半球）

4.1.2　上昇気流

上昇気流は低気圧，雲，突風などの発生の原因ともなる。上昇気流は天気を崩す主要因といえる。

a．**前線**：すでにある暖気に寒気がぶつかる場合と，すでにある寒気に暖気がぶつかる場合とがある。前者を寒冷前線といい急激な上昇気流が起き（図 4.7 左），後者を温暖前線といい緩やかな上昇となる（同図右）。

b．**地形**：山に向かって吹いた風が斜面に沿って上昇する（図 4.8）。

c．**寒気**：暖かい地面に寒気が移流してきて対流が起こり，上昇気流が発生する（図 4.9）。

d．**収束**：低気圧や台風などのように周囲から風が集まってきて気流が収束し，空気は行き場を失って上昇する（図 4.10[*3]）。

[*2] 温度は分子の平均運動量によって定義されるためこのように高温になるが，熱圏では大気の密度は非常に小さいので，大気から受ける熱量は小さく熱さは感じられない。

[*3] 図中⊙は紙面からこちらに向かってくることを表す記号である。ここでは，上昇気流を表している。

e．日射：よく晴れた日，日照によって地面が加熱され，接していた空気（サーマル）が上昇する（図4.11）。

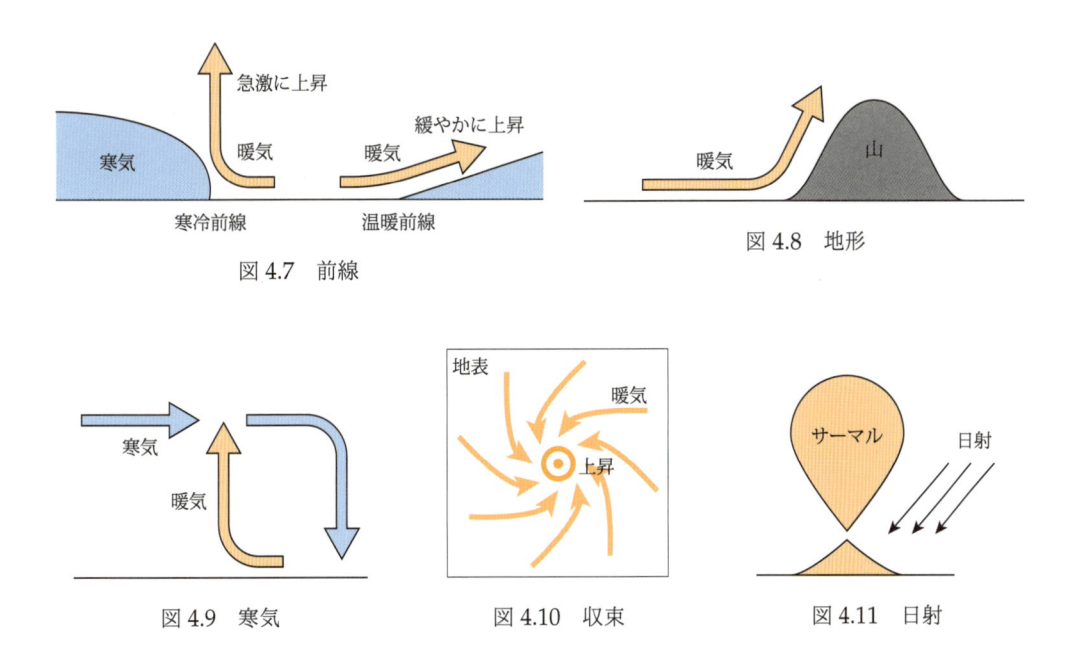

図4.7　前線

図4.8　地形

図4.9　寒気

図4.10　収束

図4.11　日射

4.1.3　高気圧と低気圧

4.1.3.1　高気圧

周囲より気圧の高い区域を高気圧という。高気圧の中心付近では下降気流で，地表付近に下りてきた空気は，北半球では時計回りに周囲に吹き出す。高気圧内では下降気流のため雲はできにくく，一般的に天気は良い（図4.12, 4.13）。高気圧には次のものがある。

a．温暖高気圧：上空から下降する空気は断熱圧縮されて温度が上昇し，高気圧域内は暖い空気で占められる。このように形成される高気圧をいう。この高気圧は上空で空気が集まるという力学的な原因でできる。暖い空気は軽いので，高層まで空気が堆積して周囲より高くなっていることが必要で，背の高い高気圧とも呼ばれる。

b．寒冷高気圧：地表面が冷却されると，それに接している大気も冷却されて重くなる。この重い空気が堆積して形成される高気圧をいう。この高気圧は地表から冷却されるという熱的な原因でできる。大陸の放射冷却によってできるシベリア高気圧がある。

c．移動性高気圧：寒冷高気圧などから分離して，偏西風に流され時速40～50 kmで東進してくるものを移動性高気圧という。直径が1000 km程度であるため，天気は持続しない。

d．ブロッキング高気圧：中・高緯度の上層のジェット気流が南北に大きく蛇行する場合には，亜熱帯高気圧から切り離された切離高気圧が高緯度に停滞することがある。この高気圧をブロッキング高気圧という。この高気圧は温帯低気圧や移動性高気圧の通常の西から東への移動を停滞させる（ブロックする）ことから，この名称が付けられた。

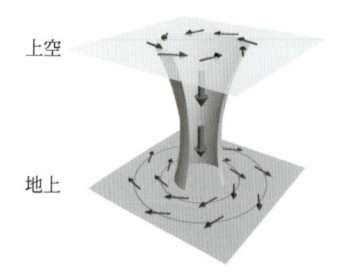

図 4.12　高気圧の鉛直構造　　　　図 4.13　高気圧の平面構造

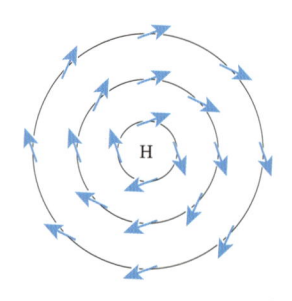

4.1.3.2　温帯低気圧

　周囲より気圧の低い区域を低気圧という。低気圧の中心付近では気圧が低いため，地表で周囲から風が吹き込み中心付近に集まった空気は上昇する。この上昇気流のために雲が発生し，一般的に天気は悪い（図 4.14）。温帯低気圧は暖気と寒気の境界に発生する。暖気と寒気が隣り合った場合，暖気は密度が小さく軽いため寒気の上に乗り上げようとし，寒気は密度が大きく重いため暖気の下に潜り込もうとする。つまり，温帯低気圧は，位置エネルギーを運動エネルギーに変換させることによって発達し，その勢力を維持する。隣り合った暖気と寒気の温度差が大きいほどエネルギーは大きい。

　温帯低気圧は一般的に温暖前線と寒冷前線を持つ。温暖前線が近づいてくると，巻雲・巻層雲の薄曇りから，高積雲・高層雲の本曇り，さらに雲は厚くなり乱層雲となって雨が降り出す。温暖前線の通過時は，風向・気温の変化は顕著ではないが，風向は南東から南西に変化し，気温は上昇する。暖域では低緯度からの南西風が流入し，暖かい。寒冷前線付近では積乱雲が発達し，しゅう雨性の降水があり，それが通過すると風向は西〜北西に変わる。寒気が強い場合，積乱雲はより発達して雷雨や突風を伴い，風向は急変し気温も急激に下降する。

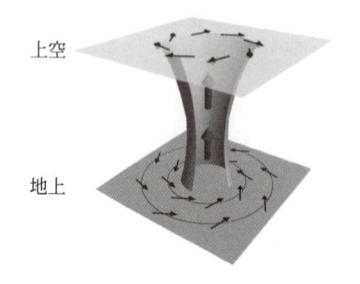

図 4.14　低気圧の鉛直構造　　　　図 4.15　低気圧の平面構造

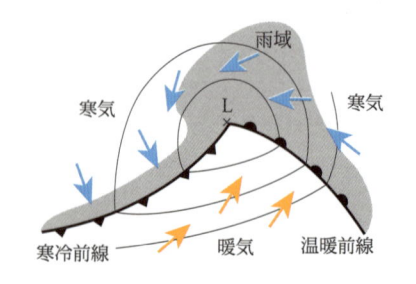

　温帯低気圧は次の段階を経て盛衰する。

- a．**発生段階**：寒気団と暖気団の前線面が波打ち始め，それが渦に成長する。このとき，北の寒気団は南の暖気団の下に潜り込み，また，南の暖気団は北の寒気団の上に乗り上げる形で，全体として左巻きの渦巻きとなる。
- b．**発達段階**：前線の折れ曲がりは大きくなり，暖域の幅は狭まる。中心気圧は低下を続ける。
- c．**閉塞段階**：寒冷前線が温暖前線に追いつき，中心部の暖気は上空に追いやられる。この段階が低気圧の一生のなかでの最盛期といえる。

d．消滅段階：全領域にわたって閉塞し暖気は寒気の上に追いやられ，地上の低気圧は消滅する。

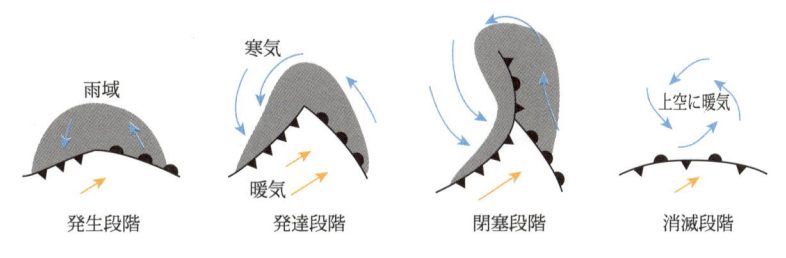

図 4.16　低気圧の一生

4.1.3.3　前線

2 つの気団の境界面を前線面といい，前線面と地表面が交わる線を**前線**という。両気団の性質の差が大きいほど，前線付近の気象現象は激しく，前線が通過する地点では，気温，風，気圧などが急変する。前線は次のように分類される。

a．**寒冷前線**：寒気が優勢で，寒気が暖気の下へ潜り込むようにして押し寄せるときに寒冷前線面を形成し，それが地上と接するところを寒冷前線という。暖気は上方へ押し上げられて積乱雲が発生するため，寒冷前線に伴う雨は強弱の大きいしゅう雨で，突風と雷を伴うこともある。北半球では，温帯低気圧の発生初期には，寒冷前線は温帯低気圧の西側にあり，寒冷前線が通過すると，暖気の領域から寒気の領域になるので気温が急に下がり，風向は南または南西から西または北西に急変する。一般的に，前線の傾斜は 1/50～1/100，長さは数百～2000 km，雲域幅は 200～500 km，雨域幅は 50～150 km，移動速度は 40～50 km/h である。

b．**温暖前線**：寒気より暖気の勢力が強いときに温暖前線面を形成し，それが地上と接するところを温暖前線という。暖気は寒気に沿って乗り上げ，層状の雲（乱層雲，高層雲，巻層雲）を形成する。雨は比較的穏やかで，雨域は広い。温暖前線が通過すると寒気から暖気の領域になり気温が上昇する。一般的に，前線の傾斜は 1/200 程度で寒冷前線より緩やかで，長さは数百～2000 km，雲域幅は 500～1000 km，雨域幅は 300 km 程度である。移動速度は 30～40 km/h である。

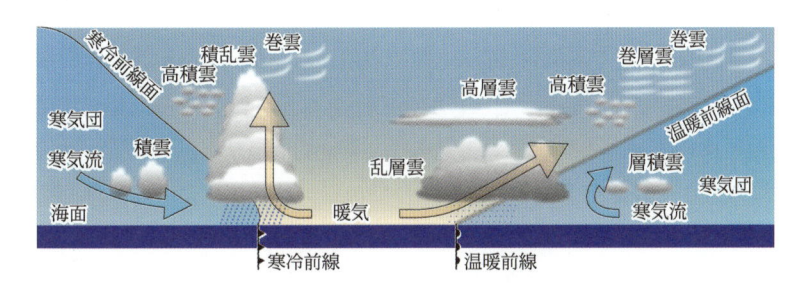

図 4.17　寒冷前線と温暖前線

c．**閉塞前線**：温帯低気圧の発生初期には温暖前線と寒冷前線がそれぞれ存在する。前線の移動速度は温暖前線に比べ寒冷前線のほうが速いため，やがて寒冷前線は温暖前線に追いつくことになり，これを閉塞という。閉塞することによって，寒冷前線に伴う寒気と温暖前線に伴う寒気が接して閉塞前線面を形成し，それが地上と接するところを閉塞前線という。温暖前

線，寒冷前線，閉塞前線の3前線が接する点を閉塞点という。寒冷前線に伴う寒気と温暖前線に伴う寒気は同じ寒気であっても温度差のある場合が多く，より冷たい寒気がより暖かい寒気の下に潜り込み，もう一方の寒気はそれに乗り上げるような構造となる。暖域（寒冷前線と温暖前線の間）にあった暖気は上空に持ち上げられ，やがて消滅する。

  i. **寒冷型閉塞前線**：寒冷前線に伴う寒気のほうが温度が低いため，その寒気が温暖前線に伴う寒気の下に潜り込んで，寒冷前線面に沿って閉塞前線が形成される。前線通過時の気象は寒冷前線に近い（図4.18）。
  ii. **温暖型閉塞前線**：寒冷前線側に伴う寒気のほうが温度が高いため，その寒気が温暖前線に伴う寒気の上に乗り上げ，温暖前線面に沿って閉塞前線ができる。前線面の傾斜は緩やかである。閉塞前線通過時の気象は温暖前線に近い。

d. **停滞前線**：寒気と暖気の勢力が同じ程度で前線があまり動かないとき，これを停滞前線という。大きなスケールでは停滞前線とみなされる場合でも，暖気と寒気の強弱により前線付近の状態は変わり，局地的にはある部分は温暖前線，ある部分は寒冷前線のようになっていることがある。一般的に，停滞前線の長さは数百～2000 km程度であるが，気団の大きさによっては3000～4000 kmになることもある。前線の雲域幅は500～1000 kmで，その大部分は前線の北側にある。降水は前線の北側300 km以内であることが多い（図4.19）。

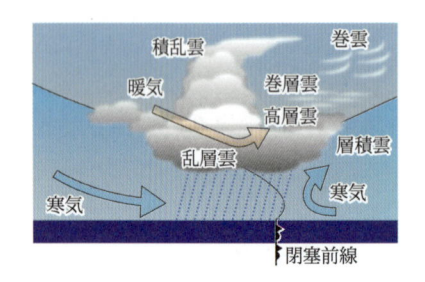

図4.18　閉塞前線

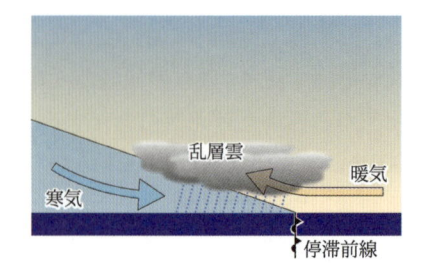

図4.19　停滞前線

4.1.4　風

風は高気圧から低気圧に流れる。高気圧と低気圧の気圧差が大きいほど，風は強くなる。しかし，実際の風は，気圧傾度力，コリオリ力，遠心力，摩擦力の合力として，その風向と風速が決まる。

a. **コリオリ力**：回転体上に静止している物体には遠心力が働き，その物体が回転体上を移動すると，その物体には遠心力に加えコリオリ力（転向力）が働く。コリオリ力は風ばかりでなく，海流にも大きく影響する非常に重要な力である。**コリオリ力は北半球（南半球）では風を右（左）に曲げるように働く**。
b. **気圧傾度力**：気圧の等しい地点を結んだ線を等圧線という。気圧の高いところと低いところが隣り合っているとき，空気は高圧側から低圧側へ力を受ける。この力を気圧傾度力といい，等圧線の間隔が狭い（一定距離当たりの気圧差が大きい）ほど，気圧傾度力は大きい（図4.20）。
c. **地衡風**：気圧傾度力とコリオリ力が釣り合うことによってできる風を地衡風という。北半球（南半球）では，風は気圧傾度力とコリオリ力が釣り合うまで右（左）に曲げられ，最終的には

等圧線に平行になる。地表から約1km以上の上空では地表との摩擦がなくなり，風は地衡風になる（図4.21）。

d. **地表風**：地表付近では，風は気圧傾度力とコリオリ力に加え，地表との摩擦力を受け，風向は等圧線とある程度の角度を持つ。角度の大きさは地上との摩擦の大きさによって決まり，摩擦の小さい平地や海上では20〜25°程度で，摩擦の大きい起伏のある陸地ではこれより大きくなる（図4.23）。

e. **傾度風**：高気圧や低気圧では等圧線はほぼ円形であるため，それらの周辺における風には気圧傾度力とコリオリ力以外に遠心力が働く。気圧傾度力とコリオリ力に加え，遠心力が釣り合うことによってできる風を傾度風という。高気圧では気圧傾度力と遠心力が共に高気圧の外向きに働くため，遠心力の分だけ傾度風は大きくなり，低気圧では気圧傾度力は低気圧の中心に向き，遠心力は外向きとなるため，遠心力の分だけ傾度風は小さくなる。したがって，気圧傾度が同じ場合，高気圧の傾度風の風速のほうが大きい（図4.24）。

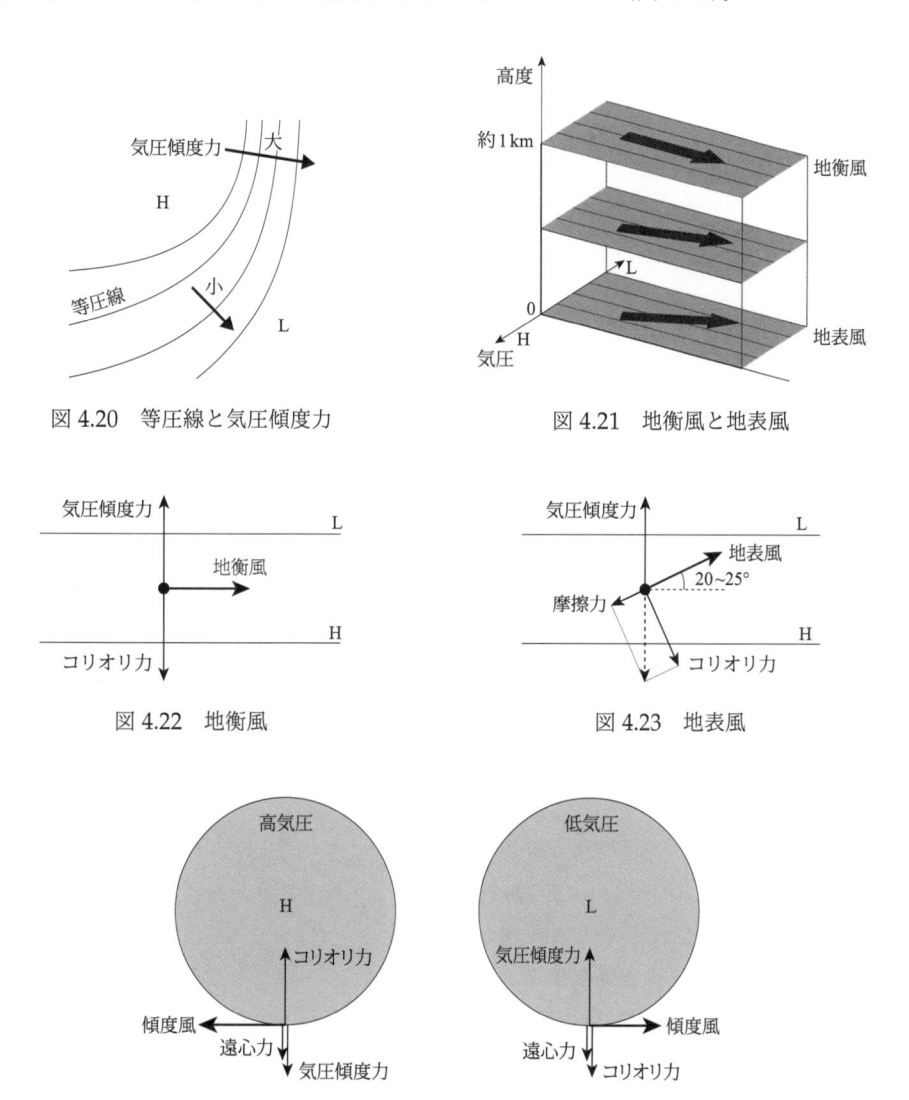

図4.20　等圧線と気圧傾度力

図4.21　地衡風と地表風

図4.22　地衡風

図4.23　地表風

図4.24　傾度風

大気の不安定に伴い積乱雲が発生し強い上昇気流が発生したり，大気の温度が急激に低下し強い下降気流が発生したり，地形などにより風が吹き抜けるようなときに，いままで吹いていた風より突然強い風となることがある。これを**突風**という。概ね，最大瞬間風速が平均風速の 1.5 倍以上になった場合の風が，瞬時に吹く強い風とされている[*4]。

　突風となるものには次のようなものがある。

　　ⅰ．ダウンバースト：下降気流の一種であり，地表にその下降気流が衝突した際に四方に広がる強い風。
　　ⅱ．上昇気流：温度上昇などの原因によって大気が上昇して，その周辺に突風を発生させる原因となる。
　　ⅲ．乱気流：大気中に渦が生じて乱れ，気流が不規則になり，その結果突風となる。主に上空で起こる突風である。
　　ⅳ．竜巻：上昇気流の一つで，積乱雲の下で地上から雲へと細長く延びる高速の渦巻き状のもので強烈な強風を伴う。
　　ⅴ．塵旋風（じんせんぷう）：地表付近の大気が渦巻き状に立ち上る突風の一種である。一般的には旋風や辻風（つじかぜ）ともいわれる。
　　ⅵ．ビル風，谷風：ビルなどの大規模な建物の周辺で発生する風のことで，強い風の場合，突風の一つといえる。建物の形状・配置や周辺の状況などにより，非常に複雑な風の流れとなる特徴がある。

　また，風は場所の温度差によっても生じる。海陸風は海陸の温度差により日中は海から陸に，夜間は陸から海に向かって吹き，気圧傾度が弱いときにより明瞭になる。

4.1.5　雲と霧

　雲は空気中の水蒸気が凝結または**昇華**して，微細な水滴や氷晶（氷の粒）となって浮遊している状態である。空気中の水蒸気が凝結するためには，空気温度が露点温度以下になるか，湿度が 100％ を超えるなど，空気が飽和状態になる必要がある。

4.1.5.1　大気の安定度

　気塊が外部と熱のやり取りをすることなく膨張することを**断熱膨張**，同様に圧縮することを**断熱圧縮**という。

　乾燥した気塊が上昇して断熱膨張するときの温度低下率を**乾燥断熱減率**といい，約 −1.0℃/100 m である（図 4.25 の点線）。また，飽和した気塊が断熱膨張するときの温度低下率を**湿潤断熱減率**といい，約 −0.5℃/100 m になる（同図の実線）。湿潤空気の場合，断熱膨張して気温が下がり，その空気自体が含ん

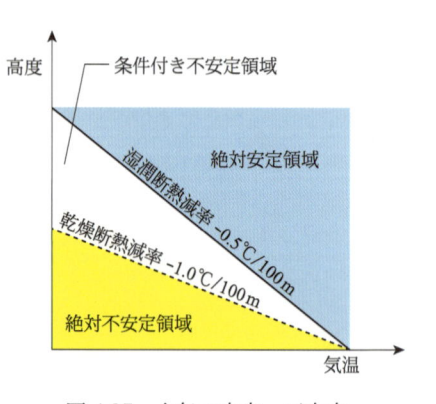

図 4.25　大気の安定・不安定

[*4] 平均風速 5 m/s の風が吹いているときに，瞬間的に風速 7.5 m/s 以上の風が吹いたら突風といえる。

でいる水蒸気が凝結して水滴（雲）となって現れ，このとき水蒸気は持っていた熱を周囲に放出する。この熱のことを**潜熱**という。この潜熱が放出されるため，湿潤空気が上昇すると気温が下がりつつ潜熱が加わるので，気温の下がり方が小さくなる。

地上にある気塊を持ち上げると，その気塊は断熱膨張してその温度を下げる。この場合，周囲の大気温度のほうが低ければ気塊は上昇を続けることになり，大気温度のほうが高ければ気塊は下降することになる。前者を**不安定**，後者を**安定**という。

断熱減率と気温減率との関係で考えれば，断熱減率が気温減率よりも大きい場合，気塊は安定であり，断熱減率が気温減率よりも小さい場合，気塊は不安定となる。同図にそれらの領域を示した。大気が絶対安定になる領域で湿潤断熱減率よりも外気の変化率のほうが小さいと，つねに絶対安定となる。白色の領域は条件付き不安定領域である。この領域は湿潤断熱減率と乾燥断熱減率の間に位置し，外気の変化率がこの領域の場合，湿潤空気と乾燥空気では挙動が異なる。黄色の領域は絶対不安定領域で，大気は湿潤でも乾燥でも不安定となり上昇を続け，雲が発達する。

4.1.5.2　雲

水蒸気を含んだ気塊は上昇気流によって上昇し，断熱膨張して温度を下げる。気塊の温度が露点温度以下になると，内部の水蒸気は水滴となり，核となる粒（塩やちり）に付着してより大きくなる。さらに気温が下がると，水滴は氷晶になり，これらが雨や雪となる。

降水を伴う雲として代表的なものは，水蒸気を大量に含む**乱層雲**と**積乱雲**である。乱層雲は水平方向に大きく広がるため，雨は広範囲にわたって長時間降るのに対し，積乱雲は鉛直方向に発達し，狭い範囲でしゅう雨性の雨を降らせる。その他，雄大積雲はまとまった雨を降らせる。層雲は霧雨の原因となる。

雲の形や大きさは大気中に含まれる水蒸気の量と上昇気流の方向（水平方向と鉛直方向）によって決まる。雲は**10種雲形**と呼ばれる基本的な雲形によって分類される。

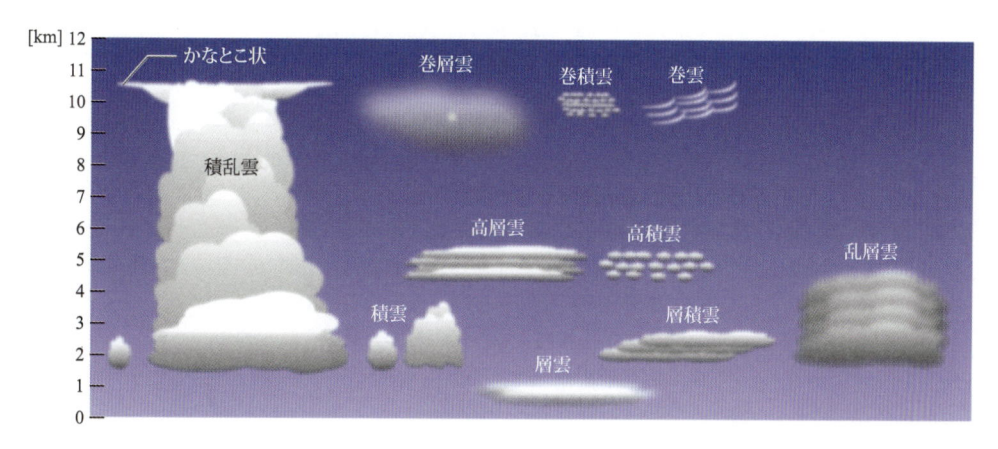

図 4.26　10種雲形

表 4.1　10 種雲形

状態	層	名称	記号	高度，備考
層状雲	上層雲	巻雲（Cirrus）	Ci	6000 m 以上。氷の粒が落下して，刷毛で掃いたような筋状に見える。
		巻積雲（Cirrocumulus）	Cc	細かいさざ波のように広がる。
		巻層雲（Cirrostratus）	Cs	ベールのように薄く，太陽の周りに光の輪が見える。
	中層雲	高積雲（Altocumulus）	Ac	2000～6000 m。団塊が広がる。
		高層雲（Altostratus）	As	空一面に広がる。太陽が透けることもある。
		乱層雲（Nimbostratus）	Ns	厚く広がる。本格的な雨をもたらす。
	下層雲	層積雲（Stratocumulus）	Sc	500～2000 m。畑のうねのように並び，雲底が少し黒っぽく見える。
		層雲（Stratus）	St	0～2000 m。地上に近い低いところに広がる。地表に接すると霧となる。
対流雲		積雲（Cumulus）	Cu	雲底 300～1500 m，雲頂 6000 m。雲底は下層にある。背の高いものを雄大積雲という。
		積乱雲（Cumulonimbus）	Cb	雲底 600～1500 m，雲頂最大 1 万 6000 m。雲底は下層にあり，雲頂は上層に達する。激しい雨と雷を伴う。

4.1.5.3　霧

　霧の成因は基本的には雲と同様で，空気中の水蒸気が小さな水粒となって空中に浮かんだ状態である。ただし，霧は地面に接しているため多くの要因が関係し複雑である。霧の発生原因は，空気の冷却，水蒸気の補給による飽和，層雲の下方への拡散などが挙げられる（表 4.2）。

　視程が 1 km 未満のものを霧，1～10 km のものを靄（もや）といい区別する。

表 4.2　霧の種類

主要因	名称	説明
冷却	放射霧	地表が夜間の放射冷却によって冷え，それに接する湿った空気が冷却されて露点温度以下となり発生する霧。発生条件は，晴天で風が弱く，地面付近の湿度が高いことである。
	移流霧	暖かく湿った空気が水温の低い海上や陸地に移動し，冷却されることによって露点温度に達し発生する霧。海霧（かいむ）は移流霧で，夏の三陸沖から北海道の東海岸などに発生する霧がその代表例である。
	上昇霧	湿った空気が山の斜面に沿って上昇し，露点に達し発生する霧。遠くから見ると山に雲が張り付いているように見える。滑昇風（かっしょう）により発生することも多く，滑昇霧ともいう。
蒸発	蒸気霧	暖かい水面上に冷たい空気が入ることで水面から蒸発が起き，その水蒸気が冷たい空気に冷やされて発生する霧。
	前線霧	温暖前線通過時に見られ，前線の下にある寒気中を落下する雨滴が蒸発した水蒸気で飽和状態となり発生する霧。
その他	逆転霧	気温の逆転層の下にできた層雲などの雲底が地表まで達した霧。

我々に最も関係する海霧をよく理解しておく必要がある（図 4.27）。

a．**大規模な海霧**：大規模で湿った気流が暖かい海面上から寒流域上に流れ，下層から冷やされて生じる霧。海上で発生する霧の主因を成す。
b．**沿岸の海霧**：初夏，海水があまり暖かくならない時期に，陸からの風が海上に出て生じる霧。
c．**熱帯気団の北上による海霧**：冬季，熱帯気団が北上するときに，地表から冷やされて生じる霧。アラスカ南海上に発生することがある。

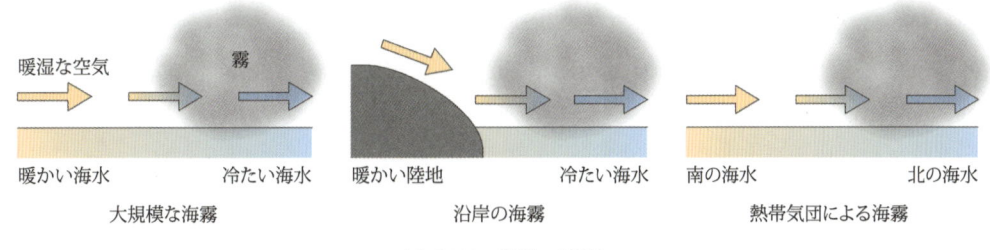

図 4.27 海霧の種類

4.1.6 熱帯低気圧および台風

熱帯の海上で発生する低気圧を**熱帯低気圧**という。このうち北西太平洋または南シナ海に存在し，熱帯低気圧域内の最大風速（10 分間平均）が 17.2 m/s（34 kn）以上のものを**台風**という。最大風速が 64 kn 以上に発達した熱帯低気圧の呼び名は発生場所によって異なっており，アメリカ大陸周辺では**ハリケーン**，オーストラリア周辺では**トロピカルサイクロン**と呼ばれている。

4.1.6.1 熱帯低気圧

熱帯低気圧は暖かい海面から蒸発した水蒸気が凝結して水滴（雲粒）になるときに放出される潜熱をエネルギーとしているため，海面水温が 26〜27 °C 以上の海上で発生する。

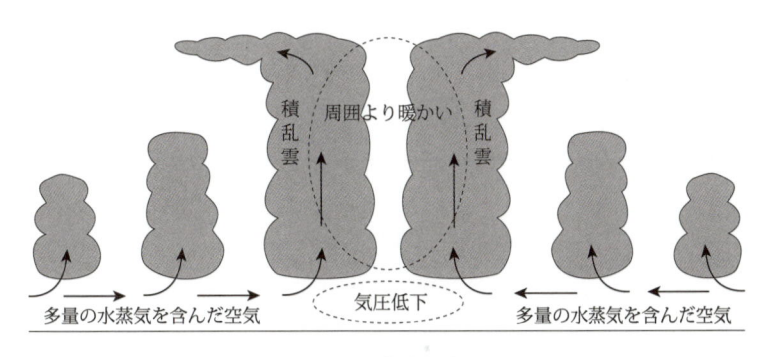

図 4.28 熱帯低気圧

暖かい海上の水蒸気を含んだ空気は日射などにより上昇すると，断熱膨張により冷やされ露点に達し凝結する。水蒸気は潜熱を放出し周辺の空気を暖め，上昇気流を加速させる。この上昇気流により積乱雲がつくられ，積乱雲がまとまって発生すると，空気が吸い上げられることにより海面付近の気圧は低下し，周辺から空気が吹き込み上昇気流となる。周辺から吹き込む空気が水蒸気を大

量に含んでいれば，上空の空気はさらに暖められ，積乱雲が発達し海面付近の気圧はさらに下がる。これが繰り返されると熱帯低気圧が発生する。熱帯低気圧が発達して台風になるには水蒸気が供給され続けることが必要である。

また，赤道付近の熱を極地方に輸送する仕組みの一つは水蒸気による熱輸送であり，熱帯低気圧は低緯度から高緯度へ水蒸気（潜熱）を運び，赤道付近の熱を高緯度地方に輸送している。

4.1.6.2 台風

台風は同心円状に中心の気圧が低くなっており，風は北半球では転向力により反時計回りに吹き込んでいる。

台風が移動することにより，右半円では移動による風と中心に吹き込む風が重なって風速は大きくなり，左半円では逆に小さくなる。このため，右半円は危険半円，左半円は可航半円といわれる（図 4.29）。しかし，可航半円というと航行に適するような印象を受けるが，風が危険半円に比較して弱いということであり，航行に適するという意味ではない[*5]。

熱帯低気圧は移動する際に海面や地上との摩擦により絶えずエネルギーを失っており，水蒸気の供給がなくなれば 2〜3 日で消滅してしまう。台風が上陸すると，海面からの水蒸気の供給が絶たれエネルギーの供給がなくなり，さらに陸地の摩擦によりエネルギーが失われ，急速に衰える。

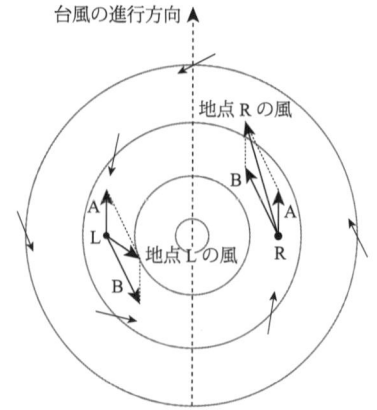

A：台風の移動による風
B：気圧傾度により吹き込む風

図 4.29　台風に吹き込む風

気象庁は台風のおおよその勢力を示す目安として，その大きさと強さで表している。大きさは**強風域**（風速 15 m/s 以上の風が吹いているか，吹く可能性がある範囲）[*6] の半径で区分し（表 4.3），強さは最大風速で区分する（表 4.4）。これらを合わせ「大型で強い台風」などと表現する。

表 4.3　台風の大きさの階級

階級	強風域（風速 15 m/s 以上）の半径	備考
—	500 km（270 nm）未満	階級名なし
大型	500 km（270 nm）〜800 km（430 nm）	
超大型	800 km（430 nm）以上	北海道から九州までを覆う大きさ（図 4.36 参照）

表 4.4　台風の強さの階級

階級	最大風速	備考
—	33 m/s（64 kn）未満	階級名なし
強い	33 m/s（64 kn）以上 44 m/s（85 kn）未満	
非常に強い	44 m/s（85 kn）以上 54 m/s（105 kn）未満	
猛烈な	54 m/s（105 kn）以上	

[*5] 台風接近時の避航法については図 5.16 を参照されたい。
[*6] 風速 25 m/s 以上の風が吹いているか，吹く可能性がある範囲を**暴風域**という。

4.2 日本近海の天気

4.2.1 気圧配置

広い範囲にわたって水平方向（数百〜数千 km）に一様な性質（温度と湿度）を持った空気の塊りを**気団**という。気団は地表面の性質を継承するため，次の条件が必要である。

- 一様な表面を持つ広大な地域が存在すること。
- 大気が相当長期間その地域に停滞すること。

したがって，気団の発生地は大陸または海洋で，定常的な高気圧が存在する熱帯または寒帯地域である。低気圧が頻繁に通過する中緯度帯では気団は形成されない。

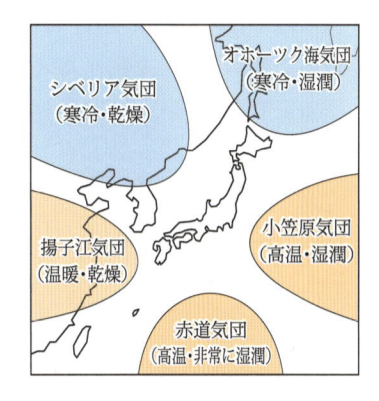

図 4.30 日本付近の気団

日本付近には次の 5 つの気団がある（図 4.30）。

- a．**シベリア気団**：冬の寒冷なシベリア大陸でできる冷たく乾燥した気団である。この気団は冷たく重いためシベリア高気圧を形成し，この高気圧から吹き出す北西の季節風は日本海を渡ってくるときに暖流から水蒸気を供給されて，日本海側に雪をもたらす。
- b．**小笠原気団**：夏に勢力を増す気団で，暖かく湿っており，真夏の蒸し暑さをもたらす。北太平洋には 1 年を通して亜熱帯高気圧である北太平洋高気圧が存在する。夏になると北西に張り出し，その張り出し部分を小笠原高気圧という。
- c．**オホーツク海気団**：梅雨の時期を中心に形成される**オホーツク海高気圧**に伴う気団で，冷たく湿っており，梅雨寒をもたらす。オホーツク海気団と小笠原気団の間に梅雨前線が形成され，2 つの気団の優劣で梅雨の特徴が左右される。
- d．**揚子江気団**：春や秋に移動性高気圧と共に日本にやってくる気団で，暖かく乾燥しており，ぽかぽか陽気をもたらす。
- e．**赤道気団**：台風や熱帯低気圧と共に日本にやってくる気団で，非常に暖かく非常に湿っており，集中豪雨の原因となる。

低気圧や高気圧などの広範囲な位置関係のことを**気圧配置**という。

- a．**西高東低型**：冬の気圧配置である。ユーラシア大陸北東部に**シベリア高気圧**が，日本の東方海上に低気圧のある気圧配置で，日本付近は等圧線が混み，北西風が卓越して，大陸から寒気が流れ込む。日本海側では雪または雨で，風速は 30〜40 m/s に達することもある。太平洋側には晴天をもたらす（図 4.31 参照）。
- b．**梅雨前線**：6〜7 月にかけて，太平洋に**小笠原高気圧**，オホーツク海から三陸沖，日本海にかけて**オホーツク海高気圧**が張り出す。この 2 つの高気圧は勢力がほとんど同じで，これらの間にある**梅雨前線**が日本付近に停滞する。この前線に揚子江方面から発達した低気圧が東進し，雨を降らせ梅雨となる（図 4.32 参照）。
- c．**南高北低型**：夏の気圧配置である。小笠原高気圧の勢力が強まり，梅雨前線を東北地方の北

部まで押し上げ，アジア大陸は熱せられて気圧が低くなる。風は南〜南東・2〜5mで，蒸し暑い。天気の変化は少なく，海上は穏やかである（図4.33参照）。

d．秋雨前線：9月にかけて，太平洋高気圧が弱まり，大陸にある冷たい高気圧の勢力が強まり秋雨前線が日本付近に現れ，日本列島の南岸まで南下する。秋雨前線の雨は全国的にしとしと降ることが多い。移動性高気圧と低気圧が交互に現れ，天気の良い日があっても長続きせず不安定である（図4.34参照）。

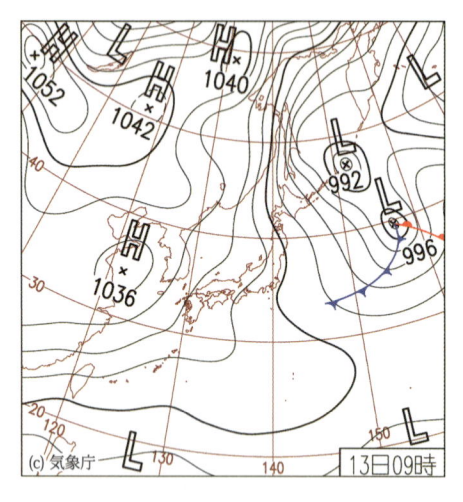

図4.31　西高東低型

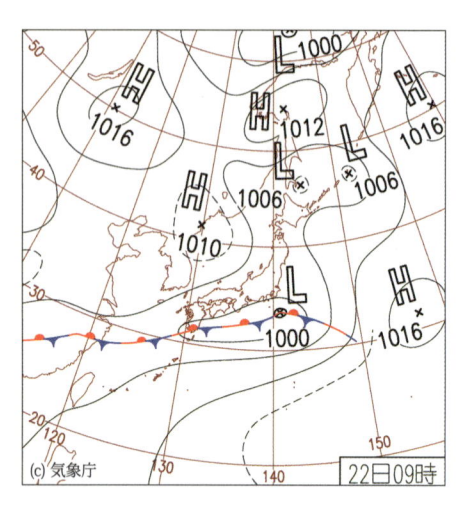

図4.32　梅雨前線

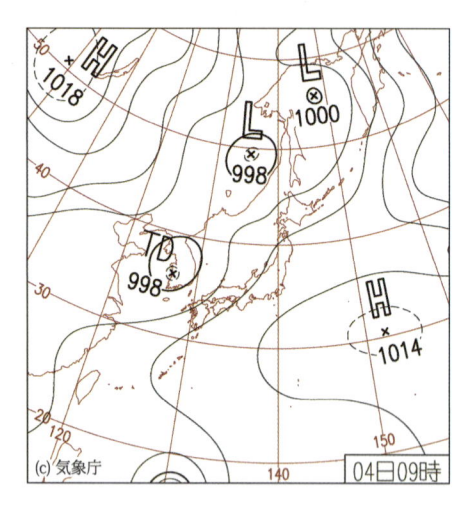

図4.33　南高北低型

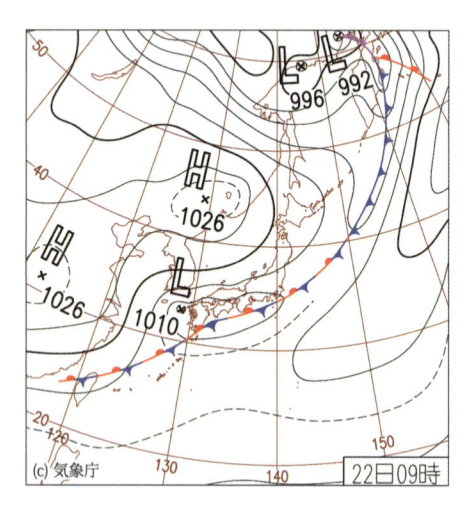

図4.34　秋雨前線

4.2.2 温帯低気圧

温帯低気圧は1年を通して現れ，晩秋から春にかけて勢力の強大なものが多く発生する。温帯低気圧の平均速度は20～45 km/h で，日本付近の緯度であると，1日に経度10°進むと考えればよい。

a．**日本海低気圧**：日本海低気圧は日本海を発達しながら東～北東に進んでいく低気圧をいう。この低気圧が北海道や東北地方を横断する際には，最初は南寄りの強風により気温を上げ，寒冷前線の通過に伴い雨雪をもたらし，その後は北西寄りの強風により気温が下がることが多い。日本海低気圧が発達すると，冬季は冬の嵐，晩冬から初春には春一番をもたらす他，5月頃はメイストームと呼ばれる春の嵐をもたらす。

b．**南岸低気圧**：日本列島南岸を発達しながら東に進んでいく低気圧をいう。1～4月に発生する。北方から寒気を運び，日本列島の太平洋側に大雪や大雨をもたらす。

c．**二つ玉低気圧**：日本海低気圧と南岸低気圧が日本を挟むように通過する2つの低気圧をいう。日本海低気圧による暖気の影響で気温が上がるため，ほとんど雨主体の天気となる。また，大気の状態が不安定になり，強風や激しい雷雨になることもある。東の海上で低気圧が一つにまとまり，台風並みの暴風雨をもたらす**爆弾低気圧**になることもある。低気圧が東方海上に去った後，日本は西高東低型へと変わる。初冬や晩冬によく発生する（図4.35）。

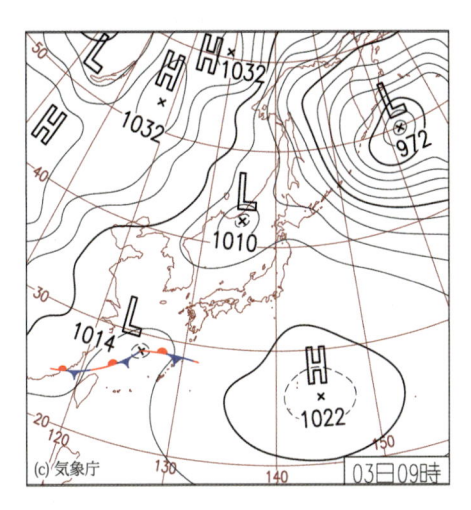

図 4.35　二つ玉低気圧

4.2.3 熱帯低気圧および台風

a．**発生個数と経路**：表4.5に，1951～2014年の台風の年間の発生個数および接近個数[7]を示す（参考文献 [32]）。台風は一年中発生し，6～10月に多く発生し，8月に最多である。

b．**台風の主な経路**：図4.37に台風の主な経路を示す。太平洋高気圧の位置や大きさ，西方への張り出し具合によって，台風の経路は大きく左右される。6月頃には台湾やフィリピン方面に向かうものが多い。7，8月頃は太平洋高気圧が日本付近に張り出し，東シナ海や西日本方

---

[7] 台風の中心が国内のいずれかの気象官署から300 km 以内に入った場合を，日本に接近した台風としている。

面に向かうものが多い。9月頃は、太平洋高気圧が後退するため、東日本に近づくものが多い（参考文献 [20]）。

表 4.5　台風の月別発生個数および接近個数（1951〜2014 年）

月	1	2	3	4	5	6	7	8	9	10	11	12
発生	1.2	1.0	1.2	1.2	1.6	2.2	3.8	5.5	4.9	3.8	2.5	1.6
接近	0.0	0.0	0.0	1.0	1.3	1.7	2.5	3.4	2.9	1.9	1.3	1.0

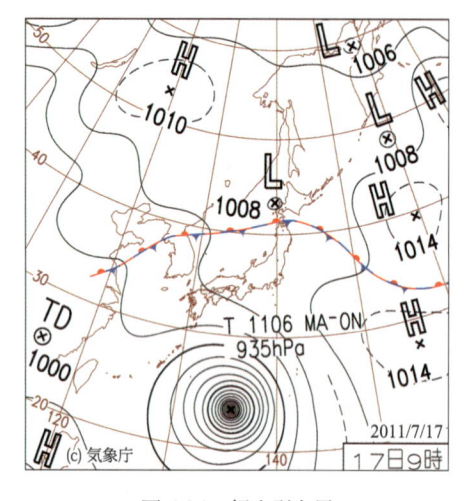

図 4.36　超大型台風

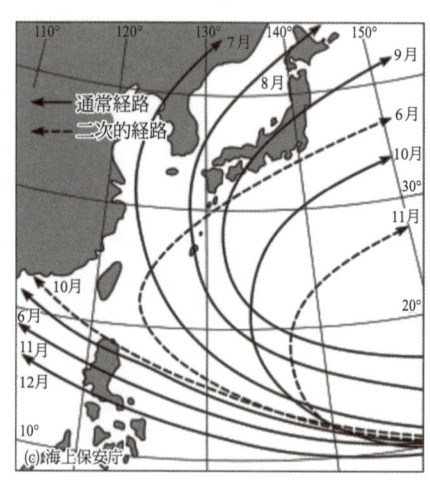

図 4.37　台風の主な経路

4.2.4　気象図

船舶においては、各種気象図を入手し、利用することが可能である（参考文献 [31]）。気象図は冒頭符の記号 "TT AA ii CCCC YYGGgg" によって区別される。なお、気象図は過去の気象現象を表したものであり、現状は示された状況とは異なっていることに注意しなければならない。

表 4.6　天気図の冒頭符

符号	意味	種類, 備考
TT	気象図の種類	AS：地上解析, FS：地上予想, AU：高層解析, FU：高層予想, AW：波浪解析, FW：波浪予想, AX：その他の解析, FX：その他の予想
AA	気象図の地域	AS：アジア, AF：アフリカ, BZ：ブラジル, JP：日本, AG：アルゼンチン, EU：ヨーロッパ, FE：極東, AO：西アフリカ, IO：インド洋, PN：北太平洋, AU：オーストラリア, UK：イギリス
ii	資料を区別するための数字	
CCCC	作成者の国際呼出符号	
YYGGgg	日時分	UTC

A：Analysis, S：Surface, F：Forecast, U：Upper, W：Wave, X：Miscellaneous

4.2.4.1　地上天気図

気象図は国により多少異なった形式・記号などが使われているが，ここでは日本の気象庁が放送する気象図について説明する。気象図および現地での観測を合わせ，今後の天気予報に役立てることができる。

a．**地上解析図**：現在の状況を把握し，今後の天気を予想する上で基本となる天気図である。観測点の気象要素は国際式天気記号で表され，等圧線は 1000 hPa を基準として，4 hPa 毎の細い実線と 20 hPa 毎の太い実線で描かれる。また，2 hPa 毎の等圧線が必要なときは破線で描かれる。海上警報が発令されているときは，低気圧やその海域の近くに，それぞれの警報の記号が書き込まれる。暴風警報以上（台風は強風警報以上）が発令されているときは，その位置，中心気圧，最大風速および暴風半径などについてのコメントが適当な場所に書き込まれる。海上台風警報または低気圧のうちで海上暴風警報が発令されているものは，その中心が 12 時間後と 24 時間後に到達すると予想される地点が予報円によって示されている（図 4.38）。

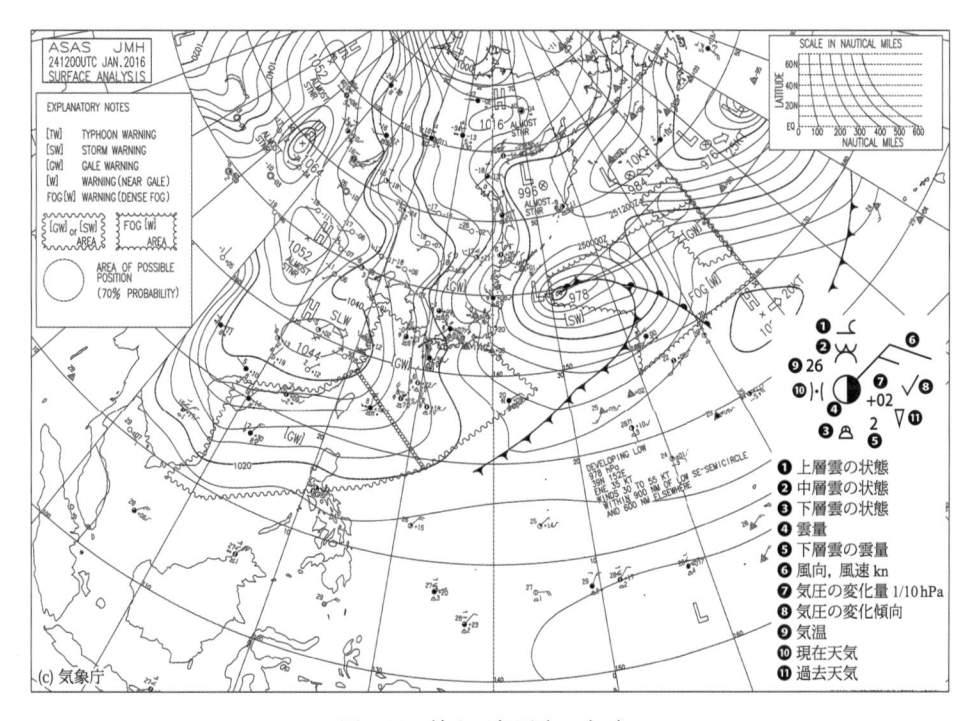

図 4.38　地上天気図（アジア）

b．**海上悪天予想図**：この予想天気図はある観測時刻より 24 時間後の天気図を表す。記入形式は地上解析図（ASAS）に準じており，等圧線は 4 hPa 毎に描かれ，高・低気圧の中心位置とその気圧値や前線などが示される（図 4.39）。

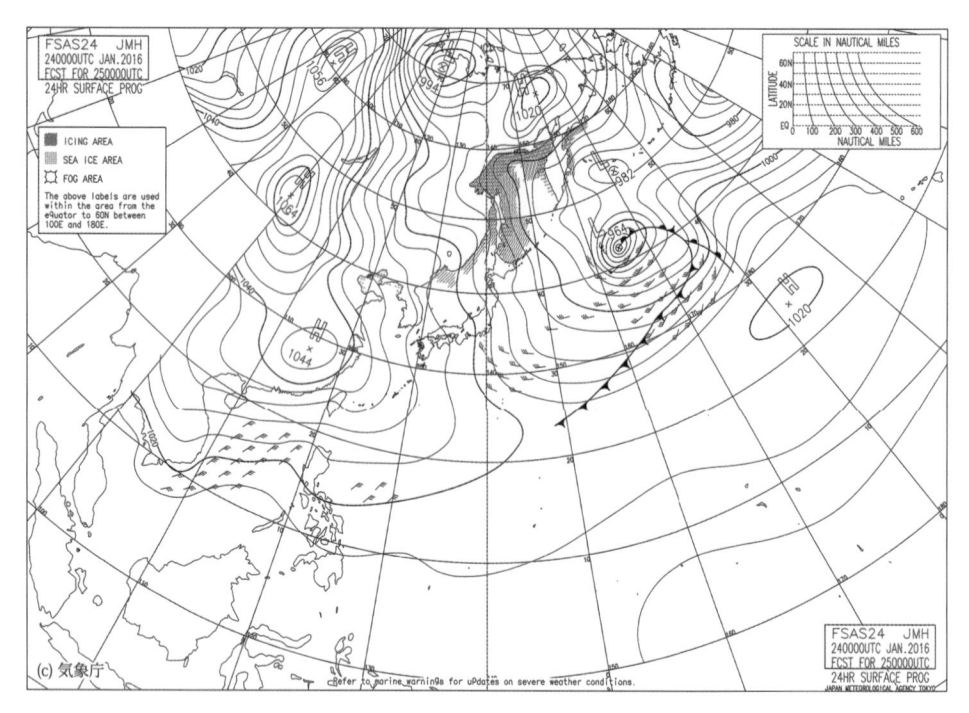

図 4.39　海上悪天予想図（アジア）

4.2.4.2　その他の天気図

a．**高層天気図**：気象現象をさらによく理解し天気を予想するためには，それを立体的に理解する必要がある．高層天気図はラジオゾンデ，気象ロケット観測および飛行中の航空機などから送られたデータをもとにつくられる．

　　高層天気図の種類を表 4.7 に示す．500 hPa 高層天気図は対流圏の中層から上層下部の状態を表し，台風や低気圧，あるいは前線などの発達傾向やそれらの進行方向などを予想するのに利用される．高層天気図では，等圧線に代えて**等高度線**が描かれる．500 hPa 高層天気図の場合，等高度線は 5700 m を基準にして 60 m 毎の細い実線と 300 m 毎の太い実線で描かれる．等高度線の高度の高いところは気圧が高く，低いところは気圧が低いものとして，等圧線と同じように見ればよい．また，等温線は 6°C 毎に破線で描かれる（図 4.40）．

表 4.7　高層天気図の種類

等圧面	基準高度	対流圏高さ	解析の対象
300 hPa	9600 m	上層	ジェット気流
500 hPa	5700 m	中層/上層	中層/上層のトラフとリッジ
700 hPa	3000 m	中層	中層雲の大まかな変化
850 hPa	1500 m	下層	総観スケールでの気圧，前線，下層雲

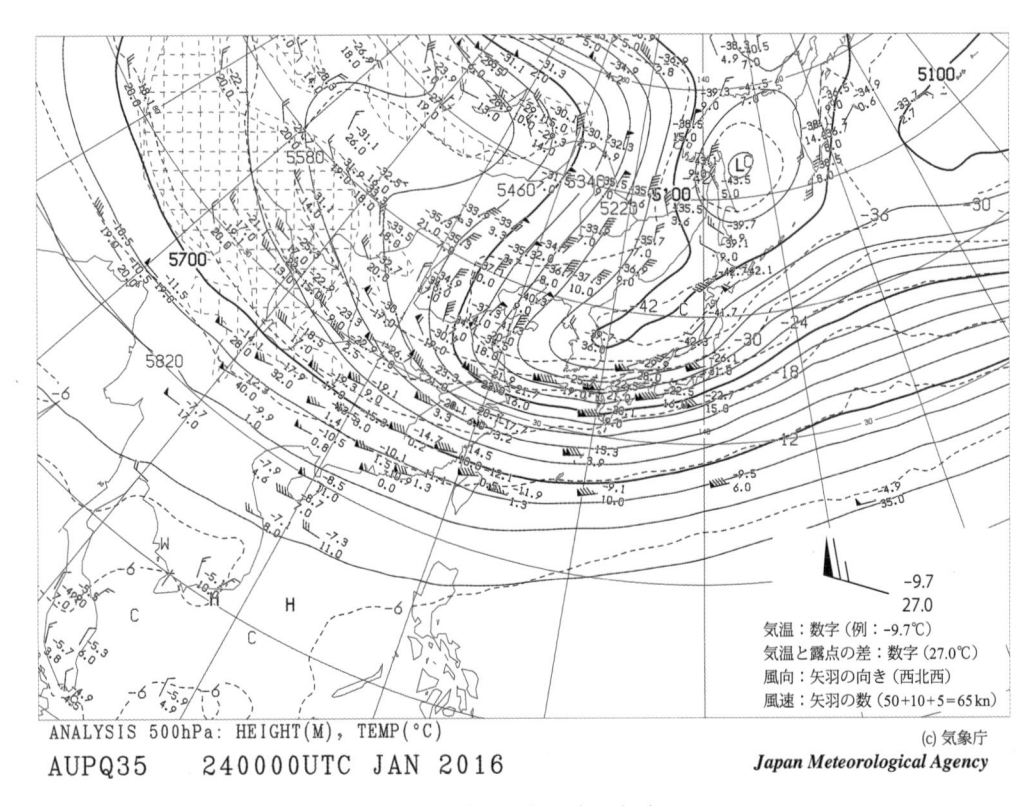

図 4.40　高層天気図（アジア）

b．**沿岸波浪実況図**：数値予報モデル（波浪モデル）で計算した波浪の推定分布に，船舶や気象観測するブイ，沿岸に設置された波浪計，地球観測衛星などによるさまざまな観測データを反映させて作成した波浪実況図で，00，12 UTC に発表される。

　この図は波の高さ[8] の分布を等高線で示す。等高線は 1 m 毎の実線と 4 m 未満の領域の 0.5 m 毎の破線を用いて表示している。また，近海の約 200 km 毎の点には，波の向きを表す矢印，周期（秒）を表す数字，そして海上の風向・風速（kn）を表す記号（矢羽）を示す。A～Z で示す全国 26 か所の波浪の推定値（波の向き・周期・高さ）と海上風の推定値（風向・風速），および気象庁の沿岸波浪計の観測値を掲載している（図 4.41）。

---

[8] 有義波高を用いる。ある地点で連続する波を一つずつ観測したとき，波高の高いほうから順に全体の 1/3 の個数の波を選び，これらの波高の平均を有義波高，周期の平均を有義波周期といい，その波高と周期を持つ仮想的な波を有義波という。有義波は統計的に定義された波で，最大値や単純な平均値とも異なるが，熟練した観測者が目視で観測する波高や周期に近いといわれている。実際の波では，有義波高よりも高い波や低い波が存在し，有義波高の 2 倍を超えるような波も観測される。たとえば，100 個の波を観測したときの最大波高は有義波高の約 1.6 倍，1000 個の波を観測した場合には有義波高の 2 倍近い値と見積もられる。

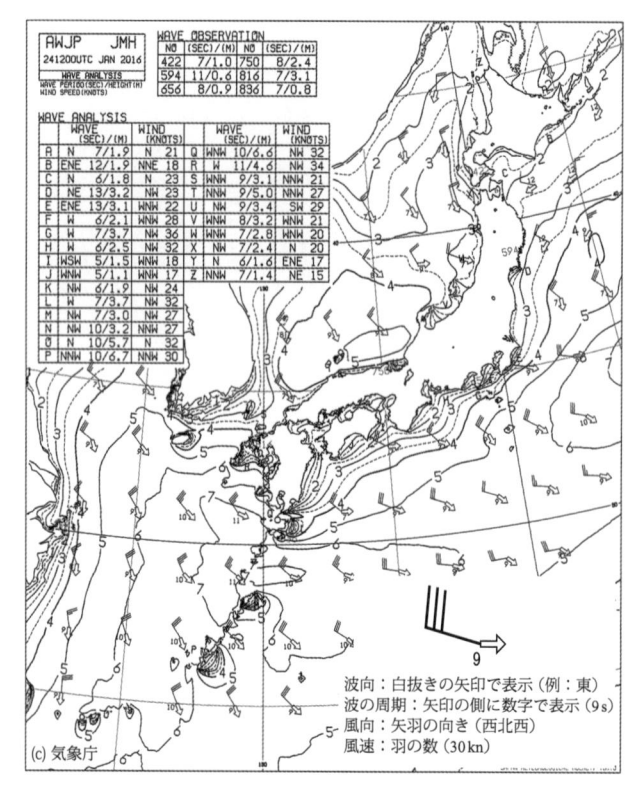

図 4.41　沿岸波浪実況図

4.3　気象海象観測

　気象観測によって，現在の大気状態とデータの変化傾向を合わせることにより，今後の予報に役立てることができる。また，海岸から 50 nm を超える海域にあっては，船舶からの観測値を定期的に関係機関に送ることで，他の観測値（気象衛星や気象レーダー，海上における観測ブイなど）と共に気象や波浪の解析・予報として利用できるようになる。

　船舶での気象観測項目は気圧，気温と露点温度，風，雲，視程，天気，海面水温，波浪，海氷，着氷である。船体の動揺・振動，排気，排水，波，しぶきなどの影響を極力排除するように努め，また，誤測や記録誤りのないようにする必要がある。

　観測時刻の正時にすべての気象項目を同時に観測することは不可能であるため，正時前後のなるべく短時間内に観測を実施し，正時の観測とする。観測は変化の少ない項目から行い，概ね表 4.8 に示す順序で行うとよい。観測する際に，測器を用いる測定と目視観測とを交互に行わないようにする。暗順応の観点から，夜間の観測においてはとくに大切な心得である。

(1) 気温など

　乾球，**湿球**の順に素早く測定する。℃ の少数点以下，1 の位，10 の位の順に読む（たとえば，18.5° ならば，0.5，8，10 の順）。これは観測者の体温や息が温度計に影響を与えないうちに測定するためである。また，太陽が百葉箱に差し込む場合は，体で太陽光を隠し温度計に直接光が当たらないようにする。目の位置は温度指示値と水平とする。乾球温度計の球部分の塩や水滴を拭き取り，湿球

表 4.8　気象観測手順

観測時刻	観測方法	項目	備考
正時少し前	測器	海面水温	
	目視	視程	
	目視	雲量・雲の状態など	
	目視	波浪	
	測器	風向・風速	
	測器	気温・湿球温度	
	測器	海面水温	
	—	符号化	
	—	船舶気象観測表への記入	海岸から 50′ を超える海域
	—	船舶気象報電文作成	海岸から 50′ を超える海域
正時	測器	気圧	
正時少し後	—	電文送信	海岸から 50′ を超える海域

温度計の水を補給しガーゼを清潔に保つ。

海面水温は採水バケツを利用して測定する場合，バケツ温度を海水温度に等しくするため，何度か海水を汲み上げてそれを捨て，再度汲み上げ測定用の海水とする。温度計の表示が一定となった頃に読み取る。風下側で，温度計に日が当たらないように，太陽を背にして測定する。

(2) 気圧

アネロイド気圧計の読取り値 p をそのまま利用することはできない。気圧計の誤差の修正と，高さのある場所で測定した場合，海面気圧に比べ測定した気圧は若干低くなるため，**海面更正**をして，**海面気圧** P に修正する必要がある。

$$P = p \pm 器差 + 海面更正 \tag{4.4}$$

気圧の測定には以下の点に注意する。

- 気圧観測は定められた各観測時刻ちょうどに 1/10 hPa の値まで読む。
- 気圧計の指示値が外気の気圧と同じ値となるように，測定前に周囲の扉を開ける。
- 示針が軽く振動するように，ガラス面を指先で軽く叩く。
- 示針の真上（または真向かい）で測定する。気圧計のガラスを通して示針を見たとき，示針とガラス面に映った自分の目が重なっていれば目の位置は正しい。目盛りに鏡が付いている気圧計を使用すれば，正確な目の位置での測定が可能である。
- 波浪が大きい場合は，船体の上下動による高さの変化により気圧が変動し，動揺によって示針が左右に振れるようになる。この場合は示度の最大値と最小値を数回読みその平均値を測定値とする。

(3) 風

風向・風速は自記器を備えている場合には観測時前 10 分間の変動を，視風向計による場合には約 1 分間の指針の振れを見てその平均的な値を測定値とする。

測定した値は相対風向・風速なので，これを真風向・風速に変換する必要がある。相対風向・風速ベクトルを $\vec{w}$，真風向・風速ベクトルを $\vec{W}$，真針路・速力ベクトルを $\vec{V}$ とすると，これらには以下の関係がある（図 4.42）。このベクトル計算には真風向・風速計算尺を使用すると便利である。

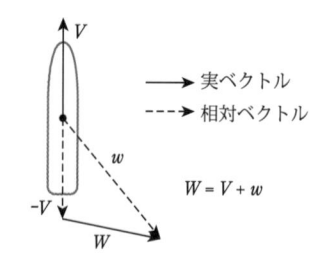

図 4.42 真風向・風速の算出

$$\vec{W} = \vec{w} + \vec{V} \tag{4.5}$$

(4) その他の観測

a．視程：視程とは，水面付近の大気の混濁の程度を距離で表したものである。昼間の視程はその方向の空を背景とした黒ずんだ目標を肉眼で認められる最大距離をいい，夜間の視程とは昼間と同じ明るさにしたと仮定して目標を認めることのできる最大距離をいう。方向によって異なる場合は最短の距離とし，視程 1 km 未満を霧とする。

b．雲量：全雲量によって，快晴，晴れ，曇りを区別する。雲量とは全天に対する雲の割合で，0〜10 で表される。快晴は 0〜1，晴れは 2〜8，曇りは 9〜10 である。

c．波浪：波浪とは**風浪**[*9] とうねり[*10] が合成された波である。目視観測では波の向き，周期および波高の 3 要素を測定する。自船の影響を受けない波を観測するため，風上側の波を観測する（図 4.43）。

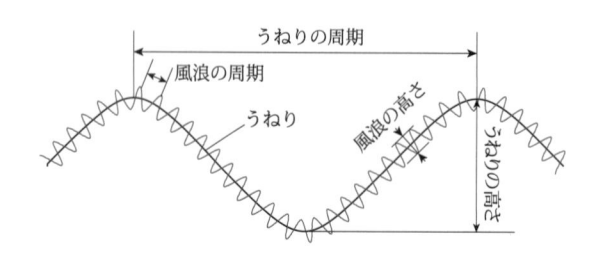

図 4.43 波浪の測定

d．天気：日本では天気を次の 15 種類に分けている。快晴，晴れ，薄曇り，曇り，煙霧，砂じん嵐，地ふぶき，霧，霧雨，雨，みぞれ，雪，あられ，ひょう，雷。

[*9] 風浪とは観測時にその場所付近を吹く風によって直接起こされた波をいう。
[*10] うねりとは観測場所付近を吹く風によって直接起こされたものではない波であって，風浪が発生域を離れて他の静かな海面や別の風域内に伝播してきたもの，あるいは発生域で風が止んだり，風向が急変した後に減衰しながら残っている波など。

第5章

操船

5.1 操船の基本

5.1.1 旋回

5.1.1.1 舵に働く力

舵をある角度を持たせて流れのなかに置くと，舵後面の流れは舵後面の湾曲に沿って流れ，円の一部を描くように運動する。このときの流れには外側に向かって遠心力が働く。これにより舵後面において，舵に近い部分では圧力が下がり，遠い部分では相対的に圧力は上がる。また，舵前面では舵に近い部分の圧力が上がる（図 5.1）。転舵された舵面には**直圧力**が生じ，同時に水の流れが舵面に沿って流れる際には舵表面には**摩擦力**が発生する。これら直圧力と摩擦力の合力を**舵力**という。

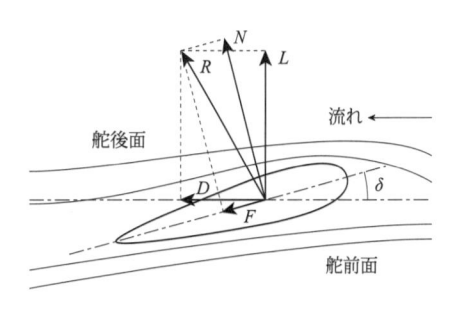

図 5.1 舵周りの流れと発生する力

この舵力を船首尾方向と正横方向に分解すると，船首尾方向の成分が**抗力**であり，操舵に伴って生ずる抵抗として働き，速力の低下をもたらす。一方，正横方向の成分が**揚力**であり，船体を旋回させるモーメントを発生させる。

舵面に作用する摩擦力 F は直圧力 N に比べて小さいので無視すると，舵角 δ をとったとき，揚力 L，抗力 D，直圧力 N の間には次の関係が成り立つ。

$$L = N \cos \delta \tag{5.1}$$
$$D = N \sin \delta \tag{5.2}$$

5.1.1.2 旋回

図 5.2 に旋回の様子とそれにかかわる名称を示す。

転舵によって旋回モーメントが発生し，船体は回頭を始める。最初，船体重心は原針路の延長線上を移動し続けるか，少し外側へ押し出される。この重心の外方移動を**キック**という。その量は船の長さの 1% 程度である。

船体は船首を転舵側に向けつつ斜航量が増加するにつれ，旋回内向きの揚力が発生するので，船体の重心はしだいに転舵側に移動する．この時点では前進速度，回転角速度，偏角などが変化していて航跡は円弧にはならずらせんとなる．船体が原針路から 90° 回頭したとき，原針路から船体重心までの距離を**横距**といい，転舵した位置からの前進距離を**縦距**という．

さらに旋回が進むと定常旋回となり，船体重心は円弧を描くようになる．この円弧を**旋回圏**という．船体が原針路から 180° 回頭したときの原針路との距離を**旋回径**という．これらは旋回性の重要な目安の一つである．

旋回中の船体の姿勢は図 5.3 に示すように，船首を偏角 α で内側に向け，横滑りしながら回転している．旋回中心 C から船体中心線に垂線を下ろした点を**転心**といい，船体は転心を中心にして回転しているように見える．前進中，転心は船体の重心 G から前方 $1/4 \sim 1/3 L$ の位置にあり，旋回径の小さい船ほど転心は船首方向に移動する（図 5.3）．

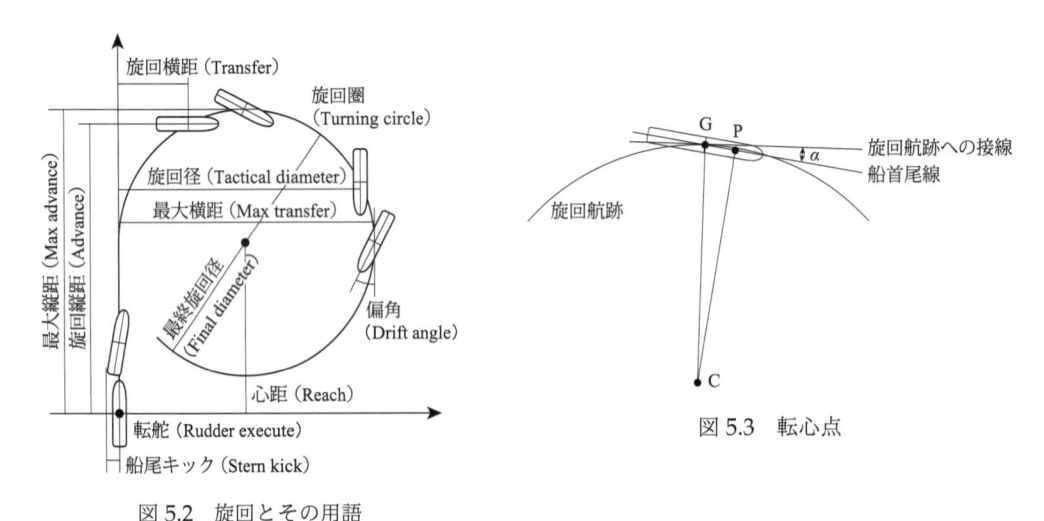

図 5.2　旋回とその用語

図 5.3　転心点

5.1.1.3　操舵性能

船体の操縦性能には**回頭性能**と**直進性能**がある．操舵して船首を所定の針路に向けることは操船の基本的な操作の一つである．一定の舵角をとり，その舵角に対応した回頭運動と船体の旋回運動を適切に制御する操作は保針操船，変針操船および避航操船の基本である．

操舵に対する特性を総称して**操縦性**（回頭性能）といい，この操縦性を数値化したものを**操縦性指数**という．操縦性には**追従性能**（操舵後，素早く回頭する性能）と，**旋回性能**（舵角に対して，小さく旋回する性能）があり，これらを数値化したものを**追従性指数 T および旋回性指数 K** という[*1]．図 5.4 は T, K の大小を図式化したものである．T が小さく，K が大きい場合，舵効きが良いと考えることができる．

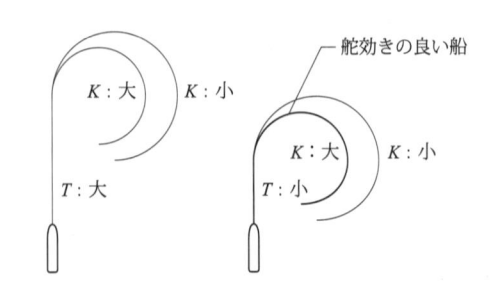

図 5.4　操縦性指数と旋回

[*1] T の単位は s（秒），K は °/s（度毎秒）である．

舵中央のままで風や波などの外乱が作用しても安定に針路を保つことができる性能を針路保持性能といい，所要の操舵で速やかに目標の針路に変更することができる性能を針路変更性能という。これらの性質は相反するものである。具体的に，船体形状から考えてみると，少々の外乱が作用しても安定して直進するには細長い形状であることが必要であり，逆に速やかに旋回したい場合には円形の形状が望ましい。船体はこの両方の性能を同時に兼ね備えた形状でなければならず，現在あるように細長い形状となったと考えられる。

　変針操船や避航操船では，適当な舵角によって一定の回頭力を与えた後に舵角 0° とし，回頭惰性がなくなるのを待って所定の針路に定針させる。このとき船体によって回頭惰性が直ぐになくなるものと，時間がかかるものとがある。船体が直進中に外乱を受けて回頭力が生じたとき，その回頭力がどのように消長するかの性質を**針路安定性**という。外乱が取り除かれた後に速やかに回頭が止まり直進する船をすわりの良い船といい，針路安定性が良いと判定する。

5.1.1.4　旋回要素の利用

旋回要素は以下のように利用できる。

a. **危険回避**：縦距は転舵して船体が避けることができる最短距離の目安を与える。この場合，T が小さければ早く回頭が始まり，短距離でも危険物を避けることができる（図 5.5）。

b. **変針**：船がある針路で航走中，転舵して変針する場合，転舵してから次の針路に入るまでに遅れが生じる。この遅れの間に航走する距離を**新針路距離**という。この距離を知ることで次の針路に乗ることができる。図 5.6 において，転舵位置 O と新旧針路の交点 B との距離 OB である。旋回半径を R とすると，変針角 ϕ に対する新針路距離 OB は

$$\mathrm{OB} = \mathrm{OA} + \mathrm{AB} = (\mathrm{Reach}) + R \tan \frac{\phi}{2} \tag{5.3}$$

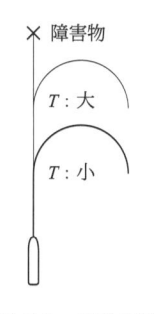

図 5.5　危険回避

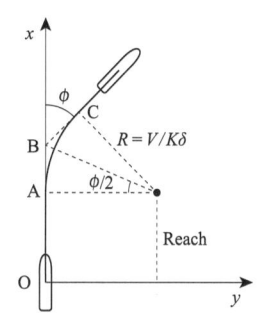

図 5.6　新針路距離

5.1.1.5　船体諸元が旋回に及ぼす影響

a. **舵角**：一般に，舵角を大きくすれば舵力が増し，旋回径は小さくなる。しかし，ある程度以上舵角が大きくなると速力の減少が大きくなり舵力が減少するため，舵角の増加の割には旋回径は小さくならない。

b. **速力**：一般商船の速力の範囲では，旋回径はさほど速力に影響されない。主機を停止した際は，プロペラ流が舵面に放出されないため，舵力は弱くなり旋回径は大きくなる。また，船体

停止から主機を発動する加速旋回では，前進行脚が弱いうちに舵力が発生するため初めは比較的小回りで旋回できる。このとき，転心は通常航走中より後方へ移動する。

c．**船型**：船幅が狭く痩せた船に比べ，船幅が広く肥えた船ほど旋回径は小さく旋回性が良い。

d．**水中側面形状**：船尾船底部を切り上げた船は旋回抵抗が減少するため旋回性は向上するが，針路安定性は悪くなる。

e．**トリム**：船首トリムのほうが旋回径は小さくなる。

f．**可変ピッチプロペラ（CPP**[*2]**）**：かなりの前進行脚があっても，ピッチ角を 0° とすると，舵に当たる水流が遮断され舵効が得られず保針が困難となる場合がある。

5.1.1.6　プロペラ流が旋回に及ぼす影響

プロペラが回転するとプロペラに流れ込む水流を吸入流，プロペラから吐き出される水流を放出流といい，これらを総称してプロペラ流という。ここでは，一般商船で最も多く採用されている右回り1軸船のプロペラ流が及ぼす影響を述べる。

a．**放出流**：図 5.7 において，プロペラ前進回転時，放出流はらせん状に回転しながら舵に当たる。この流圧は左舷側では舵面上部を，右舷側では舵面下部を押すように作用する。これら両作用は舵面に当たる角度や上部と下部の水圧の違いから，右舷側の舵面下部に作用する力が優勢となり，船体を右回頭させる。

プロペラ後進回転時，プロペラからの放出流は右舷船尾側船体に広範囲に強く当たるため，船尾を左に強く押すこととなり，船体は顕著な右回頭を起こす。

b．**横圧力**：プロペラが水中で回転すると，プロペラは水から反力を受ける。この反力の大きさは水深（水圧）に比例して大きくなることから，横圧力は前進時は船尾を右へ，後進時は船尾を左へ押すように作用する。この横圧力はプロペラ水深が浅いほど顕著で，とくにプロペラ上部が露出している場合はプロペラ上部の反力が極めて小さくなるため，横圧力は大きくなる（図 5.8）。

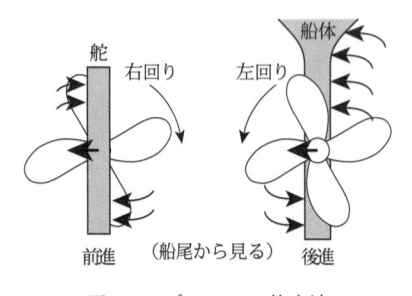

図 5.7　プロペラの放出流　　　　　図 5.8　プロペラの横圧力

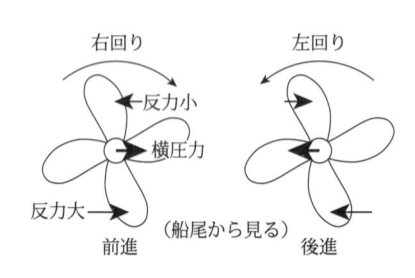

5.1.2　抵抗と推進

5.1.2.1　抵抗

主機関の出力はプロペラに伝えられ，船体を前進させる推力となる。主機関の出力の 60〜75 % 程度が推力として有効であるといわれている。その際に船体には水の抵抗が作用し，推力と抵抗が釣

[*2] CPP : Controllable Pitch Propeller

り合う状態で船速が決まる。

　船体に作用する抵抗には，船体が波をつくることによるエネルギー損失に起因する**造波抵抗**と，船体表面を流れる水の粘性によって生じる**粘性抵抗**がある。粘性抵抗はさらに**摩擦抵抗**と形状抵抗に分類され，粘性抵抗の大部分は摩擦抵抗である。その他，造渦抵抗と空気抵抗があるが，全抵抗の数％と非常に小さい。

　a．**造波抵抗**：造波抵抗は全抵抗の10〜30％を占める。球状船首を装備することによって造波を軽減させることができる。船首材がつくる波に球状船首のつくる波を合わせ打ち消し合うことによって，消波する（図5.9）。

　b．**摩擦抵抗**：摩擦抵抗は全抵抗の70〜80％を占める。船体形状にはあまり左右されず，船体塗装表面の粗さ，汚れなどに起因する。摩擦を軽減できる塗料を使用することにより，摩擦を軽減できる。また，摩擦抵抗は船底塗装実施直後に最も小さくなり，時間経過と共に増加する。

　c．**造渦抵抗**：造渦抵抗は船尾部分や船体の不連続部分に発生する渦によって生じた圧力低下が船体に作用する抵抗をいう。

　d．**空気抵抗**：空気抵抗は水面上の船体と空気の摩擦と渦によって生じる抵抗をいう。空気抵抗は水の抵抗に比べてはるかに小さいものの，水線上構造物の大きな船（自動車専用船，LNG船，大型コンテナ船，大型クルーズ船など）では無視することができない。

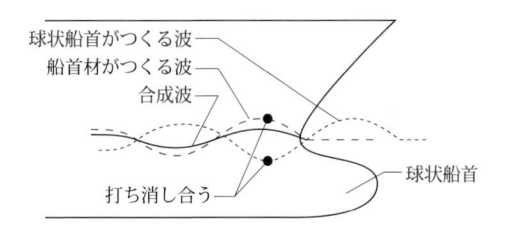

図5.9　球状船首の効果

5.1.2.2　推進

　プロペラが発生させる前進推力 T はプロペラの速さの2乗とプロペラ作動面積に比例する。プロペラの回転数を n，直径を D，速さを翼先端の円周速度 $n\pi D$，プロペラ作動面積としてプロペラ面の面積 $\pi D^2/4$，海水密度を ρ，スラスト係数を K_T [*3] とすると，T は次式で表される。

$$T = K_T \rho n^2 D^4 \tag{5.4}$$

　プロペラの各部の名称を図5.10に示す。相当大きなスキュー角を持つプロペラをハイスキュープロペラという。このプロペラは船尾の不均一な流れに対してプロペラの感度を弱め，船尾振動の原因となるプロペラ起振力を軽減することができる（図5.11）。

[*3] スラスト係数はその船が装備するプロペラの大きさ，ピッチ，ブレードの枚数などによって異なる。

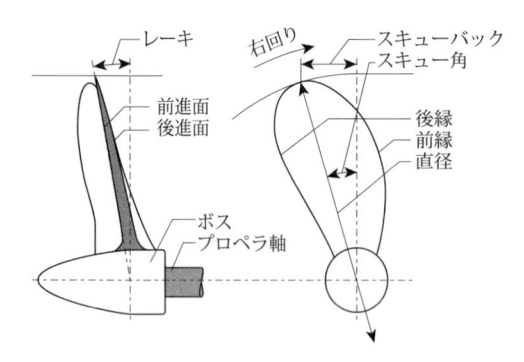

図 5.10　プロペラ各部の名称

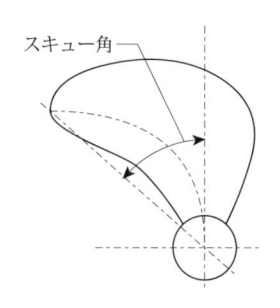

図 5.11　ハイスキュープロペラ

5.1.2.3　速力

　主機が連続して使用できる最大の出力を**連続最大出力**（MCR[*4]）という。また，航海速力を得るために常用する出力で，主機の効率や保守の観点から最も経済的な出力を**常用出力**（NOR[*5]）といい，連続最大出力の 85～90％ に設定される。

　航海速力 V_S とは計画満載喫水において常用出力としたときの速力をいう。航海速力を維持するには，実航海での気象海象や船底などの汚染を考慮し，常用出力にある程度余裕を見ておく必要がある。この余裕量をシーマージンといい，10％ または 15％ とするのが一般的である（図 5.12）。

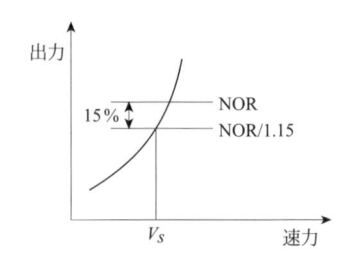

図 5.12　航海速力とシーマージン

　狭水道や港内操船において使用される速力は常用出力とは無関係に設定される。Stand by Full Ahead 速力は港内最大速力で 12 kn 程度に，Dead Slow Ahead 速力は 4～6 kn に設定されることが多い。

5.1.2.4　惰力

　主機の回転数やプロペラピッチ角を変更することによって船体を加減速するとき，船体は慣性のため所要の速力に達するまでには相応の時間がかかる。推力変更後，船がその推力に応じた速力に達するまでの時間的遅れの大きさを惰力という。惰力の大きさは所要時間やその間の航走距離で表される。

- a．**発動惰力**：船体停止から前進発動し，そのプロペラ推力に対応する速力に達するまでの時間的遅れ，その間の航走距離をいう。
- b．**加速惰力**：一定速力で航走している状態からプロペラ推力をあるレベルまで上げるとき，そのプロペラ推力に対応する速力に達するまでの時間的遅れ，その間の航走距離をいう。
- c．**減速惰力**：一定速力で航走している状態からプロペラ推力をあるレベルまで下げるとき，そのプロペラ推力に対応する速力に達するまでの時間的遅れ，その間の航走距離をいう。

[*4] MCR : Maximum Continuous Rating
[*5] NOR : Normal Rating

d．停止惰力：一定速力で航走している状態からプロペラの回転を停止した後，船体の行脚がなくなるまでの時間的遅れ，その間の航走距離をいう。ただし，完全に船体が停止するまでに極めて長時間を要するので，実際には速力が 2 kn になるまでの惰力を停止惰力とすることが多い。

e．反転惰力：一定速力で航走している状態からプロペラを逆転させた後，船体の行脚がなくなるまでの時間的遅れ，その間の航走距離をいう。とくに，Full Ahead から Full Astern とする Crush Astern 操船を行ったときの進出距離を**最短停止距離**といい，緊急の操船に対する重要な性能の目安となる（図 5.13）。

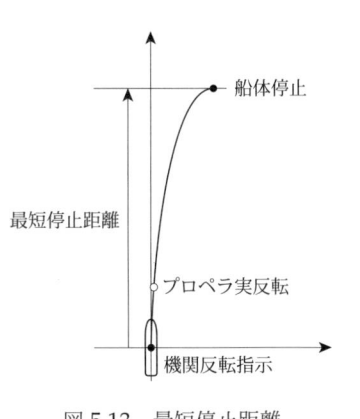

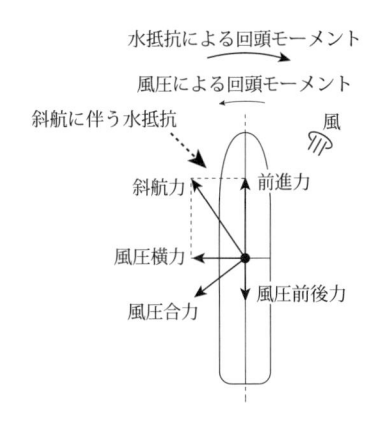

図 5.13　最短停止距離　　　　図 5.14　前進航行中の風の影響

5.1.3　操船に及ぼす外力の影響

5.1.3.1　風の影響

風を船首または船尾から受けると風圧抵抗により速力は増減し，風を片舷から受けると船体は横流れして回頭モーメントが働く。とくに低速で航行中に強風を受けると，風による回頭モーメントが舵による旋回モーメントを上回り，操船不能に陥ることがある。

a．前進時の船首向風性：航走中，船は風を受けると風下に圧流されながら航走するため，船首方位と実際の船の移動方向は一致せず斜航する。斜航による水抵抗の中心は風圧力による作用中心よりかなり前方に位置する。このため，船体に回頭モーメントが生じ船首が風上へ切り上がる傾向が強い（図 5.14）。ただし，行脚が減少すると船首向風の傾向がなくなり，舵効がなくなる頃には停止中に横風を受けた際と同様に船首が風下に落とされ始める。

b．後進時の船尾向風性：後進中に風を受ける場合においても，前進中と同様に斜航することとなり，これに伴う水抵抗により船尾を風上側に回頭させる力が働く。前進の場合と同様に，風向にかかわらず船尾を風上側に回頭させる。したがって，後進行脚では一般に船首が風下に落とされ，船尾が急速に風上に切り上がる傾向を示す。

c．停止時の漂流：船が洋上で機関を停止した状態で風を受けるとき，横倒しの状態で風下に流される。船首がやや風下に落とされ，船首を左右に振りながら水面上の風圧と水面下の抗力が釣り合った状態で風下に漂流する。

5.1.3.2 潮流の影響

航行中に遭遇する流れの影響は極めて顕著である。船体が一様に流れる水のなかで運動するときには，相対流向・相対流速に対する流圧抵抗の影響を受ける。

逆流の場合，対地速力を減少させ，対地旋回航跡は小回りとなる。順流の場合，対地船速を増加させ，対地旋回航跡は流下側に膨らむ。潮流を斜めから受ける場合，流圧抵抗の前後成分は小さく，ほとんどが流圧横力および回頭モーメントとして作用する。潮流を横切る場合，潮流の影響が船体の一部に及び，回頭モーメントを生ずることがある。また流圧差を生じる。

潮流が強い場所での障害物の避航に際しては，潮流の影響を念頭に置いた操船を行う必要がある。

5.1.3.3 波浪の影響

波浪の大きい海面では，船首揺れが大きく，保針が困難である。とくに斜め船尾から大波を受けると船首の振れ幅が大きくなる。船長が波長と等しいかまたは波長の半分程度のとき，船体の回頭モーメントが最も大きくなり，船長が波長に比べ短いほど回頭モーメントは小さくなる。

波との出会い周期と船の固有周期が一致（同調）するようになると，動揺が激しくなり，操船が困難となる。縦揺れが同調すると船首底部を強く波面に打つスラミングを起こし，プロペラの空転が発生する。

5.2 特殊操船

5.2.1 制限水域における操船

喫水および船幅に比べ，浅く狭い河川や運河のような水域を制限水域という。このような水域を航走すると，船体は浅水影響や側壁影響を受ける。

5.2.1.1 浅水影響

浅水域を航走すると，船底へ流れ込む水流は側方に回って平面的に流れ，船体周りの水圧分布の様子を変える。前進中は船首の水圧は高まり，船体中央部付近では圧力は下がって流れが速くなり，船尾では隙間を埋めるように流れる伴流によって，再び水圧が高くなる。この船体周りの水圧の分布は船型，船速，喫水，水深により変化し，浅水域では増速するにつれて船体中央部の低圧部は船尾のほうまで広がり，船体が沈下する。具体的な現象は次のとおりである。

- a．**速力の低下**：船体抵抗が増大するので，船速が低下する。船体周りの流れが平面的になるので，船底部の流れは加速されて摩擦抵抗が増加する。また，造波抵抗も増え，船速は低下する。一般に，操船者が速力低下を意識する水深は喫水の 1.2 倍といわれている。
- b．**船体の沈下**：船体中央部の低圧部が広がるので，船体が沈下しトリムが変化する。船体周りの水圧分布が変わると，その水圧分布に対応して船体が釣合いを保つための姿勢をとるので，船体沈下量が大きくなり，船体前後の沈下量の違いから，航走中にトリムが変化する。これを船体沈下現象という（図 5.15）。
- c．**操縦性能**：一般に，旋回性は低下し，針路安定性は向上する。

d．船体振動：浅水域では船尾の伴流が強くなるので，プロペラ各翼の推力の差がプロペラトルクに不規則な変動を与え，これが異常な船体振動を誘発する。

5.2.1.2 側壁影響など
狭水路においては，側壁影響に対応した操舵が必要である。

a．側壁至近の航走：航走中に生ずる船体周りの水圧分布は浅水の他，狭い水路幅にも影響され，思わぬ回頭モーメントのため保針が難しくなる。水路の側壁に接近して走ると，船体両側の流れに差を生じて圧力分布が変わる。側壁と船体に挟まれた船側付近の水位は低下し，船体を側壁に引きつける吸引力が生じる。また，船首部は反発力によって水路の中央に押し出され，船体は斜航する。したがって，側壁沿いに航走する場合の当舵は側壁のほうにとることになる（図 5.15）。

b．傾斜した海底を航走：船幅方向に海底が傾斜している浅水を航走するときは，側壁に沿って航走したときと同じ作用が働き，船首部は海底斜面から反発力を受けて深いほうに押し出される。

c．河川航行における操船上の注意：河川の流れは中央部で強く，両側の川岸に近くなるほど弱くなる。湾曲部では，外側の川岸は深くて流れは速い。内側の川岸は浅くて流れは弱く，ときには反流の渦を起こす。湾曲部を船が遡って航行するとき船首は流れに押されて外側の川岸へ回され，下るときには船尾が外側の川岸のほうへ押される。河川航行中は，このような流れによる回頭作用を防ぐように当舵をとる必要がある。

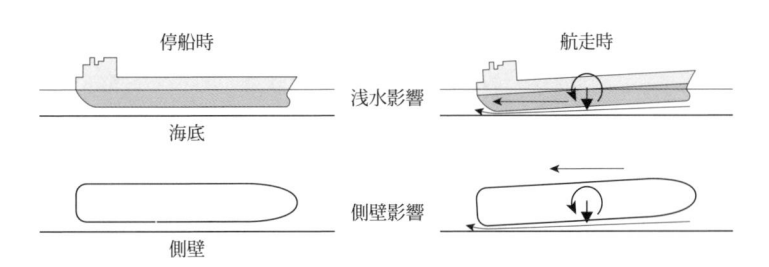

図 5.15　浅水影響と側壁影響

5.2.2 荒天時における操船

海上で強風が吹き続けると波浪が発達する。操船者には，波浪による衝撃などの影響を抑え，激しくなる船体動揺をできる限り減らすための対応が求められる。荒天が予想される際は，低気圧に関する的確な気象情報を収集し，本船の耐航性と運動性能を考慮した上で避航するか否か判断する必要がある。

5.2.2.1 荒天時の危険な現象
a．スラミング：荒天時，船が波に向かって航走すると，船首が波に持ち上げられて縦揺れが激しくなり，ある瞬間に船首船底が波面から離れ，次の瞬間に激しく波面を叩く。このとき船首部船底外板が強大な水圧力を受けて，船体が極めて短い周期で急激な振動を起こす。この

ような現象を**スラミング**という。繰り返しスラミングを受けると船首から $1/10～1/4L$ の範囲の船首船底のフレーム間の外板に凹損が起こる（図 1.7 参照）。

b．**ブローチング**：船が追い波で順走する際，船と波との相対速度が小さいため船体が波乗り状態となり，船尾が波の谷または傾斜前面に入ったときに，船尾が波に押されて急激な船首揺れを起こし船体が波間に横たわることがある。この現象を**ブローチング**という。復原力が不足するようなことがあれば，船体は横倒しとなり転覆の危険もある。また，ブローチングが起きる状況下では，船尾から青波や崩れ波が襲うように覆いかぶさってくることがある。これを**プープダウン**という。

c．**レーシング**：船体の激しい縦揺れのなかでは船尾プロペラの一部が周期的に波面から露出するようになり，プロペラは振動を伴いながら急激に回転を増す。このような現象を**レーシング**といい，プロペラ翼の損傷や軸系および機関に悪影響を与えることとなる。

d．**ラーチ**：横揺れ中，突然他の傾斜モーメントが重なって不連続にしかも大きく傾斜する現象を**ラーチ**という。ラーチは GM が小さいとき，バラストや積荷に自由水の移動があるとき，風上側へ傾斜中に突風を受けたとき，波浪中で大角度の操舵により旋回する動作を行ったときに起きやすい。ラーチ現象により船体が大きく傾斜し，横強度材である甲板ビームがほとんど垂直になり，復原力を失った状態を**ビームエンド**という。

e．**同期横揺れ**：波浪を受けて航走中，本船の横揺れ固有周期と波との出会い周期が等しいときに同調し，激しい横揺れを起こす場合がある。適当な GM を持つ船は船幅の約 25 倍の波長を持つ横波に会うと，同期横揺れを起こす可能性がある。その際，速力や針路を変えることで大きい横揺れの発生を避けることができる。

f．**パラメトリック横揺れ**：横揺れ周期が復原力変化の周期の 2 倍（整数倍）のときに横揺れが急速に増大する自励振動現象である。船体が直立の状態から一方の舷に傾き始めると，波によって復原力が低下し，横傾斜はさらに増大する。次に復原力によって傾いた舷から直立に戻ろうとするとき，今度は復原力によって勢いよく起き上がり，直立点を過ぎて反対舷に傾く。このとき復原力の強さは再度低下した状態なので，横揺れは助長される。このように，波による復原力が船体の横揺れを絶えず助長するように働くと，横揺れはしだいに大きくなり，ついには転覆に至る。

5.2.2.2　荒天時の操船上の注意

a．**操舵**：自動操舵から手動操舵に切り替え，小舵角で小刻みに操舵する。保針の操舵は船首方位の動きに注意し，当舵を大きくとってはならない。大角度の変針をする際は，横波を受けた際に急激な傾斜が予想されるので，船の動揺と海面状態をよく観察し，最も状態の良い時機を選び，20° までの変針を数回に分けて行う。

b．**ちちゅうと順走**：縦揺れは船首向かい波，横揺れは横波または斜め追い波のときに同調し激しくなる。両者の揺れを少なくするには，風力 6〜8 までは波浪を船首 2〜3 点に受けて，ちちゅうすると共に，船体動揺の同調およびプロペラの空転を避けるため減速する。風力 9 を超えると順走に移るほうがよいとされている。風浪を船尾から受けて航走する場合，船首揺れ，横揺れが激しくなるため，操舵は小刻みに行い，急激な船首揺れに対しては慎重に対処する。とくに舷が低い小型船の場合は，船尾から甲板上に打ち込む海水による復原力の低下，

操舵機への衝撃の緩和に注意が必要である。

c．**ちちゅう（Heave to）**：舵効を失わない程度の最小の速力とし，波浪を船首から斜め 2～3 点に受けてその場に留まり荒天に対処する方法である。前進力が維持できることにより波浪に対する姿勢を保持することができ，風下側への圧流も小さいため風下側に十分な余裕水域がない場合でも有効である。しかし，船首の波による衝撃，海水の打込みを防ぐことはできない。

d．**順走（Scudding）**：波浪を斜め船尾に受け，追われるように航走する方法をいう。船体が受ける波の衝撃が最も弱く相当の速力を保持できるため，積極的に荒天海面，とくに台風の中心から脱出するような場合に使用する。ただし，保針性が悪く，プープダウンを起こす場合がある。

5.2.2.3　台風からの避航

台風の大きさや進行速度，本船との距離，船速や堪航性，陸地の存在など，避航条件は千差万別で避航法を画一的に述べることはできない。ここでは北半球における一般的な避航法を述べる（図5.16）。

a．**台風の進路上にある場合**（図 a）：気圧が一定下降し風向が変わらない場合，船位は台風の進路上にいると判断できる。この場合，右船尾から風を受け，進路上から左半円への脱出を図る。左半円に入った後は台風の左半円前方にある場合により避航する。

b．**台風の右半円前方にある場合**（図 b）：気圧が一定下降し風向が右へ変化（順転）するならば，船位は台風の右半円前方にあるものと判断できる。この場合，台風の進路に巻き込まれる最も危険な位置にあるので，右 2～3 点に風を受けて航走し，台風の中心から離れる。気圧が上昇に転じ風が弱まってくれば，右半円後方に入ったことになり，危険度は減少する。このように北半球において，風が右（R）に回り，台風の右半円（R）にいるとき，右船首（R）に風を受けて中心より脱出する方法を「3R の法則」という。

c．**台風の左半円前方にある場合**（図 c）：風向が左へ変化（逆転）するならば，船位は台風の左半円にいると判断できる。この場合，右船尾から風を受けて順走し，台風の中心から離れる。気圧が上昇に転じ風が弱まってくれば，左半円の後方に入ったことになり危険度は減少する。

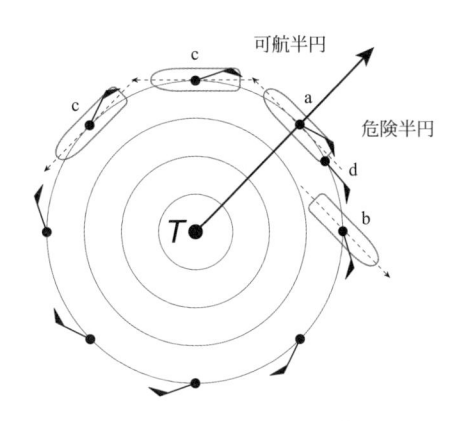

図 5.16　台風からの避航

d．台風の進路よりもわずかに右にいる場合（図d）：台風の進路よりもわずかに右にいる場合，台風の進路を横切って左半円に避航すべきか，ちちゅうにより右半円で避航すべきかは一概に決定できない。台風と本船との位置関係や速力などを慎重に判断し，その避航法を決定しなければならない。

5.2.2.4　追い波航行中の復原力の変化

　追い波を受けて航行中には波高，波長と船速の関係により，船体が危険な状態となることがある。

　船体が波頂に乗った状態では，水中にある船体形状の変化によって復原性が低下する。追い波状態では，船体が波頂に乗る時間が長くなるので危険性が大きくなる。波長が船長の 0.6〜2.3 倍の状態ではとくに注意が必要で，波高が高くなるほど復原性の低下が著しくなる。とくに船長と波長とがほぼ等しい状態では，船体の復原力は静水時に比べて変化する可能性があることが知られている。

　船体中央部に波の山があり，船首および船尾が波の谷にあるときは，水線面積が減少し，船体に働く復原力は静水中よりも低下する。これは船体中央部は船側がほぼ垂直で，水位が上がっても幅は変わらないのに対し，船首尾では水位が下がると幅は狭くなるためである。追い波中の航行では，復原性の低下により横揺れ周期が長くなり，波周期と横揺れ周期が一致した場合には横揺れが増幅される同調横揺れが発生する危険性がある。さらに波周期と復原性の変化によって，大きな横揺れが生じるパラメトリック横揺れの危険性もある。

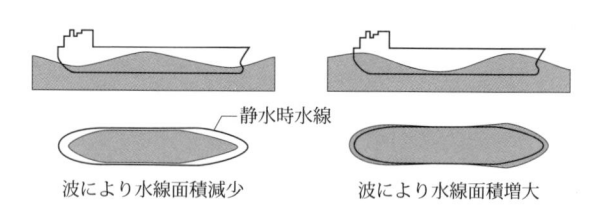

図 5.17　追い波中の水線面積の変化

5.2.2.5　追い波航行中の危険の判断

　波長の長い大きな波を後方から受ける状況で，波周期と船速がある一定の関係になると，船が波の影響を大きく受け**危険な状態**になることがある。とくに比較的船速の速いフェリーや RO-RO 船では，周期の長い追い波の影響を強く受けることがある。

　体感周期の長い追い波中を航行しているときは，次の (1)〜(3) の方法で自船の状態が危険かどうかを確認し，危険状態であれば減速するなどの方法をとり，危険状態を回避する必要がある。

(1) 波の実周期と波長を求める

　船上で体感している波周期から実際の波周期および波長を求める。船が自ら移動している影響で，船上で体感している波周期と，海面での実際の波周期は異なる。図 5.18 を用い，体感している波周期と波との出会い角度，船速から，海面での実際の波周期と波長を求める。

(2) 波長の長い大きな波を受けている状態の判断

　次の条件を満たす場合，波長の長い大きな波を受けている状態となる。

- 波長が $0.6 L_{PP}$ 以上
- 有義波高が $0.04 L_{PP}$ 以上

(3) 危険な状態の確認

波周期と船速，波との出会い角度から，危険な状態に入っていないか確認する。

(4) 危険の回避

航行中に上記の危険な状態に該当するような周期・出会い角度の波を受けている場合は，減速する，針路を変えるなどの方法で，危険な状態から脱することが必要である。

<u>例題</u> 船速 20 kn，体感周期 25 s で，波を斜め後ろ 30° 方向から受けている。$L = 120$ m，有義波高 $W = 5$ m である場合，危険な状態か否かを判定せよ。

【解答】(1) 図 5.18 の右半円から，船速 20 kn と波との出会い角度 150° の交点を求める ❶。

その交点を図左の出会い周期 25 s の位置まで横軸に平行に移動させる ❷。

波の周期の曲線から，波の周期 9 s を得る ❸。

次に波長を算出する。波長 λ と周期 T の関係式 $\lambda = 1.56T^2$ m より，$\lambda = 126$ m を得る。

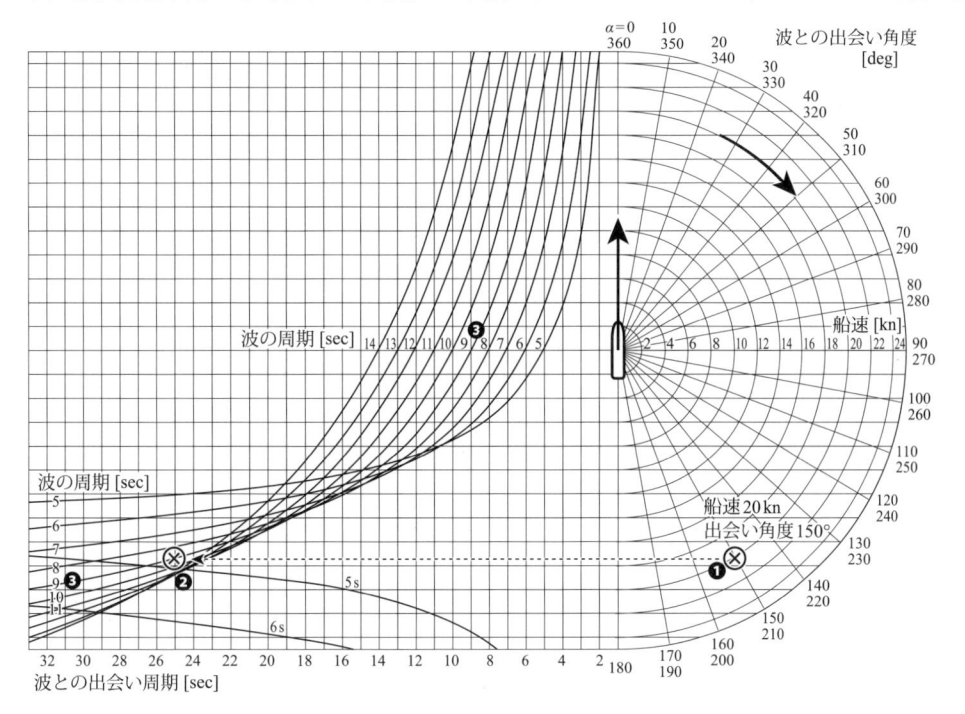

図 5.18 波の周期の算出（出典：IMO MSC.1/Circ.1228（11 January 2007）REVISED GUIDANCE TO THE MASTER FOR AVOIDING DANGEROUSSITUATIONS IN ADVERSE WEATHER AND SEA CONDITIONS）

(2) $\lambda = 126$ m $> 0.6L = 72$ m，かつ，$H = 5$ m $> 0.04L = 4.8$ m である。したがって，波長の長い大きな波を受けている状態である。

(3) 図 5.19 を利用し，波周期と船速，波との出会い角度から，危険な状態域に入っているか確認する。船速・波の周期比は 20/9 = 2.22 となり危険な状態である ❹。

(4) 安全な速力，針路を探る。

　a．針路変更による対応：速力を変えずに針路で対応する場合，波との出会い角度をより船尾から受けるように針路をとる。

b．速力変更による対応：針路を変えずに速力で対応する場合，船速・波の周期比を 2.3 以上にするか，1.5 以下にすればよい。したがって，20.7 kn 以上，または 13.5 kn 以下とする。荒天を考えると，減速が安全であろう。

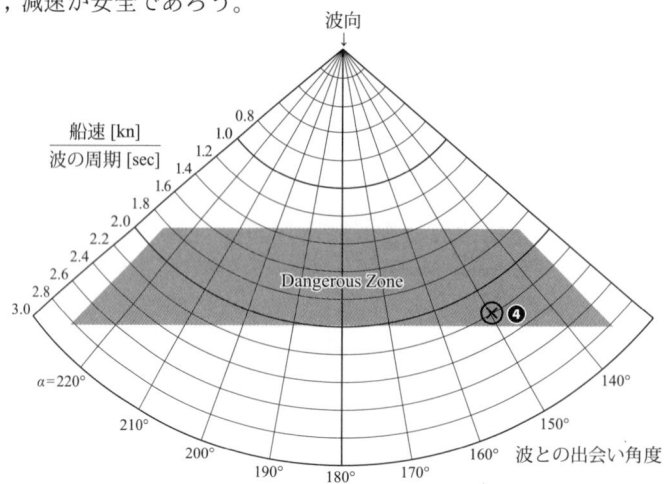

図 5.19　危険範囲の算出（出典：IMO MSC.1/Circ.1228（11 January 2007）REVISED GUIDANCE TO THE MASTER FOR AVOIDING DANGEROUSSITUATIONS IN ADVERSE WEATHER AND SEA CONDITIONS）

5.3　入出港操船

5.3.1　岸壁の係留および離岸

港内において船舶を操縦する際は，とくに次の要素を把握し，港内操船中は予測に反して本船の態勢が崩れた際にも的確な判断と適切な処置を講ずることができるよう時間的・心理的にゆとりを持った操船計画を立案する必要がある。

- 自船の操船上の特性
- 主機およびプロペラの特性と操船への影響（とくに機関後進に伴う停止距離，船首偏向）
- 低速時の舵効き
- 錨，タグボート，スラスターの使用法
- 気象状況：風向，風力の変化
- 海象状況：潮汐，潮流
- 視界の良否
- 港内の状況：他の停泊船および港内の輻輳状況
- 操船水域の広狭
- UKC の状況
- パイロットの有無，綱取りボートの有無

5.3.1.1　係船および離岸準備

a．係船索：係船索は安全性と取扱いの面でその特性を理解して使用する必要がある。係船中の船は風，風浪，うねりや潮流の他，他船の引き波などの影響を受けて動く。接岸中の大きな移動や動揺は荷役などの妨げとなるばかりでなく，ときには船体に損傷を及ぼすこともあり，

状況に応じて係船索を増やす(増し舫い)などの適切な対応が必要である(係船索の名称やとり方については,1.3.1.4 節(184 ページ,図 1.33)を参照のこと)。

b．**係船準備**：着岸時,両舷の錨のスタンバイ(着岸操船や離岸操船に使用する場合の他,前進惰力が過大となった際に投錨する),揚錨機や係船ウインチの試運転(モーターやギヤなどの音・振動,潤滑油,温度などの確認),係船索の準備(甲板上に繰り出し,ヒービングラインを用意)をする。船橋から「ライン送れ」の指示で係船索を送る。係留索の巻取りは,船首(または船尾)の横移動の速さを見極め,岸壁に接舷するまでは係留索の弛みを取る程度に止める。係船索を張り合わせる際,本船の動きに逆らって無理に巻き込むと切断する危険があるため,係船索が過度に緊張することがないようにつねに張り具合に注意する。船体が停止しているときには,ゆっくりと巻き始め,船体が動き出してから負荷をかける。船尾から係船索を送り出す際は,自船のプロペラへの巻込みに注意する。

c．**離岸準備**：離岸する際は,必要に応じてバウスラスターおよびタグボートを使用し,できる限り速やかに岸壁から離れる必要がある。揚錨機,係船ウインチを準備し,錨鎖および係留索の巻込み,および反対舷(海側)の錨をスタンバイ状態とする。船橋から「シングルアップ」の指示で,ヘッドライン 1 本,スターンライン 1 本,前後のスプリングを各 1 本だけ残し,他は巻き込む。

5.3.1.2 錨の利用

錨と錨鎖による把駐力,引きずることによる抵抗は操船の補助としてよく利用される。具体的に,次のような目的に使用される。

a．**危険物の避航**：急速に前進または後進行脚を止めなければならない場合は,主機の操作に加え片舷錨だけでなく両舷錨を投錨する必要がある。

b．**着岸時の行脚制御**：岸壁に近づいたところで投錨し,水深の 1.5〜2 倍程度の錨鎖を伸出し,これを引きずりながらブレーキの役目として利用する。風潮流の影響を受ける際は有効な手段となる。

c．**その場回頭または大角度変針の補助**：海域が制限されており,小回りに回頭または大角度変針しなければならない場合は,回頭舷の錨を投下し錨鎖を水深の 1.5〜2 倍程度繰り出し,機関,舵,潮流,風などを利用して錨を引きずりながら小さく回頭する。

d．**離岸操船の補助**：出港時の離岸操船を容易にするため,あらかじめ入港時に岸壁から 30 m 程度離れた位置に投錨し,2〜3 節錨鎖を伸出しておく。出港時に錨鎖を巻くことによって,容易に船首を離岸させることができる。

5.3.1.3 タグボートの使用

タグボートの推進装置のほとんどは Z 型プロペラである。Z 型プロペラはノズルが付いたプロペラの推力方向を 360°に自由に変えられる構造を持ち,極めて小さい旋回半径を得ることができ,停止状態にあっても旋回することが可能である。さらに推進装置全体を反対向きにできるので,後進時にも十分な推力を発揮できる(図 5.20)。

a．**使用方法**：タグボートの使用方法には,押し,引き,横抱きの 3 種類の方法がある。タグボートの船首からタグラインを本船にとる船首フック引きの態勢は押し引きが容易にできるため

よく用いられる（図 5.21）。
- b．**使用上の注意**：大型船でタグボートによる支援業務を受ける場合，以下に注意する。
  - ⅰ．**減速支援**：本船速力が過大でタグボートで引いて急減速させる場合，タグラインの切断や係止装置の破損などの危険がある。一般的には，本船速力は 5 kn 程度まで減じておくことが望ましい。
  - ⅱ．**回頭支援**：タグボートの支援により回頭する場合には，本船速力を 3 kn 程度以下にすべきである。過度の速力を有していると本船の姿勢を保つことが難しくなる。
  - ⅲ．**操船の指示**：一般的にタグボートの押し引きの方向は時計の短針の指す方向で指示する。すなわち，船首方向を 0 時方向，右舷正横方向を 3 時方向，船尾方向を 6 時方向，左舷正横方向を 9 時方向と指示する。タグボートの押し引きの強さは Full, Half, Slow, Dead Slow の他に，「Dead Slow の半分」や，「頭を付けるだけ」「ぶら下がれ」といった表現がある。

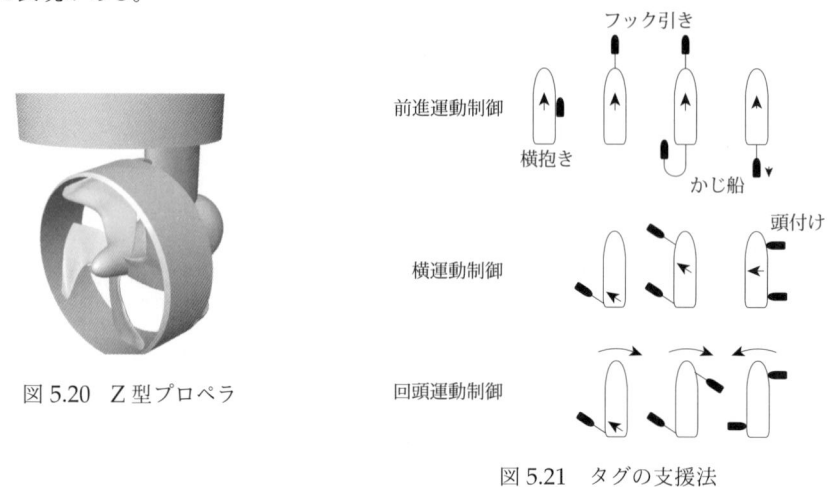

図 5.20　Z 型プロペラ

図 5.21　タグの支援法

5.3.2　離着岸操船

船を岸壁に離着岸させる際，自船の操船に影響を及ぼす諸条件を十分に把握した上で，そのときの状況に応じた操船が求められる。港内での離着岸操船に影響を及ぼす諸条件としては，自船の大小，喫水，主機の種類，舵およびプロペラの作用，余裕水深，天候，風潮流の影響，港内船舶の輻輳状況，回頭海面の広さ，操船支援設備（タグボート，スラスターなど）の有無とその使用の有無など多種多様である。

- a．**風潮流による影響**：港内を低速航行中は十分に風潮流に抗することができない。離着岸操船をする上で，この風潮流の影響はとくに注意しておかなければならない。
- b．**主機の種類**：ディーゼル船とタービン船では後進発動時に若干の時間差はあるものの，操船に大きな影響を及ぼすほどではない。
- c．**舵およびプロペラの作用**：自船に装備されている舵の数，プロペラの数や種類により操船に及ぼす影響に差違が見られる。一般に FPP[*6] 装備の右回り 1 軸船では後進時に船首が右に

[*6] FPP : Fixed Pitch Propeller

偏向するため，これを離着岸操船に利用することがある。また，CPP装備船では前進推力をなくすためにプロペラピッチを0とすると，前進行脚がある状態でも著しく舵が効かなくなる。

- d．**視界，天候の影響**：操船者が自船の位置を容易に確認し，速力を逓減できるように，顕著な物標が視認でき，また，他船の動向を視界内に確認でき，必要であれば避航動作を行える程度の視界の確保が必要である。
- e．**回頭水面**：離岸後に港口へ向け回頭したり，回頭して接岸する際には，岸壁付近に十分な回頭水面が必要となる。

5.3.2.1 操船例

FPP右回り1軸船の基本的な離着岸操船について，スラスターの利用やタグボートの支援を受けず，自力での離着岸操船を行う場合を例示する。

近年ではスラスター装備船や推進装置，操舵装置の技術革新により操縦性能の良い船舶が多くなり，その場回頭や横移動が可能な船舶も増えているが，操船の基本として例示する操船方法を理解しておくことで，応用性も広がることになる。

例示において，Lは船長，Bは船幅，Dは水深，HLはヘッドライン，SLはスターンライン，FSはフォワードスプリング，ASはアフトスプリング，DS/AHはDead Slow Ahead ENGを示す。

〔着岸操船例1〕小角度での左舷係留（図5.22）

(1) 岸壁の係留位置の$3L$倍程度手前までに十分に減速し，係留位置の前方で$4\sim5B$，または$1L$程度前方を向進目標として，岸壁法線と$10\sim20°$の角度を持って進行する。このときの船速は主機を後進に発動した際に，直ぐに行脚を止めることができ，かつ舵効を得られる程度とする。

(2) 係留位置の$1L$手前で右錨を投下する。この錨で接岸速度の制御を行うと共に，離岸出港時には錨鎖を巻くことで岸壁から船首を容易に離すことができる。錨鎖は$1.5\sim2.0D$程度伸出する。

(3) 停船位置でHL他，係留索を岸壁に送り，巻きながら着岸する。船尾を岸壁に寄せる場合は舵を右一杯として短時間DS/AHを発動して船尾を左に振るようにする。この際，FSをとっている場合は，係留索に過度の張力をかけないように注意する。

〔着岸操船例2〕小角度での右舷係留（図5.23）

右回り1軸船の場合，後進を発動すると，プロペラの放出流の船尾側圧作用で船首を右に偏向し，船尾が岸壁から離れてしまうため，できるだけ岸壁と浅い角度で進入する。

(1) 岸壁の係留位置の$3L$程度手前までに十分に減速し，係留位置の前方で$1\sim2B$程度離して岸壁法線と平行か，できるだけ小角度で進行する。

(2) 停船位置の$1L$程度手前でHLまたはFSを岸壁に送る。錨を使用する場合は，左錨をこの地点から$1/2L$程度手前に至るまでの間に投下し，$1.5\sim2D$程度錨鎖を伸出する。

(3) 予定係留位置の手前で後進を発動し，正横位置で行脚を止める。後進発動により船首を右に振るようであれば，投下した左錨を利用して右回頭を抑制する。

(4) SL を送り，各係留索を巻き込みながら着岸する。

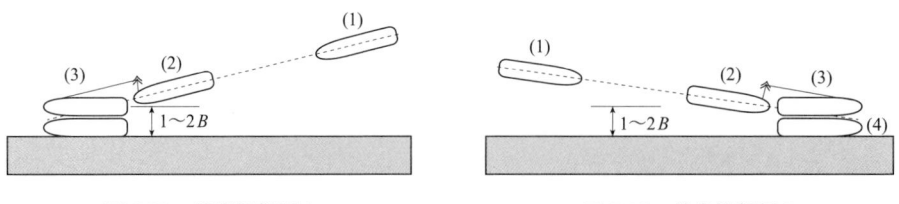

図 5.22　着岸操船例 1

図 5.23　着岸操船例 2

〔着岸操船例 3〕出船左舷係留（図 5.24）

(1) 係留位置前面での回頭半径を考慮して岸壁法線との距離を $1～1.5L$ 程度離して，平行に進行する。
(2) 速力を十分に減じて（$2～3\,\mathrm{kn}$ 程度），係留予定位置の $1L$ 程度手前で右舷錨を投下する。
(3) 右舷錨鎖を伸出しながら，そのまま $1L$ 程度進行し，$1～1/2L$ 手前で後進を発動し行脚を落とし，プロペラ放出流の側圧作用による船首の右への偏向と，投下した右錨を支点とするように右回頭する。必要に応じて舵を右一杯として，DS/AH として右への回頭を増長させる。この場合，前進行脚が過大にならないように注意する。
(4) 岸壁に HL を送り，舵および微速での前進を適宜使用しながら岸壁に近づける。この際，接岸速度を右舷の錨鎖伸出で調整する。
(5) 船尾が岸壁に近づいたら SL を送り，各係留索を巻き込みながら着岸する。

〔着岸操船例 4〕出船右舷係留（図 5.25）

(1) 岸壁の係留位置の $3L$ 程度手前までに十分に減速し，入船係留時よりやや大きく岸壁法線と $20～30°$ の角度を持って進行する。
(2) 岸壁前面での回頭半径を考慮し，岸壁から $1～1.5L$ 程度離した距離で左錨を投下し，舵を左一杯とし，適宜 DS/AH として左への回頭を増長させる。
(3)(4) 左舷錨鎖に過度の張力を与えないようにしながら，主機を使用し左回頭する。前進行脚が過大にならないように，適宜前後進での主機を使用する。
(5) HL または FS を岸壁に送り，舵および微速での前進を適宜使用しながら岸壁に近づける。この際，接岸速度を左舷の錨鎖伸出で調整する。船尾が岸壁に近づいたら SL を送り，各係留索を巻き込みながら着岸する。

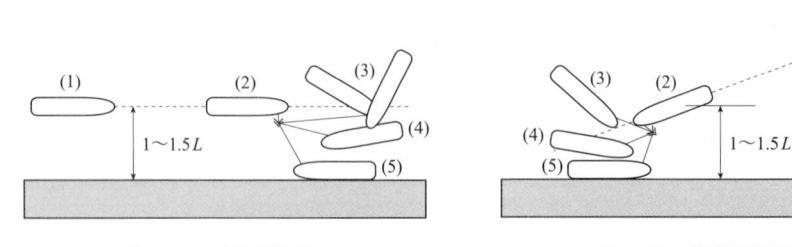

図 5.24　着岸操船例 3

図 5.25　着岸操船例 4

〔着岸操船例 5〕 大角度での入船左舷係留（図 5.26）

(1) 舵の効く速力で岸壁に接近する。右錨を投錨する用意をして，後進を発動し減速する。
(2) 着岸岸壁の 1〜1.5L 程度手前で右錨を投下する。
(3) 右舷錨鎖の伸出を抑えながら錨を引きずるようにして抵抗を生じさせながら減速すると共に，錨を支点として右回頭を行う。この際，舵を右一杯，微速前進を適宜使用して右回頭を促進する。
(4) 岸壁と 1B 程度に接近したら，HL または FS を岸壁に送る。
(5) 船尾を岸壁に寄せるために舵を右一杯，適宜微速前進を発動して船尾を岸壁側に振る。SL を送り各係留索を巻き込みながら，岸壁に接岸する。

〔着岸操船例 6〕 大角度での出船右舷係留（図 5.27）

(1) 舵の効く速力で岸壁に接近する。左錨を投錨する用意をして，後進を発動し減速する。要すれば投錨予定地点で行脚をいったん止める。
(2) 着岸岸壁の 1〜1.5L 程度手前で左錨を投下する。舵を左一杯として，微速前進を発動し左回頭を行う。
(3) 前進行脚が過大にならないように注意し，必要に応じて適宜後進を発動する。後進行脚は投下した錨を抵抗にすることで速力を減じることができるが，過度の後進行脚は錨を大きく引きずることになるので，速力は 0.5〜1.0 kn 以下とする。
(4) 岸壁に 2B 程度まで接近したら，HL または FS を岸壁に送る。岸壁と平行になれば，適時係留位置を調整するため，前後進を使用する。
(5) SL を送り各係留索を巻き込みながら，岸壁に接岸する。

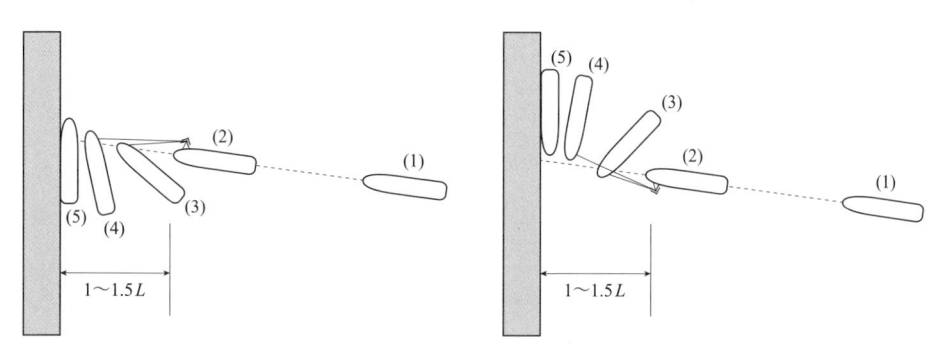

図 5.26　着岸操船例 5　　　　　図 5.27　着岸操船例 6

〔着岸操船例 7〕 船尾係留（図 5.28）

　船尾を係留する場合，両舷の錨を使用する場合もあるが，ここでは片舷の錨を使用して右回頭しながら，出船係留とする一例を述べる。

(1) 係留位置に向けて速力を減じながら接近する。
(2) 後進を発動しながら岸壁から 2L 程度手前で錨を投下する。
(3) 舵を右一杯として，微速前進を適宜使用しながら右回頭を促進し，また，投下した錨を支点として右回頭する。

(4) 180°回頭したところで錨を抵抗としながら，微速後進を発動して，船尾を岸壁に近づける。
(5) 船尾両舷からSLを送り，巻き込みながら岸壁に近づける。接岸速度は係船索および錨鎖の張り具合，伸出量で調整する。

〔離岸操船例 1〕FS を使用した左舷係留からの離岸（図 5.29）

　入船係留からの離岸出港操船では，船尾方向に広い回頭水面があれば，プロペラおよび舵の岸壁との接触による損傷を避けるため，係留索を利用して船尾を振り出したのち，後進を発動して岸壁からの距離を離した上で回頭，出航針路に向ける方法を基本とする。船尾側に十分な水域がない場合は，船尾の岸壁への接近に注意しながら船首を離して離岸する。

(1) FS のみを残して係留索を放つ。舵を左一杯として，微速前進を発動する。船首側が岸壁に接近するため，必要に応じて岸壁側船首にフェンダー（防舷材）を用意しておく。
(2) FS を支点として，船尾が岸壁から離れ始める。過度の前進行脚，係留索に過度の張力がかからないように注意しながら $1.5 \sim 2B$ 程度船尾を離す。
(3) 舵中央とし，後進を発動して FS が緩んだならば，係留索を放し後進する。
(4) 適当な海面まで後進し，その後，所要の針路まで回頭して出港する。

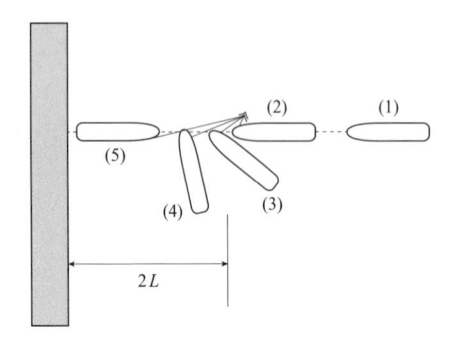

図 5.28　着岸操船例 7　　　　　図 5.29　離岸操船例 1

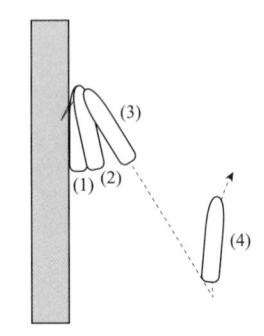

〔離岸操船例 2〕錨を使用した離岸（図 5.30）

　入港着岸時に錨を使用しておくと，離岸時にも有効であると共に，うねりなどが侵入してくる港においては停泊中に必要に応じて船体を岸壁から離すことも可能となる。

(1) 着岸時に使用した錨の錨鎖を巻き込みながら船首を岸壁から離す。錨鎖を巻き込むと船尾側が岸壁に接近するので，プロペラおよび舵の岸壁への接触には十分注意する。また，船体形状によっては船尾付近カウンター部が岸壁に接触しないように注意を要する。
(2) さらに錨鎖を巻き込みながら船体を岸壁から離す。
(3) 錨が揚がったならば，所定の針路に向けて出航する。

〔離岸操船例 3〕船尾係留からの離岸（図 5.31）

(1) 船尾係留索を放した後，着岸時に投下した錨の錨鎖を巻き込みながら離岸する。
(2) 錨が上がったならば，所要の方向に進航し出航する。

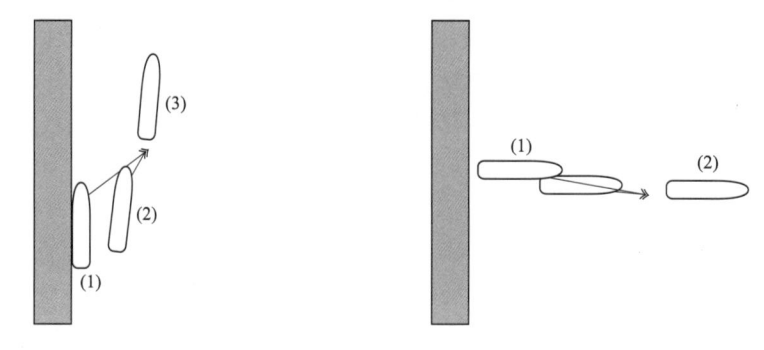

図 5.30　離岸操船例 2　　　　　　　図 5.31　離岸操船例 3

5.3.3　錨泊

5.3.3.1　錨泊

入港前の時間調整などのため錨泊する場合がある。投錨計画の立案には次の点を考慮する。

- 水深，底質，海底障害物
- 風潮流
- 振れ回り範囲
- 錨地への進入針路，最終船首目標および避険線
- 錨地への接近速力および速力逓減
- 錨泊中に予想される気象海象
- 定置網等の漁具
- フェリー等の常用航路

5.3.3.2　錨地の選定

一般的に次の要件を満たす錨地が良好な錨地といえる。

a．**気象海象**：気象海象の影響を受けにくく，平穏な海面であること。とくに風浪やうねりの影響を受けにくい地形であること。

b．**水面の広さ**：広い水面を確保でき，航路筋ではないこと。錨泊中の船の振れ回りを考慮し，すでに他の錨泊船がある際は，十分な船間距離が確保できる水域であること。

c．**水深**：水深が適当であり，付近に浅瀬がないこと。一般的に，中型船では 10～20 m 程度の水深が適当とされている。

d．**底質**：錨かきの良い底質であること。粘土質の軟泥が最も錨かきが良く，次いで砂混じりの泥，砂の順である。底質が岩石，礫の箇所，水中障害物，海底電線，海底パイプラインが設置されている箇所は避けるべきである。また，ヘドロには注意が必要である。

5.3.3.3　錨泊法の選択

錨泊の方法には海域，気象条件を考慮した次の方法がある。

a．**単錨泊**：両舷いずれかの錨を使用して錨泊する方法で，最も多く用いられる基本的な錨泊方法である。荒天時においては，単錨泊法での安全性を増すために，主錨として使用している側

と反対舷の錨を振れ止めとして投下し，錨鎖を水深の1.2～1.5倍程度伸出し船体の振れ回りを抑制する方法がある。この場合，振れ止め錨は把駐の主力ではないので，単錨泊に属する。

b．2錨泊：両舷錨を同時に投下し，錨鎖を平行に同じ長さで伸出する錨泊方法で，基本的に単錨泊の2倍の把駐力を得ることができる。

c．双錨泊：2本の錨鎖を前後に大きく開く錨泊方法で，一方向からの強烈な風浪，あるいは河川のような強い流れのある場所で錨泊する錨泊方法である。錨鎖の開きを大きくして，両舷錨鎖を均等な長さに伸出してV字型になるように錨泊する方法をオープンムアといい，両舷錨鎖を意図的に交差させX字型になるように錨泊する方法をハンマーロックムアという。ハンマーロックムアは荒天時の一方法として，振れ止めに効果があるが，風向が変化する場合は絡み錨になりやすい。

d．船首船尾錨泊：錨泊する水面に余裕がないような場合に中・小型船で用いられる方法で，船首側の錨と船尾に装備された錨をそれぞれ用いて錨泊する方法である。

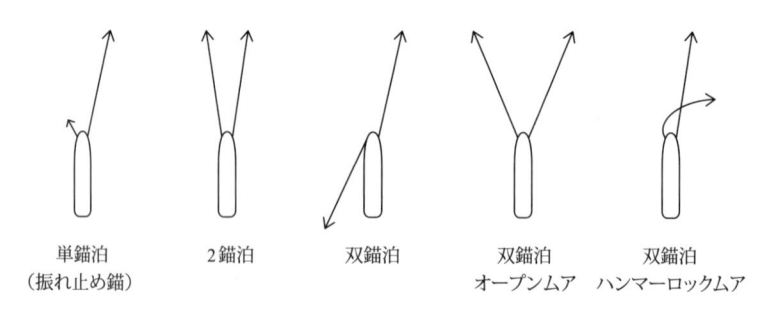

図5.32　錨泊法

5.3.3.4　投錨法

投錨法には，後進投錨法と前進投錨法がある。また，錨地の水深が深い場合の投錨法として，深海投錨法がある。

a．後進投錨法：機関を逆転させ，後進行脚となってから投錨する方法を後進投錨法という。錨鎖が前方に張るために船首部外板に損傷を与えることなく，通常の投錨法としては後進投錨法が一般的である。

　　船首目標などを利用して予定錨地に進入し，各船の速力逓減基準を参考に予定錨地までの距離を確認し船速を調整する。予定錨地手前で主機を停止させ惰性で予定錨地に向かい，主機を後進にかけ予定錨地で停止するようにし，後進行脚となったところで投錨する。後進行脚となり十分に錨が海底をかく程度の速力になったら，主機を停止する。主機停止の時機は風潮流の影響，伸出錨鎖量などにより決定する。

b．前進投錨法：前進行脚を持ったまま投錨することを前進投錨という。予定錨地に正確に投錨しやすいが，前進行脚のまま投錨するため，後方に張った錨鎖が船首部外板に損傷を与えやすい。計画の針路で予定錨地に進入し，所定の速力逓減基準に従って減速しながら保針可能な速力を保ちつつ予定錨地で投錨する。投錨後，直ちに主機を後進にかけ，所定の錨鎖伸出量で停止するように主機を停止する。

c．**深海投錨法**：水深が 20 m よりも深い錨地では，浅海の場合と同様にコックビル状態[*7]からブレーキを緩めて自由落下させると，落下速度が速くなり錨や錨鎖，揚錨機の破損などの危険がある。深海では，錨が海底から 5～10 m の位置まで錨鎖を繰り出し（walk back），投錨時は揚錨機のブレーキを緩めて投錨する。これを深海投錨法という。

5.3.3.5　錨鎖の伸出量の決定
錨泊中の錨および錨鎖の様子を図 5.33 に示す。

a．**把駐部**：把駐部の錨鎖は錨の把駐力を補う。
b．**懸垂部**：懸垂部は本船の振れ回りの衝撃を緩和して，把駐部に働く張力の方向をほぼ水平方向とし，その結果その錨の最大把駐力を引き出すことができる。
c．**錨鎖の伸出量**：錨鎖の伸出量は水深，底質，風速，波高，錨および錨鎖の把駐力の大小，錨泊期間を考慮して決定する。水深を D [m] とすると，錨鎖伸出量 L [m] の目安は次式で与えられる[*8]。

$$L = 3D + 90 \text{ [m]} \qquad (通常時) \qquad (5.5)$$
$$L = 4D + 145 \text{ [m]} \qquad (荒天時) \qquad (5.6)$$

5.3.3.6　走錨
風や波など船が受ける外力が錨および錨鎖の把駐力以上となる状態が続くと錨が引きずられ，船体は一点にとどまることができず走錨の状態となる（図 5.34）。走錨の検知法は次のとおりである。

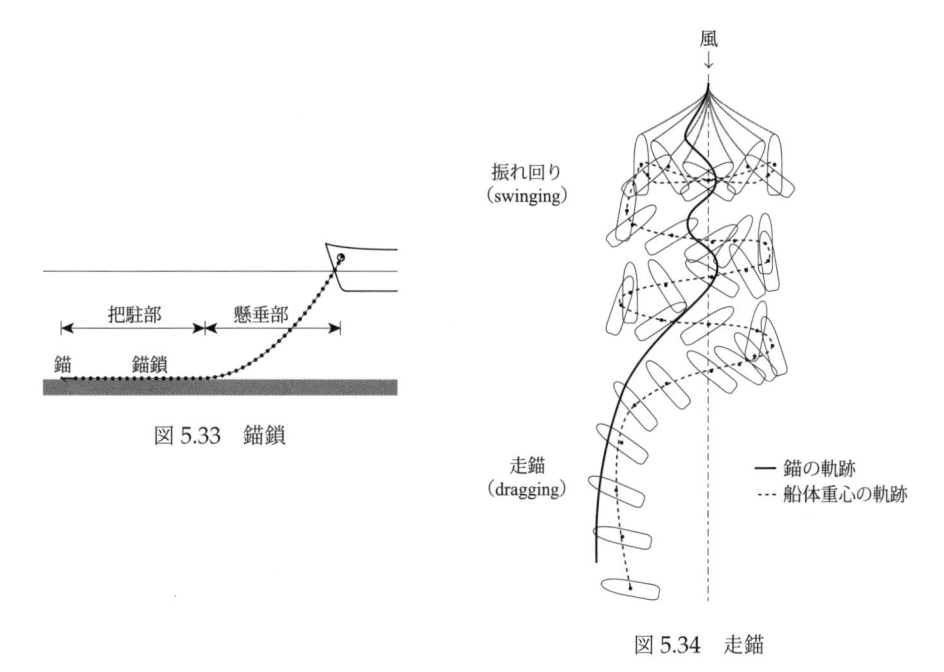

図 5.33　錨鎖

図 5.34　走錨

[*7] 投錨のため錨を収納状態から若干下ろし，ブレーキのみで係止した状態をいう。通常，アンカーリングがホースパイプから出るくらいまで繰り出す。
[*8] ただし，この式は一応の目安で，各船毎に風圧面積，風速，および波高などを考慮した守錨(しゅびょう)基準を定める必要がある。

a．ECDIS の活用：ECDIS の錨泊監視モードを活用し，自船からの任意の距離を設定して本船位置の動静を監視する。
b．レーダーの活用：レーダーの VRM により顕著な目標（岸線など）からの距離変化を監視する。
c．交差方位法の活用：船首方向および正横方向の顕著な物標の方位を測定し，その方位変化により船体の移動を知ることができる。
d．コースレコーダーの活用：コースレコーダーにより船首方位の周期的な振れ回り運動を監視する。船首方位の変化がなくなると風を一方の舷からのみ受ける状態となり，走錨の可能性が考えられる。また，レピーターコンパスにより船首方位変化と風向計の指針の変化を観察することで判断することができる。
e．錨鎖の監視：錨鎖の方向および張り具合を監視する。錨鎖がつねに張った状態となり，緩まないときは走錨の可能性がある。

5.3.3.7　絡み錨鎖

2 錨泊や双錨泊の場合，大きな風向の変化や潮流の変化により船体が回転して，使用していた両舷の錨鎖が絡んでしまうことがある。この場合，半回転程度の絡みであれば自力で解くことも可能であるが，絡みの回数が増えるほど困難となる。その際はタグボートの支援など本船を回転させて絡みを解くような方策を立てなければならないが，強風下では容易ではない。

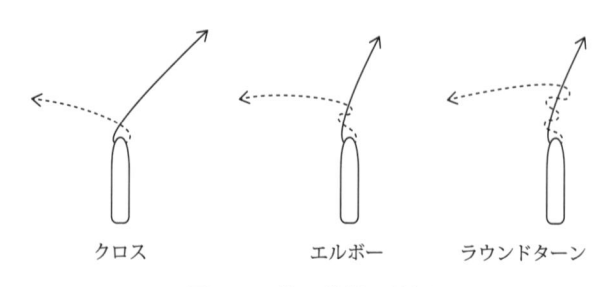

図 5.35　絡み錨鎖の種類

a．絡み錨鎖の種類：絡み錨鎖には次のものがある（図 5.35）。
　 i．クロス：船体が半回転して両舷錨鎖が交差した状態
　ii．エルボー：船体の 1 回転で片舷錨鎖が反対舷の錨鎖に半巻きした状態
　iii．ラウンドターン：船体の 1 回転半で錨鎖が 1 巻きの状態
　iv．ラウンドターン アンド エルボー：船体が 2 回転して錨鎖が 1 巻き半している状態
b．解き方：解き方には次がある。ただし，エルボー以上の絡みを解くのは容易ではない。
　 i．張力のかかっている錨鎖が上になっていれば，それを伸ばし，張力のかかっていない下の錨鎖を巻き縮め，最後に巻き揚げてクロスを解く方法
　ii．張力のかかっている錨鎖が下になっていれば，両舷の錨鎖の緩みを取り，機関と舵を使用してクロスを解く方向に船体を回頭させてクロスを解く方法
　iii．錨鎖のジョイニングシャックルを切り離して，絡みの回数だけワイヤーを絡みの解ける方向に逆に回して，錨鎖を徐々に巻き上げて再びジョイニングシャックルを接続する方法
　iv．一方の錨鎖を巻いて錨が水面に上がる位置（ベルマウス近く）まで上げて，他方の錨鎖を巻き出して絡みを錨の自重を利用して自然に解く方法
　v．タグボートの支援など本船を回転させて絡みを解く方法などがある。

第6章

荷役装置および属具

6.1 荷役装置

　デリッククレーンは船舶の揚貨装置として古くから用いられてきた。構造が非常に簡単で設置コストなどが安い反面，荷役準備作業に人手がかかり，操作には熟練が必要なため，現在では古い船舶か内航の小型船などでしか見かけなくなった。1970年代頃からは一般貨物やコンテナの揚貨装置として陸上で使用されていたクレーンを改良したデッキクレーンが装備されるようになった。

　a．**デリッククレーン**：デリッククレーンは甲板上に立てたデリックポストとこれに腕のように取り付けられたデリックブームにより構成される。ブームは自由に旋回したり傾斜し，デリックブームの先端には貨物を吊下ろしするための荷役索と滑車およびデリックブームを固定するための吊索が取り付けられている。左右2台のウインチによって滑車を介して索を巻いたり緩めたりして貨物を揚下ろし移動する（図6.1）。

　b．**デッキクレーン**：デッキクレーンはガイやトッピングリフトなどを必要とせず，高さの調整や左右への回転が自由に行われるので準備や操作も簡単で荷役効率が高い。

　　練習船銀河丸に搭載のデッキクレーンを示す（図6.2）。このデッキクレーンのジブは3段伸縮式，電動油圧式で，固定ポストおよび旋回フレーム内部に油圧ユニット（油圧ポンプ，電動機，油タンクなど）を装備し，油圧配管により接続し駆動するものである。操作は持運び式のクレーン操作箱により，巻上げとジブ俯仰などの2動作同時運転が可能な方式となっている。

　c．**使用上の注意事項**

- 制限荷重や種々の制限などについてマニュアルを確認するなど熟知した上で，デリックおよびデッキクレーンを取り扱うことが必要である。
- クレーン，デリック，リフトなどの巻き過ぎ防止装置（リミッター），警報装置，安全弁などの安全装置については，使用前に点検・調整などを十分に行う。
- 単独作業の場合を除いて，作業を行うときには一定の合図を定め，かつ，合図を行う者を定めてから作業を実施する。
- 立入り禁止区域を定め，作業中には，吊り上げられている荷の下に他の者を立ち入らせない。
- 操作運転中はつねにモーターや油圧ポンプなどの音や振動，電圧計などの計器類に注意し，異常があれば直ちに操作を中止する。

図 6.1　デリッククレーン

図 6.2　デッキクレーン

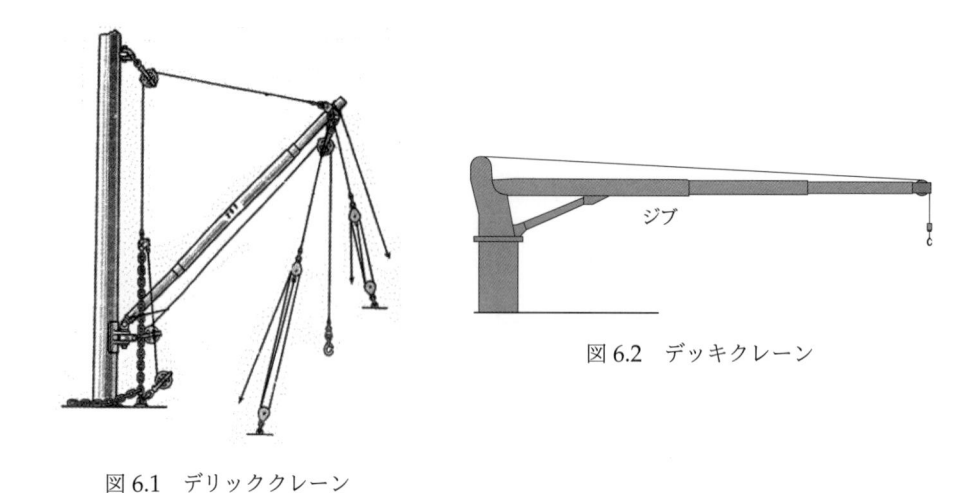

6.2　ロープ

　船舶で使用されるロープは，繊維ロープとワイヤーロープに大別される。繊維ロープはマニラ麻ロープなどの天然繊維ロープと，ナイロンロープに代表される合成繊維ロープがあるが，現在では，その優れた特性から船舶係船索として使用されるのは合成繊維ロープが主流である。また，強い係船力が要求されるような場合は，必要に応じてワイヤーロープが用いられる。

6.2.1　ロープの種類

6.2.1.1　合成繊維ロープ

　係船索として一般に用いられる合成繊維ロープはその素材からポリアミド系，ポリエステル系，ポリエチレン系，ポリプロピレン系およびアラミド系繊維に分類される。いずれも素材は非常に細く，これを各種直径の係船索に仕上げるため数万本の繊維（fiber）を撚り合わせてヤーン（yarn）とし，さらにこれを撚り合わせてストランド（strand）としたものを撚り合わせたり，あるいは編組みしてつくり上げる（図 6.3）。

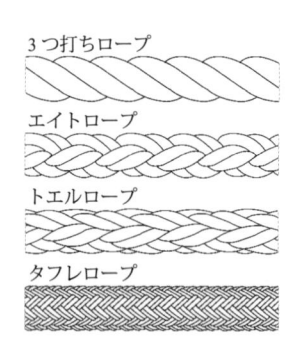

図 6.3　合成繊維ロープ

- a．3つ打ちロープ：3本のストランドを撚り合わせたロープ。
- b．エイトロープ（8つ打ちロープ，2×4）：Z撚りストランド4本およびS撚りストランド4本を，それぞれ2本ずつ引きそろえ，交互に4組を編んだロープ。非自転で柔軟性が良好でキンク[*1]しにくい。
- c．トエルロープ（12打ちロープ，2×6）：Z撚りストランド4本およびS撚りストランド4本を，それぞれ2本ずつ引きそろえ，交互に6組を編んだロープ。非自転で柔軟性が良好で撚りが入りにくい。

[*1] キンク：ロープやワイヤーなどにできるよじれ，ねじれ，もつれ。キンクによりロープの形が崩れると，その部分の強度が著しく低下する。

d．タフレロープ[*2]：引きそろえて編組みした心ロープを，編組みしたロープで包んだ構造で，糸の充填率が高くなり強度が上がる。

　合成繊維ロープを係留索として使用する場合，係船ウインチのドラムへの巻込みはドラムの端から整然と巻き，上層ロープが下層ロープの間に食い込んだり，片巻きとなって過荷重や衝撃荷重がかからないようにする。

　合成繊維ロープは摩擦に弱いため，フェアリーダーなどの係船装置の表面は錆などを落として滑らかにし，ロープには摩擦を防止するための擦れ当てを施す。荷役や潮汐の変化により係船索が張ったり緩んだりして切断することがあるので，適宜索の張り具合を均等に調整する。

　合成繊維ロープの伸びは一般に20〜40％と大きく，荷重によって伸びが変動する。ロープは伸びることにより大きなエネルギーを吸収し，ロープにかかる衝撃を緩和している。一方，ロープが伸びた際に内部に蓄えられるエネルギーは大きく，切断した際の跳ね返り速度は極めて速く，破断したロープに当たると重大な人身事故を招く。

6.2.1.2　ワイヤーロープ

　ワイヤーロープは細い鋼素線で構成され，その特性は素線の機械的性質とロープの構造によって決まる。ワイヤーロープは心材とストランド（数本から数十本の素線を撚り合わせたもの）によって構成され，ストランドの数と形，ストランドを構成する素線の数と配置，繊維心入りかロープ心入りかなどでその特性が変化する。心材として，繊維心，ストランド心，ロープ心がある。通常はストランド6本を心綱の周りに撚り合わせてつくられるストランドロープが主流である（図6.4）。

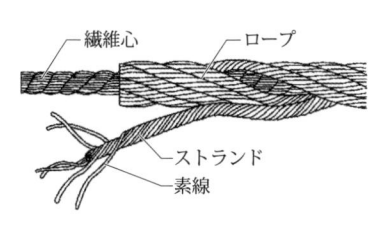

図6.4　ワイヤーロープ

　ワイヤーロープは次の特徴を持つ。

- 大きな引張り強さと靭性を持った素線を束ねるため高強度である。
- 柔軟性を有するためドラムに巻いて使用できる。
- 細い素線で構成されているので表面積が大きく腐食の影響を受けやすい。
- 素線間または外部との摩耗が起こりやすい。

　ワイヤーロープはキンクや衝撃による変形が生じると，強度が落ちるだけでなく錆びやすくなる。適宜，変形などが生じていないか点検を行う必要がある。合成繊維ロープのストランドの切れなども同様である。スプライスを入れたワイヤーロープの強さは10〜15％減少するといわれている。

6.2.2　ロープの強度

　ロープ類を船内の諸作業で使用する場合，その強度を考慮しておかないと破断による事故の発生などにつながることがある。使用者は，ロープの強度について十分な知識を持っていなければ，安全な職務の遂行はできない。

[*2] タフレロープは二重組打ちロープの商品名

ロープの強度に影響する要素には次のようなものがある。

- 原料，材料の良否
- ロープの使用経過年数
- 撚りの多少
- ロープの使用状態

6.2.2.1 強度の表し方

ロープの強度は，次に挙げる3種類に分類される。

a．**切断荷重**：ロープに張力をかけ切断した瞬間における張力を切断荷重という。

b．**試験荷重**：ロープを引っ張り，その弾性の範囲内の最大力，すなわちロープに徐々に加重すると，緊張および延伸するが，その荷重を取り去ると，再び元に戻ろうとして，このときのロープの変形あるいは損傷しない限度内の最大力を試験荷重という。通常，試験荷重は安全荷重の2倍をもって標準とされている。

c．**安全荷重**：ロープを使用するとき，試験荷重の限界内で，安全に使用しうる最大の力（または荷重）を安全荷重という。一般的に切断荷重の1/5～1/7と考えられ，概算に際しては1/6が標準とされている。ただし，使用状況によっては急激な張力を受けるロープなどでは，これに十分な余裕を考慮して1/10～1/13とすることもある。

6.2.2.2 強度略算式

合成繊維ロープのロープの直径を D_F [mm]，安全係数を K とすると，切断荷重 B_F [t] および安全荷重 S_F [t] は

$$B_F = \frac{D_F{}^2/8}{3} \tag{6.1}$$

$$S_F = \frac{B_F}{6} = \frac{D_F{}^2/8}{18} \tag{6.2}$$

ワイヤーロープの直径を D_W [mm]，安全係数を K とすると，切断荷重 B_W [t] および安全荷重 S_W [t] は

$$B_W = K\left(\frac{D_W}{8}\right)^2 \tag{6.3}$$

$$S_W = \frac{B_W}{6} = \frac{K}{6}\left(\frac{D_W}{8}\right)^2 \tag{6.4}$$

ただし，K の値として，不反発性ワイヤーロープの場合 $K = 2.5$，反発性ワイヤーロープの場合 $K = 3.0$，直径 36 mm 以上の鋼製ワイヤーホーサーの場合は $K = 2.75$ とする。

6.3 ブロックおよびテークル

6.3.1 ブロック

荷役装置や重量物を吊り上げる救命艇ダビットなど，船内の各所ではブロック（滑車）が数多く使用されている。

ブロックは一般的に木製または金属製の殻（シェル）と中央に1本の軸を持つ自由回転可能な円盤状の輪（シーブ）と，他の物体に接続するための構造部とで構成される。ブロックはシーブの枚数（シングルブロックやダブルブロックなど）によりその大きさや組合せがある。また，ロープを導きやすくするため，シェルの一部を切欠き可能としたスナッチブロック（切欠き滑車）なども用いられる。

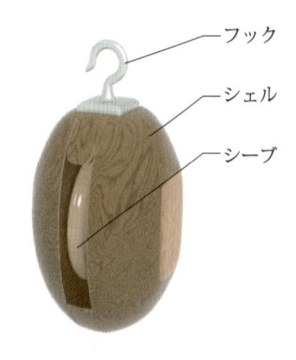

図 6.5 ブロック

6.3.2 テークル

ブロックはロープと組み合わせたものをテークル（パーチェス）という。テークルは引手の力を増すことができるので，引手が人力や弱い動力の場合であっても，重量物を吊り揚げたり移動させることが可能である[*3]。

荷重 W と引手の力 P の比 N を**倍力**という。$N > 1$ であれば，引手の力を増すことができる。

$$N = \frac{W}{P} \tag{6.5}$$

倍力には見かけの倍力と実倍力がある。

a．**見かけの倍力**：滑車の摩擦などを無視した倍力を見かけの倍力という。

定滑車の見かけの倍力を図 6.6 で説明する。シーブの中心 O が支点，A，B は作用点，力点である。A 点に加わる荷重を W，B 点に加わる引手の力を P，シーブの半径を r とすれば，見かけの倍力 n は 1 となる。定滑車は引手の力を増すことはできないが，引手の方向を変えることができ作業の面で大きな利点をもたらす。

$$Wr = Pr$$
$$\therefore n = \frac{W}{P} = 1 \tag{6.6}$$

動滑車の見かけの倍力を図 6.7 で説明する。根元が滑車に接する点 A が支点，シーブの中心 O が作用点，引手の B は力点となり，倍力 n は 2 となる。このように，動滑車を利用する場合のみ倍力が発生し，その量は動滑車を引き上げるロープの数に等しい。

$$Wr = P \cdot 2r$$
$$\therefore n = 2 \tag{6.7}$$

[*3] 引手の力が増した分，引く量は増えることになり，仕事量は変わらない。

図 6.6　定滑車　　　　　　　図 6.7　動滑車

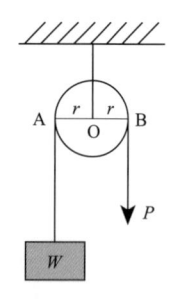

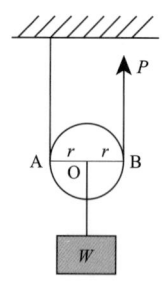

b．**実倍力**：シーブとピン間の摩擦，シーブとロープ間の摩擦や，滑車およびロープ自体の重量を考慮した倍力を**実倍力**といい，見かけの倍力より小さいものとなる。この摩擦やその他の要因による倍力の減少量は定滑車・動滑車の別なくシーブ 1 個毎に約 **1/10** である。

引手に加わる力を P，重量を W，動滑車に導かれる吊索の数（見かけの倍力）を n，テークル内のシーブの総数を m とすると，実倍力 N は次式で表される。

$$N = \frac{n}{1 + 1/10\,m} = \frac{10n}{10 + m} \tag{6.8}$$

また，引手の力 P は，式 (6.5) と式 (6.8) から

$$P = \frac{W}{N} = \frac{10 + m}{10n}W \tag{6.9}$$

この式 (6.8) により，定滑車（$n = 1$, $m = 1$）（図 6.6）の実倍力 N_w，および動滑車（$n = 2$, $m = 1$）（図 6.7）の実倍力 N_r を計算する。定滑車の実倍力は 0.91，動滑車のそれは 1.82 となり，摩擦などによって引手の力が減じられていることがわかる。

$$N_w = \frac{10n}{10 + m} = \frac{10}{10 + 1} = 0.91$$
$$N_r = \frac{10n}{10 + m} = \frac{20}{10 + 1} = 1.82$$

6.3.2.1　テークルの種類

定滑車，動滑車の組合せにより，さまざまなテークルをつくることができる。

a．**単ホイップ**（Single whip）：固定されたテイル，シンブルまたはフックのあるシングルブロックにロープを通したもので，ごく容易な作業に使用され，力の方向を変えるのみで倍力を生じない（図 6.6）。

b．**ランナー**（Runner）：シングルブロックにロープを通したもので，倍力は 2 である。他のテークルと組み合わせて使用する（図 6.7）。

c．**複ホイップ**（Double whip）：2 個のシングルブロックとロープから成り，上方のブロックをホイップとし，下方のものをランナーとしたもので，倍力は 2 である。この根元部は定滑車の近くに固定する必要がある。またこのテークルはホイップによる場合より比較的重い作業に使用する（図 6.8）。

d．ガンテークル（Gun tackle）：シングルブロック2個を用い，吊り索の根元は一方の滑車に結止されたものである。根元を結止した滑車を定滑車として使用すれば倍力は2となり，これを逆にして使用すれば倍力は3となる（図6.9）。
e．ラフテークル（Luff tackle）：シングルブロックおよびダブルブロック各1個にロープから成り，吊索の根元はシングルブロックに結着する。シングルブロックを固定すれば倍力4となり，ダブルブロックを固定すれば倍力3となる。小型のものをジガーテークルという（図6.10）。
f．ツーホールドパーチェス（Two fold purchase）：2個のダブルブロックを組み合わせたもので，下に引けば4倍力，上に引けば5倍力になる（図6.11）。
g．スリーホールドパーチェス（Three fold purchase）：2個の3枚ブロックを組み合わせたもので，ボートダビットのボートホール用のブロックなどに使われる（図6.12）。
h．シングルスパニッシュバートン（Single spanish burton）：2個のブロックを組み合わせたもので，倍力の割に速い揚げ降ろしが可能である（図6.13）。

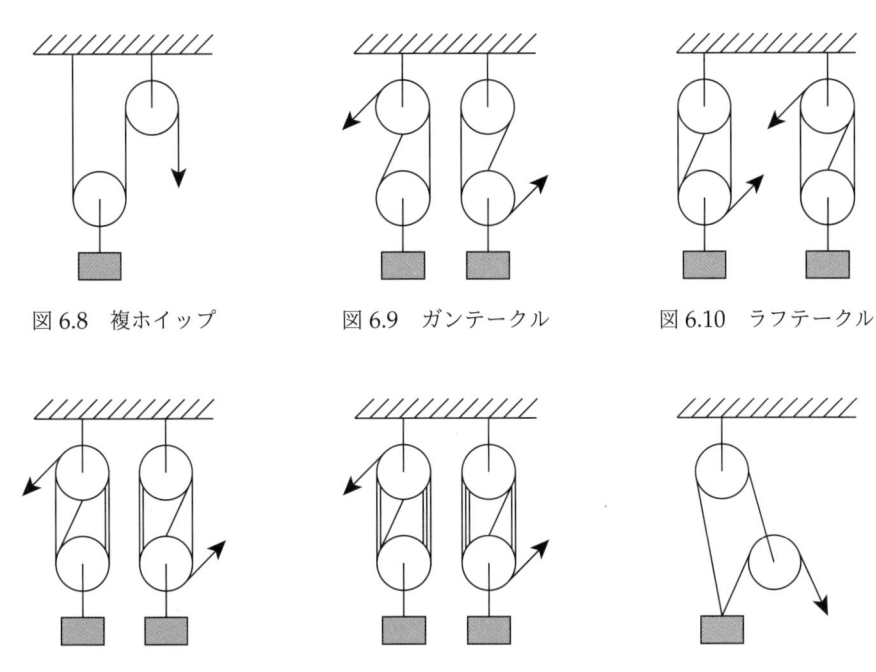

図6.8　複ホイップ　　　図6.9　ガンテークル　　　図6.10　ラフテークル

図6.11　ツーホールドパーチェス　　　図6.12　スリーホールドパーチェス　　　図6.13　シングルスパニッシュバートン

表 6.1　テークルの種類と倍力のまとめ

名称	シーブ数 m	引手の方向	見かけの倍力 n	実倍力 N
単ホイップ	1	下	1	0.91
ランナー	1	上	2	1.82
複ホイップ	2	下	2	1.67
ガンテークル	2	下	2	1.67
	2	上	3	2.50
ラフテークル	3	下	3	2.31
	3	上	4	3.08
ツーホールドパーチェス	4	下	4	2.86
	4	上	5	3.57
スリーホールドパーチェス	6	下	6	3.75
	6	上	7	4.38
シングルスパニッシュバートン	2	下	3	2.50

第 7 章

非常措置

7.1 海難の防止

　船員にとって海難などの非常事態を経験することは極めてまれなことであり，自分の乗船している船に限って事故がないと思うのが常である。しかし，海難に対する備えがなければ，それが発生した際に船内に大きな混乱を起こし，船体や積荷はおろか人命損失の原因を船員自らがつくってしまうことになりかねない。
　本節では，非常事態の種類と範囲を即座に認識し，決断と行動により事態の影響や損失を最小限にとどめることができるよう，必要な知識や海難予防の基本について記述する。

7.1.1　海難の種類と原因

　船舶の海上における事故の総称ともいえる海難とは，一般的に航海中（入渠中などを除く），船舶および積荷が危険に遭遇し，救助を必要とする状態になることである。海難審判法では下記のように海難を定めている（海難審判法第 2 条）。

> （定義）
> 　第 2 条　この法律において「海難」とは，次に掲げるものをいう。
> 　　一　船舶の運用に関連した船舶又は船舶以外の施設の損傷
> 　　二　船舶の構造，設備又は運用に関連した人の死傷
> 　　三　船舶の安全又は運航の阻害

7.1.1.1　海難の種類

　海難の具体例として表 7.1 に示す事態が挙げられる。表 7.2 にそれらの発生件数を示す（参考文献 [38]）。

7.1.1.2　海難発生の原因と予防の基本

　海難の発生をその原因により大別すれば，自然的，人為的，両者の組合せの 3 要因に分けられる。

　　a．自然的要因：荒天やその他の自然現象（不可抗力）
　　b．人為的要因：運用上の不注意，過失や機器の整備不良など

海難予防の主眼点とすべき共通した基本事項は次のとおりである。

- 船体，機関が堅牢であること。
- 航海用具などの性能が良く，かつよく整備されていること。
- 港湾施設，航路標識が十分であること。
- 海上気象などの情報が正確かつ迅速に得られること。
- 船員が心身共に健康で，十分な知識，技能，経験を有し，確実に船務を遂行できること。
- 緊急事態，海難に対する平素の訓練と準備態勢が整っていること。

表 7.1　海難の種類

種類	解説
衝突	船舶が航行中または停泊中の他の船舶と衝突または接触し，いずれかの船舶に損傷を生じた場合をいう。
衝突（単独）	船舶が岸壁，桟橋，灯浮標などの施設に衝突または接触し，船舶または船舶と施設の双方に損傷を生じた場合をいう。
座礁	船舶が，水面下の浅瀬，岩礁，沈船などに乗り揚げまたは底触し，喫水線下の船体に損傷を生じた場合をいう。
浸水	船舶が海水の浸入などにより機関，積荷などに濡れ損を生じたが，浮力を失うまでに至らなかった場合をいう。
転覆	荷崩れ，浸水，転舵などのため，船舶が復原力を失い，転覆または横転して浮遊状態のままとなった場合をいう。
沈没	船舶が海水などの浸入によって浮力を失い，船体が水面下に没した場合をいう。
火災	船舶で火災が発生し，船舶に損傷を生じた場合をいう。ただし，他に分類する海難の種類に起因する場合は除く。
行方不明	船舶が行方不明になった場合をいう。
爆発	積荷などが引火，化学反応などによって爆発し，船舶に損傷を生じた場合をいう。
機関損傷	主機，補機が故障した場合，または燃料，空気，電気などの各系統が損傷した場合をいう。
属具損傷	船体には損傷がなく，船舶の属具に損傷を生じた場合をいう。
施設損傷	船舶が船舶以外の施設と衝突または接触し，船舶には損傷はないものの，当該施設に損傷を生じた場合をいう。
死傷等	船舶の構造，設備または運用に関連し，乗組員，旅客などに死傷または行方不明を生じた場合をいう。ただし，他に分類する海難の種類に起因する場合は除く。
安全阻害	船舶には損傷がなかったが，貨物の積付け不良のため，船体が傾斜して転覆などの危険な状態が生じた場合のように，切迫した危険が具体的に発生した場合をいう。
運航阻害	船舶には損傷がなかったが，燃料・清水の積込み不足のために運航不能におちいった場合のように，船舶の通常の運航を妨げ，時間的経過に従って危険性が増大することが予想される場合をいう。
遭難	海難の原因，態様が複合していて他の海難の種類の一に分類できない場合，または他の海難の種類のいずれにも該当しない場合をいう（荒天遭遇，海賊の襲来，テロ・戦争行為などの危険によるものを含む）

表 7.2 発生事故年度別件数

年	2008	2009	2010	2011	2012	2013	2014	2015
衝突	181	325	356	282	246	265	266	176
衝突（単独）	101	174	180	145	132	144	115	68
座礁	255	431	369	264	264	210	213	148
沈没	12	16	15	12	5	10	7	5
浸水	4	19	18	18	21	25	11	10
転覆	28	58	50	57	55	49	61	45
火災	15	42	35	32	44	33	35	30
爆発	3	3	2	1	2	2	1	3
船体行方不明	0	0	0	0	0	0	0	1
施設等損傷	30	38	26	23	34	38	37	12
死傷等	61	217	146	142	155	163	150	100
その他	0	2	0	1	0	2	3	0
計	690	1325	1197	977	958	941	899	598

2015 年の件数は 10 月までの件数

7.1.2 海難発生時の措置

船舶が海難などの非常事態に遭遇した場合，船長および乗組員は本船の状態が悪化しないように，次の基本手順を念頭にできる限りの措置を迅速に行わなければならない。

- 第一に，人命の救助・安全を図る。
- 船体，積荷について救助できる見込みがあるときは，損害の拡大防止に努める。
- 正確な情報を速やかに救難関係機関（海上保安庁やサルベージ業者（保険会社），本社）などに連絡し，被害の拡大を食い止める。
- 可能な範囲で重要書類の持出しを試みる。
- 発生した海難の形態や損害の状況により必要な対応はさまざまである。

以下，主要な海難の形態毎に初期の基本的な対応措置を説明する。

7.1.2.1 衝突における措置

衝突事故の発生原因は視界不良，見張り不十分，レーダー装置・自動操舵装置など機器への過度な依存の他，舵・機関の故障などさまざまである。

不幸にも衝突事故に遭遇したら，最初に実施しなければならないことは状況の把握と船内の沈静化である。通常，衝突までの状況を見ていた船橋当直者以外の者にとっては，思いもよらぬ突然の事変となるため衝突直後の衝撃や音響，船体の急傾斜などでパニック状態に陥るのは必至のことである。船内の沈静化に努めると共に，衝突部位が居住区等であれば人命を第一に考え，その確認と救出を急がねばならない。自船に沈没などの急迫した危険がない場合には，自船だけでなく相手船の人命と船体の救助義務もあることを忘れてはならない（船員法第 13, 14 条）。

> （船舶が衝突した場合における処置）
> 第13条　船長は，船舶が衝突したときは，互に人命及び船舶の救助に必要な手段を尽し，且つ船舶の名称，所有者，船籍港，発航港及び到達港を告げなければならない。但し，自己の指揮する船舶に急迫した危険があるときは，この限りでない。
>
> （遭難船舶等の救助）
> 第14条　船長は，他の船舶又は航空機の遭難を知ったときは，人命の救助に必要な手段を尽さなければならない。但し，自己の指揮する船舶に急迫した危険がある場合及び国土交通省令の定める場合は，この限りでない。

衝突後の処置：人命救助の対策後にとるべき措置は沈没や転覆の防止である。一般に，次の手順で行動する。

- 衝突箇所の確認
- 船体損傷（浸水・油流出の有無），積荷損害状況の確認
- 必要な応急処置の発令
- 本社，海上保安庁，保険会社などへの通報
- 相手船に船舶の名称・所有者・船籍港・発航地および仕向地を通報
- 記録：衝突事故発生時，可能な限り記録をとることが大切である（表7.3）。後に相手船の証言と大きく食い違うこともあるので，写真を撮影しておくとよい。

2船間での衝突の際は，あわてて機関を後進にかけ，相手船から離れようとすると，自船および相手船により大きな破口などを生じさせ大量の浸水を招くこととなり，最悪の場合，沈没などの大損害に至る場合があることを認識しておくべきである。状況が許せば，機関を微速前進とし，相手船から離れないよう操船することが望ましい。

相手船と互いに索を取り合い両船を固定した上で，曳船により任意座礁を成功させた事例もある。一方の船の船首が他方の船の船横に食い込んだ場合，破口から急激な浸水が起こり，双方の喫水が変化して，どちらかの船が他方にもたれた状態になる。また，両船の破口部が複雑に絡まり合って，自力では離脱できない場合や無理に離脱すればいずれかの船が沈没する危険がある場合もある。このような状況では，両船とも操船不能で漂流することになるので，投錨可能な船の錨を投錨して，2船が離れないように係留索をとり，浸水状況などを詳細に調査する。

図7.1　衝突

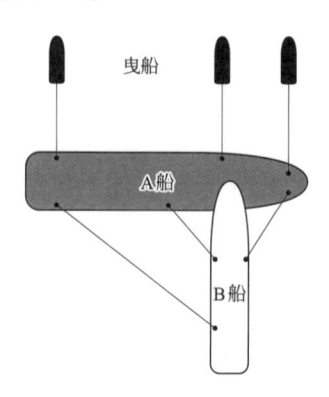

図7.2　2隻間衝突後の処置

表 7.3　衝突時記録項目チェックリスト

項目	説明
衝突時刻	船橋内のどの時計で確認したのかを必ず記録し，以後使用する時計を統一する。初期対応中，余裕が少し出た際に誤差をチェックする。少なくとも船橋内の時計整合は当直毎に確認し，誤差があった場合は修正の上，クロノメータージャーナルに記録する。この作業を航海士の当直業務として実施しておくことが必要である。
自船船首方向	衝突時の自船の船首方向を記録する。また，どのレピーターコンパスの値か確認する。コースレコーダーとテレグラフロガーに衝突時間を記す。
船位	GPSに印字機能があれば，印字させ，海図に記入する。
舵角	衝突時の舵角を記録する。
速力	LOGもしくはGPSを用い，衝突時の自船および相手船の速力を記録する。また，記憶のあるうちにAISやARPAで相手船の速力も記録しておく。
衝突角度	本船船首方位の記録の他，相手船のどの箇所に衝突したか，そのときの相手船の船首方向（概略）を記録する。
船長昇橋時刻	船長昇橋時刻，状況報告をした後に指揮権を船長に渡した時刻。
船長が昇橋するまでの間に実施・記録すべき事項	● 船長・機関長（Engine Control Room）への連絡およびその時刻 ● 船内への周知，船内通信設備（トランシーバー）の準備 ● 注意喚起信号や警告信号などの吹鳴の有無や時刻 ● 付近航行船舶への注意喚起（VHF Ch16により"Securite"を冒頭に付けて通信） ● 運転不自由船の灯火，形象物の掲揚（紅全周灯2個，黒球形象物2個）

7.1.2.2　座礁における措置

人命の安全確認と救助などを最優先し，次の対応をとる。

a．**後進の発令**：衝突の場合と同様，事故発生後，上記を確認せず直ちに機関を後進にかけて離礁を試みることは，船体損害の拡大と再度の座礁や浸水による危険が大きいため避けるべきである。

b．**浸水の確認**：船内およびバラストタンク内などへの浸水の有無と程度を，タンクサウンディングを実施して確認する。

c．**応急部署の発令**：防水応急部署などを発令し，水密戸の閉鎖などを行う。

d．**損害調査**：船体損傷状況の確認（主機，プロペラ，舵，座礁部分）

e．**座礁海域の調査**：船体周囲の測深調査と現地の潮時・潮高の確認（高潮時を待つ）

f．**喫水調整**：バラスト移動や投荷による喫水調整の可否（船体をできるだけ浮上させることを試みる）

g．**ケッジアンカーなどの搬出**：曳船などの援助やケッジアンカーの後方への搬出。ただし，大型船の場合は錨が重過ぎてほとんど不可能である。

h．**自力離礁**：自力離礁（再浮上）が可能と判断すれば，機関全速後進として離礁を試みる。一方，自力で離礁できる見込みがない場合には，できる限りバラスト調整や船固めを行い，波浪や潮流に対して船体が移動しないよう固定して救助を待つ（図7.3）。なお，同図に示すような本格的な船固めは曳船や陸上の支援なしでは実施困難であり，一般的には海底の形状を検討した上で，バラストタンクやホールドに漲水してしっかり着底させる方法をとる。

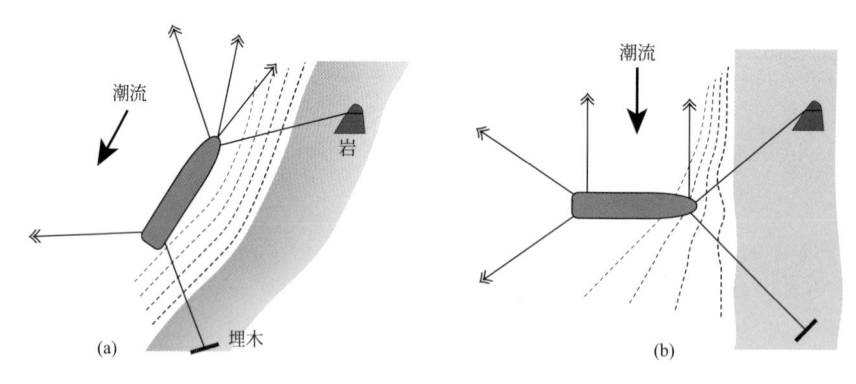

図 7.3　座礁時の船固め

7.1.2.3　任意座礁

　任意座礁とは浸水，火災，大傾斜（荷崩れなどによるものも含む）などの非常事態の発生に際して，船体や積荷を守る目的で船を自ら浅瀬などに座礁させることである。

　船体が沈没または転覆すれば，航路障害となるばかりでなく，油流出などの二次災害を引き起こす可能性が高まることは明白であり，損傷状況や喫水の変化などをよく観察すると共に重量付加方式で喫水計算や復原力計算を行い，時間がない場合には任意座礁を速やかに実行するなど，その決行や救助の手配についての判断を早期に行うことが重要となる。

　任意座礁は次の事項を検討し行うべきである。

- 遠浅の砂浜を選び，岩や起伏の激しい海底を避ける。
- 波，うねり，海潮流の影響の少ない海岸を選ぶ。
- 低潮時の座礁は満潮で不安定になり船体損傷を招くこともある。
- バラスト注水して喫水を深くして座礁させる。できれば，舵・推進器の損傷を防止するため，海底の地盤よりトリムを小さくする。
- ケッジアンカーなどを入れながら座礁させることを試みる。
- 応急修理，積荷の瀬取り，陸上との交通，連絡に便利な場所を選定する。
- 油が流出している（またはおそれのある）ときは，できる限り汚染損害が少ない場所を選定する。

a．**離礁に必要な浮上量**：一般に，全速または半速状態や，時化で圧流されての座礁に陥った場合，離礁に必要な浮上量は 1 m 以下であることが多いといわれている。座礁船の救助は喫水不足をバラスト排水，瀬取りなどにより軽減し，タグボートで引いて離礁させる。

b．**任意座礁時の船速**：任意座礁時の船速は底質，本船の損傷状況などにより決定する。任意座礁による船体損傷の増大を考えると，できる限り微速で座礁させると考えがちだが，低速での進入は中途半端な座礁状態となり，船体を安定させ沈没や横転を阻止するという任意座礁の所期の目的を十分に達成できなくなる可能性がある。座礁後の風潮流，波浪の影響により船体が動揺したり移動したりして，船体の損傷がさらに増大する場合もある。時間的に余裕のある場合は，この任意座礁させる場合の船速などについても救助業者などの助言を受けるべきである。

c．**干潮時の任意座礁**：干潮時に任意座礁した場合は，満潮時に船体が不安定になる場合もあり，

任意座礁後バラストを注水して船体を安定させるなどの検討を行うと共に推進器と舵に損害を与えないように船体を海岸線に直角に保つよう対策を講じる。

d．**底質と対応**：任意座礁を行う場合，できる限り船体および船底の損傷を最小限にとどめるためには，任意座礁させる場所の底質にも十分注意しておかなければならない．表7.4に各底質における注意点を挙げる．

表7.4　底質と対応

底質	対応
泥土	海底の質が軟かく，かつ平坦であるから，船底の損傷は少ない．座礁により船体重量が海底の泥に及ぶため，船体が泥のなかに沈み込む．このような船体が泥のなかに沈み込んだ状態のときに船底側の圧力により船底の形状に泥が盛り上がる．干潮時には船底は海底の泥と接触しているが，満潮時には居床のなかで船体が浮揚した状態となることもある．このような状態から離礁を試みる場合は，居床を乗り越えるまで喫水を軽減させる．十分に喫水が軽減できない場合は，タグボートを本船に係留し，タグのスクリューカレントで泥を吹き飛ばしたり，海底を掘削したりすることもある．また，粘着質の泥では，マッドサクションと呼ばれる現象（水の張った水田のなかを歩くと足が抜けにくくなる現象）が発生する場合もあり，引出しに係る推力は相当大きなものを準備する必要がある．
砂	海底が砂のところは平坦であるから，船底の損傷は少ない．船体が動揺すると船底全般に広く浅い凹が発生する場合もある．船体が海岸線に平行になると，波の回込みにより海水の流れができて，船首と船尾の船底は砂が掘削され，船体中央部は砂が溜まり，船体がホギング状態となる（一般に，泥土質の底質ではこの現象は見られない）．通常の浮揚作業は船首を沖に向かってタグボートで引く方針が計画されるので，できるだけ船首部の重量を軽減させるよう事前にバラストなどを調整する．船首が沖側を振り向きある程度水深の深い位置まで引き出したら，船首トリムとしてさらに船体を引き出し完全浮揚させる．砂海岸は任意座礁の最有力候補地である．
砂かぶり平盤	比較的平坦な岩盤，いわゆる平盤の上に砂がかぶっているところは波のため座礁船の船首尾下の海底が掘れ船体が折断するなどの危険はないから，水深がはなはだしく不足し海底の掘り下げを行わねばならないとき以外は，救助作業上最良の底質といえる．
砂利，小石	砂に比べ局部的には凹凸は激しい．しかし全体的には平坦であるから，あまり大差はない．
岩盤	岩盤は質と形状が種々雑多であるから，良し悪しは一概にはいえない．しかし多くの場合，座礁した船の船底を損傷し，浸水を来たす．また，ホギングあるいはサギング状態となって船体を屈曲，または折断することも少なくない．海難救助が最も難しいのは海底が岩盤のところに座礁した船である．
玉石（たまいし）	人頭大の丸い落ち石のみのところはそれほどではないにしても，直径50cmから大きいものは1〜2mもある玉石が点在するところでは凹凸が激しく，それだけ座礁船の船底を損傷し浸水を来たす．ただ落ち石であるから，これを撤去して海底を掘り下げることは比較的容易である．
珊瑚礁	珊瑚礁の場合，内部は軟かく生木のような質であるが，表面30〜60cmは硬く凹凸があるため，硬質の岩盤ほどではないにしても，座礁船の船底に相当の損傷を与える．一般的には，珊瑚礁は硬質の岩盤より良好といえるが，一般に周囲の水深は深いことが多く，船固めや巻出し錨を十分に効かせられないところに最大の難点がある．

7.1.2.4 浸水

浸水の原因として，衝突，座礁，流氷などの海中浮遊物との接触による船体損傷の他，船底バルブの破損などが挙げられる。

浸水の初期の段階においては，損傷箇所と浸水量の把握が重要となる。自船の排水能力が浸水量以上であれば，沈没の危険はひとまずないといえるが，浸水は異常な船体傾斜を誘発しがちであり転覆の危険が高まる。したがって，ビルジの測深などを継続的に行い，喫水やトリムの変化に注意することが必要である。次の行動の検討や応急処置を行い，沈没や転覆の可能性の有無や，そのおそれのある場合にはその時期を判断し，総員退船か，任意座礁させて船体と積荷を救助するかなどを速やかに決断しなければならない。

a. **損傷状態（破口の大きさや形状）の確認，推定浸水量の把握**：2船間衝突の場合，一般に衝突した船よりも衝突された船（衝突部が船首部よりも船側部となった船）のほうが損害が大きい。

b. **浸水箇所と浸水量の確認，推定**：大型船では，一区画だけの浸水であれば直ちに沈没することは希である。水線下 H [m] に面積 A [m^2] の破口が生じた場合，毎分の浸水量 W [t/min] は，次式により求めることができる。

$$W = 163\,AH \text{ [t/min]} \tag{7.1}$$

c. **排水能力の確認と排水作業などの実施**：ビルジポンプやエゼクターにより排水する。積荷がばら積みであるような場合，積荷の種類によってはビルジポンプのローズボックスやビルジハットなどが目詰まりして排出できないことがある。このようなときには，隣接するフォアピークタンクや機関室の隔壁に小さな穴（直径10 cm 程度の木栓で塞げる程度）を開けて浸水を別区画へ落として排出する方法もある。異常な傾斜やトリムが生じている場合は，バラストによる修正を試みる。浸水による喫水の変化で，居住区のスカッパーや非水密区画のマンホールなど予想外の箇所から浸水することも多いので，船内を見回り確認する。

d. **防水処置の実施**：水密扉を閉鎖し，隣接する区画への浸水を食い止める。破口が大きくなると船内からの防水工作はほとんど不可能である。船外から浸水箇所に防水マットを当て海水の浸入を抑えた上で，船内から防水工作を行う。

　ⅰ. **防水マット**：2～5 m^2 程度の帆布などを二重に合わせ，この内側にホーコン（ロープ・帆布などを解いた繊維屑）などを詰め，片面にスパンヤーンを一面にふさ状に縫い付けた方形マットで，周囲は補強用のボルトロープで縁取り，四隅に索を取り付けたものである（図7.4）。

　ⅱ. **その他の防水処置**：破孔が小さければ噴出する浸水を船内から木製ウェッジを打ち込んだり，小面積の防水板を当てて浸水量を軽減できることもある（図7.5）。防水板や水中溶接は熟練した潜水夫を必要とするため，浸水箇所と規模を確認できたならば，船舶管理者へ連絡し専門の救助会社の助言・指示を受けるべきである。

- **吸込み防水**：破口が小さく，水圧がかかる箇所のときは船外から布，毛布などを吸い込ませて防水する。
- **箱形防水**：破口が広いときには，防水箱かセメントボックスを取り付けて防水する。
- **防水板**：破口に防水板を引っ掛けボルトで取り付けて防水する。

- **水中溶接**：鋼板を外部から水中溶接する方法で，広範囲かつ屈曲している破口の防水に効果的である。救助業者による必要がある。

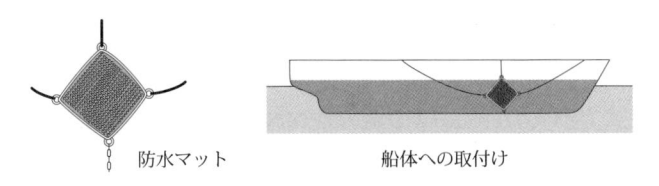

図 7.4　防水マット

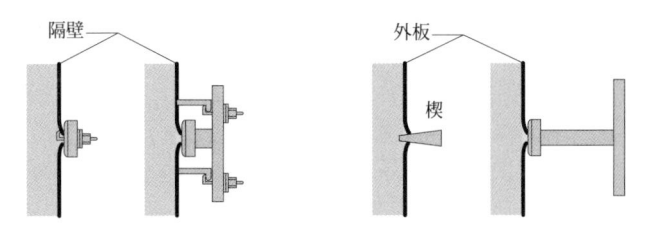

図 7.5　防水処置

7.1.2.5　火災における処置

一般的に火災には可燃物，酸素，熱の 3 要素の存在が必要であり，消火のためには，この 3 要素のうちの 1 つ以上を除去しなければならない。

- a．**冷却消火**：燃焼の温度を下げることで消火する。熱を除去する有効的な物質は水である。水は冷却効果が大きく，気化熱は約 540 cal/g である。水霧にすると，受熱面積が大きくなり冷却効果はさらに大きくなる。また，水が蒸気に変化するとその容積は約 1700 倍になるため，窒息効果も期待できる。
- b．**除去消火**：可燃物を取り除くことで消火する。可燃物を熱にさらさないことが必要で，引き続く連鎖反応を起こさない消火作業である。燃料の遮断などがある。
- c．**窒息消火**：空気の供給を遮断，または酸素濃度を希釈することで消火する。消火剤として泡消火，不活性ガス，蒸気がある。酸素濃度を 11％ 以下にすることで消炎することができる。泡消火設備は泡ヘッドなどから空気泡を放射し，燃焼表面を泡で被覆することによる窒息作用と，泡に含まれる水分の冷却作用により火災を消火する。泡消火設備は可燃性液体類などの消火に有効である。

火災が発生したときは，まず酸素の供給を遮断し延焼防止に努めることが大切である。初期消火に最善を尽くすと共に速やかに人命の安全を確保し，損害拡大を防ぐため次にあげる船舶火災の特徴を理解した上で，状況に応じ可能な限りの処置を行う。

（1）船舶火災の特徴

船舶における火災は火勢が強くなった場合には陸上の火災に比べて消火活動が困難であるといわれている。これらの特徴をよく理解した上で，救助要請の時機を逸しないように注意する必要がある。

- 船舶の構造が陸上の建物より複雑なため，火災発見が遅れ消火作業が困難な場所が多い（火災警報装置などの日常点検・整備の励行）。
- 船内には可燃性の材料（家具や塗料など）が多く，鋼板構造のため熱の伝導性が大きく早い。
- 積荷火災の場合，延焼物を除去することが困難であり，可燃性や爆発性の積荷である場合も多い。
- 海水注水で消火を続けると浮力および復原性を減少させ，沈没・転覆の危険を生じ，また，延焼防止のための通風遮断などの間接消火の併用を必要とするので，直接的な消火活動の障害となる場合が多い。
- 二次災害発生の可能性が極めて高く，火災の態様によっては，危険物流出などに対する措置など，多面的な対応を求められることが多い。

(2) 消火活動

a. **早期発見**：船内に各種の探知装置・警報装置を装備し，また，乗組員の火気管理の徹底や船内巡視によって，火災を早期に発見する。また，火災発見者は「火事だ！」と大声で付近の者に知らせると共に，手動火災警報装置を操作し船内に周知する。

　　i. **基本操船**：延焼や煙を防ぐため減速または行脚を止め，火災現場が風下になるよう変針する。

　　ii. **通風遮断**：人命の安全確認が完了したならば，火災現場付近から順次，開口部（入口，防火扉，舷窓，天窓，通風筒など）を密閉する。

　　iii. **電路遮断**：火災現場に通じている電路はすべて遮断する。

　　iv. **可燃物除去**：火元付近にある可燃性または爆発性物質は迅速に移動させ，必要に応じて船外に投棄する。

　　v. **消火活動（酸素または熱の除去）**：火災発生の場所，燃焼物の種類に応じた適切な消火方法を実施する。

　　vi. **消火（完全鎮火）の確認**：火災現場内部に消火剤の投入または注水を行い，火勢の拡大防止，鎮火に努めるが，密閉消火した区画などは鎮火後も火災区域付近の温度計測を定期的に実施し，十分温度が下がったことを確認してから開ける。火災区域への侵入に当たっては，新鮮な空気が流入して，再度火災が発生する可能性があることを念頭に作業する。

b. **港内停泊時に火災発生があった場合の対応**

- 港則法の規定により特定港内にある船舶は汽笛またはサイレンにより長音5回を吹鳴し，付近に火災発生を知らせる。国際VHFや船舶電話により海上保安庁に通報する。
- 火災の態様によっては，船舶の消防設備・装置を積極的に活用し陸上の消火チームと共同して消火活動を行う。
- 消防艇などの達着および消火活動は原則として風上側から行う。
- 岸壁係留の場合は可能な限り陸上の消火栓を活用する。
- 必要に応じて関係者と協議の上，積荷の投棄，船体の切断・破壊などの措置をとる。
- 陸上施設などへの延焼防止や沈没，転覆の危険がある場合など必要に応じて，沖出しや浅瀬への移動措置をとる。

(3) 主な消火方法と設備

主な消火方法として，注水消火，炭酸ガス消火，蒸気消火，泡沫消火がある。設備については，1.3.3節を参照されたい。

7.1.2.6 大傾斜

荷崩れ・浸水などによる船体の大傾斜はその程度によっては風浪の影響とあいまって一挙に転覆・沈没を招くこともあるので，早急に安定を回復する必要がある。バラストタンクや二重底タンクへの注水（主として GM の増大を図る）や傾斜舷タンクの排水を行うなど，傾斜回復のために迅速・適切な措置をとると共に，原因不明の場合はその究明を行うことが急務となる。とくに，時化などで風浪が激しいときは，乗組員による作業も極めて困難となり，また，救助船による救援も容易ではないことが多く，付近の安全な港などへの避難や任意座礁の決行も考慮しなければならない。

7.2 救助活動

7.2.1 海中転落者

海中転落者の発生から救助行動の開始までには以下の行動が考えられる。

a．即時行動：船橋の操船者が転落者を視認し直ちに救助活動を開始する。
b．遅延行動：海中転落者を船上から目撃した者から船橋に連絡があり，救助活動を少し遅れて開始する。
c．行方不明者に対する行動：船内での人員確認で行方不明者の発生を確認し，海中転落の可能性が考えられる場合に救助を開始する。

7.2.1.1 即時行動

a．初期行動：操船に先立ち，次の初期行動をとる。
- 救命浮環を転落者のできるだけ近くに投下する。
- 当直航海士は船長に報告すると共に主機を S/B または停止させる。
- 見失わないように見張りを増員し，転落者の位置確認を続ける。
- 汽笛により長々音を吹鳴するなど，「転落者あり」を船内および周囲に知らせる。
- 落水した時刻，船位，針路，転落者の方位，風向・風速などを確認する。

b．接近時の行動：次節に示す救助操船法により海中転落者に接近したならば，次の行動をとり，救助艇により救助する。海中転落者の風上に船を進め，波が比較的静かな風下舷の救助艇を使用する。前進行脚が 2 kn 以下になるようにし，救助艇のボートフォールの離脱は着水と同時に行う。水中の転落者へは風上側から近づき，救助中は風下側に転落者を置き，風が当たらないようにする。
- 速やかに転落者へ接近し，転落者至近の風上側に停船させる。
- 救助艇部署を発令し，停船後直ちに風下側の救助艇を降下して速やかに救助作業を開始する。

7.2.1.2 救助操船法

　転落者の至近に戻るための操船法で最も大切なことは，転落者のもとに確実に戻れることである。また，操船中にあっても転落者を見失わないよう，見張りを確実に行うことも重要である。ここでは国際航空海上捜索救助マニュアルに記載されている救助操船法を示す（図7.6）。

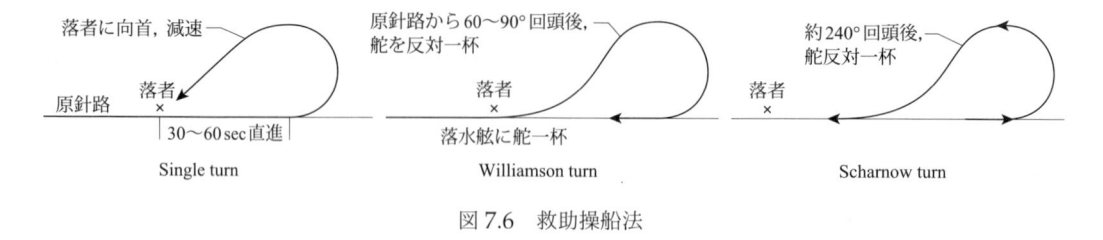

図7.6　救助操船法

a．**シングルターン**：転落者の位置に最も早く戻る操船法である。転落舷に一杯に転舵し，急旋回して転落者の方位の20～30°手前で舵を中央として転落者に接近，転落者の風上側至近に停止するように操船する。転落者を視認できる場合は，このターンが最適である。

b．**ウイリアムソンターン**：転落者の舷に一杯に転舵し，原針路から60°程度回頭したところで舵中央，引き続き反対舷に一杯に転舵する。原針路と反対針路となる20～30°手前で舵中央に戻し，原針路と反方位となる針路で定針（180°回頭）すると共に減速し，転落者の風上側至近に停止するように操船する。

　この方法は転落者の位置に戻るまでかなりの時間を要するが，原針路に入りやすいので，視界が悪いときや夜間，また，遠くの転落事故発生現場に戻る際に有効である。ただし，本船の操縦性能，風向・風力などの外的な要因がある場合，原針路上に戻ることは少ない。

c．**シャルノウターン**：ウイリアムソンターンと逆の航跡をたどる操船法である。いずれか一方に一杯転舵し，原針路から240°回頭したところで舵中央，引き続き反対舷に一杯に転舵する。原針路の反対針路となる20～30°手前で舵を中央に戻し，原針路の反針路で定針すると共に，減速して転落者の風上側至近に停止するように操船する。なお，ウイリアムソンターンに比べ，反転が終了してから船体を停止させるまでの距離的余裕が少なく，船体の姿勢保持に難点がある。

7.2.2　捜索および救助

　洋上で火災，浸水，船体破損のため航行不能となった遭難船から救助する場合は，本船が遭難船の風上側に停留し，風下側の救助艇を降下し着水させる。救助艇が遭難船に到着した後，本船は遭難船の風下側へ移動し，停留して救助艇の到着を待つ。救助艇は遭難船の風下側へ回り，救助活動を行い，遭難者救助後，本船の風下側へ回り，揚収を待つ。

　遭難船から救命艇あるいは救命いかだが出されるときは，本船は遭難船の風下側に停留して到着を待ち，本船の舷側に救命いかだを救助作業用の足場として横付け係留し，また，舷側にはライフネットやジャコブスラダーを設置し，救助が円滑に行えるようにする。

　荒天時は波浪の状況を十分に考慮して，艇が本船に接舷する際は過大な接触による破損や，救助者を本船上に収容する際の海中への転落などが起こらないように十分注意しながら，迅速に行う。

7.2.2.1　SAR 条約

海上における長年の慣行や国際法などの規定において，船長は安全に行動しうる限り，海上における遭難者に対し，捜索救助活動を援助する義務がある。

1979 年の海上における捜索及び救助に関する国際条約（SAR 1979）（以下，「SAR 条約[*1]」という）は海上における遭難者を迅速かつ効果的に救助するため，沿岸国が自国の周辺海域において適切な海難救助業務を行えるよう国内制度を確立すると共に，関係国間で協力を行うことにより，究極的には，世界の海に空白のない捜索救助体制をつくり上げることを目的としている。

7.2.2.2　船位通報制度

船位通報制度は，SAR 条約の勧告に基づき，救助活動を有効かつ適切に行うことを目的として制定された。

- 遭難信号が発信されなかった場合であっても，捜索救助活動を早期に立ち上げることができる。
- 救助を要請するに当たり，付近の船舶を迅速に決定できる。
- 遭難船舶の位置が不明または不確実な場合であっても，捜索区域を限定することができる。
- 医師が乗船していない船舶に対し，緊急の医療上の援助または助言の提供が期待できる。

日本の船位通報制度は JASREP[*2] と呼ばれ，海上保安庁により運用されている[*3]。JASREP は海上保安庁が船舶からの現在位置や針路・速力などの通報データを管理し，その船舶が遭難に遭遇した場合にはその位置を推測し，また，海難などが発生した場合には付近の航行船舶を早期に検索し，その船舶に対して救助の協力要請をすることにより，迅速な救助を可能にする任意の総合救助システムである。対象海域は概ね 17°N 以北，165°E 以西の海域で，対象海域を航行する船舶を対象とする。

7.2.2.3　国際航空海上捜索救助マニュアル

IMO と国際民間航空機関（ICAO）は海上と航空での捜索救助活動（SAR[*4]）のさらなる調和を図るため，それぞれが作成してきた捜索救助マニュアルを統一し，国際航空海上捜索救助マニュアル（IAMSAR Manual[*5]）を完成させた。このマニュアルの主たる目的は各国が自国の SAR の必要性を満たし，かつ国際民間航空条約（シカゴ条約）および SOLAS 条約により各国が担う義務の履行を支援することである。このマニュアルは次の 3 巻で構成されている。

第 I 巻「組織及び管理」に関する分冊：全世界的な SAR システムの概念，国と地域の SAR システムの確立と改善，および効果的かつ経済的 SAR 業務提供のための近隣諸国との協力に関する内容。

第 II 巻「活動調整」に関する分冊：SAR 活動と演習に当たり計画作成と調整を担当する要員に対する支援に関する内容。

[*1] SAR 条約：International Convention on Maritime Search and Rescue
[*2] JASREP：Japan Ship Reporting System
[*3] 米国は 1958 年から AMVER システム（Automated Mutual-Assistance Vessel Rescue System）を運用している。
[*4] SAR：Search and Rescure
[*5] IAMSAR：International Aeronautical and Maritime Search and Rescue

第III巻「移動施設」に関する分冊：救助隊，航空機，および船舶に搭載されることを意図しており，捜索救助および現場調整者の役割の実施，および自らが緊急事態に至った場合を想定した内容。第III巻は船舶に備え置かなければならない。

7.2.2.4 救助と捜索

ここでは，国際航空海上捜索救助マニュアル第III巻の概略を説明する。

a．**航空機による遭難船舶への物資の投下**：捜索救助活動中の航空機による援助は遭難船舶への救命いかだおよび救命器具の投下，ヘリコプターからの訓練された要員の吊下げまたはヘリコプターによる生存者の揚収などがある。航空機から投下可能な特定の救命器具が供されることがある。

b．**ヘリコプターの活動**：ヘリコプターは遭難船舶への器具の供給，遭難者の救助・収容に利用される。人の揚収に使用される装置として，救助用スリング，救助用バスケット，救助用ネット，救助用担架，救助用シートなどがある。

c．**不時着水する航空機への援助**：着水した航空機は通常数分間で急速に沈没するので，船舶が救助実施機関となることが多い。航空機が船舶の近くに不時着水を決断した場合，船舶が航空機の自動方向無線機に対応する周波数でホーミング信号を発信することができれば，航空機は救助担当船に近づきやすい。また，船舶は昼間においては黒煙を上げ，夜間においては垂直に探照灯を照らし，甲板上のすべての灯火を点灯し上空から見えやすくすると共に，当該航空機に風向・風力，うねりの方向・高さ・波長，海面状態，天候など情報を提供する。

d．**救助船舶による生存者の収容**：船舶による収容方法は，救命索発射器またはヒービングラインに救命浮環または救命索をつなぎ遭難者に渡し，船側にはジャコブスラダーまたはネットを設置する。救命艇または救命いかだを降下し，遭難者が水中からつかまったり上がったりするか，または昇降機として使用する。クレーンなどを使用して専用のまたは簡易作成のかごで遭難者を揚収する。この場合，遭難者は水中からの突然の移動や低体温症によるショックを起こす危険があるため，水平かまたはできる限り水平の状態で吊り上げる。

e．**捜索救助活動の調整**：多くの国が自国の領土，領海および公海に対し，24時間体制で航空および海事に関する捜索救助活動の調整および業務を提供する義務を負っている。捜索救助活動を効果的に実施するためには，陸上における（国の）捜索救助関係機関と，個々の航空機，船舶との間における適切な調整が必要不可欠である。

f．**捜索計画および捜索活動**：捜索を効果的に実施するため，捜索救助実施機関はあらかじめ捜索パターンや手順を定め，船舶および航空機による合同捜索活動を行う。どの捜索パターンも現場調整者が単数または複数の船舶または航空機による捜索活動を迅速に開始できるよう策定されている（図7.7）。

　船舶に対しては，捜索対象によってスイープ幅 Su が推奨されており，これに気象条件 fw を考慮し，捜索幅（隣接する捜索トラック間の間隔）$S(=Su \times fw)$ を決定する。捜索速度について，複数の船舶が平行トラック捜索を整然と実施するためには，現場調整者の指示に従い同一速度で航行する必要がある。捜索活動に当たるすべての船舶および航空機は相互に安全距離を維持し，かつ，正確に割り当てられた捜索パターンを守らなければならない。捜索

パターンには次のものがある。

ⅰ. **拡大方形捜索**：この捜索は遭難者など捜索対象の位置がかなり狭い捜索範囲にあることがわかっているときに最も効果的である。船舶や小型ボートにとって，風圧流がほとんどないような状態において，遭難者などを捜索するのには適切な方法である。一方，捜索区域が狭いため，同じ高度で捜索する複数の航空機や複数の船舶による同時捜索活動を行ってはならない。

ⅱ. **扇形捜索**：この捜索は遭難者など捜索対象の位置が正確で狭い捜索範囲にあることがわかっているときに最も効果的である。捜索区域において，航空機と船舶を同時に使用して，それぞれ独立した扇形捜索の実施が可能である。捜索船舶にとって，この捜索パターンでは半径は2〜5nmであり，各旋回は右側へ120°である。

ⅲ. **平行トラック捜索**：この捜索は遭難者などの位置が不確実なとき，広い範囲の捜索に用いられ，通常は複数の分担区に分割して複数の捜索機関が同時に活動する。複数の船舶が各々のトラックにおいて同時に活動することがある。

ⅳ. **船舶と航空機による合同捜索**：この捜索は航空機が捜索の大部分を行いながら，船舶が現場調整者に指示された針路を航行することにより，航空機がそれを航法上のチェックポイントとして利用できる。これは航空機が単独で捜索するよりも発見の可能性が高い。

拡大方形捜索　　　　　　　　　　扇形捜索

平行トラック捜索　　　　　船舶と航空機による合同捜索

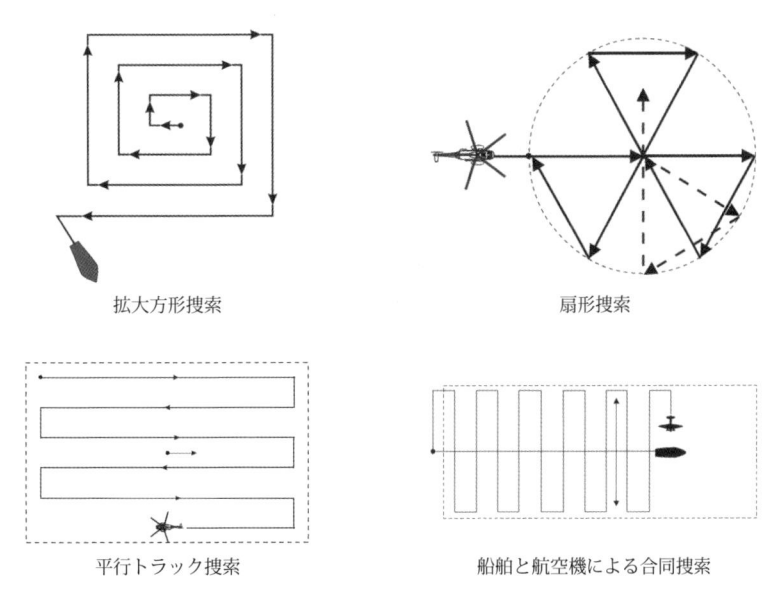

図7.7　捜索計画

7.2.2.5　低体温症

水の熱伝導率は空気の約25倍で比熱は約4倍と大きく，低温の水中では空気中よりかなり急速に体温が奪われる。体温を奪われる速度は，着衣，頭部の曝露，体脂肪，体型，水の乱れ（放熱効率），姿勢，運動，鍛錬度，食事などによって異なる。体の深部体温が35°以下に低下すると，短時間で低体温症（ハイポサーミア）に陥る（図7.8）。

34°以上　　興奮：激しい震え，意識混濁，部位感覚喪失
34〜30°　　衰弱：記憶喪失，心拍低下，不整脈，筋肉硬直
30°以下　　虚脱：外見上死亡（瞳孔拡大，筋肉弛緩，死亡）

転落者の水中での行動の要点は次のとおりである。

- 冷水中では，体をできるだけ水上に出すようにしておくこと。
- 泳ぎにくいからといって，衣類・靴下を脱いではならない。衣類によって，体温の低下を防ぐことができる。
- 可能であれば，帽子，フードなどで頭を覆う。体熱損失の半分は頭部からともいわれる。
- 水中から体を出せない場合，水中では不用意な運動を避け，できるだけじっとしておく。落水時に泳いだりすることは，熱を急速に消耗し，波浪を受けるなどによる激しい水の流れによっても熱が急速に奪われる。
- 水中安静姿勢をとる。体の表面積を小さくし，浮体を抱き込むようにして，できるだけ体を丸めた姿勢にする。救命胴衣を着用しているときは，水中安静姿勢をとる。腕を胸の前で交差させ，肘を脇につけ，膝をできるだけ胸に引き寄せて熱損失リスクの高い部位を覆う。また，複数の場合は，輪になるように寄り添い保温に努める。体温を奪われやすい身体の小さい者，痩せた者，疲労の激しい者を，輪のなかに配置するようにする（図7.9）。

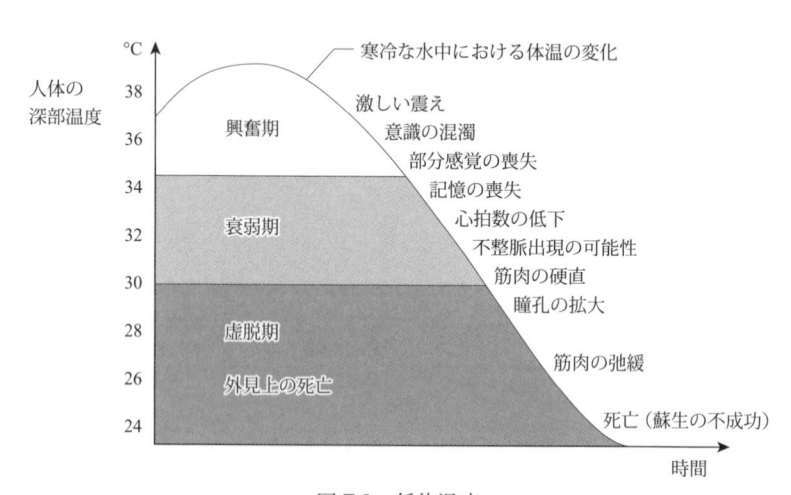

図7.8　低体温症

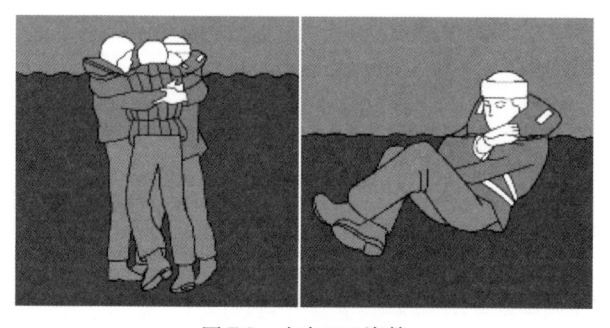

図7.9　水中での姿勢

7.2.3　洋上曳航

　大型のバージやクレーン重機台船などの海洋構造物の洋上曳航は，専業とするサルベージ会社が航洋タグ（オーシャンタグ）を使用して行われる。ここでは洋上で舵，主機などの重要機器の故障，船体の損傷など，応急の救助措置として遭難船を洋上曳航するときの基本的な注意事項について述べる。

7.2.3.1　被曳航船の状態
　曳航を開始する前に被曳航船の状態を確認しておく。
　a．**引き方**：可能な限り，波切りが良く船首の振れを抑えて保針しやすい船首引きとする。被曳航船の船首部が破損してやむをえないときは船尾引き（とも引き）となる。
　b．**トリム**：喫水が深く船尾トリムになるほど船首揺れは少なくなり，逆に船首トリムとなるほど船首揺れが大きく保針が難しくなる。

7.2.3.2　曳航索の選択
　a．**曳航索**：一般的には，ワイヤー曳航索を使用する。また，被曳航船の船首から両舷錨鎖を巻き出して，縁つなぎ（ブライドル）とし，これに曳航船の曳航索を連結する方法や，両船から出したワイヤー曳航索の中間部分に緩衝材として太いナイロンホーサーを用いる方法など，さまざまなものがある。
　b．**曳航索の長さ**：一般に，曳航索の長さは船の長さの1.5～2倍程度が良い。また，重い曳航索を使用した場合は，曳航索が緩む部分の深度を6％程度とするのが良いとされている。曳航索の長さを算出する概算式(7.2)を示す。

$$S = k(L_1 + L_2) \tag{7.2}$$

ただし，S：曳航索の長さ [m], L_1, L_2：曳航船および被曳航船の長さ [m], k：係数（1.5～2.0，外洋の場合は3.0が適当）。

　c．**曳航速力の決定**：外洋では気象状況や波浪の状況を考慮し，船型の被曳航物件を曳航する場合は6～8 kn以下，大型バージや箱型の被曳航物件を曳航する場合は2～3 kn程度の速力が良いとされている。

7.2.3.3　曳航の方法
　a．**被曳航船への接近**：被曳航船の船首から船首引きで曳航する場合，被曳航船の船首尾線方向と平行に船尾方向から近づき船首をかわしたところで曳航船が停船するように進める。このとき風波による両船の圧流に注意し，曳航船の圧流が大きいときは被曳航船の風上側から，逆に被曳航船の圧流が大きいときは風下側から接近する。また，横波などを受けて作業が困難なときは被曳航船の船首前面方向で交差する進路をとり，曳航船側の船首から被曳航船側の船首に曳航索を送る（図7.10）。
　b．**曳航索の送出**：船首部からヒービングラインを投げるか，救命索発射器を用いて導索を送る。また，海面が穏やかであれば救命艇などを降下して被曳航船に導索を送ることもできる。一

方，荒天時で艇の降下が困難であれば，導索を固縛した救命ブイを被曳航船の風上側から流して拾わせる。

c．**曳航索の係止方法**：曳航索の船尾における係止の方法は船尾両舷からＹ字型に張り出したブライドルの接合部に1本の曳航索をつなぐ。索端は十分な強度を持つビットやボラードに係止させるが，適当な係止装置がない場合は甲板上構造物に大回しにして係止する方法をとる（図7.11）。

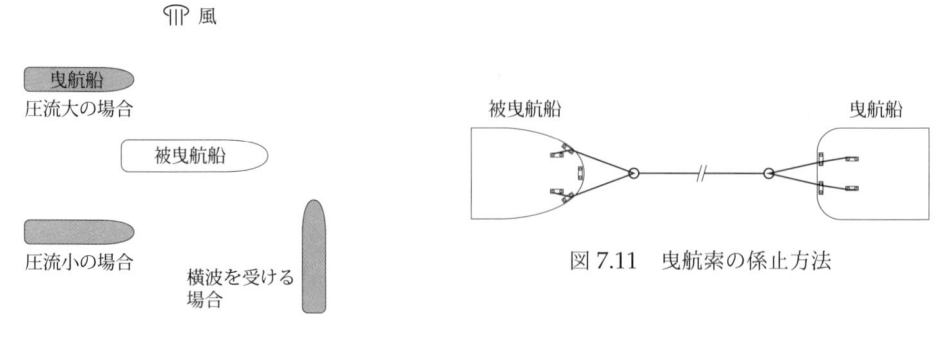

図7.10　被曳航船への接近

図7.11　曳航索の係止方法

7.2.3.4　曳航中の操船

a．**曳航開始時の速力**：水深の浅い海域では曳航索の重量で垂れすぎた索が海底を擦らないように索の伸出に注意して適度なカテナリーを描くように微速での主機の発停を繰り返しながら微速で進航する。2 kn を超えたならば，段階的に所定の速力まで増速するなど，曳航索に過度の張力を与えたり衝撃を与えるような増速は行わない。

b．**変針上の注意**：一度に20°以上の大角度変針は避ける。曳航船側の変針も被曳航船が新針路上に乗ったことを確認しながら次の針路に向けて小刻みに変針する。

c．**被曳航船の船首揺れの抑制**：被曳航船の船首揺れが増大すると，曳航索にかかる張力が急増して船体側の係止部に異常な力が加わる。このため船首揺れを抑制するために被曳航船のトリムを船尾トリムとしておく。

d．**曳航索の長さの調節**：波浪中を曳航するとき，両船の間隔が波長に対して整数倍の距離であれば両船は同じ揺れ方をするので曳航索に衝撃が加わらないが，この間隔が不適当であると船体の動揺も曳航索への衝撃も大きくなるため，針路を変更するか曳航索の長さを調整してこれを防止する（図7.12）。

e．**荒天時の対処**：荒天時は原則，曳航索をつなげた状態で風浪を船首から2～3点に受けてちゅうをすると良い。また，曳航を一時中断して天候の回復を待つようにする。

図7.12　曳航索の長さ

第8章

海上無線通信

8.1 無線局

船舶では船舶相互または船舶と陸上の間で各種無線通信が行われる。その業務内容によって航行の安全のための通信、海上の安全に関する通信、航行に関する通信、無線測位業務に関する通信、電気通信業務の通信およびその他の通信に分類することができる。

(1) 海上保安庁の無線局

海上保安庁は全国を11の管区に分け、各管区に海難救助、海洋汚染の防止および海上における犯罪の防止などの海上保安業務を遂行するため巡視船・航空機などを配備し、船舶と直接通信するために統制通信事務所および通信所などを配置している（図8.1）。

❼ 門司海岸局　もじほあん
　MOJI COAST GUARD RADIO
❽ 舞鶴海岸局　まいづるほあん
　MAIZURU COAST GUARD RADIO
❾ 新潟海岸局　にいがたほあん
　NIIGATA COAST GUARD RADIO

❶ 小樽海岸局　ほっかいどうほあん
　HOKKAIDO COAST GUARD RADIO
❷ 塩釜海岸局　しおがまほあん
　SHIOGAMA COAST GUARD RADIO
❸ 横浜海岸局　よこはまほあん
　YOKOHAMA COAST GUARD RADIO
❹ 名古屋海岸局　なごやほあん
　NAGOYA COAST GUARD RADIO
❺ 神戸海岸局　こうべほあん
　KOBE COAST GUARD RADIO
❻ 広島海岸局　ひろしまほあん
　HIROSHIMA COAST GUARD RADIO

❿ 鹿児島海岸局　かごしまほあん
　KAGOSHIMA COAST GUARD RADIO
⓫ 沖縄海岸局　おきなわほあん
　OKINAWA COAST GUARD RADIO

図8.1　海上保安庁の無線局

海上安全情報は安全な航海に必要となる航行警報，気象警報および海難情報から構成され，ナブテックス受信機およびインマルサット EGC 受信機により受信することができる。ナブテックスは送信局から約 300 nm の有効範囲を有する。日本においては日本語による情報も提供している。

(2) 船舶無線局

電波の伝わり方の違いを考慮して，水域を 4 区分し，船舶はそれぞれの水域毎に一定の無線設備を備えなければならない。

- **A1 水域**：海岸局から 25 nm 程度までの VHF の DSC で通信ができる水域。なお，日本は A1 水域を設定していない。
- **A2 水域**：MF の DSC を使用して遭難通信ができる海岸局の通信圏（A1 水域部を除く）（第 III 部 図 5.4 参照）。
- **A3 水域**：インマルサット衛星の通達範囲から A1 水域および A2 水域を除いた水域（概略 70°N〜70°S）。
- **A4 水域**：上記 A1，A2，A3 水域を除いたすべての水域。

表 8.1　水域と無線設備

無線設備		A1	A2	備考
NAVTEX 受信機		✔	✔	
VHF 無線設備	DSC	✔	✔	
	DSC 聴守装置	✔	✔	
	無線電話	✔	✔	A1 水域のみを航行する船舶であって，つねに陸上との間で通信ができない場合は一般通信用無線電信などを備えなければならない。
MF 無線設備	DSC	✔	✔	
	DSC 聴守装置	✔	✔	
無線電話		✔	✔	A2 水域のみを航行する船舶であって，つねに陸上との間で通信ができない場合は一般通信用無線電信などを備えなければならない。
浮揚型 EPIRB		1		
捜索救助用レーダトランスポンダー		2		各舷に 1 個（総トン数 300 トン以上 500 トン未満の非旅客船は 1 個で可）
持運び式双方向無線電話装置		3		旅客船および総トン数 500 トン以上の非旅客船
			2	総トン数 500 トン未満の非旅客船
船舶航空機間双方向無線電話				旅客船以外は必要なし

(3) 無線従事者

無線設備の操作には専門的な知識が必要であるから，一定の資格を有する無線従事者以外の者は無線局の無線設備の操作を行ってはならない。無線従事者資格は目的毎に区分され多数存在する。内地航海中における海上無線通信業務では次に示す無線従事者資格が必要になる。

- a．**第一級海上特殊無線技士**：船上保守をしない GMDSS 対応の漁船の船舶局，商船が装備した国際 VHF 無線電話などの無線設備

b．第二級海上特殊無線技士：漁船や沿海を航行する内航船舶の船舶局，VHFによる小規模海岸局などの無線設備

c．第三級海上特殊無線技士：沿岸海域で操業する小型漁船やプレジャーボートの船舶局の無線電話などの無線設備

d．レーダー級海上特殊無線技士：大型レーダー，レーダーのみを備えた船舶，沿岸監視用レーダーなどの無線設備

(4) 航行に関する通信

a．港務通信：入出港の通知，バースや錨地の連絡，動植物検疫，税関，入国管理などの手続きをとるために行う通信をいう。

b．航路管制通信：船舶の輻輳している海域では，海難事故を防止するため巨大船および危険物積載船などの行動を把握する必要がある。そのため，船舶には所定の通報が義務づけられている。また，巨大船などの情報を送信し，海難事故の防止に役立てている。日本では12の航路が指定されており，その航路管制業務は各地の海上交通センターが行っている。通常，通信には国際VHFが使用され，通報先の海岸局の呼出名称は「マーチス」「ハーバーレーダー」という。

c．無線測位業務に関する通信：電波の伝搬特性を用いて，位置の決定または位置に関する情報を得ることを無線測位という。船舶に設置してある無線方位測定機，レーダー，GPSなどの操作がこれに該当する。

8.2 GMDSS

GMDSSは，衛星通信やデジタル通信技術などを利用することにより，海上安全情報を提供すると共に，地球上のどの海域で遭難しても捜索救助機関や付近航行船舶に対して迅速・確実に救助要請することを可能とする通信システムである。

GMDSSを装備しなければならない船舶は国際航海に従事する300総トン以上の貨物船およびすべての旅客船である。日本では船舶の航行の安全性を一層高めるために，沿岸を航行する一部の船舶を除き20総トン以上の船舶は基本的にGMDSS無線設備を設置することとなっている。ただし，船体の構造その他の事情によりGMDSS設備の機器を備えることが困難なもの，または代替の有効な通信設備を有する船舶などは規定の機器を設備しなくてもよいとされている。

GMDSS通信設備および関連設備として次のものがある。

a．衛星EPIRB：船舶が遭難した場合に人工衛星を利用して陸上の無線局に遭難警報を発信する装置である。遭難船の位置やIDなどを知らせることができる。捜索救助航空機を遭難位置へ誘導するホーミング用電波を送信する。

b．SART：付近を航行する船舶の9GHzレーダー電波を受信して応答信号を送ることにより，船舶のレーダー画面上に遭難位置を表示する。信号は発信点から外側へ向かって12個の短点としてレーダー画面上に表示され，中心側の点が遭難位置を示す（5.1.5.2節参照）。

c．双方向無線電話装置：船舶が遭難した場合，生存艇に積み込み，生存艇間，生存艇と救助船間

で通信を行う無線電話装置である。双方向無線電話装置は国際 VHF の Ch 16 を含む 2 波以上を備えている。

- d. **AIS**：船舶の船名，呼出符号などの静的情報，位置，速度，針路などの動的情報，目的港などの航海関連情報などを相互に発信し合い，それらの情報を把握することで衝突回避など船舶の航行の安全に寄与するものである。国際航海に従事する旅客船および総トン数 300 トン以上の旅客船以外の船舶，ならびに国際航海に従事しない総トン数 500 トン以上の船舶に搭載義務がある。
- e. **VDR**：船位や動静，船舶の制御にかかわるデータや音声情報，レーダー画面情報などを記録装置に蓄積し，不慮の海難事故などの発生原因を調査する目的に利用される。国際航海に従事する総トン数 3000 トン以上の貨物船に搭載義務がある。
- f. **ファクシミリ受信機**：天気図や共同通信社が提供する FAX 新聞，日本航行警報を受信することができる。日本の気象庁はもとより世界各国の気象庁が船舶向けに天気図を放送している。
- g. **船上通信設備**：操船，荷役など船舶の運航上必要な作業のために行う船舶内での通信，救助または救助訓練のために行う船舶と生存艇などとの通信，操船援助のために行う曳航船と被曳航船との通信，船舶を接岸または係留させるために行う船舶と桟橋などとの通信のためのみに利用できる小型の無線装置である。

8.3 通信

海上での通信の優先順位は次のとおりである。

1. 遭難通信
2. 緊急通信
3. 安全通信
4. その他の通信

8.3.1 遭難・緊急・安全通信

遭難通信，緊急通信，安全通信は，明瞭で受信者が筆記できる速さで通報する。

- a. **遭難通信**：遭難通信とは船舶または航空機が重大かつ急迫の危険に陥った場合，遭難信号を前置して行う無線通信をいう。遭難信号の送信は，表 8.2 のとおり送信する。遭難警報または遭難警報の中継を受信した船舶は直ちにその船舶の責任者に通知しなければならない。また，遭難呼出しを受信した船舶は受信した周波数で聴取を続けなければならない。なお，遭難通信や緊急通信の送信はその船舶の責任者の命令がなければ行うことができない。
- b. **緊急通信**：緊急通信とは船舶または航空機が重大かつ急迫の危機に陥るおそれがある場合，その他緊急の事態が発生した場合に緊急信号を前置して行う通信をいう。緊急信号の送信は，表 8.3 のとおり送信する。緊急通信は遭難通信に次ぐ優先順位をもって取り扱わなければならないため，受信した局は，その通信が自局に関係ないことを確認するまでの間，継続して受信しなければならない。通信の再開は緊急通信が終了したことを確かめた上でなければ

行ってはならない。
c．**安全通信**：安全通信とは船舶または航空機の航行に対する重大な危険を予防するために安全信号を前置して行う無線通信をいう。安全信号の送信は，表 8.4 のとおり送信する。安全通信は速やかに，かつ確実に取り扱わなければならず，また，安全通信を受信した局は，その通信が自局に関係ないことを確認するまで受信しなければならない。

表 8.2　遭難通信

通信
メーデー，メーデー，メーデー こちらは呼出符号，呼出符号，呼出符号 メーデー，遭難した船舶の名称または識別信号 遭難した船舶の位置，遭難の種類および状況 必要とする救助の種類，その他救助のため必要な事項

表 8.3　緊急通信

通信
パンパン，パンパン，パンパン 各局，各局（，各局） こちらは呼出符号，呼出符号（，呼出符号） 通信内容 …

表 8.4　安全通信

通信
セキュリテ，セキュリテ，セキュリテ 各局，各局（，各局） こちらは呼出符号，呼出符号（，呼出符号） 通信内容 …

8.3.2　一般通信

一般通信は次の点に注意して行わなければならない。

- 通報の送信は語尾を区切り，かつ，明瞭に発音する。
- 相手局を呼び出そうとするときは，電波を発射する前に受信機を最良の感度に調整し，自局の発射しようとする電波の周波数，その他必要と認める周波数によって聴取し，他の通信に混信を与えないことを確かめる。

国際 VHF 電話の通信手順について説明する。

a．**呼出しの方法**：Ch 16 を使用して相手局を呼び出す。海上移動業務における呼出しは，2 分間以上の間隔をおいて 2 回反復することができる。呼出しを反復しても応答がないときは，少なくとも 3 分間の間隔をおかなければ呼出しを再開してはならない。無線局は自局の呼出しが他のすでに行われている通信に混信を与える旨の通知を受けたときは，直ちにその呼出しを中止しなければならない。

b．**応答の方法**：無線局は自局に対する呼出しを受信したときは，直ちに応答しなければならない。無線局は自局に対する呼出しであることが確実でない呼出しを受信したときは，その呼出しが反復され，かつ自局に対する呼出しであることが確実に判明するまで応答してはなら

ない。自局に対する呼出しを受信したが，呼出局の呼出符号が不確実であるときは，相手局の呼出符号の代わりに「誰かこちらを呼びましたか」を使用して，直ちに応答しなければならない。

c．**通信用チャンネルの切替え**：通信は通信用チャンネルに切り替えてから行う。船舶相互間で使用されるチャンネルはCh 6, 8, 10, 13がある。船舶相互間の通信では呼出局がチャンネルを指定し，海岸局との通信では海岸局の指示に従う。

d．**通報および通信の終了方法**：通報の送信は「おわり」をもって終わらなければならない。通信が終了したときは「さようなら」を送信しなければならない。

表 8.5　国際 VHF 電話の通話手順

自船（呼出）	相手船（応答）	Channel
○○丸，○○丸，○○丸（3回以下），こちらは△△（1回）	△△，△△，△△（3回以下），こちらは○○丸（1回）	16
△△，Ch 6 に変更願います。	こちらは○○丸，Ch 6 了解しました。	16 → 6
○○丸，○○丸，○○丸（3回以下），こちらは△△（1回），感度はいかがですか？	△△，△△，△△（3回以下），こちらは○○丸（1回），感度良好です。	6
通話	通話	6
おわり，さようなら	さようなら	6 → 16

無線通信において，混信がある場合や信号が弱い場合は相手の声が聞き取れないことがある。とくに，B/D, I/Y, M/N, T/P は聞き取りにくい。そのような場合，欧文通話（第 IV 部 通信 図 1.2）を使うことで正確に伝えることができる。

第 9 章

演習問題と解答

平成 27 年 4 月から過去 10 年間に出題された筆記国家試験問題を調査，分類整理した演習問題ならびに解答例を掲載する。出題年月に "*" の付いているものは，例示問題に類似した問題（異なる数字や語句を使用した問題）が出題されたことを示している。解答の《…》は補足説明や解説である。

四級海技士（運用）の国家試験の「学科試験科目及び科目の細目」については，第 V 部 表 2.2 を参照されたい。

9.1 船舶の構造，設備，検査

問題 1 図 9.1 は，鋼船の船尾材（船尾骨材）を示している。次の問いに答えよ。
(1) ①～⑤の名称を番号とともに答えよ。
(2) 図 9.1 の船尾材（船尾骨材）は，不つり合い舵，つり合い舵のどちらに採用されるか。
→ 出題：27/4

問題 2 図 9.2 は鋼船の外板の配置を示している。次の問いに答えよ。
(1) ①～④の名称をそれぞれ記せ。
(2) 平板キールの船舶の場合，上記①～③で一番厚い外板はどれか。番号で示せ。
(3) 図中のビルジキールの役目及び船首尾方向の取り付け位置を述べよ。
→ 出題：26/7, 25/4, 22/7, 21/2, 20/2

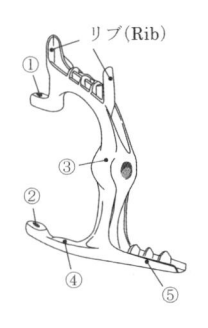

図 9.1　問題 1 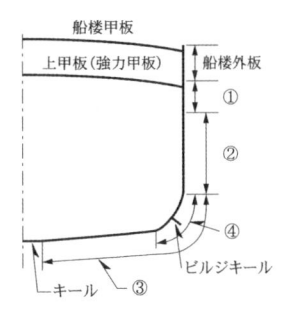　　　　　図 9.2　問題 2

問題 3 図 9.3 は，船の甲板を用途により分けたものを示す。（ア）～（カ）の甲板はそれぞれ何と呼

ばれるか。

→ 出題：26/4, 24/10, 23/4, 22/2, 20/7, 19/4, 18/4, 17/7

問題4 図9.4は，舵を形状によって分類した場合の舵の種類を示したものである。次の問いに答えよ。

(1) a, b 及び c は，それぞれ何という舵か。
(2) b 及び c には，それぞれどのような利点があるか。1つずつあげよ。

→ 出題：26/2, 24/7, 21/10, 19/7

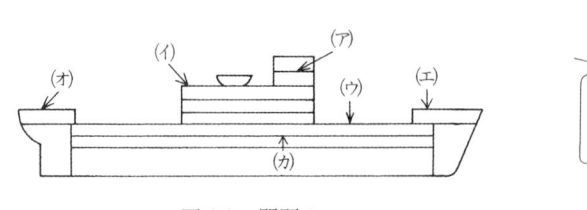

図9.3　問題3 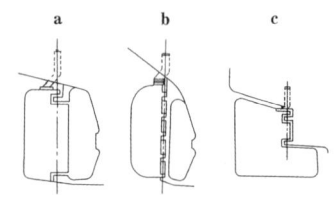　　　　図9.4　問題4

問題5 図9.5は，鋼船の船尾材（船尾骨材）を示している。次の問いに答えよ。

(1) ①〜⑤の名称を番号とともに答えよ。
(2) 図の船尾材（船尾骨材）は，不つり合い舵，つり合い舵のどちらに採用されるか。

→ 出題：23/7, 22/10, 21/4, 19/10

問題6 図9.6は，不つり合い舵の略図である。次の問いに答えよ。

(1) 図中の①〜⑤の名称をそれぞれ記せ。
(2) ⑤の役目を述べよ。

→ 出題：20/4, 17/10

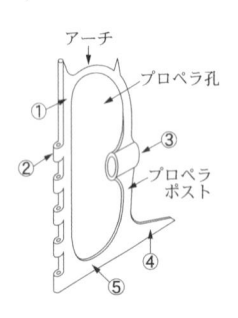

図9.5　問題5 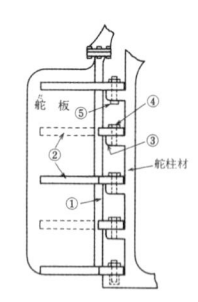　　　　図9.6　問題6

問題7 船の一般配置図はどのような図面か。また，どのような事項が表示されているか。3つあげよ。

→ 出題：26/10, 25/10*, 24/10, 24/4, 23/10*, 23/7, 21/7*, 20/7, 19/10*, 19/2*

問題8 鋼船の外板に関する次の問いに答えよ。

(1) 外板はどのような役目をするか。
(2) 船体中央部において，船底から上方にわたって張ってある外板は，その位置により何という名称がつけられているか。3つあげよ。

→ 出題：27/2, 25/10, 24/2, 22/4, 20/4, 19/2, 18/2

第 9 章　演習問題と解答　　299

問題 9　舵に関する次の問いに答えよ。
　(1) 鋼船の船尾付近の略図を描き，次の (ア) 及び (イ) をそれぞれ示せ。
　　　(ア) 不つり合い舵 (不平衡舵・普通舵)　　　(イ) 舵柱
　(2) つり合い舵 (平衡舵) には，どのような長所があるか。
　(3) 検査のため入渠した場合，舵についてはどのような箇所を調べるか。
　→ 出題：23/2，20/10，18/10

問題 10　鋼船の強力甲板とは，どのような甲板をいうか。
　→ 出題：27/4，22/10，17/10

問題 11　舷側厚板は，船体のどの部分に取り付けられているか。
　→ 出題：26/10，25/2，23/10，20/10，17/7

問題 12　鋼船の上甲板はどのような役目を受け持っているか。2 つ述べよ。
　→ 出題：25/7，21/7，19/7，18/7

問題 13　鋼船の船首部は，航行中に受ける波の衝撃や衝突時の船体の保護のため，どのような対策が施されているか。3 つ述べよ。
　→ 出題：22/4，21/2，19/4，18/7，18/2

問題 14　鋼船のハッチについて述べた次の文の (　) 内にあてはまる語句を，番号とともに記せ。
　　貨物の出し入れのため，船倉の上部に設ける甲板口をハッチという。甲板に大きな開口を設けると船の (①) が著しく低下するため，開口の四隅の甲板を厚板にしたり，甲板口の前後の (②) を増強するなどの対策を施す。また，開口の周囲には (③) を設けて甲板の補強と，波浪の浸入を防ぐのに役立たせる。更に，ハッチには海水の浸入を防ぐため (④) が設けられる。
　→ 出題：25/7，24/4，23/2，22/2，21/4，20/2，18/7

問題 15　純トン数は船舶内のどのような場所の大きさを表すための指標か述べよ。
　→ 出題：24/4，23/2

問題 16　船の長さの表し方には，どのような種類があるか。3 つあげよ。
　→ 出題：27/2，25/4，22/10，21/10

問題 17　船の長さの表し方のうち，「全長」について説明せよ。
　→ 出題：26/10，24/10，23/10

問題 18　船の長さの表し方のうち，次の (1) 及び (2) の長さについて説明せよ。
　(1) 全長　　(2) 垂線間長
　→ 出題：26/7，25/2，23/4，22/4，21/4，19/10，19/2，18/4

問題 19　船の長さについて述べた次の文にあてはまるものを，下のうちから選べ。
「上甲板の下面において，船首材の前面から船尾材の後面までの水平距離をいう。」
　(1) 全長　　(2) 垂線間長　　(3) 水線長さ　　(4) 登録長さ (船舶国籍証書に記載される長さ)
　→ 出題：27/4，25/7，23/7，21/7，19/4

問題 20　船の長さについて述べた次の文にあてはまるものを，下のうちから選べ。
「船首の最前端から船尾の最後端までの水平距離をいう。」
　(1) 全長　　(2) 垂線間長　　(3) 水線長さ　　(4) 登録長さ (船舶国籍証書に記載される長さ)
　→ 出題：26/4，24/7，22/7，20/7

問題 21　船の長さについて述べた次の文にあてはまるものを，下のうちから選べ。

「計画満載喫水線上で，船首材の前面から舵柱の後面まで，舵柱を有しない船舶は舵頭材の中心まで測った水平距離をいう。」

(1) 全長　　(2) 垂線間長　　(3) 水線長さ　　(4) 登録長さ（船舶国籍証書に記載される長さ）

→ 出題：26/2, 24/2, 22/2, 17/10

問題 22　鋼船の入渠中の作業に関する次の問いに答えよ。

(1) あらかじめ検知器により有害なガスの有無や酸素濃度を確かめる必要があるのは，どのような箇所か。4つあげよ。

(2) 出渠に先だち，船底栓（ボットムプラグ）の閉鎖にあたっては，どのような注意をしなければならないか。

→ 出題：27/2, 26/4*, 25/10, 25/2*, 23/10, 21/7, 21/4*, 20/2*, 18/7, 17/10*

問題 23　鋼船の入渠中の作業に関する次の問いに答えよ。

(1) びょう鎖の点検整備はどのように行うか。

(2) びょう鎖庫の手入れはどのように行うか。

(3) 空の燃料タンク内に入るときは，どのような注意をしなければならないか。

→ 出題：26/10, 25/7, 24/2, 23/4, 22/7, 22/2, 18/10*

問題 24　鋼船が入渠中，次の (1) 及び (2) を防止するためには，それぞれどのような注意をしなければならないか。

(1) 火災　　　(2) 盗難

→ 出題：27/4, 26/2, 24/10, 23/7, 22/10, 21/2, 19/7, 17/7

問題 25　鋼船が入渠し，ドライドックの排水終了後，船底の各所をよく調査しなければならないが，次の (1) 及び (2) について特に注意して点検する必要があるのは，なぜか。

(1) 船首部船底　　　(2) 船尾部船底

→ 出題：26/7, 25/4, 24/4, 19/4, 20/2, 18/4, 17/10

問題 26　鋼船に用いられる船底塗料で，次の (1)～(3) の役目をするものは，それぞれ何という船底塗料か。

(1) 外舷水線部のさび止めと防汚

(2) 船底外部への生物の付着防止

(3) 船底外板のさび止め並びに (1) 及び (2) の船底塗料の下塗り

→ 出題：25/2, 21/10, 20/4, 18/2

問題 27　鋼船の船体で特に腐食が生じやすいのは，どのような場所か。3つあげよ。

→ 出題：26/4, 24/7, 20/10, 19/10, 17/7

9.2　復原性および安定性

問題 28　船の乾舷とは何か。また，航行する場合に適正な乾舷を保つ必要があるのはなぜか。

→ 出題：27/2, 26/2, 24/4, 22/2, 20/10, 20/2, 18/4

問題 29　フリーボードマーク（満載喫水線標，乾舷標）について述べた次の文の（　）内にあてはまる字句又は数字を，番号とともに記せ。

船積みの限度を示し，必要な（①）を与えるために許される最大喫水のマークをフリーボード

マークといい，(②)，満載喫水線標識，満載喫水線を示す線の3つからなっている。
　フリーボードマークはいずれも，幅(③)cmの識別しやすい色で標示され，各線の(④)が測定基準となっている。
　→ 出題：27/4, 25/2, 23/4, 21/2, 18/10

問題30 船の復原力が小さ過ぎる場合と，復原力が大き過ぎる場合の危険を，それぞれ述べよ。
　→ 出題：26/7, 22/7, 21/4, 20/4, 19/4

問題31 航行中，船体の横揺れ周期を測定する方法を述べよ。また，横揺れ周期とGMとの間には，どのような関係があるか。
　→ 出題：24/10, 22/4, 18/7, 17/10

問題32 船体の安定について述べた次の(A)と(B)の文について，それぞれの正誤を判断し，下の(1)〜(4)のうちからあてはまるものを選べ。
　(A) 船体が横に傾いたとき，浮心を通る鉛直線より重心を通る鉛直線のほうが傾いた舷側に近ければ，船は安定な状態である。
　(B) 船体が横に傾いても，船の排水量は変わらないから，静水中では，浮力の大きさは常に船体に働く重力の大きさに等しく，船体没水部の体積の中心に鉛直上方に働く。
(1) (A)は正しく，(B)は誤っている。　　(2) (A)は誤っていて，(B)は正しい。
(3) (A)も(B)も正しい。　　　　　　　　(4) (A)も(B)も誤っている。
　→ 出題：27/2, 25/2, 24/7, 23/10, 22/10, 20/10, 19/2

問題33 船体のつり合いに関する次の問いに答えよ。
(1) 船体のつり合いには，安定，中立及び不安定の3つの状態があるが，それぞれの状態におけるメタセンタMに対する重心Gの位置はどこか。
(2) (1)のつり合いの3状態において，直立で静止して浮かんでいる船が少し傾いた場合，その後船の傾きはどのようになるか。
　→ 出題：25/10

問題34 安定のつり合いの状態にある船が小角度で横傾斜した場合の図を描き，次の(1)〜(3)を示せ。
(1) 船の重心G及びその作用線の方向
(2) 浮心B及びその作用線の方向
(3) メタセンタMの位置
　→ 出題：26/10, 25/4, 23/7, 21/10, 20/7

問題35 航海当直中の航海士が，船長に報告して指示を受けなければならないのは，どのような場合か。6つあげよ。
　→ 出題：25/7, 24/2, 21/10, 19/2, 17/7

問題36 夜間航行中，甲板部の航海当直職員が，他船との衝突を防止するため特に注意しなければならない事項を3つあげよ。
　→ 出題：25/2, 23/2, 20/10, 17/10

9.3 気象，海象

問題37 海陸風はどのような原因で発生し，どのように吹くか。
→ 出題：26/4, 23/2, 20/7, 18/4

問題38 突風とはどのような風か。また，この風が吹き出す前兆を2つ述べよ。
→ 出題：26/7, 24/10, 23/4, 21/2, 19/4, 18/10

問題39 春一番に関する次の問いに答えよ。
(1) いつ頃発生するか。
(2) 主に，どのような場合に生じるか。
→ 出題：26/2, 24/7, 23/10, 22/4, 19/10

問題40 次の (1) 及び (2) のように発生する霧は，それぞれ何霧といわれるか。
(1) 冷たい海面上に湿った暖かい空気が流れてきて，下方から冷却されて発生する。
(2) 水面上の冷たい安定な空気が，暖かい水面からの急激な蒸発によって水蒸気の補給を受けて飽和して発生する。
→ 出題：27/4, 25/4, 24/2, 19/7

問題41 日本付近に，次の (1)〜(3) の気象をもたらす高気圧の名称をそれぞれ記せ。
(1) 三寒四温　　(2) 小春びより　　(3) 梅雨
→ 出題：25/4, 22/2, 18/4, 17/7

問題42 気圧の傾き（気圧傾度）に関する次の問いに答えよ。
(1) 気圧の傾き（気圧傾度）とは何か。
(2) 気圧の傾き（気圧傾度）の大小は次の（ア）及び（イ）と，一般にどのような関係にあるか。
　（ア）等圧線の間隔　　（イ）風の強弱
→ 出題：27/2, 25/2, 22/4, 20/4, 18/2, 17/7

問題43 相対湿度及び露点温度に関して述べた次の (A) と (B) の文について，それぞれの正誤を判断し，下の (1)〜(4) のうちからあてはまるものを選べ。
　(A) 気温が上昇すれば，飽和水蒸気圧が上がるので相対湿度も高くなる。
　(B) 気温と露点温度との差の大小から，その空気の乾燥の程度を判断することができる。
(1) (A) は正しく，(B) は誤っている。　　(2) (A) は誤っていて，(B) は正しい。
(3) (A) も (B) も正しい。　　(4) (A) も (B) も誤っている。
→ 出題：25/10, 24/10, 22/7, 21/10, 20/10, 19/4, 18/2

問題44 閉塞前線に関する次の問いに答えよ。
(1) 天気図記号を記せ。　　(2) どのような前線か。
→ 出題：27/2, 25/10, 23/10, 22/7, 21/4, 18/7, 17/7

問題45 図 9.7 は，天気図に見られる天気図記号の1つである。次の問いに答えよ。
(1) この天気図記号は何を表すか。
(2) 日本付近の地上天気図にこの記号が長期間にわたって描かれる時期があるが，それは何月ごろか。
(3) (2) のようなことが生じるのはなぜか。
→ 出題：23/4

図 9.7　問題 45

問題 46　航行中，風向・風速計によって測定した相対風向と相対風速から，作図（ベクトル図法）によって真風向と真風速を求める方法を述べよ。
→ 出題：26/10, 25/4, 23/10, 20/7

問題 47　次の (1)〜(6) の雲は，通常，それぞれどのように見えるか。
(1) 巻層雲　　(2) 層雲　　(3) 乱層雲　　(4) 積乱雲　　(5) 巻雲　　(6) 積雲
→ 出題：26/10, 26/7*, 26/4*, 25/2*, 24/4, 24/2*, 23/10*, 20/2

問題 48　波浪を観測するときの次の (1) 及び (2) について答えよ。
(1) 波高をはかるときは，どこからどこまでの高さをはかればよいか。
(2) 波の周期をはかるときは，いつからいつまでの時間をはかればよいか。
→ 出題：27/4, 25/7, 24/7, 23/7, 21/2, 20/4, 19/7, 17/10

問題 49　気象及び海象の観測に関する次の問いに答えよ。
(1) 風浪の階級について：
　（ア）風浪のどのような状況を観測するか。
　（イ）（ア）の状況を，何という表に照合して階級を知るか。
(2) 雲量について：
　（ア）雲量はどのような方法で表すように決められているか。
　（イ）濃霧のため天空が全く見えないときの雲量は，どのように表すか。
→ 出題：23/4, 22/2, 19/2

問題 50　日本付近を通過する温帯低気圧に関する次の問いに答えよ。
(1) 主にどの付近で発生するか。2つあげよ。
(2) 地上天気図に示される温帯低気圧の1例を描き，次の（ア）〜（カ）を記入せよ。
　（ア）低気圧の中心　　（イ）等圧線　　（ウ）低気圧の進行方向
　（エ）寒冷前線　　（オ）温暖前線　　（カ）暖域
→ 出題：26/10, 25/2, 22/4, 20/7, 19/7, 18/2

問題 51　日本付近の温帯低気圧に伴う前線に関する次の問いに答えよ。
(1) 温暖前線の付近では，どのような雲が見られることが多いか。また，雨は一般にどのような降り方をするか。
(2) 寒冷前線が通過する場合，通過前と通過後では，風向はどのように変わるか。
→ 出題：27/4, 22/10, 21/7, 19/10

問題 52　日本付近に現れる次の (A)〜(C) の高気圧に関する下の問いに答えよ。
　(A) シベリア高気圧　　(B) オホーツク海高気圧　　(C) 小笠原高気圧
［問い］：(1) (A) が日本付近に強く張り出してきたときの日本付近の天候を述べよ。
(2) (C) が日本付近に張り出してきたときの日本付近の天候を述べよ。
(3) 寒冷な高気圧を選び，記号で記せ。
(4) 多湿な高気圧を選び，記号で記せ。

(5) 次の（ア）〜（ウ）の天気図型と関係のある高気圧をそれぞれ選び，記号で記せ．

(ア) 西高東低型　（イ）南高北低型　（ウ）梅雨型

→ 出題：25/7, 23/7, 21/4*, 19/10*

問題 53　小笠原高気圧に関する次の問いに答えよ．

(1) この高気圧の最盛期はいつ頃か．また，いつ頃衰え始めるか．

(2) 日本付近がこの高気圧に覆われる頃吹く季節風には，どのような特徴があるか．

(3) (2) の頃，日本付近はどのような天気が多いか．

→ 出題：27/2, 24/10, 21/7, 18/10

問題 54　日本付近に現れる次の（ア）〜（ウ）の気圧配置に関する下の問いに答えよ．

(ア) 西高東低型　（イ）南高北低型　（ウ）移動性高気圧型

［問い］：(1) (ア) 及び (ウ) は，それぞれ日本の四季のうちどの季節に多く現れるか．

(2) (ア) 及び (イ) の高気圧名をそれぞれ記せ．

(3) 等圧線の走る方向と気圧傾度（気圧の傾き）は，(ア) 及び (イ) ではどのように異なるか．

(4) (ア) のときの日本付近の天気を述べよ．

(5) (ウ) の高気圧は，どの方向から移動してくるか．

→ 出題：25/10, 22/7, 20/2, 19/2

問題 55　図 9.8 は，日本付近における地上天気図の 1 例を示す．次の問いに答えよ．

(1) (ア) 及び (イ) の前線名をそれぞれ記せ．

(2) A, B, C, D 及び E の各観測地点で：

(ア) 気圧の最も低い地点及びその地点の気圧を記せ．

(イ) 風力の最も強い地点及びその地点の風向と風力を記せ．

(ウ) C 地点及び E 地点の天気記号（日本式）は，それぞれ何を表しているか．

注：(2) の各観測地点とは，天気記号が描かれている場所を示す．

→ 出題：26/7, 24/7, 21/2, 18/4

問題 56　図 9.9 は，6 月から 7 月にかけて日本付近で多く見られる地上天気図の 1 例を略図で示したものである．次の問いに答えよ．

(1) このような気圧配置の時の天気図型は何型といわれるか．

(2) ア，イの高気圧の名称をそれぞれ述べよ．

(3) A, B 及び C の前線の名称をそれぞれ述べよ．

(4) 本州南方海上にある前線付近の北側と南側は，一般にそれぞれどのような天気か．

→ 出題：26/4, 24/4, 20/10

問題 57　図 9.10 は，日本付近における地上天気図の 1 例を示す．次の問いに答えよ．

(1) この天気図型が多く現れるのは，どの季節か．

(2) ア，イ及びウの前線名をそれぞれ記せ．

(3) A, B, C, D, E 及び F の各観測地点で：

(a) 気圧の最も低い地点及びその地点の気圧を記せ．

(b) 風力の最も強い地点及びその地点の風向と風力を記せ．

(4) アの 2 つの前線が通過した後の日本海北部の風の特徴を述べよ．

注：(3) の各観測地点とは，天気記号が描かれている場所を示す．

→ 出題：26/2，23/2，21/10，18/7

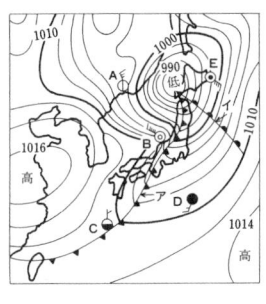

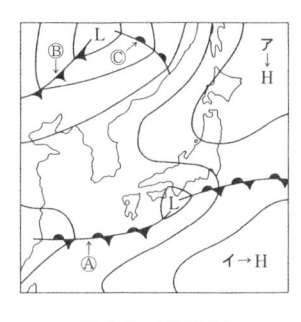

図 9.8　問題 55　　　　図 9.9　問題 56　　　　図 9.10　問題 57

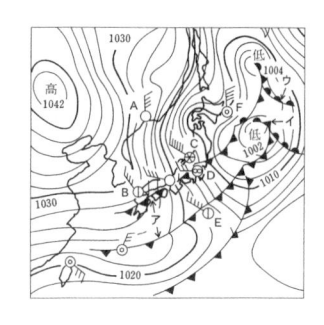

問題 58　日本付近の地上天気図を見て，風向・風力が記入されていない海域について次の (1) 及び (2) を予想する場合には，それぞれどのようなことを参考にすればよいか．

(1) 風向　　(2) 風力

→ 出題：26/2，22/10，17/10

問題 59　台風の眼においては，一般に風が弱まるが，一層の警戒を続けなければならない理由を述べよ．

→ 出題：27/4，25/7，23/7，21/7，20/10

問題 60　台風が衰弱して温帯低気圧になると，台風のどのような特徴がなくなるか．3つあげよ．

→ 出題：24/4，22/2，21/4，18/10

問題 61　日本付近に来襲する台風の右半円が危険半円である理由を述べよ．

→ 出題：25/4，23/2，21/10，20/2，18/7

問題 62　北半球の洋上で次の (1)～(3) の場合は，風浪をどの方向に受けて台風を避航すればよいか．また，避航中は，どのような危険に注意しなければならないか．それぞれについて述べよ．

(1) 台風の進路上にあり，左半円に移ろうとする場合

(2) 台風の右半円にあるが，右半円の圏外に避航できる見込みのある場合

(3) 台風の左半円にある場合

→ 出題：23/7，22/2，20/7，19/2

問題 63-1　図 9.11 は，台風が最もとおりやすい標準経路を月別平均で示したものである．次の問いに答えよ．

(1) 台風が平均的にこのような経路をとるのはなぜか．

(2) 10 月の標準経路は，ア～キのうちどれか．記号で示せ．

(3) 台風がカの経路をとる場合，秋田では風向はどのように変わるか．

→ 出題：24/2，22/10*，20/4*，19/4*

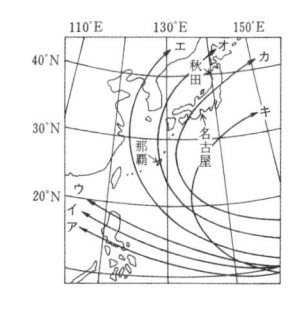

図 9.11　問題 63

問題 63-2　図 9.11 は，台風が最もとおりやすい標準経路を月別平均で示したものである．次の問いに答えよ．

(1) 8 月の標準経路は，ア～キのうちどれか．記号で示せ．

(2) 台風がカの経路をとる場合，名古屋では風向はどのように変わるか。

(3) 台風が平均的にこのような経路をとおるのはなぜか。

→ 出題：24/2, 22/10*, 20/4*, 19/4*

問題 63-3 図 9.11 は，台風が最もとおりやすい標準経路を月別平均で示したものである。次の問いに答えよ。

(1) 台風が平均的にこのような経路をとおるのはなぜか。

(2) 8月の標準経路は，ア～キのうちどれか。記号で示せ。

(3) 台風がオの経路をとる場合，那覇では風向はどのように変わるか。(台風中心は，那覇を通過するものとする。)

→ 出題：24/2, 22/10*, 20/4*, 19/4*, 17*10*

9.4 操船

問題 64 船の旋回圏に関する次の用語を図を描いて示せ。

(1) 旋回縦距　　(2) 最大横距　　(3) 最終旋回径　　(4) 旋回径

→ 出題：26/10, 24/7, 23/4, 22/7, 21/7, 21/2*, 19/7*

問題 65 固定ピッチプロペラの一軸右回り船が，機関を前進又は後進に使用した場合に関する次の問いに答えよ。

(1) プロペラの回転によって生じる水の流れを 2 つあげよ。

(2) 舵中央として停止中のこの船が機関を前進にかけると，(1) の水の各流れは，それぞれ船尾を左げん又は右げんのどちらへ偏向させるか。

(3) プロペラが回転する場合，上になった羽根と下になった羽根が受ける水の抵抗の差によって船尾を横方向へ押す力を何というか。

→ 出題：23/7, 22/7, 19/10, 18/7, 17/7

問題 66 停止中の固定ピッチプロペラの一軸右回り船を，できるだけまっすぐに後退させたい場合，機関と舵をどのように使用すればよいか。ただし，風潮の影響はないものとする。

→ 出題：24/7, 21/10, 19/2

問題 67 船底外板が汚れていると，操船上どのような影響があるか。3 つあげよ。

→ 出題：25/10, 25/2, 22/10, 20/2, 18/2

問題 68 操船上，適当な船尾トリムがよいといわれる理由を述べよ。

→ 出題：26/2, 24/4, 23/7, 22/4, 21/2

問題 69 図 9.12 は，右舷からの風潮流を受けて北方向へ航行している A 船，B 船及び C 船の航跡 (- - -) と船の体勢を示す略図である。次の問いに答えよ。

(1) A 船，B 船及び C 船は，それぞれどのような操舵法により航行しているか。次の (ア)～(ウ) から選べ。

(ア) コンパスの示度に針路を指定し，そのコンパスを見ながら操舵している。

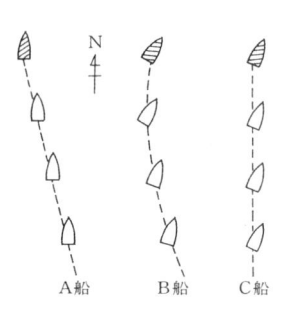

図 9.12　問題 69

(イ) 船の前方に適当な重視目標（トランジット）を選び，これを操舵目標として操舵している。
(ウ) 船の前方に適当な船首目標を選び，目標を常に正船首に見るように操舵している。
(2) C 船のとっている操舵法は，どのような場合に適するか。2 つあげよ。
→ 出題：26/4, 24/10, 23/2, 22/4, 20/7, 19/4

問題 70　操船に及ぼす潮流の影響について述べた次の文の（　）内にあてはまる語句を，下の枠内の（ア）〜（ク）から選び記号で答えよ。〔解答例：⑤-（ケ）〕

潮流を（①）から受けると，対地速力は大きくなるが，みかけのかじ効きは（②）なり，転舵して旋回するときの軌跡は，潮流の（③）方向にふくらむ。また，本流とワイ潮の境界や防波堤外側に沿う流れのある防波堤出入口付近を通過するとき，強い（④）作用を受ける。
（ア）船首　（イ）船尾　（ウ）緩やかな　（エ）保針　（オ）流れる　（カ）良く　（キ）回頭　（ク）悪く
→ 出題：24/2

問題 71　操船に及ぼす風浪の影響に関する次の問いに答えよ。
(1) 前進航走中に横風を受けている場合，船首は一般に風に対してどちら側に回頭するか。
(2) 荒天航行中，波との出会い周期と船の揺れ周期が一致するようになった場合どのような影響を受けるか。
→ 出題：27/2, 25/4, 23/10, 23/4

問題 72　他船と接近して，ほぼ平行に追い越すか又は行き会う場合，2 船間の間隔が <u>ある距離</u> 以内に入ると，相互作用によって危険に陥り衝突することがある。この作用に関する次の問いに答えよ。
(1) どのような危険な作用が働くか。2 つあげよ。
(2) 下線部分の「ある距離」とは，両船の長さを基準にすれば，一般にどのくらいか。
(3) この作用は，両船の速力がどのような場合に強く働くか。
→ 出題：26/7, 25/4, 23/10, 21/4, 19/7, 18/10

問題 73　荒天航行中の船は，針路，速力及び操舵について，一般にどのような注意をしなければならないか。4 つあげよ。
→ 出題：25/10, 24/7, 22/7, 21/4, 17/10

問題 74　荒天の洋上をバラスト状態（喫水の浅い状態）で航行する場合，次の (1) 及び (2) によってどのような危険を生じるか。
(1) 風　　(2) 波浪
→ 出題：19/7

問題 75　復原力の小さい船が，風浪の激しい洋上を航行する場合に関する次の問いに答えよ。
(1) 風浪を正横から受けると，どのような危険があるか。
(2) 速力の増減と針路のとり方については十分な注意が必要であるが，なぜか。
(3) 操舵については，どのような注意が必要か。
→ 出題：26/4, 25/2, 22/10, 21/2, 19/10, 18/7

問題 76　図 9.13 (a) 及び (b) のびょう泊法に関する次の問いに答えよ。
(1) (a) 及び (b) は，それぞれ何というびょう泊法か。
(2) (b) は，どのような場合に用いられるか。
→ 出題：25/4

問題 77　図 9.14 (a)～(c) のびょう泊法に関する次の問いに答えよ。
(1) (a)～(c) は，それぞれ何というびょう泊法か。
(2) (b) は，どのようなびょう地に適するか。
(3) (c) は，どのような場合に用いられるか。
→ 出題：21/7

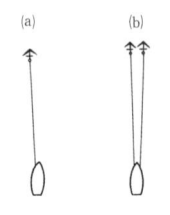

図 9.13　問題 76　　　　図 9.14　問題 77

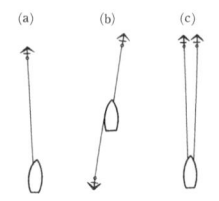

問題 78　びょう泊中の走びょうに関する次の問いに答えよ。
(1) 走びょうするのはどのような原因によるか。4 つあげよ。
(2) 自船の走びょうに気付いたときには，どのようにしなければならないか。
→ 出題：21/2, 20/2, 18/7, 17/10

問題 79　双びょう泊している船が，風潮によって 180° 振れ回り，両舷のびょう鎖がクロス（交差）状態になった場合，自力でこれを解くにはどのようにすればよいか。
→ 出題：25/7, 24/7, 20/7, 18/7

問題 80　びょう泊中，荒天となった場合，走びょうを防ぐために行われる次の (1)～(3) の各方法について，それぞれの利点を述べよ。
(1) 単びょう泊で，びょう鎖を長く伸ばしておく方法
(2) 一方のびょう鎖を長く伸ばし，他舷側に振れ止めいかりを投じておく方法
(3) 両舷のびょう鎖をほぼ同じ方向に同じ長さで伸ばしておく方法
→ 出題：27/2, 25/7, 23/10, 22/10, 21/4, 18/2

問題 81　単びょう泊に関する次の問いに答えよ。
(1) 左舷又は右舷のどちらのアンカーを使用するかは，次の (ア) 及び (イ) の場合，それぞれどのようなことを考慮して決めればよいか。
　（ア）風潮の影響のない場合　　（イ）片舷から風潮の影響を受けている場合
(2) 風潮が強い場合に投びょうするときは，一般にどのような注意をしなければならないか。
→ 出題：26/7, 25/2, 21/10, 19/2, 18/4

問題 82　単びょう泊中に風が強くなりびょう鎖を伸ばす場合には，どのようなことに注意しなければならないか。3 つあげよ。
→ 出題：26/4, 24/10, 23/2, 22/2, 19/10, 17/7

問題 83　荒天のため航走困難となり，びょう泊しようとする場合，びょう地の選定にあたりどのようなことに注意しなければならないか。6 つあげよ。
→ 出題：26/10, 24/10, 23/2, 20/4, 18/10

問題 84　両舷の船首いかりを用いてびょう泊する場合，びょう地の風や潮流等が次の (1)～(3) のような状況に対しては，どのようなびょう泊の形が最も適するか。それぞれについて略図で示せ。

(1) 風向はほとんど変わらないが，風力が強い。
(2) 風は弱いが，潮流があって流向が周期的に反転する。
(3) 風向が次第に時計回りに変わり，風力が強い。
→ 出題：27/4，26/2，24/2，20/2，19/4

問題85　図9.15に示すように横付け係留している固定ピッチプロペラの一軸右回り船（総トン数500トン）を離岸出港させる場合の操船法を述べよ。ただし，船尾方向からの風及び潮流があるものとする。
→ 出題：27/4，25/10，23/4，22/2，18/2

問題86　図9.16は，岸壁に横付け係留している固定ピッチプロペラの一軸右回り船を，1本の係船索だけを残して離岸させている状態（2例）を示す。次の問いに答えよ。
(1) 図(a)及び(b)では，係船索1本をどのように残しているか。それぞれ図を描いて記入せよ。
(2) 図(a)で，船をこのような姿勢にするには機関と舵をどのように使用すればよいか。
→ 出題：27/2，25/7，23/10，20/4

問題87　図9.17に示すように係留索によって岸壁に左舷横付け係留している固定ピッチプロペラの一軸右回り船（総トン数1500トン）を次の(1)及び(2)の場合に離岸出港させる操船法を述べよ。ただし，水深は操船に支障なく，タグ及びサイドスラスタは使用しないものとする。
(1) 風や潮流がないとき。
(2) 船首方向から弱い風と潮流を受けているとき。
→ 出題：26/10，24/4，20/10

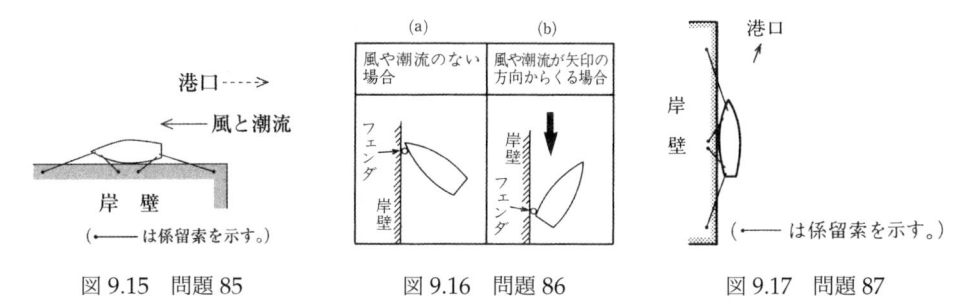

図9.15　問題85　　図9.16　問題86　　図9.17　問題87

問題88　港内航行時の操船に関する次の問いに答えよ。
(1) 速力は，一般にどのようにするのがよいか。
(2) 風潮流は，港内では一般にどのようなことにより判断するのがよいか。
→ 出題：22/10，21/7，19/10，18/4，17/7

問題89　潮差の大きい港の岸壁に横付け係留中は，船の安全上どのような注意をしなければならないか。4つあげよ。
→ 出題：27/4，26/7，25/4，23/7，20/4，19/4

問題90　日本近海を航行中の船が台風の接近を知った場合，避難港としては，どのような条件を備えた港を選べばよいか。4つあげよ。
→ 出題：26/2，24/4，22/4，21/7，18/2

問題91　曳航時における曳索について述べた次の文のうち，適当でないものはどれか。
(1) 曳索の長さは，その一部が常に水中に没する程度が適当であるが，荒天時は曳索の長さを縮め

たほうが安全である。
- (2) 曳索は，曳航用の鋼索と曳航される船のびょう鎖を結合して用いるのがよい。
- (3) 曳索の太さは，主として曳航速力や航行海面の風浪を考慮して決める。
- (4) 曳索は，曳船の船尾付近の構造物を大回しにして係止し，船体との接触部には木材などを当てる。
- → 出題：26/7, 24/2, 22/2, 20/7, 19/7, 17/7

問題 92 洋上で自船とほぼ同じ大きさの船を曳航する場合の，次の (1) 及び (2) について述べよ。
- (1) 曳索の長さ　　(2) 曳索の切断を防止するため注意しなければならない事項
- → 出題：26/4, 24/4, 23/2, 20/10, 18/10

9.5　貨物取扱い

問題 93 テークルに関する次の問いに答えよ。(図 9.18)
- (1) 図 A 及び B の各テークルの見掛けの倍力は，それぞれいくらか。
- (2) 図のようなテークルの実際の倍力（実倍力）は，見掛けの倍力の何割ぐらいになるか。また，それはなぜか。
- → 出題：27/4, 25/2, 22/7, 20/2, 18/10

問題 94-1　図 9.19 のように，ロープを通したテークルで W トンの貨物を上げようとする場合，見掛けの倍力は次のうちどれか。
- (1) 2 倍　　(2) 3 倍　　(3) 4 倍　　(4) 5 倍
- → 出題：26/10, 25/4, 22/4, 21/2

問題 94-2　図 9.19 のように，ロープを通したテークルで W トンの貨物を上げようとする場合について，次の問いに答えよ。
- (1) この場合の見かけの倍力はいくらか。
- (2) シーブ 1 枚につき 10％ の摩擦による力の損失があるものとすれば，この場合の実倍力はいくらか。
- → 出題：26/4, 24/10, 22/2, 18/2

問題 95-1　図 9.20 のように，ロープを通したテークルで W トンの貨物を上げようとする場合について，見かけの倍力は次のうちどれか。
- (1) 2 倍　　(2) 3 倍　　(3) 4 倍　　(4) 5 倍
- → 出題：25/10, 24/4, 21/4

問題 95-2　図 9.20 のように，ロープを通したテークルで W トンの貨物を上げようとする場合について，次の問いに答えよ。
- (1) この場合の見かけの倍力はいくらか。
- (2) シーブ 1 枚につき 10％ の摩擦による力の損失があるものとすれば，この場合の実倍力はいくらか。
- → 出題：26/7, 23/7, 20/7

問題 96　図 9.21 (1) 及び (2) のようなテークルの見かけの倍力は，それぞれいくらか。
- → 出題：21/7, 19/2

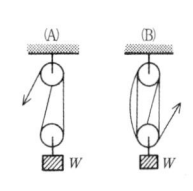

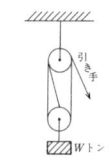

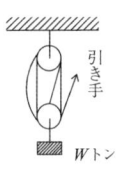

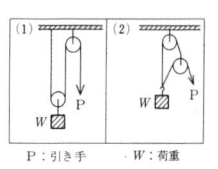

図 9.18　問題 93　　図 9.19　問題 94-1,-2　　図 9.20　問題 95-1,-2　　図 9.21　問題 96

問題 97　ラフテークルの見かけの倍力が 4 倍力であるものを図示せよ。
→ 出題：24/7, 21/10, 19/4, 18/4

問題 98　950 kg の貨物をつり上げようとする場合，直径 22 mm のナイロンロープ（係数 0.7）と直径 14 mm のワイヤロープ（係数 2.0）のうち，どちらのロープを使用すれば安全か。ただし，安全使用力は破断力の 1/6 とする。（強度を計算して答えること。）
→ 出題：27/2, 25/7*, 23/4*, 20/4*, 17/10*

問題 99　2.8 トンの貨物を安全使用力の限度を超えないでつり上げるには，直径何 mm 以上のワイヤロープを使用すればよいか。ただし，ワイヤロープは新品であって，係数は 2.0，安全使用力は破断力の 1/6 とする。
→ 出題：26/2, 23/10*, 19/7*

問題 100　直径 10 mm のワイヤロープ（係数 2.0）を使用して，0.5 トンの貨物を安全につり上げることができるかどうか，強度を計算して答えよ。ただし安全使用力は破断力の 1/6 とする。
→ 出題：22/10, 18/7*

問題 101　ナイロン索を係船索として使用するときの注意事項を 3 つあげよ。
→ 出題：26/2, 24/2, 20/10, 19/10

問題 102　船の安全保持のため，次の (1) 及び (2) に対しては，それぞれどのような事項に注意して貨物の積付けを行うか。
(1) 両舷の喫水及びトリム　　(2) 上甲板に積み付ける貨物
→ 出題：25/7, 24/2, 21/4, 20/4, 18/10, 18/4

問題 103　船が，重量物を次の (1) 及び (2) のように積載した場合，航行上どのような不利（又は危険）を生じるか。それぞれ 2 つずつ述べよ。
(1) 船首のほうに多く積載した場合　　(2) 船底に近いところに多く積載した場合
→ 出題：27/4, 24/10, 22/4, 21/7, 19/10, 18/2

問題 104　適度の復原力をもって出港した船が，航海中の復原力の減少をできるだけ防止するため，次の (1) 及び (2) については，それぞれどのような注意が必要か。
(1) 燃料油及び清水の消費　　(2) 甲板積み貨物
→ 出題：26/4, 23/2, 21/2, 19/7

問題 105　油タンカーが荷役を開始しようとする場合，非常用曳航ワイヤ（ファイヤ・ワイヤ）はどのような状態にしておかなければならないか。
→ 出題：26/7, 24/7, 23/4, 20/2, 18/4

問題 106　航行中，人が海中に落ちた場合，その直後に当直航海士がとらなければならない処置について述べよ。
→ 出題：25/4, 24/7, 23/4, 22/7, 19/7, 18/4

問題 107　船の浅瀬乗揚げ事故に関する次の問いに答えよ。
 (1) 浅瀬乗揚げ事故の原因として，一般にどのようなことが考えられるか。5つあげよ。
 (2) 乗り揚げた場合，直ちにどのようなことを調査する必要があるか。5つあげよ。
→ 出題：26/10, 25/10, 24/2, 22/10, 21/10, 19/4, 17/7

解答 1　(1) ①アッパーガジョン　②ロワーガジョン　③プロペラボス　④シューピース
　⑤ソールピース
 (2) つり合い舵

解答 2　(1) ①舷側厚板　②船側外板　③船底外板　④ビルジ外板
 (2) ①がいちばん厚い外板である。
 (3) 船体の横揺れの動揺を軽減し，船体の最も肥えた船体中央部に取り付けられる。

解答 3　（ア）船橋甲板　（イ）ボート甲板　（ウ）上甲板　（エ）船首楼甲板　（オ）船尾楼甲板
（カ）第二甲板

解答 4　(1) a：つり合い舵（平衡舵）　b：不つり合い舵（普通舵）　c：半つり合い舵（半平衡舵）
 (2) b：構造が簡単で丈夫である。
　　c：構造がつり合い舵に比較して簡単であり，操舵に要する力も小さい。

解答 5　(1) ①だ柱　②つぼ金（ガジョン）　③ボス　④ヒールピース　⑤シューピース
 (2) 不つり合い舵に採用される。

解答 6　(1) ①舵心材　②舵腕　③つぼ金（ガジョン）　④舵針（ラダーピントル）
　⑤ロッキングピントル
 (2) ラダーピントル④は上方に抜け，ロッキングピントル⑤は上方に抜けない。この構造により，舵板と舵柱材を振動などで容易に外れないように連結する役目を果たしている。

解答 7　一般配置図とは，船内設備の配置状態や各甲板の構造などを記載した図で，平面図と縦断面図で構成される。
　表示事項（3つ解答）：船橋，機関室，燃料タンク，水タンク，船員室，船倉，救命艇など

解答 8　(1) 外板は船体の外側を水密に包んで，船体に浮力を与えると共に，波浪による衝撃や水圧，その他の荷重に対して強度を有し，船体縦強度の大部分を受け持つ重要な縦強度材である。
 (2) （3つ解答）船底外板，ビルジ外板，船側外板，舷側厚板

解答 9　(1) 図 1.15 参照（172 ページ）
 (2) つり合い舵（平衡舵）は，舵面が舵の回転軸の前方にもあり，舵を上下2箇所で支えている舵で，操舵に要する馬力が小さくて済む。
 (3) 舵板の亀裂や凹みなど外観調査をする。舵を持ち上げた場合は，舵板，ピントル，ストック，カップリングおよび船尾材を検査する。

解答 10　● 船の長さのある箇所において，船体の縦強度の主力となる最上層の甲板をいう。
　● 上甲板が最上層甲板であるものは，上甲板。
　● 船楼甲板が最上層であるものは，船楼甲板。

解答 11　強力甲板の舷側に取り付けられている。

解答 12　（2つ解答）

- 船体の縦強度を受け持つ。
- 外板や甲板ビームなど他の部材と連結されて，船体の横強度を受け持つ。
- 船体の上面の水密を保ち，海水や雨水の船内への浸入を防ぐ。
- 隔壁甲板として水密隔壁と共に水密区画を形成する。
- 貨物や甲板機械を搭載する場所となる。
- 船楼甲板下の上甲板は居住区の床となる。

解答 13 （3つ解答）
- 船体の最前部に船首材が設けられていて波の衝撃に耐える強力構造がつくられている。
- 船首に水槽を設け波の衝撃や衝突のショックをやわらげている。
- 船首隔壁より前方にパンチングビームという強力構造が取り付けてある。
- 船首部の左右の外板は厚さを増しており，フレームの心距間隔を狭くして強力構造としてある。
- 船首部では両舷外板を結合して，船首材に固着補強するため三角形のブレストフックが取り付けてある。

解答 14 ①強度 ②ビーム ③コーミング ④ハッチカバー

解答 15 旅客または貨物運送を目的として使用する船舶内の目的場所の大きさを表すための指標。

解答 16 （3つ解答）
- 全長《船首の最先端から，船尾の最後端までの水平距離》
- 垂線間長《計画満載喫水線において，船首材の前面（船首垂線）から舵尾材の後面，または舵頭材の中心（船尾垂線）までの水平距離》
- 水線長《計画喫水線における最前端より最後端までの長さ》
- 登録長さ《上甲板の下面またはビーム上で船首材の前面から船尾材の後面まで測った長さ》

解答 17 全長：船首最先端から船尾最後端までの水平距離をいう。

解答 18 (1) 全長とは，船首最先端から船尾最後端までの水平距離をいう。
(2) 垂線間長：舵頭材（もしくは舵柱）の中心を通る船尾垂線（AP）から計画満載喫水線と船首材の前面（外板の外側）の交点を通る船首垂線（FP）までの水平距離をいう。《APとFPの中点を船体中央（Midship）という。》

解答 19 (4)　　**解答 20** (1)　　**解答 21** (2)

解答 22 (1) 錨鎖庫，燃料タンク，清水タンク，バラストタンク
(2) ● 本船一等航海士と造船所担当技師が閉鎖を確認する。
　　● 閉鎖した船底栓がセメントで固めてあるか確認する。

解答 23 (1) ● 各リンクの磨耗，ひび割れおよびスタッドの緩み。
　　● ジョイニングシャックルの緩み。
　　● 各節錨鎖の状況を見て振替えを考慮する。
(2) 錨鎖を全部，渠底に出した後，庫内清掃，さび打ち手入れをし，さび止め塗料を塗り，さらに全体にピッチ系塗料（ソリューション）を塗る。
(3) ● 酸素濃度を測定し，酸欠事故防止に努める。
　　● 確実にガスフリーが行われていることを確認する。
　　● 単独でタンク内には入らず，必ず複数で入る。
　　● タンク内に入っていることをわかるように入り口には名札などの印を明示しておく。

解答 24 (1) ● 消火器を配置する。
　　● 陸上の消火栓に消火ホースをつないで船内に引いておく。
　　● 喫煙場所を指定する。
　(2) ● 船室，倉庫などの施錠を確実に行う。
　　● 使用していない出入り口は施錠する。
　　● 当直員を配置する。

解答 25 (1) 船首部は波の衝撃作用のため，内部ブラケットに亀裂が入ることがあるため。
　(2) 船尾部は振動があり，外板の亀裂などが発生しやすいため。

解答 26 (1) 3 号船底塗料（B/T 塗料）　(2) 2 号船底塗料（A/C 塗料）
　(3) 1 号船底塗料（A/C 塗料）

解答 27 （3 つ解答）
　● 水線部付近の乾湿相互作用が多い場所
　● バラストタンクの乾湿相互作用が多い上部
　● 海水やビルジの溜まる場所
　● 錨鎖庫のように湿気が多く通風の悪い場所

解答 28 乾舷とは，船の長さの中央において上甲板の船側の上面から満載喫水線までの垂直距離をいう。乾舷を保つ必要性は，上甲板への海水の打込みを防止し，適切な浮力と復原力を保持し，耐航性を確保することにある。

解答 29 ①乾舷　②甲板線　③ 2.5　④上端

解答 30 復原力が小さ過ぎると転覆のおそれを生じ，復原力が大き過ぎると動揺周期が短くなり積載物の荷崩れなどからバランスの悪化や船体への損傷が発生する。

解答 31 横揺れ周期は片舷に一杯傾いたときから，再度その舷に一杯に傾いたときまでをいう。この周期を 2, 3 回測定して平均をとり，それを横揺れ周期とする。
　船幅を B，横メタセンタ高さを GM とすると，周期は $T = 0.8B/\sqrt{GM}$ [s] で表される。つまり，GM が大きいほど周期は短くなる。

解答 32 (2)

解答 33 (1) 安定：G は M の下方にある。中立：G は M と同一位置にある。不安定：G は M の上方にある。
　(2) 安定：復原力が働くため，傾きは減少する。中立：復原力が働かないため，その傾きを維持する。不安定：復原力が負なので，傾きはより大きくなる。

解答 34 図 3.5 参照（212 ページ）

解答 35 （6 つ解答）
　〔航路，他船や物標に関する事項〕
　　● 他船が接近して衝突の危険を感じたとき。
　　● 針路上に漁船などが密集しており，予定針路での航行が困難と思われるとき。
　　● 針路上またはその付近に遭難船や浮流物などの障害物を発見したとき。
　　● 針路や船位に不安を感じたとき。
　　● 報告を指示された陸地，灯台などを認めたとき。
　　● 報告を指示された地点に達したとき。

〔気象海象に関する事項〕
- 霧，雨，雪などで視界が不良となったとき。
- 天候が急激に変化したとき。
- 強い潮流や海流を観測したとき。

〔本船に関する事項〕
- 操舵装置や航海計器に故障が発生したとき。
- 船体や機関に異常な状態が発生したとき。
- 火災や浸水などの事故が発生したとき。

解答 36 （3つ解答）
- 見張りを厳重に行う。目視，レーダー，AISなどあらゆる手段で実施する。
- 航海灯に注意する。漁船などは小さいのでレーダーには映らないことが多い。
- 航海灯およびその船の方位を測定して，他船の動静，船種，船型，針路など見合い関係を判断する。
- レーダープロッティングを行い，他船の動静を判断する。
- 衝突のおそれがあると判断した場合は，海上衝突予防法に規定する信号を発する。
- 見張りを有効に実施できるように，海図室の照明はできるだけ暗くし，自船の外に光が漏れないようにする。また，信号などや汽笛が正常であること，VHF国際電話が通話に適した状態になっていることの確認も忘れてはならない。

解答 37 直射日光で陸は海より温まりやすく冷めやすい。これによって昼は陸上，夜は海上で上昇気流が発生し，昼に海風，夜に陸風，その中間で朝凪，夕凪となる。《一般に安定した高気圧下の晴天日によく見られる。》

解答 38 大気の不安定に伴い積乱雲が発生し強い上昇気流が発生したり，大気の温度が急激に低下し強い下降気流が発生したり，地形などにより風が吹き抜けるようなときに，いままで吹いていた風より突然強い風となるのが突風である。概ね，最大瞬間風速が平均風速の1.5倍以上になった場合の風が，瞬時に吹く強い風とされている。突風となるものには，ダウンバースト（下降気流の一種），上昇気流，乱気流，竜巻，塵旋風（じんせんぷう）がある。

突風の前兆として，次がある（2つ解答）。
- 積乱雲の発生が活発なとき
- 気温が急激に降下するとき
- 寒冷前線が接近するとき
- しゅう雨性の雨が断続して降るとき

解答 39 (1) 3月初旬
(2) 西高東低の冬型の気圧配置がゆるみ，日本海に発達した低気圧が発生した場合

解答 40 (1) 移流霧　(2) 蒸気霧

解答 41 (1) シベリア高気圧　(2) 移動性高気圧　(3) 小笠原高気圧およびオホーツク海高気圧

解答 42 (1) 一定の距離における気圧の差をいう。
(2) （ア）等圧線の間隔が狭まると気圧傾度は大きくなる。
　　（イ）気圧傾度が大きいと風は強く，小さければ風は弱い。

解答 43 (2)

解答 44　(1) 図 9.22 の閉塞前線

(2) 温帯低気圧の末期，その中心付近で寒冷前線が温暖前線に追いついた状態の前線で，低気圧の中心の西寒気団，東寒気団および南暖気団の 3 気団関係となり暖気団を上空に押し上げる。東西寒気団の優劣で寒冷型と温暖型に区別される。

解答 45　(1) 停滞前線　(2) 6 月頃および 10 月頃

(3) 北側に低温・高湿のオホーツク海高気圧，南に高温・高湿の小笠原高気圧のそれぞれの気団が平衡して停滞するため。

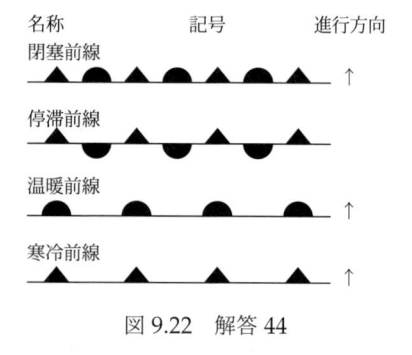

名称	記号	進行方向
閉塞前線	▲●▲●▲●	↑
停滞前線	▲●▲●▲●	
温暖前線	●●●●●●	↑
寒冷前線	▲▲▲▲▲▲	↑

図 9.22　解答 44

解答 46　船の針路・速力ベクトルを $\vec{V}$，相対風向・風速ベクトルを $\vec{w}$，真風向・風速ベクトルを $\vec{W}$ とすると，次の関係が成り立つ。ジャイロコンパスおよび船速計で $\vec{V}$ を，風向・風速計で $\vec{w}$ を測定することによって，$\vec{W}$ を算出する。《図 4.42（240 ページ）参照》

$$W = w + V$$

解答 47　(1) 巻層雲：ベール状の白味がかった薄い雲で，すじのあることも，すじがなく一様に見えることもある。この雲は，空の一部を覆ったり，全天に広がったりする。

(2) 層雲：雲底の高さがほぼ一様な灰色の雲層である。この雲を通して太陽が見えるときは，その輪郭がはっきりしている。ときにはほつれちぎれ雲となることがある。この雲は普通，水滴でできている。しかし，非常に低温のときには，微小な氷の粒が含まれていることがあり，ごくまれに，太陽や月のかさが現れることがある。

(3) 乱層雲：むらの少ない暗灰色の層状雲で全天を覆う。乱層雲の下には低い暗色のちぎれ雲のあることが多い。降雨をもたらす。

(4) 積乱雲：垂直に著しく発達した雲で，上部は対流圏上部に達し，かなとこ状に広がっていることが多い。雲底はほぼ水平である。激しい降雨をもたらす。

(5) 巻雲：「すじぐも」とも呼ばれ，高度 6000 m 以上に現れる絹のような薄い白雲で，羽毛や針のような形をしたものが多い。

(6) 積雲：垂直に発達する雲で高度 500～1000 m に現れる白色濃密な団塊状の雲で，上面は丸みを帯び，底部は水平となっている。

解答 48　(1) 波の山から谷までの垂直距離を測る。

(2) 波の山（または谷）が 1 地点を通過してから，次の波の山（または谷）がその点を通過するまでの時間を測る。

解答 49　(1)（ア）進行方向，周期，波高，波長，進行速度　（イ）気象庁風浪階級表

(2)（ア）雲量は，全天と雲に覆われた部分の比よって 0～10 の階級で表す。いくつかの種類の雲がある場合，それらすべての雲で覆われた部分を全雲量といい，全天と全雲量の比により雲量を算出する。

（イ）霧を雲とみなし雲量を 10 とする。

解答 50　(1)（2つ解答）
　　　中国大陸南部（揚子江流域）
　　　中国大陸北部（バイカル湖付近）
　　　台湾付近（東シナ海）
　(2) 図 9.23

解答 51　(1) 雲は巻雲，巻層雲，高層雲，乱層雲の順に現れる。雨は，しとしとした持続性の地雨が降る。
　(2) 通過前は南西の風が吹き，通過後は西から北西に急変する。

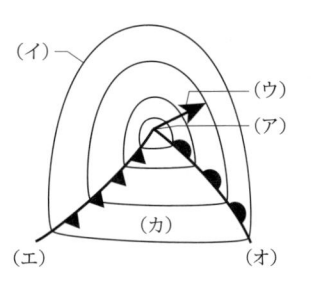

図 9.23　解答 50

解答 52　(1) 北西の季節風が強吹し 2～3 日続く。低気圧は 7 日ぐらいの周期で東に進み，三寒四温の天候をもたらす。日本海側では吹雪や冷雨に見舞われ，太平洋側では乾燥した強風が吹き晴天が多い。
　(2) 風向は南～南東，風力は 2～3 程度で，湿度が高く高温である。
　(3) (A), (B)　　(4) (B), (C)　　(5)（ア）: (A),（イ）: (C),（ウ）: (B) (C)

解答 53　(1) 夏（7 月中旬から 8 月一杯）に最盛期を迎え，秋（9 月初め）に衰え始める。
　(2) 風向は南～南東，風力は 2～3 程度で，湿度が高く高温である。
　(3) 気温および湿度が高く，蒸し暑い晴天となる。

解答 54　(1)（ア）冬季　　（ウ）春季と秋季
　(2)（ア）シベリア高気圧　　（イ）小笠原高気圧（北太平洋高気圧）
　(3)（ア）等圧線は南北方向となり気圧傾度は大きい。
　　　（イ）等圧線は東西方向となり気圧傾度は小さい。
　(4) 北西の季節風が 2～3 日強吹する。低気圧は約 7 日の周期で東に進み，三寒四温の天候をもたらす。日本海側では吹雪や冷雨に見舞われ，太平洋側では乾燥した強風が吹き晴天が多い。
　(5) 中国大陸（アジア大陸）南部，揚子江付近

解答 55　(1)（ア）寒冷前線　　（イ）温暖前線
　(2)（ア）E : 998 hPa　　（イ）B : WNW 6　　（ウ）C : 雷，E : 霧《A : 晴れ，B : 曇り，D : 雨》

解答 56　(1) 梅雨型　　(2) ア：オホーツク海高気圧　　イ：小笠原高気圧
　(3) A：停滞前線　　B：寒冷前線　　C：温暖前線
　(4) 北側：雲に覆われ天気が悪く，地雨が降る。気温は低い。南側：好天で，気温は高い。

解答 57　(1) 冬季（西高東低）　　(2) ア：寒冷前線　　イ：閉塞前線　　ウ：温暖前線
　(3) (a) F : 1010 hPa　　(b) C : NW 6
　(4) 後ろ側の寒冷前線が通過した後，急に突風性の北寄りの風が吹く。

解答 58　(1) 風向は低圧部を左に見て等圧線に対して約 15～30° の角度で反時計回りに吹き込む（高圧部を右に見て等圧線に対して約 15～30° の角度で時計回りに吹き出す）ので，等圧線の走る向きから風向を予想する。
　(2) 風力は等圧線の間隔が狭いほど強く吹くので，風力の記入されている地点の等圧線の間隔から予想する。

解答 59　台風の眼のなかでは風が弱く青空が見えることがあるが，その周囲は強風域・高波高域である。したがって，眼が通り過ぎると再び強風域に入り，眼に入る前とは反対の風向に急変す

ることになる。

解答 60　（3つ解答）
- 台風の等圧線の形状は円形であるが，その形が崩れる。
- 台風の構造はほぼ左右対称であるが，その対称が崩れる。
- 台風の眼がなくなる。　　● 寒気の流入によって，構成気団との間に前線ができる。
- 中心気圧が上昇する。　　● 風が弱くなる。

解答 61　台風が移動することにより，右半円では移動による風と中心に吹き込む風が重なって風速は大きくなり，左半円では逆に小さくなる。このため，右半円は危険半円（左半円は可航半円）とも呼ばれている。

解答 62　(1) 風浪を右舷船尾2～3点に受けて順走する。
〔注意事項〕波浪が大きく，船尾から波浪が打ち込み，甲板上の機器類を損傷させたり，遊動水となって復原力を減少させる。船首が波浪で急激に回頭させられ波浪を横から受けるようになり，転覆するおそれがある。波浪の山や峰に乗り保針が困難である。

(2) 風浪を船首右舷2～3点に受けて避航する。
〔注意事項〕波浪の衝撃で船首や船底を損傷するおそれがある。波浪による船体の上下運動が激しく，プロペラがレーシングを起こし機関が損傷するおそれがある。船首から海水が甲板上に打ち込み，機器類を損傷させたり，遊動水となって復原力を減少させる。

(3) 風浪を右舷船尾2～3点に受けて順走する。
〔注意事項〕船尾からの追い波により海水が甲板上に打ち上げ，機器類を損傷させたり，遊動水となって復原力を減少させる。波浪を船尾から受けるため，保針が困難となり船体が旋回させられて横波を受け，転覆するおそれがある。

解答 63-1　(1) 台風は小笠原高気圧（太平洋高気圧）の周りに沿って進行するので，季節による小笠原高気圧の日本近海への張り出し方によって，その進路が変わる。

(2) キ

(3) 秋田に接近すると東寄りの風がだんだん強くなり，台風の中心が秋田の南方を通過するので，風は北東から北へと反時計回りに変転し，やがて秋田の東方へ台風が去ると北西風となり，風も弱まってくる。

解答 63-2　(1) オ

(2) 名古屋付近では，台風の影響は30°N付近に台風が北上したころから現れ始め，北東風が吹き，四国沖に接近すると東風，四国から紀伊半島に接近すると南東風，紀伊半島に上陸して名古屋の北方を通過するにつれ時計回りに南風から南西風となり，通過後は西風となる。

(3) 台風は小笠原高気圧（太平洋高気圧）の周りに沿って進行するので，季節による小笠原高気圧の日本近海への張り出し方によって，その進路が変わる。

解答 63-3　(1) 台風は小笠原高気圧（太平洋高気圧）の周りに沿って進行するので，季節による小笠原高気圧の日本近海への張り出し方によって，その進路が変わる。

(2) オ

(3) 台風が那覇に接近すると北東の風がどんどん強くなり，風向がほとんど変わらないで台風の中心が接近する。中心が那覇に達すると，台風の眼のなかに入り，風がいったん弱くなり晴れ間が見えたりする。眼が通過すると南西の強風に変わり，台風が遠ざかるにつれ風速は弱まる。

解答 64　図 5.2 (242 ページ)

解答 65　(1) 放出流, 吸入流

(2) 放出流：船尾を左に偏向させる。吸入流：船尾の偏向には影響しない。　　(3) 横圧力

解答 66　固定ピッチプロペラ 1 軸右回り船は後進時, 船首を右 (船尾を左) に振る傾向がある。したがって, 舵を右 35° として微速後進を発令し, 後進速力に注意しながら後進する。後進行脚が付いたら徐々に舵効きが良くなり, しだいにまっすぐに後進を始めるので, そのような状態になったら舵を徐々に中央に戻す。後進速力と舵角の割合を見ながら, 後進を継続する。

解答 67　(3 つ解答)
- 船底が汚れていると船体の摩擦抵抗が増加する。
- 同じ機関出力であっても, 速力が落ちる。
- 舵効きが悪くなる。
- 最短停止距離が短くなる。

解答 68
- 推進器が適切な水深になることによって, 推進効率が良くなり速力を確保できる。
- 舵が適切な水深になることによって, 舵効きが良く, 保針に有効である。
- 船首における凌波性が良くなる。
- 荒天時, 船首部甲板への海水の浸入や推進器の空転を防止することができる。

解答 69　(1) A 船：(ア)　B 船：(ウ)　C 船：(イ)

(2) C 船の操船法 (重視線の利用) の特徴は, ある針路線 (重視線) 上を航行することである。したがって, 次の場合に有利である (2 つ解答)。
- 風潮流のある港口で入港針路から外れないように航行する場合
- 狭い水道や険礁の多い水域を航行する場合
- 錨地に正確に投錨する場合
- コンパスの誤差があり, コンパスの指示に不安定がある場合

解答 70　①-(イ)　②-(ク)　③-(オ)　④-(キ)

解答 71　(1) 船首は風上に切り上がる。

(2)
- 縦揺れ, 横揺れとも通常より大きくなる。
- 縦揺れが同調すると激しいピッチングを起こし, 船首船底部を強く波に打ち付けたり, プロペラの空転が激しくなる。
- 横揺れが同調すると大きく傾き, 荷崩れを起こす危険が発生するなどの状況が発生する。

解答 72　(1) 2 船間に吸引作用と反発作用が働く。吸引作用は 2 船が平行に並んだとき最も強く働き, 反発作用は 2 船の船尾と船首が接近したとき強く働く。

(2) 2 船の船長の和の 1/2 程度に接近すると相互作用が強く働く。

(3) これらの作用の大きさは両船の速力の大きさに比例する。

《2 船間の相互作用は 2 船が反航するときよりも, 同航する場合のほうが著しく現れる。》

解答 73
- 船首から左右 2〜3 点に波を受けるように針路を設定し, 波がまともに船首に当たるのを防ぐ。
- 船首から波を受ける場合, 波の衝撃を和らげるため減速する。
- 船尾から波を受ける場合, 船体が波の頂部に乗る時間が長くなり, 復原性が減少する場合がある。このようなときには減速する。

● 大舵角の操舵を避け，小舵角の操舵とする。転針する際は，海面の状況を考慮し比較的波浪の小さい時期に小刻みに行う。

解答 74 (1) 風を横から受けると船体が風下に流され，保針が困難となる。
　　　　　風を前方から受けると風圧により速力が減少する。
(2) 波浪を横から受けると動揺が大きくなり，荷崩れを生じるなどして横傾斜が大きくなって転覆の危険を生じる。
　　波浪を前方から受けると船首への衝撃が大きくなって船首部を破損するおそれがある。また，上下動が大きくなって速力が激減し，保針が困難となる。
　　波浪を船尾から受けると船尾の上下動が大きくなり，プロペラが空転して軸系が損傷する危険を生じるだけでなく，舵効きが悪くなって保針が困難となる。

解答 75 (1) 船体の復原力が小さいため，正横から大波を受けると転覆する危険性がある。また，復原力が小さいため大傾斜になり，荷崩れを起こしやすくなる。これらを避けるため，波の横力を考慮した針路に変更するなどの対策が必要である。
(2) 速力の増減：速力が大きいほど波浪の衝撃は強く，船体の動揺が大きくなる。適宜減速してその衝撃を和らげる必要がある。
　　針路：波に直角な針路では波の衝撃が大きく船首外板が損傷する危険性がある。また，波を横から受けると，激しい動揺や転覆の危険を招く。したがって，波浪を船首斜め方向から受ける針路とする。
(3) 大舵角操舵を避け，舵効を発揮する最小舵角で操舵することを基本とする。大舵角操舵をすると，舵による遠心力と横波が加わり，船体の復原力を超え転覆の危険性がある。また，波浪の小さいときを狙って転舵変針する。

解答 76 (1) (a) 単錨泊　(b) 2錨泊
(2) 2錨泊はほぼ一定の方向からの風波が非常に強く，走錨の危険がある場合に用いられる。両舷の錨および錨鎖により把駐力を2倍にする。

解答 77 (1) (a) 単錨泊法　(b) 双錨泊法　(c) 2錨泊法
(2) 泊地が狭い場所での錨泊に適する。とくに上げ潮流と下げ潮流による潮流の変化がある場所での錨泊に最適である。
(3) 風向や潮流があまり変化しないで，強風が吹く場所の錨泊に適当である。

解答 78 (1)（4つ解答）
  ● 錨鎖の伸ばし方が少ないとき
  ● 錨かきが悪いとき
  ● 底質が悪いため十分な把駐力が得られないとき
  ● 風浪など外力の影響が予想以上に大きいとき
  ● 絡み錨となったとき
(2) ● 船長に直ちに報告する。
  ● 揚錨するか，他舷錨を投下するか，伸ばすかして走錨を食い止める。これらの判断は，そのときの走錨の程度，風浪の状況，周囲の状況に応じて考えなければならない。
  ● 上記が困難であれば，捨錨して出港する。機関を前進としていても，捨錨したとたん船首が風浪に落とされ操船の自由を失うことがあるので，捨錨の時機に十分配慮する。

- 付近の錨泊船に対して，国際 VHF 電話や注意喚起信号で走錨を知らせる。

解答 79 張力のかかっている錨鎖が上になっていれば，それを伸ばし，張力のかかっていない下の錨鎖を巻き縮め，最後に巻き揚げてクロスを解く。

張力のかかっている錨鎖が下になっていれば，両舷の錨鎖の緩みを取り，機関と舵を使用してクロスを解く方向に船体を回頭させてクロスを解く。また，大型船ではスラスターやタグボートの支援を受けながら，船体を回頭させてクロス状態を解く。

解答 80 (1) 風向の変化に対し，機敏に対応できる。

状況によって振れ止め錨を使用することができる。

揚錨が容易なので，緊急時迅速に対応できる。

(2) 振れ止め錨により，振れ回りを小さく抑えることができる。

風向の変化に対しても，比較的機敏に対応できる。

風力が強くなった場合，2 錨泊への移行が容易である。

(3) 他の錨泊法に比べて把駐力が最も大きい。

解答 81 (1) (ア) 風潮流の影響がない場合は，両舷の錨の摩耗が同程度になるように交互に使用する。

(イ) 風潮流を受けている側の錨を使用する。風潮流を受けている側の錨を使用することによって，伸出する錨鎖の船側や船底との接触を防ぐことができる。

(2) 錨が確実に海底をかく必要がある。したがって，投錨した錨が船体の動きによって，海底から抜けてしまわないように操船する必要がある。

- 錨地が十分に広ければ，船首を風潮流に立てて錨地に接近し，風潮流の影響を最小限にする。
- 投錨時は速力が落ちているので，船体は風潮流の影響を大きく受ける。したがって，投錨後，錨鎖数節を一気に伸出し，錨が船体に引かれて海底から抜けてしまわないようにする。
- 過度な機関後進を避ける。風潮流が強いので風潮流にまかせて後進させ，機関後進を使用しないことも考えられる。
- 錨鎖進出中，錨鎖をあまり緊張させないようにし，所定伸出量に近づいたら徐々にブレーキをかけ後進速力を減じる。
- 後進行脚が速過ぎる場合は，機関を前進に使い後進行脚を減ずる。

解答 82 ● 錨鎖に力のかかっていないとき（緩んだとき）に伸ばす。
- 錨鎖に常時力がかかっている場合（緩みがない場合）は，揚錨機を使用してウォークバックする。
- 他船に接近することとならないように，伸出する長さに注意する。

解答 83 （6 つ解答）
- 風浪やうねりを遮る地形であること。
- 航路標識や顕著な物標があり，進入しやすいこと。
- 本船の喫水に対して，水深が適当であること。
- 底質が良く錨かきが良いこと。
- 暗礁や浅瀬が付近にないこと。
- 錨地として適当な広さがあること。
- 潮流の影響があまりないこと。

解答 84　図 5.32（262 ページ）

(1) 2 錨泊が適当である。　　(2) 双錨泊が適当である。

(3) 右舷錨を振れ止めとする。《風が反時計回りに変化するときは，左舷錨を振れ止めとする。》

解答 85　図 9.24

　　離岸準備として，右舷錨をスタンバイ状態とし，船首に防舷材などを準備する。フォワードスプリングを残し，それ以外は全部放つ。

(a)(b) 左舷一杯に舵をとり，微速前進とし，船尾が離れるのを待つ。このとき左回頭して船首は岸壁に近づくので防舷材を当てる。また，フォワードスプリングに過度の張力がかからないよう機関出力に十分に注意する。

(c) 船尾が十分離れたら，舵を中央として機関後進を発動する。フォワードスプリングが緩んだら，放つ。

(d) 潮を左舷に受けながら後進の発停を繰り返し，船体を岸壁から離す。

(e) 舵を右一杯・機関中速として回頭し，港口に向かう。

解答 86　図 9.25

(1) (a) フォワードスプリングを残す。　　(b) アフトスプリングを残す。

(2) 左舷一杯に舵をとり，微速前進とする。

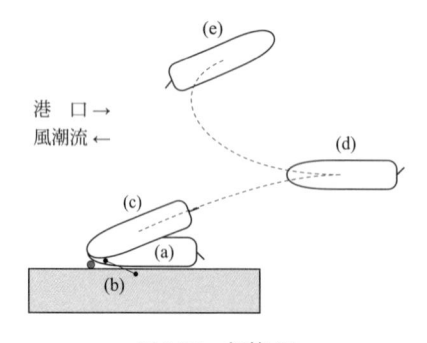

図 9.24　解答 85

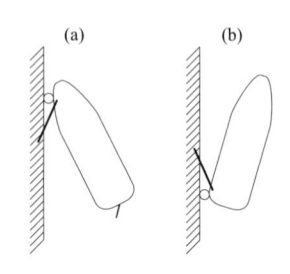

図 9.25　解答 86

解答 87　図 9.26

(1) 風や潮流がないとき

　(a) 右舷錨をスタンバイ状態とする。フォワードスプリングを残し，他をすべて放す。船首部で岸壁と接触する部分に防舷材などを入れる。

　(b) フォワードスプリングを張ったままで，舵を左舵一杯，機関を微速前進とする。船尾が離れたら，舵を右舵一杯，機関を微速後進とし，フォワードスプリングを放す。

　(c) 船体が十分離れたところで機関停止。

　(d) その後は機関と舵を適当に使用して港口に向かう。

(2) 船首方向から弱い風と潮流を受けているとき

　(a) 右舷錨をスタンバイ状態とし，船尾部で岸壁と接触する部分に防舷材を用意する。アフトスプリングを残し，他をすべて放す。

(b) アフトスプリングをゆっくり巻くと，風または潮流は岸壁と船体の間に入り，船首が離れる．20〜30°角度が付いたら，プロペラに十分注意して微速前進，アフトスプリングを放す．

(c) 船体が岸壁から十分離れてから機関と舵を適当に使用して港口に向かう．

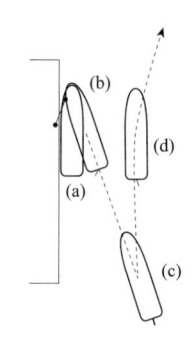

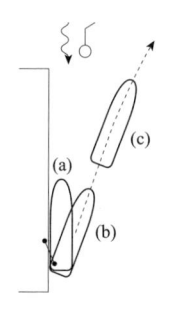

(1) 風や潮流がないとき　　(2) 船首方向から弱い風と潮流を受けているとき

図 9.26　解答 87

解答 88　(1) 港内は航行水域が狭く，他の船舶も多く存在しているので，一般に舵の効く程度に減速して航行するのがよい．

(2) 潮流は，錨泊船の船首方向または浮標の傾き具合によって，また，舵の効き具合や船の流される状況で判断する．ドップラーソナーなどの航海計器を使用する．風向は，煙突などの煙りの流れる方向や波の立ち方および旗などのはためき方で判断する．

解答 89　（4つ解答）
- 係留索の張り具合を潮の干満に応じて調整する．
- 舷梯の角度が急になる場合には，舷梯を架け替える．舷梯が岸壁よりも下になる場合には，ワーフラダーを使用する．
- 潮差が非常に大きい場合は，船体と岸壁の間にポンツーンを入れたほうがよい．
- 低潮時を考慮し積載する．
- 船体の上下動が大きいので十分にフェンダーを当てて岸壁との接触による外板の損傷を防止する．
- 舷が低くなることにより部外者が侵入しやすくなるので，これに注意する．
- 船体の舷外に出ている突起物の岸壁との接触による損傷に注意する．

解答 90　（4つ解答）
- 水深が自船の喫水からみて適当であること．
- 強風や波浪の進入に対して遮閉されていること．
- 入出港に障害となる物がなく，安全な泊地として十分な水域があること．
- 底質が錨泊に適していること．
- 台風の進路から外れていること．
- 台風から十分に距離があり，できれば目的港寄りの港であること．

解答 91　(1)《荒天時には突風や波浪の影響により曳索に過度の張力がかからないよう，曳索は長くし，曳索に急激な張力を与えないようにしなければならない．》

解答 92　(1) 曳索が長いほど被曳航船の振れ回りが大きくなり，その船首が大きく振れたときに曳索に大きな衝撃が加わる。また，曳索が短いと曳航中ピッチングなどのため大きな衝撃が加わり切断のおそれがある。したがって，曳航速力，海面の状態などを総合的に考慮して，曳索の中央部が水面に出ない程度の長さにする。《式 (7.2) 参照（289 ページ）》

(2) ● 曳索が船体と擦れ合う箇所には帆布などを巻き付け，グリスを塗るなど摩擦防止対策を施す。
 ● 曳航開始時，曳索が自船のプロペラに絡まないように操船する。
 ● 曳索に急激な張力がかからないように，曳航開始時の急激な発進や大角度の回頭を避ける。
 ● 曳航中の大きな増減速や大角度変針を避ける。
 ● 荒天になった場合は減速し，曳索を伸ばすなどして無理な張力がかからないよう注意する。

解答 93　(1) (A) 2 倍　　(B) 5 倍

(2) 見かけの倍力を n，シーブ数を m とすると，実倍力 N は次式で表され，$N < n$ となる。この原因は，シーブと通索との摩擦，シーブとピンとの摩擦，シーブとシェルとの摩擦が考えられる。

$$N = \frac{10n}{10 + m}$$

(A), (B) の実倍力 N_A, N_B と割合を求める。

$$N_A = \frac{10 \times 2}{10 + 2} = 1.7 \quad \therefore \frac{N_A}{N} = \frac{1.7}{2} \simeq 0.83$$
$$N_B = \frac{10 \times 5}{10 + 4} = 3.6 \quad \therefore \frac{N_B}{N} = \frac{3.6}{5} \simeq 0.71$$

解答 94-1　(2)

解答 94-2　(1) 3 倍

(2) 題意からシーブ 1 枚に付き 10％ 加重が増加する。したがって，テークルの見かけの倍力を n，シーブ数を m とすると，実倍力 N は次式によって表される。

$$N = n \frac{1}{1 + 0.1m} = \frac{10n}{10 + m}$$

問題のガンテークルでは，$n = 3$, $m = 3$ であるから，実倍力は

$$N = \frac{10 \times 3}{10 + 3} = 2.31$$

解答 95-1　(4)

解答 95-2　(1) 5 倍

(2) 見かけの倍力は $n = 5$, シーブ数は $m = 4$ であるから，実倍力 N は

$$N = \frac{10n}{10 + m} = \frac{10 \times 5}{10 + 4} = 3.57$$

解答 96　(1) 2 倍力　　(2) 3 倍力

解答 97　図 6.10 の右図（271 ページ）

解答 98　それぞれのロープの安全使用力を求める。

ロープの径を D [mm]，ロープの係数を k とすると，ロープの安全使用力 W [t] は次式で表すことができる。

$$W = \frac{k}{6}\left(\frac{D}{8}\right)^2$$

ナイロンロープの安全使用力を W_N，係数を $k = 0.7$，直径を $D = 22$ とし，ワイヤーロープの安全使用力を W_W，係数を $k = 2.0$，直径を $D = 14$ とすると

$$W_N = \frac{k}{6}\left(\frac{D}{8}\right)^2 = \frac{0.7}{6}\left(\frac{22}{8}\right)^2 = 0.88 \text{ [t]}$$

$$W_W = \frac{k}{6}\left(\frac{D}{8}\right)^2 = \frac{2.0}{6}\left(\frac{14}{8}\right)^2 = 1.02 \text{ [t]}$$

したがって，14 mm のワイヤーロープを使用するほうが安全である。

解答 99 ワイヤーロープの直径を D_W [mm]，係数を K，破断力の 1/6 を安全使用力 S_W [t] とすると

$$S_W = \frac{K}{6}\left(\frac{D}{8}\right)^2$$

ゆえに

$$D = 8\sqrt{\frac{6 S_W}{K}} = 8\sqrt{\frac{6 \times 2.8}{2.0}} = 23.2$$

したがって，23.2 mm 以上のワイヤーロープを使用する。

解答 100 ワイヤーロープの直径を D_W [mm]，係数を K，破断力の 1/6 を安全使用力 S_W [t] とすると

$$S_W = \frac{K}{6}\left(\frac{D_W}{8}\right)^2$$

この式から，直径 10 mm のワイヤーロープ（係数 2.0）の安全使用力 S_W を求める。

$$S_W = \frac{2.0}{6}\left(\frac{10}{8}\right)^2 = 0.521$$

したがって，0.5 t の貨物を安全に吊り上げることができる。

解答 101 （3つ解答）
- ナイロン索は滑りやすいので，ボラードなどに係止するときはしっかり固定する。
- ナイロン索は摩擦に弱いので，船体と擦れて損傷するおそれのある箇所にキャンバスなどで擦れ当てを施す。
- ナイロン索は弾性があり伸縮に富み切断するとその反動が大きく危険なので，巻き込む際には張力を掛け過ぎないように注意する。
- ナイロン索は張った状態から急激に緩めると危険なので，徐々に緩める。

解答 102 (1) 両舷の喫水およびトリム
- 垂直浮上（両舷同喫水）とする。
- 満載喫水線を超える積載をしない。
- 適当な船尾トリムとする。

(2) 上甲板に積み付ける貨物
- 復原力を考慮し，安全な釣合いを保つように積み付ける。

- 貨物が移動したり損傷を生じないように，十分な荷敷や固縛を行う。
- 貨物積載後，上甲板を清掃し，排水を良くする。
- カバーなどをかけて，貨物の吸湿防止措置をとる。

解答 103 (1) 船首のほうに多く搭載した場合
- トリムがおもて足になり舵効きが悪くなり，保針性が低下する。
- トリムがおもて足になり荒天時にプロペラが空転を起こしやすくなる。

(2) 船底に近いところに多く搭載した場合
- 重心が下がりボトムヘビーで横揺れが激しく，乗り心地が悪い。
- 重心が下がり激しい横揺れで，積載物が移動して船体，外板，器具などに損傷を与えたり船体が傾斜して危険となる。

解答 104 (1) 燃料油および清水の消費
- 清水や燃料を消費するときは，下方のタンク（二重底タンクなど）のものを先に使用しない。
- 清水や燃料を消費すると自由水面が生じるため，できるだけシフトして満タンクか空タンクにする。

(2) 甲板積み貨物
- 移動したり荷崩れを生じないように荷敷や固縛を十分に行う。
- 吸水性の貨物には防水カバーをかけて貨物の吸水を防ぐ。
- 復原力に注意して安全な釣合いを保つように積み付ける。
- 貨物積載後，上甲板を清掃して排水を良くする。

解答 105 非常時の曳航に使用するファイヤーワイヤーは船首・船尾の海側のデッキボラードにつなぎ，その一端を海面まで垂らしておく。

解答 106
- 舵を落水舷にとり，落水者がプロペラに巻き込まれるのを防ぐ。
- 救命浮環を投げ込む。
- 落水者を見失わないように，厳重に見張りをする。

解答 107 (1) 乗揚げ原因（5つ解答）
- 船位の確認を頻繁に行っていなかった。
- 船位測定の際の物標の誤認や，コンパスエラーを修正していなかった。
- 見張りが不十分であった。
- 水路通報や航行警報による海図の改正が不十分であった。
- 浅瀬付近の水路調査が不十分で，航路の選定が不適切であった。
- 気象（視界や風），海象（海流や潮流）に対する注意が不十分であった。
- 風や潮流による針路の修正をしていなかった，または修正量を誤った。
- 測深が励行されていなかった。
- 船位確認が正しく行われていなかった。

(2) 乗揚げ後の調査（5つ解答）

乗り揚げた船体の箇所	損傷箇所とその程度
浸水の有無とその程度	機関やプロペラの損傷の有無と使用の可否
舵の損傷の有無と使用の可否	付近の水深および底質

- 潮汐（満潮，干潮），潮流（転流時，流向，流速）

第Ⅲ部

法 規

第1章

海上衝突予防法

1.1 海上衝突予防法と海上交通三法

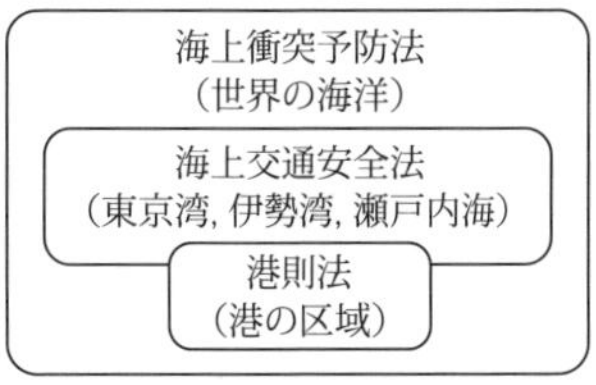

我が国には，船舶の衝突を防ぐため，海上衝突予防法・海上交通安全法・港則法の3種類の交通法規があり，これら三法を総称して**海上交通三法**という。海上交通三法は，日本船舶のみならず外国船舶にも適用される。

各法の概要は次のとおりである。

図 1.1 海上交通三法の関係

a．**海上衝突予防法**：「1972年の海上における衝突の予防のための国際規則」（国際海上衝突予防規則）の規定に準拠して定められており，我が国の領海内のみならず，ほとんどの世界の海洋で通用する船舶交通の基本法である（以下，「予防法」と略す）。
b．**海上交通安全法**：東京湾，伊勢湾，瀬戸内海の3海域について適用される海上交通規則で，これら3海域はとくに海上交通が輻輳しているうえ，重要な港湾が多数存在し，巨大船や危険物積載船なども頻繁に航行することから，船舶交通の安全を確保するために定められた特別法である。これら3海域内において，交通方法の規定などは，海上衝突予防法の規定に優先して適用される（以下，「海交法」と略す）。
c．**港則法**：港内における船舶交通の安全と港内の整頓のために，大型船や外国船が出入りする全国の港湾毎に定められた特別法で港域内にのみ適用され，海上衝突予防法や海上交通安全法の諸規定に優先して適用される。

1.2 法の概要

1.2.1 目的と適用

1.2.1.1 目的（第1条）

（目的）
第1条　この法律は，1972年の海上における衝突の予防のための国際規則に関する条約に添付されている1972年の海上における衝突の予防のための国際規則に準拠して，船舶の遵守すべき航法，表示すべき灯火及び形象物並びに行うべき信号に関し必要な事項を定めることにより，海上における船舶の衝

突を予防し，もって船舶交通の安全を図ることを目的とする。

予防法の目的：国際海上衝突予防規則の規定に準拠して国内法として制定したもので，海上における船舶の衝突を予防し，船舶の交通の安全を図ることを目的としている。

1.2.1.2 適用水域と船舶（第2条）

（適用船舶）
第2条　この法律は，海洋及びこれに接続する航洋船が航行することができる水域の水上にある次条第1項に規定する船舶について適用する。

この法律は海洋およびこれに接続する**航洋船**が航行することができる水域（湾，内海，河川，湖など）にある船舶に適用される。ここでいう**海洋**とは各国の領海を含む陸地に囲まれていない広い海域のことである。また，**航洋船**とは陸岸から相当程度離れた沖合を長時間航行できる船舶のことである。航洋船が自力で海洋と連続して航行することができる水域を適用水域としており，琵琶湖のような広い湖であっても，航洋船が海洋から自力で進入できない水域では適用されない[*1]。

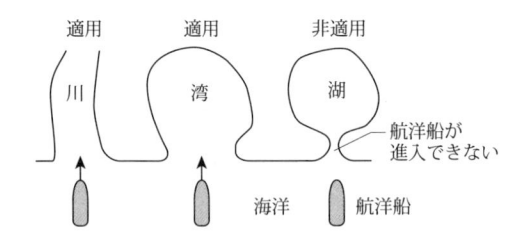

図 1.2　海上衝突予防法の適用水域

- a．**適用船舶**：予防法は適用水域の水上にある航洋船から，ろかい舟，はしけのようなものまですべて（国籍，種類，大小，自航性の有無を問わず，人または物を乗せて水上を移動できるすべての船舟およびこれに類するもの）に適用される。
- b．**非適用船舶**：潜航中の潜水艦や離水した水上航空機は同法を履行することが事実上不可能なので適用されない。

1.2.1.3 定義（第3条）

（定義）
第3条　この法律において「船舶」とは，水上輸送の用に供する船舟類（水上航空機を含む）をいう。
2．この法律において「動力船」とは，機関を用いて推進する船舶（機関のほか帆を用いて推進する船舶であって帆のみを用いて推進しているものを除く。）をいう。
3．この法律において「帆船」とは，帆のみを用いて推進する船舶及び機関のほか帆を用いて推進する船舶であって帆のみを用いて推進しているものをいう。
4．この法律において「漁ろうに従事している船舶」とは，船舶の操縦性能を制限する網，なわその他の漁具を用いて漁ろうをしている船舶（操縦性能制限船に該当するものを除く。）をいう。
5．この法律において「水上航空機」とは，水上を移動することができる航空機をいい，「水上航空機等」とは，水上航空機及び特殊高速船（第23条第3項に規定する特殊高速船をいう。）をいう。
6．この法律において「運転不自由船」とは，船舶の操縦性能を制限する故障その他の異常な事態が生じ

[*1] 湖などは管轄する地方自治体が条例などによって交通規則などを定めている。例：琵琶湖「滋賀県琵琶湖等水上安全条例」。

ているため他の船舶の進路を避けることができない船舶をいう。
7. この法律において「操縦性能制限船」とは，次に掲げる作業その他の船舶の操縦性能を制限する作業に従事しているため他の船舶の進路を避けることができない船舶をいう。
   一　航路標識，海底電線又は海底パイプラインの敷設，保守又は引揚げ
   二　しゅんせつ，測量その他の水中作業
   三　航行中における補給，人の移乗又は貨物の積替え
   四　航空機の発着作業
   五　掃海作業
   六　船舶及びその船舶に引かれている船舶その他の物件がその進路から離れることを著しく制限するえい航作業
8. この法律において「喫水制限船」とは，船舶の喫水と水深との関係によりその進路から離れることが著しく制限されている動力船をいう。
9. この法律において「航行中」とは，船舶がびょう泊（係船浮標又はびょう泊をしている船舶にする係留を含む。以下同じ。）をし，陸岸に係留をし，又は乗り揚げていない状態をいう。
10. この法律において「長さ」とは，船舶の全長をいう。
11. この法律において「互いに他の船舶の視野の内にある」とは，船舶が互いに視覚によって他の船舶を見ることができる状態にあることをいう。
12. この法律において「視界制限状態」とは，霧，もや，降雪，暴風雨，砂あらしその他これらに類する事由により視界が制限されている状態をいう。

予防法で使われる用語の定義が示されている。一般に法律・規定などの条文を読み解くには，条文中に使われる用語の定義や意味を正確に理解しておくことが重要である。とくに，表 1.1 に挙げる船舶についての定義は確実に理解しておかなければならない。

表 1.1　船舶の定義

船舶	定義
動力船	● 主に機関を用いて推進する船（機関の種類は問わない），風力や人力を用いるものは該当しない ● 機帆船が機関と帆を併用する場合は動力船 ● エアークッション艇は機械による風で走るので動力船
帆船	帆のみで航行している場合は，機関を持っていても帆船
漁ろうに従事している船舶	操縦性能を制限する漁具（流し網・巾着網・はえ縄・トロール網など）を用いて操業している船舶（遊漁船は動力船に含まれる）
運転不自由船	船舶の操縦性能を制限する故障やその他の異常事態が発生しており他の船舶を避けられない船舶（無風状態の帆船，機関故障，舵故障，走錨中の船舶など）
操縦性能制限船	作業に従事しているため他の船舶を避けられない船舶（航路標識の敷設など具体的な作業が定められている）
喫水制限船	喫水と水深との関係で進路を離れられない動力船

1.3　衝突予防の原則

予防法は次の 3 項目に関して必要な事項を定めることにより海上における船舶の衝突を予防し，船舶交通の安全を図っている。

- 船舶の遵守すべき航法
- 船舶の表示すべき灯火および形象物
- 船舶の行うべき信号

予防法は次のとおり構成されている。

 第1章 総則（第1〜3条）
 第2章 航法（第4〜19条）
 第3章 灯火及び形象物（第20〜31条）
 第4章 音響信号及び発光信号（第32〜37条）
 第5章 補則（第38〜42条）

とくに衝突予防に直接関連する第2章「航法」の規定には重きが置かれる。この章の航法の条文は航海術の運用マニュアルという性格を持っており，そこに規定されていることが，そのまま操船の手本になると考えてよい。

また，船舶は自船の存在と状態に関する情報を他船に与えなければならないので，第3，4章の規定に従い適切な灯火・形象物を掲揚し，信号などを実施しなければならないとしている。

1.3.1　航法の履行

航法の履行に当たっては，互いに他の船舶の視野の内にあるか否か（船舶が互いに視覚によって他の船舶を見ることができるかどうか）が重要な点で，予防法では，視界の状態により航法を規定し，それぞれ船舶のとるべき動作を規定している。

 第1節 あらゆる視界の状態における船舶の航法
 第2節 互いに他の船舶の視野の内にある船舶の航法
 第3節 視界制限状態における船舶の航法

視界制限状態とは，霧，もや，降雪，暴風雨，砂あらしその他これらに類する事由により視界が制限されている状態をいい，あらゆる視界の状態とは，他船を視認できる状態と視界制限状態との両方をいう（第3条第11，12項を参照）。

1.3.2　衝突予防の基本

各船は常時適切な見張りと安全な速力を保ち，他船との衝突のおそれについて十分に判断しながら航行しなければならない。他船との衝突のおそれが生じた場合は，**右側航行の原則**に従い，衝突を避ける適切な動作をとらなければならない。

2船間の衝突予防が基本となり，互いに他の船舶の視野の内にある動力船同士の行会い関係を除いて，船の種類や見合い関係によって

  「1隻を**避航船**，他の1隻を**保持船**」（第16，17条）

として，2隻の共同動作によって衝突を避けることを衝突予防の基本としている。

1.3.2.1 船舶の種類（第18条）

互いに他の船舶の視野の内にある状態にあっては，船舶の種類に応じて操縦性能の良いほうの船舶を避航船，そうでないほうの船舶を保持船としている。

1.3.2.2 視界制限状態にある各船（第19条）

視界制限状態では，他船を視認できないので，見合い関係による航法（避航船・保持船など）という考え方は困難なため，特殊な航法規定を設けている。

昼間であっても，法定灯火の表示，霧中信号の吹鳴，厳重な見張り，動力船は機関用意として，視界の悪さを考慮した安全な速力の維持などを指示している。また，レーダーだけで他船を探知した場合や他船の霧中信号を聞いた場合の措置などを指示している。

1.3.2.3 切迫した危険（第38条）

> （切迫した危険のある特殊な状況）
> 第38条　船舶は，この法律の規定を履行するに当たっては，運航上の危険及び他の船舶との衝突の危険に十分に注意し，かつ，切迫した危険のある特殊な状況（船舶の性能に基づくものを含む。）に十分に注意しなければならない。
> 2．船舶は，前項の切迫した危険のある特殊な状況にある場合においては，切迫した危険を避けるためにこの法律の規定によらないことができる。

予防法は航行中によくある見合い関係を想定して航法規定が定められているので，多くの場合は衝突を予防できるはずである。しかし，船舶交通の実状は大変に複雑であり，あらゆる衝突の危険を回避するための具体的な規定を設けることは不可能である。したがって，本条による規定を実際に履行するに当たっての基本原則を次のとおり規定することにより，具体的に規定されていない事項を補うと共に，さらに衝突の危険が切迫した場合には，予防法の規定によらないことができることとして，衝突予防の目的を達成しようとするものである。

予防法の履行に当たっての基本原則を次のとおり規定している。

- 運航上の危険および他の船舶との衝突の危険に十分注意すること。
- 切迫した危険のある特殊な状況に十分な注意を払うこと。
- 切迫した危険のある特殊な状況が生じた場合には，本法の規定によらないことができる。

a．運航上の危険：船舶の操縦だけでなく，灯火・形象物の表示，信号の吹鳴，航法など，他の船舶との衝突を避けるために考慮しなければならない一切の危険をいう。

b．他の船舶との衝突の危険：衝突のおそれよりも衝突の可能性が高く，衝突の危険が現実にあることを意味し，その危険を防止するために必要とされる船員が払うべきすべての注意義務のことである。具体的には次のような状況が考えられる（4.1.6節参照）。

- 灯火や形象物が故障や変形などにより正しく表示されておらず，他船から正常な状態で視認できないために生じる危険
- 風潮の影響を受けやすい帆船や錨泊船などを避ける場合の危険
- 3隻以上の船舶が同一地点で衝突の危険がある場合

- 予定進路上に操業中の漁船群がある場合。

c．切迫した危険のある特殊な状況：単に船舶に衝突の危険があるだけでなく，その衝突が切迫しており，この法律の規定に従っていては衝突を避けられず，かつ，規定から離れることで衝突を避けられる可能性がある状況のことである。具体的には次のような状況が考えられる（4.1.7 節参照）。

- 保持船が針路・速力を保持中，突然，前方に浮遊物などの障害物を発見し，これを避けるため保持義務から離れ，急遽大変針し，避航船が避航動作をとることができなかったとき。
- 前進中の動力船と後進中の動力船が接近して切迫した衝突の危険が生じたとき。
- 狭い水道において行き会う2隻の動力船（右側端航行中）のうち1隻がすれ違う直前に左転し，切迫した衝突の危険が生じたとき。

1.3.2.4　注意を怠ることについての責任（第39条）

（注意等を怠ることについての責任）
第39条　この法律の規定は，適切な航法で運航し，灯火若しくは形象物を表示し，若しくは信号を行うこと又は船員の常務として若しくはその時の特殊な状況により必要とされる注意をすることを怠ることによって生じた結果について，船舶，船舶所有者，船長又は海員の責任を免除するものではない。

　この規定は，航法違反の他，船員としての常務や注意義務を怠った場合にも，船舶所有者や船長などの責任を問うものである。

a．船員の常務：通常の船員であれば知っている知識・経験，および慣行に基づいて当然実践すべき常識のことである。

b．そのときの特殊な状況：切迫した危険のある特殊な状況（第38条）も含め，船舶の運航や性能ならびに衝突に関する特殊な状況など，あらゆる状況のことである。
　具体的には次のような事項や状況が考えられる。
- 地形，風潮流の影響，底質，他船の輻輳状況などを考慮して錨地を選定する。
- 錨泊中荒天となった場合には，錨鎖を伸出し機関用意とするなど走錨防止のための適切な措置を講じる。
- 狭水道や船舶交通が著しく輻輳する海域を航行するときは，船長が船橋で指揮をとる他，必要に応じて当直員の増員や機関用意など適切な措置を講じる。
- 狭水道の右側を航行中，他船が違法に左側航行してきて衝突のおそれがある場合には，機関を停止，または後進にかけ行脚を抑えるなどの措置を講じる。
- 漁場に向かう多数の漁船が本船の左側から横切ってくる場合には，保持義務から離れ，機関を停止するなどして漁船群をやり過ごすなどの措置を早めに講じる。

1.4　航法規定

　一般的な水域での標準的な航法規定は次のとおりである。

1.4.1 あらゆる視界の状態における船舶の航法

1.4.1.1 見張り（第5条）

（見張り）
第5条　船舶は，周囲の状況及び他の船舶との衝突のおそれについて十分に判断することができるように，視覚，聴覚及びその時の状況に適した他のすべての手段により，常時適切な見張りをしなければならない。

見張りの目的は，周囲の状況把握と他船との衝突のおそれを判断することにある。

- a．**手段**：視覚（肉眼，双眼鏡），聴覚（耳，国際VHF電話），レーダーなど，そのときの状況に適したすべての手段を用いる。
- b．**時期**：航泊・昼夜・視界の良し悪しを問わず常時適切に行う。
- c．**方法**：周囲の状況によっては，見張りに習熟した船員を他の作業を兼務させないで，適当な場所に適正な人数を配置して全周に対して見張りを行う必要がある。

1.4.1.2 安全な速力（第6条）

（安全な速力）
第6条　船舶は，他の船舶との衝突を避けるための適切かつ有効な動作をとること又はその時の状況に適した距離で停止することができるように，常時安全な速力で航行しなければならない。この場合において，その速力の決定に当たっては，特に次に掲げる事項（レーダーを使用していない船舶にあっては，第一号から第六号までに掲げる事項）を考慮しなければならない。
一　視界の状態
二　船舶交通のふくそうの状況
三　自船の停止距離，旋回性能その他の操縦性能
四　夜間における陸岸の灯火，自船の灯火の反射等による灯光の存在
五　風，海面及び海潮流の状態並びに航路障害物に接近した状態
六　自船の喫水と水深との関係
七　自船のレーダーの特性，性能及び探知能力の限界
八　使用しているレーダーレンジによる制約
九　海象，気象その他の干渉原因がレーダーによる探知に与える影響
十　適切なレーダーレンジでレーダーを使用する場合においても小型船舶及び氷塊その他の漂流物を探知することができないときがあること
十一　レーダーにより探知した船舶の数，位置及び動向
十二　自船と付近にある船舶その他の物件との距離をレーダーで測定することにより視界の状態を正確に把握することができる場合があること

安全な速力：衝突を避けるため適切で有効な動作がとれ，また，状況に適した距離で停止できる速力を安全な速力といい，次の事項を考慮して決定しなければならない。

- 視界の状態
- 船舶の輻輳状況
- 自船の操縦性能
- 見張りを妨げる街の灯や自船から漏れる灯の反射などの存在

- 風浪，海潮流の影響と暗礁などの航路障害物の存在
- 喫水と水深の関係

レーダー装備船にあっては，以下も考慮する。
- 探知能力，使用レンジによる制約
- 気象海象による干渉
- 小型船などの探知の困難性
- 探知した船舶の数・位置・動向，視程の把握
- レーダーで物標距離を測定することにより，現視界の状況を知ることができること

1.4.1.3 衝突のおそれ（第7条）

（衝突のおそれ）
第7条　船舶は，他の船舶と衝突するおそれがあるかどうかを判断するため，その時の状況に適したすべての手段を用いなければならない。
2.　レーダーを使用している船舶は，他の船舶と衝突するおそれがあることを早期に知るための長距離レーダーレンジによる走査，探知した物件のレーダープロッティングその他の系統的な観察等を行うことにより，当該レーダーを適切に用いなければならない。
3.　船舶は，不十分なレーダー情報その他の不十分な情報に基づいて他の船舶と衝突するおそれがあるかどうかを判断してはならない。
4.　船舶は，接近してくる他の船舶のコンパス方位に明確な変化が認められない場合は，これと衝突するおそれがあると判断しなければならず，また，接近してくる他の船舶のコンパス方位に明確な変化が認められる場合においても，大型船舶若しくはえい航作業に従事している船舶に接近し，又は近距離で他の船舶に接近するときは，これと衝突するおそれがあり得ることを考慮しなければならない。
5.　船舶は，他の船舶と衝突するおそれがあるかどうかを確かめることができない場合は，これと衝突するおそれがあると判断しなければならない。

そのときの状況に適したすべての手段（レーダーによる方法，コンパス方位による方法など）により，衝突のおそれを判断しなければならない。具体的には，次の事項を考慮して判断しなければならない。

a．レーダーによる方法：早期判断のため長距離レンジによる走査，レーダープロッティング，ARPA などによる系統的な観察を行い，不十分なレーダー情報により憶測してはならない。
b．コンパス方位による方法：接近してくる他船の方位に明確な変化が認められない場合，またはその方位に明確な変化が認められる場合でも，他船が大型船や引船列であるときは衝突のおそれがありうることを考慮しなければならない。
　ⅰ．コンパス方位に明確な変化が認められない場合：ある針路で航行している A 船が A_1，A_2，… と進むにつれ，A 船から見た B 船のコンパス方位に明確な変化が認められない場合は，A 船は B 船と「衝突するおそれがある」と判断しなければならない（図 1.3）。
　ⅱ．コンパス方位に明確な変化が認められる場合：ある針路で航行している A 船が A_1，A_2，… と進むにつれ，A 船から見た B 船のコンパス方位に明確な変化が認められる場合は，A 船は B 船と「衝突のおそれがない」と判断できる（図 1.4）。
　　コンパス方位に明確な変化が認められる場合でも，次の2例のような場合は，方位変

化があっても衝突のおそれがありうることを考慮しなければならない。
- **大型船舶の場合**：大型船の方位を測定する場合，大型船の船尾のコンパス方位に変化が認められても，B船の船首と「衝突するおそれがありうる」ことを考慮しなければならない（図1.5）。
- **近距離の場合**：両船が近距離の場合，コンパス方位が変化していることが認められても，「衝突するおそれがありうる」ことを考慮しなければならない（図1.6）。

c．**確かめることができない場合**：構造物の陰になって方位が測れない場合，海面反射がひどくてレーダーで方位が測れない場合などは**衝突のおそれがある**と判断する。

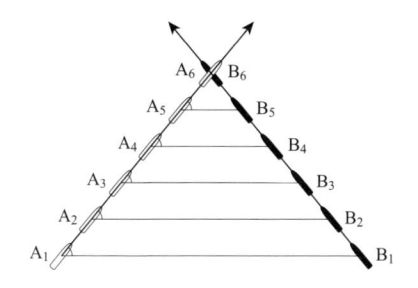

図1.3　方位に明確な変化が認められない場合 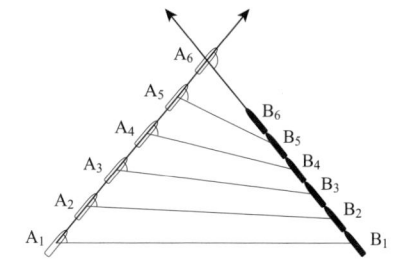　　図1.4　方位に明確な変化が認められる場合

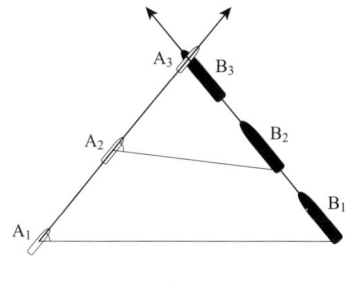

図1.5　大型船舶の場合 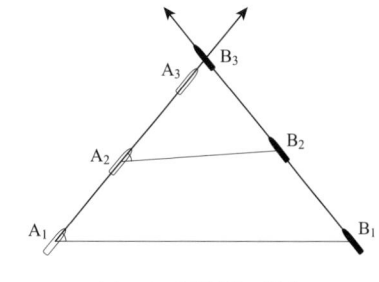　　図1.6　近距離の場合

1.4.1.4　衝突を避けるための動作（第8条）

（衝突を避けるための動作）
第8条　船舶は，他の船舶との衝突を避けるための動作をとる場合は，できる限り，十分に余裕のある時期に，船舶の運用上の適切な慣行に従ってためらわずにその動作をとらなければならない。
2．船舶は，他の船舶との衝突を避けるための針路又は速力の変更を行う場合は，できる限り，その変更を他の船舶が容易に認めることができるように大幅に行わなければならない。
3．船舶は，広い水域において針路の変更を行う場合においては，それにより新たに他の船舶に著しく接近することとならず，かつ，それが適切な時期に大幅に行われる限り，針路のみの変更が他の船舶に著しく接近することを避けるための最も有効な動作となる場合があることを考慮しなければならない。
4．船舶は，他の船舶との衝突を避けるための動作をとる場合は，他の船舶との間に安全な距離を保って通過することができるようにその動作をとらなければならない。この場合において，船舶は，その動作の効果を当該他の船舶が通過して十分に遠ざかるまで慎重に確かめなければならない。
5．船舶は，周囲の状況を判断するため，又は他の船舶との衝突を避けるために必要な場合は，速力を減じ，又は機関の運転を止め，若しくは機関を後進にかけることにより停止しなければならない。

a．避航動作：十分余裕のある時期に，船舶の運用上の適切な慣行[*2]に従って，ためらわずに[*3]行う（図1.7 a）。
b．大幅に：他船がその変更を容易に認められるよう，できる限り大幅に行う（同図b）。
c．変針による避航：新たな他船に著しく接近せずに，適切な時期に大幅に行う場合にのみ有効（同図c）。
d．避航距離：安全な距離を保って航過，衝突回避動作の効果の確認。
e．機関による避航：衝突を回避するための機関の使用，減速，停止，後進。

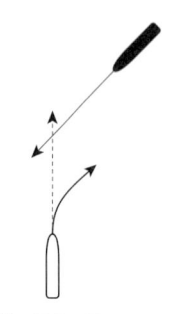

a. 避航の基本要件
- 十分に余裕のある時期に
- 運用上の適切な慣行に従って
- ためらわず

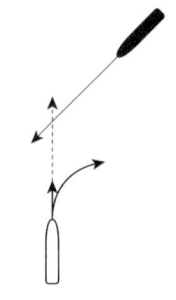

b. 変針・変速による避航
- 大幅に変針
- 大幅に減速

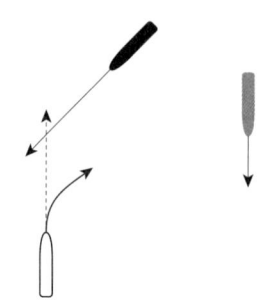

c. 広い水域での避航
- 第三船に近づくこととならず
- 適切な時期に
- 大幅に

図1.7　避航の基本要件

1.4.1.5　狭い水道等（第9条）

（狭い水道等）
第9条　狭い水道又は航路筋（以下「狭い水道等」という。）をこれに沿って航行する船舶は，安全であり，かつ，実行に適する限り，狭い水道等の右側端に寄って航行しなければならない。ただし，次条第2項の規定の適用がある場合は，この限りでない。
2．航行中の動力船（漁ろうに従事している船舶を除く。次条第6項及び第18条第1項において同じ。）は，狭い水道等において帆船の進路を避けなければならない。ただし，この規定は，帆船が狭い水道等の内側でなければ安全に航行することができない動力船の通航を妨げることができることとするものではない。
3．航行中の船舶（漁ろうに従事している船舶を除く。次条第7項において同じ。）は，狭い水道等において漁ろうに従事している船舶の進路を避けなければならない。ただし，この規定は，漁ろうに従事している船舶が狭い水道等の内側を航行している他の船舶の通航を妨げることができることとするものではない。
4．第13条第2項又は第3項の規定による追越し船は，狭い水道等において，追い越される船舶が自船を安全に通過させるための動作をとらなければこれを追い越すことができない場合は，汽笛信号を行うことにより，追越しの意図を示さなければならない。この場合において，当該追い越される船舶は，その意図に同意したときは，汽笛信号を行うことによりそれを示し，かつ，当該追越し船を安全に通過させるための動作をとらなければならない。
5．船舶は，狭い水道等の内側でなければ安全に航行することができない他の船舶の通航を妨げることと

[*2] 長い間船員が培ってきた運用術の原則にかなったやり方やしきたり。
[*3] 小刻みに変針したり，変速したりしない。

> なる場合は，当該狭い水道等を横切ってはならない。
> 6. 長さ20メートル未満の動力船は，狭い水道等の内側でなければ安全に航行することができない他の動力船の通航を妨げてはならない。
> 7. 第2項から前項までの規定は，第4条の規定にかかわらず，互いに他の船舶の視野の内にある船舶について適用する。
> 8. 船舶は，障害物があるため他の船舶を見ることができない狭い水道等のわん曲部その他の水域に接近する場合は，十分に注意して航行しなければならない。
> 9. 船舶は，狭い水道等においては，やむを得ない場合を除き，びょう泊をしてはならない。

a．狭い水道：陸岸によって2〜3nm以下に狭められた水道（長さは問わない）のことである。
b．航路筋：海底地形や工作物などにより船舶が通航できる部分が限られている水域をいう。
c．狭い水道等の航法
　　ⅰ．右側端航行の義務：安全であり，実行可能な範囲で狭い水道等の右側端に寄って通航する（第1項）。
　　ⅱ．動力船（漁ろう船を除く）と帆船：原則的に動力船は帆船を避航（第2項）。
　　ⅲ．漁ろう船と漁ろう船以外の船舶：原則的に漁ろう船を避航（第3項）。
　　ⅳ．追越し：被追越し船の協力動作を必要とする追越しをする場合は，その意図を示す汽笛信号を実施し，これを受けた被追越し船は同意信号と協力動作を実施（第4項）。
　　ⅴ．横切りの制限：狭い水道等の内側でなければ安全に航行できない船舶の通航の妨げとなる場合は，狭い水道等の横切り禁止（第5項）。
　　ⅵ．長さ20m未満の動力船の通航妨害行為の禁止：狭い水道等の内側を航行している船舶優先（第6項）。
　　ⅶ．ⅱ〜ⅵは，互いに他の船舶の視野の内にある船舶に適用。
　　ⅷ．湾曲部など：障害物で他の船舶を見ることができない湾曲部に接近する場合の注意義務（第8項）。
　　ⅸ．錨泊の禁止：海難を避けるなど，やむを得ない場合を除いて錨泊禁止（第9項）。

1.4.1.6　分離通航方式での航法（第10条）

> （分離通航方式）
> 第10条　この条の規定は，1972年の海上における衝突の予防のための国際規則に関する条約（以下「条約」という。）に添付されている1972年の海上における衝突の予防のための国際規則（以下「国際規則」という。）第1条(d)の規定により国際海事機関が採択した分離通航方式について適用する。
> 2. 船舶は，分離通航帯を航行する場合は，この法律の他の規定に定めるもののほか，次の各号に定めるところにより，航行しなければならない。
> 　一　通航路をこれについて定められた船舶の進行方向に航行すること。
> 　二　分離線又は分離帯からできる限り離れて航行すること。
> 　三　できる限り通航路の出入口から出入すること。ただし，通航路の側方から出入する場合は，その通航路について定められた船舶の進行方向に対しできる限り小さい角度で出入しなければならない。
> 3. 船舶は，通航路を横断してはならない。ただし，やむを得ない場合において，その通航路について定められた船舶の進行方向に対しできる限り直角に近い角度で横断するときは，この限りでない。
> 4. 船舶（動力船であって長さ20メートル未満のもの及び帆船を除く。）は，沿岸通航帯に隣接した分離通航帯の通航路を安全に通過することができる場合は，やむを得ない場合を除き，沿岸通航帯を航行し

てはならない。
5. 通航路を横断し，又は通航路に出入する船舶以外の船舶は，次に掲げる場合その他やむを得ない場合を除き，分離帯に入り，又は分離線を横切ってはならない。
   一 切迫した危険を避ける場合
   二 分離帯において漁ろうに従事する場合
6. 航行中の動力船は，通航路において帆船の進路を避けなければならない。ただし，この規定は，帆船が通航路をこれに沿って航行している動力船の安全な通航を妨げることができることとするものではない。
7. 航行中の船舶は，通航路において漁ろうに従事している船舶の進路を避けなければならない。ただし，この規定は，漁ろうに従事している船舶が通航路をこれに沿って航行している他の船舶の通航を妨げることができることとするものではない。
8. 長さ20メートル未満の動力船は，通航路をこれに沿って航行している他の動力船の安全な通航を妨げてはならない。
9. 前3項の規定は，第4条の規定にかかわらず，互いに他の船舶の視野の内にある船舶について適用する。
10. 船舶は，分離通航帯の出入口付近においては，十分に注意して航行しなければならない。
11. 船舶は，分離通航帯及びその出入口付近においては，やむを得ない場合を除き，びょう泊をしてはならない。
12. 分離通航帯を航行しない船舶は，できる限り分離通航帯から離れて航行しなければならない。
13. 第2項，第3項，第5項及び第11項の規定は，操縦性能制限船であって，分離通航帯において船舶の航行の安全を確保するための作業又は海底電線の敷設，保守若しくは引揚げのための作業に従事しているものについては，当該作業を行うために必要な限度において適用しない。
14. 海上保安庁長官は，第1項に規定する分離通航方式の名称，その分離通航方式について定められた分離通航帯，通航路，分離線，分離帯及び沿岸通航帯の位置その他分離通航方式に関し必要な事項を告示しなければならない。

　分離通航方式については，IMOの強制力を伴わない勧告として，世界各地の船舶交通が比較的輻輳する水域で航路や通航路などを設けて船舶交通の整流を図り，衝突や座礁などの海難の発生を防ごうとするものである。
　2016年9月現在，日本の領海内には当該機関により採択された分離通航方式が適用される水域はない。参考のため同条に定められている項目のみについて以下に示す。

- 分離通航帯の航行（第2項）
- 通航路の横断の制限（第3項）
- 沿岸通航帯の使用の制限（第4項）
- 分離帯に入ることの制限（第5項）
- 通航路での動力船と帆船の航法（第6項）[4]
- 通航路での漁ろう船と漁ろう船以外の船舶の航法（第7項）[4]
- 長さ20m未満の動力船の通航妨害行為の禁止（第8項）[4]
- 分離通航帯の出入口付近の注意航行（第10項）
- 分離通航帯の出入口付近での錨泊の禁止（第11項）
- 分離通航帯を使用しない船舶の航行方法（第12項）

---

[4] 互いに他の船舶の視野の内にある船舶に適用される。

1.4.2　互いに他の船舶の視野の内にある船舶の航法

互いに他の船舶の視野の内にある場合，2船舶間の関係から次の航法を定めている。

- 追越し船の航法（船種を問わない）
- 行会い船の航法（動力船同士）
- 横切り船の航法（動力船同士）

これらの航法において，2船舶を，他の船舶を避航しなければならない船舶を**避航船**，針路・速力を保持しなければならない船舶を**保持船**として，避航関係を明確にしている。

図1.8に追越し船などを示す。図中にある同航船（進路が同じまたはほぼ同じ船舶）および反航船（進路が反対またはほぼ反対の船舶）は慣用的な表現で，海上衝突予防法に定める船舶の見合い関係ではない。

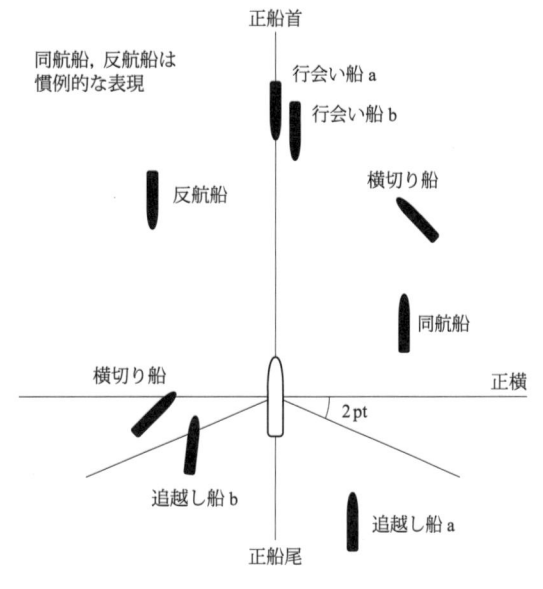

図1.8　海上交通における船舶の種類（見合い関係）

1.4.2.1　追越し船（第13条）

（追越し船）
第13条　追越し船は，この法律の他の規定にかかわらず，追い越される船舶を確実に追い越し，かつ，その船から十分に遠ざかるまでその船舶の進路を避けなければならない。
2．船舶の正横後22度30分を超える後方の位置（夜間にあっては，その船舶の第21条第2項に規定するげん灯のいずれをも見ることができない位置）からその船舶を追い越す船舶は，追越し船とする。
3．船舶は，自船が追越し船であるかどうかを確かめることができない場合は，追越し船であると判断しなければならない。

a．**追越し船**：他船の正横後22.5°を超える後方の位置（夜間は舷灯の見えない位置）からその船を追い越す船舶（図1.8 追越し船a）。

b．**追越し船か横切り船かの判断に迷う場合**：自船は追越し船であると判断する（同図 追越し船b）。

c．**追越し船が避航船**：追越し船は追い越す船舶を確実に追い越し，十分遠ざかるまで避航する（図1.9）。追越し船の航法は他の規定（帆船（第12条），各種船舶間の航法（第18条）など）に優先して適用される。

1.4.2.2　行会い船（第14条）

（行会い船）
第14条　2隻の動力船が真向かい又はほとんど真向かいに行き合う場合において衝突するおそれがあるときは，各動力船は，互いに他の動力船の左げん側を通過することができるようにそれぞれ針路を右に

転じなければならない。ただし，第9条第3項，第10条第7項又は第18条第1項若しくは第3項の規定の適用がある場合は，この限りでない。
2. 動力船は，他の動力船を船首方向又はほとんど船首方向に見る場合において，夜間にあっては当該他の動力船の第23条第1項第1号の規定によるマスト灯2個を垂直線上若しくはほとんど垂直線上に見るとき，又は両側の同項第2号の規定によるげん灯を見るとき，昼間にあっては当該他の動力船をこれに相当する状態に見るときは，自船が前項に規定する状況にあると判断しなければならない。
3. 動力船は，自船が第1項に規定する状況にあるかどうかを確かめることができない場合は，その状況にあると判断しなければならない。

a．**行会い船**：他の**動力船**を互いに船首方向に見る場合において，夜間はマスト灯2個を垂直線上もしくはほとんど垂直線上に見るとき，または両舷灯を見る見合い関係（昼間は夜間の状況に相当するとき）をいう（図1.8 行会い船a）。

b．**行会い船かそうでないか判断に迷う場合**：自船は行会い船であると判断する（同図 行会い船b）。

c．**互いに右転して避航**：行会い船に衝突のおそれがあるときは，互いに他の動力船の左舷側を航過するよう，それぞれが右転して避航する（図1.9）。

1.4.2.3　横切り船（第15条）

（横切り船）
第15条　2隻の動力船が互いに進路を横切る場合において衝突するおそれがあるときは，他の動力船を右げん側に見る動力船は，当該他の動力船の進路を避けなければならない。この場合において，他の動力船の進路を避けなければならない動力船は，やむを得ない場合を除き，当該他の動力船の船首方向を横切ってはならない。
2. 前条第1項ただし書きの規定は，前項に規定する2隻の動力船が互いに進路を横切る場合について準用する。

a．**横切り船**：2隻の動力船が互いに進路を横切る場合，これらの船舶を横切り船という（図1.8）。

b．**他船を右に見る船が避航**：横切り船に衝突するおそれがあるときは，他の動力船を右舷側に見る動力船（避航船）は他の動力船（保持船）を避航する。やむを得ない場合を除き，避航船は保持船の船首方向を横切ってはならない（図1.9）。

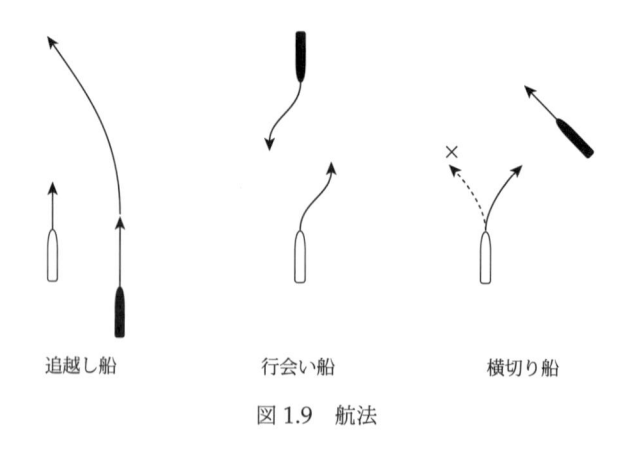

追越し船　　　行会い船　　　横切り船

図1.9　航法

1.4.2.4 避航船（第 16 条）

（避航船）
第 16 条　この法律の規定により他の船舶の進路を避けなければならない船舶（次条において「避航船」という。）は，当該他の船舶から十分に遠ざかるため，できる限り早期に，かつ，大幅に動作をとらなければならない。

a．**避航船**：他の船舶の進路を避けなければならない船舶をいう。
b．**避航動作**：保持船から十分に遠ざかるため，できるだけ**早期**に，**大幅**に避航動作をとる。

1.4.2.5 保持船（第 17 条）

（保持船）
第 17 条　この法律の規定により 2 隻の船舶のうち 1 隻の船舶が他の船舶の進路を避けなければならない場合は，当該他の船舶は，その針路及び速力を保たなければならない。
2．前項の規定により針路及び速力を保たなければならない船舶（以下この条において「保持船」という。）は，避航船がこの法律の規定に基づく適切な動作をとっていないことが明らかになった場合は，同項の規定にかかわらず，直ちに避航船との衝突を避けるための動作をとることができる。この場合において，これらの船舶について第 15 条第 1 項の規定の適用があるときは，保持船は，やむを得ない場合を除き，針路を左に転じてはならない。
3．保持船は，避航船と間近に接近したため，当該避航船の動作のみでは避航船との衝突を避けることができないと認める場合は，第 1 項の規定にかかわらず，衝突を避けるための最善の協力動作をとらなければならない。

a．**保持船**：2 隻の船舶のうち 1 隻の船舶が避航船となる場合の他の 1 隻の船舶をいう。保持船は他の船舶と衝突のおそれが生じたとき，その**針路**および**速力**を保持する（図 1.10 a，b）。
b．**保持船のみによる衝突回避動作**：避航船がこの法律の規定に基づく適切な動作をとっていないことが明らかになった場合（警告信号などを行っても，避航船が避航動作をとらない場合），保持船は保持義務の規定にかかわらず，直ちに**避航動作**をとることができる（**任意**）（図 1.10 c）。動力船同士の横切り関係であるときは，やむを得ない場合を除いて，保持船の**左転避航は禁止**である（第 2 項）。

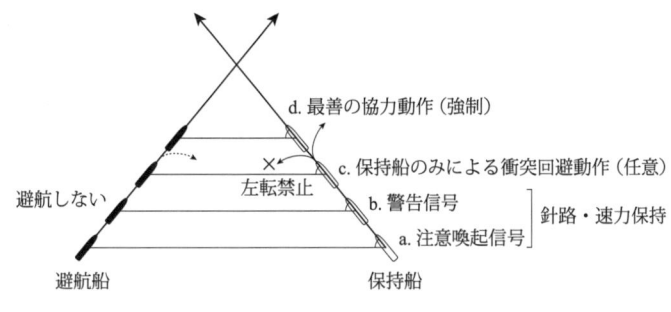

図 1.10　保持船による避航

c．**最善の協力動作**：避航船が間近に接近したため，避航船の動作だけでは衝突を避けることができないと認める場合，保持船は保持義務を捨てて，衝突を避けるための最善の**協力動作**をとらなければならない（**強制**）（第3項）（図 1.10 d）。

1.4.2.6　各種船舶間の航法（第18条）

（各種船舶間の航法）
第18条　第9条第2項及び第3項並びに第10条第6項及び第7項に定めるもののほか，航行中の動力船は，次に掲げる船舶の進路を避けなければならない。
　一　運転不自由船
　二　操縦性能制限船
　三　漁ろうに従事している船舶
　四　帆船
2．第9条第3項及び第10条第7項に定めるもののほか，航行中の帆船（漁ろうに従事している船舶を除く。）は，次に掲げる船舶の進路を避けなければならない。
　一　運転不自由船
　二　操縦性能制限船
　三　漁ろうに従事している船舶
3．航行中の漁ろうに従事している船舶は，できる限り，次に掲げる船舶の進路を避けなければならない。
　一　運転不自由船
　二　操縦性能制限船
4．船舶（運転不自由船及び操縦性能制限船を除く。）は，やむを得ない場合を除き，第28条の規定による灯火又は形象物を表示している喫水制限船の安全な通航を妨げてはならない。
5．喫水制限船は，十分にその特殊な状態を考慮し，かつ，十分に注意して航行しなければならない。
6．水上航空機等は，できる限り，すべての船舶から十分に遠ざかり，かつ，これらの船舶の通航を妨げないようにしなければならない。

衝突防止のため種類の異なる船舶間の航法を操縦の難易に応じて系統立て，避航義務を負う船舶を明確にしている（表 1.2）。
　a．**避航義務**：操縦しやすい船舶の順に避航義務を課している。
　b．**喫水制限船**：喫水制限船は特殊な状態を考慮して十分に注意して航行する。一方，操縦性能制限船と運転不自由船を除く船舶はやむを得ない場合を除き，喫水制限船の安全な通航を妨げてはならない。

表 1.2　各船舶間の航法

本船	本船が避ける船舶
動力船	帆船，漁ろうに従事している船舶，運転不自由船，操縦性能制限船，喫水制限船
帆船	漁ろうに従事している船舶，運転不自由船，操縦性能制限船，喫水制限船
漁ろうに従事している船舶	運転不自由船，操縦性能制限船，喫水制限船

1.4.3 視界制限状態における船舶の航法

視界制限状態にある水域またはその付近では，灯火および形象物，音響信号および発光信号，ならびに各種航法は次のように規定されている。

1.4.3.1 法定灯火の表示（第20条第2項）

法定灯火を備えている船舶は視界制限状態にあっては日出から日没の間（昼間）であってもこれを表示しなければならない。

1.4.3.2 霧中信号の吹鳴（第35条）

航行中，錨泊中または乗り揚げている船舶は昼間・夜間にかかわらず，定められた霧中信号を行わなければならない。

1.4.3.3 視界制限状態にある水域および付近での航法（第19条）

> 第19条　この条の規定は，視界制限状態にある水域又はその付近を航行している船舶（互いに他の船舶の視野の内にあるものを除く。）について適用する。
> 2. 動力船は，視界制限状態においては，機関を直ちに操作することができるようにしておかなければならない。
> 3. 船舶は，第1節の規定による措置を講ずる場合は，その時の状況及び視界制限状態を十分に考慮しなければならない。
> 4. 他の船舶の存在をレーダーのみにより探知した船舶は，当該他の船舶に著しく接近することとなるかどうか又は当該他の船舶と衝突するおそれがあるかどうかを判断しなければならず，また，他の船舶に著しく接近することとなり，又は他の船舶と衝突するおそれがあると判断した場合は，十分に余裕のある時期にこれらの事態を避けるための動作をとらなければならない。
> 5. 前項の規定による動作をとる船舶は，やむを得ない場合を除き，次に掲げる針路の変更を行ってはならない。
>   一　他の船舶が自船の正横より前方にある場合（当該他の船舶が自船に追い越される船舶である場合を除く。）において，針路を左に転じること。
>   二　自船の正横又は正横より後方にある他の船舶の方向に針路を転じること。
> 6. 船舶は，他の船舶と衝突するおそれがないと判断した場合を除き，他の船舶が行う第35条の規定による音響による信号を自船の正横より前方に聞いた場合又は自船の正横より前方にある他の船舶と著しく接近することを避けることができない場合は，その速力を針路を保つことができる最小限度の速力に減じなければならず，また，必要に応じて停止しなければならない。この場合において，船舶は，衝突の危険がなくなるまでは，十分に注意して航行しなければならない。

a．機関の用意：動力船は機関を直ちに操作できるようにしておく。
b．見張り，安全な速力，衝突のおそれ，避航動作：視界制限状態でも，これらの規定はすべての船舶に対して適用される。有視界状態より悪条件にあるので，その状況を十分考慮してこれらの規定を履行する必要がある。
c．他船をレーダーのみで探知したときの航法（第19条第4，5項）
　　i．判断義務：著しく接近することとなるか，衝突のおそれがあるか判断する。
　　ii．避航判断：著しく接近することとなる，または衝突のおそれがあると判断した場合。

ⅲ. **航法**：十分余裕のある時期に，これらの事態を避けるための動作（針路・速力またはその両方の変更）をとる。やむを得ない場合を除き，他船が自船の正横より前方にある場合（追い越す場合を除く），左へ変針することは禁止（図 1.11）。やむを得ない場合を除き，自船の正横または正横より後方にある他船の方向に変針することは禁止（図 1.12）。

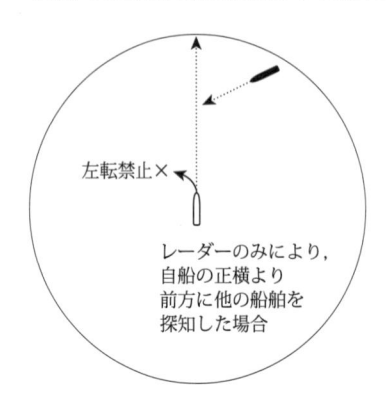

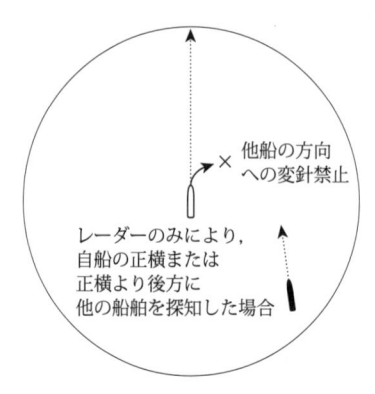

図 1.11　左転の禁止　　　　　図 1.12　他船の方向への変針の禁止

d. **霧中信号を前方に聞いたときなどの措置**（第 19 条第 6 項）
　ⅰ. **措置判断**：他船と衝突するおそれがないと判断した場合を除き，他船の霧中信号を自船の正横より前方に聞いた場合，他船と著しく接近することが避けられない場合。
　ⅱ. **航法**：最小舵効速力に減速し，必要に応じて停止する。衝突の危険がなくなるまで，十分に注意して（見張りの強化，機関の後進使用，霧中信号の方向変化の確認などを行いながら）航行する。

1.5　灯火および形象物

1.5.1　自船の情報の表示

1.5.1.1　灯火および形象物の表示（第 20 条）

船舶（引かれている船舶およびその他の物件を含む）は，自船の存在と状態に関する情報を他船に与えるために，この法律に定める**灯火**ならびに**形象物**を表示しなければならない。

a. **灯火の表示時期**（第 1 項）：日没から日出までの間。
b. **表示してはならない灯火**（第 1 項）
　● 法定灯火と誤認される灯火
　● 法定灯火の視認またはその特性の識別を妨げる灯火
　● 見張りの妨げとなる灯火
c. **視界制限状態における灯火表示**（第 2 項）：視界制限状態においては，日出から日没の間であっても法定灯火を表示しなければならない（**強制**）。また，その他必要と認められる場合には法定灯火を表示することができる（**任意**）。具体的には昼間，降雨・降雪などの影響でやや視界不良状態となったときや曇天で厚い雲に覆われて暗くなったときなどは，船員の常務として法定灯火を表示すべきである。

d．形象物の表示時期（第3項）：昼間において表示しなければならない。昼間とは，日出から日没までの間ということではなく，日出前・日没後の薄明時を加えたものである。したがって，薄明時には，形象物，法定灯火ともに表示すべきである。

1.5.1.2　灯火の種類（第21条）

この法律に定める法定灯火は次の7種類である。

a．**マスト灯**：225°（20 pt）にわたる水平の弧を照らす白灯で，正船首方向から各舷正横後 22.5°までの間を射光するように，船舶の中心線上に装置される灯火をいう（図 1.13）。

b．**舷灯**：それぞれ 112.5°（10 pt）にわたる水平の弧を照らす紅灯および緑灯の一対をいう。紅灯は正船首方向から左舷正横後 22.5°（2 pt）までの間を射光するように左舷側に装置され，緑灯は正船首方向から右舷正横後 22.5°までの間を射光するように右舷側に装置される（図 1.13）。

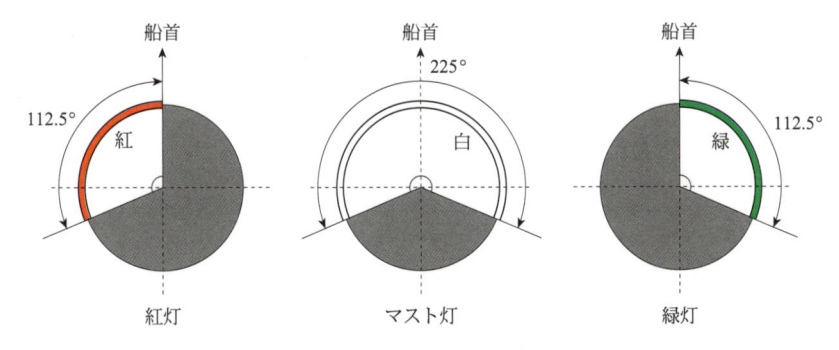

図 1.13　マスト灯および舷灯

c．**両色灯**：紅色および緑色の部分からなる灯火であって，その紅色および緑色の部分がそれぞれ舷灯の紅灯および緑灯と同一の特性を有することとなるように船舶の中心線上に装置された灯火をいう（図 1.14）。

d．**船尾灯**：135°にわたる水平の弧を照らす白灯であって，その射光が正船尾方向から各舷 67.5°までの間を照らすように装置された灯火をいう（図 1.14）。

e．**引き船灯**：船尾灯と同一の特性を有する黄灯の灯火をいう（図 1.14）。

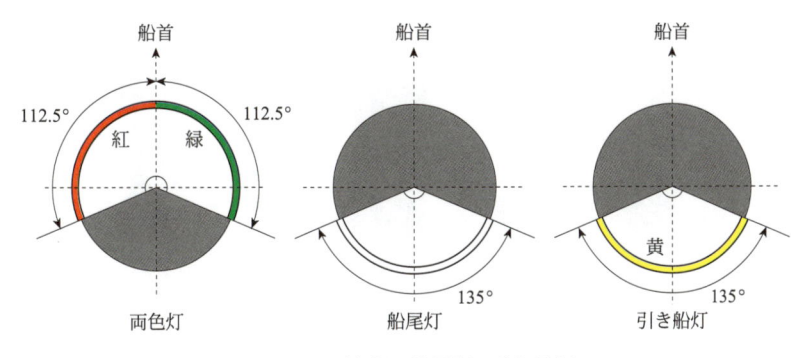

図 1.14　両色灯，船尾灯，引き船灯

f．全周灯：360°にわたる水平の弧を照らす灯火をいう。白灯，紅灯，緑灯がある（図1.15）。
g．閃光灯：一定の間隔で毎分120回以上の閃光を発する全周灯をいう。黄灯（エアークッション船），紅灯（表面効果翼船）がある（図1.15）[*5]。

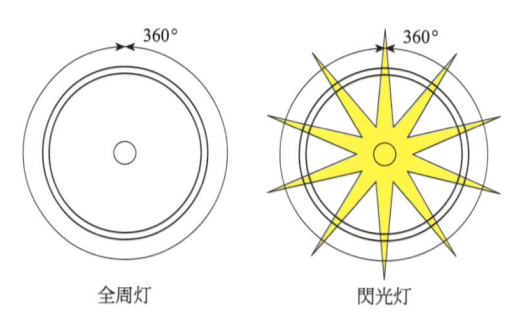

図1.15　全周灯および閃光灯

1.5.1.3　灯火の視認距離（第22条）

法定灯火の最小視認距離は船舶の長さによって定められている（表1.3）。

表1.3　法定灯火の最小視認距離 [nm]

灯火の種類	50 m 以上	50 m 未満 20 m 以上	20 m 未満 12 m 以上	12 m 未満
マスト灯	6	5	3	2
舷灯	3	2	2	1
船尾灯	3	2	2	2
引き船灯	3	2	2	2
全周灯	3	2	2	2

1.5.1.4　形象物の種類

衝突予防法に定める形象物の種類は，球形・円すい形・円筒形・ひし形・鼓形の5種類で，色は黒色で，大きさは図1.16に示す以上のものでなければならない。ただし，長さ12m未満の船舶に掲げる形象物の大きさは，その船舶の大きさに適したものとすることができる（則第8条）。

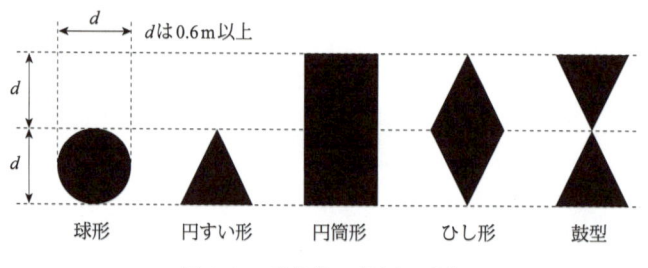

図1.16　形象物の種類と形状

[*5] 緑色の閃光灯は海上交通安全法の規定による巨大船の灯火である。

1.5.2　各種船舶の灯火および形象物

相手船がどのような船舶で，かつ，どのような進路で航行しているか判断する必要がある場合，昼間は船体の見え方や掲げられた形象物などから判断し，夜間は灯火の見え方で判断することとなる。

1.5.2.1　航行中の動力船（第23条）

a．**航行中の動力船の灯火**：表1.4および図1.17（長さ50m以上の動力船の灯火を，上方，および船首，船尾，左右正横方向から見た図）に示す。この灯火は次の動力船には適用されない（次節以降参照）。

- 引き船など（結合型押し船を除く）
- 漁ろうに従事している船舶
- 運転不自由船
- 操縦性能制限船
- 水先船

b．**航行中の動力船の形象物**：本条においては，航行中の動力船が掲揚すべき形象物はない。

表1.4　航行中の動力船の灯火

灯火の種類	個数	備考
前部マスト灯	1個	
後部マスト灯	1個	前部マスト灯より高い位置（長さ50m未満の動力船は不要）
舷灯	1対	長さ20m未満の動力船は両色灯でも可
船尾灯	1個	できる限り船尾近く

航行中のエアークッション船は上記に加え，黄色閃光灯を1個表示。

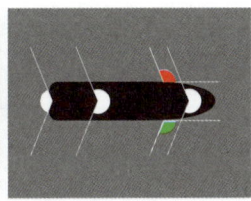

図1.17　航行中の動力船（長さ50m以上）の灯火

1.5.2.2　航行中の曳航船など（第24条）

a．**引き船および引かれ船の灯火**：引き船（動力船）および引かれ船（物件）の灯火などを表1.5，1.6に示す。**曳航物件の長さ**（引き船の船尾から曳航物件の後端までの距離）によって，マスト灯（灯火の個数）や形象物の表示が変わる。例として，引き船の長さが50m以上，曳航物件の長さが200m以上の場合の灯火および形象物を表1.5，1.6，図1.18，1.19に示す。

表1.5　他の船舶（物件）を曳航している動力船の灯火および形象物

灯火などの種類	個数	備考
前部マスト灯	2（3）個	曳航物件の長さが200 mを超える場合は3個
後部マスト灯	1個	前部マスト灯より高い位置（長さ50 m未満の引き船は不要）
舷灯	1対	長さ20 m未満の動力船は両色灯でも可
船尾灯	1個	できる限り船尾近く
引き船灯	1個	船尾灯の上
ひし形形象物	1個	曳航物件の長さが200 mを超える場合，最も見えやすい場所

長さ50 m以上の引き船では，前部マスト灯は後部マスト灯の位置と入れ替えてもよい。

表1.6　引かれ船（物件）の灯火および形象物

灯火などの種類	個数	備考
舷灯	1対	
船尾灯	1個	できる限り船尾近く
ひし形形象物	1個	曳航物件の長さが200 mを超える場合，最も見えやすい場所

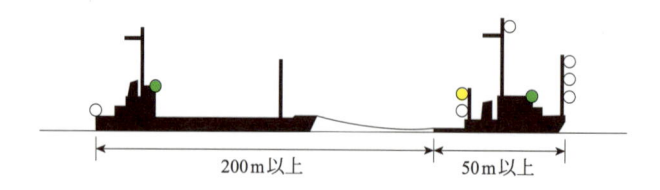

図1.18　航行中の曳航船などの灯火（曳航物件の長さが200 m超）

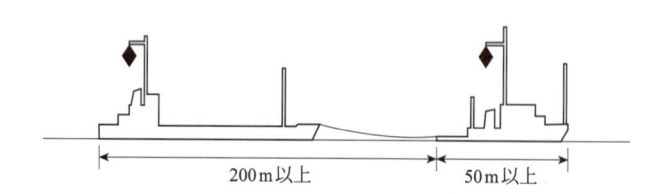

図1.19　航行中の曳航船などの形象物（曳航物件の長さが200 m超）

b．押し船および押され船の灯火：押し船（動力船）および押され船の灯火（形象物はない）を表1.7，表1.8に示す。2隻以上の船舶が結合して一体となって押されまたは接舷して引かれている場合は，それらを1隻の動力船とみなし，航行中の動力船の灯火を掲げる（図1.17）。例として，押し船などの長さが50 m以上の場合の航行中の押し船の灯火および接舷して他船を引いている船の灯火を表1.8，図1.20，図1.21に示す。

表 1.7　他の船舶（物件）を押しまたは接舷して引いている船（動力船）の灯火

灯火の種類	個数	備考
前部マスト灯	2個	
後部マスト灯	1個	前部マスト灯より高い位置（長さ50m未満の引き船は不要）
舷灯	1対	長さ20m未満の動力船は両色灯でも可
船尾灯	1個	できる限り船尾近く

長さ50m以上の引き船では，前部マスト灯は後部マスト灯の位置と入れ替えてもよい。

表 1.8　航行中の押されまたは接舷されて引かれている船の灯火

灯火の種類	個数	備考
舷灯	1対	押しまたは接舷して引かれている船舶および物件の前端に表示
船尾灯	1個	接舷して引かれている船舶のみ

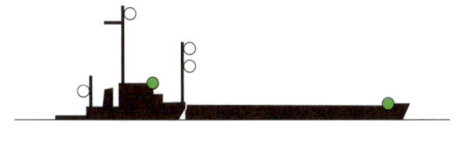

図 1.20　航行中の押し船などの灯火

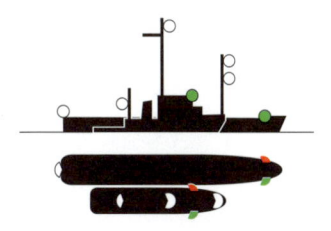

図 1.21　航行中の接舷曳航船などの灯火

1.5.2.3　航行中の帆船など（第25条）

帆船（長さ7m以上）の灯火および形象物：灯火を表1.9，図1.22に示す。昼間，機帆走している船舶は，円すい形形象物1個を頂点を下にして，前部の最も見えやすい場所に表示する（表1.10，図1.23）。

表 1.9　帆走中の帆船の灯火

灯火の種類	個数	備考
舷灯	1対	前端に表示
船尾灯	1個	できる限り船尾近く
紅色全周灯，緑色全周灯	各1個連掲	任意，マスト最上部または付近の見えやすい場所

表 1.10　機帆走中の船舶の形象物

形象物の種類	個数	備考
円すい形形象物	1個	頂点を下向き，前部の最も見えやすい場所

図 1.22　帆走中の帆船の灯火 　　　　　　図 1.23　機帆走中の帆船の形象物

1.5.2.4　漁ろうに従事している船舶（第 26 条）

a．トロール漁船の灯火および形象物：航行中および錨泊中のトロール漁船の灯火および形象物を表 1.11，図 1.24，図 1.25 に示す。

b．トロール以外の漁船：航行・錨泊中のトロール以外の漁船の灯火および形象物を表 1.12，図 1.26，1.27 に示す。

表 1.11　航行中および錨泊中のトロール漁船の灯火および形象物

灯火などの種類	個数	備考
緑色全周灯，白色全周灯	各 1 個連掲	
マスト灯	1 個	緑色全周灯より後方の高い位置（長さ 50 m 未満は不要）
舷灯	1 対	対水速力を有する場合のみ
船尾灯	1 個	対水速力を有する場合のみ
鼓形形象物	1 個	

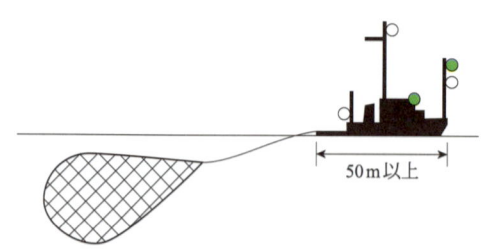

図 1.24　航行中のトロール漁船の灯火 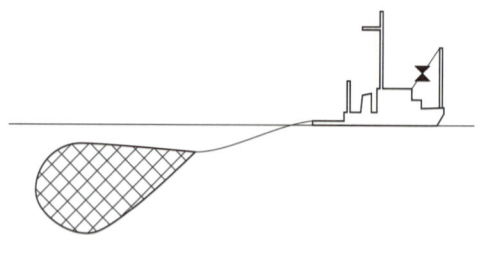　　　　図 1.25　航行中のトロール漁船の形象物

表 1.12　航行中および錨泊中のトロール以外の漁船の灯火および形象物

灯火などの種類	個数	備考
紅色全周灯，白色全周灯	各 1 個連掲	
舷灯	1 対	対水速力を有する場合のみ
船尾灯	1 個	対水速力を有する場合のみ
白色全周灯	1 個	水平距離 150 m を超えて漁具を出している場合のみその方向に表示
鼓形形象物	1 個	
円すい形形象物	1 個	頂点を上向き，水平距離 150 m を超えて漁具を出している場合のみその方向に表示

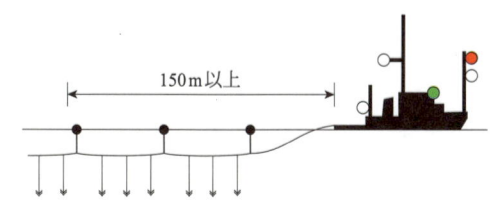

図 1.26　航行中のトロール以外の漁船の灯火 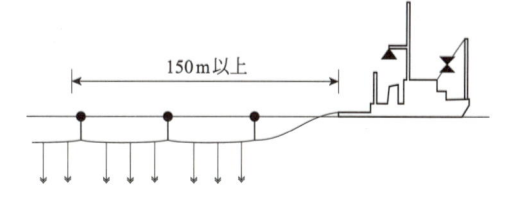　　　　図 1.27　航行中のトロール以外の漁船の形象物

1.5.2.5　航行中の運転不自由船（第 27 条第 1 項）

運転不自由船：灯火および形象物を表 1.13，図 1.28，図 1.29 に示す。

表 1.13　運転不自由船の灯火および形象物

灯火などの種類	個数	備考
紅色全周灯	2 個連掲	
舷灯	1 対	対水速力を有する場合（長さ 20 m 未満の動力船は両色灯でも可）
船尾灯	1 個	対水速力を有する場合
球形形象物	2 個連掲	

図 1.28　運転不自由船の灯火 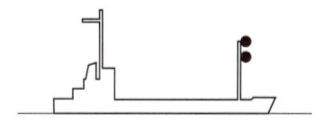　　　　図 1.29　運転不自由船の形象物

1.5.2.6　航行中および錨泊中の操縦性能制限船（第 27 条第 2〜7 項）

操縦性能制限船については，定義（第 3 条第 7 項）のとおりその作業の種類が具体的に定められており，作業種類に分けて表示すべき灯火・形象物が定められている。主なものを次に示す。

　a．航路標識敷設など作業船：操縦性能制限船であって，航路標識などを敷設する船舶が表示しなければならない灯火・形象物を表 1.14，図 1.30，1.31 に示す。

表 1.14　操縦性能制限船の灯火・形象物

灯火などの種類	個数	備考
紅色全周灯，白色全周灯，紅色全周灯	各 1 個連掲	
航行中の動力船の灯火	1 式	対水速力のある場合は表 1.4
停泊灯	1 式	錨泊中は表 1.20
球形，ひし形，球形	各 1 個連掲	

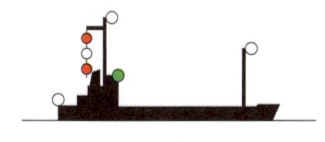

図 1.30　操縦性能制限船の灯火 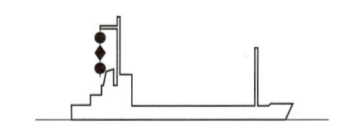　　　　図 1.31　操縦性能制限船の形象物

b．進路から離れることを著しく制限する曳航作業船：航行中の操縦性能制限船であって，船舶および船舶に引かれている船舶その他の物件がその進路から離れることを著しく制限される曳航作業に従事している船舶および物件などは，他の船舶（物件）を曳航している動力船の灯火・形象物（表 1.5，1.6）に加え，表 1.15 に示す灯火・形象物を掲げる。一例として，長さ 50 m 以上の引き船が曳航物件の後端までの距離が 200 m を超える曳航作業に従事している例を図 1.32，1.33 に示す。

表 1.15　曳航作業中の操縦性能制限船の灯火および形象物

灯火などの種類	個数	備考
紅色全周灯，白色全周灯，紅色全周灯	各 1 個連掲	
球形，ひし形，球形形象物	各 1 個連掲	曳航船

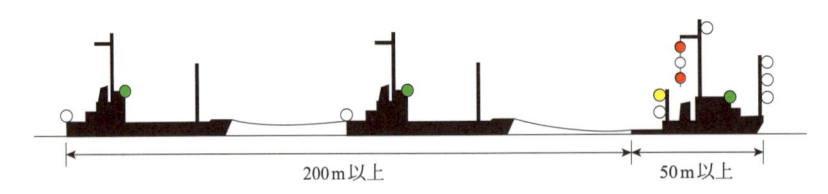

図 1.32　曳航作業中の操縦性能制限船の灯火（曳航物件の長さが 200 m 超）

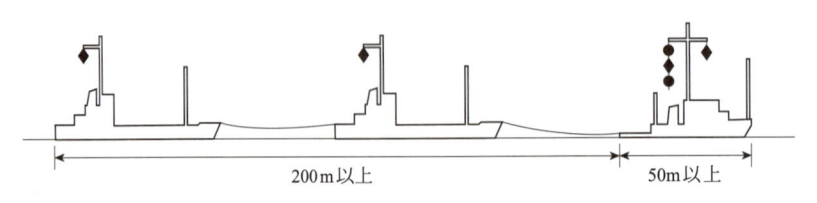

図 1.33　曳航作業中の操縦性能制限船の形象物（曳航物件の長さが 200 m 超）

c．浚渫などの水中作業船：航行中または錨泊中の操縦性能制限船であって，浚渫その他の水中作業（掃海作業以外）に従事しており，その作業が他の船舶の通航の妨げとなるおそれがある場合に表示しなければならない灯火・形象物を表 1.16 に示す。一例として，錨泊中で対水速力がない場合の例を図 1.34，1.35 に示す。

表 1.16　浚渫などの水中作業船の灯火および形象物

灯火などの種類	個数	備考
紅色全周灯，白色全周灯，紅色全周灯	各 1 個連掲	
航行中の動力船の灯火	1 式	対水速力のある場合は表 1.4
紅色全周灯	2 個連掲	他の船舶の通航の妨げとなる側の舷に表示
緑色全周灯	2 個連掲	紅色全周灯 2 個連掲の反対の舷に表示
球形，ひし形，球形形象物	各 1 個連掲	
球形形象物	2 個連掲	他の船舶の通航の妨げとなる側の舷に表示
ひし形形象物	2 個	球形形象物 2 個連掲の反対の舷に表示

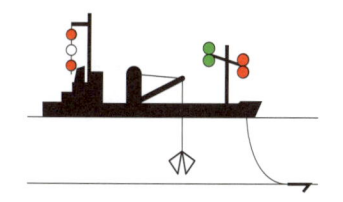

図 1.34　操縦性能制限船（浚渫などの水中作業）の灯火 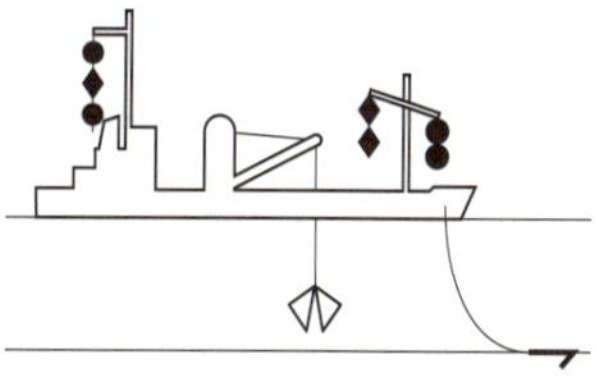　　　　　図 1.35　操縦性能制限船（浚渫などの水中作業）の形象物

d．**潜水夫による水中作業**：潜水夫による作業に従事している操縦性能制限船がその船体の大きさの関係で前述の灯火・形象物を表示することができない場合は，図 1.36, 1.37 に示す灯火または信号板を表示することでこれに代えることができる。

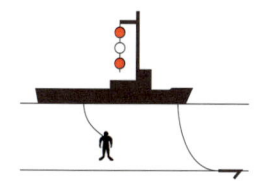

図 1.36　操縦性能制限船（潜水夫による水中作業）の灯火 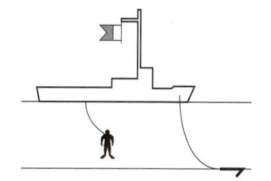　　　　　図 1.37　操縦性能制限船（潜水夫による水中作業）の信号板

e．**掃海作業船**：掃海作業（海中に敷設された機雷や不発爆弾などを捜索して除去する作業）に従事している操縦性能制限船が表示しなければならない灯火・形象物を表 1.17 に示す。一例として，長さ 50 m 以上の掃海作業船が航行中に当該作業に従事している場合の灯火を図 1.38, 1.39 に示す。

表 1.17　掃海作業船の灯火および形象物

灯火などの種類	個数	備考
緑色全周灯	3 個	1 個は前部マストの最上部付近，他 2 個は前部マストのヤードの両端
航行中の動力船の灯火	1 式	対水速力のある場合は表 1.4
球形形象物	3 個	1 個は前部マストの最上部付近，他 2 個は前部マストのヤードの両端

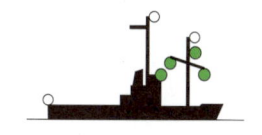

図 1.38　掃海作業船の灯火 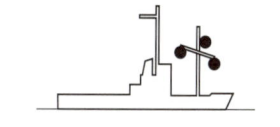　　　　　図 1.39　掃海作業船の形象物

1.5.2.7　航行中の喫水制限船（第 28 条）

喫水制限船の灯火および形象物を表 1.18, 図 1.40, 1.41 に示す。

表 1.18　航行中の喫水制限船

灯火などの種類	個数	備考
紅色全周灯	3個連掲	
前部マスト灯	1個	
後部マスト灯	1個	前部マスト灯より高い位置 長さ 50 m 未満の船舶は不要
舷灯	1対	長さ 20 m 未満の動力船は両色灯でも可
船尾灯	1個	できる限り船尾近く
円筒形形象物	1個	

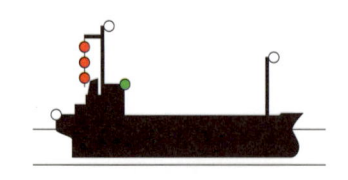

図 1.40　航行中の喫水制限船の灯火

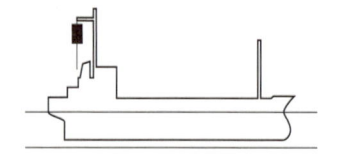

図 1.41　航行中の喫水制限船の形象物

1.5.2.8　水先船（第 29 条）

　航行中の水先船の灯火を表 1.19，図 1.42 に示す。水先船の航海中の形象物についての規定はないが、国際信号旗の"H"旗を掲げていることが多い。

表 1.19　航行中の水先船

灯火の種類	個数	備考
白色全周灯， 紅色全周灯	各1個連掲	マストの最上部またはその付近
舷灯	1対	長さ 20 m 未満の動力船は両色灯で可
船尾灯	1個	できる限り船尾近く

図 1.42　航行中の水先船の灯火

1.5.2.9　錨泊中および乗り揚げ中の船舶（第 30 条）

　錨泊中および乗り揚げ中の船舶の灯火・形象物を示す。

　a．**錨泊中の船舶**：錨泊中の船舶の法定灯火を**錨泊灯**という。また，法定灯火ではないが，長さ 100 m 以上の船舶は作業灯などで甲板を照明する（表 1.20, 図 1.43, 1.44）。

表 1.20　錨泊中の船舶

灯火などの種類	個数	備考
白色全周灯	1個	前部の最も見えやすい場所
白色全周灯	1個	できる限り船尾近くで前部全周灯よりも低い位置（長さ 50 m 以上の船舶）
甲板照明	1式	作業灯など（長さ 100 m 以上の船舶）
球形形象物	1個	前部の最も見えやすい場所

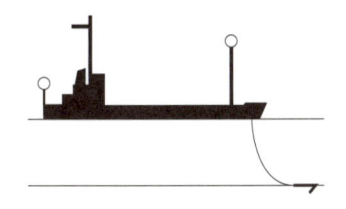

図 1.43　錨泊中の船舶の灯火 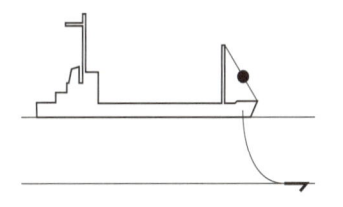　　　　　　図 1.44　錨泊中の船舶の形象物

b．**乗り揚げ中の船舶**：乗り揚げ中の船舶の灯火・形象物を表 1.21, 図 1.45, 図 1.46 に示す。

表 1.21　乗り揚げ中の船舶

灯火などの種類	個数	備考
白色全周灯	1 個	前部の最も見えやすい場所
白色全周灯	1 個	できる限り船尾近くで前部全周灯よりも低い位置 長さ 50 m 未満の船舶は不要
紅色全周灯	2 個	最も見えやすい場所
球形形象物	3 個	前部の最も見えやすい場所

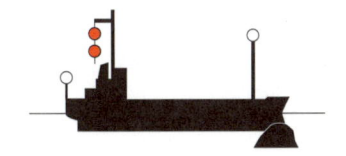

図 1.45　乗り揚げ中の船舶の灯火 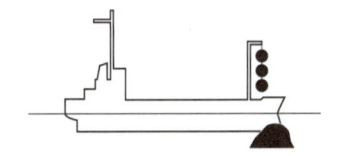　　　　　　図 1.46　乗り揚げ中の船舶の形象物

1.6　音響信号および発光信号

1.6.1　定義

a．**汽笛**：本法に定める短音および長音を発することができる装置
b．**短音**：約 1 秒間継続する吹鳴（本書での表記 "・"）
c．**長音**：4 秒以上 6 秒以下の時間継続する吹鳴（同 "―"）

1.6.2　音響信号設備

船舶が備えるべき信号設備を表 1.22 に示す。

表 1.22　船舶の種類と信号設備

船舶の種類	信号設備
長さ 100 m 以上の船舶	汽笛, 号鐘, どら（号鐘と混同しない音調のもの）
長さ 100 m 未満の船舶	汽笛, 号鐘
長さ 12 m 以上 20 m 未満の船舶	汽笛
長さ 12 m 未満の船舶	有効な音響を発するもの（ホイッスルなど）

1.6.3 各種信号

1.6.3.1 操船信号および警告信号（第34条）

操船信号および警告信号の実施条件を表 1.23 に，各信号の方法を表 1.24〜1.27，図 1.47，1.48 に示す．

表 1.23　操船信号および警告信号

信号	実施条件	信号方法
操船信号	●航行中の動力船であること． ●互いに他の船舶の視野の内にあること． ●本法の規定により針路を転じ，または機関を後進にかけているとき．	表 1.24
追越し信号	●狭い水道または航路筋を航行中の船舶であること． ●互いに他の船舶の視野の内にあること． ●追い越される船舶が追越し船を安全に通過させるための動作をとらなければ追い越しできないとき．	表 1.25
警告（疑問）信号	●互いに他の船舶の視野の内にあること． ●他の船舶の意図もしくは動作を理解できないとき． ●他の船舶が衝突を避けるための十分な動作をとっていることについて疑いがあるとき．	表 1.26
湾曲部信号・応答信号	●障害物があるため他の船舶を見ることができない狭い水道等の湾曲部やその他の水域に接近するとき．	表 1.27

表 1.24　操船信号

操船	汽笛	発光（任意）	備考
針路を右に転じている場合	・	★	発光信号を反復して行う場合，
針路を左に転じている場合	・・	★★	信号同士の間隔は 10 秒以上
機関を後進にかけている場合	・・・	★★★	

表 1.25　追越し信号および同意信号

操船	汽笛
右舷側追越し	——・
左舷側追越し	——・・
被追越し船の同意（同意信号）	—・—・
被追越し船の不同意（警告信号）	・・・・・

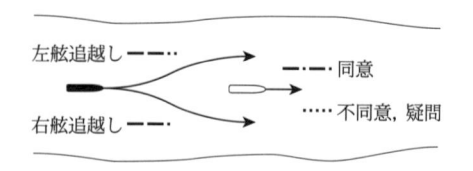

図 1.47　追越し信号，同意信号および警告信号

表 1.26　警告（疑問）信号

操船	汽笛	発光（任意）	備考
他船の意図など不明，動作に疑問	・・・・・	★★★★★	急速閃光信号

表 1.27　湾曲部信号および応答信号

信号	汽笛	備考
湾曲部信号	─	湾曲部に接近したとき
応答信号	─	障害物の背後に他の船舶の湾曲部信号を聞いたとき

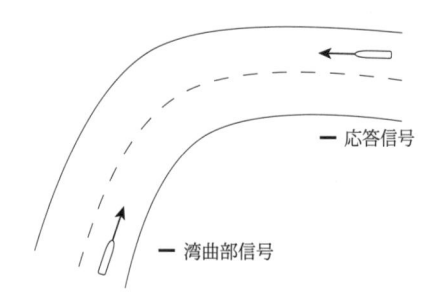

図 1.48　湾曲部信号および応答信号

1.6.3.2　霧中信号（第 35 条）

視界制限状態における霧中信号などを表 1.28〜1.30 に示す。

表 1.28　航行中の船舶の霧中信号

船舶	信号	備考
動力船（対水速力あり）	─	2 分間を超えない間隔で実施
動力船（対水速力なし）	──	2 分間を超えない間隔で実施
帆船，漁ろうに従事している船舶 運転不自由船，操縦性能制限船 引き船，押し船	─・・	2 分間を超えない間隔で実施
引かれ船（2 隻以上は最後部）	─・・・	2 分間を超えない間隔で実施 引き船信号の直後に実施 乗組員がいる場合に実施
長さ 12 m 未満の船舶		有効な代替音響信号で可 2 分間を超えない間隔で実施
水先業務中の船舶	・・・・	2 分間を超えない間隔で実施可 （動力船の信号の他に）

表 1.29　錨泊中の船舶の霧中信号

船舶	信号	備考
長さ 100 m 以上の船舶	≈≈≈ ・─・	1 分間を超えない間隔で実施 接近してくる船舶に対し，自船の位置および衝突の可能性を警告する必要のあるとき
長さ 100 m 未満の船舶	≈≈≈ ・─・	1 分間を超えない間隔で実施 同上
漁ろうに従事している船舶 操縦性能制限船	─・・	2 分間を超えない間隔で実施
	≈≈≈	急速な号鐘の連打（約 5 秒，船の前部で実施）
	⊙⊙⊙	急速などらの連打（約 5 秒，船の後部で実施）

表 1.30　乗り揚げ中の船舶の霧中信号

船舶	信号	備考
長さ 100 m 以上の船舶	∧∧∧ ≈≈ ∧∧∧ ⊙⊙⊙	1 分間を超えない間隔で実施 上記の他，適切な汽笛信号を実施可
長さ 100 m 未満の船舶	∧∧∧ ≈≈ ∧∧∧	1 分間を超えない間隔で実施
	∧∧∧	明確な号鐘 3 回点打（船の前部で実施）
	≈≈	急速な号鐘の連打（約 5 秒，船の前部で実施）
	⊙⊙⊙	急速などらの連打（約 5 秒，船の後部で実施）

1.6.3.3　注意喚起信号（第 36 条）

a．実施条件：他の船舶の注意を喚起する必要があると認めるときに行う信号で，次の例がある。
- 夜間，法定灯火を表示せずに航行している船舶を認めたとき。
- 自船が投錨や揚錨中，近づいてくる船舶があったとき。
- 他船が定置網や暗礁のある方向に航行しているのを認めたとき。

b．信号の方法：規定する他の信号と誤認されない音響や発光による信号。
- 汽笛や発光による長音（4～6 秒）より長い超長音の吹鳴。
- 汽笛や発光による長音に引き続いて急速に短音 5 回以上を吹鳴。

1.6.3.4　遭難信号（第 37 条）

信号の方法：遭難して救助を求める場合に行う信号で，予防法施行規則第 22 条による（表 1.31）。

表 1.31　遭難信号

1	約 1 分の間隔で行う 1 回の発砲その他の爆発による信号
2	霧中信号器による連続音響による信号
3	短時間の間隔で発射され，赤色の星火を発するロケットまたははりゅう弾による信号
4	あらゆる信号方法によるモールス符号の "SOS" の信号
5	無線電話による「メーデー」という語の信号
6	縦に上から国際信号書に定める "NC" 旗を掲げることによって示される遭難信号
7	方形旗であって，その上方または下方に球またはこれに類似するもの 1 個の付いたものによる信号
8	船舶上の火炎（タールおけ，油たるなどの燃焼によるもの）による信号
9	落下さんの付いた赤色の炎火ロケットまたは赤色の手持ち炎火による信号
10	オレンジ色の煙を発することによる信号
11	左右に伸ばした腕を繰り返しゆっくり上下させることによる信号
12	デジタル選択呼出装置による 2187.5 kHz などの所定の周波数による遭難警報
13	インマルサット船舶地球局，その他の衛星通信の船舶地球局の無線設備による遭難警報
14	非常用の位置指示無線標識による信号
15	海上保安庁長官が告示で定める信号（平成 4 年海上保安庁告示第 17 号） ● 衛星の中継を利用した非常用の位置指示無線標識による遭難警報 ● 捜索救助用のレーダートランスポンダーによる信号 ● 直接印刷電信による "MAYDAY" という語の信号

1.6.3.5　他の法令による航法等についてのこの法律の規定の適用等（第40条）

　本法と他の法令（現在では，港則法及び海上交通安全法）との関係は，一般法と特別法との関係に立つから，特別法の適用水域において特別法に規定されない事項については，当然予防法の規定が適用される。

表1.32　本法の規定の他の法令の航法等への適用・準用

適用	他の法令において定められた「航法，灯火又は形象物の表示，信号その他運航に関する事項」に適用	①第16条（避航船） ②第17条（保持船） ③第20条（第4項を除く。）（灯火・形象物の表示） ④第34条（第4項から第6項までを除く。）（操船信号） ⑤第36条（注意喚起信号） ⑥第38条（切迫した危険のある特殊な状況） ⑦第39条（注意等を怠ることについての責任）
準用	他の法令において定められた「避航に関する事項」に準用	①第11条（視野の内にある船舶に適用）

（福井淡原著・淺木健司改訂『図説 海上衝突予防法（第22版)』（海文堂出版）より抜粋）

第 2 章

海上交通安全法

2.1 法の概要

2.1.1 目的および適用

2.1.1.1 目的および適用海域（第 1 条）

> （目的及び適用海域）
> 第 1 条　この法律は，船舶交通がふくそうする海域における船舶交通について，特別の交通方法を定めるとともに，その危険を防止するための規制を行なうことにより，船舶交通の安全を図ることを目的とする。
> 2. この法律は，東京湾，伊勢湾（伊勢湾の湾口に接する海域及び三河湾のうち伊勢湾に接する海域を含む。）及び瀬戸内海のうち次の各号に掲げる海域以外の海域に適用するものとし，これらの海域と他の海域（次の各号に掲げる海域を除く。）との境界は，政令で定める。
> 　一　港則法（昭和 23 年法律第 174 号）に基づく港の区域
> 　二　港則法に基づく港以外の港である港湾に係る港湾法（昭和 25 年法律第 218 号）第 2 条第 3 項に規定する港湾区域
> 　三　漁港漁場整備法（昭和 25 年法律第 137 号）第 6 条第 1 項から第 4 項までの規定により市町村長，都道府県知事又は農林水産大臣が指定した漁港の区域内の海域
> 　四　陸岸に沿う海域のうち，漁船以外の船舶が通常航行していない海域として政令で定める海域

a．**目的**：海上交通安全法（以下，「海交法」と略す。）は我が国沿岸の船舶交通が輻輳する海域（適用海域参照）における船舶交通について，それぞれの海域の状態を考慮し，次のことを行うことにより船舶交通の安全を図ることを目的としている。
- 特別の交通方法を定めること。
- 船舶交通の危険を防止するための規制を行うこと。

b．**適用海域**：海交法は東京湾，伊勢湾および瀬戸内海が適用海域である（図 2.1）。これらの海域のうち次の海域は除かれる。
- 港則法に定める港の区域
- 港湾法に定める港湾区域
- 漁港漁場整備法の定める漁港の区域
- その他，漁船以外の船舶が通常航行しない海域として政令で定める海域

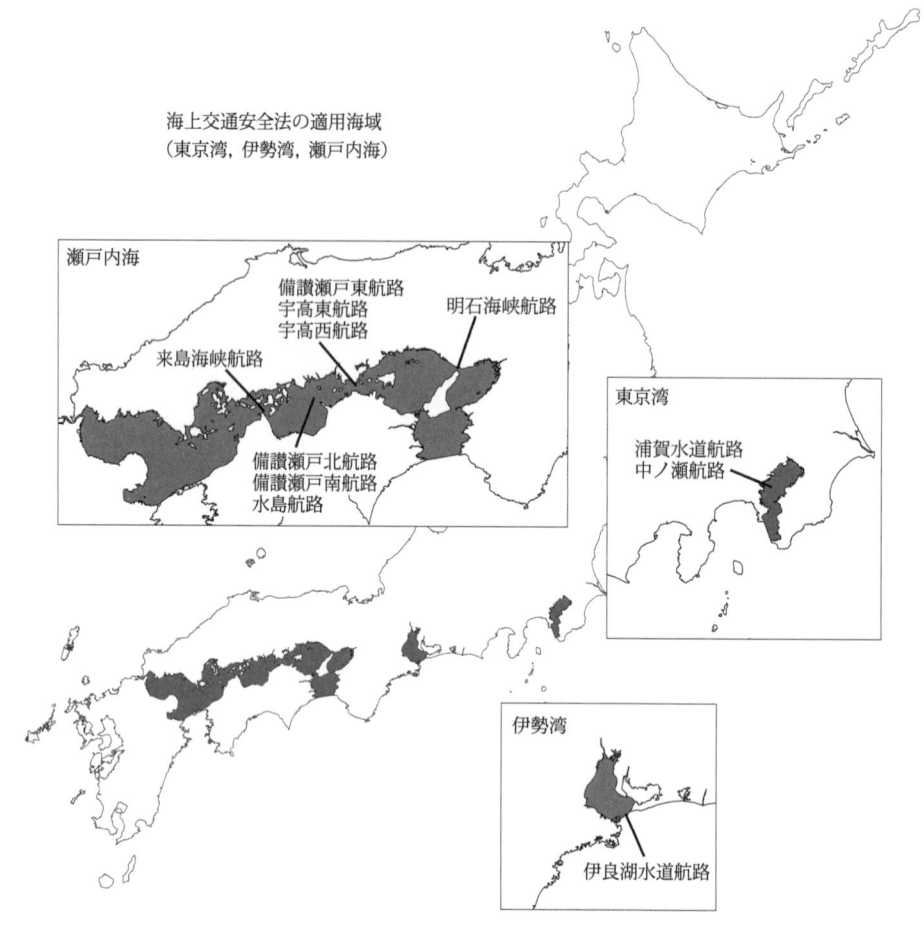

図 2.1　海上交通安全法適用海域と航路

2.1.1.2　定義（第 2 条）

航路，船舶および指定海域について次のとおり定義されている。

（定義）
第 2 条　この法律において「航路」とは，別表に掲げる海域における船舶の通路として政令で定める海域をいい，その名称は同表に掲げるとおりとする。
2. この法律において，次の各号に掲げる用語の意義は，それぞれ当該各号に定めるところによる。
　一　船舶　水上輸送の用に供する船舟類をいう。
　二　巨大船　長さ 200 メートル以上の船舶をいう。
　三　漁ろう船等　次に掲げる船舶をいう。
　　イ　漁ろうに従事している船舶
　　ロ　工事又は作業を行なっているため接近してくる他の船舶の進路を避けることが容易でない国土交通省令で定める船舶で国土交通省令で定めるところにより灯火又は標識を表示しているもの
3. この法律において「漁ろうに従事している船舶」，「長さ」及び「汽笛」の意義は，それぞれ海上衝突予防法（昭和 52 年法律第 62 号）第 3 条第 4 項及び第 10 項並びに第 32 条第 1 項に規定する当該用語の意義による。

> 4. この法律において「指定海域」とは，地形及び船舶交通の状況からみて，非常災害が発生した場合に船舶交通が著しくふくそうすることが予想される海域のうち，二以上の港則法に基づく港に隣接するものであって，レーダーその他の設備により当該海域における船舶交通を一体的に把握することができる状況にあるものとして政令で定めるものをいう。

a．**航路**：適用 3 海域に 11 か所の航路を設け（表 2.1），各航路に最も適した各種の航法を規定している。これらの航路は幅が狭いだけでなく，強い潮流や付近に暗礁や浅瀬が存在するなど自然的条件も厳しく，また，船舶交通も集中する海域に設けられた通路であり，船舶交通を整流し，衝突のおそれが生ずる見合い関係の発生を少なくして衝突の予防を図っている。

航路は海図に記載され，航路には航路を示すための標識が設置されている。海図には航路の他，適用海域の境界，**速力の制限区間**，**追越し禁止区間**，航路への出入・横断の制限区域，航路の中央，航路以外の海域における**指定経路**などが記載されている。

b．**船舶，巨大船，漁ろう船等**：表 2.2 に船舶の定義を示す。とくに巨大船はその操縦性能の悪さから，ほとんどの場合に保持船となる。

c．**巨大船**：海交法の適用海域においては，巨大船は法第 27 条の規定による灯火・形象物を，漁ろう船は海上衝突予防法（以下，「予防法」と略す）第 26 条に規定する灯火・形象物を，また，許可を受けた工事作業船は海交法施行規則（以下，「則」と略す）第 2 条第 2 項に規定する灯火・形象物を掲げなければならない。

d．**指定海域**：東京湾に所在する同法適用海域（令第 4 条　2022 年 10 月現在）

表 2.1　海域と航路

海域	航路
東京湾	浦賀水道航路，中ノ瀬航路（図 2.2, 2.3）
伊勢湾	伊良湖水道航路（図 2.4, 2.5）
瀬戸内海	明石海峡航路（図 2.6, 2.7）
	備讃瀬戸東航路・宇高東航路・宇高西航路（図 2.8, 2.9）
	備讃瀬戸北航路・備讃瀬戸南航路・水島航路（図 2.8, 2.9）
	来島海峡航路（図 2.10, 2.11）

表 2.2　船舶の定義

船舶の種類	定義	備考
船舶	水上輸送の用に供する船舟類	水上飛行機を含まない（海上衝突予防法と相違）
巨大船	長さ（全長）200 m 以上の船舶	
漁ろう船等	漁ろうに従事している船舶	海上衝突予防法の定義
	許可を受けた工事作業船	他の船舶の進路を避けることが容易ではない船舶

2.1.2　航路略図

以下に海交法に定める 11 航路とその周辺海域の状況がわかる略図を示す。

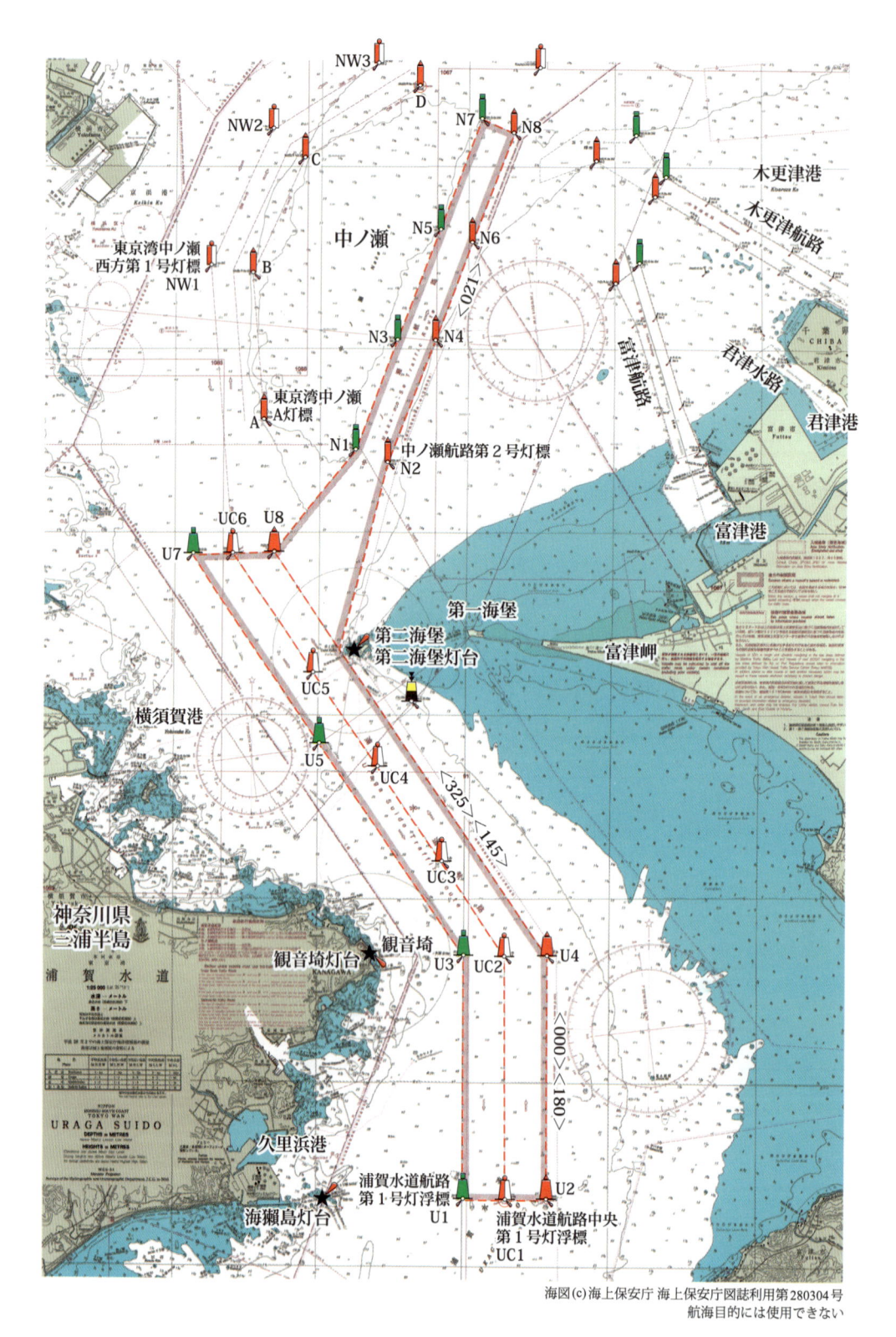

図 2.2 浦賀水道航路および中ノ瀬航路

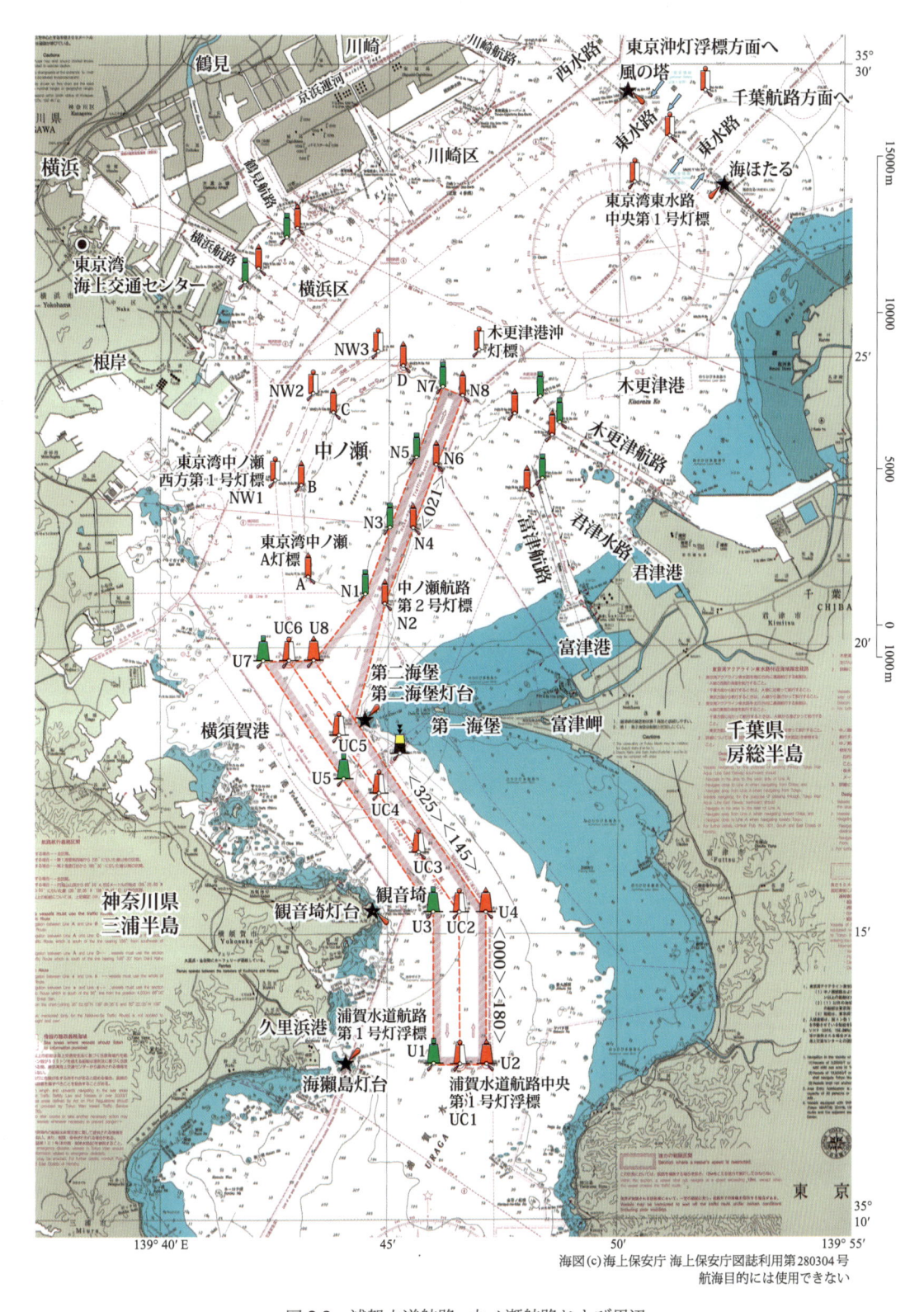

図 2.3 浦賀水道航路，中ノ瀬航路および周辺

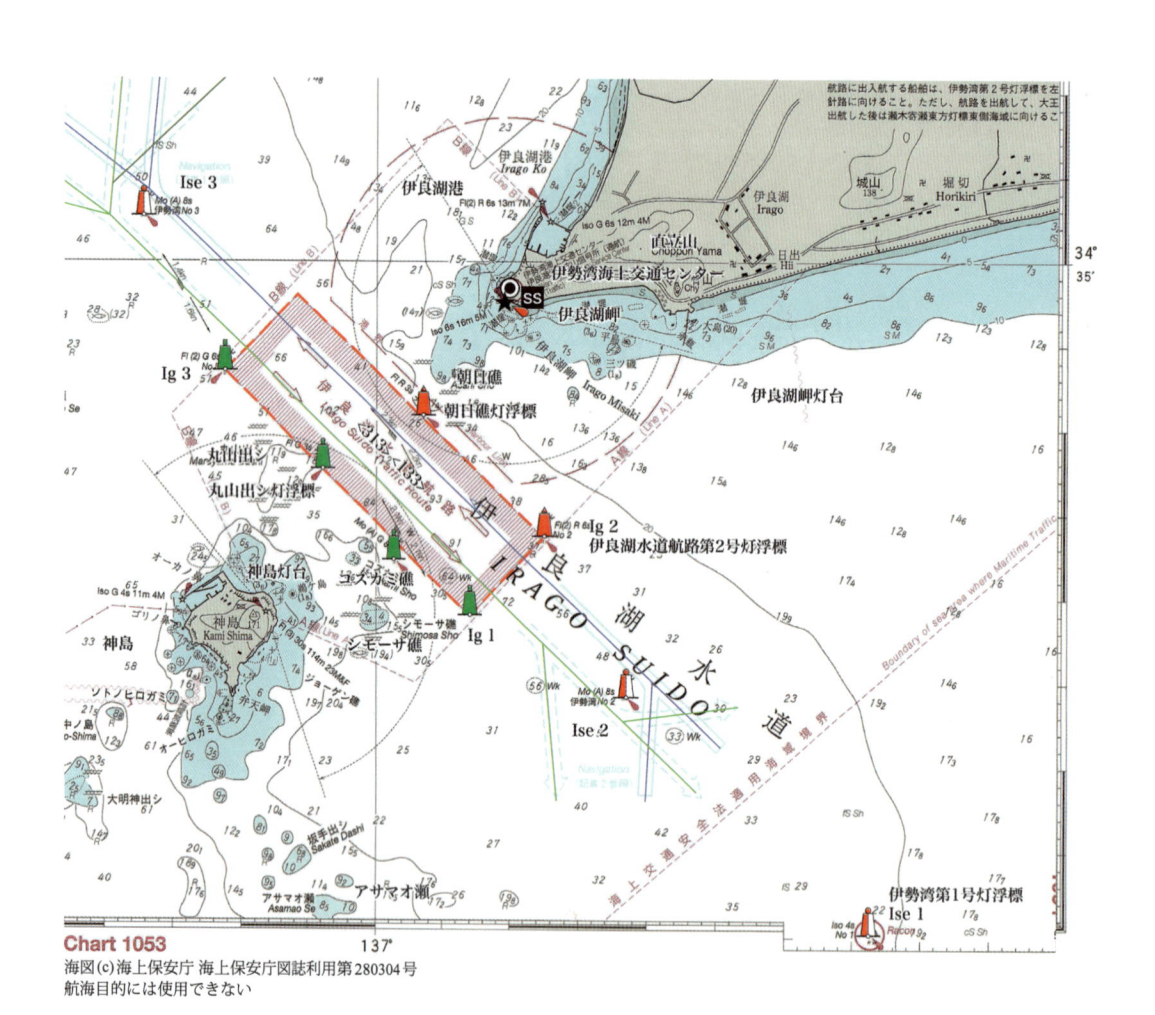

図 2.4　伊良湖水道航路

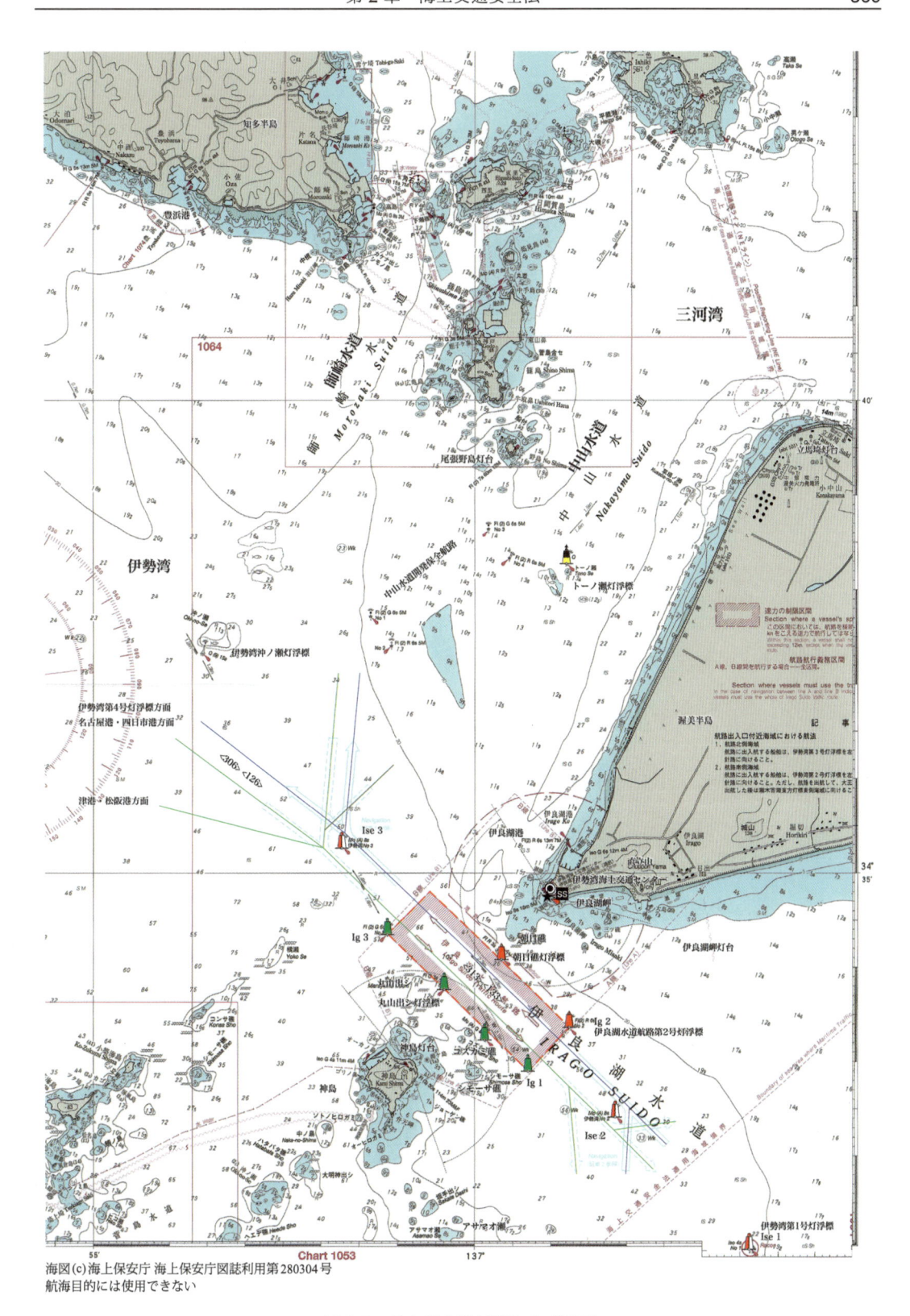

図 2.5　伊良湖水道航路および周辺

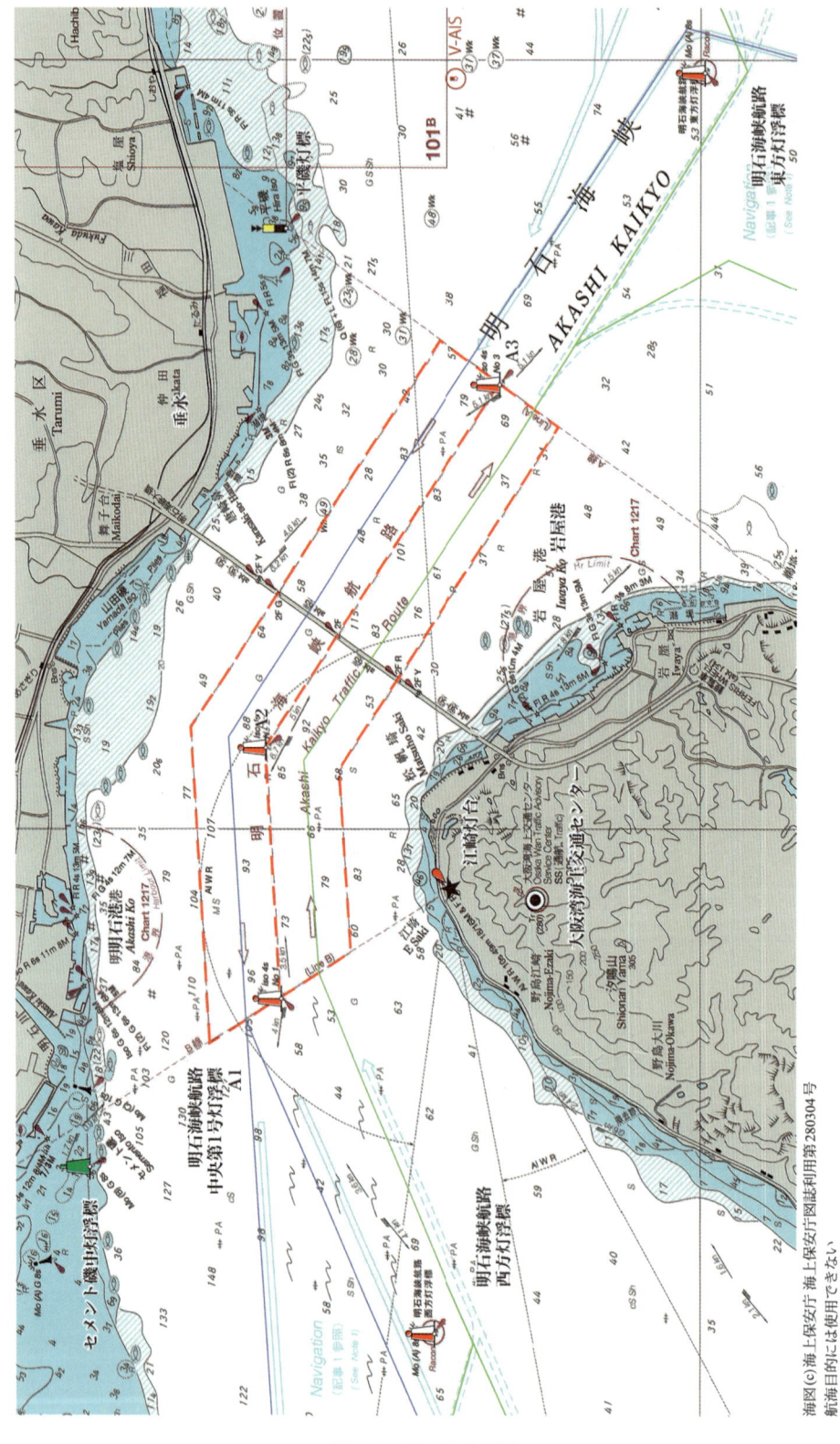

図 2.6　明石海峡航路

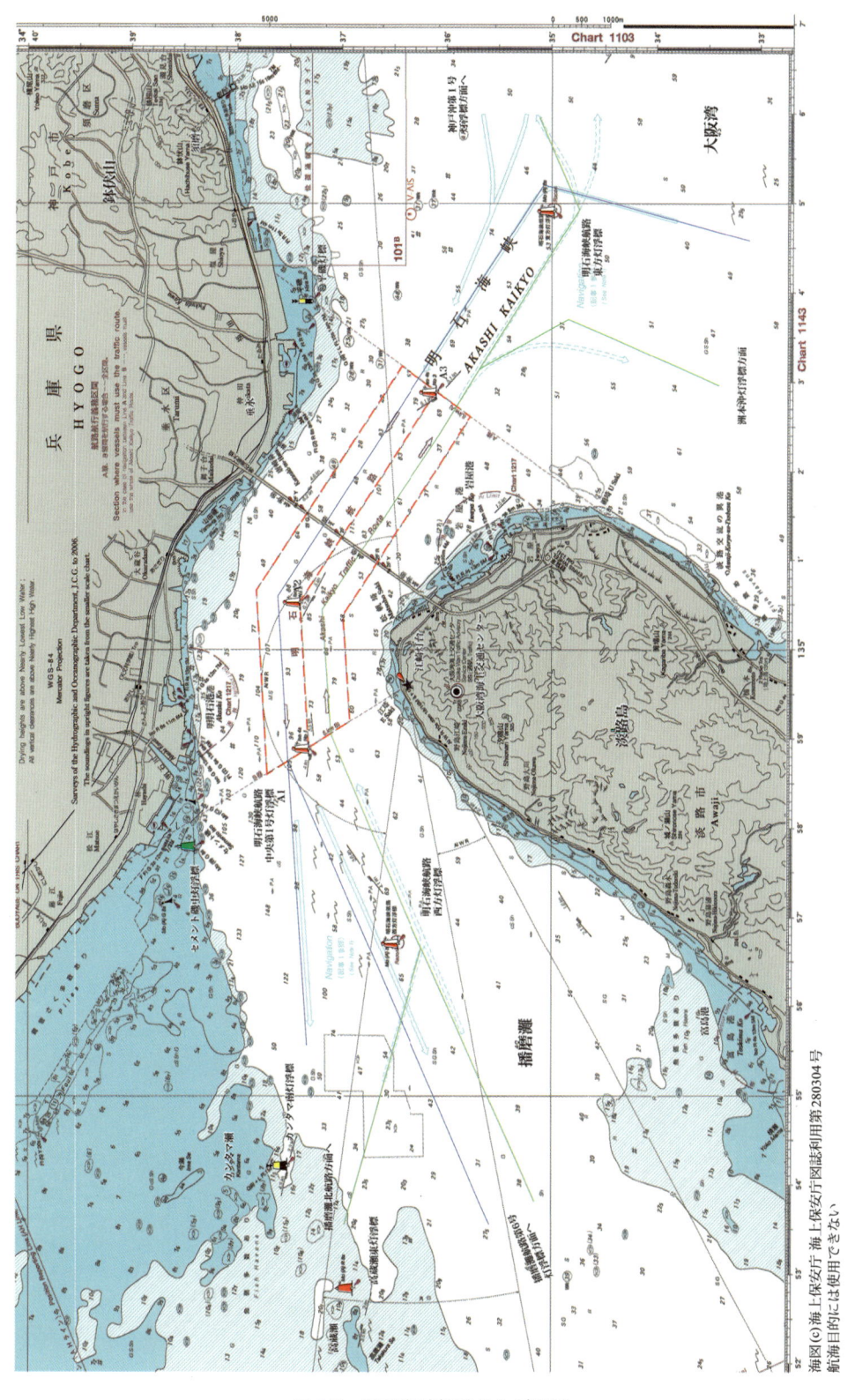

図 2.7 明石海峡航路および周辺

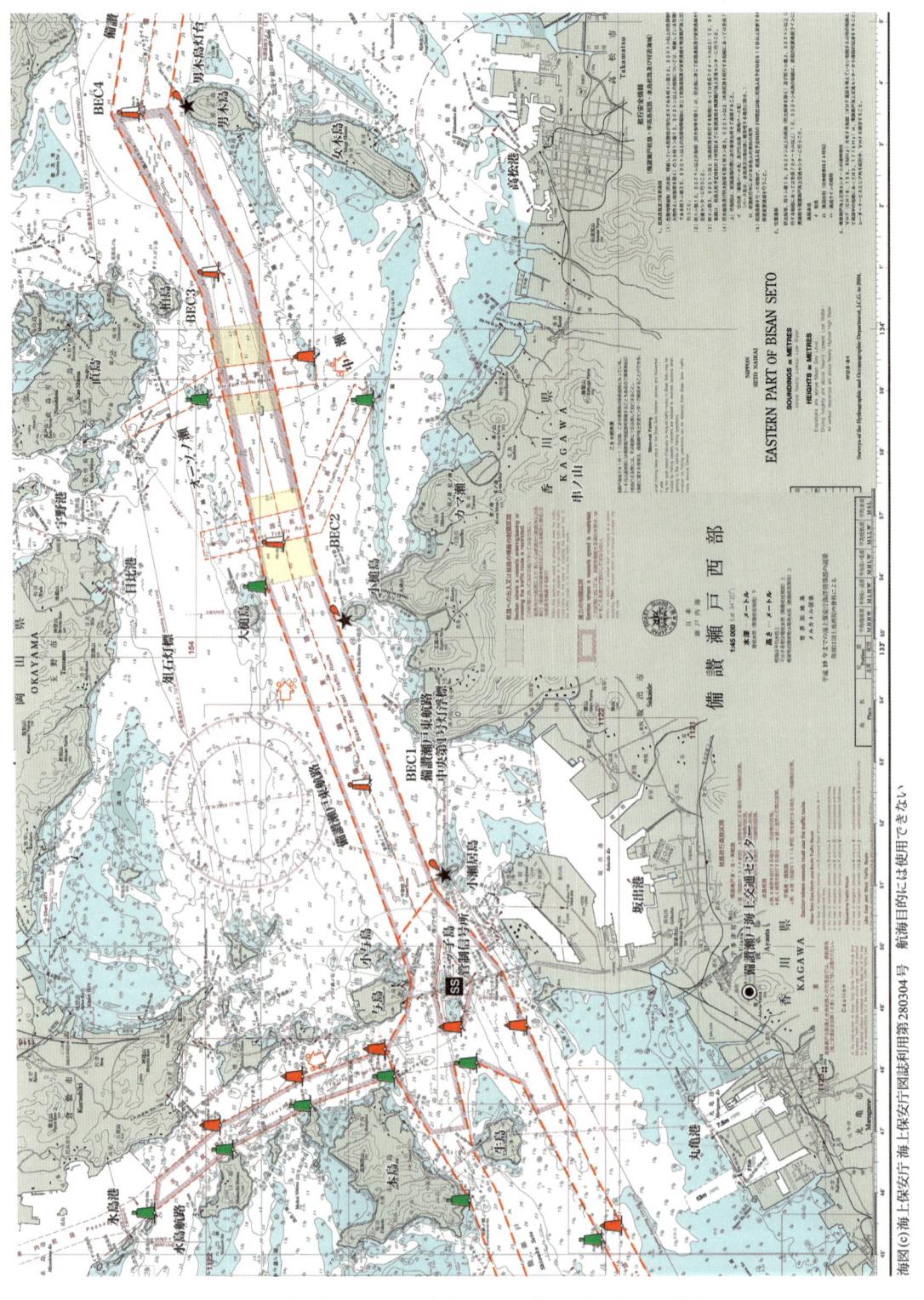

図 2.8　備讃瀬戸東・北・南航路，水島航路，宇高東・西航路

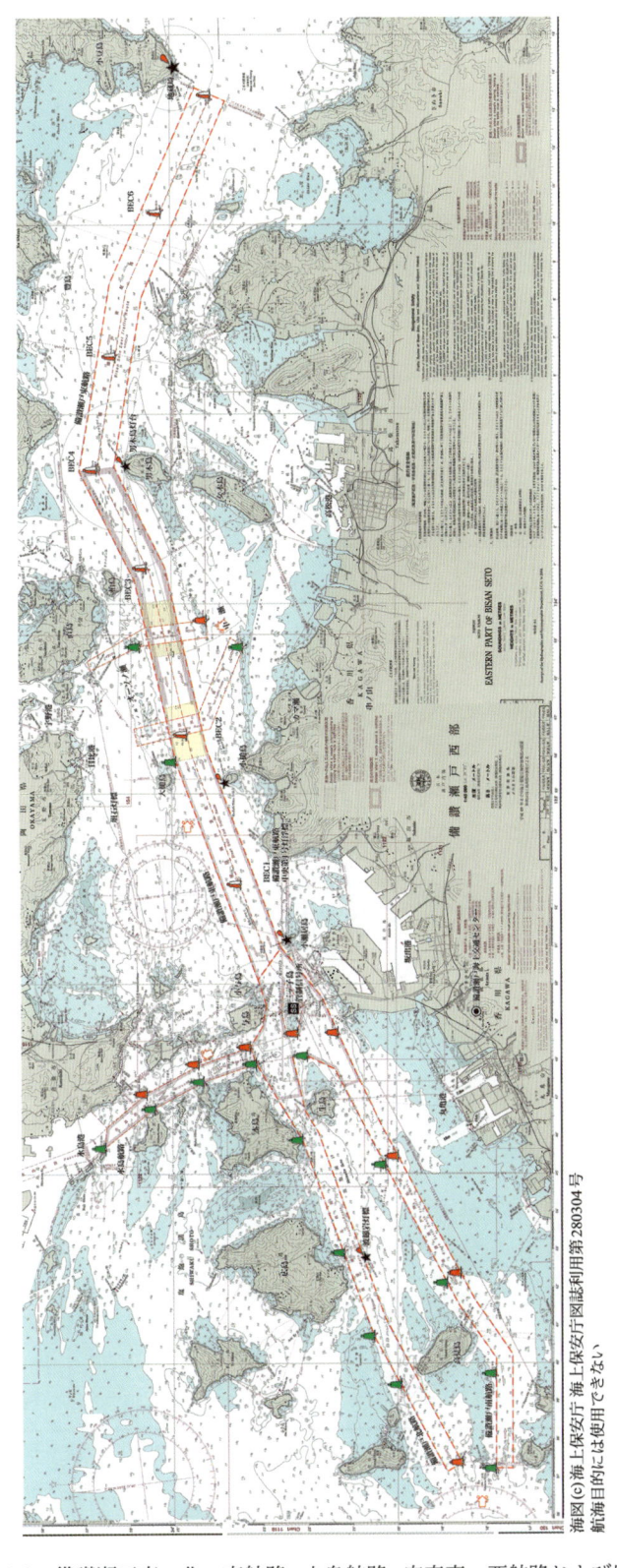

図 2.9　備讃瀬戸東・北・南航路，水島航路，宇高東・西航路および周辺

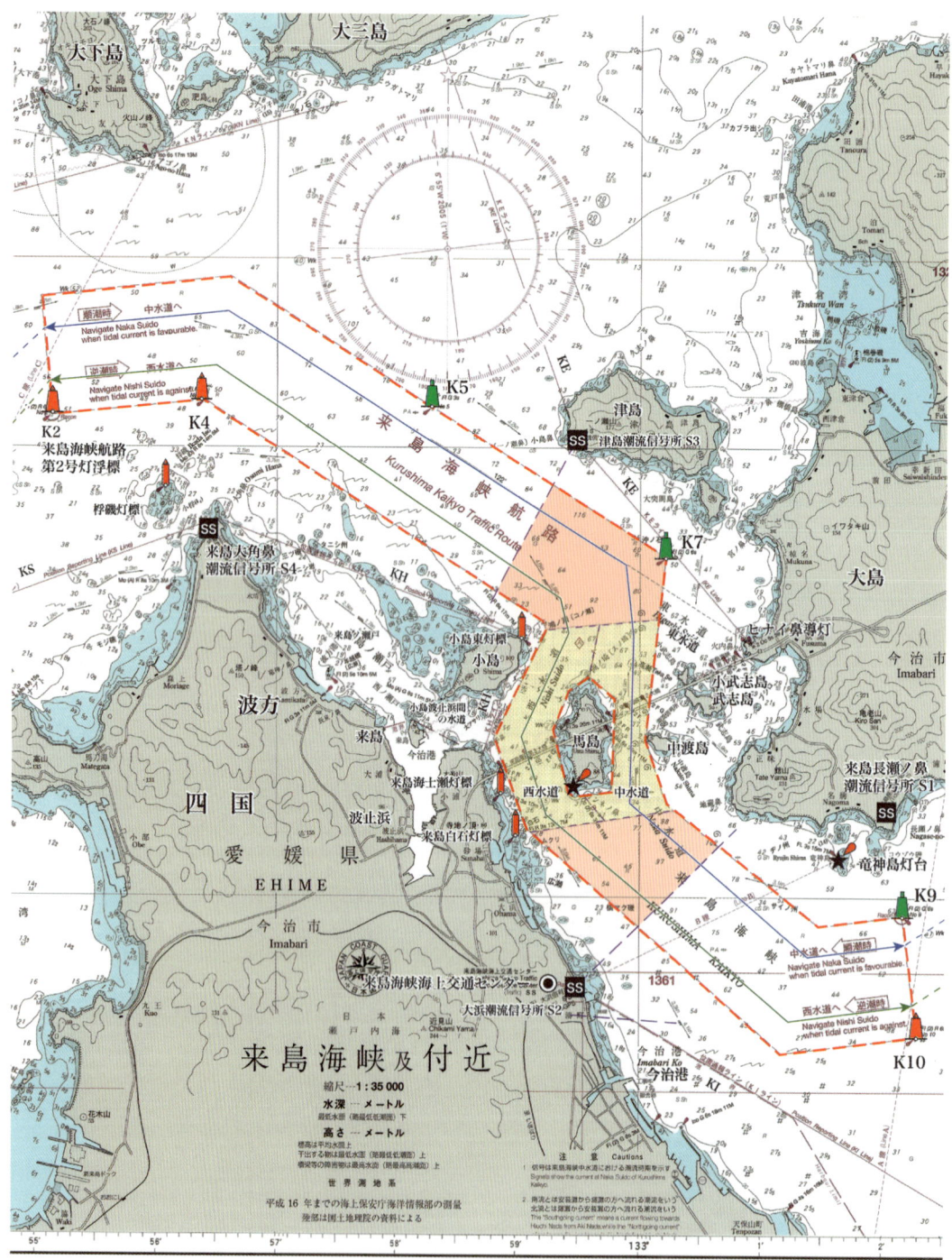

図 2.10 来島海峡航路

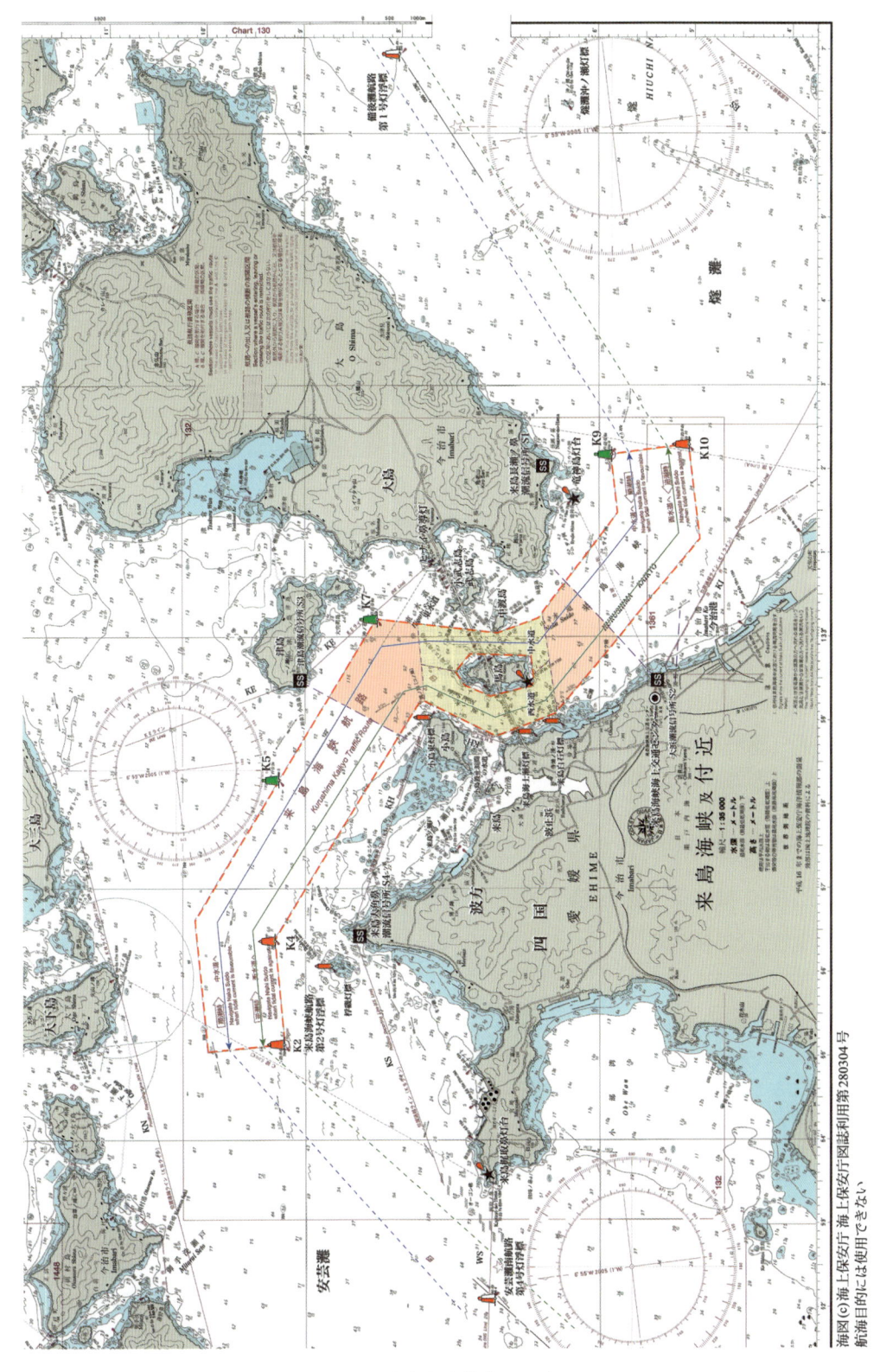

図 2.11　来島海峡航路および周辺

2.2 衝突予防の原則

　海交法は以下のとおり構成され，第2章の交通方法に重きが置かれている。海交法や港則法に定められている事項はそれらの適用海域では，一般法である予防法の規定に優先して適用される（特別法優先：予防法第41条第1項）。

　一方，海交法や港則法に定められていない事項は，海交法や港則法の適用海域であっても，一般法である予防法が適用されることになる。

　この関係を正しく理解した上で，海交法の規定を学習し，知識の整理を行うことが必要である。

　　第1章　　総則（第1～2条）
　　第2章　　交通方法
　　　　第1節　　航路における一般的航法（第3～10条の2）
　　　　第2節　　航路ごとの航法（第11～21条）
　　　　第3節　　特殊な船舶の航路における交通方法の特則（第22～24条）
　　　　第4節　　航路以外の海域における航法（第25条）
　　　　第5節　　危険防止のための交通制限等（第26条）
　　　　第6節　　灯火等（第27～29条）
　　　　第7節　　船舶の安全な航行を援助するための措置（第30～31条）
　　　　第8節　　異常気象等時における措置（第32～35条）
　　　　第9節　　指定海域における措置（第36～39条）
　　第3章　　危険の防止（第40～43条）
　　第4章　　雑則（第44～50条）
　　第5章　　罰則（第51～54条）

2.3 交通方法

2.3.1 航路における一般的航法

2.3.1.1 避航など（第3条）

> （避航等）
> 第3条　航路外から航路に入り，航路から航路外に出，若しくは航路を横断しようとし，又は航路をこれに沿わないで航行している船舶（漁ろう船等を除く。）は，航路をこれに沿って航行している他の船舶と衝突するおそれがあるときは，当該他の船舶の進路を避けなければならない。この場合において，海上衝突予防法第9条第2項，第12条第1項，第13条第1項，第14条第1項，第15条第1項前段及び第18条第1項（第四号に係る部分に限る。）の規定は，当該他の船舶について適用しない。
> 2. 航路外から航路に入り，航路から航路外に出，若しくは航路を横断しようとし，若しくは航路をこれに沿わないで航行している漁ろう船等又は航路で停留している船舶は，航路をこれに沿って航行している巨大船と衝突するおそれがあるときは，当該巨大船の進路を避けなければならない。この場合において，海上衝突予防法第9条第2項及び第3項，第13条第1項，第14条第1項，第15条第1項前段並びに第18条第1項（第三号及び第四号に係る部分に限る。）の規定は，当該巨大船について適用しない。
> 3. 前2項の規定の適用については，次に掲げる船舶は，航路をこれに沿って航行している船舶でないものとみなす。
> 　一　第11条，第13条，第15条，第16条，第18条（第4項を除く。）又は第20条第1項の規定による

> 交通方法に従わないで航路をこれに沿って航行している船舶
> 二　第20条第3項又は第26条第2項若しくは第3項の規定により，前号に規定する規定による交通方法と異なる交通方法が指示され，又は定められた場合において，当該交通方法に従わないで航路をこれに沿って航行している船舶

a．**航路航行船を避航**：次のような**航路出入航船等**は**航路航行船**と衝突のおそれがある場合，航路航行船を避航する（図2.12）。この場合，漁ろう船等は除外される（第1項）。

- 航路外から航路に入ろうとしている船舶
- 航路から航路外に出ようとしている船舶
- 航路を横断しようとしている船舶
- 航路をこれに沿わないで航行している船舶

この場合，予防法の次の規定は航路航行船には適用されない。

- 狭い水道等における動力船対帆船の航法（予防法第9条第2項）
- 帆船対帆船の航法（同第12条第1項）
- 追越し船の避航義務の航法（同第13条第1項）
- 行会い船の右転避航の航法（同第14条第1項）
- 横切り船の航法（同第15条第1項）
- 動力船対帆船の航法（同第18条第1項第4号）

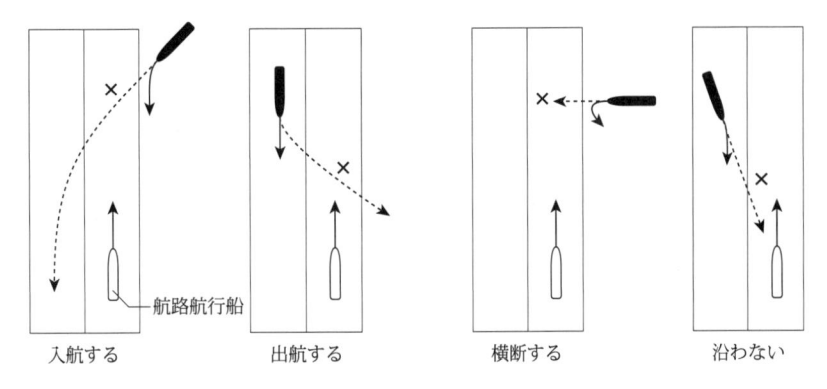

図 2.12　航路出入航船等（漁ろう船等を除く）と航路航行船

b．**漁ろう船等，航路出入航船等，および航路内停留船**[*1]：航路航行中の巨大船と衝突のおそれがある場合，巨大船を避航する（図2.13）。この場合，巨大船には，上記航路航行船の場合に加え次の予防法の規定も適用されない（第2項）。

- 狭い水道等における漁ろう船対その他の船舶の航法（予防法第9条第3項）
- 動力船対漁ろう船の航法（同第18条第3号）

c．**航路航行船**：航路を本法の規定による交通方法に従って，航路内をほぼ航路線に沿って航行している船舶を航路航行船という。逆航はもちろんのこと，方向が同じでも航路内を斜航あるいは蛇行している船舶は，航路航行船とはならない。**航路をこれに沿わないで航行している船舶**となる（第3項）。

[*1] 海交法では「航行中」と「停留中」とに区別している。予防法では両方とも「航行中」である。

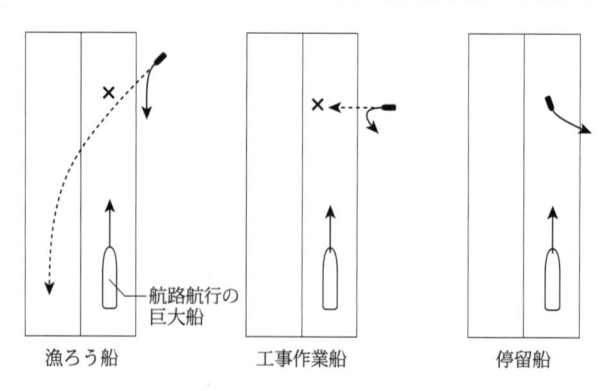

図 2.13　漁ろう船等（航路出入航船等・停留船）と航路航行中の巨大船

2.3.1.2　航路航行義務（第 4 条）

（航路航行義務）
第 4 条　長さが国土交通省令で定める長さ以上である船舶は，航路の附近にある国土交通省令で定める 2 の地点の間を航行しようとするときは，国土交通省令で定めるところにより，当該航路又はその区間をこれに沿って航行しなければならない。ただし，海難を避けるため又は人命若しくは他の船舶を救助するためやむを得ない事由があるときは，この限りでない。

a．長さ 50 m 以上の船舶：省令で定める 2 地点間を航行する場合（則第 3 条の別表第 1），海難を避けるためまたは人命もしくは他の船舶を救助するためやむを得ない場合を除き，当該航路またはその区間をこれに沿って航行しなければならない（**航路航行義務**）。
b．長さ 50 m 未満の船舶：航路の航行は強制されないが，航路を航行する場合は，長さ 50 m 以上の船舶と同様に本法に定める交通規定に従って航行しなければならない。

2.3.1.3　速力の制限（第 5 条）

（速力の制限）
第 5 条　国土交通省令で定める航路の区間においては，船舶は，当該航路を横断する場合を除き，当該区間ごとに国土交通省令で定める速力（対水速力をいう。以下同じ。）を超える速力で航行してはならない。ただし，海難を避けるため又は人命若しくは他の船舶を救助するためやむを得ない事由があるときは，この限りでない。

　表 2.3 に示す航路の区間において，航路を横断する場合や海難を避けるためまたは人命もしくは他の船舶を救助するためやむを得ない場合を除き，**対水速力 12 kn 以下**で航行しなければならない（則第 4 条）。

表 2.3　航路の速力制限区間

航路	速力制限（対水速力 12 kn 以下）区間
浦賀水道航路	全区間（図 2.2）
中ノ瀬航路	全区間（図 2.2）
伊良湖水道航路	全区間（図 2.4）
水島航路	全区間（図 2.8）
備讃瀬戸東航路	一部区間（男木島灯台から 353° に引いた線と航路の西側の出入口の境界線との間の航路の区間）（図 2.8 網掛け部分）
備讃瀬戸北航路	一部区間（航路の東側の出入口の境界線と本島ジョウケンボ鼻から牛島北東端まで引いた線との間の航路の区間）（図 2.8 網掛け部分）
備讃瀬戸南航路	一部区間（牛島ザトーメ鼻から 160° に引いた線と航路の東側の出入口の境界線との間の航路の区間）（図 2.8 網掛け部分）

2.3.1.4　追越しの場合の信号（第 6 条）

（追越しの場合の信号）
第 6 条　追越し船（海上衝突予防法第 13 条第 2 項又は第 3 項の規定による追越し船をいう。）で汽笛を備えているものは，航路において他の船舶を追い越そうとするときは，国土交通省令で定めるところにより信号を行わなければならない。ただし，同法第 9 条第 4 項前段の規定による汽笛信号を行うときは，この限りでない。

a．**追越し信号**：汽笛を備えている船舶が，航路内で他の船舶を追い越す場合，次の追越し信号を行わなければならない（則第 5 条）。
- 右舷側追越し　―・
- 左舷側追越し　―・・

b．**協力動作**：航路内において追い越しをする場合に，追い越される船舶の**協力動作**がないと安全に追い越せない場合には，予防法の追越し信号をこれに代えて行うことができる（1.6.3.1 節 表 1.25 参照）。

2.3.1.5　追越しの禁止（第 6 条の 2）

（追越しの禁止）
第 6 条の 2　国土交通省令で定める航路の区間をこれに沿って航行している船舶は，当該区間をこれに沿って航行している他の船舶（漁ろう船等その他著しく遅い速力で航行している船舶として国土交通省令で定める船舶を除く。）を追い越してはならない。ただし，海難を避けるため又は人命若しくは他の船舶を救助するためやむを得ない事由があるときは，この限りでない。

a．**追越し禁止区間**：来島海峡航路の中水道および西水道とその前後の一部区間（則第 5 条の 2 第 1 項）（図 2.10 馬島付近の海域（黄色および橙色の部分））

b．**追越し禁止**：海難を避けるためまたは人命もしくは他の船舶を救助するためやむを得ない場合を除き，次の船舶を除く他の船舶を追い越してはならない。

- 漁ろう船等
- 緊急用務船（用務を行うため著しく遅い速力で航行している船舶）（表2.4, 図2.14, 2.15）
- その他，対地速力4kn以上を確保できない船舶

表2.4 緊急用務船の灯火・形象物

灯火などの種類	個数	備考
紅色閃光灯	1個	視認距離2nm，180〜200回/分の閃光を発する全周灯
動力船の灯火	1式	表1.4
円すい形形象物	1個	頂点上向き

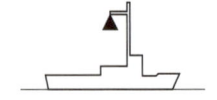

図2.14 緊急用務船の灯火　　　　　図2.15 緊急用務船の形象物

2.3.1.6　行先の表示（第7条）

（進路を知らせるための措置）
第7条　船舶（汽笛を備えていない船舶その他国土交通省令で定める船舶を除く。）は，航路外から航路に入り，航路から航路外に出，又は航路を横断しようとするときは，進路を他の船舶に知らせるため，国土交通省令で定めるところにより，信号による表示その他国土交通省令で定める措置を講じなければならない。

a．**行先の表示義務**：総トン数100トン以上の汽笛を備えている船舶が航路への出入と横断をする場合

b．**進路信号**：昼間は国際信号旗[*2]，夜間は汽笛信号により省令で定める行き先を表示（進路信号）しなければならない（則第6条第1〜4項）。また，あわせてAISを備える船舶は目的地情報を送信しなければならない。

c．**進路信号の原則**：進路信号の原則を表2.5と図2.16[*3]に示す。航路毎の具体的な進路表示や区間については，則第6条第3項（別表第2）に詳細に定められており，2.3.2節で述べる。

[*2] 国際信号旗については，第V部その他を参照されたい。
[*3] 浦賀水道航路・中ノ瀬航路，および備讃瀬戸北航路・水島航路交差部には，特殊な信号（第1代表旗＋N旗＋S旗など）が定められている。

表 2.5　進路信号の原則

進路	昼間（国際信号旗）	夜間（汽笛信号）
航路の途中から出入りして右転する場合	第1代表旗＋S旗	―― ・ ―
航路の途中から出入りして左転する場合	第1代表旗＋P旗	―― ・ ・ ―
航路を横断する場合	第1代表旗＋C旗	―― ――
航路の出入口を出てから右転する場合*	第2代表旗＋S旗	――― ・
航路の出入口を出てから左転する場合*	第2代表旗＋P旗	――― ・ ・

＊ 航路を出てから 3500 m 以内に変針する場合

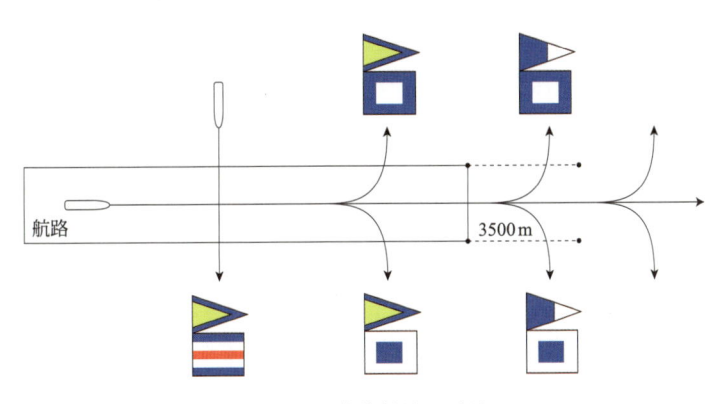

図 2.16　進路信号の原則

2.3.1.7　航路の横断の方法（第 8 条）

> （航路の横断の方法）
> 第 8 条　航路を横断する船舶は，当該航路に対しできる限り直角に近い角度で，すみやかに横断しなければならない。
> 2. 前項の規定は，航路をこれに沿って航行している船舶が当該航路と交差する航路を横断することとなる場合については，適用しない。

a．**航路横断の原則**：できる限り直角に近い角度で，すみやかに横断しなければならない。
b．**航路の交差部分**：航路横断の原則を適用しない（第 2 項）。交差する航路は次の 3 か所で，いずれもほぼ直角に近い角度で航路は交差している。
　 i．**備讃瀬戸東航路と宇高東航路・宇高西航路**：備讃瀬戸東航路の交差部はいずれも速力制限区間となっているので，備讃瀬戸東航路航行船は対水速力 12 kn を超えない範囲で航行し，宇高東航路および宇高西航路を横断しなければならない。一方，宇高東航路および宇高西航路は速力制限がないので，同航路航行船は，それぞれ状況を確かめ「安全な速力」（予防法第 6 条）で航行し，備讃瀬戸東航路を横断することとなる。
　 ii．**備讃瀬戸北航路と水島航路**：備讃瀬戸北航路と水島航路との交差部は両航路とも速力制限区間となっているので，それぞれの航行船は，対水速力 12 kn を超えない範囲で航行する。

2.3.1.8　航路への出入または航路の横断の制限（第9条）

> （航路への出入又は航路の横断の制限）
> 第9条　国土交通省令で定める航路の区間においては、船舶は、航路外から航路に入り、航路から航路外に出、又は航路を横断する航行のうち当該区間ごとに国土交通省令で定めるものをしてはならない。ただし、海難を避けるため又は人命若しくは他の船舶を救助するためやむを得ない事由があるときは、この限りでない。

海難を避けるためまたは人命もしくは他の船舶を救助するためやむを得ない場合を除き、次にあげる区間は航路への出入もしくは横断が禁止されている。

a．**航路への出入り禁止区間**：来島海峡航路の馬島付近の区間（図 2.10 黄色部分）
b．**航路の横断禁止区間**：備讃瀬戸東航路の宇高東航路と宇高西航路との交差部の前後の区間（図 2.8 黄色部分），来島海峡航路の馬島の区間（図 2.10 黄色部分）

2.3.1.9　航路内での錨泊の禁止（第10条）

> （びょう泊の禁止）
> 第10条　船舶は、航路においては、びょう泊（びょう泊をしている船舶にする係留を含む。以下同じ。）をしてはならない。ただし、海難を避けるため又は人命若しくは他の船舶を救助するためやむを得ない事由があるときは、この限りでない。

海難を避けるためまたは人命もしくは他の船舶を救助するためやむを得ない場合を除き、航路内においては錨泊してはならない。

2.3.1.10　航路外での待機の指示（第10条の2）

> （航路外での待機の指示）
> 第10条の2　海上保安庁長官は、地形、潮流その他の自然的条件及び船舶交通の状況を勘案して、航路を航行する船舶の航行に危険を生ずるおそれのあるものとして航路ごとに国土交通省令で定める場合において、航路を航行し、又は航行しようとする船舶の危険を防止するため必要があると認めるときは、当該船舶に対し、国土交通省令で定めるところにより、当該危険を防止するため必要な間航路外で待機すべき旨を指示することができる。

a．**航路外待機指示**：海上交通センター（表 2.6）[*4] は、次の状況において、航路の閉塞や船舶の異常接近を防止するため、船舶に対して航路外での待機を指示する。航路外待機指示の基準および対象船舶は表 2.7 を参照されたい（則第8条第1項および第2項）。
　ⅰ．**視界制限時（危険を生ずるおそれのある場合）**：海交法に定める全航路が対象で、視界が 2000 m（または 1000 m）以下となった場合、それぞれ対象船舶を航路毎に定めている。
　ⅱ．**強潮流時の速力保持**：来島海峡航路において、対地速力 4 kn 以上を確保できない船舶が対象

[*4] 海上交通センターは航路管制、船舶の危険防止のための勧告、適用海域内における航路の気象海象・潮流情報、航行船の状況、交通方法や工事などの最新情報を提供している。詳しくは各センターのホームページを参照されたい。

iii. **巨大船との行会い回避**：伊良湖水道航路（巨大船以外の長さ 130 m 以上の船舶が対象）および水島航路（巨大船以外の長さ 70 m 以上の船舶が対象）

b. **航路管制業務**：海交法ならびに港則法適用海域においてとくに船舶が輻輳する海域の安全性・交通の効率化をさらに図るため，平成 22 年 7 月に当該 2 法が改正され，海上交通センターの機能（指示行使権限）が強化された。主な法改正の要点は次のとおりである。

　i. **航路における一般的な航法**：追越しの禁止（第 6 条の 2），航路外での待機指示（第 10 条の 2），AIS を活用した進路を知らせるための措置（第 7 条）

　ii. **特定の海域における航法**
- 来島海峡航路における航法（最低速力の設定（第 20 条））
- 転流前後における特別な航法の指示（第 20 条の 3）
- 航路入航前における通報の義務付け（第 20 条の 4）
- 航路出入口付近海域などにおける経路指定（第 25 条）（2.3.4.1 節）
- 船舶の安全な航行を援助するための措置（第 30, 31 条）
- 航路通報・指示対象船舶の拡大（第 22 条）

表 2.6　海上交通センター

海上交通センター	対象航路
東京湾	浦賀水道航路，中ノ瀬航路
伊勢湾	伊良湖水道航路
大阪湾	明石海峡航路
備讃瀬戸	備讃瀬戸東航路，宇高東・西航路，備讃瀬戸北・南航路，水島航路
来島海峡	来島海峡航路
関門海峡	関門航路（港則法の規定による航路）

表 2.7 航路別の航路外待機指示基準および対象船舶

航路	視程 ≤ 2000 m	視程 ≤ 1000 m	強潮流時	巨大船との行会い回避
浦賀水道航路, 中ノ瀬航路	巨大船(*a), 特別危険物積載船(*b), 長大物件曳航船等(*c)	長さ160 m 以上 200 m 未満の船舶, 総トン数1万トン以上の危険物積載船(特別危険物積載船を除く)	—	—
伊良湖水道航路	巨大船, 特別危険物積載船, 長大物件曳航船等	総トン数1万トン以上の危険物積載船(特別危険物積載船を除く)	—	長さ130 m 以上 200 m 未満の船舶が巨大船との行会いが予想される場合(*d)
明石海峡航路	巨大船, 特別危険物積載船, 長大物件曳航船等	長さ160 m 以上 200 m 未満の船舶・危険物積載船(特別危険物積載船を除く), 長さ160 m 以上 200 m 未満の物件曳航船など	—	—
備讃瀬戸東航路, 宇高東航路, 宇高西航路, 備讃瀬戸北航路, 備讃瀬戸南航路	巨大船, 特別危険物積載船, 長大物件曳航船等	長さ160 m 以上 200 m 未満の船舶, 危険物積載船(特別危険物積載船を除く)	—	—
水島航路	巨大船, 特別危険物積載船, 長大物件曳航船等	長さ160 m 以上 200 m 未満の船舶, 危険物積載船(特別危険物積載船を除く)	—	長さ70 m 以上 200 m 未満の船舶が巨大船との行会いが予想される場合
来島海峡航路	巨大船, 特別危険物積載船, 長大物件曳航船等	長さ160 m 以上 200 m 未満の船舶, 危険物積載船(特別危険物積載船を除く), 長さ100 m 以上 200 m 未満の物件曳航船など	潮流の速力を超えて 4 kn(対地速力)以上の速力を確保できない船舶	—

*a 長さ200 m 以上の船舶.
*b 総トン数5万トン(積載している危険物が液化ガスである場合には総トン数2万5千トン)以上の危険物積載船.
*c 引き船の船首から当該引き船の引く物件の後端または押し船の船尾から物件の先端までの距離が 200 m 以上である船舶, いかだその他の物件を引き, または押して航行する船舶.
*d 伊良湖水道航路では, 巨大船もしくは長さ130 m 以上 200 m 未満の船舶のどちらかが危険物積載船の場合, または漁業活動などにより航路の可航幅が概ね 2/3 以下に減少した場合などにおいて, 航路外待機指示を実施.

(2022 年 10 月現在)

2.3.2 航路毎の航法

それぞれの航路には航路特有の航法が定められている。航法を大別すると次のとおりである。

- 通航の方法を定めた航法規定
- 航路の交差・接続部の避航関係についての航法規定
- 巨大船と行き会う場合の航法規定

ここで，航路毎の規定解説に入る前に知識の整理をしやすくするため，この大別毎に規定の概要をまとめておく。

(1) 通航の方法を定めた航法規定

視界の状態や他船との衝突のおそれの有無にかかわらず，航路を航行する船舶は各航路において表 2.8 に示す通航方法を守らなければならない。

表 2.8　通航方法と航路

通航方法	航路	航行の方向	備考
右側通航	浦賀水道航路	航路中央線の右側を通航	[*5]
	明石海峡航路	航路中央線の右側を通航	
	備讃瀬戸東航路	航路中央線の右側を通航	
右寄り通航	伊良湖水道航路	航路中央からできる限り右の部分を通航	[*6]
	水島航路	航路中央からできる限り右の部分を通航	
一方通航	中ノ瀬航路	北向	
	宇高東航路	北向	
	宇高西航路	南向	
	備讃瀬戸北航路	西向	
	備讃瀬戸南航路	東向	
潮流による通航	来島海峡航路	順潮・逆潮によって通航すべき航路を変更	

(2) 航路の交差・接続部の避航関係についての航法規定

航路の交差部などにおいて衝突のおそれがある場合の避航関係について定めた航法規定は次の 2 種である。

　a．**変針する巨大船を避航**：巨大船を除く航行中・停留中の船舶は，次にあげる航路の接続部または交差部では「変針する巨大船」を避航しなければならない。本来，「変針する巨大船」は「航路出入航船」となり，「航路航行船」に対して避航義務が生じるが，操縦の困難な変針する巨大船に避航義務を負わせることは安全上好ましくないため，同規定は巨大船には適用しないとしている（表 2.9）。

[*5] 海交法の航路は 1 レーン 700 m の幅を確保することを基準として設計されている。したがって，中央分離線がありそれぞれ右側通航できる 3 航路の幅は 1400 m 以上となっている。一方，地形や暗礁などの存在により 1400 m の幅を確保できない航路は，できる限り航路の中央から右の部分を航行する航路かまたは一方通航の航路となっている。

[*6] 確保できる航路幅が狭く中央を分離することができないため，できる限り右寄りの通航方法としたものである。「できる限り」としているのは，巨大船など航路の中央より若干はみ出て航行しなければ安全に航行できない場合もあるからである。

b．航路交差部分における巨大船などの避航：表 2.10 のとおり。

表 2.9　変針する巨大船の避航

航路の接続部または交差部	巨大船の適用外予防法						
	1	2	3	4	5	6	7
浦賀水道航路と中ノ瀬航路の接続部（第 12 条第 1 項）	✔	✔	✔	✔	✔	✔	✔
宇高東航路と備讃瀬戸東航路との交差部（第 17 条第 2 項）	✔	✔	✔	✔	✔	✔	✔
宇高西航路と備讃瀬戸東航路との交差部（第 17 条第 2 項）	✔	✔	✔	✔	✔	✔	✔
水島航路と備讃瀬戸北航路の交差部（第 19 条第 4 項）	✔	✔	✔	✔	✔	✔	✔
水島航路と備讃瀬戸南航路の接続部（第 19 条第 4 項）	✔	✔	✔	✔	✔	✔	✔

1. 狭い水道等における動力船対帆船の航法（予防法第 9 条第 2 項）
2. 狭い水道等における漁ろう船対その他の船舶の航法（同第 9 条第 3 項）
3. 追越し船の避航義務の航法（同第 13 条第 1 項）
4. 行会い船の右転避航の航法（同第 14 条第 1 項）
5. 横切り船の航法（同第 15 条第 1 項）
6. 動力船対漁ろう船の航法（同第 18 条第 3 号）
7. 動力船対帆船の航法（同第 18 条第 1 項第 4 号）

表 2.10　航路交差部分における巨大船などの避航

航路の交差部	巨大船の適用外予防法 ✔ 備讃北航行船適用外予防法 X					
	1	2	3	4	5	6
宇高東航路航行船は備讃瀬戸東航路を航行中の巨大船を避航（第 17 条第 1 項）	✔	✔	✔	✔	✔	✔
宇高西航路航行船は備讃瀬戸東航路を航行中の巨大船を避航（第 17 条第 1 項）	✔	✔	✔	✔	✔	✔
水島航路航行船（巨大船・漁ろう船等を除く）は備讃瀬戸北航路航行船を避航（第 19 条第 1 項）（備讃瀬戸北航路船が優先*）	X	X	X	X	–	X
水島航路航行中の漁ろう船等は備讃瀬戸北航路を航行中の巨大船を避航（第 19 条第 2 項）	✔	✔	✔	✔	✔	✔
備讃瀬戸北航路航行船（巨大船を除く）は，水島航路を航行中の巨大船を避航（第 19 条第 3 項）	✔	✔	✔	✔	✔	✔

1. 狭い水道等における動力船対帆船の航法（予防法第 9 条第 2 項）
2. 狭い水道等における漁ろう船対その他の船舶の航法（同第 9 条第 3 項）
3. 帆船対帆船の航法（同第 12 条第 1 項）
4. 横切り船の航法（同第 15 条第 1 項）
5. 動力船対漁ろう船の航法（同第 18 条第 3 号）
6. 動力船対帆船の航法（同第 18 条第 1 項第 4 号）

* 備讃東航路と宇高東西航路の交差部については，優先規定がない．

(3) 巨大船と行き会う場合の航法

　伊良湖水道航路および水島航路（右寄り通航）における航法規定で，次に示すとおりである．また，2.3.1.10 節（航路外での待機の指示）で述べたとおり，当該 2 航路には，巨大船以外の船舶（伊良

湖水道航路では長さ130m以上，水島航路では長さ70m以上）が，航路内で巨大船と行き会わないよう航路管制が行われている。

a．伊良湖水道航路：巨大船以外の航行船は行き会う巨大船を避航（第14条第1項）
b．水島航路：巨大船以外の航行船は行き会う巨大船を避航（第18条第4項）

この場合，次の予防法の規定は当該巨大船には適用されない。

- 行会い船の右転避航の航法（同第14条第1項）
- 動力船対漁ろう船の航法（同第18条第1項第3号）
- 動力船対帆船の航法（同第18条第1項第4号）

2.3.2.1　浦賀水道航路および中ノ瀬航路（第11，12条）

（浦賀水道航路及び中ノ瀬航路）
第11条　船舶は，浦賀水道航路をこれに沿って航行するときは，同航路の中央から右の部分を航行しなければならない。
2．船舶は，中ノ瀬航路をこれに沿って航行するときは，北の方向に航行しなければならない。
第12条　航行し，又は停留している船舶（巨大船を除く。）は，浦賀水道航路をこれに沿って航行し，同航路から中ノ瀬航路に入ろうとしている巨大船と衝突するおそれがあるときは，当該巨大船の進路を避けなければならない。この場合において，第3条第1項並びに海上衝突予防法第9条第2項及び第3項，第13条第1項，第14条第1項，第15条第1項前段並びに第18条第1項（第三号及び第四号に係る部分に限る。）の規定は，当該巨大船について適用しない。
2．第3条第3項の規定は，前項の規定を適用する場合における浦賀水道航路をこれに沿って航行する巨大船について準用する。

a．**航行の方向**：浦賀水道航路は右側通航，中ノ瀬航路は北向の一方通航（図2.2）
b．**航法**：航行船，停留船（巨大船を除く）は，浦賀水道を航行し，変針して中ノ瀬航路に入ろうとする巨大船を避航する（図2.17）。
c．**進路信号**：進路信号を図2.18，表2.11に示す。図中，■は国際信号旗掲揚開始地点，—は掲揚区間，□は終了地点，破線矢印は行先を表す（以下、進路信号図において同じ）。

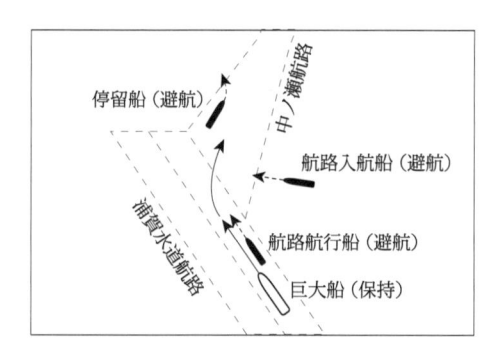

図2.17　浦賀水道航路・中ノ瀬航路接続部における巨大船の避航

388　第 III 部　法規

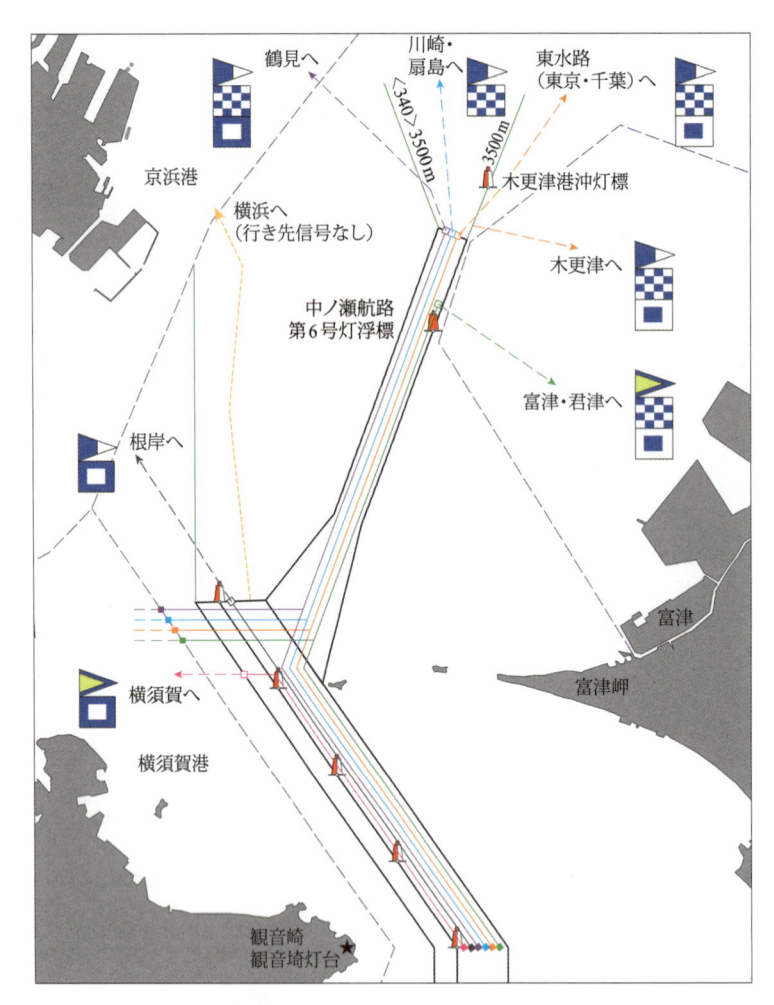

図 2.18　進路信号（浦賀水道航路および中ノ瀬航路）

表 2.11　進路信号（浦賀水道航路および中ノ瀬航路）

進路	昼間	夜間
浦賀水道航路 → 中ノ瀬航路 → 木更津港	1 代 + N + S	——・—
浦賀水道航路 → 中ノ瀬航路 → 延長線 3500 m を横切り，右転	2 代 + N + S	——・—，————・
浦賀水道航路 → 中ノ瀬航路 → 延長線 3500 m を横切り，左転	2 代 + N + P	——・—，————・・
浦賀水道航路 → 中ノ瀬航路	2 代 + N	——・—
浦賀水道航路 → 横須賀港	1 代 + P	——・・—
横須賀港 → 中ノ瀬航路 → 木更津港	1 代 + N + S	————，——・—
横須賀港 → 中ノ瀬航路 → 延長線 3500 m を横切り，右転	2 代 + N + S	————，——・—・
横須賀港 → 中ノ瀬航路 → 延長線 3500 m を横切り，左転	2 代 + N + P	——・—，————・・
横須賀港 → 中ノ瀬航路	2 代 + N	————
浦賀水道航路 → 出航，左転	2 代 + P	————・・

2.3.2.2 伊良湖水道航路（第13，14条）

> （伊良湖水道航路）
> 第13条 船舶は，伊良湖水道航路をこれに沿って航行するときは，できる限り，同航路の中央から右の部分を航行しなければならない。
> 第14条 伊良湖水道航路をこれに沿って航行している船舶（巨大船を除く。）は，同航路をこれに沿って航行している巨大船と行き会う場合において衝突するおそれがあるときは，当該巨大船の進路を避けなければならない。この場合において，海上衝突予防法第9条第2項及び第3項，第14条第1項並びに第18条第1項（第3号及び第4号に係る部分に限る。）の規定は，当該巨大船について適用しない。
> 2．第3条第3項の規定は，前項の規定を適用する場合における伊良湖水道航路をこれに沿って航行する巨大船について準用する。

a．**航行の方向**：右寄り通航。この航路の周囲には，浅所（朝日礁・丸山出シ・コズカミ礁など）が存在し，航路幅が1200m程度しか確保できず中央分離線を設けることができないためである。

b．**航法**：巨大船以外の航行船舶は，行き会う巨大船の進路を避航する（図2.19）[*7]。

c．**航路外待機**：長さ130m以上の船舶は，巨大船と航路内で行き会うおそれがあるときは，航路外待機が指示される（表2.12）。

d．**進路信号**：進路信号を図2.20，表2.13に示す。

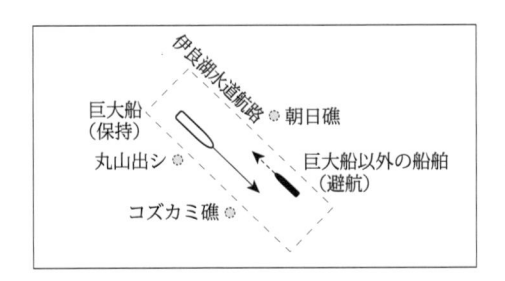

図2.19 伊良湖水道航路における巨大船の避航

表2.12 航路外待機指示の信号方法（伊良湖水道航路）

信号	航路外で待機する船舶
Nの点滅	航路を南東の方向に航行しようとする長さ130m以上の船舶
Sの点滅	航路を北西の方向に航行しようとする長さ130m以上の船舶
N，Sの交互点滅	航路を航行しようとする長さ130m以上の船舶

[*7] 航路管制によって巨大船が航路内で行き会わないようにしているため，巨大船同士の規定はない。

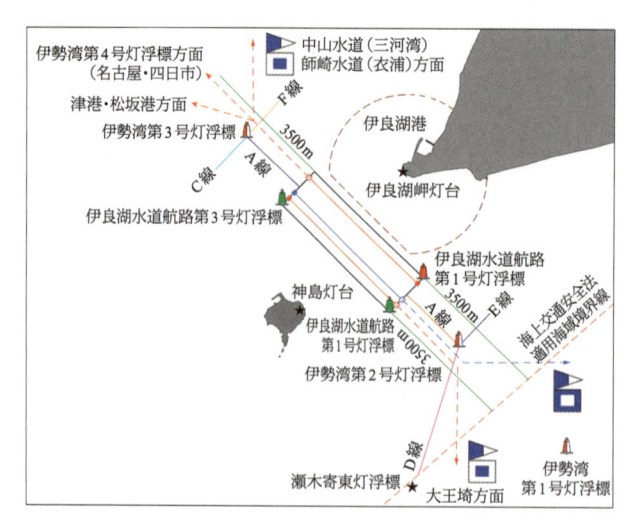

図 2.20　進路信号（伊良湖水道航路）

表 2.13　進路信号（伊良湖水道航路）

進路	昼間	夜間
航路南東端 → 航路北西端 → 延長線 3500 m を横切り，右転	2 代 + S	― ― ― ・
航路北西端 → 航路南東端 → 延長線 3500 m を横切り，右転	2 代 + S	― ― ― ・
伊良湖水道航路 → 同南東端 → 延長線 3500 m を横切り，左転	2 代 + P	― ― ― ・・

2.3.2.3　明石海峡航路（第 15 条）

（明石海峡航路）
第 15 条　船舶は，明石海峡航路をこれに沿って航行するときは，同航路の中央から右の部分を航行しなければならない。

a．航行の方向：右側通航。明石海峡航路の航路幅は 1500～1600 m である。
b．進路信号：進路信号を図 2.21，表 2.14 に示す。

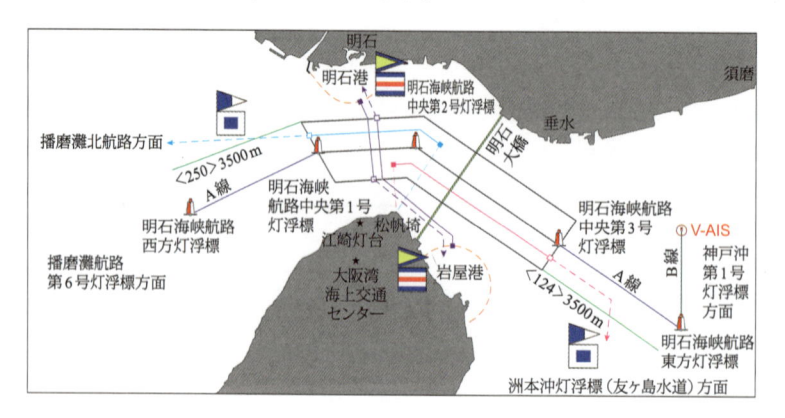

図 2.21　進路信号（明石海峡航路）

表 2.14 進路信号（明石海峡航路）

進路	昼間	夜間
航路東航 → 航路東端 → 延長線 3500 m を横切り, 右転	2 代 + S	― ― ― ・
航路西航 → 航路西端 → 250°, 3500 m 線を横切り, 右転	2 代 + S	― ― ― ・
明石港 → 航路横断 → 岩屋港	1 代 + C	― ― ― ―
岩屋港 → 航路横断 → 明石港	1 代 + C	― ― ― ―

2.3.2.4　備讃瀬戸東航路, 宇高東航路, 宇高西航路（第 16, 17 条）

（備讃瀬戸東航路, 宇高東航路及び宇高西航路）
第 16 条　船舶は, 備讃瀬戸東航路をこれに沿って航行するときは, 同航路の中央から右の部分を航行しなければならない.
2. 船舶は, 宇高東航路をこれに沿って航行するときは, 北の方向に航行しなければならない.
3. 船舶は, 宇高西航路をこれに沿って航行するときは, 南の方向に航行しなければならない.
第 17 条　宇高東航路又は宇高西航路をこれに沿って航行している船舶は, 備讃瀬戸東航路をこれに沿って航行している巨大船と衝突するおそれがあるときは, 当該巨大船の進路を避けなければならない. この場合において, 海上衝突予防法第 9 条第 2 項及び第 3 項, 第 15 条第 1 項前段並びに第 18 条第 1 項（第三号及び第四号に係る部分に限る.）の規定は, 当該巨大船について適用しない.
2. 航行し, 又は停留している船舶（巨大船を除く.）は, 備讃瀬戸東航路をこれに沿って航行し, 同航路から北の方向に宇高東航路に入ろうとしており, 又は宇高西航路をこれに沿って南の方向に航行し, 同航路から備讃瀬戸東航路に入ろうとしている巨大船と衝突するおそれがあるときは, 当該巨大船の進路を避けなければならない. この場合において, 第 3 条第 1 項並びに海上衝突予防法第 9 条第 2 項及び第 3 項, 第 13 条第 1 項, 第 14 条第 1 項, 第 15 条第 1 項前段並びに第 18 条第 1 項（第三号及び第四号に係る部分に限る.）の規定は, 当該巨大船について適用しない.
3. 第 3 条第 3 項の規定は, 前 2 項の規定を適用する場合における備讃瀬戸東航路をこれに沿って航行する巨大船について準用する.

a．**航行の方向**：備讃瀬戸東航路は右側航行, 宇高東航路は北航, 宇高西航路は南航の一方通航.
b．**一般動力船同士の航法**：宇高東・宇高西航路を航行する一般動力船と, 備讃瀬戸東航路を航行する一般動力船との避航関係は規定がないので, 予防法の横切り船の航法を適用する（図 2.22）.
c．**巨大船を避航**：宇高東・宇高西航路航行船は備讃瀬戸東航路航行の巨大船を避航（第 17 条第 1 項）（図 2.23）. 航行船・停留船（巨大船は除く）は, 備讃瀬戸東航路を航行し宇高東航路に入ろうとする巨大船, および宇高西航路を航行し備讃瀬戸東航路に入ろうとする巨大船（図 2.24）を避航する（第 17 条第 2 項）[8].
d．**進路信号**：進路信号を図 2.25, 表 2.15 に示す.

---

[8] 同交差部で変針する巨大船の経路として備讃瀬戸東航路の南側（高松港方面）に出入りする巨大船を対象とした航法規定はない. これは, 高松方面の水深などから現時点で同方面に出入りできる巨大船が考えられないからである.

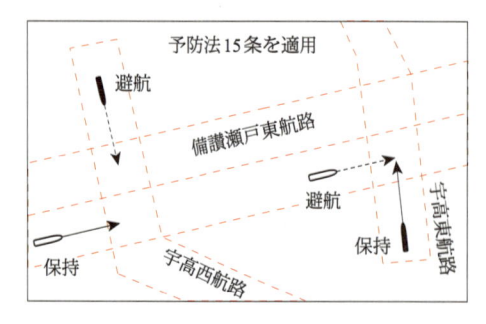

図 2.22　備讃瀬戸東航路と宇高航路交差部の航法（一般の動力船同士）

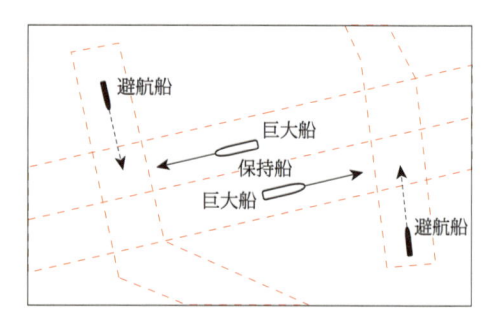

図 2.23　備讃瀬戸東航路と宇高航路交差部の航法（巨大船と一般の動力船）

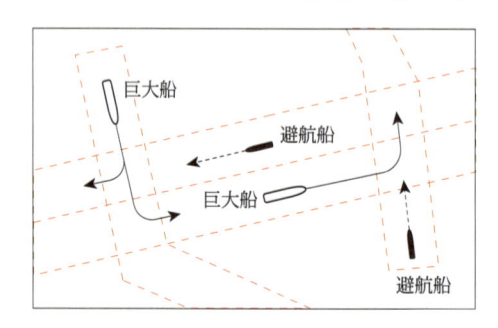

図 2.24　備讃瀬戸東航路と宇高航路交差部の航法（変針する巨大船の経路）

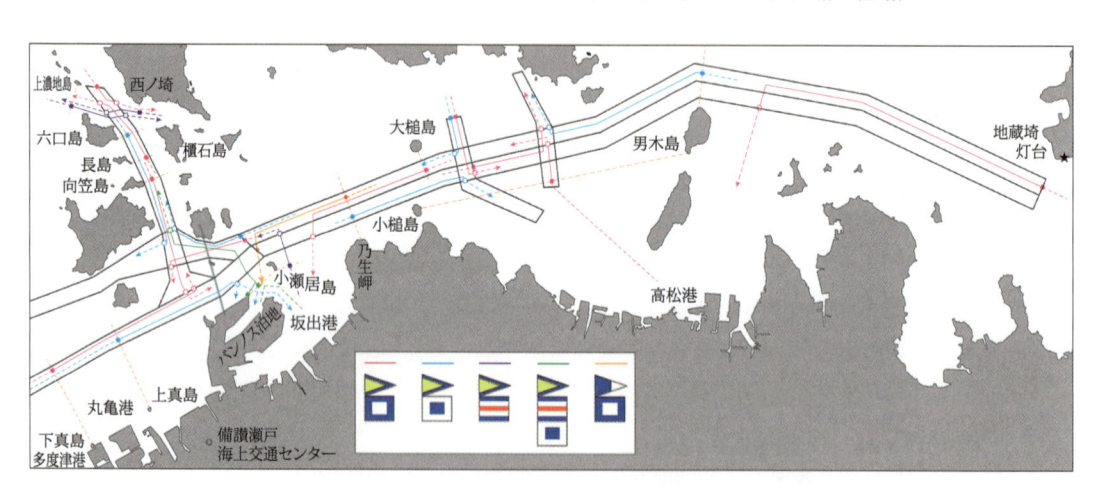

図 2.25　進路信号（備讃瀬戸航路，水島航路，宇高航路）

表 2.15　進路信号（備讃瀬戸東航路・宇高東航路・宇高西航路）

進路	昼間	夜間
備讃東航路西航 → 高松港	1代＋P	――・―
高松港 → 備讃東航路西航	1代＋P	――・―
備讃東航路西航 → 宇高東航路北航	1代＋S	――・―
宇高西航路南航 → 備讃東航路東航	1代＋P	――・―
宇高西航路南航 → 備讃東航路西航	1代＋S	――・―
備讃東航路東航 → 宇高西航路南航	1代＋S	――・―
備讃東航路西航 → 坂出港	1代＋P	――・―

2.3.2.5 備讃瀬戸北航路，備讃瀬戸南航路，水島航路（第18, 19条）

> （備讃瀬戸北航路，備讃瀬戸南航路及び水島航路）
> 第18条　船舶は，備讃瀬戸北航路をこれに沿って航行するときは，西の方向に航行しなければならない。
> 2．船舶は，備讃瀬戸南航路をこれに沿って航行するときは，東の方向に航行しなければならない。
> 3．船舶は，水島航路をこれに沿って航行するときは，できる限り，同航路の中央から右の部分を航行しなければならない。
> 4．第14条の規定は，水島航路について準用する。
> 第19条　水島航路をこれに沿って航行している船舶（巨大船及び漁ろう船等を除く。）は，備讃瀬戸北航路をこれに沿って西の方向に航行している他の船舶と衝突するおそれがあるときは，当該他の船舶の進路を避けなければならない。この場合において，海上衝突予防法第9条第2項，第12条第1項，第15条第1項前段及び第18条第1項（第四号に係る部分に限る。）の規定は，当該他の船舶について適用しない。
> 2．水島航路をこれに沿って航行している漁ろう船等は，備讃瀬戸北航路をこれに沿って西の方向に航行している巨大船と衝突するおそれがあるときは，当該巨大船の進路を避けなければならない。この場合において，海上衝突予防法第9条第2項及び第3項，第15条第1項前段並びに第18条第1項（第三号及び第四号に係る部分に限る。）の規定は，当該巨大船について適用しない。
> 3．備讃瀬戸北航路をこれに沿って航行している船舶（巨大船を除く。）は，水島航路をこれに沿って航行している巨大船と衝突するおそれがあるときは，当該巨大船の進路を避けなければならない。この場合において，海上衝突予防法第9条第2項及び第3項，第15条第1項前段並びに第18条第1項（第三号及び第四号に係る部分に限る。）の規定は，当該巨大船について適用しない。
> 4．航行し，又は停留している船舶（巨大船を除く。）は，備讃瀬戸北航路をこれに沿って西の方向に若しくは備讃瀬戸南航路をこれに沿って東の方向に航行し，これらの航路から水島航路に入ろうとしており，又は水島航路をこれに沿って航行し，同航路から西の方向に備讃瀬戸北航路若しくは東の方向に備讃瀬戸南航路に入ろうとしている巨大船と衝突するおそれがあるときは，当該巨大船の進路を避けなければならない。この場合において，第3条第1項並びに海上衝突予防法第9条第2項及び第3項，第13条第1項，第14条第1項，第15条第1項前段並びに第18条第1項（第三号及び第四号に係る部分に限る。）の規定は，当該巨大船について適用しない。
> 5．第3条第3項の規定は，前二項の規定を適用する場合における水島航路をこれに沿って航行する巨大船について準用する。

a．**航行の方向**：備讃瀬戸北航路は西航の一方通航，備讃瀬戸南航路は東航の一方通航，水島航路は右寄り通航[*9]。

b．**航法**：水島航路航行船は，備讃瀬戸北航路航行船を避航する。備讃瀬戸北航路と水島航路の交差部における一般の動力船同士の避航関係については，**備讃瀬戸北航路を主航路として優先する**こととし，水島航路航行船に避航義務を課している（図2.27〜2.29）。

c．**巨大船を避航**：巨大船以外の水島航路航行船は，行き会う巨大船を避航する（図2.26）[*10]。

d．**航路外待機**：長さ70m以上の船舶は，巨大船と航路内で行き会うおそれがあるときは，航路外待機が指示される（表2.17）。

[*9] 備讃瀬戸北航路と同南航路は，牛島・高見島・二面島（ふたおもてじま）を分離帯としてそれぞれ700mのレーン幅を持った一方通航の航路となっている。水島航路は島や浅所などの存在により航路幅が600m弱しか確保できないため，伊良湖水道航路と同様に右寄り通航の航路となっている。

[*10] 伊良湖水道航路の規定（第14条第1項）を準用して，巨大船と行き会う場合の避航を巨大船以外の船舶に命じている。また，巨大船同士の規定がないのは，同航路においては巨大船が行き会わないよう航路管制が行われているためである。

e．**進路信号**：進路信号を図 2.25，表 2.16 に示す。

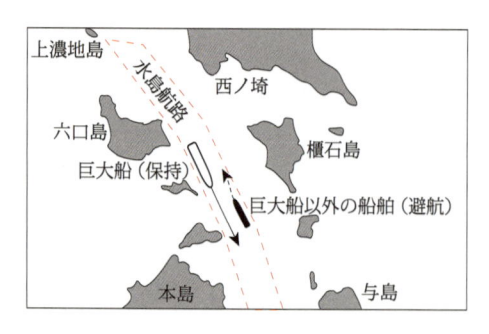

図 2.26　水島航路の航法（巨大船と一般動力船）

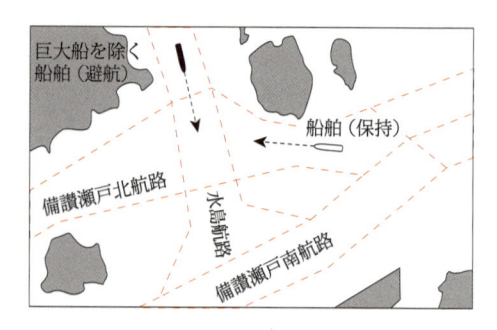

図 2.27　備讃瀬戸北航路・水島航路交差部の航法（一般動力船）

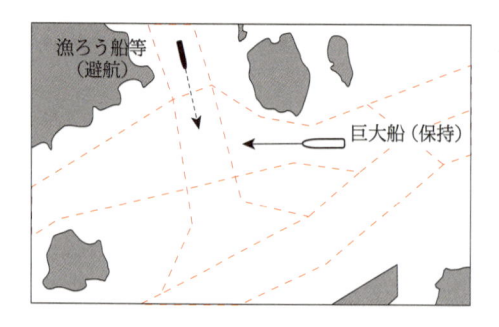

図 2.28　備讃瀬戸北航路・水島航路交差部の航法（巨大船と漁ろう船等）

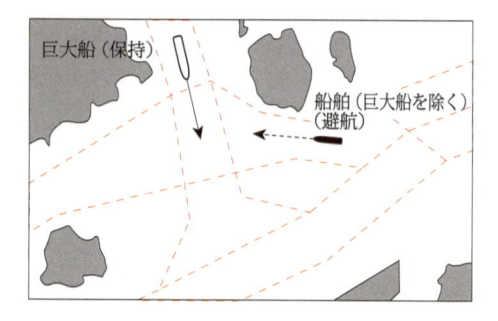

図 2.29　備讃瀬戸北航路と水島航路交差部の航法（巨大船と一般動力船）

表 2.16　進路信号（備讃瀬戸北航路・備讃瀬戸南航路・水島航路）

進路	昼間	夜間
坂出港 → 備讃北航路	1代＋C	－－－－
坂出港 → 備讃北航路 → 水島航路	1代＋C＋S	－－・－
備讃北航路 → 水島航路北航	1代＋S	－－・－
水島航路 → 備讃北航路西航	1代＋S	－－・－
備讃北航路 → 水島航路南航	1代＋P	－－・・－
備讃南航路 → 水島航路	1代＋P	－－・・－
水島航路 → 備讃南航路	1代＋P	－－・・－
水島航路北航 → 上濃地島と六口島の間の海域	1代＋P	－－・・－
西ノ埼と櫃石島の間の海域 ↔ 水島航路 ↔ 上濃地島と六口島の間の海域	1代＋C	－－－－

表 2.17　航路外待機指示の信号方法（水島航路）

信号	航路外で待機する船舶
Nの点滅	航路を南の方向に航行しようとする長さ 70 m 以上の船舶
Sの点滅	航路を北の方向に航行しようとする長さ 70 m 以上の船舶

2.3.2.6　来島海峡航路（第20，21条）

> （来島海峡航路）
> 第20条　船舶は，来島海峡航路をこれに沿って航行するときは，次に掲げる航法によらなければならない。この場合において，これらの航法によって航行している船舶については，海上衝突予防法第9条第1項の規定は，適用しない。
> 　一　順潮の場合は来島海峡中水道（以下「中水道」という。）を，逆潮の場合は来島海峡西水道（以下「西水道」という。）を航行すること。ただし，これらの水道を航行している間に転流があった場合は，引き続き当該水道を航行することができることとし，また，西水道を航行して小島と波止浜との間の水道へ出ようとする船舶又は同水道から来島海峡航路に入って西水道を航行しようとする船舶は，順潮の場合であっても，西水道を航行することができることとする。
> 　二　順潮の場合は，できる限り大島及び大下島側に近寄って航行すること。
> 　三　逆潮の場合は，できる限り四国側に近寄って航行すること。
> 　四　前2号の規定にかかわらず，西水道を航行して小島と波止浜との間の水道へ出ようとする場合又は同水道から来島海峡航路に入って西水道を航行しようとする場合は，その他の船舶の四国側を航行すること。
> 　五　逆潮の場合は，国土交通省令で定める速力以上の速力で航行すること。
> 2.　前項第一号から第三号まで及び第五号の潮流の流向は，国土交通省令で定めるところにより海上保安庁長官が信号により示す流向による。
> 3.　海上保安庁長官は，来島海峡航路において転流すると予想され，又は転流があった場合において，同航路を第1項の規定による航法により航行することが，船舶交通の状況により，船舶交通の危険を生ずるおそれがあると認めるときは，同航路をこれに沿って航行し，又は航行しようとする船舶に対し，同項の規定による航法と異なる航法を指示することができる。この場合において，当該指示された航法によって航行している船舶については，海上衝突予防法第9条第1項の規定は，適用しない。
> 4.　来島海峡航路をこれに沿って航行しようとする船舶の船長（船長以外の者が船長に代わってその職務を行うべきときは，その者。以下同じ。）は，国土交通省令で定めるところにより，当該船舶の名称その他の国土交通省令で定める事項を海上保安庁長官に通報しなければならない。
> 第21条　汽笛を備えている船舶は，次に掲げる場合は，国土交通省令で定めるところにより信号を行わなければならない。ただし，前条第3項の規定により海上保安庁長官が指示した航法によって航行している場合は，この限りでない。
> 　一　中水道又は西水道を来島海峡航路に沿って航行する場合において，前条第2項の規定による信号により転流することが予告され，中水道又は西水道の通過中に転流すると予想されるとき。
> 　二　西水道を来島海峡航路に沿って航行して小島と波止浜との間の水道へ出ようとするとき，又は同水道から同航路に入って西水道を同航路に沿って航行しようとするとき。
> 2.　海上衝突予防法第34条第6項の規定は，来島海峡航路及びその周辺の国土交通省令で定める海域において航行する船舶について適用しない。

　来島海峡には海峡に存在する島々により4つの水道が存在する。東から順に

東水道，中水道（なか），西水道，小島（おしま）・波止浜（はしはま）間の水道（図2.10）

である。航路として使用するのは中水道と西水道で，馬島の東側にある中水道は屈曲部が少なく見通しが良く，同島西側にある西水道は屈曲部が多く，見通しは中水道に比べて悪い。

　これらの水道の潮流は最強時には10knを超えることもある。また，航行船舶が多い上に水道は屈曲して見通しも悪く，周囲には暗礁や浅瀬などが点在し，霧も発生しやすいなど航海上のさまざまな悪条件を持つ海峡で，瀬戸内海最大の航海の難所である。

a. **順中逆西**(じゅんちゅうぎゃくせい)：順潮時には中水道を，逆潮時には西水道を航行する。これは，一般的に船舶は順潮時よりも逆潮時のほうが舵効きが良いので，逆潮時に屈曲（変針）が多い西水道を航行させたほうがよいからである（図 2.30，2.31）。この通航方法により，南流時に航路へ入航する場合には，航路内において**右舷対右舷**ですれ違うこととなるので，十分な注意が必要である。来島海峡を航行するすべての船舶を安全に通航させるため，海交法は世界基準である予防法の「狭い水道等における右側端通航」の航法規定を適用せず，同海峡に航路と潮流信号所を設け，同信号所が示す潮流の流向に合わせて通航させる経路を変えるという世界でも類を見ない航法規定となっている。来島海峡の潮流の流向と航行水道および経路の関係を表 2.18 に示す。

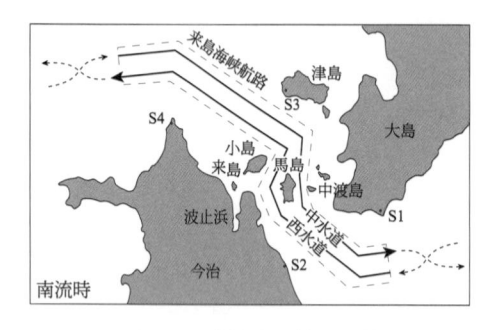

図 2.30　南流時の航行水道　　　　　　図 2.31　北流時の航行水道

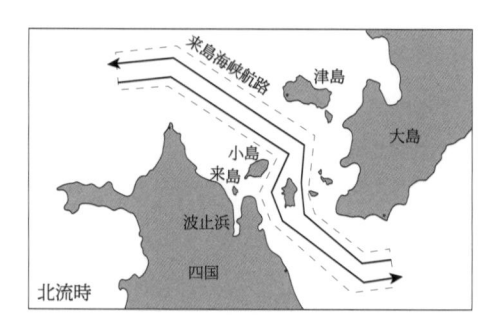

表 2.18　来島海峡の潮流と航行水道

潮流	船舶	潮向き	航行水道	航行経路
南流	東航船	順潮	中水道	航路の入口から出口まで，できる限り大島，大下島側に近寄って航行。
	西航船	逆潮	西水道	航路の入口から出口まで，できる限り四国側に近寄って航行。
北流	東航船	逆潮	西水道	航路の入口から出口まで，できる限り四国側に近寄って航行。
	西航船	順潮	中水道	航路の入口から出口まで，できる限り大島，大下島側に近寄って航行。

b. **各水道通航中に転流があった場合は，同水道を継続航行**：航路航行中に転流となった場合には，中水道または西水道を航行しているときを除いて，周囲の状況を勘案し，できる限り速やかに流向に応じた経路に移行する。両水道を航行中に転流となった場合はそのまま通航し，水道を出てからそれぞれ同様に安全を確かめてから流向に応じた経路に移行する。

c. **小島・波止浜間を通航する船舶は順潮時でも西水道航行可**：西水道を航行して小島・波止浜間の水道へ出ようとする船舶もしくは逆に同水道から来島海峡航路に入り西水道を航行しようする船舶は，順潮時であっても西水道を航行してよいが，逆潮時に西水道を航行している他の船舶よりも四国側に寄って航行しなければならない。

d. **航行経路**：順潮の場合は大島・大下島(おおげしま)寄りに，逆潮の場合は四国寄りに航行する。

e. **速力の確保**：逆潮の場合は，対地速力で 4 kn 以上を保持して西水道を航行しなければならない。この速力が保持できない船舶は，流速が弱まるまで航路外での待機を指示される。
f. **潮流信号所**：潮流の状態は，潮流信号所が示す流向で判断する（第 20 条第 2 項，則第 9 条第 2 項）。来島海峡には表 2.19 に示す潮流信号所がある。電光掲示板に流向（N，S），流速（数字），流速の傾向（↑，↓）が順次点灯し，潮流の状態を表示する（表 2.20）。

表 2.19 潮流信号所（来島海峡）

信号所	位置	
来島長瀬ノ鼻潮流信号所	大島南端	（図 2.30 の S1）
大浜潮流信号所	四国今治	（同図 S2）
津島潮流信号所	津島西端	（同図 S3）
来島大角鼻潮流信号所	四国大角鼻	（同図 S4）

表 2.20 潮流信号電光表示例

電光表示			意味
N	4	↑	北流 4 kn，今後流速が速くなる。
S	7	↓	南流 7 kn，今後流速が遅くなる。
S	1	↓	南流 1 kn，1 時間以内に転流し，北流に変わる。
S	×	↓	南流，転流期，20 分以内に転流し，北流に変わる。
N	×	↑	北流，転流期，今後流速が速くなる。

g. **海上交通センターからの指示**：来島海峡航路において転流すると予想され，または転流があった場合，順中逆西の航法により航行することが危険であると認めるときは，規定とは異なる航法が来島海峡海上交通センターから指示されるので，これに従わなければならない。同センターからの指示は国際 VHF などにより行われる。
h. **航路入航前の通報義務**：同センターからの航法の指示を適切に行うため，転流の 1 時間前から転流するまでの間に航路を航行しようとする船舶は通報ライン通過時に同センター宛，航行情報（船舶の名称，同センターとの連絡手段，航行速力，入航時刻）を通報しなければならない（則第 9 条第 3，4 項）。
i. **転流時と小島・波止浜間水道航行船の汽笛信号**：汽笛を備えている船舶は，中水道または西水道を通過中に転流が予想される場合と，小島・波止浜間を通航して航路へ出入りする場合には，表 2.21 に示す要領で適宜汽笛信号を行わなければならない（第 21 条第 1 項第 1，2号）。なお，予防法の湾曲部信号・応答信号の吹鳴は禁止されている。
j. **進路信号**：進路信号を図 2.32，表 2.22 に示す。

表 2.21 転流時などの汽笛信号

水道	時期	信号	吹鳴区間
中水道	転流時	―	津島一ノ瀬鼻または竜神島並航時から中水道を通過終了時まで
西水道	転流時	――	津島一ノ瀬鼻または竜神島並航時から西水道を通過終了時まで
小島・波止浜間	常時	―――	来島または竜神島並航時から西水道を通過終了時まで

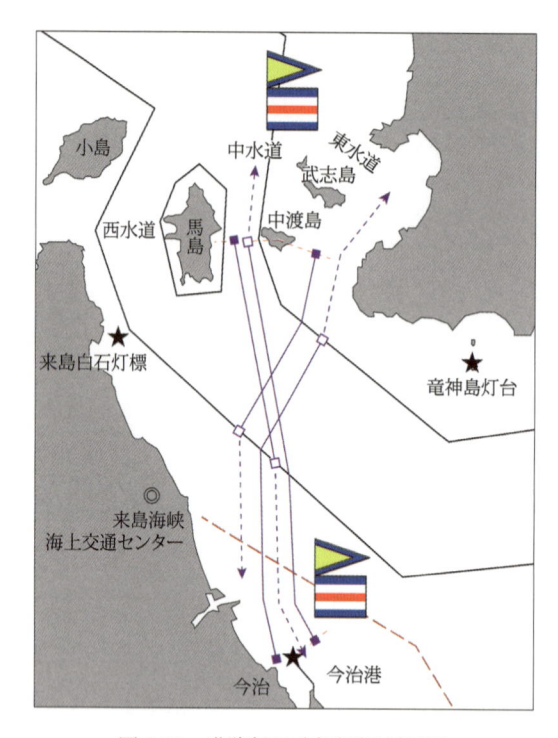

図 2.32 進路信号（来島海峡航路）

表 2.22 進路信号（来島海峡航路）

進路	昼間	夜間
中水道航行 → 今治方面	1代＋C	―――――
今治方面 → 中水道航行	1代＋C	―――――
東水道航行 → 来島航路横断 → 今治方面	1代＋C	―――――
今治方面 → 来島航路横断 → 東水道航行	1代＋C	―――――

k．**安全航行指導**：第六管区海上保安本部は次の安全航行指導を行っている。

　ⅰ．**強潮流時などの航行自粛**：できる限り転流とならない時期に航路を航行すること。強潮流時に水道部を航行しないこと。

　ⅱ．**南流時の注意**：南流時に航路へ入航する場合には，航路内において右舷対右舷になることから，航路入口から離れた広い水域において，十分に安全を確認の上，流向に応じた経路へ移行すること。なお，航路を出航する場合は，四囲の状況を把握し安全運航に努め

ること（図 2.30）。
iii. **航路入航後の転流**：四囲の状況を勘案し，できる限り速やかに流向に応じた経路に移行すること。馬島に近接した海域においては，できる限り変針しないこと。
iv. **航路通報**：仕出港，航路航行中における水先人の乗船の有無もあわせて通報すること。
v. **入航時刻の変更通報**：航路通報を行った船舶が，航路入航予定時刻の3時間前以後に航路入航予定時刻を10分以上変更する場合は，その都度変更通報を行うこと。

2.3.2.7 航路毎の航法のまとめ

海交法の航路における一般的航法のうち，航路固有の事項と航路毎の航法について表 2.23 にまとめるので，再度確認されたい。

表 2.23 各航路の航法のまとめ

航路	通航	速力制限	追越禁止	進路信号	出入禁止	横断禁止	航路外待機指示 対巨大船	強潮時
浦賀	右側	全区間	−	あり	−	−	−	−
中ノ瀬	一方	全区間	−	あり	−	−	−	−
伊良湖	右寄	全区間	−	あり	−	−	あり	−
明石	右側	−	−	あり	−	−	−	−
備讃東	右側	一部	−	一部	−	一部	−	−
宇高東	一方	−	−	あり	−	−	−	−
宇高西	一方	−	−	あり	−	−	−	−
備讃北	一方	一部	−	あり	−	−	−	−
備讃南	一方	一部	−	あり	−	−	−	−
水島	右寄	全区間	−	あり	−	−	あり	−
来島	潮流	−	あり	あり	あり	あり	−	あり

2.3.3 特殊な船舶の航路における交通方法の特則

2.3.3.1 航路通報（第 22 条）

（巨大船等の航行に関する通報）
第22条　次に掲げる船舶が航路を航行しようとするときは，船長は，あらかじめ，当該船舶の名称，総トン数及び長さ，当該航路の航行予定時刻，当該船舶との連絡手段その他の国土交通省令で定める事項を海上保安庁長官に通報しなければならない。通報した事項を変更するときも，同様とする。
一　巨大船
二　巨大船以外の船舶であって，その長さが航路ごとに国土交通省令で定める長さ以上のもの
三　危険物積載船（原油，液化石油ガスその他の国土交通省令で定める危険物を積載している船舶で総トン数が国土交通省令で定める総トン数以上のものをいう。以下同じ。）
四　船舶，いかだその他の物件を引き，又は押して航行する船舶（当該引き船の船首から当該物件の後端まで又は当該押し船の船尾から当該物件の先端までの距離が航路ごとに国土交通省令で定める距離以上となる場合に限る。）

巨大船（または航路毎に省令で定める長さ以上の船舶），危険物積載船，長大物件曳航船等（または航路毎に省令で定める距離以上の曳航船）が航路を航行しようとする場合には，原則として前日の正午（または航路入航予定時刻の 3 時間前）までに当該航路の海上交通センターに通報しなければならない（表 2.24）。通報の時期，方法および事項などは，則第 10〜14 条に規定される。

表 2.24 航路通報一覧表

通報時期 航路	船の長さ	入航予定日前日の正午まで 危険物	物件曳航	入航予定時刻の 3 時間前まで 船の長さ	危険物
浦賀	160 m 以上	液化ガス積載船	長大物件曳航船等	−	危険物積載船
中ノ瀬	160 m 以上	液化ガス積載船	長大物件曳航船等	−	危険物積載船
備讃瀬戸東	160 m 以上	液化ガス積載船	長大物件曳航船等	−	危険物積載船
宇高東	160 m 以上	液化ガス積載船	長大物件曳航船等	−	危険物積載船
宇高西	160 m 以上	液化ガス積載船	長大物件曳航船等	−	危険物積載船
備讃瀬戸北	160 m 以上	液化ガス積載船	長大物件曳航船等	−	危険物積載船
備讃瀬戸南	160 m 以上	液化ガス積載船	長大物件曳航船等	−	危険物積載船
伊良湖水道	130 m 以上	液化ガス積載船	長大物件曳航船等	−	危険物積載船
明石海峡	160 m 以上	液化ガス積載船	160 m 以上の物件曳航船	−	危険物積載船
来島海峡	160 m 以上	液化ガス積載船	100 m 以上の物件曳航船	−	危険物積載船
水島	160 m 以上	液化ガス積載船	長大物件曳航船等	70 m 以上	危険物積載船

液化ガス積載船：液化ガス積載の総トン数 2 万 5000 トン以上の危険物積載船
長大物件曳航船等：引き船の船首から当該引き船の引く物件の後端または押し船の船尾から物件の先端までの距離が 200 m 以上である，船舶，いかだその他の物件を引き，または押して航行する船舶
危険物積載船：巨大船，液化ガス積載船または長大物件曳航船等を除く
（2012 年 3 月現在）

2.3.3.2 巨大船等に対する指示（第 23 条）

（巨大船等に対する指示）
第 23 条 海上保安庁長官は，前条各号に掲げる船舶（以下「巨大船等」という。）の航路における航行に伴い生ずるおそれのある船舶交通の危険を防止するため必要があると認めるときは，当該巨大船等の船長に対し，国土交通省令で定めるところにより，航行予定時刻の変更，進路を警戒する船舶の配備その他当該巨大船等の運航に関し必要な事項を指示することができる。

指示：海上交通センターが航路通報情報に基づき航路における危険防止のため必要があると認めるとき，同センターは当該通報船に次の事項を指示する（則第 15 条第 1 項）。

- 航路入航予定時刻の変更
- 航路航行速力の変更
- 海上保安庁との連絡の保持
- **余裕水深**の保持（巨大船）
- **進路警戒船**の配備（長さ 250 m 以上の巨大船または長さ 200 m 以上の危険物積載船）
  （図 2.33，2.34）
- 航行を補助する船舶（タグボートなど）の配備（巨大船または危険物積載船）
- 消防設備船の配備（特別危険物積載船，表 2.7 の備考参照）

- 側方警戒船の配備（長大物件曳航船等，表 2.7 の備考参照）
- その他，航行に関し必要と認める事項

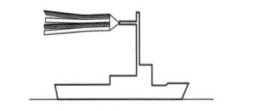

図 2.33　進路警戒船の灯火　　　　図 2.34　進路警戒船の形象物

2.3.4　航路以外の海域における航法

2.3.4.1　航路以外の海域における航法（第 25 条第 1～3 項）

（航路以外の海域における航法）
第 25 条　海上保安庁長官は，狭い水道（航路を除く。）をこれに沿って航行する船舶がその右側の水域を航行することが，地形，潮流その他の自然的条件又は船舶交通の状況により，危険を生ずるおそれがあり，又は実行に適しないと認められるときは，告示により，当該水道をこれに沿って航行する船舶の航行に適する経路（当該水道への出入の経路を含む。）を指定することができる。
2. 海上保安庁長官は，地形，潮流その他の自然的条件，工作物の設置状況又は船舶交通の状況により，船舶の航行の安全を確保するために船舶交通の整理を行う必要がある海域（航路を除く。）について，告示により，当該海域を航行する船舶の航行に適する経路を指定することができる。
3. 第 1 項の水道をこれに沿って航行する船舶又は前項に規定する海域を航行する船舶は，できる限り，それぞれ，第 1 項又は前項の経路によって航行しなければならない。

経路指定：航路以外の海域においても狭い水道等，自然的条件や船舶交通の状況により交通を整理する必要があると認める海域には，告示[11]により船舶が航行すべき経路が指定されている。この海域を航行する場合，船舶はできる限りその経路に従って航行しなければならない。

2022 年 10 月現在，次の 11 経路が指定されている。詳しくは，海上保安庁ホームページを参照されたい。

- 東京沖灯浮標付近海域（指定の円内を航行する船舶対象）
- 東京湾アクアライン東水路付近海域（東水路を航行する船舶対象）
- 木更津港沖灯標付近海域（木更津港を出港し，中ノ瀬航路北出口付近を航過する船舶対象）
- 中ノ瀬西方海域（浦賀水道航路北出入口，中ノ瀬西方海域を航行する船舶対象）
- 伊良湖水道航路出入口付近海域（航路航行船舶対象）
- 大阪湾北部海域（総トン数 500 トン以上の指定区間を航行する船舶対象）
- 洲本沖灯浮標および由良瀬戸付近海域（友ヶ島水道航行船舶対象）
- 明石海峡航路東側出入口付近（長さ 50 m 以上の航路航行船舶対象）
- 明石海峡航路西側出入口付近海域（総トン数 5000 トン以上の航路航行船舶対象）
- 釣島水道付近海域（釣島水道を航行する船舶対象）
- 音戸瀬戸付近海域（総トン数 5 トン以上の船舶対象）

---
[11] 海上保安告示第 92 号（2010 年 4 月 1 日）

2.3.5 灯火など

2.3.5.1 巨大船および危険物積載船の灯火など（第27条）

巨大船および危険物積載船の灯火および形象物：航行中・停留中・錨泊中いずれの場合にも，これらを表示しなければならない（表 2.25, 2.26，図 2.35〜2.38 参照）。

表 2.25　巨大船の灯火・形象物

灯火などの種類	個数	備考
緑色閃光灯	1 個	視認距離 2 nm，180〜200 回/分の閃光を発する全周灯
動力船の灯火	1 式	表 1.4
円筒形形象物	2 個	

表 2.26　危険物積載船の灯火・形象物

灯火などの種類	個数	備考
紅色閃光灯	1 個	視認距離 2 nm，120〜140 回/分の閃光を発する全周灯
動力船の灯火	1 式	表 1.4
1 代 + B	連携	国際信号旗

図 2.35　巨大船の灯火

図 2.36　巨大船の形象物

図 2.37　危険物積載船の灯火

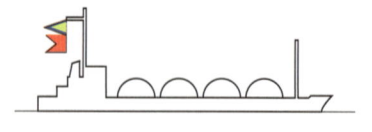

図 2.38　危険物積載船の形象物

2.3.5.2 帆船の灯火など（第28条）

予防法では，長さ 7 m 未満の帆船およびろかい船に対して，夜間，白色の携帯電灯または点灯した白灯を必要に応じて（他船との衝突を避けるため必要な間）臨時表示することが規定（予防法第 25 条第 2, 5 項）されているが，海交法では，適用海域全域で**夜間常時**表示しなければならない（第 1 項）（図 2.39, 2.40）。

また，同様に航行中，停留中の長さ 12 m 未満の運転不自由船および航行中，停留中，錨泊中の長さ 12 m 未満の操縦性能制限船の表示を免除されている灯火（予防法第 27 条第 1 項および同第 7 項）についても，海交法適用海域においては，**夜間常時**表示しなければならない（第 2 項）。

図 2.39　帆船（長さ 7 m 未満）の灯火　　　　　図 2.40　ろかい船の灯火

2.3.5.3　物件曳航船の音響信号（第 29 条）

　海交法適用海域においては，航行中または停留中の物件曳航船（船舶でない物件を引きまたは押している船舶）は，次の霧中信号ならびに灯火を表示しなければならない。

　引きまたは押している物件の長さが 50 m 以上（則第 23 条第 1 項）である物件曳航船（漁ろうに従事している（網などを引いている）船舶は除く）は，視界制限状態において，2 分を超えない間隔で長音 1 回，短音 2 回の汽笛信号を実施する。

　押し船は，押している物件に舷灯一対または両色灯を表示しなければならない（則第 23 条第 2 項）（図 2.42）。これは，予防法に規定のない，船舶でない物件を引きまたは押している船舶について，船舶でない物件にも，灯火の表示を義務付け，また，視界制限状態においては，予防法規定の船舶が船舶を引きまたは押して航行している場合に行う霧中信号と同様の信号を行うことを物件曳航船に義務付けるものである。

表 2.27　物件曳（押）航船の霧中信号

船舶	信号	備考
引き船，押し船	― ・・	2 分間を超えない間隔

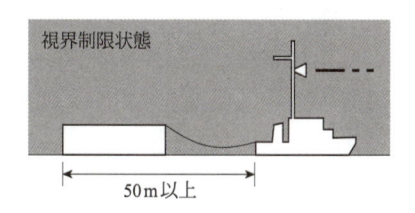

図 2.41　物件曳（押）航船の霧中信号　　　　　図 2.42　押されている物件の灯火

2.3.6　船舶の安全航行を援助させるための措置

2.3.6.1　海上保安庁長官が提供する情報の聴取（第 30 条）および航法の遵守および危険防止のための勧告（第 31 条）

　船舶の安全な航行を援助するため海上保安庁が各海上交通センターを通じて実施している情報提供や危険防止のための勧告について，次の**特定船舶**には，航路または情報の聴取義務海域[*12] を航行する場合，海上保安庁からの情報の聴取を義務付けたものである。特定船舶は，これらの情報を聴取し，自ら安全を確保して航行しなければならない（図 2.43）。

[*12] 航路およびその周辺海域をいう。詳しくは参考文献 [25] を参照されたい。

a．**特定船舶**：次の船舶をいう（則第3条）。
- 長さ50m以上の船舶（関門海峡は除く）
- 総トン数が300トンを超える船舶（関門海峡のみ）

b．**提供される情報**：次の情報が国際VHF無線電話により提供される（則第23条の2）。
- 交通方法に関する情報
- 交通の障害の発生に関する情報
- 危険な海域に関する情報
- 操縦性能が制限されている船舶の航行に関する情報
- 著しく接近する他の特定船舶の動向に関する情報
- その他航海に必要と認められる情報

c．**勧告**：次の場合に，進路の変更やその他必要な措置をとるよう国際VHF無線電話により勧告が出される。勧告は船舶の運航者の判断を支援するために行われるもので，具体的な操船方法を指示するものではない。また，勧告を受けた場合には，勧告に基づきとった措置の報告を求められることがある。
- 航路および聴取義務海域において，交通方法に従わないで航行している場合
- 他の船舶や障害物に著しく接近している場合
- 他の船舶の航行に危険を及ぼすと認められる場合

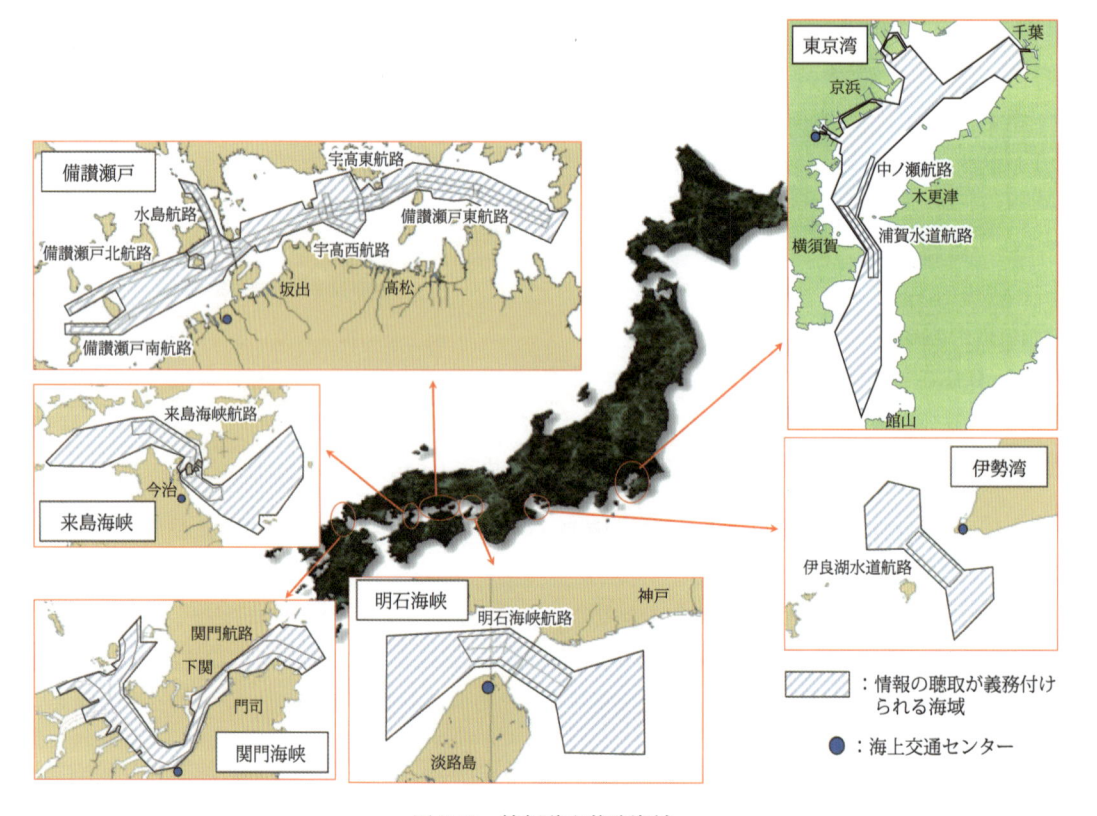

図2.43　情報聴取義務海域

第3章

港則法

3.1 法の概要

3.1.1 目的と適用

3.1.1.1 法の目的および適用区域（第1条・第2条）

> （法律の目的）
> 第1条　この法律は，港内における船舶交通の安全及び港内の整とんを図ることを目的とする。
> （港及びその区域）
> 第2条　この法律を適用する港及びその区域は，政令で定める。

a．目的：港則法は港という狭く船舶の輻輳する場所柄を考慮して，きめ細かい各種航法規定を設けることにより，次のことを図ることを目的としている。船舶交通とは，船舶の航行のみならず錨泊，係留などを含んだ広い意味の交通である。予防法の特別法である港則法は，港内の秩序を維持するための取締法でもあり，海交法と同様に違反した場合の罰則規定がある。
- 港内における船舶交通の安全
- 港内の整頓

b．適用区域：港則法が適用される港およびその区域は港則法施行令（以下，「令」と略す。また，港則法施行規則は「則」と略す。）により定められており，2018年1月現在，500港ある（令第1条 別表1）。各港の境界は海図などに記載されている。

3.1.1.2 適用船舶と定義（第3条）

> （定義）
> 第3条　この法律において「汽艇等」とは，汽艇（総トン数20トン未満の汽船をいう。），はしけ及び端舟その他ろかいのみをもって運転し，又は主としてろかいをもって運転する船舶をいう。
> 2．この法律において「特定港」とは，喫水の深い船舶が出入できる港又は外国船舶が常時出入する港であって，政令で定めるものをいう。
> 3．この法律において「指定港」とは，指定海域（海上交通安全法（昭和47年法律第115号）第2条第4

[*1] 本章は，2018年1月31日施行の改正を取り込んだ内容となっている。

項に規定する指定海域をいう。以下同じ。）に隣接する港のうち，レーダーその他の設備により当該港内における船舶交通を一体的に把握することができる状況にあるものであって，非常災害が発生した場合に当該指定海域と一体的に船舶交通の危険を防止する必要があるものとして政令で定めるものをいう。

表 3.1　特定港

都道府県	特定港
北海道	根室, 釧路*a, 苫小牧, 室蘭*a, 函館*a, 小樽*a, 石狩湾, 留萌, 稚内
青森県	青森*a, むつ小川原, 八戸*a
岩手県	釜石
宮城県	石巻, 仙台塩釜*a
秋田県	秋田船川
山形県	酒田
福島県	相馬, 小名浜
茨城県	日立, 鹿島
千葉県	木更津*a, 千葉*a, *c
東京都, 神奈川県	京浜*a, *b, *c
神奈川県	横須賀
新潟県	直江津, 新潟, 両津
富山県	伏木富山*a
石川県	七尾, 金沢
福井県	敦賀, 福井
静岡県	田子の浦, 清水*a
愛知県	三河, 衣浦, 名古屋*a, *c
三重県	四日市*a, *c
京都府	宮津, 舞鶴*a
大阪府	阪南*a, 泉州
大阪府, 兵庫県	阪神*b, *c
兵庫県	東播磨*a, 姫路*a
和歌山県	田辺, 和歌山下津*a
鳥取県, 島根県	境*a
島根県	浜田
岡山県	宇野, 水島*a
広島県	福山, 尾道糸崎*a, 呉, 広島*a
山口県	岩国, 柳井, 徳山下松, 三田尻中関, 宇部, 萩
山口県, 福岡県	関門*a, *b, *c
徳島県	徳島小松島*a
香川県	坂出, 高松*a
愛媛県	松山, 今治, 新居浜*a, 三島川之江
高知県	高知*a
福岡県	博多*a, 三池*a
佐賀県	唐津
佐賀県, 長崎県	伊万里
長崎県	長崎*a, 佐世保*a, 厳原
熊本県	八代, 三角
大分県	大分
宮崎県	細島*a
鹿児島県	鹿児島*a, 喜入, 名瀬
沖縄県	金武中城, 那覇

2022 年 10 月現在　　*a　航路が設定されている特定港（法第 11 条, 則第 8 条の別表第 2）
　　　　　　　　　　*b　錨地の指定を受けなければならない特定港（法第 5 条第 2 項, 則第 4 条第 3 項）
　　　　　　　　　　*c　船舶交通が著しく混雑する特定港（法第 18 条第 2 項, 則第 8 条の 3）

適用区域にいるすべての船舶（水上航空機は含まない）に適用される。また，船舶を汽艇等とそれ以外の船舶とに分け，汽艇等に避航義務を負わせている。

- a．**汽艇等**：汽艇，はしけおよび端舟その他ろかいのみをもって運転し，または主としてろかいをもって運転する船舶をいう（第1項）。
    - i．**汽艇**：おもに港内や付近の海域で港湾業務で用いられるランチ（交通艇など），モーターボートなど総トン数20トン未満の動力船。
    - ii．**はしけ**：陸岸と停泊船との間の貨物運送に用いられる船舶で動力付きのものとそうでないものがある。
    - iii．**端舟**：小型のボート，オールで漕ぐ小型船舶，伝馬船，小型ヨットなど。
- b．**特定港**：喫水の深い船舶が出入できる港または外国船舶が常時出入する港で，政令で定める港をいう（第2項）。2018年1月現在，87港が特定港である（令第1条・別表2）（表3.1）。
- c．**指定港**：海上交通安全法に定める指定海域に隣接する港で，非常事態（津波等）発生時に一体的に船舶交通の危険防止を行う必要のある港（第3項）で，2018年1月現在，東京湾海域の5港（京浜，横須賀，千葉，木更津，館山（非特定港））が指定されている（令第3条の別表第3）。

3.2 衝突予防の原則

この法律は次のとおり構成されている。

第1章　総則（第1〜3条）	第5章　水路の保全（第23〜25条）
第2章　入出港及び停泊（第4〜10条）	第6章　灯火等（第26〜30条）
第3章　航路及び航法（第11〜19条）	第7章　雑則（第31〜50条）
第4章　危険物（第20〜22条）	第8章　罰則（第51〜56条）

第2章では，一般的な航法規定として港長への入出届出の他，錨泊・停泊・港内移動に係る届出や制限など，主に港内の整頓を目的とした諸規定がなされている。

第3章では，特定港に航路を設定し，特別航法を規定することにより船舶交通の安全を図っている。とくに第3章の一般的な航法規定と港則法施行規則（以下，「則」と略す）に定める港毎の特別航法の理解と遵守が重要である。

3.2.1 衝突予防の基本

港則法の航法規定の大枠は次のとおりである。

- a．**航路の設置**：特定港内および特定港への出入口に航路を設定し，特別の航法を規定することにより，船舶の複雑な見合い関係の発生を未然に防いでいる（第11条）。
- b．**港毎の航法**：各々の港の地形や交通量などに応じた特定航法などを定めている。特定港に入出港する際には，一般的な航法規定だけでなく，当該特定港の特別規定（管制水路に係る信号なども含め）を事前によく調査し，理解した上で入出港することが不可欠である（則第2章）。

3.3 交通方法など

3.3.1 一般的な航法規定

3.3.1.1 入出港届（第4条）

> （入出港の届出）
> 第4条　船舶は，特定港に入港したとき又は特定港を出港しようとするときは，国土交通省令の定めるところにより，港長に届け出なければならない。

a．**入出港の届出**：次のとおり行わなければならない（則第1条）。
　ⅰ．**入港届**：特定港に入港したとき，遅滞なく，所定の書式による入港届を提出
　ⅱ．**出港届**：特定港を出港しようとするとき，所定の書式による出港届を提出
　ⅲ．**届の事前提出**：出港日時があらかじめ決まっている場合には，入港時に入出港届を提出できる（則第1条第1～3項）

b．**届出の不要**：次の船舶は入出港届を要しない。
- 総トン数20トン未満の船舶
- 端舟およびろかいのみ（主として）をもって運転する船舶
- 平水区域を航行区域とする船舶
- 旅客定期航路事業に使用される船舶（定期フェリーなど）で，港長に届出をしているもの
- その他，あらかじめ港長の許可を受けた船舶（則第2条）

3.3.1.2 錨地指定など（第5条）

> （びょう地）
> 第5条　特定港内に停泊する船舶は，国土交通省令の定めるところにより，各々そのトン数又は積載物の種類に従い，当該特定港内の一定の区域内に停泊しなければならない。
> 2．国土交通省令の定める船舶は，国土交通省令の定める特定港内に停泊しようとするときは，けい船浮標，さん橋，岸壁その他船舶がけい留する施設（以下「けい留施設」という。）にけい留する場合の外，港長からびょう泊すべき場所（以下「びょう地」という。）の指定を受けなければならない。この場合には，港長は，特別の事情がない限り，前項に規定する一定の区域内においてびょう地を指定しなければならない。
> 3．前項に規定する特定港以外の特定港でも，港長は，特に必要があると認めるときは，入港船舶に対しびょう地を指定することができる。
> 4．前2項の規定により，びょう地の指定を受けた船舶は，第1項の規定にかかわらず，当該びょう地に停泊しなければならない。
> 5．特定港のけい留施設の管理者は，当該けい留施設を船舶のけい留の用に供するときは，国土交通省令の定めるところにより，その旨をあらかじめ港長に届け出なければならない。
> 6．港長は，船舶交通の安全のため必要があると認めるときは，特定港のけい留施設の管理者に対し，当該けい留施設を船舶のけい留の用に供することを制限し，又は禁止することができる。
> 7．港長及び特定港のけい留施設の管理者は，びょう地の指定又はけい留施設の使用に関し船舶との間に行う信号その他の通信について，互に便宜を供与しなければならない。

a．錨地の区域：特定港においては，船舶は原則として，その大きさや積荷の種類などに応じて，省令で定める一定の区域に停泊しなければならない（第1項）。
b．錨地の指定：京浜港，阪神港，関門港では，錨泊しようとする総トン数500トン以上（関門港若松区は，総トン数300トン以上）の船舶は，港長から錨地の指定を受けなければならない（第2項，則第4条第1～3項）。京浜港，阪神港，関門港以外の特定港でも港長は必要に応じて錨地を指定することがある（第3項）。
c．錨地使用の届出：特定港内の係留施設（係船浮標，桟橋，岸壁など）の管理者[*2]は，当該施設を船舶に使用させるときは，あらかじめ港長に届出を行わなければならない（第5項）。
d．錨地の使用の制限：港長は，船舶交通の安全に支障があると認めるときは，係留施設の管理者に当該施設の使用の制限または禁止を命じることができる（第6項）。

3.3.1.3　移動の制限（第6条）

（移動の制限）
第6条　汽艇等以外の船舶は，第4条，次条第1項，第9条及び第22条の場合を除いて，港長の許可を受けなければ，前条第1項の規定により停泊した一定の区域外に移動し，又は港長から指定されたびょう地から移動してはならない。ただし，海難を避けようとする場合その他やむを得ない事由のある場合は，この限りでない。
2．前項ただし書の規定により移動したときは，当該船舶は，遅滞なくその旨を港長に届け出なければならない。

　特定港においては，汽艇等以外の船舶は，海難を避けるなどやむを得ない事由がある場合の他，港長の許可なく指定された停泊地または錨地を移動してはならない。

3.3.1.4　修繕および係留船の制限（第7条）

（修繕及び係船）
第7条　特定港内においては，汽艇等以外の船舶を修繕し，又は係船しようとする者は，その旨を港長に届け出なければならない。
2．修繕中又は係船中の船舶は，特定港内においては，港長の指定する場所に停泊しなければならない。
3．港長は，危険を防止するため必要があると認めるときは，修繕中又は係船中の船舶に対し，必要な員数の船員の乗船を命ずることができる。

　　修繕など，係船の届出：特定港においては，汽艇等以外の船舶は，修繕作業（船舶の運航に支障がある修理など）または係船[*3]をする場合には，港長に届出をし，指定された場所に係留などしなければならない。この場合，港長は，必要に応じて係船（保安）要員の乗船を命じることができる。

[*2] 一般に港の係留施設の管理者は，都道府県または市町村などの地方公共団体や民間企業（私設岸壁など）である。
[*3] 一般の停泊ではなく，船舶検査証書を返納して当該船舶を航行の用に使わない状態にして係留などさせること。

3.3.1.5　係留などの制限（第8条）

> （係留等の制限）
> 第8条　汽艇等及びいかだは，港内においては，みだりにこれを係船浮標若しくは他の船舶に係留し，又は他の船舶の交通の妨となるおそれのある場所に停泊させ，若しくは停留させてはならない。

すべての港則法適用港においては，汽艇等およびいかだは，他の船舶交通の妨げとならないよう，係留もしくは停泊・停留させなければならない。荷役中の船舶へのいかだなどの横抱き係留の隻数に制限を設けた規定などがある[*4]。

3.3.1.6　移動命令（第9条）

> （移動命令）
> 第9条　港長は，特に必要があると認めるときは，特定港内に停泊する船舶に対して移動を命ずることができる。

港内で火災が発生し付近の船舶を安全な場所に避難させる必要がある場合や台風や津波などによる災害を未然に防ぐため，特定港内に停泊する船舶に対して港外などへの移動を命ずることができる。

3.3.1.7　停泊の制限（第10条）

> （停泊の制限）
> 第10条　港内における船舶の停泊及び停留を禁止する場所又は停泊の方法について必要な事項は，国土交通省令でこれを定める。

船舶は，埠頭，桟橋，岸壁，係船浮標およびドックの付近，河川，運河その他狭い水路および船だまりの入口付近にみだりに錨泊または停留してはならない（則第6条）。

また，船舶は台風の接近など異常な気象または海象により，安全の確保に支障が生ずるおそれがあるときは，予備錨を投下する準備や機関の暖機をしておかなければならない（則第7条）。

3.3.2　航路

3.3.2.1　航路（第11条および第12条）

> （航路）
> 第11条　汽艇等以外の船舶は，特定港に出入し，又は特定港を通過するには，国土交通省令で定める航路（次条から第39条まで及び第41条において単に「航路」という。）によらなければならない。ただし，海難を避けようとする場合その他やむを得ない事由のある場合は，この限りでない。
> 第12条　船舶は，航路内においては，次の各号の場合を除いては，投びょうし，又はえい航している船舶

[*4] 例：京浜港において，はしけを他の船舶の船側に係留するとき，東京第2区ならびに横浜第1～3区においては，3縦列を超えないこと（則第25条第2号）。

を放してはならない。
一　海難を避けようとするとき。
二　運転の自由を失ったとき。
三　人命又は急迫した危険のある船舶の救助に従事するとき。
四　第31条の規定による港長の許可を受けて工事又は作業に従事するとき。

　特定港の約半数の港に航路が設けられている（表3.1参照）。汽艇等以外の船舶は，海難を避けるなどやむを得ない事由がある場合を除き，航路により出入または通過しなければならない。

　　航路による：航路の出入口からのみ航路に出入するだけではなく，長い航路のどこから航路に出入しても航路筋に沿って航行する限り，それは「航路によった」ことになる。入航または出航する船舶がわざわざ遠回りをして航路の出入口まで行く必要はなく，安全であり実行に適する範囲で航路を通ればよい（図3.1）。

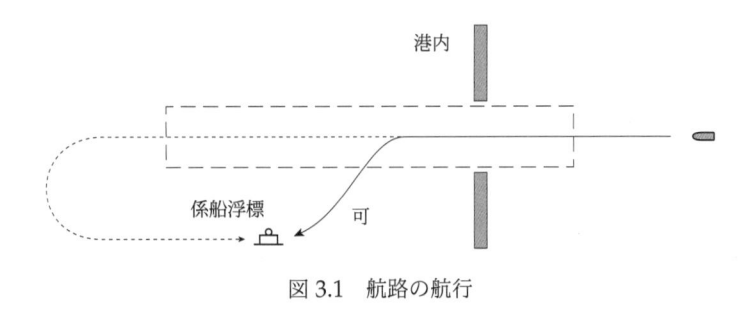

図 3.1　航路の航行

　航路内においては，次の場合を除いて，投錨したり，被曳航船舶を放してはならない。

- 海難を避けようとするとき
- 運転の自由を失ったとき
- 人命または他の船舶の救助に従事するとき
- 港長の許可を受けた工事または作業に従事するとき

3.3.3　航法

3.3.3.1　航路に関する航法（第13条）

（航法）
第13条　航路外から航路に入り，又は航路から航路外に出ようとする船舶は，航路を航行する他の船舶の進路を避けなければならない。
2.　船舶は，航路内においては，並列して航行してはならない。
3.　船舶は，航路内において，他の船舶と行き会うときは，右側を航行しなければならない。
4.　船舶は，航路内においては，他の船舶を追い越してはならない。

　航路の航行に関して，次の事項を規定している。

　　a．**避航義務**：航路出入船は，航路を航行している船舶を避航しなければならない（図3.2）。
　　b．**並航の禁止**：一般に航路はその幅が狭いため，航路内での並航を禁じている（図3.3）。

c．**右側航行**：航路内で**行き会う場合**は，互いに右側通航としている。予防法の狭い水道等における常時右側通航せよという意味ではない（図3.4）。
d．**追越し禁止**：原則，航路内での追越しは禁止である。ただし，港毎の特定航法として一定の条件のもとで追越しを認めている航路もある（東京西航路など）。

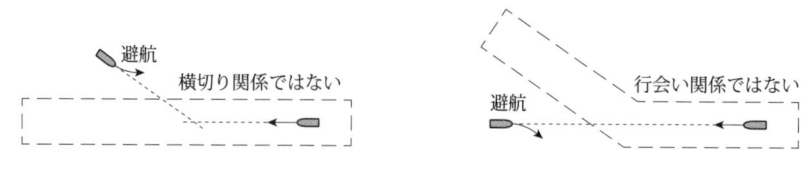

図3.2 航路航行船優先

図3.3 航路内並列航行の禁止 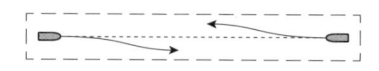　　図3.4 航路内で行き会う場合の右側通航

3.3.3.2 航路外での待機指示（第14条）

> 第14条　港長は，地形，潮流その他の自然的条件及び船舶交通の状況を勘案して，航路を航行する船舶の航行に危険を生ずるおそれのあるものとして航路ごとに国土交通省令で定める場合において，航路を航行し，又は航行しようとする船舶の危険を防止するため必要があると認めるときは，当該船舶に対し，国土交通省令で定めるところにより，当該危険を防止するため必要な間航路外で待機すべき旨を指示することができる。

航路の地形，潮流，その他の自然的条件および船舶交通の状況により，航行する船舶の危険防止のため，港長は，必要な間，船舶に対して航路外待機指示をすることができる。

2022年10月現在，9航路（仙台塩釜港航路，京浜港横浜航路，関門港関門航路・関門第2航路・砂津航路・戸畑航路・若松航路・奥洞海航路，安瀬航路）で航路外待機指示がある（則第8条の2）。

3.3.3.3 防波堤入口付近の航法（第15条）

> 第15条　汽船が港の防波堤の入口又は入口附近で他の汽船と出会う虞のあるときは，入航する汽船は，防波堤の外で出航する汽船の進路を避けなければならない。

防波堤出入口付近での航法は次のとおりである。

a．**出航船優先**：一般に防波堤の入口付近は狭く，操船のための余地が少ないため，出入口付近で入航と出航の船舶が行き会う場合は，入航船舶は防波堤の外で出航船舶を避航する（図3.5）。
b．**防波堤出入口に航路がある場合**：図3.6に示すように防波堤出入口に航路が設定されており，この航路に沿って入航する船舶と，港内から航路を斜行して航路に入り出航しようとする船舶が防波堤の出入口付近で衝突のおそれがある場合は，第15条の規定が第13条の規定に優先して適用される。したがって，入航船舶が防波堤の外で出航船舶を避航しなければならない。

第13条第1項の規定は，航路一般についての規定である。一方，この航路の設定された防波堤出入口付近は，航路の特定部分といえる。したがって，第13条の航路にかかる一般規定より，第15条の特定規定のほうが優先して適用されることとなる。

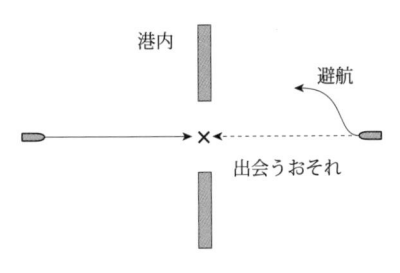

図3.5　防波堤出入口付近の航法　　　図3.6　航路がある防波堤出入口付近の航法

3.3.3.4　速力の制限と帆船の航法（第16条）

> 第16条　船舶は，港内及び港の境界附近においては，他の船舶に危険を及ぼさないような速力で航行しなければならない。
> 2. 帆船は，港内では，帆を減じ又は引船を用いて航行しなければならない。

速力制限：港内では，他の船舶に危険を及ぼさない速力で航行しなければならない。たとえば，岸壁係留中や荷役中の船舶の傍を航行する場合には，引き波（航走波）が他の停泊船舶などの係留状態や荷役作業に危険を及ぼさないような速力で航行する必要がある。

3.3.3.5　突出物付近の航法（第17条）

> 第17条　船舶は，港内においては，防波堤，ふとうその他の工作物の突端又は停泊船舶を右げんに見て航行するときは，できるだけこれに近寄り，左げんに見て航行するときは，できるだけこれに遠ざかって航行しなければならない。

港内の防波堤，埠頭，桟橋やその他の工作物の突端や錨泊，停泊船舶の付近など見通しの悪い場所を航行（構造物を回る，または傍を直進）するときは，他船と出会い頭にぶつからないよう，これらを右に見て航行するときはできるだけ近寄って，また，左に見て航行するときはこれらから遠ざかって航行しなければならない（**右小回り・左大回り**）（図3.7）。

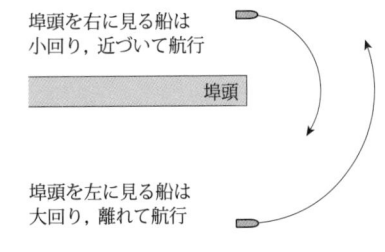

図3.7　右小回り・左大回り

3.3.3.6 汽艇等および小型船の航法（第18条）

> 第18条　汽艇等は，港内においては，汽艇等以外の船舶の進路を避けなければならない。
> 2. 総トン数が500トンを超えない範囲内において国土交通省令で定めるトン数以下である船舶であって汽艇等以外のもの（以下「小型船」という。）は，国土交通省令で定める船舶交通が著しく混雑する特定港内においては，小型船及び汽艇等以外の船舶の進路を避けなければならない。
> 3. 小型船及び汽艇等以外の船舶は，前項の特定港内を航行するときは，国土交通省令で定める様式の標識をマストに見やすいように掲げなければならない。

a. **汽艇等**：汽艇等以外の船舶を避航（汽艇等の定義は第3条）
b. **小型船**：船舶交通が著しく混雑する特定港（表3.1の備考c）では，小型船および汽艇等以外の船舶を避航
c. **汽艇等および小型船の避航義務**：予防法の行会い船の航法，横切り船の航法，追越し船の航法，ならびに港則法第13条および第15条に優先して適用（図3.8）
d. **汽艇等および小型船以外の航行中の船舶**：船舶交通が著しく混雑する特定港では，国際信号旗の数字旗の"1"を掲揚（則第8条の4）
　ⅰ. **小型船**：総トン数500トン（関門港では総トン数300トン）以下の船舶
　ⅱ. **船舶交通が著しく混雑する特定港**：千葉港，京浜港，名古屋港，四日市港，阪神港，関門港[*5]

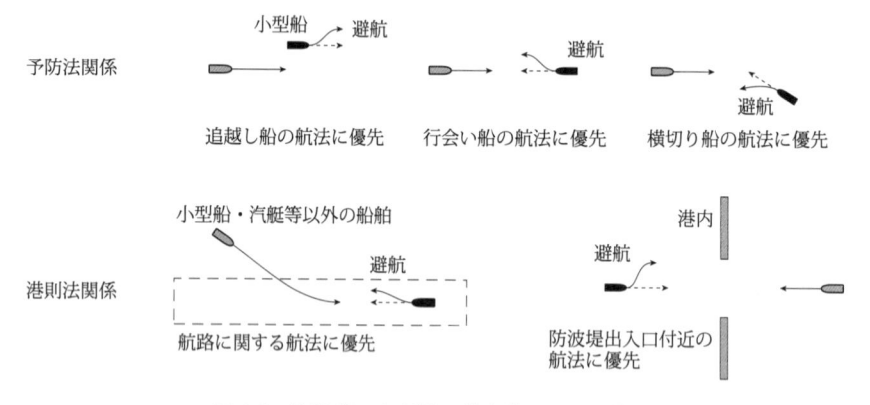

図3.8　汽艇等・小型船の特定港における航法

3.3.3.7　航路および航法のまとめ

ここで知識の整理を図るため，航路および航法（第11～18条）の航法規定を表3.2にまとめる。
避航規定は予防法の横切り船や行会い船などの航法規定に優先して適用される。
規定相互間の優先関係は表3.3のとおりである。場所に係わる避航規定同士の場合は，特定された水域での避航規定のほうが優先し，その他の場合は，場所に係わる避航規定よりも，船の大きさ（操縦性能）に係わる避航規定のほうが優先すると考えてよい。

[*5] 注意：四日市港は第1航路および午起航路に限る。阪神港は尼崎西宮芦屋区を除く。関門港は響新港区を除く。

表 3.2　航法のまとめ

航法	条	解説
航路航行義務	第 11 条	汽艇等以外の船舶は特定港に出入しまたは通過するときは，それが安全で実行に適する限り，航路を航行する。
航路内の投錨などの禁止	第 12 条	船舶は航路内で投錨したり，曳航している船舶を放してはならない。
航路の航法	第 13 条	航路内の並列航行の禁止（第 2 項） 航路内の行会い時の右側航行（第 3 項） 航路内の追越し禁止（第 4 項）
港内および港の境界付近	第 16 条	速力の制限：他船に危険を与えない速力で航行（第 1 項） 帆船の減帆または引き船の使用（第 2 項）
右小回り・左大回り	第 17 条	船舶は港内で防波堤，埠頭などの工作物の突端または停泊船の近くを航行するときは，右側航行の原則を守るため右小回り・左大回りで航行する。
航路航行船優先	第 13 条	航路を航行する船舶を保持船とし，航路外から航路に入り，または航路から航路外に出ようとする船舶に避航義務を課している（第 1 項）。
防波堤入口付近の航法	第 15 条	防波堤入口を一方通航とし，出航汽船を優先させ，入航汽船に防波堤外での避航義務を課している。
避航義務	第 18 条	汽艇等には港内で汽艇等以外の船舶に対して避航義務を課している（第 1 項）。 船舶交通が著しく混雑する特定港では，汽艇等以外に小型船という枠を設け，小型船には汽艇等・小型船以外の船舶に対して避航義務を課している（第 2 項）。

表 3.3　避航規定が重なる場合の航法の優先関係

航法		優先する航法
航路航行船優先	<	防波堤入口付近の航法
航路航行船優先	<	汽艇等の避航義務
航路航行船優先	<	小型船の避航義務
防波堤入口付近の航法	<	汽艇等の避航義務
防波堤入口付近の航法	<	小型船の避航義務

3.3.3.8　その他の航法（第 19 条）

> 第 19 条　国土交通大臣は，港内における地形，潮流その他の自然的条件により第 13 条第 3 項若しくは第 4 項，第 15 条又は第 17 条の規定によることが船舶交通の安全上著しい支障があると認めるときは，これらの規定にかかわらず，国土交通省令で当該港における航法に関して特別の定めをすることができる。
> 2．第 13 条から前条までに定めるもののほか，国土交通大臣は，国土交通省令で一定の港における航法に関して特別の定めをすることができる。

港則法は港毎の特殊な事情に応じ，2022 年 10 月現在，次の港に特別な航法を定めている。これ

ら港毎の特別航法は,同法施行規則(第21条の3～第50条)に規定されており,原則とは異なる航法が定められている(表3.4)。同表の特別航法のうち主なものについて,以下に挙げ概要を解説する。また,とくに特別航法が多い関門港について参考のため関門航路付図(図3.9, 3.10)を掲載する。これら港に入出港する際は,十分に特別航法について調査・理解した上で入出港する必要がある。

  a．**特別な航法のある港**：釧路港, 江名港および中之作港, 鹿島港, 千葉港, 京浜港, 名古屋港, 四日市港, 阪神港, 水島港, 尾道糸崎港, 広島港, 関門港, 高松港, 高知港, 博多港, 長崎港, 佐世保港, 細島港, 那覇港

  b．**航路の特別航法**
    ⅰ．**常時右側通航**：総トン数500トン以上の船舶は,つねに航路の右側を航行しなければならない港：名古屋港(東航路,西航路,北航路)(則第29条の2)
    ⅱ．**常時中央または右側通航**：総トン数500トン以上の船舶は,つねに航路の中央を,その他の船舶は,右側を航行しなければならない港：関門港(若松航路, 奥洞海航路)(則第38条第1項第6号)
    ⅲ．**できる限り航路の右側を航行**：できる限り航路の右側を航行しなければならない港：関門港(関門航路, 関門第2航路)(図3.9, 3.10)(則第38条第1項第1号)
    ⅳ．**近寄って航行**：総トン数100トン未満の船舶は,できる限り門司埼に近寄って航行しなければならない：関門港(関門航路早鞆瀬戸水路)(図3.10)(則第38条第1項第3号)

  c．**航路内で条件付き追越し可**：次の条件を満たせば航路内で追越しをしてもよい港
    ⅰ．**追越しできる条件**：被追越し船舶の協力動作を必要としないこと。他の船舶の進路を妨げないこと。
    ⅱ．**港と航路**
- 京浜港：東京西航路(則第27条の2第1項)
- 名古屋港：東航路, 北航路, 西航路の一部(則第29条の2第1項)
- 広島港：広島港航路(則第35条)
- 関門港：関門航路(則第38条第2項)

    ⅲ．**追越し信号**：上記航路で追越しを行うときは,汽笛による追越し信号を行わなければならない[*6]。
- 他船の右側を追い越す場合　—・
- 他船の左側を追い越す場合　—・・

    ⅳ．**追越し制限区域**：条件付き追越し可能航路に一部禁止区域がある航路：関門第1航路の早鞆瀬戸水路の部分(則第38条第2項)

  d．**航路の航行速力**：速力制限がある航路：関門第1航路の早鞆瀬戸は対地速力4ノット以上で航行しなければならない(則第38条第1項第5号)

  e．**錨泊などが制限されている港**
    ⅰ．港内錨泊船舶に対し,港長が,双錨泊を命じることがある港：関門港(則第36条)
    ⅱ．港内の一定の水域において,海難を避ける場合などを除いて,錨泊または曳航している船舶や物件を放すことを禁止している港：鹿島, 京浜, 高松, 細島, 那覇港(則第23, 26,

---

[*6] 追越しの条件から,予防法に定める被追越し船の協力動作を必要とする追越し信号の吹鳴はありえないことに注意。

42, 48, 49 条）
iii. 港内の一定の水域において，はしけを船側に係留することや船舶の停泊などを制限している港：京浜，阪神，尾道糸崎，細島港（則第 25, 30, 34, 47 条）

表 3.4　港則法の特別航法など

分類	内容	備考
特定航法	航路の常時右側航行	
	航路内での条件付き追越し	
	航路内で追い越す場合の汽笛信号	
	航路接続部での優先航法	
	航路の出入り，横切りの禁止	
	防波堤出入口付近の特別航法	
	運河水面などで追い越す場合の汽笛信号	
	その他特定港	回頭禁止・通り抜け禁止・通航方向の制限など
航行の注意	航路通報	航路航行予定時刻などの事前通報
	運河水面などの出入口における汽笛信号	
その他	**錨泊などの制限**	錨泊および曳航物件などの解放禁止区域の指定
	錨泊の方法	関門港における双錨泊の指示
	停泊の制限	はしけなどの船舶への横抱き隻数の制限など
	港内における帆船の縫航の禁止	特定港の全航路内における帆船の縫航禁止に加え，航路外の特定区域に対しても縫航禁止
	曳航の制限	特定港内においては，曳航物件の距離は 200 m を超えてはならない（則第 9 条）が，この距離をさらに短く制限するなどの規定
	進路の表示	則第 11 条第 1 項の規定により，AIS を備える船舶は港内または港の境界付近を航行する場合は，進路を他の船舶に知らせるため，告示で定める記号により AIS の目的地に関する情報を送信しなければならない。これに加え，昼間の国際信号旗による進路の表示を命じるもの

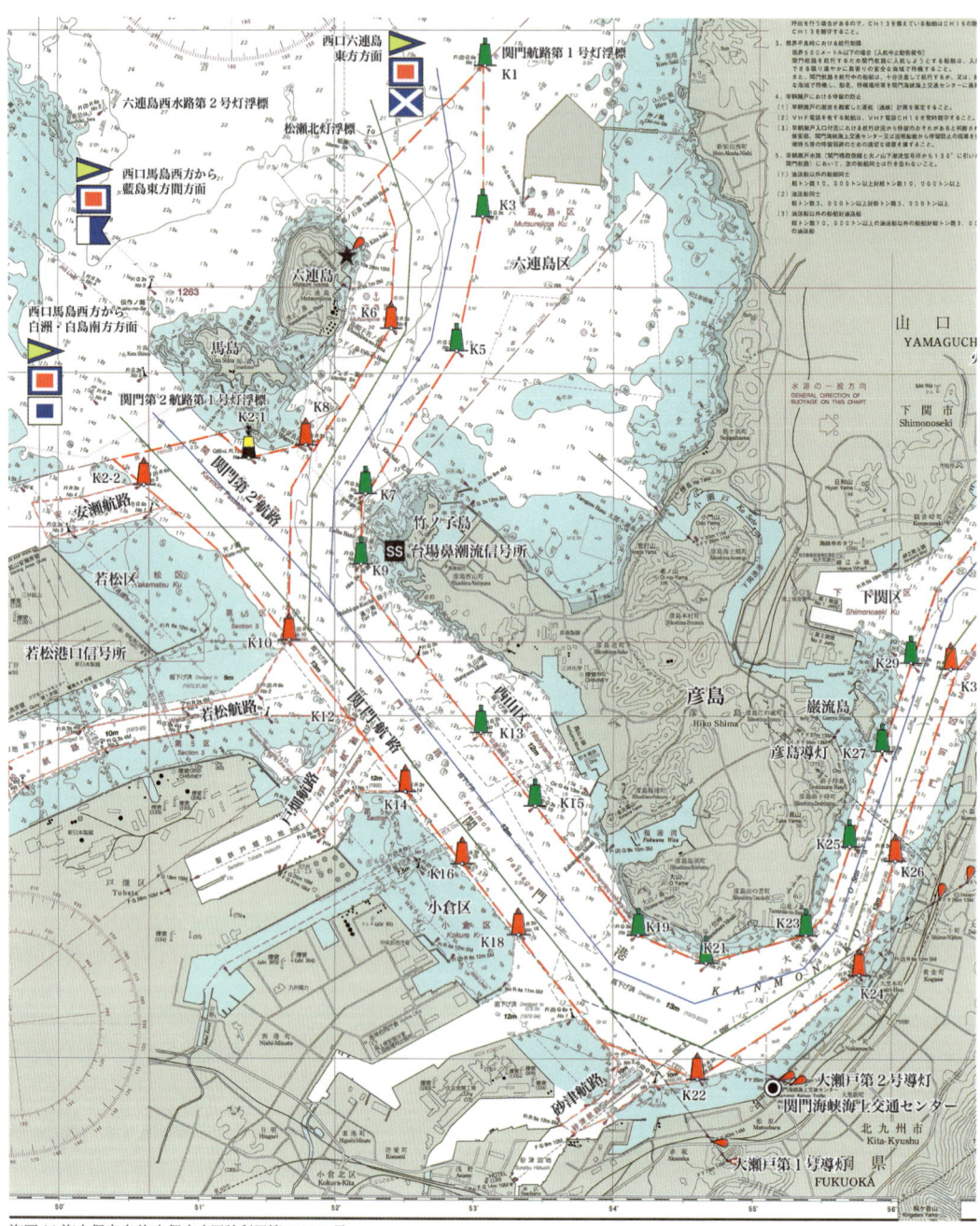

図 3.9　関門航路（西部）

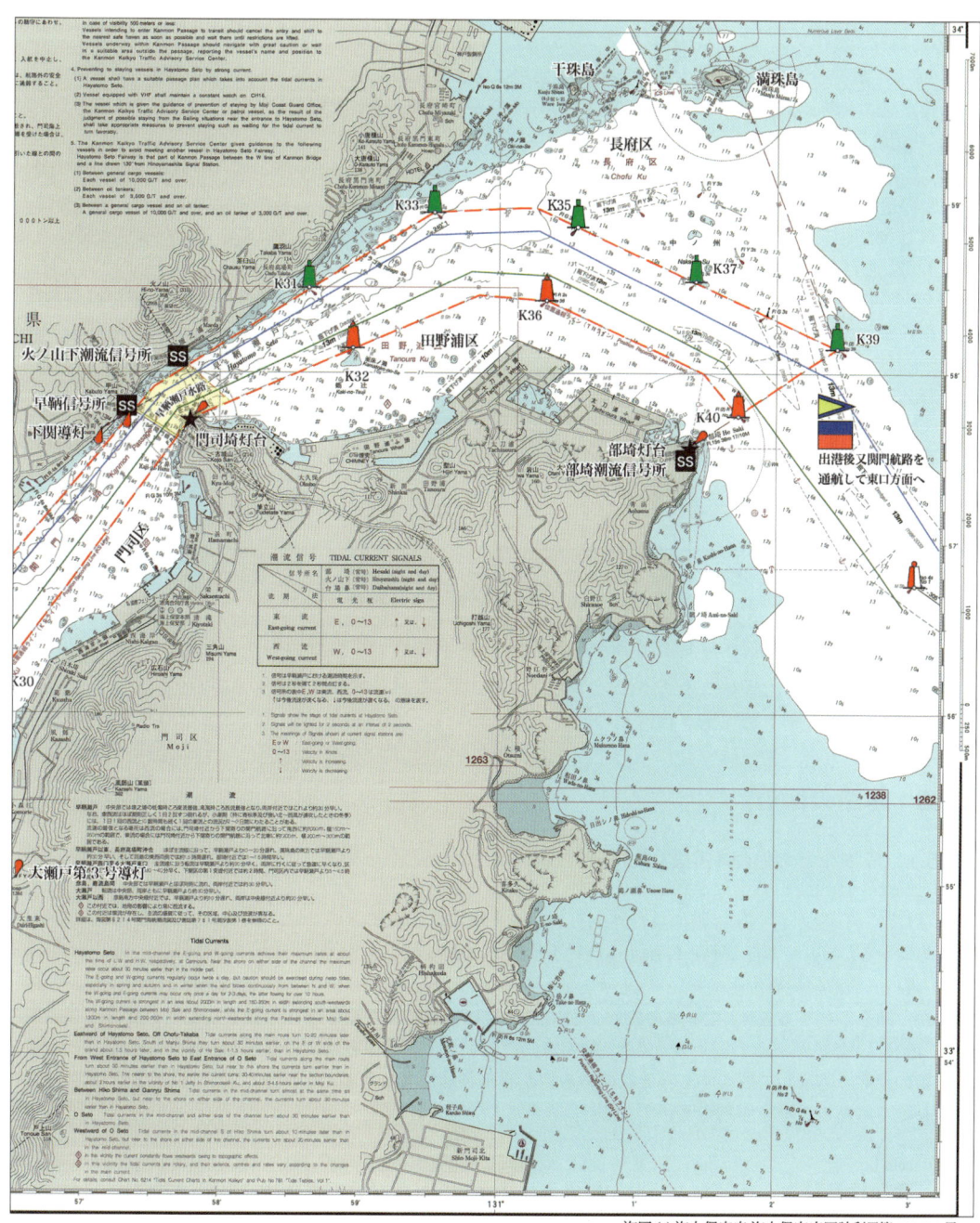

図 3.10 関門航路（東部）

3.3.4 危険物

3.3.4.1 危険物の運搬荷役など（第20～22条）

> （危険物）
> 第20条　爆発物その他の危険物（当該船舶の使用に供するものを除く。以下同じ。）を積載した船舶は，特定港に入港しようとするときは，港の境界外で港長の指揮を受けなければならない。
> 2. 前項の危険物の種類は，国土交通省令でこれを定める。
> 第21条　危険物を積載した船舶は，特定港においては，びょう地の指定を受けるべき場合を除いて，港長の指定した場所でなければ停泊し，又は停留してはならない。但し，港長が爆発物以外の危険物を積載した船舶につきその停泊の期間並びに危険物の種類，数量及び保管方法に鑑み差支がないと認めて許可したときは，この限りでない。
> 第22条　船舶は，特定港において危険物の積込，積替又は荷卸をするには，港長の許可を受けなければならない。
> 2. 港長は，前項に規定する作業が特定港内においてされることが不適当であると認めるときは，港の境界外において適当な場所を指定して同項の許可をすることができる。
> 3. 前項の規定により指定された場所に停泊し，又は停留する船舶は，これを港の境界内にある船舶とみなす。
> 4. 船舶は，特定港内又は特定港の境界付近において危険物を運搬しようとするときは，港長の許可を受けなければならない。

a．**危険物**：省令により定められている（燃料油や信号火器類は除外）
b．**危険物積載船**：特定港においては，港長の指揮を受け，港長の指定する場所に停泊
c．**危険物の荷役**：特定港において，危険物の荷役をするときは，港長の許可が必要
d．**危険物の運搬**：特定港またはその境界付近において，危険物を運搬するときは港長の許可が必要

3.3.5 水路の保全

3.3.5.1 廃物などの処理（第23条）

> 第23条　何人も，港内又は港の境界外1万メートル以内の水面においては，みだりに，バラスト，廃油，石炭から，ごみその他これらに類する廃物を捨ててはならない。
> 2. 港内又は港の境界付近において，石炭，石，れんがその他散乱する虞のある物を船舶に積み，又は船舶から卸そうとする者は，これらの物が水面に脱落するのを防ぐため必要な措置をしなければならない。
> 3. 港長は，必要があると認めるときは，特定港内において，第1項の規定に違反して廃物を捨て，又は前項の規定に違反して散乱するおそれのある物を脱落させた者に対し，その捨て，又は脱落させた物を取り除くべきことを命ずることができる。

a．**廃物投棄禁止**：港内および港の境界外1万m以内においては，廃物投棄は禁止。
b．**散乱物の脱落防止措置**：港内または港の境界付近で，石炭などの散乱性物質を荷役する場合は，水面への脱落を防ぐための措置（ネット・スクリーンの展帳など）をとらなければならない。
c．**廃物・散乱物の除去命令**：港長は，廃物を捨て，または散乱性物質を脱落させた者には，その回収を命じることができる。

3.3.5.2　海難発生時の措置（第24および第25条）

a．海難により交通を阻害する状態となったときの船長の措置：港内または港の境界付近において海難が発生し，それが他の船舶の交通を阻害するおそれがあるとき，船長は次の措置をとる。
- 標識の設置やその他危険予防に必要な措置
- 港長または最寄りの管区海上保安本部にその旨を報告

b．漂流物・沈没物などの除去命令：港長などは漂流物や沈船などが船舶交通を阻害すると認める場合は，当該物件の所有者などにその除去を命じることができる。

3.3.6　灯火等（第26〜30条）

a．ろかい船などの灯火：予防法では，長さ7m未満の航行中の帆船，またはろかい船に対し，夜間，衝突の危険を回避する必要があるときだけ掲げる簡易な灯火（携帯電灯または点灯した白灯）の表示を認めているが，港則法では，これを夜間，常時点灯表示しなければならない（第26条第1項）。

b．運転不自由船の灯火など：予防法では，長さ12m未満の航行中の運転不自由船および航行，または錨泊中の操縦性能制限船は，灯火・形象物について表示が免除されているが，港内においてはこれらを表示しなければならない（第26条第1項）[*7]。

c．汽笛吹鳴の制限：港内では，予防法や本法に規定の汽笛信号をしなければならない場合もあり，不要な混乱を招かないよう，みだりに汽笛を吹鳴することを制限している（第27条）。

d．私設信号：船会社と所属船舶などとの私的な信号の使用は港長の許可が必要（第28条）。

e．火災警報：長音5回（—————）の汽笛信号。停泊・錨泊中のみ実施し，航行中は不可。船橋など船内の見やすい場所に火災警報信号の方法を表示しなければならない。

3.3.7　雑則（第31〜50条）

a．工事の許可など：次の場合，港長の許可と港長からの指示された措置への対応が必要（第31〜34条）。
- 工事または作業を行う場合
- 行事（端艇競争など）を行う場合
- 浸水またはドックへの入出を行う場合
- 木材・竹などの水面への荷卸や筏（当該木材などを束ね連結したもの）の運航を行う場合

b．港内などにおける制限事項
　ⅰ．漁ろうの制限：港内の船舶交通の妨げとなるおそれのある場所での漁ろうは禁止（第35条）
　ⅱ．灯火の制限：港内または港の境界付近において，強力な灯火は使用禁止（第36条）
　ⅲ．喫煙などの制限：油送船の付近での喫煙・火気の使用の禁止（第37条）

c．船舶交通の制限など（第38条および第39条）
　ⅰ．水路における航行管制：特定港内の省令で定める水路（以下，「管制水路」[*8]と略す）を航行し入出航しようとする船舶は，港長が信号所において行う管制信号に従わなければ

[*7] 本規定は海交法適用海域における考え方と同じである。2.3.5.2節（400ページ）を参照されたい。
[*8] 管制水路は同法に定める航路（第11条）とは異なり，必ずしも一致しないことに注意。

ならない。
   ii. **水路航行予定時刻の通報**：管制航路毎に省令で定める大きさ以上の船舶は，管制水路を航行しようとするときは，港長に航行予定時刻などを事前通報しなければならない。
   iii. **管制航路が定められている特定港**：苫小牧，八戸，仙台塩釜，鹿島，千葉，京浜，新潟，名古屋，四日市，阪神，水島，関門，高知，佐世保，那覇港（則第20条の2別表第4[*9]）。
   iv. **交通規制**：港長は，船舶交通の安全のため必要があるときは，特定港内において航路または区域を指定して，船舶の交通を制限しまたは禁止することができる（第39条第1項）。
   v. **避難命令（勧告）など**：港長は，台風の接近や津波の発生などの異常気象海象，または海難の発生などにより必要と認める場合は，船舶の航行を制限，もしくは禁止，または停泊場所の指定や港外への移動などを命じることができる（第39条第3項および第4項）。
 d. **情報聴取義務など**：船舶交通がとくに著しく混雑する航路（省令で定める）およびその周辺区域を航行する，小型船および汽艇等以外の省令で定める船舶は，港長が提供する情報を聴取（VHF無線電話により）しなければならない（第41条）。
   i. **聴取義務区域**：2022年10月現在，次の3区域（則第20条の3第1項別表第5）。
     - 東京湾：平時　　千葉港の千葉航路および市原航路および周辺海域，京浜港の東京東航路，東京西航路，川崎航路，鶴見航路，横浜航路および周辺海域
             非常時　東京湾のほぼ全域（海上交通安全法が適用される海域の他，京浜，千葉，木更津，横須賀，館山港の港域）
     - 名古屋港：東航路，西航路，北航路およびその周辺区域
     - 関門港：関門航路，関門第2航路およびその周辺区域
   ii. **提供される情報**：次のとおり（則第20条の3第3項）。
     - 交通方法に関する情報
     - 交通の障害の発生に関する情報
     - 危険な海域に関する情報
     - 操縦性能が制限されている船舶の航行に関する情報
     - 著しく接近する他の特定船舶の動向に関する情報
     - その他航海に必要と認められる情報
   iii. **勧告など**：港長は，情報聴取区域内において，次の場合，船舶に進路の変更やその他必要な措置をとるようVHF無線電話により勧告することができる（第42条，則第20条の5）。
     - 航路および聴取義務海域において，交通方法に従わないで航行している場合
     - 他の船舶や障害物に著しく接近している場合
     - 他の船舶の航行に危険を及ぼすと認められる場合
 e. **特定港以外の港に対する規定の準用**：次に挙げる規定は，特定港以外の港にも準用される。
   - 停泊船舶に対する移動命令（第9条）
   - 漂流物，脱落物などの除去命令（第25条）
   - 私設信号の許可申請（第28条）
   - 工事，行事，浸水などの許可および措置命令（第31条）
   - 強力な灯火の減光，被覆命令（第36条第2項）
   - 引火性液体浮遊時の喫煙および火気使用の制限，禁止命令（第37条第2項）
   - 船舶交通の制限など（第38条および第39条）など

[*9] 別表には，管制水路および信号所の位置，信号方法および意味（対象となる船舶の大きさなど）が規定されている。

第4章

海上交通三法と適法措置

4.1 適法の要領

ここでは，海上交通三法（海上衝突予防法（以下，「予防法」と略す），海上交通安全法（以下，「海交法」と略す）および港則法）に従って，避航動作をとる船舶（本船）を一般動力船とした場合の具体的な避航操船の要領を説明する。

4.1.1 追越しの場合

4.1.1.1 広い水域での追越し

追越し船は自船が追い越そうとする船舶（この項において，「被追越し船」という）だけでなく，その他の船舶の状況もよく判断し，安全に追い越す余地が少ないときは，追越しをしばらく待つ。追越し船は被追越し船がどのような船舶であっても（各種船舶間の航法（予防法第18条）などは適用されない），また，そのどのような動作に対しても避航義務を負う。

追越しにあっては，できれば被追越し船の左舷側を追い越したほうがよい。それは被追越し船が第三船を避けようとして（「行会い」や「横切り」関係の避航などで）右転する場合，その妨げにならないようにするためである。そして，安全な距離を保って追い越す。追い越している間，被追越し船だけでなく他の船舶の動静にも十分注意し，被追越し船を確実に追い越し十分に遠ざかるまで当該船の船首方向を横切ってはならない（図 4.1）。

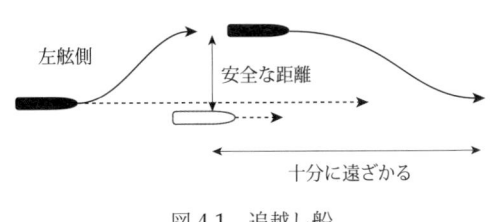

図 4.1　追越し船

4.1.1.2 狭い水道等での追越し
(1) 海上衝突予防法

湾曲部や反航船の状況を確かめられない場所での追越しは避け，なるべく幅の広い直線状の水路で，反航船にも影響のない時期を選ぶ。また，自船の前を航行する船舶を追い越そうと水路の左側に出て反航船の通航を妨げるような動作はしない。

追越し船は，狭い水道，航路筋や航路（海交法）などで，自船が追い越そうとする船舶の**協力動作が必要な場合**は，予防法に規定されている信号により自船が追い越そうとする船舶のどちら側を追い越すか意思を示す汽笛信号（追越し信号）を行う。

- 右側追越し ——・
- 左側追越し ——・・

追越し信号を受けた船舶は追越しに同意する場合はその意図を示す汽笛信号（同意信号）を行い，安全に通過させるための協力動作をとり，追越しに同意しないときはその意図を示す汽笛信号（警告信号）を行う。追越し船はその意図に従う。

- 同意 —・—・
- 不同意 急速に・・・・・・・

(2) 海上交通安全法，港則法

海交法に定める航路においては，自船の前を航行する船舶を追い越す場合の汽笛信号は，予防法のそれとは意味が異なり，当該船への注意喚起だけ（追い越される船舶の協力動作を要求しない）である点に注意しなければならない。一方，被追越し船の協力動作を必要とする場合は，予防法の追越し信号をこれに代えて行うことができる。

- 右側追越し —・
- 左側追越し —・・

港則法に定める航路においては，原則として追越しは禁止されているが，京浜港東京区，名古屋港，関門港の一部の航路では，被追越し船の協力動作を必要とせず，安全に航過できる余地がある場合に限って追い越すことが認められている。したがって，これらの航路において追い越す場合は，同様の信号を行わなければならない。一方，予防法の信号を使用する追越しは，港則法の航路では認められていない。

4.1.2 行会いの場合

行き会う両船が動力船の場合に採用される航法であり，他船が運転不自由船，操縦性能制限船，漁ろうに従事している船舶，帆船である場合は，行会いの航法は適用されず，本船（動力船）が避航義務を負うことになる。

- a．**真向かいの場合**：行会い船は相対速力が極めて大きく，万一衝突した場合の損害も大きいことに注意しなければならない。行会いにあっては，十分余裕のある時期に，相手船に本船の動作が明確に判断できるよう，大角度に右転し操船信号（発光信号は任意）を行う。近距離に近づくまで，相手船の方位変化は極めて少ないので，右転後の本船の針路保持と相手船の動勢に十分注意し，左舷対左舷で安全な距離を保って航過する（図 4.2）。
- b．**ほとんど真向かいの場合**：避航の要領は真向かいの場合と同様であるが，「行会い」か「横切り」か，あるいはそのまま進んでも安全な距離を保って航過することができる「行過ぎ反航」か，判断に迷う場合があるので，本船のより大幅な右転避航と，相手船の動作に対して，より十分な動勢観察が必要である。このような危険な見合い関係は次のとおりである。

- 両船の針路は平行で，右舷対右舷で航過しそうな態勢であるが，そのまま進めば航過時の両船間隔が小さい場合（図4.3 a）
- 相手船が本船の船首のやや右にあり，相手船の針路が本船の針路の船首方向の近くで交差している場合（同図 b）
- 相手船が本船の船首のやや左にあり，相手船の針路が本船の針路の船首方向の近くで交差している場合（同図 c）

いずれの場合も，本船は「行会い」と判断して右転しているが，相手船は「右舷対右舷の行過ぎ反航」と判断して両船間の距離に余裕を持つため左転し，危険な状態に陥っている。こうした判断の違いは，特殊な見合い関係に加えて，操舵技術の未熟（保針の悪さ）や舷灯装置の不良，緩慢な衝突回避動作などが大きな要因である。

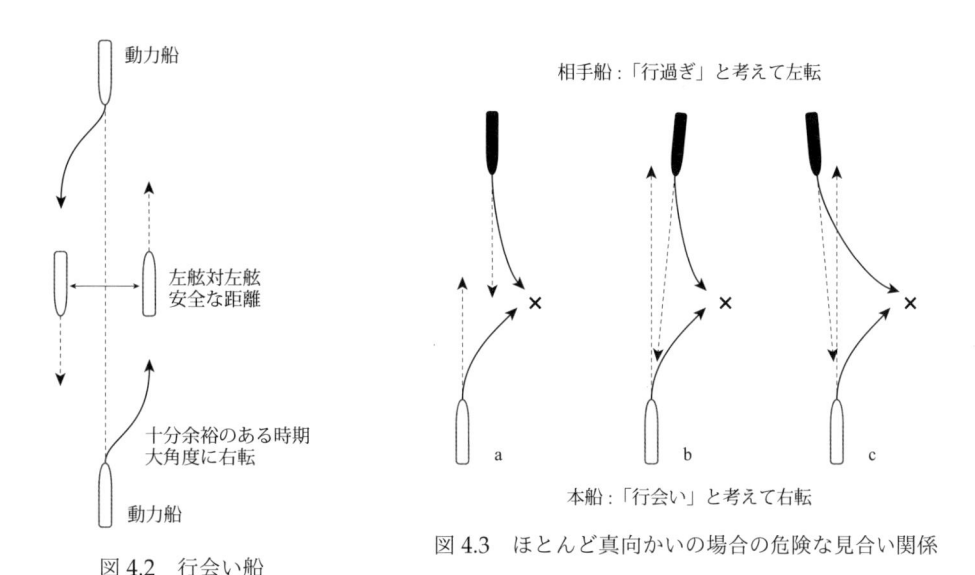

図 4.2　行会い船

図 4.3　ほとんど真向かいの場合の危険な見合い関係

4.1.3　横切りの場合

4.1.3.1　一般的な場合

避航動作をとる場合は，避航船（予防法第16条）と衝突を避けるための動作（同第8条）の両規定に従わなければならない。また，保持船の船首方向を横切ることは制限されているので，その動作以外に方法のない場合を除いて行うべきでない。

また，運転不自由船，操縦性能制限船，漁ろうに従事している船舶，帆船に対しては横切りの航法は適用されず，これらの船舶を左舷側に見る場合でも本船が避航義務を負う。具体的な避航要領は次のとおりである（図4.4）。

- 交差角が大きい場合は，右転して保持船の船尾を航過する。
- 交差角が直角程度で距離が近い場合は，機関使用または転針と併用する。
- 交差角が小さく右転の余地がない場合は，急激に左転し1回転する。

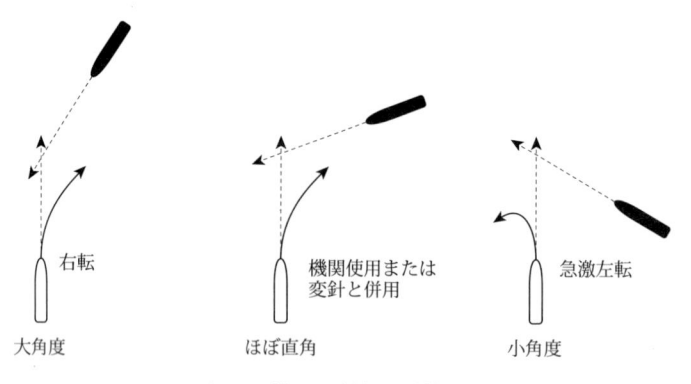

図 4.4　横切り関係の避航要領

4.1.3.2　特殊な場合

a. **変針点付近での横切り関係**：2 隻の動力船が航路筋でない変針点付近で横切り関係となり，衝突のおそれが生じる場合がよくある（図 4.5）。このような場合は，両船とも変針点にこだわらず，避航船は早めに避航動作をとり，保持船はそのまま針路・速力を保持し，衝突のおそれが解消してから，両船は次の計画針路に乗せるための変針を行う。

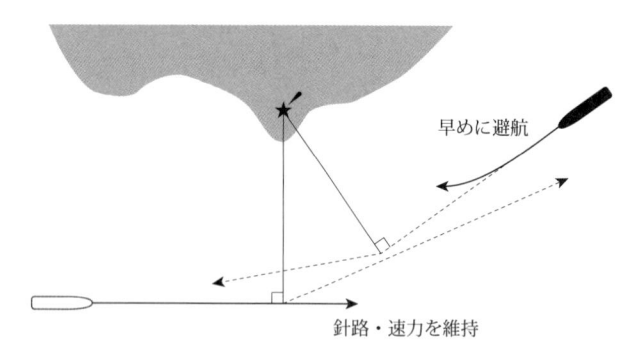

図 4.5　変針点付近での横切り関係

b. **真針路上の見合い関係**：2 隻の動力船が風潮流などの影響を受け，実際の進行方向がほとんど一直線になって反航し衝突のおそれがあるとき，進行方向では両船は行会い関係のように見えるが，適用される航法は見合い関係が成立した当初の船首方向によって決まるから，この場合は横切り関係である（図 4.6）。反対に 2 隻の動力船の真針路が横切りのように見えても，当初の船首方向の関係が行会いであれば，行会い船の航法が適用される。

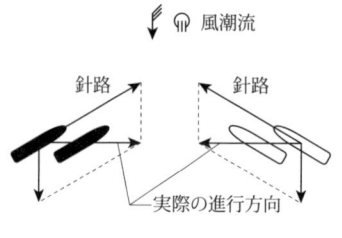

図 4.6　真針路上の見合い関係

c．**後進中の動力船との関係**：船舶の進路は船首を向けて進む進路という解釈が一般的である。したがって，後進中の動力船の場合，互いに進路を横切る場合にはあたらないため，横切り船の航法は適用されず，注意義務（予防法第 39 条）によって互いに避航動作をとらなければならない（図 4.7）。

図 4.7　後進中の動力船との関係

4.1.4　保持船のみによる衝突回避動作による場合

2 隻の動力船は図 4.8 に示す見合い関係にあるものとする。本船を保持船として解説する。

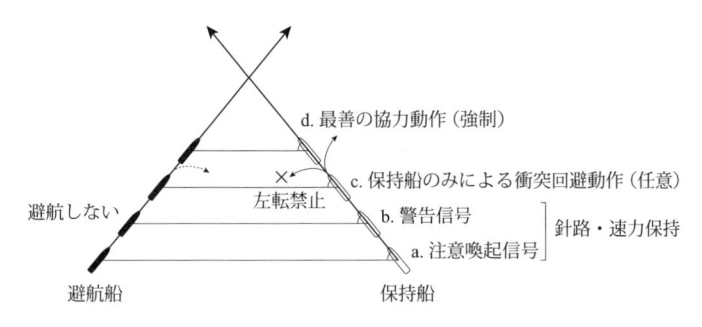

図 4.8　保持船のみによる衝突回避動作

a．**注意喚起信号の実施**：本船は保持義務を守りながら，避航船の動勢観察を励行し，早い時機に注意喚起信号（超長音）を行ったほうがよい（同図 a）。

b．**警告信号の実施**：避航船が避航動作をとりそうもないと感じたときは，直ちに警告信号を行う（同図 b）。

c．**保持船のみによる衝突回避動作**：その後も，避航船は適切な避航動作をとっていないこと（早期にかつ大幅に動作をとらないか，安全な距離を保って航過できるように動作をとらないなど）が明らかとなった場合，保持船は直ちに避航動作をとることができる（同図 c）。この避航動作は任意であるが，保持船である本船が最短停止距離や旋回圏が大きい船舶である場合，避航船が動作を怠っていることに対し，最善の協力動作をとらなければならない時期まで我慢して針路・速力を保持しようとすると，衝突に陥る可能性が極めて高くなるので，早めにこの動作をとるべきである。動力船同士の横切り関係で，この動作をとる場合は，やむを得ない場合を除いて左転してはならない（横切り関係における左転の制限：予防法第 17 条第 2 項後段）。これは，保持船の左転と同時に避航船が右転した場合，両船は急速に接近し非常に危険な状態になるからである。右舷後方からの追越し船が本船に極度に接近する場合の左転を除いて，急激に右転するのがよい。保持船がこの動作をとったからといって，避航船の避

航義務は免除されるものではない。

d. **保持船の最善の協力動作**：最善の協力動作をとるべき時期とは，保持船が避航動作を怠っている避航船に対して警告信号を適切に行い，避航船が避航動作をとるものと期待して針路・速力を保持していたところ，避航船の避航動作が十分ではなく，「避航船と間近に接近したため，もはや避航船の動作のみでは避航船との衝突を避けることができないと認める（状態になった）場合」をいう（予防法第17条第2項）（同図d）。最善の協力動作の方法は船舶の運用の適切な慣行に従い，切迫した危険を避けるために十分確実性のある方法でなければならない。一般には，転針より機関を全速後進とするか，投錨を併用し，行脚を停止するのが最良の方法である。

4.1.5 視界制限状態における場合

本船が航行中，視界制限状態にある水域またはその付近の水域に入った場合，次の措置を講じなければならない。

- 機関用意と安全な速力での航行
- 法定灯火の表示
- 霧中信号の吹鳴
- 見張りの強化
- 手動操舵への切替え
- 船位確認と他船の状況把握など

a. **レーダーのみにより他船を探知した場合**：レーダーの各種調整を適切に行い，通常のレンジを15～20nm程度とし，適宜レンジを24nmおよび12nm以下のレンジにも切り替え，他船の映像を見落とさないように観察する。他船の映像を探知したならば，プロッティングなどの系統的な観察を行い，最接近距離や他船の針路・速力などを求める。著しく接近する，または衝突のおそれがあると判断した場合は，十分余裕のある時期に，これらの事態を避けるための動作（思い切った大幅な針路・速力の変更またはそれらの併用）をとる。

ただし，やむを得ない場合を除き，次は禁じられている。

- 他船が本船の正横より前方にある場合（追い越す場合は除く）に左に変針すること。
- 本船の正横または正横より後方にある他船の方向に変針すること。

b. **他船の霧中信号を聞いた場合**：他船と衝突するおそれがないと判断した場合を除き，他船の霧中信号を本船の正横より前方に聞いた場合，または他船と著しく接近することが避けられない場合，次の措置を講じなければならない。

- 音の伝播は風，風浪，障害物などの影響で非常に複雑なので，霧中信号を聞いて直ちに他船の方位や距離を推定することは危険である。したがって，霧中信号は何回も慎重に聞いてから，他船の位置の確認に努めるべきである。
- レーダー装備船は霧中信号を聞いた場合，その信号を発している船舶とレーダーによって探知している船舶とが，必ずしも同一でないことに注意する。
- 霧中信号を聞いた場合は，他船の位置や動静を確かめないで漫然と転針するのは極めて危険なので，まずは最小舵効速力に減速すべきである。
- もし，他船と接近した場合は，直ちに機関を後進とし行脚を完全に止める。場合によっては投錨も併用する。

- 霧中信号やレーダー情報によって，他船が十分な距離にあり安全な方向に進んでいると判断できた場合は，最小舵効速力に戻してよいが，その後，霧中信号が明らかに正横後に変わるか，衝突のおそれがなくなるまで，慎重に航行しなければならない。

4.1.6 運航上の危険および衝突の危険に対する注意義務による場合

a．**集団で航行**：広い水域を航行中の動力船は集団で漁ろう中の漁船や編隊で航行中の軍艦を認めた場合は，保持船であってもこれらに近寄らず，大回りして避航する（図4.9）。

b．**狭い水道等の出入り口付近**：狭い水道等の出入り口付近で，狭い水道等から出航しようとする船舶と，ショートカット（近道）して入航しようとする船舶との間に衝突のおそれがある場合，ショートカットして狭い水道等に入ることは注意義務（船員の常務）違反であって横切り関係とはいえず，互いに衝突回避動作をとる（図4.10）。

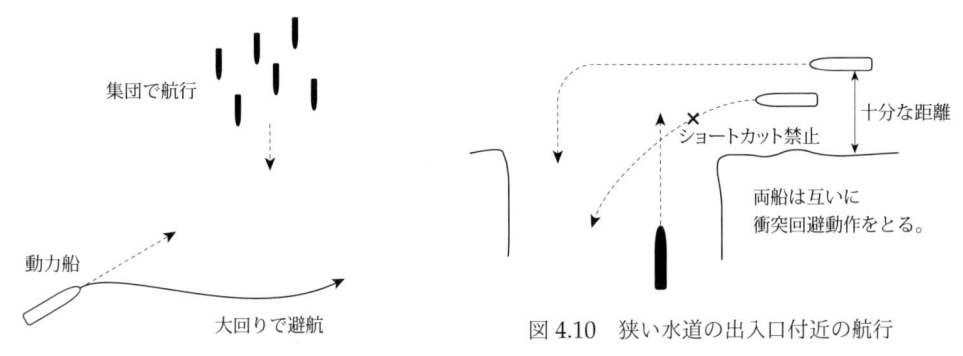

図4.9　集団航行中の船舶に対する避航

図4.10　狭い水道の出入口付近の航行

4.1.7 切迫した危険のある特殊な状況

a．**切迫した危険のある特殊な状況の具体例**
- 突然，保持船が船首方向に障害物を発見したため，これを避航する。
- 突然，離着水のため滑走中の水上航空機を発見したため，これを避航する。
- 保持船が狭い水道の右側航行中，突然反航船が左転してきたため，これを避航する。

b．**避航動作**：切迫した危険を避けるための動作はいわゆる「臨機の処置」で，海上衝突予防法の規定によらないことができるが，そのときの状況に即応して最善の手段を尽くした避航動作でなければならない。具体的には，操舵だけで避航しようとせず機関を全速後進とし，場合によっては投錨するのがよい。

4.1.8 船員の常務として必要とされる注意義務

a．**錨泊船の避航**：航行中の船舶は錨泊中の船舶を避航する。とくに風潮流の強いときは，その影響を考慮し，錨泊船の船首（風上）は通航せず，船尾（風下）を回るようにする。

b．**帆船の避航**：帆船は風向・風力の変化に伴ってその針路・速力が変わり，また，偏流角も大きいので，風下側には近寄らず大回りして避航する。

c．**狭い水道での避航**：狭い水道で潮流の強いときに，2隻の船舶が行き会う場合は，舵効きの

良い逆潮船が，舵効きの悪い順潮船を避航する。

d．**3 船間での衝突のおそれ**：3 隻の船舶間で衝突するおそれがある場合では，各船がそれぞれの船舶の動静に注意し，早期に適切な衝突回避動作をとり避航する（図 4.11）。

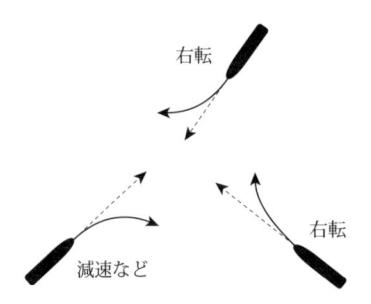

図 4.11　3 隻の船舶間で衝突するおそれのある場合

4.1.9　航路航行船に対する場合

a．**航路外から航路に入り，または航路から航路外に出ようとする船舶の場合**：このような船舶（航路を横断する船舶を含む）は航路（海交法および港則法で定める航路）を航行する船舶を避航する。航路航行船には保持義務がある（海交法第 3 条第 1 項，港則法第 13 条第 1 項）（図 4.12）。

b．**航路航行船同士の場合**：航路を航行する船舶同士が行き会う場合，互いに右側を航行して避航する。航路に入ろうとする船舶と航路外に出ようとする船舶間に衝突のおそれがある場合は，予防法の航法規定に従って，他船を右舷側に見る船が避航する（図 4.13 a）。

　ただし，航路航行船が航路の出入口から出航しようとする際，入航船舶を直ちに避けなければならないような危険な事態にならないよう，入航船舶は十分余裕をもって操船すべきである（同図 b）。また，航路の出入口付近での危険な状態を緩和するための措置として，海交法第 25 条第 2 項の規定に基づく経路の指定に関する告示（2.3.4.1 節参照）により，特別な航法規定が定められている場合があることにも留意する。

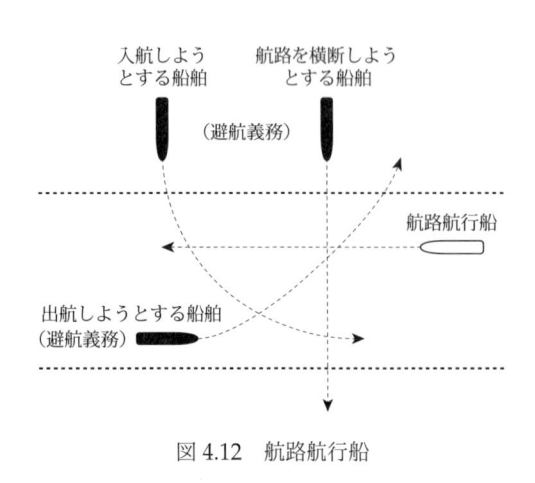

図 4.12　航路航行船

図 4.13　航路出航船と入航船

4.1.9.1 航路の交差・接続部における場合

a．**特定の航法規定が定められていない場合**：航路の交差部や接続部で2隻の動力船が横切り関係となり衝突するおそれがある場合は，予防法の航法規定に従って他船を右に見る船が避航する。

- 備讃瀬戸東航路と宇高東航路および宇高西航路の交差部：航路の優先順位の定めがないので，予防法第15条による。

b．**特定の航法規定が定められている場合**：特定航法の定めがある航路の交差部や接続部で2隻の動力船が横切り関係となり衝突するおそれがある場合は，特定航法に従って避航する（2.3.2節，および3.3.3.8節の表3.4を参照）。

- 備讃瀬戸北航路と水島航路交差部：海交法第19条による。
- 名古屋港金城交差部（北，南，東航路）：港則法施行規則第29条の2による。

4.1.9.2 防波堤入口付近の航法（港則法第15条）

防波堤入口付近の航法は汽船のみに適用される航法規定である。汽船とは予防法でいう動力船である。

a．**一般的な防波堤入口の場合**（図4.14）：入航汽船は防波堤入口付近で出航汽船と出会うおそれがある場合は，防波堤外で錨泊または行脚を止めて待機する。この場合，行会い船の航法も横切り船の航法も適用されない。しかし，出航汽船が入航汽船との見合い関係を横切り関係と疑念を持つことが考えられるので，できれば入航汽船はC船のように左側水域で待機したり，A船の進路に船首を向けないことや，機関を後進にかけた場合は短音3声を吹鳴するなど待機の意思を示すことも有効である。出航汽船が防波堤通過後いずれの方向へも航行できるように，入航汽船は一般的な船の旋回性能を考慮して防波堤の入口から少なくとも出航汽船の長さの4倍以上離れた水域で待機する。

b．**外防波堤と内防波堤がある場合**（図4.15）：入航汽船Cは外防波堤外で出航汽船Bの進路を，内防波堤入口付近でA船の進路を避けなければならない。大型船舶の出航や港内の船舶交通が輻輳している場合は，外防波堤と内防波堤を一体とみなして，入航汽船は外防波堤外で出航汽船を避航する。

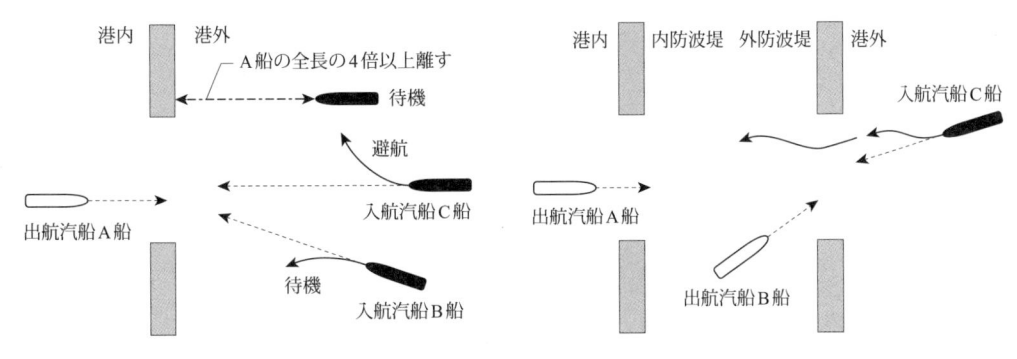

図4.14　防波堤入口付近の場合

図4.15　外・内防波堤のある場合

c．防波堤入口付近に航路が設定されている場合：航路が設けられている防波堤入口付近で，出航汽船と入航汽船が出会うおそれがある場合は，航路航行船優先規定よりも，航路の一部を防波堤付近の特別な水域とみなし，出航汽船優先の規定が優先適用されるので，両船がどのような見合い関係にあっても，つねに入航汽船は出航汽船の進路を避けなければならない（図4.16）。

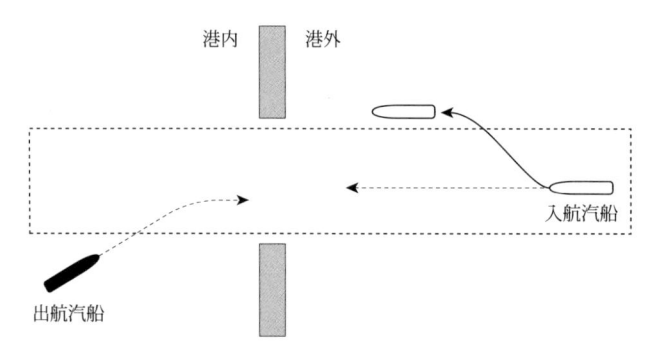

図 4.16　防波堤入口に航路が設定されている場合

d．防波堤入口付近を横切る汽船に対する場合：防波堤入口の外側または内側を横切る汽船と出航・入航汽船との間の避航関係は，港則法に規定がないので，予防法の横切り船の航法規定により他の汽船を右舷側に見る汽船が避航しなければならない（図4.17）。

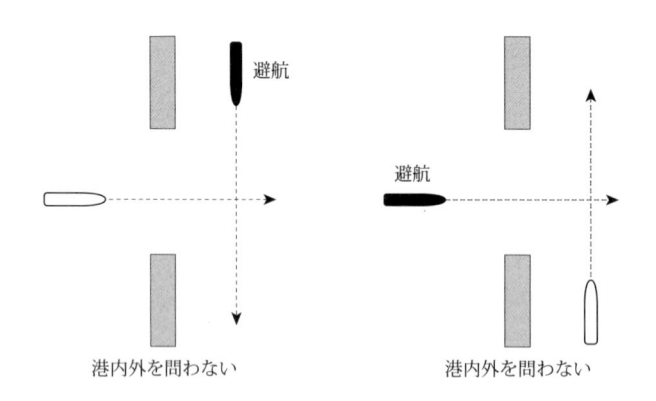

図 4.17　防波堤入口付近を横切る汽船の場合

4.1.9.3　汽艇等と小型船に対する場合（港則法第 18 条）

a．汽艇等に対する場合：港内においては，汽艇等は見合い関係や場所の如何を問わず，つねに汽艇等以外の船舶の進路を避けなければならない。したがって，汽艇等以外の船舶は相手船が汽艇等であるかどうかの判断を誤らないように注意し，汽艇等に対してつねに保持船の立場で行動する。

b．小型船に対する場合：命令の定める船舶交通が著しく混雑する特定港では，小型船という船舶の種類を設けている。したがって，同特定港内では，汽艇等・小型船以外の船舶は相手船が汽艇等または小型船である場合，つねに保持船の立場で行動する。

第5章

海事法規

5.1 船員法

5.1.1 船員法

5.1.1.1 意義

　　船員法は，陸上とは異なる海上労働の特殊性を考慮した労働基準を定めて船員を保護すると共に，船舶航行の安全確保を目的とした，船長の職務権限や船内規律に関する規定などを定めたものである。

5.1.1.2 適用範囲など（第1条，則第1条および第1条の2）

(1) 適用範囲

　　船員法は「船員」および「船舶所有者」を適用対象とする法律であり，適用船舶および船員は次のとおりである。

　a．**適用船舶**：次の船舶をいう。ただし，総トン数5トン未満の船舶，湖，川または港のみを航行する船舶，政令の定める総トン数30トン未満の漁船，スポーツまたはレクリエーションなどに使用するヨット，またはモーターボートには適用されない。
- 日本船舶（5.3.1.1節参照）
- 日本法人が所有する船舶
- 日本政府が乗組員の配乗を行っている船舶
- 国内各港間のみを航海する船舶

　b．**適用船員**：上記船舶に乗り組む船長および海員ならびに予備船員

(2) 定義（第2条〜第5条）

　a．**海員**：船内で使用される**船長以外の乗組員**で労働の対償として給料その他の報酬を支払われる者（船舶の運航に直接従事しなくとも，船内の売店などで働く労働者なども海員である。船長は船員に含まれるが，海員には含まれない）。

　b．**予備船員**：船舶に乗り組むために船舶所有者などに雇用されているが，現に特定の船舶に配乗されていない者（休暇員など）。

c．**職員**：航海士，機関長，機関士，通信長，通信士，運航士，事務長および事務員，医師，その他航海士，機関士または通信士と同等の待遇を受ける者。
　　d．**部員**：職員以外の海員。
　　e．**船舶所有者**：船舶を所有する者および，船舶を共有する場合は船舶管理人，船舶を貸借している場合は船舶借入人など。

5.1.1.3　船長の職務および権限

船舶の最高責任者として，船長に次のような権限を与え，また，義務を課している。

(1) 船長の権限

　　a．**指揮命令権（第7条）**：船長は，海員を指揮監督すると共に，船内にあるすべての者（旅客なども含む）に対して職務上必要な命令をすることができる。
　　b．**水葬執行権（第15条）**：船長は船舶の航行中，船内にある者が死亡したときは，省令の定めるところにより，これを水葬することができる。
　　c．**懲戒権（第22〜24条）**：船長は船内規律（第21条）を守らない海員を懲戒することができる。懲戒手段は上陸禁止（10日以内）と戒告の2種である。
　　d．**強制権（第25〜28条）**：船長は次の危険に対する処置と海員を強制下船させる権利を有している。
　　　● 海員，旅客その他船内にある者が，危険物（凶器・爆発物・劇薬など）を所持するときは，その保管，放棄その他の処置をすること。
　　　● 船内にある他の者に危害を及ぼす行為をしようとする者に対し，危害防止のために処置をすること。
　　　● 海員が雇入契約の終了後も船舶を下船しないときは，当該海員を強制的に下船させること。
　　e．**行政庁に対する援助の請求（第29条）**：船長は，海員，旅客その他船内にある者の行為が船舶や人に危害を及ぼしたり，船内の秩序を著しく乱す場合には，必要に応じて，行政庁（海上保安庁や警察など）に援助を請求することができる。

(2) 船長の義務

　　a．**発航前の検査（第8条）**：船長は，発航前に次の検査を行い，航海に支障がないかどうかを確かめなければならない（則第2条の2第1号〜第8号）。
　　　● 船体，機関および排水設備，操舵設備，係船設備，揚錨設備，救命設備，無線設備その他の設備が整備されていること。
　　　● 積載物の積付けが船舶の安定性を損なう状況にないこと。
　　　● 喫水の状況から判断して船舶の安全性が保たれていること。
　　　● 燃料，食料，清水，医薬品，船用品その他の航海に必要な物品が積み込まれていること。
　　　● 水路図誌その他の航海に必要な図誌が整備されていること。
　　　● 気象通報，水路通報その他の航海に必要な情報が収集されており，それらの情報から判断して航海に支障がないこと。

- 航海に必要な員数の乗組員が乗船し，かつ，それらの乗組員の健康状態が良好であること。
- その他，航海を支障なく成就するため必要な準備が整っていること。

b．**航海の成就（第9条）**：船長は，航海準備後は，遅滞なく発航し，必要がある場合を除いて，予定の航路を変更しないで到達港まで航行しなければならない。

c．**甲板上の指揮（第10条）**：船長は，次の場合，甲板上（船橋）で自ら船舶を指揮しなければならない。
- 船舶が港を出入するとき。
- 船舶が狭い水路を通過するとき。
- その他船舶に危険のおそれがあるとき（視界制限状態や船舶輻輳海域を航行するときなど）。

d．**在船義務（第11条）**：船長は，やむを得ない場合を除いて，自己に代わって船舶を指揮すべき者にその職務を委任した後でなければ，航海中はもちろんのこと停泊中といえども，荷物および旅客の搭載中は，自己の指揮する船舶を去ってはならない。やむを得ない場合とは，船長が急な傷病にかかり，離船して手当を受ける必要がある場合などである。

e．**船舶に危険がある場合における処置（第12条）**：船長は，自己の指揮する船舶に急迫した危険があるときは，人命の救助ならびに船舶および積荷の救助に必要な手段を尽くさなければならない。

f．**船舶が衝突した場合における処置（第13条）**：船長は，船舶が衝突したときは，互いに人命および船舶の救助に必要な手段を尽くし，自船に急迫した危険があるときを除いて，次の事項を相手船に告げなければならない。
- 船舶の名称
- 船舶所有者
- 船籍港
- 発航港および到達港

g．**遭難船舶などの救助（第14条）**：船長は，他の船舶や航空機の遭難を知ったときは，次の場合を除いて，人命の救助に必要な手段を尽くさなければならない。
- 自己の指揮する船舶に急迫した危険がある場合。
- 遭難者の所在に到着した他の船舶から救助の必要のない旨の通報があったとき。
- 遭難船舶の船長または遭難航空機の機長が，遭難信号に応答した船舶のうちから適当と認める船舶に救助を求め，かつ，当該救助を求められた船舶のすべてが救助に赴いていることを知ったとき。
- やむを得ない事由で救助に赴くことができないとき，または特殊の事情によって救助に赴くことが適当でないもしくは必要でないと認められるとき（則第3条第1項第1～3号）。ただし，この場合，海上保安機関または救難機関（日本近海にあっては，海上保安庁）にその旨を通報しなければならない（則第3条第2項）。

h．**異常気象など（第14条の2）**：無線電信または無線電話の設備を備える船舶の船長は，次のような船舶の航行に危険を及ぼすおそれのある異常気象などに遭遇したときは，その旨（日時，位置，概要など）を付近の船舶および海上保安機関その他の関係機関に通報しなければならない。
- 暴風雨（熱帯性暴風雨および風力階級10以上の暴風雨）

- 流氷および氷山（通常の漂流海域以外におけるもの）
- 漂流物
- 沈没物
- 船舶上に激しく着氷を生じさせる強風（則第3条の2）

i. **非常配置表および操練（第14条の3）**：次に掲げる船舶の船長は，衝突，火災，浸水などの非常時において必要な省令で定める海員の作業に関して非常配置表を定め，同表を船員室その他適当な場所に掲示しなければならない（表5.1）（則第3条の3）。また，非常時に必要な海員および旅客に対する操練を，非常配置表に定めるところにより海員を配置につかせる他，省令の定めるところにより定期的に実施しなければならない（表5.2）（則第3条の4）。

- 旅客船
- 遠洋区域または近海区域を航行区域とするすべての船舶
- 特定高速船
- 漁船（専ら沿海区域において操業する漁船を除く）（則第3条の3第1項）

j. **航海の安全の確保（第14条の4）**：船長は航海当直，火災予防，水密保持その他航海の安全に関し，次の事項を遵守する義務がある。

　　i. **航海当直の実施**：航海当直の編成および航海当直を担当する者がとるべき措置については告示（国土交通省告示第158号航海当直基準）に定める基準に従って，航海当直を実施するための措置をとること（則第3条の5）。

　　ii. **巡視制度**：船舶火災の予防のための巡視制度を設けること（則第3条の6）。

　　iii. **水密の保持**：船舶の水密を保持すると共に，海員がこれを遵守するよう監督すること（則第3条の7，および第3条の8）。

表5.1　非常配置表

作業	備考
水密戸，弁，舷窓その他の水密を保持するために必要な閉鎖装置の閉鎖，排水その他の防水作業	指揮者および副指揮者を定める
防火戸の閉鎖，通風の遮断，消火設備の操作その他の消火作業	指揮者および副指揮者を定める
食料，航海用具その他の物品の救命艇，端艇，救命いかだ，救助艇への積込み，およびこれら救命艇などの降下ならびに操縦	指揮者および副指揮者を定める
救命索発射器，救命浮環その他の救命設備の操作	
旅客の招集および誘導，旅客の救命胴衣の着用の確認その他旅客の安全を確保するための作業	
船倉，タンクその他の密閉された区画における救助作業	指揮者および副指揮者を定める
非常時に海員を配置につかせるための信号	
非常時に旅客を招集するための信号	
当該信号が出された場合に海員および旅客がとるべき措置	
船体放棄の命令（総員退船命令）の信号	‥‥‥—（同則第6項）
非常時に旅客の乗り組むべき救命艇など	
非常時に救命艇などに積み込むべき物品の名称および数量	
救命設備および消火設備の点検および整備を担当する職員	

iv. **非常通路および救命設備の点検整備**：非常時の脱出通路，昇降設備および出入口ならびに救命設備について少なくとも毎月1回点検整備を行うこと（表5.3）（則第3条の9）。

v. **旅客に対する避難の要領などの周知**：旅客に対して，避難の要領，救命胴衣の格納場所および着用方法を旅客の見やすい場所に掲示するなど周知の徹底を図るため必要な措置を講じること（則第3条の10）。

vi. **船上教育および船上訓練**：海員に対して救命設備および消火設備の使用方法に関する教育および訓練を定期的に実施すること（表5.4）（則第3条の11，および則第3条の12）。

表5.2　操練の実施

操練	内容	旅客船 国内航海	旅客船 国際航海	旅客船以外（遠洋・近海）国内航海	旅客船以外（遠洋・近海）国際航海	漁船 外洋大型	漁船 左以外
防火操練	防火戸の閉鎖，通風の遮断および消火設備の操作，乗組員の配置	1月1回	出港前およびその後1週1回*		1月1回*		1月1回
救命艇等操練	救命艇などの振出しまたは降下およびその付属品の確認，乗組員の配置	1月1回	出港前およびその後1週1回*		1月1回*		1月1回
	膨脹式救命いかだの振出しまたは降下およびその付属品の確認，乗組員の配置	1年1回	2年1回				
	救命艇の進水および操船（搭載するすべてについて実施），乗組員の配置	1年1回	3月1回	1年1回	3月1回	1年1回	
	救命艇の内燃機関の始動および操作，進水装置用照明装置の使用，乗組員の配置	1月1回	出港前およびその後1週1回*	1月1回*	1月1回		
救助艇操練	救助艇の進水および操船ならびにその付属品の確認，乗組員の配置	1年1回	3月1回	1年1回	3月1回		1年1回
防水操練	水密戸，弁，舷窓などの閉鎖装置の操作，乗組員の配置	1月1回	出港前およびその後1週1回*	1月1回*	1月1回		
非常操舵操練	操舵設備の非常の場合における操作など，乗組員の配置	3月1回					
密閉区画における救助操練	保護具，船内通信装置，救助器具を使用ならびに救急措置指導，乗組員の配置	2月1回				—	
旅客の避難のための操練	招集，避難要領などの周知，乗組員の配置	—	出港前か出港直後	—	出港前か出港直後		

* 船舶の種類によっては，乗組員の交代などで前回の操練に乗組員の1/4以上が参加しなかった場合は，出港後24時間以内に操練を実施しなければならない。

外洋大型漁船：船舶職員及び小型船舶操縦者法施行令に定める甲区域または乙区域において操業する総トン数500トン以上の漁船。

特定高速船は省略。

表 5.3　設備の点検

点検	内容
非常通路および救命設備の点検整備	1月1回
救命艇などおよび救命艇の進水装置の目視点検 内燃機関の始動および前後進操作 一般非常警報装置の点検	1週1回

表 5.4　船上教育および船上訓練

操練	内容	旅客船 国内航海	旅客船 国際航海	旅客船以外（遠洋・近海）	漁船 外洋大型
船上教育	救命設備および消火設備の使用方法				
		海員が乗り組んでから2週間以内			
		1月1回*	1週1回*	1月1回*	1月1回*
	海上における生存方法	1月1回	1週1回	1月1回	1月1回
船上訓練	救命設備および消火設備の使用方法	海員が乗り組んでから2週間以内			
	進水装置用救命いかだの使用方法	4月1回			

* 使用方法に関する教育はすべての救命設備および消火設備について，2か月毎に施さなければならない。

- vii. **手引書の備置き**：救命設備の使用方法，海上における生存方法および火災に対する安全の確保に関する手引書を食堂，休憩室その他適当な場所に備え置くこと（則第3条の13）。
- viii. **操舵設備の作動**：2以上の動力装置を同時に作動することができる操舵設備を有する船舶は，船舶の輻輳海域や視界制限状態にある海域，その他の船舶に危険のおそれがある海域を航行する場合には，当該2以上の動力装置を作動させておくこと（則第3条の14）。
- ix. **自動操舵装置の使用**：自動操舵装置の使用には，次の事項を遵守すること（則第13条の15）。
  - 自動操舵装置を長時間使用したときまたは船舶に危険のおそれがある海域を航行しようとするときは，手動操舵の作動を検査すること。
  - 船舶に危険のおそれがある海域を航行する場合に自動操舵装置を使用するときは，直ちに手動操舵を行うことができるようにしておくと共に，操舵を行う能力を有する者が速やかに操舵を引き継ぐことができるようにしておくこと。
  - 自動操舵から手動操舵への切換えおよびその逆の切換えは，船長もしくは甲板部の職員によりまたはその監督の下に行わせること。
- x. **船舶自動識別装置（AIS）の作動**：AISを備える船舶は，航行中は同装置を常時作動させておくこと（則第3条の16）。

k. **遺留品の処置（第16条）**：船長は，船内にある者が死亡し，または行方不明となったときは，法令に特別の定めがある場合を除いて，船内にある遺留品について，国土交通省令の定めるところにより，保管その他の必要な処置をしなければならない。

l. **在外国民の送還（第17条）**：船長は，外国に駐在する日本の領事官が，法令の定めるところにより，日本国民の送還を命じたときは，正当の事由がなければ，これを拒むことができない。

m．**書類の備置（第18条）**：船長は次の書類を船内に備え置かなければならない。
- 船舶国籍証書または省令の定める証書（仮船舶国籍証書など，則第9条）
- 海員名簿 ● 航海日誌 ● 旅客名簿
- 積荷に関する書類（積荷目録）など

n．**航行に関する報告（第19条）**：船長は，次に該当する場合には，遅滞なく最寄りの地方運輸局などの事務所ならびに運輸支局にその旨を報告しなければならない（則第14条）。
- 船舶の衝突，乗揚げ，沈没，滅失，火災，機関の損傷その他の海難が発生したとき。
- 人命または船舶の救助に従事したとき。
- 無線電信によって知ったときを除いて，航行中他の船舶の遭難を知ったとき。
- 船内にある者が死亡し，または行方不明となったとき。
- 予定の航路を変更したとき。
- 船舶が抑留され，または捕獲されたときその他船舶に関し著しい事故があったとき。

o．**船長の職務の代行（第20条）**：次の場合，運航に従事する海員は，その職掌の順位に従って船長の職務を行わなければならない。
- 船長が死亡したとき。 ● 船長が船舶を去ったとき。
- 船長が指揮することができない場合において，他人を選任しないとき。

5.1.1.4 規律

前節のとおり，船員法は，船長に一定の権限と義務を与える一方，海員には，船内秩序を維持するため，次の事項を遵守または制限することを命じている。また，すでに述べたとおり海員がこれを守らない場合，船長は当該海員を懲戒することができる（第22～24条）。

(1) 船内秩序（第21条）

- 上長の職務上の命令に従うこと。
- 職務を怠り，または他の乗組員の職務を妨げないこと。
- 船長の指定する時までに船舶に乗り込むこと。
- 船長の許可なく船舶を去らないこと。
- 船長の許可なく救命艇その他の重要な属具を使用しないこと。
- 船内の食料または淡水を乱費しないこと。
- 船長の許可なく電気もしくは火気を使用し，または禁止された場所で喫煙しないこと。
- 船長の許可なく日用品以外の物品を船内に持ち込み，または船内から持ち出さないこと。
- 船内において争闘，乱酔その他粗暴の行為をしないこと。
- その他船内の秩序を乱すようなことをしないこと。

(2) 争議行為の制限（第30条）

次の場合，労働関係に関する争議行為を行ってはならない。

- 船舶が外国の港にあるとき。
- その争議行為が人命もしくは船舶に危険を及ぼすようなとき。

5.1.1.5　雇入契約など（第31～51条）

　雇入契約は，船舶所有者と船員の間で締結されるものであるが，乗船中の船員の保護を図ることを主目的として，雇入契約の成立，終了，更新または変更に関する事項，予備船員の雇用契約に関する事項や退職時の保護を目的とした失業手当，雇止手当および送還手当などについて規定している（詳細は省略）。

　また，雇入期間や勤務に関する事項を記録し記載する船員手帳の扱いについて，次のとおり規定している。

〔船員手帳（第50条）〕

　船員は船員手帳を受有しなければならない。海員の乗船中，船長はその船員手帳を保管し，船内における職務，雇入期間その他の船員の勤務に関する事項を船員手帳に記載しなければならない。

　船員手帳の交付などについては，次のとおりである。

　a．交付：船員となった者，船員として雇用されることを予約された者（則第28条）。
　b．再交付：船員手帳が滅失したとき，船員手帳がき損したとき，船員手帳の写真が本人であることを認め難くなった場合で，かつ，写真欄の右横に余白のないとき（則第32，33条）。
　c．書換え：船員手帳に余白がなくなったとき，船員手帳の有効期限が経過したとき（則第34条）。
　d．訂正：船員手帳に記載した事項（氏名，性別，本籍）に変更があったとき（則第31条）。
　e．有効期限：交付などから10年間（則第35条）。

5.1.1.6　就業制限など（第84条～第88条の8）

　本法は，年少者および女子（妊産婦）などの保護を目的として，次のような規定を定めている。

(1) 未成年者の行為能力（第84条）

　船舶所有者は，未成年者を船員として雇う場合は，法定代理人の許可を受けて，雇用契約を結ばなければならない。

(2) 年少船員の就業制限（第85条）

　船舶所有者は，年齢16年未満の者を船員として使用してはならない（同第1項）。また，年齢18年未満の船員を船員労働安全衛生規則で定める作業（経験または技能を要する危険作業（規則第28条），船員の安全および衛生上有害な作業（規則第74条））に従事させてはならない（同第2項）。

(3) 年少船員の夜間労働制限（第86条）

　船舶所有者は，年齢18年未満の船員を20～05時までの間，作業に従事させてはならない。

　ただし，船舶が高緯度の海域にあって昼間が著しく長い場合，運輸局などの許可を受けて当該海員を旅客の接待や物品の販売など，軽易な労働に専ら従事させる場合には，00～05時までの間を含む連続した9時間の休息をとらせるときは，20～24時の間，作業に従事させることができる（則第58条）。

(4) 妊産婦の就業制限（第87条～第88条の8）

　船舶所有者は，次の場合を除き，妊娠中の女子を船内で使用してはならない。

- 医師の診察・治療可能な国内の港に2時間以内にいつでも入港できる航海範囲であり，本人が船内で作業に従事することを母性保護上支障がないと医師が認めたうえで申し出たとき。
- 妊娠中であることが航海中に判明した場合で，その後本人が当該船舶の航海の安全を図るために必要な作業に従事するとき。

女子船員および妊産婦（妊娠中または出産後1年以内の女子）については，その他，母性保護上の観点から次のような就業制限や特例規定が定められている（5.1.2.9節参照）。

- 産前・産後の就業制限（第87条第2～3項，第88条，船員労働安全衛生規則第75条）
- 妊産婦の労働時間および休日の特例（第88条の2～第88条の3）
- 妊産婦の夜間労働制限（第88条4）（(3)年少船員の夜間労働制限と同じ）
- 女子船員の就業制限（妊娠・出産に係る機能に影響のある作業）（第88条の6，船員労働安全衛生規則第76条）
- 生理日における就業制限（第88条の7）
- 妊産婦以外の女子船員の夜間労働制限（第88条6）

5.1.2　船員労働安全衛生規則

5.1.2.1　趣旨

船員労働安全衛生規則（以下，「船安則」と略す）は，船員法の規定に基づいて定められたもので，船内作業による危害の防止や船内衛生を保持し，海員を保護するため船舶所有者がとるべき措置や基準ならびに船員が守らなければならない事項を定めたものである。船舶所有者は，次の基本事項を実施しなければならない。

a．**安全担当者などの選任**：船舶所有者は，船長の意見を聞いて，原則として海員のなかから**安全担当者，衛生担当者**および**消火作業指揮者**を選任し，これら担当者に本法で定めるところにより業務を行わせること（第2条）。

b．**船長による統括管理**：船舶所有者は，船内における安全衛生に関する事項については，船長に安全担当者，消火作業指揮者，衛生担当者などの関係者間の調整を行わせると共に，統括管理させなければならない（第1条の2）。

c．**船内安全衛生委員会**：船舶所有者は，船員が常時5名以上の船舶には，船内における次の事項を調査・審議させ，船舶所有者に対し意見を述べさせるための船内安全衛生委員会を設けなければならない（第1条の3）。
- 船内における安全管理，火災予防および消火作業ならびに衛生管理のための基本対策に関する事項
- 発生した火災その他の災害や負傷，疾病の原因と再発防止対策に関する事項
- その他船内における安全および衛生に関する事項

5.1.2.2　安全担当者の選任など

a．**安全担当者**：各部（甲板・機関・無線・事務部）からそれぞれ安全担当者（複数部の兼任も可）を選任しなければならない（第2条）。

b．**安全担当者の資格**：当該部の業務に2年以上の従事経験を有し，かつ，業務に精通する者。また，引火性液体類を常時運搬する船舶（タンカーなど）の甲板部安全担当者は，省令で定める講習を修了した者（第3条）。

c．**安全担当者の業務**：安全担当者は次の業務を行う（第5条）。
- 作業設備と用具の点検整備に関すること。
- 安全装置，検知器具，消火器具，保護具その他危害防止のための設備や用具の点検整備に関すること。
- 作業を行う際に，危険または有害な状態が発生した場合，あるいは発生する可能性がある場合の応急措置または防止措置に関すること。
- 発生した災害の原因の調査に関すること。
- 作業の安全に関する教育訓練に関すること。
- 安全管理に関する記録の作成および管理に関すること。

d．**改善意見の申出など**：安全担当者は，船長を経由し，安全管理に関する改善意見を船舶所有者に申し出ることができる（第6条）。

5.1.2.3 消火作業指揮者の選任など

a．**消火作業指揮者**：総トン数20トン以上の船舶の船舶所有者は，船長の意見を聞いて，海技免許（航海・機関・通信）を有している安全担当者のなかから消火作業指揮者を選任しなければならない（第6条の2）。

b．**消火作業指揮者の業務**：消火作業指揮者は次の業務を行う（第6条の3）。
- 消火設備と消火器具の点検整備に関すること。
- 火災が発生した場合の消火作業の指揮に関すること。
- 発生した火災の原因の調査に関すること。
- 火災の予防に関する教育と消火作業に関する教育訓練に関すること。

c．**改善意見の申出など**：消火作業指揮者は，船長を経由し，消火設備，消火作業に関する訓練などについて火災予防および消火作業に関する改善意見を船舶所有者に申し出ることができる（第6条4）。

5.1.2.4 衛生担当者の選任など

a．**衛生担当者**：船舶所有者は，船員法の規定により船舶に医師または衛生管理者が乗船している場合を除いて，海技免許（航海・機関・通信）を有している海員のなかから衛生担当者を選任しなければならない（第7条）。

b．**衛生担当者の業務**：衛生担当者は次の業務を行う（第8条）。
- 居住環境衛生の保持に関すること。
- 食料および用水の衛生の保持に関すること。
- 医薬品その他の衛生用品，医療書，衛生保護具などの点検および整備に関すること。
- 負傷または疾病が発生した場合における適当な救急措置に関すること。
- 発生した負傷または疾病の原因の調査に関すること。
- 衛生管理に関する記録の作成および管理に関すること。

c．改善意見の申出など：衛生担当者は，船長を経由し，衛生設備，居住環境などについて衛生管理に関する改善意見を船舶所有者に申し出ることができる（第9条）。

5.1.2.5　船員の遵守事項（第16条）

a．禁止行為：船員は防火標識や禁止標識のある次の箇所において，標識に表示された禁止行為をしてはならない（同条第1項第1号）。
- 危険物などの積載場所
- 消火器具置場
- 墜落の危険のある開口
- 高圧電線の露出箇所など

b．火気の使用および喫煙の禁止：船員は次の作業場所において，禁止された火気の使用や喫煙をしてはならない（同第2号）。
- 火薬類を取り扱う作業（第46条）
- 塗装作業および塗装はく離作業（第47条）
- 溶接，溶断および加熱作業（第48条）
- 引火性液体類に係る作業（第69条）

c．保護具の使用：船員は次の作業に従事するとき，保護具を使用しなければならない（第16条第2項）。
- 高所作業，船倉内作業，着氷除去作業：命綱または安全ベルト
- 舷外作業，漁ろう作業：命綱または救命胴衣

5.1.2.6　安全基準（第17条～第28条）

船舶所有者は，船内の作業設備，機械，器具，用具などを整備，整とんし，船内作業環境をつねに良好な状態に保つよう努めなければならない（第17条）。具体的な基準や措置を表5.5に示す。

表5.5　安全基準

項目	該当条	概要
接触などからの防護措置	18	作業時に接触や転倒などによって負傷するおそれのある箇所の防護措置
通行の安全確保	19	船外との通行の安全確保および甲板上の安全通路の確保
器具などの整とん	20	器具の落下，転倒，接触による危害防止
密閉区画からの脱出装置など	21	凍結室，冷凍庫その他の密閉区画の開扉装置および信号（警報）装置の設置
燃えやすい廃棄物の処理	22	解説参照
液化石油ガスの取扱い	22の2	液化石油ガスを燃料として行う調理作業における危害防止措置
管系などの表示	23	船内の管系および電路系統の告示による識別表示（図5.1参照）
安全標識など	24	危険物積載箇所などの標識の設置
油に関する文書の備置き	24の2	タンカーなどにおける危害防止のための文書の備置き
照明	25	作業の安全を確保するための照明
床面などの安全	26	つまずき，すべり，踏み抜きによる危害防止のための措置
足場の安全	27	足場，歩み板などの材料および強度
海中転落の防止	27の2	海中転落防止のための保護柵の設置
経験または技能を要する危険作業	28	解説参照

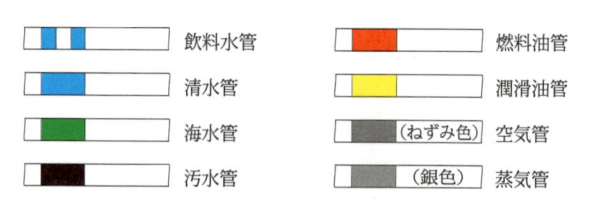

▮▮▯▯	飲料水管	▮▯▯	燃料油管
▮▯▯	清水管	▮▯▯	潤滑油管
▮▯▯	海水管	（ねずみ色）	空気管
▮▯▯	汚水管	（銀色）	蒸気管

図 5.1　識別標準による管系識別標識

【安全基準（表 5.5）の解説】

a．**燃えやすい廃棄物の処理（第 22 条）**：油の浸みた布ぎれ，木くずその他の著しく燃えやすい廃棄物は，防火性のふた付きの容器に収めるなど，安全に処理すること。

b．**経験または技能を要する危険作業（第 28 条）**：次に掲げる作業は熟練者（当該作業を担当する部の業務に 6 月以上従事した経験者，当該作業担当部の海技免許所有者，省令で指定する講習の課程修了者をいう）に行わせること。ただし，当該作業の熟練者の指導の下であれば，3 月以上の経験者に行わせることができる。

- 揚錨機，クレーン，ウインチ，デリック，フォークリフトなどを操作運転する作業
- 運転中の機械，装置などの運動部分への注油，掃除，修理もしくは検査など
- 切削またはせん孔用の工作機械を使用する作業
- ボイラの点火作業
- 揚貨装置，クレーン，デリックの玉掛け作業
- 高所作業
- 舷外作業
- 危険物，有害気体などの検知
- 石炭，鉄鉱石，穀物などをばら積みする酸素欠乏が発生する可能性のある船倉内での作業
- 感電のおそれがある電気工事作業
- 金属の溶接，溶断または加熱の作業

5.1.2.7　衛生基準（第 29 条～第 43 条）

船舶所有者は，船内の居住および作業場所の環境条件をつねに衛生上良好に保つと共に，船員の健康を保持するよう努めなければならない（第 29 条）。具体的な基準や措置を表 5.6 に示す。

【衛生基準（表 5.6）の解説】

a．**通風および換気**：機関室，調理室など，高温または多湿の作業場には，通風，換気など温湿度調節のための適当な措置を講じること。

b．**調理作業**
　　ⅰ．**服装**：清潔な衣服，手の洗浄など。
　　ⅱ．**食器**：食器などは，つねに清潔に保つこと。
　　ⅲ．**厨房への立入り**：調理作業者以外の者をみだりに立ち入らせない。

c．**清水の積込みおよび貯蔵**
- 清水を積み込む場合は，清浄なものを積み込むこと。
- 清水を衛生的に積み込み，かつ，保つために，次に掲げる措置を講じること。

- 清水の積込み前には，元栓およびホースを洗浄すること。
- 清水用の元栓およびホースは，専用のものを使用すること。
- 清水用の元栓にはふたを付け，ホースは清潔な場所に保管すること。
- 清水タンクに使用する計量器具は，専用のものとし，かつ，清潔に保存すること。
- 飲用水のタンクで内部がセメント塗装のものは，貯蔵する清水を清浄に保ちうる状態まであく抜きをすること。
- その他清水を衛生的に保つための必要な措置をとること。

表 5.6　衛生基準

項目	該当条	概要
就業を禁止する船員	30	精神機能障害，その他船員法に定める疾病者に対する作業従事の禁止
通風および換気	33	解説参照
ねずみ族および虫類の駆除	34	毎年1回以上，薬品による駆除の実施
手を洗う設備	35	船内の適当な場所に手を洗う設備の設置
便所	35の2	船員が常時使用できる状態に維持
調理作業	36	解説参照
食料の貯蔵	37	食料の保存，貯蔵設備，調理の衛生状態の保持
清水の積込みおよび貯蔵	38	解説参照
河川水などの使用制限	39	河川の水または港内の海水の調理用または浴用への使用禁止
飲用水タンクなど	40	飲用水は，専用のタンクと配管を使用し，船員がつねに飲用できるよう設備
飲用水の水質検査など	40の2	保健所検査（年1回），船内検査（月1回），タンク・配管の洗浄（2年1回）
伝染病の予防など	41，42	感染予防のための教育，措置など
救急措置に必要な衛生用品	42の2	ケミカル・液化ガス船の救急措置に必要な衛生用品
医療機関との連絡	43	陸上医療機関との連絡の保持

5.1.2.8　個別作業基準（第46条～第70条）

　船内作業は，「人体に危害を及ぼすおそれのあるもの」と「人体に有害なもの」とに類別し，それらのうち典型的なものを取り上げて表5.7に示すように類型化し，それぞれについて安全衛生上の作業基準を個別作業基準として規定し，その遵守を船舶所有者に命じている。本節では，以下，主要な個別作業基準について解説する。

(1) 塗装作業および塗装剥離作業（第47条）

　引火性もしくは可燃性の塗料または溶剤を使用して塗装または塗装の剥離作業を行わせる場合は，次に掲げる措置を講じること。

- 作業場所における火気の使用および喫煙を禁止すること。
- 作業場所においては，火花を発し，または高温となって点火源となるおそれのある器具を使用しないこと。
- 作業に使用した布ぎれまたは剥離したくずは，みだりに放置しないこと。

- 作業に従事する者以外の者をみだりに作業場所に近寄らせないこと。
- 作業場所の付近に，適当な消火器具を用意すること。
- 人体に有害な性質の塗料または溶剤を使用して塗装または塗装剥離の作業を行わせる場合は，作業者に，マスク，保護手袋その他の必要な保護具を使用させること。

(2) 高所作業（第51条）

床面から2m以上の高所であって，墜落のおそれのある場所における作業を行わせる場合は，次に掲げる措置を講じること。

- 作業者に保護帽および命綱または安全ベルトを使用させること。
- ボースンチェアを使用するときは，機械の動力を使わないこと。
- 煙突，汽笛，レーダー，無線通信用アンテナその他の設備の付近で作業を行う場合には，当該設備の関係者に，作業の時間，内容などを通報しておくこと。
- 作業場所の下方の通行を制限すること。
- 作業に従事する者との連絡のための看視員を配置すること。
- 船体の動揺または風速が著しく大である場合は，緊急の場合を除き，高所作業を行わせないこと。

(3) 舷外作業（第52条）

船体外板の塗装，さび落としなど舷外に身を乗り出して行う作業を行わせる場合は，次に掲げる措置を講じること。

- 作業者に命綱または作業用救命衣を使用させること。
- 安全な昇降用具を使用させること。
- つり足場を使用する場合など，他の者が作業中であることを容易に視認できない場合は，当該作業場所の上部のブルワーク，手すりなど，つり足場などの支持箇所の付近に，作業を行っている旨の表示を掲げること。
- 作業場所の付近におけるビルジ，汚水，汚物などを舷外排出したり投棄することを禁止すること。
- 作業者との連絡のための看視員を配置すること。
- 作業場所の付近に，救命浮環など，直ちに使用できる救命器具を用意しておくこと。
- 船体の動揺または風速が著しく大である場合は，緊急の場合を除き，舷外作業を行わせないこと。

(4) さび落とし作業および工作機械を使用する作業（第59条）

さび落とし作業または工作機械を使用する作業を行わせる場合は，必要に応じて作業者に保護眼鏡その他の必要な保護具を使用させること。

表 5.7　個別作業

項目	該当条	項目	該当条
火薬類を取り扱う作業	46	さび落とし作業および工作機械を使用する作業	59
塗装作業および塗装剥離作業	47	粉じんを発散する場所で行う作業	60
溶接作業, 溶断作業および加熱作業	48	高温状態で熱射または日射を受けて行う作業	61
危険物などの検知作業	49	水または湿潤な空気にさらされて行う作業	62
有害気体などが発生するおそれのある場所などで行う作業	50	低温状態で行う作業	63
高所作業	51	騒音または振動の激しい作業	64
舷外作業	52	倉口開閉作業	65
高熱物の付近で行う作業	53	船倉内作業	66
重量物移動作業	54	機械類の修理作業	67
揚貨装置を使用する作業	55	着氷除去作業	68
揚投錨作業および係留作業	56	引火性液体類等に係る作業	69
漁ろう作業	57	連続作業時間の制限など	70
感電のおそれのある作業	58		

5.1.2.9　年少船員および女子船員の就業制限（第75, 76条）

a．**18歳未満の船員および妊産婦などの就業制限（第75条）**：船舶所有者は，年齢18年未満の船員および妊娠中または出産後1年以内の女子の船員を次に掲げる作業に従事させないこと。
- 腐食性物質，毒物または有害性物質を収容した船倉またはタンク内の清掃作業
- 有害性の塗料または溶剤を使用する塗装または塗装剥離の作業
- 動力さび落とし機を使用する作業
- 炎天下において，直接日射を受けて長時間行う作業
- 寒冷な場所において，直接外気にさらされて長時間行う作業
- 冷凍庫内において長時間行う作業
- 水中において，船体または推進器を検査し，または修理する作業
- タンクまたはボイラの内部において，身体の全部または相当部分を水にさらされて行う水洗作業
- 1人につき30キログラム以上の重量が負荷される運搬または持ち上げる作業，など

b．**妊産婦などの就業制限（第75条）**：船舶所有者は，妊娠中または出産後1年以内の女子の船員を，5.1.2.6 安全基準「経験または技能を要する危険作業」の一部を除くほとんどの作業について，これに従事させてはならない。

c．**妊産婦以外の女子船員の就業制限（第76条）**：船舶所有者は，妊産婦以外の女子の船員を，次の作業に従事させてはならない。
- 人体に有害な気体を検知する作業
- 腐食性物質，毒物または有害性物質を収容した船倉またはタンク内の清掃作業
- 有害性の塗料または溶剤を使用する塗装または塗装剥離の作業
- 1人につき30キログラム以上の重量が負荷される運搬または持ち上げる作業

5.2 船舶職員及び小型船舶操縦者法，海難審判法

5.2.1 船舶職員及び小型船舶操縦者法

5.2.1.1 目的（第1条）
　船舶の航行の安全を図るため，船舶職員として船舶に乗船させるべき者の資格ならびに小型船舶操縦者として小型船舶に乗船させるべき者の資格と遵守事項について規定している。

5.2.1.2 船舶職員など（第2条）
　a．**船舶職員**：船舶において，船長の職務を行う者（小型船舶操縦者を除く）ならびに航海士，機関長，機関士，通信長および通信士および運航士の職務を行う者（同第2項，第3項）
　b．**小型船舶操縦者**：小型船舶（総トン数20トン未満の船舶など）の船長（同第4項）
　c．**海技士**：海技免許を受けた者（同第5項）
　d．**小型船舶操縦士**：小型船舶の操縦士免許を受けた者（同第6項）

5.2.1.3 海技免許など
　a．**海技免許（第4，5条）**：海技免許を受けるための要件は次のとおりであり，免許を受けた者には海技免状が交付される。
- 海技士国家試験に合格した者
- 省令で指定する講習の課程（海技免許講習）修了者
- 省令で定める一定以上の乗船履歴を有する者
- 海技士（通信）と（電子通信）の資格では，無線従事者の免許が有効であること

　b．**海技免許を与えない場合（第6条）**：次の者には海技免許は与えない。
- 年齢18歳未満の者
- 海難審判法の裁決により海技免許を取り消され，取消しの日から5年を経過しない者
- 海難審判法の裁決により業務停止期間中の者

　c．**海技免状の有効期間と更新（第7条の2）**：有効期間は5年。申請により次の事項を満足する者は有効期間を更新できる。更新手続きは有効期間満了の1年前から可能。ただし，更新日が満了日の6月前より早い場合は，次の更新有効期間は当該更新日から5年となる。
- 省令で定める身体適性を有している者
- 省令で定める乗船履歴を有している者
- 上記乗船履歴と同等の知識経験を有すると認定される者
- 省令で指定する講習の課程を修了した者

　d．**海技免許の取消しなど（第10条）**：国土交通大臣は，海技士が次のいずれかに該当するときは，海技免許の取消し，業務の停止（2年以内の期間を定めて）を命じ，または戒告することができる。
- 本法またはこの法律に基づく命令の規定に違反したとき。
- 船舶職員としての職務または小型船舶操縦者としての業務を行うに当たり，海上衝突予防法などその他の法令の規定に違反したとき。

- 心身の障害により船舶職員として適正に職務を行うことができない者として省令で定める者に該当するとき。
e．海技免状の訂正（則第7条）：海技士は本籍の都道府県名もしくは氏名に変更を生じたとき，または海技免状の記載事項に誤りがあることを発見したときは，遅滞なく海技免状の訂正を申請しなければならない。
f．海技免状の滅失など再交付（則第10条）
- 海技士は海技免状を滅失し，またはき損したときは，海技免状の再交付を申請できる。
- 申請の理由が滅失のときは，事実を証明する書類を添付して申請しなければならない。
g．海技免状または操縦免許証の携行（第25条）：船舶職員または小型船舶操縦士は，乗船の際，海技免状または操縦免許証を携行しなければならない。
h．海技免状または操縦免許証の譲渡などの禁止（第25条の2）：海技士または小型船舶操縦士は，その受有する海技免状または操縦免許証を他人に譲渡したり，貸与してはならない。

5.2.2 海難審判法

5.2.2.1 目的（第1条）

海難審判は，職務上の故意または過失によって海難を発生させた海技士，小型船舶操縦士，水先人に対する懲戒の必要の有無について，国が判断（**海難審判所における審判**）を下し，これを確定することを目的とする手続きであり，これによって同種の**海難の再発を防止**しようとするものである。

5.2.2.2 海難の意義（第2条）

海難とは，船舶に関連して発生する事故の総称であり，本法では次の場合を海難が発生したと定義している。
a．船舶の運用に関連した船舶または船舶以外の施設の損傷：船舶とは，水上において人または物の運送の用に供する構造物をいいその用途や大小は問わない。船舶以外の施設とは，航路標識，防波堤，桟橋，橋脚，海底電線，定置網などあらゆる施設をいう。
b．船舶の構造，設備または運用に関連した人の死傷：船舶の構造，設備とは，船舶の船倉口，隔壁，デリック，ランプウェイなどその他の構造物，船舶に備えてある機械，装置，器具などをいい，**運用に関連した**とは，船舶の航行，停泊，入渠，荷役，作業など船舶が使用目的に従って利用させるすべての場合をいい，人とは，船員のみならず，旅客，実習生，研修生，荷役作業員，検査官，陸上の人など一切の人をいう。
c．船舶の安全または運航の阻害：安全の阻害とは，転覆は免れたが，積荷が崩れて大傾斜して航行したとき，あるいは，船長が泥酔して出港の指揮をとったなど，航行上危険な状態が生じたことをいい，**運航の阻害**とは，船舶職員などに欠員が生じ航海ができなくなったとき，あるいは，砂州に乗り揚げ無傷であったがしばらく（潮位が上がるまで）動けなかったときなど，船舶の正常な運航を妨げる事象が発生したことをいう。

5.2.2.3 懲戒など

a. **懲戒（第3条）**：海難審判所は，海難が海技士，小型船舶操縦士，水先人の職務上の故意または過失によって発生した場合は，裁決によりこれを懲戒する。**故意**とは，自己の行為で海難が発生することを知りながら行ったことで，**過失**とは，自己の不注意で海難が発生することを知らないで，その発生を防止できなかったことをいう。

b. **懲戒の種類（第4条）**：海難審判所が行う懲戒は，**免許の取消し**，**業務の停止**（1月以上3年以下），**戒告**の3種であり，故意または過失の程度と結果の大小に応じて決められる。

c. **懲戒免除（第5条）**：海難審判所は海難の性質や状況，あるいは，その者の経歴その他の情状により，懲戒の必要がないと認めるときは，懲戒を行わない。

5.2.2.4 海難審判所と地方海難審判所

海難審判所は国土交通省の特別機関であり，**海難審判所**（東京）と**地方海難審判所**および支所がある。**重大な海難**以外の海難は，発生した地点を管轄する地方海難審判所および支所で当該海難の調査および審判を行う（第16条）。

a. **地方海難審判所**：函館，仙台，横浜，神戸，広島，門司，長崎

b. **門司海難審判所支所**：那覇

c. **重大な海難（則第5条）**：次のものをいう。
- 旅客のうちに，死亡者もしくは行方不明者または2人以上の重傷者が発生したもの。
- 5人以上の死亡者または行方不明者が発生したもの。
- 火災または爆発により運航不能となったもの。
- 油などの流出により環境に重大な影響を及ぼしたもの。
- 次に掲げる船舶が全損となったもの。
    - 人の運送をする事業の用に供する13人以上の旅客定員を有する船舶。
    - 物の運送をする事業の用に供する総トン数300トン以上の船舶。
    - 総トン数100トン以上の漁船。
- とくに重大な社会的影響を及ぼしたものとして海難審判所長が認めたもの。

5.3 船舶法

船舶法は，日本船舶となるための要件を定め，日本船舶には特権を与え保護監督すると共に，船舶のトン数や航行の条件などその船舶を識別するために必要な登記・登録と**船舶国籍証書**の受有や検認，船籍港の表示などについて規定する船舶の基本法である。

5.3.1 日本船舶の意義

a. **日本船舶**：次の要件を満たす船舶を日本船舶としている（第1条）。
- 日本の官庁または公署が所有する船舶
- 日本国民が所有する船舶
- 日本の法令により設立した会社で，その代表の全員および業務執行役員の2/3以上が日

本国民である会社が所有する船舶
- 上記以外で日本の法令により設立した法人で，その代表者の全員が日本国民である法人が所有する船舶

b．**船舶法における船舶**：水上を航行する用に使用される一定の構造物で推進器，帆装設備などを持ち自ら航行できる機能を持つ汽船と帆船の2種を**船舶**といい，浚渫船など推進器を持たないものは**船舶としない**（則第1，2条）。

c．**船舶法が適用されない船舶**：日本国民が所有する船舶はすべて日本船舶であるが，次の船舶には船舶法は適用されない（第20条）。
- 総トン数20トン未満の船舶および端舟，ろかい舟（第20条）
- 海上自衛隊が使用する船舶（自衛隊法）

5.3.2　日本船舶の特権

a．**国旗の掲揚**：日本国国旗を掲揚することができる（第2条）。
b．**不開港への寄港**：日本の**不開港場**（開港場（外国船が貿易などのため出入りできる港）以外の港）に寄港できる（第3条）。

5.3.3　日本船舶の義務

a．**船舶国籍証書の受有など**：総トン数20トン以上の日本船舶の所有者は，次の要件を満足させなければ，その船舶を航行させてはならない。
- 船籍港の決定
- 船籍港を管轄する管海官庁に総トン数の測度の申請
- 船舶の登記・登録
- 船舶国籍証書の受有（第4～6条）

b．**船舶国籍証書**：船内保管（船員法第18条）

c．**国旗などの掲揚**：日本船舶は次の場合，国旗を掲揚しなければならない（第2条，則第43条）。
- 日本国の灯台または海岸望楼より要求されたとき。
- 外国の港を出入港するとき。
- 外国貿易船が日本で港を出入港するとき。
- 法令に別段の規定があるとき。
- 管海官庁から指示があったとき。
- 海上保安庁の船舶または航空機より要求されたとき。

d．**船名などの表示**：日本船舶は，船名，船籍港，番号，総トン数，喫水の尺度などを船体に表示しなければならない（第7条，則第44条）。

e．**船舶国籍証書の検認**：船舶国籍証書は次の一定期間毎に省令で定める検認を受けなければならない（第5条の2）。
- 総トン数100トン以上の鋼船：4年毎（交付，または前回の検認の日からの経過日）
- 総トン数100トン未満の鋼船：2年毎

- 木船：1 年毎

5.4 船舶安全法

5.4.1 船舶安全法

5.4.1.1 目的

　日本船舶の船体および機関や諸設備について，最低基準を定め，適用船舶に対してこれらの設備を強制すると共に，定期的に船舶検査を行うことにより，船舶の**堪航性**[*1]を保持し，人命および船舶の安全を保持することを目的としている。この法による基準を満たさない船舶は，日本船舶として運航することができない（第 1 条）。

5.4.1.2 適用船舶など

a．**適用船舶**：次の船舶を除く，すべての日本船舶に適用される（則第 2 条）。
- 最大搭載人員 6 人未満のろかい舟
- 最大搭載人員 3 人未満の推進機関を有する長さ 12 m 未満の船舶で特定の湖やダム，平水区域の特定区域を航行区域とする船舶
- 長さ 3 m 未満の船舶で推進機関の連続最大出力が 1.5 kW 未満の船舶
- 長さ 12 m 未満の帆船
- 推進機関および帆装を有しない船舶
- 災害発生時のみに使用される，国または地方公共団体が所有する救難用船舶
- 係船中の船舶

b．**船舶の構造および設備**：適用船舶には，次のものを設備しなければならない。
　船体，機関，帆装，排水設備，操舵・係船および揚錨の設備，救命および消防の設備，居住設備，衛生設備，航海用具，危険物その他の特殊貨物の積付け設備，荷役その他の作業の設備，電気設備，その他省令で定める事項（昇降設備，焼却設備，コンテナ設備など）[*2]

c．**無線設備**：適用船舶には，次の無線設備にかかる航行水域（4 種に区分）に応じて，省令で定める無線設備を備えなければならない（第 4 条，則第 1 条第 10〜13 項）。

　　i．**A1 水域**：VHF 無線電話および VHF デジタル選択呼出装置（DSC）による通信が可能な水域（海岸局から約 25 nm の範囲，湖川を除く）

　　ii．**A2 水域**：MF 無線電話および MF デジタル選択呼出装置（DSC）による通信が可能な水域（海岸局から約 150 nm の範囲，湖川を除く）（図 5.4）

　　iii．**A3 水域**：インマルサット衛星の通達範囲から A1，A2 水域を除いた水域（概ね 70°N〜70°S）

[*1] 海上において通常遭遇するであろうと予想される危険に堪えて，安全に航行できる能力をいう。

[*2] 施設すべき設備などの具体的な要件は，関係省令に規格基準，能力要件や数量などが詳細に規定されている。
- 船舶構造に関する規定類：船舶構造規則，船舶区画規程，船舶防火構造規則，満載喫水線規則，船舶機関規則
- 船舶の設備に関する規定類：船舶設備規程，船舶救命設備規則，船舶消防設備規則
- 特定の船舶に関する規定類：漁船特殊規程，船舶自動化設備特殊規則
- その他の規定類：船舶復原性規則，危険物船舶運送及び貯蔵規則，特殊貨物船舶運送規則

ⅳ．**A4 水域**：湖川，A1，A2，A3 水域以外の水域
　d．**用語の定義**：本法および関係省令を理解する上で，次の定義について理解しておく必要がある。
　　ⅰ．**国際航海**：一国と他の国との間の航海（則第 1 条第 1 項）
　　ⅱ．**旅客船**：旅客定員 13 人以上の船舶（第 8 条）
　　ⅲ．**漁船**：以下に該当するもの（同第 2 項）
　　　　● 専ら漁ろうに従事する船舶
　　　　● 漁ろうに従事する船舶であって漁獲物の保蔵または製造の設備を有するもの
　　　　● 専ら漁ろう場から漁獲物またはその加工品を運搬する船舶
　　　　● 専ら漁業に関する試験，調査，指導もしくは練習に従事する船舶または漁業の取締りに従事する船舶であって漁ろう設備を有するもの
　　ⅳ．**危険物ばら積船**：危険物船舶運送及び貯蔵規則に規定するばら積み液体危険物を運送するための構造を有する船舶（同第 3 項）
　　ⅴ．**特殊船**：原子力船，水中翼船，エアークッション艇，海底資源掘削船など省令で定める船舶（同 4 項）

5.4.1.3　航行上の条件など

　船舶の堪航性と安全性を確保するためには，船舶毎にその使用限度を明らかにし，この限度を超えて船舶を運航しないことが必要であり，本法では，**航行区域**，**最大搭載人員**，**制限気圧**，**満載喫水線の位置**などについて，定期検査の実施時（建造時の検査を含む）にそれぞれの限度を決めている。これらの限度は，航行上の条件として，船舶検査証書に記載される。

　a．**航行区域**：次の 4 種に区分される。
　　ⅰ．**平水区域**：湖，川および港内の他，規則により定められた湾内などの水域（則第 1 条第 6 項に 49 か所が規定されている）である。一般に地理的に陸岸に囲まれ，その開口が直接外海に面して大きく開いていない波や風の影響が少ない水域である（図 5.2）。
　　ⅱ．**沿海区域**：原則として北海道，本州，四国，九州の各海岸から 20 nm 以内の水域，および特定の島や半島の海岸から 20 nm 以内の水域。一部海岸から 20 nm を超えた水域で 20 nm 以内の水域と同様の気象海象条件と認められた水域も含まれる（図 5.4）[*3]。
　　ⅲ．**近海区域**：63°N〜11°S，94°〜175°E の水域（図 5.3）
　　　　● **限定近海区域**：近海区域のうち本邦周辺の水域（図 5.5）（船舶設備規程第 2 条第 2 項）
　　ⅳ．**遠洋区域**：すべての水域

[*3] **沿岸区域**：沿海区域のうち海岸から 5 nm 以内の水域と平水区域（小型船舶安全規則第 2 条）

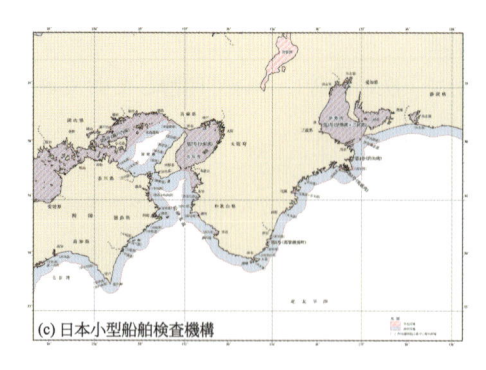

図 5.2　平水区域，沿岸区域

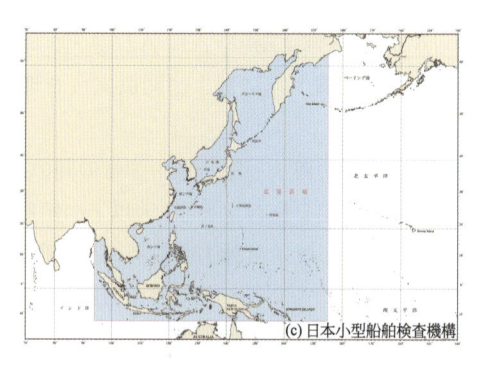

図 5.3　近海区域

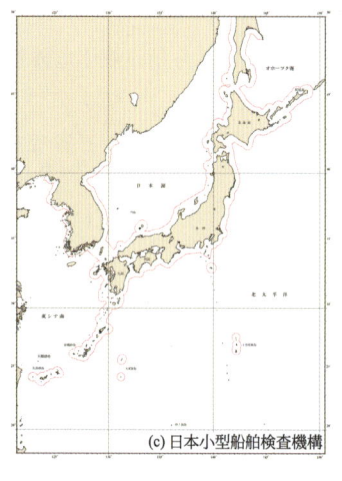

図 5.4　沿海区域

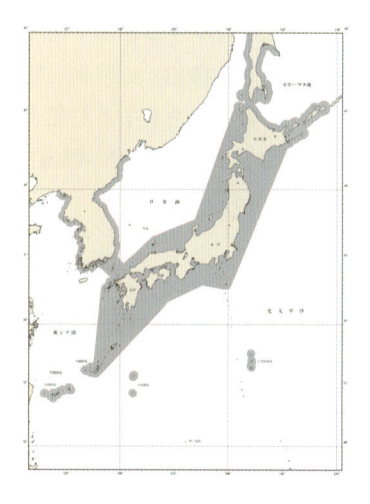

図 5.5　限定近海区域

b．**最大搭載人員**：船舶の最大搭載人員は，その船舶の安全性を確保するために搭載を許された最大限度の定員のことで，旅客，船員およびその他の乗船者別にそれぞれの定数が定められる。最大搭載人員は，漁船以外の船舶では船舶設備規程または小型船舶安全規則の定めにより，漁船では漁船特殊規程または小型漁船安全規則の定めにより，その船舶の航行区域や居住・救命設備などを考慮して，最初の定期検査において決められる。

c．**制限気圧**：船舶のボイラの損傷，爆発などを防止するために，通常使用できる蒸気圧の最大圧力。

d．**満載喫水線**：船体の海中沈下が許容される最大限度を示す線をいい，この標示を超えて貨物などを積載してはならない。満載喫水線は船舶の航行区域や種類により異なる。満載喫水線の標示および位置は，満載喫水線規則または船舶区画規程により決められる。

　　次に掲げる船舶は満載喫水線を標示しなければならない[4]。

- 遠洋区域または近海区域を航行区域とする船舶（第 II 部 図 1.3 参照）
- 沿海区域を航行区域とする長さ 24 m 以上の船舶（同 図 1.4 参照）
- 総トン数 20 トン以上の漁船

---

[4] ただし，エアークッション艇などは，標示しなくてよい。

e．**船舶検査証書**：定期検査に合格すれば，航行上の条件などが記載された船舶検査証書が交付される。船舶検査証書の有効期限は5年である（ただし，旅客船を除く平水区域航行船と総トン数20トン未満の船舶で省令で定めるものは6年）。

f．**船舶検査手帳**：初回の定期検査時（就航時）に同証書と共に，船舶の検査に関する事項を記録し記載する船舶検査手帳が交付される。

5.4.1.4 船舶の検査
(1) 検査の種類（第5条）

船舶の構造および設備が一定の基準に適合していることを確かめるため行われる検査には次のものがある。

a．**強制検査**：定期検査，中間検査，臨時検査，臨時航行検査，特別検査
b．**任意検査**：製造検査，予備検査

(2) 検査と準備など

定期検査などは次のとおり実施される。受検時期については図5.6に，必要な受検準備については表5.9に示す。

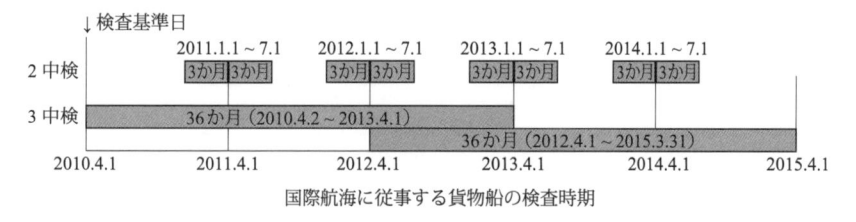

図5.6 検査の時期

a．**定期検査**：船舶の構造，設備など全般にわたり行う精密な検査で，船舶を初めて航行の用に供するとき，船舶検査証書の有効期間が満了したとき（5年）に受検しなければならない。

b．**臨時検査**：定期検査，中間検査の時期以外の時期において，船舶の改造または修理（船舶の堪航性や人命の安全に影響を及ぼすような）などを行ったときに受検しなければならない検査で，次の場合に受検する。

- 主要な船舶の構造設備（5.4.1.2.b 船舶の構造および設備参照）について改造や修理を行うとき。
- 無線設備について改造や修理を行うとき。
- 船舶検査証書に記載の航行上の条件（航行区域，最大搭載人員，制限気圧，満載喫水線の位置など）を変更しようとするとき。
- その他省令（則第19条）で定める事項に該当するとき。

c. **臨時航行検査**：船舶検査証書を受有しない船舶を回航するなど，臨時に航行の用に使用するときに受検しなければならない検査である。次のような場合がある。
- 日本船舶を外国に譲渡する目的で回航するとき。
- 改造，検査，総トン数の測度などのために船舶を回航するとき。
- 係船中の船舶を別の場所（港など）に移動させるため回航するとき。

d. **特別検査**：ある種の船舶に同様な事故が続発するなど，特定の材料や構造設備などについて，基準に適合しているか検査する必要があると国土交通大臣が認めたときに行われる検査である。

e. **製造検査**：船舶の建造開始から完成までの間の工程に応じて行われる検査のこと。旅客船などを除く平水区域航行船など省令で定める以外の船舶で，長さが 30 m 以上の船舶については，建造時に受検しなければならない。

f. **予備検査**：船舶の所要設備にかかる特定の物件（バルブや機械の部品など）は，これを備える船舶が特定されていなくとも，製造者の申請により事前に性能検査などを行っておくことができる。この検査を予備検査という。

g. **中間検査**：定期検査と定期検査の中間において船舶の構造設備などの全般にわたり行う簡易な検査であり，第1種・第2種・第3種中間検査がある（表 5.8）。

表 5.8 中間検査の種類

船舶	中間検査	検査の時期
国際航海に従事する旅客船	第1種	検査基準日の3月前から検査基準日までの期間
原子力船	第1種	定期検査または第1種中間検査に合格した日から起算して12月を経過する日
旅客船，潜水船，水中翼船，エアークッション船，高速船		
	第1種	検査基準日の前後3月以内
国際航海に従事する長さ 24 m 以上の船舶（図 5.6 参照）		
	第2種	検査基準日の前後3月以内
	第3種	定期検査または第3種中間検査に合格した日から起算して36月を経過する日までの間
潜水設備を有する船舶	第1種	船舶検査証書の有効期間の起算日から21月を経過する日から39月を経過する日までの間
	第2種（潜水設備関係のみ）	検査基準日の前後3月以内（ただし，その時期の第1種中間検査を受ける場合を除く）
その他の船舶（図 5.6 参照）	第1種	船舶検査証書の有効期間の起算日から21月を経過する日から39月を経過する日までの間

国際航海，旅客船，漁船の定義：用語の定義（451ページ）参照
検査基準日：船舶検査証書の有効期間が満了する日に相当する毎年の日

表5.9 検査の準備

分類	準備項目	定	1	2	3
船体	イ.船底外板,舵などの船体外部に係る事項の告示で定める外観検査の準備	✔	✔		✔
	ロ.タンク,貨物区画などの船体内部に係る事項の告示で定める外観検査の準備	✔			
	ハ.告示で定める板厚計測の準備	✔			
	ニ.材料試験の準備※	✔			
	ホ.非破壊検査の準備	✔			
	ヘ.圧力試験および荷重試験の準備	✔			
	ト.水密戸,防火戸などの閉鎖装置の効力試験の準備	✔	✔	✔	
機関	イ.主機,補助機関,動力伝達装置および軸系,ボイラおよび圧力容器ならびに補機および管装置の告示で定める解放検査の準備	✔	✔		✔
	ロ.材料試験,溶接施工試験,釣合い試験,歯当たり試験,すり合わせ試験,蓄気試験および陸上試運転の準備※	✔			
	ハ.非破壊検査の準備	✔			
	ニ.圧力試験の準備	✔			
	ホ.効力試験の準備	✔	✔	✔	✔
	ヘ.逃気試験の準備	✔	✔		✔
排水設備	イ.告示で定める解放検査の準備	✔	✔		✔
	ロ.圧力試験の準備	✔			
	ハ.効力試験の準備	✔	✔	✔	✔
操舵など	イ.錨,錨鎖および係船用索の告示で定める外観検査の準備	✔	✔		✔
	ロ.材料試験の準備※	✔			
	ハ.圧力試験の準備	✔			
	ニ.効力試験の準備	✔	✔	✔	✔
救命,消防	イ.材料試験の準備※	✔			
	ロ.圧力試験の準備	✔	✔	✔	
	ハ.効力試験の準備	✔	✔	✔	
航海用具	効力試験の準備	✔	✔	✔	
危険物の積付設備	イ.タンクの告示で定める外観検査の準備	✔			
	ロ.材料試験および溶接施工試験の準備※	✔			
	ハ.非破壊検査の準備	✔			
	ニ.圧力試験の準備	✔			
	ホ.効力試験の準備	✔	✔	✔	
荷役設備	イ.揚貨装置の告示で定める解放検査の準備	✔			
	ロ.揚貨装置の荷重試験の準備	✔			
	ハ.圧力試験および効力試験の準備	✔			
電気設備	イ.材料試験,防水試験,防爆試験および完成試験の準備※	✔			
	ロ.絶縁抵抗試験の準備	✔	✔	✔	
	ハ.効力試験の準備	✔	✔	✔	
昇降設備	イ.告示で定める解放検査の準備	✔			
	ロ.材料試験の準備※	✔			
	ハ.荷重試験※および効力試験の準備	✔			
焼却設備	イ.告示で定める解放検査の準備	✔			
	ロ.材料試験および温度試験の準備※	✔			
	ハ.圧力試験の準備	✔			
	ニ.効力試験の準備	✔	✔		✔
コンテナ	イ.材料試験の準備※	✔			
	ロ.荷重試験の準備	✔			
満載喫水	告示で定める標示の検査の準備	✔	✔	✔	

※初めて検査を受ける場合に限る。

5.4.2 危険物船舶運送及び貯蔵規則

5.4.2.1 目的
　船舶安全法に基づき制定された国土交通省令であり，危険物による危害などの発生を防止するために，船舶による危険物の運送および貯蔵や常用危険物の取扱い（梱包，容器や積載方法）などについて遵守すべき事項を規定している。

5.4.2.2 危険物の分類など
　a．**危険物**：火薬類，高圧ガス，引火性液体類，可燃性物質類，酸化性物質類，毒物類，放射性物質等，腐食性物質，有害性物質
　b．**ばら積み液体危険物**：液化ガス物質，液体化学薬品，引火性液体物質，有害液体物質
　c．**常用危険物**：船舶の航行や人命の安全を保持するため，一般に船舶において使用される危険物のことで，たとえば，燃料油の他，船内作業で用いるアセチレンガスや酸素，灯油，洗浄油，高圧ガス，医薬品などである。

5.4.2.3 港内などにおける危険物積載時の標識
　a．**標識，灯火の標示**：赤旗（一般的に国際信号旗の B 旗）（昼間），紅灯（夜間）を掲揚。
　b．**危険物取扱規程**：危険物の運送により発生する危険を防止するために必要な注意事項など（危険物の性状，作業の方法，災害発生時の措置など）を詳細に記載した規程を設け，船内に備え置かなければならない。

5.4.2.4 危険物運送船適合証
　船舶安全法による定期検査に合格した危険物積載船などに交付される証書。当該船が運送することができる危険物の種類や積載場所などを記載。有効期限は船舶検査証書と同じ。

5.4.2.5 個別危険物の運送（油タンカーにおける引火性液体物質の運送）
　油タンカー内においては，次のことが禁止されている。船内の適当な箇所に禁止事項などを掲示しなければならない。

- 許可された場所以外での喫煙や火気の取扱い禁止
- 部外者など，必要のない者の船内への立入り禁止
- 安全マッチ以外のマッチの使用禁止
- むき出しの鉄製工具の所持の禁止
- 火花を発しやすい物品の所持の禁止
- 鉄びょうの付いた靴の着用の禁止
- 油タンクおよびコファダムにおいては，防爆型の懐中電灯および移動灯以外の照明の使用禁止など

5.4.3 国際条約証書にかかる省令

5.4.3.1 概説
　国際航海に従事する船舶は次の国際条約に定める諸基準を満足していることを証明する条約証書を受有しなければならない。これらの発給などについては「海上における人命の安全のための国際条約等による証書に関する省令」に規定されている。

- 1974 年の海上における人命の安全のための国際条約
- 1966 年の満載喫水線に関する国際条約

5.4.3.2 条約証書
　国際航海に従事する船舶に次に示す条約証書が交付される。これらの有効期限は船舶検査証書と同じ 5 年である。

- a．旅客船：旅客船安全証書，国際満載喫水線証書
- b．総トン数 500 トン以上の貨物船：国際満載喫水線証書，貨物船安全証書（または貨物船安全構造証書，貨物船安全設備証書），貨物船安全無線証書
- c．総トン数 300 トン以上，500 トン未満の貨物船：国際満載喫水線証書，貨物船安全無線証書
- d．高速船：高速船安全証書
- e．液化ガスばら積船：国際満載喫水線証書，国際液化ガスばら積船適合証書
- f．液体化学薬品ばら積船：国際満載喫水線証書，国際液体化学薬品ばら積船適合証書

5.4.4 船舶の技術基準などを定める省令

　船舶の堪航性を保持し，人命および財産の安全を確保するために必要な船体や機関の構造ならびに諸設備について，その技術基準を定めている主要な船舶安全法関係の省令について，その概要を解説する。

5.4.4.1 船舶設備規程
　船舶の居住，衛生，脱出，非常用設備や操舵，係船，揚錨，荷役，電気，無線設備ならびに航海用具や昇降，焼却などの特殊設備について，その設備基準を定めたものである。

(1) 定義

- a．外洋航行船：国際航海に従事する船舶および同航海に従事しない船舶で，遠洋区域または近海区域を航行区域とする船舶
- b．限定近海貨物船：国際航海に従事しない船舶（旅客船を除く）で，近海区域のうち告示で定める日本周辺の区域（図 5.5）のみを航行区域とする船舶
- c．2 時間限定沿海船：沿海区域を航行区域とする船舶であって平水区域から最強速力で 2 時間以内に往復できる区域のみを航行するものおよび平水区域を航行区域とする船舶
- d．ロールオン・ロールオフ旅客船：船舶防火構造規則に定めるロールオン・ロールオフ貨物区域または車両区域を有する旅客船

e．内航ロールオン・ロールオフ旅客船：国際航海に従事しないロールオン・ロールオフ旅客船であって沿海区域または平水区域を航行区域とする総トン数1000トン以上の船舶

(2) 居住，衛生および非常用設備

旅客および船員の安全な生活，作業環境を保持するために必要な，旅客室，船員室の他，衛生設備，脱出設備ならびに非常用設備（非常照明装置，非常標識，乗艇および招集場所，脱出経路の設定など）の設置基準が同法および告示により規定されている。また，機関室や操舵機室の天井高さに関する規定などがある。

とくに，2014年8月以降に新造される海上労働条件適用船（遠洋・近海・沿海区域（2時間限定沿海船を除く）を航行区域とする船舶）の居住設備については，冷暖房装置の設置の義務化や船員室の天井高さや広さが一定以上でなければならないなど大幅な改正がなされている。

(3) 操舵，係船，揚錨設備

a．錨，錨鎖および係留索の数量（個数，重量，錨鎖径など）：当該船舶の艤装数に応じて決定される。

b．操舵設備：操舵装置の能力や性能要件，自動操舵装置の要件（船舶の操舵設備の基準を定める告示）。

- 主操舵装置は，当該船舶の最大喫水，最大航海速力において前進中に，舵を片舷35°から反対舷30°まで，28秒以内に操作できる能力を有するものであること
- 補助操舵装置は，最大喫水，最大航海速力の1/2または7knのうち大きいほうの速力において，片舷15°から反対舷15°まで，60秒以内に操作できる能力を有するものであること
- 総トン数1万トン以上の船舶には，機能などについて告示で定める要件に適合する自動操舵装置を備えなければならない
- 動力による操舵装置を備える船舶の船橋には，船橋から操作する制御系統および操舵装置の動力装置の切替手順を示す図を付した操舵説明書を掲示しておかなければならない
- 国際航海に従事する船舶には，操舵設備の取扱いおよび保守に関する説明書および図面を備え置かなければならない

(4) 航海用具

船舶の属具（灯火，形象物，国際信号旗，信号灯），汽笛，どら，号鐘や航海用刊行物（海図，水路誌など）の他，各種航海計器類ならびに無線機器，遭難信号装置などについて，備えるべき船舶を規定すると共に，これら各機器の性能要件は告示により規定している。

5.4.4.2 船舶救命設備規則

船舶に備え付けるべき救命設備の種類，要件，数量および備付け方法について，詳細に規定している。

(1) 定義

a．第1種船：国際航海に従事する旅客船

b．第2種船：国際航海に従事しない旅客船
c．第3種船：国際航海に従事する総トン数500トン以上の船舶であって，第1種船および漁船以外のもの
d．第4種船：国際航海に従事する総トン数500トン未満の船舶であって，第1種船および漁船以外のものと，国際航海に従事しない船舶であって，第2種船および漁船以外のもの
e．短国際航海：国際航海であって，その航海において，旅客，船員などを安全な状態に置くことができる港または場所から200 nm以内にあり，かつ，総航海距離が600 nmを超えないもの
f．長国際航海：短国際航海以外の国際航海
g．タンカー：引火性の液体貨物のばら積み輸送に使用される船舶
h．限定近海船：国際航海に従事しない船舶（旅客船を除く）で，近海区域のうち告示で定める日本周辺の区域（図5.5）のみを航行区域とする船舶

(2) 救命設備の分類

救命設備を次のとおり分類し，個々の救命設備の性能要件，第1種から第4種船が備えるべき救命設備の種類と数量，およびその積付方法（場所や固定の仕方など）について規定している。

a．**救命器具**：救命艇（部分閉囲型救命艇，全閉囲型救命艇，空気自給式救命艇，耐火救命艇），救命いかだ（膨脹式救命いかだ，固型救命いかだ），救命浮器，救助艇（一般救助艇（膨脹・固定・複合型），高速救助艇（膨脹・固定・複合型）），救命浮環，救命胴衣，イマーション・スーツ，耐暴露服，保温具，救命索発射器，救命いかだ支援艇，遭難者揚収装置
b．**信号装置**：自己点火灯，自己発煙信号，救命胴衣灯，落下傘付信号，火せん，信号紅炎，発煙浮信号，水密電気灯，日光信号鏡，浮揚型極軌道衛星利用非常用位置指示無線標識装置，非浮揚型極軌道衛星利用非常用位置指示無線標識装置，レーダー・トランスポンダー，捜索救助用位置指示送信装置，持運び式双方向無線電話装置，固定式双方向無線電話装置，船舶航空機間双方向無線電話装置，探照灯，再帰反射材，船上通信装置，警報装置
c．**進水装置など**：進水装置（救命艇揚卸装置，救命いかだ進水装置，救命浮器進水装置，救助艇揚卸装置，救命いかだ支援艇進水装置），乗込装置（乗込用はしご，降下式乗込装置）

(3) 性能要件など

救命設備については個々の器具，装置や設備類が非常時においてその性能を確実に発揮することが重要であり，同規定では，個別にそれぞれの性能要件などを詳細に規定した上で，船舶の種類毎に備えるべき救命設備の種類，数量，積付方法について規定している。

前述の救命設備のうち主要なものの要件などについては，第Ⅱ部 運用の1.3.2節を参照されたい。

5.4.4.3 船舶消防設備規則

船舶に備え付けるべき消防設備の種類，要件，数量および備付方法について，規定している。

(1) 定義

船舶を船舶救命設備規則と同様に第1種船から第4種船に分類し，消防設備の種類や船舶の構造に基づく区域ごとに備えるべき数量および備付方法を示すため，次のような定義を規定している。

a．第1〜4種船および限定近海船：船舶救命設備規定の定めによる船舶
　　b．タンカー：引火性の液体貨物のばら積み輸送に使用される船舶（危険物船舶運送及び貯蔵規則の液化ガスばら積船に該当する船舶および液体化学薬品ばら積船を除く）
　　c．区域，場所：主垂直区域，主水平区域，主垂直区域隔壁，居住区域，業務区域，貨物区域，ロールオン・ロールオフ貨物区域，車両区域，特定機関区域，燃料油装置，機関区域，制御場所（それぞれ船舶防火構造規則で定める区域場所）
　　d．船舶の長さ：最高計画満載喫水線の両端における垂線の間の長さ

(2) 消防設備の種類，要件など

　消防設備を次のとおり分類し，それぞれの性能要件などについては，告示により定めることとし，同規則第2章において，第1〜2種船と第3〜4種船に分けて，消防設備の種類や区域毎に備えるべき数量および備付方法について規定している。下記の消防設備のうち主要なものの要件などについては，本書第II部 運用の1.3.3節を参照されたい。

　　消防設備：射水消防装置（消火ポンプ，非常ポンプ，送水管，消火栓，消火ホース，ノズル，水噴霧放射器，国際陸上施設連結具），固定式鎮火性ガス消火装置，固定式泡消火装置，固定式高膨脹泡消火装置，固定式加圧水噴霧装置，固定式水系消火装置，自動スプリンクラ装置，固定式甲板泡装置，固定式イナート・ガス装置，機関室局所消火装置，消火器（液体消火器，泡消火器，鎮火性ガス消火器，粉末消火器），持運び式泡放射器，消防員装具および消防員用持運び式双方向無線電話装置，火災探知装置，手動火災警報装置，可燃性ガス検定器

5.4.4.4　船舶復原性規則

　船舶の安定性を確保するために必要な復原性の基準を定め，その試験方法や計算方法などについて規定している。

5.4.4.5　船舶構造規則

　船舶構造規則は，船体や排水設備に使用する材料と鋼材の溶接工作法などについて定め，船体の構造および強度，水密構造，排水設備などの強度を保持するための構造全般について規定している。船舶の種類に応じて必要となる船体構造については，以下のような告示により詳細に規定している。

- 船体及び排水設備の材料の要件を定める告示
- 船体の強度を保持するための構造の基準等を定める告示
- 船体の水密を保持するための構造の基準を定める告示

5.4.4.6　船舶防火構造規則

　船舶における火災の発生および拡大を防止するために必要な船舶の構造，設備および防火措置に関する基準を規定している。

5.4.4.7　船舶区画規程

船舶の損傷浸水時における復原性の計算法などについて定めると共に，浸水を局部的に食い止め，復原性を確保するための水密隔壁などの構造や設備についての基準を規定している。

5.4.4.8　船舶機関規則

船舶の主機関および補助機関，ボイラおよび管系，制御装置，プロペラおよび軸系，冷却および潤滑油装置などの材料や構造規格，安全基準，施設基準の他，必要な艤装品や備品などについて規定している。

5.5　海洋汚染等及び海上災害の防止に関する法律

5.5.1　目的

この法律は，次の事項を規制することにより，廃油の適正な処理を確保すること，排出された油，有害液体物質や，廃棄物などによる被害を防止すること，海上火災の発生とその拡大防止ならびに船舶交通の危険防止のための措置を講ずること，によって海洋汚染等および海上災害を防止し，海洋環境の保全等ならびに人の生命および身体ならびに財産の保護に資することを目的とする法律である（第1条）。

- 船舶，海洋施設および航空機から海洋に油，有害液体物質等および廃棄物を排出すること
- 海底の下に油，有害液体物質等および廃棄物を廃棄すること
- 船舶から大気中に排出ガスを放出すること
- 船舶および海洋施設において油，有害液体物質等および廃棄物を焼却すること

5.5.2　海洋汚染等および海上災害の防止のための大原則（責務）

次を防止の大原則としてすべての人々と関係者にその遵守を命じている（第2条）。

- 何人も，船舶，海洋施設または航空機からの油，有害液体物質等または廃棄物の排出，油，有害液体物質等または廃棄物の海底下廃棄，船舶からの排出ガスの放出その他の行為により海洋汚染等をしないように努めなければならない。
- 油，有害液体物質や危険物などの排出があった場合や海上火災が発生した場合には，当該船舶の船長や船舶所有者，海洋施設などの管理者や設置者などその関係者は，排出された油または有害液体物質等の防除，消火，延焼の防止などの適切な措置を講じ，海洋の汚染および海上災害の防止に努めなければならない。また，これらの措置は，常時講じることができるよう備えておかなければならない。

5.5.3　定義（第3条）

a．船舶：すべての海域（港則法適用海域を含む）において航行の用に供する船舟類をいう（大きさ，推進機能の有無は問わない）。

b．油：原油，重油，潤滑油，軽油，灯油，揮発油その他省令で定める油およびこれらの油性混合物

c. 有害液体物質：油以外の液体物質で海洋に排出された場合に海洋資源や人の健康に危害をもたらす物質
d. 未査定液体物質：油および有害液体物質以外の液体物質のうち，海洋環境の保全の見地から有害な物質で，たとえば水バラスト，貨物艙の洗浄水，舶内において生じた不要な液体物質など
e. 有害液体物質等：有害液体物質および未査定液体物質
f. 廃棄物：人が不要とした物（油および有害液体物質等を除く）
g. オゾン層破壊物質：オゾン層を破壊する物質で海洋汚染及び海上災害の防止に関する法律施行令（以下「令」と略す）で定めるもの
h. 排出ガス：船舶において発生する物質で，窒素酸化物や硫黄酸化物など大気を汚染するものおよびオゾン層破壊物質
i. 排出：物を海洋に流し，または落とすこと
j. 海底下廃棄：物を海底の下に廃棄すること（貯蔵することを含む）
k. 放出：物を海域の大気中に排出し，または流出させること
l. 焼却：海域において，物を処分するために燃焼させること
m. タンカー：その貨物艙の大部分がばら積みの液体貨物の輸送のための構造を有する船舶（専らばら積みの油以外の貨物の輸送の用に供されるものを除く）
n. 海洋施設：海域に設けられる工作物で令で定めるもの
o. ビルジ：船底にたまった油性混合物
p. 廃油：船舶内において生じた不要な油
q. 廃油処理施設：廃油の処理（船舶内でする処理を除く）の用に供する設備の総体
r. 海洋汚染等：海洋の汚染ならびに船舶から放出される排出ガスによる大気の汚染，地球温暖化およびオゾン層の破壊
s. 危険物：原油，液化石油ガスその他の政令で定める引火性の物質
t. 海上災害：油もしくは有害液体物質等の排出または海上火災（海域における火災をいう）により人の生命もしくは身体または財産に生ずる被害
u. 海洋環境の保全等：海洋環境の保全ならびに船舶から放出される排出ガスによる大気の汚染，地球温暖化およびオゾン層の破壊に係る環境の保全

5.5.4　船舶からの油の排出の禁止

何人も，海域において，船舶から油を排出してはならない。ただし，次のような緊急時における油の排出については，この限りでない（第4条第1項）。

- 船舶の安全を確保するため
- 人命を救助するため
- 船舶の損傷その他やむを得ない原因により油が排出された場合で，引き続く油の排出を防止するための可能な一切の措置をとった後の排出

5.5.5　緊急時以外の船舶からの油の排出

緊急時以外で油の排出が認められているのは，次の場合である（第4条第2項，同第3項）。

(1) 船舶からのビルジその他の油（タンカーの貨物油を含むものを除く）の排出（令第1条の8）

排出される油中の油分の濃度や排出海域および排出方法について，表5.10に示す排出基準に従って行う排出は，南極海域を除いて認められている。

表5.10　船舶からのビルジその他の油（タンカーの貨物油を含むものを除く）の排出基準

海域	すべての船舶	排出防止装置 総トン数	油水分離装置	ビルジ用濃度監視装置
一般海域	排出可（希釈しない場合の油分濃度が15 ppm 以下，航行中に，排出防止装置を作動させ排出）	1万トン以上	○	○
		1万トン未満	○	△
特別海域		400トン以上	○	○
		400トン未満	○	△
南極海域	排出不可	—	—	—

△：燃料油タンクに積載した水バラストを排出する場合は，当該装置を作動させる。
特別海域：地中海海域，バルティック海海域，黒海海域，北西ヨーロッパ海域，ガルフ海域，南アフリカ南部海域および南極海域をいう（令別表第1の5）。ここの欄では南極海域を除く。

(2) タンカーからの貨物油を含む水バラストなどの排出（令第1条の9）

次の省令で定める条件（排出基準）に従って行う排出は，一般海域（特別海域を除く）に限って認められている。

- 油分の排出総量が直前の航海において積載されていた貨物油総量の1/3万以下であること
- 油分の瞬間排出率が1 nm あたり30リットル以下であること
- すべての国の領海基線から50 nm 以上離れた海域であること
- 航行中であること
- 海面より上の位置から排出すること
- 水バラスト等排出防止装置などを作動（省令で定める基準により）させながら排出すること

5.5.6　油による海洋の汚染の防止のための設備

船舶所有者は，ビルジなどを生じる船舶には，次の防止設備を設置しなければならない（第5条）。

　a．ビルジ等排出防止設備：油水分離装置，ビルジ用濃度監視装置，ビルジ貯蔵装置，スラッジ貯蔵装置（同第1項）
　b．タンカーの水バラスト等排水防止設備：スロップタンク[*5]装置，バラスト用油排出監視制御装置，水バラスト等排出管装置，バラスト用濃度監視装置（同第2項）

[*5] 石油タンカーなどに設置される貯留設備の一種で，タンク洗浄などで発生する油汚水を貯留し，静置して，水と油を自然に分離させるためのタンク。

c．タンカーの分離バラストタンク：載貨重量トン2万トン以上の原油タンカー（同第3項，省令第14条*6）
d．タンカーの貨物艙原油洗浄装置：上記と載貨重量トン3万トン以上の精製油運搬船（同第3項，省令第14条*6）

5.5.7 油および水バラストの積載制限

総トン数400トン以上の船舶は，船首隔壁より前方にあるタンクには，油を積載してはならない（第5条の3第1項，則第8条の9）。

船舶の安全を確保するためやむを得ない場合を除き，分離バラストタンクを設置した総トン数150トン以上のタンカーの貨物艙または総トン数4000トン以上の船舶の燃料油タンクには，水バラストを積載してはならない（第5条の3第2項，則第8条の10および同8条の11）。

5.5.8 油濁防止管理者

船舶所有者は，総トン数200トン以上のタンカーに乗り組む船舶職員のなかから，船長を補佐して船舶からの油の不適正な排出の防止に関する業務の管理を行わせるため，**油濁防止管理者**を選任しなければならない（第6条，則第9条）。

〔油濁防止管理者の要件〕

- 海技免状を受有している船舶職員（小型船舶操縦士および各船舶通信士を除く）であること。
- タンカーの乗組員として油の取扱い作業に1年以上従事した経験者であること。

5.5.9 油濁防止規程および油濁防止緊急措置手引書

総トン数150トン以上のタンカー，総トン数400トン以上の船舶所有者は，**油濁防止規程**を定め，これを船舶内に備え置き，掲示しなければならない（第7条第1項）。

同船舶所有者は，船舶から油の不適正な排出またはそのおそれがある場合において，当該船舶内にある者が直ちにとるべき緊急防止措置について記載した，**油濁防止緊急措置手引書**を作成し，これを船内に備え置き，掲示しなければならない（第7条の2）。

〔主な規定事項（則第11条の2）〕

- 燃料油タンクへの水バラストの積込みおよび排出または処分
- 燃料油タンクの洗浄
- 油性残留物の処分
- ビルジの排出または処分
- 燃料油およびばら積みの潤滑油の補給
- 貨物油の積込み，積替えおよび取卸し
- 貨物艙への水バラストの積込みおよび当該貨物艙からの水バラストの排出または処分
- 貨物艙の原油洗浄（貨物艙原油洗浄設備を設置するタンカーに限る）など

---

*6 海洋汚染等及び海上災害の防止に関する法律の規定に基づく船舶の設備等に関する技術上の基準等に関する省令

5.5.10　油記録簿

　船長は油記録簿を船内に備え付けなければならない。ただし、タンカー以外の船舶でビルジが生ずることのない船舶は、必要はない（第8条第1項）。

　油濁防止管理者は、次に掲げる油の取扱いに関する作業を行ったときに記載する（第8条第2項、則第11条の3）。3年間保存。

- 燃料油タンクへの水バラストの積込みまたは燃料油タンクの洗浄
- 燃料油タンクからの汚れた水バラストまたは洗浄水の排出または処分
- スラッジ[*7] その他の油性残留物の収集、移替えおよび処分
- 機関区域のビルジの排出、移替えまたは処分
- 燃料油およびばら積みの潤滑油の補給
- タンカーへの貨物油の積込み
- 航海中のタンカーにおける貨物油の移替え
- タンカーからの貨物油の取卸しなど

5.5.11　船舶からの廃棄物の排出の禁止

　何人も、海域において船舶から**廃棄物**を排出してはならない。ただし、次のような緊急時における廃棄物の排出については、この限りでない（第10条第1項）。

- 船舶の安全を確保するため
- 人命を救助するため
- 船舶の損傷その他やむを得ない原因により廃棄物が排出された場合で、引き続く廃棄物の排出を防止するための可能な一切の措置をとった後の排出

5.5.12　緊急時以外の船舶からの廃棄物の排出

　緊急時以外で廃棄物の排出が認められているのは、次の場合である（第10条第2項、同第3項）。

a．**ふん尿等**：船舶の船員その他の者の日常生活に伴い生ずるふん尿もしくは汚水またはこれらに類する廃棄物を表5.11に示す基準に従って排出する場合（令第2条）。

b．**日常生活廃棄物**：船舶の船員その他の者の日常生活に伴い生ずるごみまたはこれに類する廃棄物のうち、**食物くずのみ**を表5.12に示す排出基準に従って排出する場合（令第4条）[*8]。

c．**通常活動廃棄物**：船舶の輸送活動、漁ろう活動その他の船舶の通常の活動に伴い生ずる次の廃棄物を表5.13に示す基準に従って排出する場合（令第4条の2）。

　　i．**貨物残さ**：ばら積みの貨物として輸送された省令で認められた物質で、当該物質の荷揚げ完了後に貨物倉に残留するもの

　　ii．**動物の死体**：貨物として輸送される動物であってその輸送中に死亡したものの死体

　　iii．**生鮮魚およびその一部**（漁ろう活動に伴い生ずるものに限る）

　　iv．**汚水**：省令で定める基準に適合するもの

[*7] スラッジとは、燃料油および潤滑油の浄化、機関区域における油の漏出などにより生じる油性残留物で船内において処理できないもの

[*8] **食物くず以外の日常生活廃棄物**（プラスチック、化繊ロープ、漁具、ビニール袋、焼却灰、廃食用油、ダンネージ、梱包材、紙、布、ガラス、金属、ビン、空き缶、陶器類、発泡スチロール）は排出禁止である。

表 5.11　ふん尿等の排出基準（令別表第 2）

海域	船舶およびふん尿等の区分	排出海域基準	排出方法基準
南極海以外	国際航海に従事する船舶，総トン数 400 トン以上または最大搭載人員 16 人以上の船舶，ふん尿等排出防止装置[*9] により処理されていないもの	領海の基線から 12 nm 以上離れた海域	海面下に排出すること（原則），航行中（対水速度 4 kn 以上）に排出
	国際航海に従事する船舶，総トン数 400 トン以上または最大搭載人員 16 人以上の船舶，ふん尿等排出防止装置により処理されたもの	領海の基線から 3 nm 以上離れた海域	
	国際航海に従事しない船舶，最大搭載人員 100 人以上の船舶，ふん尿等排出防止装置により処理されていないもの	特定沿岸海域[*10]	粉砕して排出すること，海面下に排出すること（原則），航行中（対水速度 3 kn 以上）に排出
		特定沿岸海域以外の海域	限定しない。
南極海域	国際航海に従事する船舶，総トン数 400 トン以上または最大搭載人員 11 人以上の船舶，ふん尿等排出防止装置により処理されていないもの	南極海域のうち領海の基線から 12 nm 以上離れた海域	海面下に排出すること（原則），航行中（対水速度 4 kn 以上）に排出
	国際航海に従事する船舶，総トン数 400 トン以上または最大搭載人員 11 人以上の船舶，ふん尿等排出防止装置により処理されたもの	南極海域のうち領海の基線から 3 nm 以上離れた海域	海面下に排出すること（原則），航行中（対水速度 4 kn 以上）に排出
	上記以外の南極海域にある最大搭載人員 11 以上の船舶，ふん尿等排出防止装置により処理されていないもの	南極海域のうち領海の基線から 12 nm 以上離れた海域	限定しない。

表 5.12　食物くずの排出基準（一般海域）要約（令別表第 2 の 2）

排出可能破棄物	排出海域	排出方法
食物くず	一般海域の領海の基線から 3 nm 以上離れた海域	粉砕装置で最大直径 25 mm 以下に処理して，航行中（対水速力 3 kn 以上）に排出
	一般海域の領海の基線から 12 nm 以上離れた海域	航行中（対水速力 3 kn 以上）に排出

[*9] 国土交通省令で定める技術基準に適合するふん尿浄化処理装置．船舶所有者は，国際航海に従事する総トン数 400 トン以上，または最大搭載人員 16 人以上の船舶には，ふん尿等排出防止設備（ふん尿等の船舶内における貯蔵または処理のための設備）を設置しなければならない（第 10 条の 2, 令第 2 条第 1 項第 1 号）．

[*10] **特定沿岸海域**とは，港則法の港の区域，海図に記載されている海岸の低潮線（港則法に基づく港にあっては，その境界）から 1 万 m 以内の海域，伊勢湾および瀬戸内海

表 5.13　通常活動廃棄物の排出基準要約（令別表第 3）

排出が可能な破棄物区分	排出海域	排出方法
貨物残さ	領海の基線から 12 nm 以上離れた海域（特別海域，海洋施設など周辺海域[*11] および指定海域[*12] を除く）	航行中（対水速力 3 kn 以上）に排出
動物の死体	領海の基線から 100 nm 以上離れた海域（特別海域および海洋施設等周辺海域を除く）	速やかに海底に沈降する措置をし，航行中（対水速力 3 kn 以上）に排出
生鮮魚およびその一部	すべての海域（特定沿岸海域および指定海域を除く）	限定しない。
汚水（貨物艙の洗浄水）	すべての海域（特別海域，海洋施設等周辺海域および指定海域を除く）	航行中（対水速力 3 kn 以上）に排出
汚水（船体外側の洗浄水）	すべての海域（海洋施設等周辺海域および指定海域を除く）	限定しない。

5.5.13　船舶発生廃棄物汚染防止規程

　総トン数 100 トン以上の船舶，最大搭載人員 15 人以上の船舶の船舶所有者は，船舶発生廃棄物の不適正な排出の防止のため，省令で定める次の事項について記載した，船舶発生廃棄物汚染防止規程を定め，これを船内に備え置き，掲示しなければならない（第 10 条の 3）。また，船長は，同規程に定められた事項を作業に従事する者に周知させなければならない。

　a．**主な規定事項**
- 船舶発生廃棄物の取扱い作業者に対する教育担当者の氏名
- 汚染防止規程の変更手続きに関する事項
- 船舶発生廃棄物の収集，貯蔵，処理および不適正な排出防止のためにとるべき措置に関する事項
- 粉砕装置などの不適正な排出防止のための機器の取扱い，点検整備に関する事項
- 船舶発生廃棄物記録簿への記載，船舶発生廃棄物記録簿の保管その他の船舶発生廃棄物記録簿に関する事項
- 船舶発生廃棄物の受入施設（陸上など外部の施設）の利用に関する事項
- 船舶発生廃棄物の不適正な排出の防止のため乗組員などが遵守すべき事項の周知と教育に関する事項

　b．**船舶発生廃棄物記録簿**：総トン数 400 トン以上の船舶および最大搭載人員 15 人以上の船舶所有者は，船舶発生廃棄物記録簿を船内に備え置かなければならない（第 10 条の 4 第 1 項）。船長は，次の作業を行ったときは，同記録簿へ記載し，記録しなければならない。**2 年間船内保管。**

[*11] 海洋施設等周辺海域：海底鉱物資源などの掘採に従事している船舶，または海洋施設の周辺 500 m 以内の海域

[*12] 指定海域：日本の領海基線から 50 nm 以内の海域で，環境大臣が，海洋環境の保全上支障があると認めて指定した海域

- 船舶発生廃棄物の海域における排出
- 船舶発生廃棄物の受入施設への排出または他の船舶への移載
- 船舶発生廃棄物の焼却
- 事故その他の理由による例外的な船舶発生廃棄物の排出

c. **船舶発生廃棄物プラカード**：全長 12 m 以上の船舶所有者は，当該船舶の船員その他の者が船舶発生廃棄物の排出に関して遵守すべき事項や船舶発生廃棄物の不適正な排出の防止に関する事項について記載したプラカードを見やすい場所に掲示しなければならない（第 10 条の 5，則第 12 条の 3 の 7）。

5.5.14 海洋汚染防止設備などの検査および証書

a. **定期検査**：次に掲げる海洋汚染防止設備などを設置しなければならない船舶の船舶所有者は，初めて航行の用に使用するとき，海洋汚染防止証書の有効期限が満了したときに，次の設備や海洋汚染防止緊急措置手引書などの内容が省令の基準に適合しているか否かについて，定期検査を受けなければならない。

- ビルジ等排出防止設備
- 水バラスト等排出防止設備
- 分離バラストタンク
- 貨物艙原油洗浄設備
- 有害液体物質排出防止設備
- ふん尿等排出防止設備

b. **海洋汚染等防止証書など**：定期検査に合格すれば，海洋汚染等防止証書および海洋汚染防止検査手帳が交付される。国際航海に従事する船舶の場合は，船舶所有者からの申請により**国際海洋汚染等防止証書**が交付される（第 19 条の 43）。海洋汚染等防止証書の有効期限は **5 年**である（平水区域を航行区域とする省令で定める船舶は 6 年）。

c. **中間検査**：海洋汚染等防止証書の交付を受けた船舶は，証書の有効期間中において省令で定める時期に，当該設備などおよび海洋汚染防止緊急措置手引書などについて中間検査を受けなければならない（第 19 条の 38）。

d. **臨時検査**：海洋汚染等防止証書の交付を受けた船舶は，海洋汚染防止設備などについて省令で定める改造または修理を行うときは，臨時検査を受けなければならない（第 19 条の 39）。

5.5.15 船舶からの油などの排出時の通報など

船長は，次に掲げる油などの排出があった場合，省令で定めるところにより，最寄りの海上保安機関に速やかに通報しなければならない。ただし，排出された油などが 1 万 m^2 を超えて広がるおそれがないと認められるときは，この限りでない（第 38 条，則第 28 条）。

a. **排出**：排出とは次をいう。
- 原油，重油，潤滑油など揮発しにくい省令で定める特定油またはそれ以外の油で，その濃度および量が省令で定める基準（油分濃度が，排出される油 1 万 cm^3 当たり 10 cm^3 および油の量が 100 リットル）以上の排出があったとき。
- 有害液体物質等の排出で，その量が有害液体物質等の種類に応じ省令で定める量以上の排出があったとき。

- ばら積み以外の貨物で，海洋環境に悪影響を及ぼすものとして省令で定めるものの排出で，その量が省令で定める量以上の排出があったとき。

b. **通報事項**：次を通報する（則第27条）。
- 排出があった日時および場所
- 排出された油などの種類，量および広がりの状況
- 排出された物質を収納していた容器の種類，数量および状態
- 油などの排出時における風および海面の状態
- 排出された油などによる海洋の汚染の防止のために講じた措置
- 当該船舶の名称，種類，総トン数および船籍港
- 当該船舶の船舶所有者の氏名または名称および住所
- 当該船舶に積載されていた油などの種類および量
- ばら積み以外の有害物質の排出の場合は，積載されていた容器の種類および数量
- 船舶に備え付けられている海洋汚染防止のための器材および消耗品の種類および量
- 船舶の損壊により油などが排出された場合にあっては，損壊箇所およびその損壊の程度

c. **油の排出を発見したとき**：油または有害液体物質が省令で定める範囲（1万 m^2）を超えて海面に広がっていることを発見した者は，遅滞なく，その旨を最寄りの海上保安機関に通報しなければならない（第38条第7項）。

d. **大量の油または有害液体物質を排出したとき**：大量の油または有害液体物質の排出があったとき，船長は，省令で定めるところにより，排出油などの防除のため必要な応急措置を講じなければならない（第39条）。

5.6 検疫法

5.6.1 検疫法の目的など

a. **目的**：国内に常在しない感染症の病原体が船舶または航空機を介して国内に侵入することを防止し，船舶または航空機に関して，その他の感染症の予防に必要な措置を講ずることを目的としている。

b. **検疫感染症**：一類感染症（エボラ出血熱，クリミア・コンゴ出血熱，痘そう，南米出血熱，ペスト，マールブルグ病，ラッサ熱），新型インフルエンザ等感染症，省令で定める感染症（ジカウイルス感染症，チクングニア熱，中東呼吸器症候群，デング熱，鳥インフルエンザ，マラリア）（第2条，令第1条）

c. **検疫の義務など**：緊急やむを得ないと認められる場合，検疫所長の許可がある場合を除いて，外国から来航した船舶（または航空機）は，検疫を受けた後でなければ，国内の港に入ってはならない。また，何人も上陸し，または貨物を陸揚げしてはならない（第4,5条）。

d. **無線検疫**：検疫を受けようとする船舶の船長は，検疫港に近づいたとき，当該検疫所などの長に，FAXなど適宜の方法で，次の事項を通報しなければならない（第6条，則第1条の2）。
- 船舶の名称
- 発航した地名および年月日ならびに日本来航前最後に寄航した地名および出航した年

月日
- 乗組員および乗客の数
- 患者または死者の有無およびこれらの者があるときは，その数
- 検疫区域に到着する予定日時

e．**検疫済証，仮検疫済証**：無線通報により，検疫感染症の病原体が国内に侵入するおそれがないと認められた場合は，あらかじめ船長に検疫済証を交付することが通知される（第17条）。また，検疫済証を交付することができない場合においても，検疫感染症の病原体が国内に侵入するおそれがほとんどないと認められた場合は，一定の期間を定めて仮検疫済証が交付される（第18条）。

f．**検疫錨地など**：外国から来航した船舶は，検疫済証の交付の通知を受けた場合以外は，検疫区域に入らなければならない（第8条）。

g．**検疫信号**：船長は，次の間，省令で定める検疫信号（昼間：国際信号旗のQ旗，夜間：紅色全周灯1個と白色全周灯1個を連掲）を表示しなければならない。
- 検疫を受けるため検疫区域または指示された場所に入れたときから，検疫済証または仮検疫済証の交付を受けるまでの間
- 船舶が港内に停泊中に，仮検疫済証が失効した場合で，失効のときから，当該船舶を港外に退去させるか，またはさらに検疫済証もしくは仮検疫済証の交付を受けるまでの間

5.6.2　検疫時の提出書類など

a．**明告書**：検疫を受けるに当たっては，船長は，次の事項を記載した明告書を検疫所長に提出しなければならない。

- 検疫を受けようとする港名
- 明告書の作成年月日
- 船舶の名称および登録番号
- 発航した地名および行先地名
- 船舶の国籍
- 船舶の長の氏名
- 船舶の総トン数
- 船舶衛生管理免除証明書または船舶衛生管理証明書の有無とその発行機関名，発行年月日および船舶衛生管理に係る再検査の要否
- その他省令で定める事項（則第3条）

b．**呈示する書類**：検疫所長は，船長に対して，次に掲げる書類の呈示を求めることができる。

- 乗組員名簿
- 乗客名簿
- 積荷目録
- 航海日誌
- その他検疫のために必要な書類

5.6.3　ねずみ属の駆除

検疫所長は，検疫を行うに当たり，当該船舶において，ねずみ族の駆除が十分に行われていないと認められるときは，船長に対し，ねずみ族の駆除を命ずることができる（第25条）。ただし，船長が，ねずみ族の駆除が十分に行われた旨またはねずみ族の駆除を行う必要がない状態にあることを確認した旨を証する有効な証明書（船舶衛生管理免除証明書または船舶衛生管理証明書）を呈示したときは，この限りでない。

5.7 国際公法

5.7.1 海上における人命の安全のための国際条約（SOLAS条約）

　1912年4月に起きたタイタニック号海難事故を契機として，それまで各国がそれぞれの国内法により規定していた船舶の構造面での安全性の確保基準が統一され，救命艇や無線装置の設備基準などを定める条約が1914年に締結された。これが初のSOLAS条約であったが，第1次世界大戦の影響で発効には至らなかった。その後，新たに追加や修正を加えた条約が1933年に発効した。

　その後も1948年および1960年に改正条約が結ばれた。現在，最新のSOLAS条約は技術革新に迅速に対応できるよう修正を加えた1974年条約であり，日本は1980年5月に加入し，「船舶安全法」およびその他の関係法令は，この条約に準拠したものとなっている。

　この条約は国際航海に従事する旅客船（12人を超える旅客を運送する船舶）および500 GT以上の貨物船に適用される。

　SOLAS条約は表5.14のとおり構成されている。

表5.14　SOLAS条約の構成

章	内容
第1章	一般規定（定義，検査，条約証書，検査後における状態の維持など）
第2-1章	構造（区画および復原性，機関および電気設備）
第2-2章	構造（防火，火災探知および消火）
第3章	救命設備（救命設備，非常配置表，操練など）
第4章	無線通信
第5章	航行の安全（航海計器，操舵装置など）
第6章	貨物および燃料油の運送（貨物の積付け設備，復原性の計算）
第7章	危険物の運送（危険物の包装，積付け要件，設備など）
第8章	原子力船
第9章	船舶の安全運航の管理（国際安全管理コードなど）
第10章	高速船の安全措置
第11-1章	海上の安全性を高めるための特別措置
第11-2章	海上の保安を高めるための特別措置
第12章	ばら積み貨物船のための追加的安全措置
第13章	条約適合の検証（IMO加盟国監査）
第14章	極海を航行する船舶に対する安全措置（2017年1月1日発効）

5.7.2 船員の訓練及び資格証明並びに当直の基準に関する国際条約（STCW条約）

　1967年に英仏海峡で発生したタンカー事故を契機として，このような大事故を防止するために，船員の質を向上させなければならないという世論が世界的に高まり，船員の技術基準を見直すための作業がIMOを中心に行われ，1978年，船員に関する訓練及び資格証明並びに当直の基準に関する国際条約（STCW条約）が採択され，1984年4月に発効した。

　その後，現在に至るまで改正を重ね，1995年および2010年，人的要因による海難事故の増加などを受けて，包括的な見直しが行われている。

この条約は，船員の質の統一を図り，船舶のより安全な航海を確保するために，船員の知識，技能，当直に関して国際的統一基準を定め，条約加盟国政府に対して，船員の教育機関を監督し，能力証明を行い資格証明書の発給を行うことを義務付けており，日本においては「船舶職員及び小型船舶操縦者法」などに規定されている。

一方，同条約発効後も，大型船舶の海難が続発するなど，人命の安全確保および海洋環境保全などの観点から，国際条約の基準に適合していないサブスタンダード船を検査し排除する機運が高まり，船舶の寄港国による**検査監督**（PSC[*13]）の重要性が国際的に認識されたことにより SOLAS 条約第 1 章に規定され，現在は世界的に PSC が実施されている。このなかで船員に関しては，船員の資格要件，操作要件（船員が船舶の設備を適切に扱えるか，緊急時に適切な対応ができるかなど），船舶の保安のための措置が実施されているかなどについて検査が実践されている。

5.7.3 船舶による汚染の防止のための国際条約（MARPOL 条約）

船舶の航行や事故による海洋汚染を防止することを目的として，1954 年の「油による海水汚濁の防止のための国際条約（OILPOL）」を前身として IMO で引き継ぎ検討を重ね，1973 年に規制対象とする油を重油などの重質油だけでなくすべての油に範囲を拡大し，また，有害液体物質，汚水なども対象とする包括的な規制として，「船舶による汚染の防止のための国際条約」が採択されたが，技術面などの問題から発効に至らなかった。その後もタンカー座礁事故による広域な海洋の汚染が多発したことから，1978 年「タンカーの安全と汚染防止に係る国際会議」において議定書採択の形で収拾が図られ，1983 年 10 月にようやく発効した。

日本は 1983 年 6 月に同条約を批准し，「海洋汚染等及び海上災害の防止に関する法律」およびその他の関係法令は，この条約に準拠したものとなっている。

MARPOL 条約は表 5.15 のとおり構成される。

表 5.15　MARPOL 条約の構成

付属書など	内容
条約本文	一般的義務，適用，条約の改正手続きおよび発効要件など
議定書 1	有害物質に係る事件の通報に関する規則
議定書 2	紛争解決のための仲裁に関する規則
附属書 1	油による汚染の防止（1983 年発効），タンカーの構造，設備の規制，二重船殻構造の義務化など
附属書 2	ばら積みの有害液体物質による汚染の規制（1987 年発効）
附属書 3	容器に収納した状態で海上において運送される有害物質による汚染の防止（1992 年発効）
附属書 4	船舶からの汚水による汚染の防止（2003 年発効）
附属書 5	船舶からの廃物による汚染の防止（1988 年発効）
附属書 6	船舶からの大気汚染防止（1997 年議定書で追加）（2005 年発効）

[*13] PSC : Port State Control

第 6 章

演習問題と解答

　平成 27 年 4 月から過去 10 年間に出題された筆記国家試験問題を調査，分類整理した演習問題ならびに解答例を掲載する。

　出題年月に "*" の付いているものは，例示問題に類似した問題（異なる数字や語句を使用した問題）が出題されたことを示している。解答の【…】は参照すべき条文，《…》は補足説明や解説である。

　四級海技士（法規）の国家試験の「学科試験科目及び科目の細目」については，第 V 部 表 2.3 を参照されたい。

6.1　海上衝突予防法

問題 1　次の用語の定義を述べよ。
　(1) 運転不自由船　　(2) 喫水制限船　　(3) 漁ろうに従事している船舶
　(4) 長音　　(5) 短音　　(6) 航行中　　(7) 引き船灯
　→ 出題：26/10, 25/10*, 25/7*, 24/10*, 24/2*, 21/4*, 21/2*, 20/4*, 19/10*, 18/10*, 18/4*

問題 2　「運転不自由船」に該当する船舶は，次のうちどれか。
　(1) 航行中における燃料等の補給，人の移乗又は貨物の積替えを行っている船舶
　(2) 操舵装置に故障が生じているため，他の船舶の進路を避けることができない船舶
　(3) 進路から離れることが著しく困難なえい航作業に従事している船舶
　(4) 海底パイプラインの敷設や保守点検を行っている船舶
　→ 出題：25/10, 22/7, 17/7

問題 3　レーダーを使用していない船舶が「安全な速力」を決定するに当たり特に考慮しなければならない事項として，次の (1) 及び (2) のほかどのような事項があるか。
　(1) 視界の状態　　(2) 船舶交通のふくそうの状況
　→ 出題：25/4, 22/7, 21/2, 18/10

問題 4　レーダーを使用している船舶は，他の船舶と衝突するおそれがあることを早期に知るために，レーダーをどのように用いなければならないか。
　→ 出題：25/7, 21/10

問題 5　接近してくる他の船舶のコンパス方位により衝突するおそれがあるかどうかを判断する

場合，衝突するおそれがあると判断しなければならないのはどのような場合か。また，衝突するおそれがあり得ることを考慮しなければならないのはどのようなときか。
→ 出題：27/4, 24/2, 21/7*, 18/7*

問題6　あらゆる視界の状態において，船舶は，他の船舶との衝突を避けるための動作をとる場合は，他の船舶との間にどのような距離を保って通過することができるようにしなければならないか。また，他の船舶との衝突を避けるための動作をとった後は，どのようにしなければならないか。
→ 出題：27/2, 23/2, 19/10, 18/2

問題7　法第9条の狭い水道等の航法に関する次の問いに答えよ。
(1) 「狭い水道等」とは，「狭い水道」のほか，どのようなところをいうか。
(2) 狭い水道等をこれに沿って航行する船舶は，どのように航行しなければならないか。
(3) 狭い水道等において，航行中の一般動力船と漁ろうに従事している船舶が接近する場合，両船はそれぞれどのような航法をとらなければならないか。
(4) 狭い水道等で，追越し船が追越しの意図を示す汽笛信号を行わなければならないのは，どのような場合か。また，この場合の汽笛信号を述べよ。
(5) 狭い水道等を横切ろうとする船舶については，どのような制限規定があるか。
(6) 障害物があるため他の船舶を見ることができない狭い水道等のわん曲部に接近する船舶は，どのようにしなければならないか。
(7) 狭い水道におけるびょう泊については，どのように規定されているか。
→ 出題：26/10, 26/7*, 25/2*, 24/4*, 21/4*, 20/2*

問題8　追越し船の航法に関する次の問いに答えよ。
(1) 他の船舶を追い越す船舶は，どのような航法をとらなければならないか。
(2) 船舶は，自船が追越し船であるかどうかを確かめることができない場合は，どのように判断しなければならないか。
→ 出題：25/2, 21/2, 18/10, 17/10

問題9　行会い船の航法に関する次の問いに答えよ。
(1) 「行会い船」とは，夜間，2隻の動力船がどのような状況にある関係をいうか。
(2) 2隻の動力船が真向かい又はほとんど真向かいに行き会う場合において衝突するおそれがあるときの航法を述べよ。
(3) 動力船は，自船が他の動力船に対して行会い船の状況にあるかどうかを確かめることができない場合，どのような状況にあると判断しなければならないか。
→ 出題：27/2, 24/10, 19/4, 17/7

問題10　互いに他の船舶の視野の内にある2隻の一般動力船が，互いに進路を横切って衝突するおそれがある場合，次の問いに答えよ。
(1) 避航船となるのは，どのような態勢にある船舶か。
(2) 避航船は，やむを得ない場合を除き，どのような避航動作をとってはならないか。
(3) 保持船が，避航船と間近に接近する前に，自船のほうから避航船との衝突を避けるための動作をとることができるのは，どのような場合か。
(4) 保持船が(3)の動作をとるときは，やむを得ない場合を除き，どのような動作をしてはならな

いか。

→ 出題：26/7，24/2，21/10，19/2

問題11 互いに他の船舶の視野の内にあって衝突を避けるための動作をとる場合，「やむを得ない場合を除き，針路を左に転じてはならない。」と具体的に規定されているのは，どのような場合か。

→ 出題：26/4，22/4，20/4

問題12 航行中の漁ろうに従事している船舶が，他の各種船舶に対してとらなければならない航法について，次の問いに答えよ。

(1) 自船が保持船となるのは，どのような船舶に対してか。

(2) 自船が，できる限り，進路を避けなければならないのは，どのような船舶に対してか。

(3) 円筒形の形象物1個を垂直線上に掲げている動力船に対しては，どのようにしなければならないか。

→ 出題：23/4，21/10，19/7

問題13 法第19条第4項は，「他の船舶の存在をレーダーのみにより探知した船舶は，当該他の船舶に著しく接近することとなるかどうか又は当該他の船舶と衝突するおそれがあるかどうかを判断しなければならず，また，他の船舶に著しく接近することとなり，又は他の船舶と衝突するおそれがあると判断した場合は，十分に余裕のある時期にこれらの事態を避けるための動作をとらなければならない。」と規定している。この規定による動作をとる船舶は，やむを得ない場合を除き，どのような針路の変更を行ってはならないか。

→ 出題：27/4，26/2*，25/4，22/2*，17/7*，20/10

問題14 次にあげる海上衝突予防法の規定（見出しを示す。）のうち，視界制限状態においては適用されないものはどれか。

（ア）見張り　（イ）安全な速力　（ウ）衝突のおそれ　（エ）保持船　（オ）避航船

→ 出題：27/4，26/2，23/4，19/10

問題15 昼間，視界制限状態にある水域を航行中の船舶が行わなければならない事項を4つあげよ。

→ 出題：26/7，23/2，20/7

問題16 次の文の下線部分の判断や処置などが，「正しい」か「正しくない」かを示し，「正しくない」ものについては，その理由を述べよ。

(1) 接近してくる大型船舶のコンパス方位を数回測り，その方位に変化があると認めたので衝突のおそれがないものと判断した。

(2) 昼間，航行中の運転不自由船が，故障箇所を修理するためびょう泊し，同時にそれまで掲げていた球形形象物2個を降ろし，球形形象物1個を掲げた。

(3) 霧中航行中，反航する2隻の動力船が，突然，船首方向，至近距離に互いに他の船舶を視認したので，直ちに，両船とも機関を全速後進とし，短音3回の汽笛信号を行った。

→ 出題：24/7，23/4*，20/10*，19/4*

問題17 海上衝突予防法に規定する灯火を，日出から日没までの間においても表示しなければならないのはどのような場合か。また，表示することができるのは，どのような場合か。

→ 出題：23/7，22/10，19/7

問題18 海上衝突予防法の法定灯火には，マスト灯，げん灯及び船尾灯のほかにどのようなものが

あるか。4つあげよ。

→ 出題：25/2, 20/7, 18/7

問題 19 長さ 60 m の動力船が，その船尾から 200 m を超える距離で他の船舶を引いて航行中は，げん灯1対と船尾灯のほか，どのような灯火を掲げなければならないか。

→ 出題：25/4, 21/10, 19/10

問題 20 昼間，一般動力船が，その船尾から 200 m を超える距離で他の船舶を引いて航行中は，どのような形象物を掲げなければならないか。また，このえい航作業のため進路から離れることが著しく制限されている状態にあるときは，引いている動力船は，更にどのような形象物を掲げなければならないか。

→ 出題：27/2, 23/10, 21/2, 19/2

問題 21 航行中のトロールによる漁ろうに従事している船舶（長さ 60 m）に関する次の問いに答えよ。

(1) どのような灯火・形象物を掲げなければならないか。
(2) できる限りどのような船舶の進路を避けなければならないか。

→ 出題：24/4, 23/2, 20/10, 18/2

問題 22 航行中の海底電線の敷設作業に従事している操縦性能制限船（長さ 90 m）について，次の問いに答えよ。

(1) 昼間は，どのような形象物を掲げなければならないか。
(2) 航行中の漁ろうに従事している船舶と接近して衝突するおそれがあるときは，操縦性能制限船はどのようにしなければならないか。
(3) 夜間，この船舶の対水速力の有無を，他の船舶はどのようにして知るか。

→ 出題：27/4, 24/7, 21/4, 17/10

問題 23 航行中の運転不自由船（長さ 12 m 以上）に関する次の問いに答えよ。

(1) 夜間，この船舶の対水速力の有無を，他の船舶はどのようにして知るか。
(2) 航行中の漁ろうに従事している船舶と接近して衝突するおそれがあるときは，運転不自由船はどのようにしなければならないか。

→ 出題：27/2, 25/7, 23/10, 22/4, 18/4

問題 24 一般動力船 A が夜間航行中，自船の正船首方向に図 6.1 のような他の船舶 B の灯火を認め，互いに接近する場合において，次の問いに答えよ。

(1) B は，どのような船舶か。
(2) この場合に適用される航法は何か。「…の航法」の要領で答えよ。
(3) A 及び B は，それぞれどのような航法上の処置をとらなければならないか。

→ 出題：23/10, 21/7, 18/4

問題 25 一般動力船 A が夜間航行中，自船の右げん前方に図 6.2 のような他の船舶 B の灯火を認め，その方位が変わらず接近する場合において，次の問いに答えよ。

(1) B は，どのような船舶か。
(2) この場合に適用される航法は何か。「…の航法」の要領で答えよ。
(3) A は，(2) の航法上どのような処置をとらなければならないか。

→ 出題：25/4, 23/2, 20/2

問題 26 一般動力船 A が夜間航行中，その船首から左げん 40 度方向に，図 6.3 のような他の船舶 B の灯火を認め，その方位が変わらずに接近する場合において，次の問いに答えよ。

(1) B はどのような船舶か。

(2) この場合に適用される航法は何か。「…の航法」の要領で答えよ。

(3) A はどのような航法上の処置をとらなければならないか。

→ 出題：26/2, 22/10, 20/4, 18/7

問題 27 一般動力船 A が夜間航行中，自船の正船首方向に図 6.4 のような他の船舶 B の灯火を認め，互いに接近する場合において，次の問いに答えよ。

(1) B はどのような船舶か。

(2) この場合に適用される航法は何か。「…の航法」の要領で答えよ。

(3) A 及び B は，それぞれどのような航法上の処置をとらなければならないか。

→ 出題：25/10, 22/2, 19/7

図 6.1　問題 24　　図 6.2　問題 25　　図 6.3　問題 26　　図 6.4　問題 27

問題 28 一般動力船 A が夜間航行中，自船の正船首方向に図 6.5 のような他の船舶 B の灯火を認め，互いに接近する場合において，次の設問に答えよ。

(1) B はどのような船舶か。

(2) この場合に適用される航法は何か。「…の航法」の要領で答えよ。

(3) A はどのような航法上の処置をとらなければならないか。

→ 出題：26/4, 23/7, 18/10

問題 29 一般動力船 A が夜間航行中，自船の左げん前方に図 6.6 のように他の船舶 B の灯火を認め，その方位が変わらずに接近する場合において，次の設問に答えよ。

(1) B はどのような船舶か。

(2) A はどのような航法及び処置をとらなければならないか。

→ 出題：26/10, 24/10, 22/4, 19/10

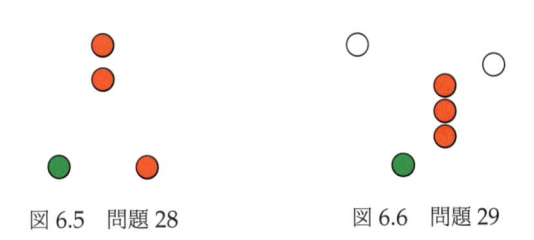

図 6.5　問題 28　　図 6.6　問題 29

問題 30 図 6.7 は，長さ 50 m 以上の動力船が 1 隻の船舶を引いている場合（えい航物件の後端までの距離が 200 m 以下）に各船舶が掲げなければならない灯火を示したものである。（○印は灯火であるが，正横から視認できないものも掲げるべき灯火として表示した。）この場合について，次

の問いに答えよ。
(1) 次の (ア)～(ウ) の灯火は下図のうちどれか。それぞれについて記号で答えよ。
　　(ア) 白色の灯火　　(イ) 黄色の灯火　　(ウ) 正横から視認できない灯火
(2) この動力船が保持船となるのは，どのような場合か。
→ 出題：25/7, 22/7, 20/7, 18/2

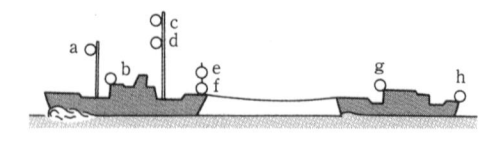

図 6.7　問題 30

問題 31　海上衝突予防法第 33 条の規定により，長さ 100 m 以上の船舶が備えなければならない音響信号設備をあげよ。
→ 出題：26/2, 23/10, 22/2, 19/4

問題 32　どのような条件がそろったときに，動力船は汽笛による操船信号を行わなければならないか。
→ 出題：23/4, 19/2, 17/7

問題 33　次の (1)～(6) の船舶（長さ 12 m 以上）は，それぞれどのような音響信号を行わなければならないか。
(1) 互いに他の船舶の視野の内にあって，他の船舶が衝突を避けるために十分な動作をとっていることについて疑いがある船舶
(2) 互いに他の船舶の視野の内にあって，接近してくる他の船舶の意図が理解できない船舶
(3) 障害物があるため他の船舶を見ることができない狭い水道等のわん曲部その他の水域に接近する船舶
(4) 視界制限状態にある水域を航行中で，対水速力を有する一般動力船
(5) 視界制限状態にある水域を航行中の運転不自由船
(6) 視界制限状態にある水域にびょう泊中の操縦性能制限船
→ 出題：24/2, 22/4*, 21/4*, 20/4*, 19/2*

問題 34　視界制限状態において他の動力船に引かれている航行中の船舶（2 隻以上ある場合は最後部のもの）は，乗組員がいる場合は，どのような汽笛信号をどのように行わなければならないか。
→ 出題：26/4, 24/7, 22/10, 20/2

問題 35　次の (1)～(3) の音響信号を行っているのは，それぞれどのような船舶か。
(1) 2 分を超えない間隔で，長音 1 回に引き続く短音 3 回の汽笛信号。
(2) 順次に長音 1 回，短音 1 回，長音 1 回及び短音 1 回の汽笛信号。
(3) 前部において，1 分を超えない間隔で急速に号鐘を約 5 秒間鳴らすと共に，その直前及び直後に号鐘をそれぞれ 3 回明確に点打し，かつ，その後部において，その号鐘の最後の点打の直後に急速にどらを約 5 秒間鳴らす信号。
→ 出題：26/10, 24/10*, 24/4*, 23/7*, 21/7*, 18/4*

問題 36　視界制限状態にある水域におけるびょう泊中の長さ 100 m 以上の船舶（漁ろうに従事し

ている船舶及び操縦性能制限船を除く。）は，接近してくる他の船舶に対し，自船の位置等を警告する必要があるとき，どのような音響信号を行うことができるか。
　→ 出題：22/7, 18/2

問題37　「注意喚起信号」は，どのような方法で行うことができるか。
　→ 出題：26/7, 25/10, 22/10, 22/2, 20/7, 18/7

問題38　次の (1)〜(5) をそれぞれ用いて行う遭難信号の方法をそれぞれ述べよ。
(1) 霧中信号機　　(2) 無線電話　　(3) 国際信号旗　　(4) 煙　　(5) 腕
　→ 出題：26/4, 24/7*, 24/4*, 21/7*, 20/10*, 19/7*, 17/10*

6.2　海上交通安全法

問題39　「漁ろう船等」とは，漁ろうに従事している船舶のほか，どのような船舶をいうか。
　→ 出題：27/2, 24/2, 22/10, 22/4, 20/10, 19/2

問題40　航路における一般的航法によると，漁ろう船等が航路をこれに沿って航行している巨大船と衝突するおそれがあって，その巨大船の進路を避けなければならないのは，「航路で停留している場合」のほか，航路に対してどのように航行している場合か。
　→ 出題：26/10, 23/4, 20/4, 19/2

問題41　漁ろうに従事しながら航路外から航路に入ろうとしている船舶が，航路をこれに沿って航行してくる巨大船と衝突するおそれがあるときは，どちらの船舶が避航しなければならないか。
　→ 出題：17/7

問題42　航路を横断する船舶は，どのような方法で横断しなければならないか。また，この横断の方法が適用されないのは，どのような場合か。
　→ 出題：26/2, 23/7, 23/2, 21/7, 19/4

問題43　船舶は，航路においては原則としてびょう泊をしてはならないが，どのような事由があるときに限り，例外的に認められるか。（緊急用務を行う船舶等に関する航法の特例の場合は除く。）
　→ 出題：27/4, 25/7, 22/2, 19/10, 18/4

問題44　「進路を他の船舶に知らせるための国土交通省令で定める信号による表示」について
（ア）表示を義務づけられているのは，どのような船舶か。また，どのようなときに行わなければならないか。
（イ）昼間，国際信号旗による表示には，どのようなものがあるか。例を2つあげよ。
　→ 出題：26/7, 23/10, 21/10*, 19/10*

問題45　航路をこれに沿って航行するとき，その航路の中央から右の部分を航行しなければならない航路の名称を3つあげよ。
　→ 出題：27/4, 18/7

問題46　航路をこれに沿って航行するとき，できる限り，その航路の中央から右の部分を航行しなければならない航路の名称を2つあげよ。
　→ 出題：25/4, 24/2, 20/2, 18/7

問題47　航路をこれに沿って航行する船舶が，航路の全区間において，法第5条（速力の制限）の規定を守らなければならない航路を4つあげよ。

→ 出題：27/2, 25/2, 24/10, 22/10, 20/10, 19/2

問題 48 本法に定める航路のうち，法第5条（速力の制限）の規定が適用されない航路の名称をあげよ。

→ 出題：22/4, 20/2*

問題 49 国土交通省令で定める航路の区間において追越しの禁止を定めている航路の名称をあげよ。また，その場合において，どのような船舶が，どのような船舶を追い越してはならないと規定しているか。

→ 出題：25/4

問題 50 東京湾にある航路の名称をあげよ。

→ 出題：25/2, 19/7*, 18/2*

問題 51 次の問いに答えよ。
(1) 瀬戸内海にある航路の名称を記せ。
(2) (1) の航路のうち，どの航路と航路が交差しているか。

→ 出題：25/7, 21/2

問題 52 航法について述べた次の (A) と (B) の文について，それぞれの正誤を判断し，下の（ア）〜（エ）のうちからあてはまるものを選べ。
　(A) 宇高東航路をこれに沿って航行している船舶と，備讃瀬戸東航路をこれに沿って東の方向に航行している巨大船とが衝突するおそれがあるときは，巨大船が避航船となる。
　(B) 来島海峡航路をこれに沿って航行するとき，順潮の場合は，中水道をできる限り四国側に近寄って航行しなければならない。
（ア）A は正しく，B は誤っている。　（イ）A は誤っていて，B は正しい。
（ウ）A も B も正しい。　　　　　　（エ）A も B も誤っている。

→ 出題：26/7, 21/7

問題 53 浦賀水道航路及び明石海峡航路について，次の問いに答えよ。
（ア）両航路に共通する通航方法を述べよ。
（イ）両航路の他に（ア）と同様の通航方法が定められている航路をあげよ。
（ウ）速力の制限区間が定められているのはどちらの航路か。また，その制限速力は何ノットか。
（エ）（ウ）の速力の制限によらないことができるのは，どのような事由があるときか。

→ 出題：26/4

問題 54 次の（ア）〜（ウ）の航路を船舶がこれに沿って航行する場合は，どのような速力でどのように航行しなければならないか。また，これらの航路のうち，航路を横断する航行が制限されている区間のあるのはどれか。航路名を記せ。
（ア）備讃瀬戸東航路　（イ）宇高西航路　（ウ）水島航路

→ 出題：24/7, 20/7

問題 55 中ノ瀬航路をこれに沿って航行する船舶は，どの方向に，どのような速力で航行しなければならないか。

→ 出題：26/2, 23/4

問題 56 備讃瀬戸東航路において，航路の横断が禁止されているのはどの付近か。

→ 出題：23/2, 22/2

問題 57 備讃瀬戸東航路及びその付近の航法等について，次の問いに答えよ。
（ア）この航路に沿って航行するときは，どのように航行しなければならないか。
（イ）この航路と交差している他の航路の名称とその航路に沿う航行方法を記せ。
→ 出題：24/4, 20/4, 18/4

問題 58 宇高西航路をこれに沿って航行する船舶は，どの方向に，どのような速力で航行しなければならないか。
→ 出題：26/2, 21/10, 17/10

問題 59 図 6.8 は，来島海峡の略図である。次の問いに答えよ。
(1) （ア）及び（イ）は，それぞれ何という潮流信号所か。（図中の○印が潮流信号所の位置）
(2) ①のように航行しなければならないのは，潮流がどのように流れている場合か。
(3) ①のように航行する船舶は，航路の東側出口付近では，航法上，特にどのような注意が必要か。ただし，海上保安庁長官より航法の指示があった場合を除く。
(4) ②のように航行する船舶は，どのような汽笛信号を行わなければならないか。

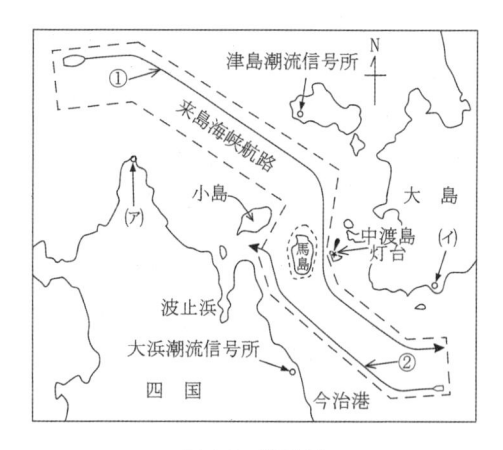

図 6.8　問題 59

→ 出題：25/10, 22/7, 21/4, 18/10

問題 60 来島海峡航路の全区間を西水道を経由して航行する船舶の航法ついて，次の問いに答えよ。
（ア）この水道を航行しなければならないのは，潮流の方向がどのようなときか。
（イ）どこに近寄って航行しなければならないか。
→ 出題：24/10, 23/10, 20/10

問題 61 来島海峡航路の全区間を中水道を経由して航行する船舶の航法について，次の問いに答えよ。
（ア）この水道を航行しなければならないのは，航行する船舶に対し潮流がどのように流れているときか。
（イ）（ア）の場合は，できる限りどこに近寄って航行しなければならないか。
→ 出題：24/7, 17/7

問題 62 船舶が，来島海峡航路をこれに沿って航行するとき，順潮・逆潮に関係なく西水道を航行できるのは，西水道を航行中，転流があった場合及び海上保安庁長官による特別な航法の指示があった場合のほかどのような場合か。
→ 出題：24/4, 19/4*

問題 63 下の括弧内に示す法第 20 条（来島海峡航路）第 1 項第 5 号の規定について，次の問いに答えよ。

(ア)（■）内に適合する語句を記せ。
(イ)下線部分の「国土交通省令で定める速力」とはどのような速力か。
「第20条第1項第5号（■）の場合は，国土交通省令で定める速力以上の速力で航行すること。」
→ 出題：27/4，25/2

問題64 来島海峡航路において，汽笛を備えている船舶が次の（ア）及び（イ）の汽笛信号を行わなければならないのは，それぞれどのような場合か。
(ア)長音2回　　(イ)長音3回
→ 出題：26/10，24/2，19/7，17/10

問題65 本法の適用海域において，図6.9(A)及び(B)の標識を掲げているのは，それぞれどのような船舶か。
→ 出題：26/4，23/7，22/2，19/4，17/7

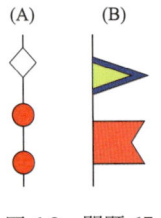

図6.9　問題65

問題66 航路及びその周辺の海域において，工事又は作業を行っているため接近してくる他の船舶の進路を避けることが容易でない国土交通省令で定める船舶は，昼間にあっては，どのような標識を表示しなければならないか。
→ 出題：25/4，24/4，23/2，20/7，18/2

問題67 昼間，本法の適用海域において航行し，停留し，又はびょう泊している長さ250mの危険物積載船は，海上衝突予防法で規定している形象物のほかに，どのような標識を表示しなければならないか。
→ 出題：27/2，23/4，22/10，22/4，20/2，18/7

問題68 夜間，本法の適用海域において航行し，停留し，又はびょう泊している巨大船は，海上衝突予防法で規定している灯火のほかに，どのような灯火を表示しなければならないか。
→ 出題：24/10，21/2，17/10

6.3　港則法

問題69 特定港に入港したとき，港長に「入港届」を提出しなくてよいのは，どのような船舶か。
→ 出題：26/10，21/7，18/7

問題70 船舶は，港内においては，どのような場所にみだりにびょう泊又は停留してはならないか。
→ 出題：23/10，19/2

問題71 特定港の航路によらなければならないのは，どのような船舶か。また，航路を航行している船舶が航路内で他の船舶と行き会うときは，どのようにしなければならないか。
→ 出題：20/10，17/7

問題72 航路内において，投びょうすることが例外的に認められるのは，どのような場合か。
→ 出題：24/10，22/7，17/10

問題73 法第14条に規定されている，航路へ出入する場合及び航路内を航行する場合に，守らな

ければならない航法規定を，4つ述べよ。

→ 出題：27/2, 23/7, 21/4, 19/4, 17/10

問題 74 法第16条の規定によれば，船舶は，港内及び港の境界付近においては，どのような速力で航行しなければならないか。（帆船については述べなくてよい。）

→ 出題：27/2, 25/2, 20/2, 18/7

問題 75 船舶が，港内において，防波堤，ふとうその他の工作物の突端又は停泊船舶の付近を航行するときは，どのように航行しなければならないか。

→ 出題：26/4, 23/2, 19/4

問題 76 国土交通省令の定める船舶交通が著しく混雑する特定港においては，小型船は，他の小型船と出会う場合を除き，どのような船舶の進路を避けなければならないか。

→ 出題：21/4

問題 77 図6.10に示すように港内において，入航中の動力船甲丸（総トン数200トン）と出航中の汽艇乙丸とが×地点付近で衝突するおそれがあるとき，甲丸及び乙丸は，それぞれどのような航法上の処置をとらなければならないか。

→ 出題：22/4, 20/7

問題 78 図6.11に示すように，港則法に定められた特定港を出航する甲動力船（総トン数2000トン）とBびょう地に向かう乙動力船（総トン数550トン）及びAびょう地に向かう丙汽艇とがそのまま進行すれば×地点付近で衝突するおそれがあるとき，甲，乙及び丙は，それぞれどのような航法をとらなければならないか。

→ 出題：26/2, 24/4, 22/10, 20/2

問題 79 図6.12に示すように，港則法に定められた特定港を出航する動力船甲（総トン数2000トン）と航路を横断する動力船乙（総トン数550トン）とがそのまま進行すれば×地点付近で衝突するおそれがあるとき，甲及び乙は，それぞれどのような航法をとらなければならないか。

→ 出題：24/10, 20/4

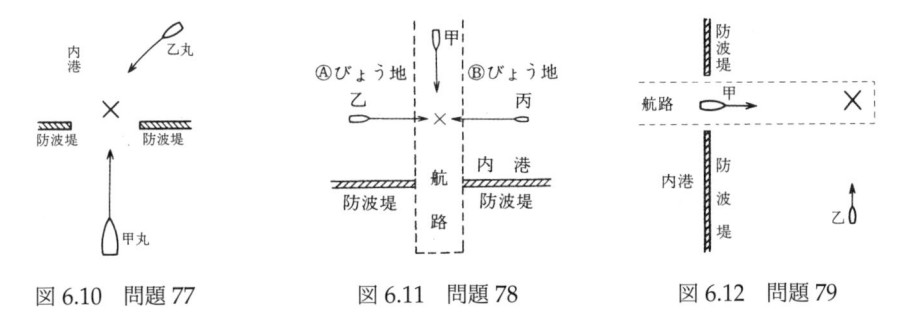

図6.10 問題77　　　図6.11 問題78　　　図6.12 問題79

問題 80 図6.13は，港則法に定める特定港内の航路を航行する動力船A丸（総トン数1200トン）とその航路を横切る動力船B丸（総トン数550トン）とが，それぞれ図に示すように進行すれば×地点付近で衝突するおそれがある場合を示す。この場合に関する次の問い答えよ。

(1) 適用される航法規定は何か。

(2) A丸は，どのような処置をとらなければならないか。

→ 出題：25/7, 23/4, 18/2

問題 81 図 6.14 は，港則法に定める特定港において，出航する動力船 A（総トン数 600 トン）と入航する動力船 B（総トン数 2000 トン）とがそのまま進行すると，防波堤の入口付近で出会うおそれのある場合を示す。次の問いに答えよ。

(1) この場合に適用される航法規定を述べよ。

(2) A 及び B はそれぞれどのような措置をとらなければならないか。

→ 出題：19/7

問題 82 図 6.15 は，港則法に定める特定港において，出航する動力船 A（総トン数 600 トン）と入航する動力船 B（総トン数 2000 トン）とがそのまま進行すると防波堤の入口付近で出会うおそれがある場合を示す。次の問いに答えよ。

(1) この場合に適用される航法規定を述べよ。

(2) A 及び B はそれぞれどのような処置をとらなければならないか。

→ 出題：25/4, 24/2

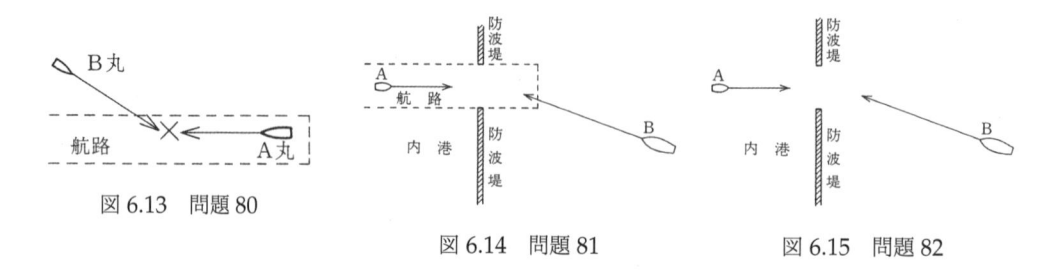

図 6.13 問題 80

図 6.14 問題 81

図 6.15 問題 82

問題 83 国土交通省令で定める船舶交通が著しく混雑する特定港において，図 6.16 の国際信号旗をマストに掲げている船舶はどのような船舶か。また，この船舶と航行中の動力船 A 丸（総トン数 250 トン）とが互いに接近し，衝突のおそれがある場合，A 丸はどのよう航法をとらなければならないか。

→ 出題：24/7, 21/2, 18/4

問題 84 図 6.17 は，国土交通省令で定める船舶交通が著しく混雑する特定港の港内において，昼間，出航する動力船 A（総トン 2000 トン）と，P 岸壁に向かう動力船 B（総トン数 250 トン）とが × 地点付近で衝突するおそれがある場合を示す。次の問いに答えよ。

(1) 自船の大きさを示すために国際信号旗を掲げなければならないのは，A 及び B のうちどちらの動力船か。また，それはどのような国際信号旗か。図を描いて示せ。

(2) A は，どのような航法をとらなければならないか。

→ 出題：26/4, 23/10, 21/7, 19/2

問題 85 図 6.18 は，国土交通省令で定める船舶交通が著しく混雑する特定港において，出航する A，B 2 隻の一般動力船がそのまま進行すると，防波堤の入口付近で衝突するおそれがある場合を示す。動力船が次の (1) 及び (2) の場合，避航船となるのはどちらか。理由とともに述べよ。

(1) A，B 両船とも総トン数が 550 トンの場合

(2) A 船が総トン数 2000 トンで，B 船が総トン数 250 トンの場合

→ 出題：25/2, 23/2, 22/2, 19/10

図 6.16　問題 83

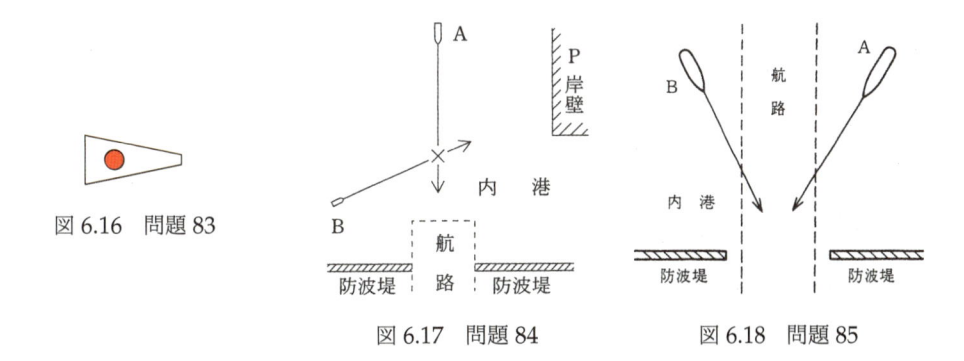

図 6.17　問題 84

図 6.18　問題 85

問題 86　国土交通省令で定める船舶交通が著しく混雑する特定港の名称を 4 つあげよ。
→ 出題：27/4, 25/10, 20/4, 18/7

問題 87　国土交通省令で定める危険物を積載した船舶が港則法上守らなければならないことを，次の各場合について述べよ。
(1) 特定港に入港しようとする場合
(2) 特定港に停泊する場合
(3) 特定港において，危険物を他の船舶に積み替える場合
→ 出題：26/10, 25/10, 21/2, 17/7

問題 88　次の (1)～(3) については，それぞれどのようなことを守らなければならないか。
(1) 港内における汽笛又はサイレンの吹鳴
(2) 灯火の使用
(3) 港内における石炭，石，れんがその他散乱するおそれのある物の荷役
→ 出題：27/4, 26/2*, 24/7, 22/7, 22/10*, 20/7*, 20/10, 18/4

問題 89　港内における漁ろうの制限については，どのように規定されているか。
→ 出題：23/4, 22/4, 19/10

問題 90　港則法の規定によれば，港内において，相当の注意をしないで喫煙し，又は火気を取り扱ってはならないのは，何の付近か。
→ 出題：25/7, 24/4, 23/7, 22/2, 18/2

問題 91　次の (1)～(5) は，それぞれ港則法の規定であるが，「　」内に適合する語句を，記号とともに記せ。
(1) この法律は，港内における船舶交通の安全及び港内の「①」を図ることを目的とする。
(2) 船舶は，港内及び港の境界付近においては，他の船舶に「②」を及ぼさないような速力で航行しなければならない。
(3) 汽船が港の防波堤の入口又は入口付近で他の汽船と出会うおそれのあるときは，入航する汽船は，「③」で出航する汽船の進路を避けなければならない。
(4) 船舶は，特定港において危険物の積込，積替又は「④」をするには，港長の許可を受けなければならない。
(5) 船舶交通に妨となるおそれのある港内の場所においては，みだりに「⑤」をしてはならない。
→ 出題：26/7, 21/10, 18/10

6.4　その他海事法規

問題92　船員法及び同法施行規則に規定されている船長の発航前の検査に関する次の問いに答えよ。
(1) どのような物品が積み込まれていることについて、検査しなければならないか。
(2) 航海に支障がないことを判断するため、どのような情報が収集されていなければならないか。
→ 出題：25/10, 23/7, 20/7, 19/2

問題93　船員法の規定によると、船長が甲板にあって自ら船舶を指揮しなければならないのは、どのような場合か。
→ 出題：27/2, 24/2, 22/2, 20/2, 18/4

問題94　船員法に規定する「船舶が衝突した場合における処置」に関する次の問いに答えよ。
(1) 衝突したときは、船長はどのような手段を尽くさなければならないか。
(2) (1)の手段を尽くし、かつ、どのようなことを相手船に告げなければならないか。
→ 出題：26/10, 25/7, 22/4, 20/4, 18/7

問題95　他の船舶の遭難を知った船舶の船長は、やむを得ない事由で自船が遭難船の救助に赴くことができないときは、どのようにしなければならないか。
→ 出題：26/2, 23/2, 21/7, 19/4, 17/10

問題96　無線電信又は無線電話の設備を有する船舶の船長は、異常気象等に遭遇したときは、国土交通省令の定めるところによりその旨を付近にある船舶及び海上保安機関その他の関係機関に通報しなければならないが、異常気象等とはどのようなことか。「異常な気象」の他に例を4つあげよ。
→ 出題：25/4, 23/10*, 21/4*, 24/7, 19/7, 18/10

問題97　予定の航路を変更して航海したとき、入港後、船長はだれに、どのような報告をしなければならないか。
→ 出題：25/2, 21/10

問題98　船員法の「航行に関する報告」の規定により、船長が国土交通大臣にその旨を報告しなければならないのは、「船舶の衝突、乗揚、沈没、滅失、火災、機関の損傷その他の海難が発生したとき。」のほか、どのようなときか。4つあげよ。
→ 出題：26/7, 23/4, 22/10, 21/2, 18/2

問題99　船内秩序を維持するため、海員は、「上長の職務上の命令に従うこと。」以外にどのようなことを守らなければならないか。4つあげよ。
→ 出題：26/4, 24/4, 22/7, 19/10

問題100　船員手帳に関する次の問いに答えよ。
(1) 乗船中の海員の船員手帳は、だれが保持しなければならないか。
(2) 船員手帳の書換えを申請しなければならないのは、どのようなときか。また、誰に申請するか。
(3) 船員手帳の有効期間は、何年間か。
→ 出題：27/4, 24/10, 20/10, 17/7

問題101　船員労働安全衛生規則に規定する安全担当者について述べた次の文のうち、誤っているものはどれか。

(1) 安全担当者は，必要と認めるときは，補助者を指名することができる。
(2) 安全担当者は，作業設備の改善意見を，船長を経由して船舶所有者に申し出ることができる。
(3) 安全担当者は，船長が船舶所有者の意見を聞いて，海員の中から選任する。
(4) 安全担当者は，作業の安全に関する教育及び訓練を行う。
  → 出題：24/4, 21/7, 20/2, 17/10

問題 102 安全担当者は，次の (1)〜(3) の事項に関して，それぞれどのような業務を行うか。
(1) 作業設備及び作業用具
(2) 発生した災害
(3) 作業の安全
  → 出題：26/4, 25/2, 24/2, 23/7, 22/10, 19/7

問題 103 安全担当者は，船舶所有者に対して，どのようなことに関する改善意見を申し出ることができるか。また，この申出は，だれを経由して行う必要があるか。
  → 出題：27/4, 25/10, 22/7, 21/2, 19/2, 17/7

問題 104 船員労働安全衛生規則によると，油の浸みた布ぎれ，木くずその他の著しく燃え易い廃棄物は，どのように処理しなければならないか。
  → 出題：26/7, 23/2, 20/10, 18/7

問題 105 船員労働安全衛生規則の規定によると，「経験又は技能を要する危険作業」に該当しない作業は次のうちどれか。
(1) フォークリフトの運転の作業
(2) 床面から 2m 以上の高所であって，墜落のおそれのある場所における作業
(3) 動力さび落とし機を使用する作業
(4) 危険物の状態，酸素の量又は人体に有害な気体を検知する作業
  → 出題：23/10, 22/2, 20/7

問題 106 船舶所有者が，通風，換気等温湿度調節のための適当な措置を講じなければならないのは，どのような場所か。
  → 出題：27/2, 25/4, 22/4, 19/4, 18/4

問題 107 引火性又は可燃性の塗料等を使用する塗装作業及び塗装剥離作業において，船舶所有者が講じなければならない措置について述べた次の文の（空所）に適合する語句を記号とともに記せ。
(1) 作業場所における（ア）及び（イ）を禁止すること。
(2) 作業場所においては，（ウ）を発し，又は（エ）となるおそれのある器具を使用しないこと。
(3) 作業に使用した布ぎれ又は（オ）は，みだりに放置しないこと。
(4) 作業場所の付近に，適当な（カ）を用意すること。
  → 出題：24/10

問題 108 「高所作業」の規定に関する次の文の（空所）の中にあてはまる語句を下の語群の中からそれぞれ選べ。
  船舶所有者は，床面から，（1）以上の高所であって，墜落のおそれのある場所における作業を行わせる場合は作業に従事する者に，（2）及び命綱又は安全ベルトを使用させる措置を講じなければならない。

(1) (ア) 2 m　　(イ) 3 m　　(ウ) 4 m　　(エ) 5 m
(2) (ア) 保護靴　　(イ) 保護帽　　(ウ) 保護手袋　　(エ) 保護衣
→ 出題：25/7, 21/4

問題 109　船員労働安全衛生規則に規定されている高所作業に関する次の問いに答えよ。
(1) どのような場所で行う作業のことか。
(2) (1)の作業を行う者には，どのような保護具等を使用させなければならないか。
(3) ボースンチェアを使用するときは，どのような注意をしなければならないか。
→ 出題：26/10, 24/7, 23/4, 19/10, 18/2

問題 110　船員労働安全衛生規則に規定されている「げん外作業」に関する次の問いに答えよ。
船舶所有者が講じなければならない措置について：
(1) 作業に従事する者には，安全な昇降用具のほか，どのようなものを使用させなければならないか。
(2) 作業場所の付近には，どのようなものを用意しておかなければならないか。
(3) 緊急の場合を除き，作業を行わせてはならないのは，どのような場合か。
→ 出題：26/2, 21/10, 20/4

問題 111　船員労働安全衛生規則第 74 条の規定により，年齢 18 年未満の船員に従事させてはならない作業は次のうちどれか。
(1) フォークリフトの運転作業
(2) 床面から 2 m 以上の高所で行う作業
(3) 動力さび落とし機を使用する作業
(4) げん外に身体の重心を移して行う作業
→ 出題：18/10

問題 112　油の排出があった場合又は海上火災が発生した場合，当該船舶の船長は，どのような措置を講じることによって海洋の汚染等及び海上災害の防止に努めなければならないか。
→ 出題：27/4, 25/4, 23/10, 22/7, 21/4, 18/10

問題 113　海洋汚染等及び海上災害の防止に関する法律の規定によると，海域における船舶からの油の排出は禁止されているが，船舶からの油の排出が特に許されるのは，「船舶の安全を確保し，又は人命を救助するための油の排出」のほか，どのような場合か。ただし，政令及び省令の定めにより適用除外となるものは除く。
→ 出題：24/4, 21/10, 20/2

問題 114　海洋汚染等及び海上災害の防止に関する法律の規定によると，海域における船舶からの油の排出は禁止されているが，船舶からの油の排出が特に許されるのは「船舶の損傷その他やむを得ない原因により油が排出された場合において引き続く油の排出を防止するための可能な一切の措置をとったときの当該油の排出」のほか，どのような場合か。ただし，政令及び省令の定めにより適用除外となるものは除く。
→ 出題：26/7, 21/7, 19/2

問題 115　次の (1) 及び (2) の文の (空所) 内に適合する語句を記号とともに記せ。
(1) 排出される油中の油分の (ア)，排出海域及び (イ) に関し政令で定める基準に適合しないビルジその他の油を船舶から排出することは禁止されている。

(2) 油又は（ウ）が国土交通省令で定められた範囲を超えて海面に広がっていることを発見した者は，遅滞なく，その旨を最寄り（エ）に通報しなければならない。

→ 出題：26/2, 22/4, 20/7, 19/10, 17/7

問題 116　海洋汚染等及び海上災害の防止に関する法律に規定する「油による海洋の汚染の防止のための設備等」について説明した次の文のうち，誤っているものはどれか。

(1) ビルジ等排出防止設備：船舶内に存する油の船底への流入の防止又はビルジ等の船舶内における貯蔵若しくは処理のための設備をいう。
(2) 水バラスト等排出防止設備：貨物油を含む水バラスト等の船舶内における貯蔵又は処理のための設備をいう。
(3) 分離バラストタンク：タンカーの貨物艙及び燃料油タンクから完全に分離されているタンクであって水バラストの積載のために常置されているものをいう。
(4) 貨物艙原油洗浄設備：蒸気で貨物艙の原油を洗浄する設備をいう。

→ 出題：26/10, 24/10, 19/4, 21/2, 18/7

問題 117　油記録簿へ記載しなければならないのは，どのようなときか。次のうちから選べ。

(1) スラッジを陸揚げしたとき。
(2) 燃料油タンクを点検したとき。
(3) 航海のため自船の燃料油を消費したとき。
(4) 他の船舶からのものと思われる流出油を発見したとき。

→ 出題：25/2, 23/2, 19/7, 18/4

問題 118　海洋汚染等及び海上災害の防止に関する法律に規定する「油記録簿」について述べた次の文のうち，正しいものはどれか。

(1) 船長は，油記録簿をその最初の記載をした日から3年間船舶内に保存しなければならない。
(2) 船長は，油記録簿をその最初の記載をした日から5年間船舶内に保存しなければならない。
(3) 船長は，油記録簿をその最後の記載をした日から3年間船舶内に保存しなければならない。
(4) 船長は，油記録簿をその最後の記載をした日から5年間船舶内に保存しなければならない。

→ 出題：27/2, 25/7, 24/7, 23/7, 20/10, 18/2

問題 119　海洋汚染等及び海上災害の防止に関する法律第8条の規定によれば，油記録簿の船舶内保存期間については，どのように定められているか。

→ 出題：22/10, 22/2, 17/10

問題 120　海洋汚染等及び海上災害の防止に関する法律第10条の3で規定されている「船舶発生廃棄物汚染防止規程」に関する次の問いに答えよ。

(1)「船舶発生廃棄物」とは何か。本法律で定めるところを述べよ。
(2) 船舶所有者は，この規程を船舶内でどのようにしておかなければならないか。

→ 出題：25/10, 24/2

問題 121　海洋汚染等及び海上災害の防止に関する法律に規定されていないものは，次のうちどれか。

(1) 船舶からの油の排出規制
(2) 船舶における廃棄物の焼却の規制
(3) 油の荷役を終了したときの注意

(4) 排出油の防除のための資材の船内備付け

→ 出題：26/4, 23/4, 20/4

解答 1 (1) 船舶の操縦性能を制限する故障その他の異常な事態が生じているため他の船舶の進路を避けることができない船舶。【法第 3 条第 6 項】

(2) 船舶の喫水と水深との関係によりその進路から離れることが著しく制限されている動力船。【法第 3 条第 8 項】

(3) 船舶の操縦性能を制限する網，なわ，その他の漁具を用いて漁ろうをしている船舶（操縦性能制限船に該当するものを除く）。【法第 3 条第 4 項】

(4) 4 秒以上 6 秒以下の時間継続する汽笛の吹鳴【法第 32 条第 3 項】

(5) 約 1 秒間継続する汽笛の吹鳴【法第 32 条第 2 項】

(6) 船舶が錨泊（係船浮標または錨泊をしている船舶にする係留を含む）をし，陸岸に係留をし，または乗り揚げていない状態。【法第 3 条第 9 項】

(7) 135° にわたる水平の弧を照らす黄灯であって，その射光が正船尾方向から各舷 67.5° までの間を照らすように装置された灯火。《船尾灯と同じ射光範囲》【法第 21 条第 5 項】

解答 2 (2)《(1), (3), (4) は操縦性能制限船》【法第 3 条第 6 項】

解答 3 ● 自船の停止距離，旋回性能その他の操縦性能
- 夜間における陸上の灯火，自船の灯火の反射などによる灯光の存在
- 自船の喫水と水深の関係
- 風，海面および海潮流の状態ならびに航路障害物に接近した状態【法第 6 条第 1 項第 1〜6 号】

解答 4 長距離レーダーレンジによる走査，探知した物件のレーダープロッティングその他の系統的な観察などを行うことにより，レーダーを適切に用いなければならない。【法第 7 条第 2 項】

解答 5 接近してくる他の船舶のコンパス方位に明確な変化が認められない場合，これと衝突するおそれがあると判断しなければならない。

　コンパス方位に明確な変化が認められる場合でも，大型船舶もしくは，曳航作業に従事している船舶と接近するとき，または近距離で他の船舶と接近するときは，これと衝突するおそれがありうることを考慮しなければならない。【法第 7 条第 4 項】

解答 6 他の船舶との間に，安全な距離を保って通過することができるようにしなければならない。

　避航動作をとった後は，自船の避航動作の効果を他の船舶が通過して十分に遠ざかるまで慎重に確かめなければならない。【法第 8 条第 4 項】

解答 7 (1) 航路筋《浅瀬などの海底地形によって形成された通航水路，浚渫された可航水路，深喫水船が通航できる水路などのこと》【法第 9 条第 1 項】

(2) 安全であり，かつ，実行に適する限り，狭い水道等の右側端に寄って航行しなければならない。【法第 9 条第 1 項】

(3) 航行中の一般動力船は，狭い水道等において漁ろうに従事している船舶の進路を避けなければならない。狭い水道等において漁ろうに従事している船舶は，狭い水道等の内側を航行している他の船舶の通航を妨げることができることとするものではない。《「内側を航行している船舶」とは，狭い水道等の水深と喫水との関係などで，右側端に寄って航行することができ

ないような船舶のこと。このような船舶に対して漁ろうに従事している船舶は，早期に当該船舶が安全に通航できるよう水域を空けるなどの協力動作をとらなければならない。》【法第9条第2項および第3項】

(4) 追い越される船舶が，追越し船を安全に通過させるための動作をとらなければ追い越すことができない場合に次の汽笛信号（追越し信号）を行い，意図を示さなければならない。
- 追い越される船舶の右舷側を追い越そうとする場合には，長音2回，短音1回（――・）の汽笛信号
- 追い越される船舶の左舷側を追い越そうとする場合には，長音2回，短音2回（――・・）の汽笛信号

《追い越される船舶は，追越し船の意図に同意する場合は同意信号（―・―・）の汽笛信号を行い，協力動作をとらなければならない。また，安全でないと考え追越しに同意できないときは警告信号（急速に，・・・・・・）の汽笛信号を行う。【法第9条第4項，第34条第4項および第5項】》

(5) 狭い水道等の内側でなければ安全に航行することができない他の船舶の通航を妨げることとなる場合は，当該狭い水道等を横切ってはならない。【法第9条第5項】

(6) 十分に注意して航行しなければならない。長音1回の汽笛信号（湾曲部または応答信号）を行わなければならない。【法第9条第8項，第34条第6項】

(7) やむを得ない場合を除き，錨泊をしてはならない。【法第9条第9項】

解答8 (1) 追い越される船舶を確実に追い越し，かつ，その船舶から十分に遠ざかるまでその船舶の進路を避けなければならない。【法第13条第1項】

(2) 追越し船であると判断しなければならない。【法第13条第3項】

《追越し船の航法は，対象が「船舶」であることに注意。行会い船の航法，横切り船の航法は，対象が「動力船」である。》

解答9 (1) 他の動力船の灯火を船首方向またはほとんど船首方向に見る場合において，当該他の動力船のマスト灯2個を垂直線上もしくはほとんど垂直線上に見るとき，または両側の舷灯を見る状況にあるとき。【法第14条第2項】

(2) 各動力船は，互いに他の船舶の左舷側を通過することができるようにそれぞれ針路を右に転じなければならない。また，右転した場合は，短音1回の汽笛信号（操船信号）を行う。【法第14条第1項，第34条第1項】

(3) 行会い船の状況にあると判断しなければならない。【法第14条第3項】

解答10 (1) 他の動力船を右舷側に見る動力船。【法第15条第1項】

(2) 他の動力船の船首方向を横切ってはならない。【法第15条第1項】

(3) 避航船が，海上衝突予防法に基づく適切な動作をとっていないことが明らかになった場合。【法第17条第2項】

(4) 針路を左に転じてはならない。【法第17条第2項】

解答11 2隻の動力船が互いに進路を横切る場合において衝突のおそれがある場合，避航船が適切な避航動作をとっていないことが明らかになったとき，保持船は直ちに避航船との衝突を避けるための動作をとることができるが，その際，やむを得ない場合を除き針路を左に転じてはならない。【法第17条第2項】

解答 12 (1) 航行中の動力船，および航行中の帆船【法第 18 条第 1 項および第 2 項】

(2) 運転不自由船，および操縦性能制限船に対して，できる限りその進路を避けなければならない。【法第 18 条第 3 項】

(3) 円筒形の形象物 1 個を垂直線上に掲げている動力船は「喫水制限船」であるから，やむを得ない場合を除き，喫水制限船の安全な通航を妨げてはならない。【法第 18 条第 3 項】

解答 13
- 他の船舶が自船の正横より前方にある場合（当該他の船舶が自船に追い越される船舶である場合を除く）において，針路を左に転じること。《知識整理：針路を左に転じることが禁じられているのは，視界制限状態における本解答の場合（法第 19 条第 5 項第 1 号）と，互いに他の船舶の視野の内にある 2 隻の動力船が横切り関係において衝突のおそれがあり，避航船が適切な動作をとっていないことが明らかになったときに，「保持船」が避航動作をとる場合（問題 11：海上衝突予防法第 17 条第 2 項）の 2 つである。》
- 自船の正横または正横より後方にある他の船舶の方向に針路を転じること。【法第 19 条第 5 項第 2 号】

解答 14 (エ)，(オ)【法第 19 条第 1 項】《(ア)，(イ)，(ウ)は「あらゆる視界の状態における船舶」に適用される航法規定であるから視界制限状態においても適用されるが，(エ)，(オ)は「互いに他の船舶の視野の内にある船舶」について適用される航法規定（法第 16 条および第 17 条）であるため視界制限状態においては適用されない。》

解答 15 （4 つ解答）
- 視覚，聴覚およびそのときの状況に適した他のすべての手段により，常時適切な見張りをしなければならない。【法第 5 条】
- 視界の状態を考慮して，常時安全な速力で航行しなければならない。【法第 6 条】
- 他の船舶と衝突するおそれがあることを早期に知るための長距離レーダーレンジによる走査，探知した物件のレーダープロッティングその他の系統的な観察などを行うことにより，レーダーを適切に用いなければならない。【法第 7 条】
- 機関を直ちに操作することができるようにしておかなければならない。【法第 19 条】
- 法定灯火を点灯する。【法第 20 条第 2 項】
- 視界制限状態における信号を行う。【法第 35 条】

解答 16 (1) 正しくない。理由：接近してくる他の船舶のコンパス方位に明確な変化が認められる場合においても，大型船舶や曳航作業に従事している船舶に接近し，または近距離で他の船舶に接近するときは，これと衝突するおそれがありうることを考慮しなければならない。【法第 7 条第 4 項】

(2) 正しい。《運転不自由船であることを示す形象物の表示は，「航行中」に限られる（法第 27 条第 1 項）。》

(3) 正しい。《衝突を避けるため機関を後進にかけること（同法第 8 条第 5 項），霧中であっても，反航する 2 隻の動力船が互いに相手船を視野の内に認めている状態で操船信号を行うこと（同法第 34 条第 1 項），これらは共に正しい処置である。》

解答 17 視界制限状態にある場合。その他，必要と認められる場合は，法定灯火を表示することができる。《たとえば，昼間でも霧・もや・降雨・降雪などの発生により視界が悪くなったときや曇天で厚い雲に覆われて暗くなったときなど。【法第 20 条第 2 項】》

解答 18　両色灯，引き船灯，全周灯（白色，紅色，緑色），閃光灯（紅色，黄色）【法第 21 条】

解答 19　(1) 前部にマスト灯 3 個を垂直線上に掲げ，これらのマスト灯よりも高い後方の位置にマスト灯 1 個を掲げる。または前部にマスト灯 1 個を掲げ，このマスト灯よりも高い後方の位置にマスト灯 3 個を垂直線上に掲げる。【法第 24 条第 1 項第 1 号】《図 1.18（350 ページ）参照》

(2) 船尾灯の垂直線上の上方に引き船灯 1 個を掲げる。【法第 24 条第 1 項第 4 号】

(3) 操縦性能が著しく制限されている状態にある場合は，(1) および (2) に加えて，最も見えやすい場所に「操縦性能制限船」であることを示すため，垂直線上に「紅色の全周灯」「白色の全周灯」「紅色の全周灯」各 1 個を連掲しなければならない。【法第 27 条第 2 項第 1 号，第 3 項】《図 1.32（354 ページ）参照》

解答 20　(1) 最も見えやすい場所に黒色の「ひし形の形象物」1 個をそれぞれの船舶に掲げなければならない。【法第 24 条第 1 項第 5 号】《図 1.19（350 ページ）参照》

(2) 曳航作業のため進路から離れることが著しく制限される状態にあるときは，(1) の他，最も見えやすい場所に，「操縦性能制限船」であることを示すため，垂直線上に黒色の「球形の形象物」「ひし形の形象物」「球形の形象物」各 1 個を連掲しなければならない。【法第 3 条第 7 項第 6 号および第 27 条第 2 項第 3 号】《図 1.33（354 ページ）参照》

解答 21　(1) 灯火：緑色の全周灯 1 個を掲げ，かつ，その垂直線上に白色の全周灯 1 個【法第 26 条第 1 項第 1 号】。緑色の全周灯よりも後方の高い位置にマスト灯 1 個【法第 26 条第 2 項第 1 号】。舷灯 1 対を掲げ，かつ，できる限り船尾近くに船尾灯 1 個【法第 26 条第 1 項第 3 号】。形象物：黒色の鼓形形象物 1 個【法第 26 条第 1 項第 4 号】《図 1.25（352 ページ）参照》

(2) 運転不自由船および操縦性能制限船

解答 22　(1) 最も見えやすい場所に，球形・ひし形・球形形象物各 1 個を連掲【法第 27 条第 2 項第 3 号】

(2) 航行中の漁ろうに従事している船舶は，できる限り操縦性能制限船の進路を避けなければならない。操縦性能制限船は次のようにしなければならない。
  ● できるだけ針路・速力を保持する。
  ● 漁ろうに従事している船舶は，操業中の漁法によっては避航動作が容易ではない場合もあるので，見張りを厳重にし，近づいてくる漁ろう船の動静に十分注意する。
  ● 漁ろう船が避航動作をとっているかどうか疑わしいときは，直ちに警告信号（急速に，・・・・・・・）を行う。
  ● それでも漁ろう船が避航動作をとっていないことが明らかな場合は，直ちに衝突を避けるための動作をとる。
  ● その際，転舵または機関を後進にかけている場合は，規定の操船信号を行う。
【法第 18 条第 3 項，第 17 条第 1 項および第 2 項，第 34 条第 5 項および第 1 項】

(3) 対水速力を有するときは，操縦性能制限船の灯火に加え，マスト灯，舷灯および船尾灯を掲げなければならないので，これらの灯火の有無で知ることができる。【法第 27 条第 2 項第 2 号】

解答 23　(1) 運転不自由船は夜間，対水速力を有するときは，運転不自由船であることを示す灯火（赤色全周灯 2 個を連掲）に加え，舷灯および船尾灯を掲げなければならないので，舷灯および船尾灯の有無で知ることができる。【法第 27 条第 1 項第 2 号】

(2) 航行中の漁ろうに従事している船舶は，できる限り，運転不自由船の進路を避けなければならないことになっているので，運転不自由船は，以下のようにしなければならない。
- できるだけその針路と速力を保持する。
- 漁ろうに従事している船舶は，操業中の漁法によっては避航動作が容易ではない場合もあるので，見張りを厳重にし，近づいてくる漁ろう船の動静に十分注意する。
- 漁ろう船が避航動作をとっているかどうか疑わしいときは，直ちに急速に短音5回以上の警告信号を行う。
- それでも漁ろう船が避航動作をとっていないことが明らかな場合は，直ちに衝突を避けるための動作をとる。
- その際，転舵しまたは機関を後進にかけている場合は，規定の操船信号を行う。
【法第18条第3項，第17条第1項および第2項，第34条第5項および第1項】

解答 24 (1) 長さ50m未満の航行中の一般動力船の行会い船【法第23条第1項】
(2) 行会い船の航法【法第14条第1項および第2項】
(3) ● 互いに他の動力船の左舷側を通過することができるように，それぞれ針路を右に転じなければならない。【法第14条第1項】
- 十分に余裕のある時期に針路を変更する。この動作は，相手が容易に認めることができるように大幅に行う。【法第8条第1, 2項】
- 針路を右に転じたときは，操船信号（・）を行う。【法第34条第1項第1号】

解答 25 (1) 長さ50m以上の航行中の一般動力船の横切り船
(2) 横切り船の航法
(3) ● B船の進路を避ける。【法第15条第1項】
- やむを得ない場合を除き，B船の船首方向を横切らないよう避ける。【法第15条第1項】
- 十分に余裕のある時期に針路を変更する。この動作は，相手が容易に認めることができるように大幅に行う。【法第8条第1, 2項】
- 針路を転じまたは機関を後進にかけた場合は，規定の操船信号を行う。【法第34条第1項】

解答 26 (1) 長さ50m以上の航行中（対水速力あり）のトロールにより漁ろうに従事している船舶の横切り船【法第26条第1項】
(2) 各種船舶間の航法【法第18条第1項】
(3) ● 漁ろうに従事しているB船の進路を避ける。【法第18条第1項】
- 十分に余裕のある時期に針路を変更する。この動作は，相手が容易に認めることができるように大幅に行う。【法第8条第1, 2項】
- 針路を右に転じたときは，操船信号（・）を行う。【法第34条第1項第1号】
- 機関を後進にかけた場合は，操船信号（・・・）を行う。【法第34条第1項】

解答 27 (1) 航行中（対水速力あり）のトロール以外の漁法により漁ろうに従事している船舶が正面を見せている。【法第26条第2項】
(2) 各種船舶間の航法【法第18条第1項】
(3) A（一般動力船）
- B船の進路を避ける。【法第18条第1項】
- 十分に余裕のある時期に針路を変更する。この動作は，相手が容易に認めることができる

ように大幅に行う。【法第8条第1, 2項】
- 針路を転じまたは機関を後進にかけた場合は, 規定の操船信号を行う。【法第34条第1項】

B（漁ろう船）
- できる限り針路, 速力を保持する。【法第18条第1項, 第17条第1項】
- A船の動静に注意し, A船が避航動作をとっているかどうか疑わしいときは, 直ちに急速に短音5回以上の警告信号を行う。【法第34条第5項】
- それでもA船が適切な避航動作をとっていないことが明らかな場合は, B船は直ちにA船との衝突を避けるための動作をとる。【法第17条第2項】
- その際, 転舵しまたは機関を後進にかけている場合は, 規定の操船信号を行う。【法第34条第1項】

解答 28 (1) 航行中（対水速力あり）の運転不自由船が, 船首を見せている。【法第27条第1項】

(2) 各種船舶間の航法【法第18条第1項】

(3)
- B船の進路を避ける。【法第18条第1項】
- 十分に余裕のある時期に針路を変更する。この動作は, 相手が容易に認めることができるように大幅に行う。【法第8条第1, 2項】
- 針路を転じまたは機関を後進にかけた場合は, 規定の操船信号を行う。【法第34条第1項】

解答 29 (1) 長さ50m以上の航行中の喫水制限船で右舷を見せている。【法第23条第1項, 第28条第1項】

(2)
- やむを得ない場合を除き, B船の安全な通航を妨げないようにしなければならない。具体的には, B船が安全に通航できるよう十分な水域を空けるための避航動作をとる。
- 十分に余裕のある時期に針路を変更する。この動作は, 相手が容易に認めることができるように大幅に行う。【法第8条第1, 2項】
- 針路を転じまたは機関を後進にかけた場合は, 規定の操船信号を行う。【法第34条第1項】

解答 30 (1)（ア）a, c, d, f, h （イ）e （ウ）e, f, h【法第21条第1項, 第24条第1項】

(2)
- 他船に追い越される場合【法第13条第1項】
- 横切り関係にあって, 他の動力船を左舷に見る場合。【法第15条第1項】

解答 31 汽笛, 号鐘, どら（号鐘と混同しない音調を有するもの）【法第33条第1項】《号鐘とどらについては, それぞれと同じ音調（音響特性）の信号を自動で発する音響信号装置に代えることができる。》

解答 32
- 航行中であること。
- 互いに他の船舶の視野の内にあること。
- 海上衝突予防法の規定により, 針路を転じまたは機関を後進にかけていること。

【法第34条第1項】

解答 33 (1) 直ちに急速に短音5回以上鳴らすことにより汽笛信号を行わなければならない。【法第34条第5項】《警告（疑問）信号》

(2) 直ちに急速に短音5回以上鳴らすことにより汽笛信号を行わなければならない。【法第34条第5項】《警告（疑問）信号》

(3) 長音1回の汽笛信号を行わなければならない。【法第34条第6項】《湾曲部信号・応答信号》

(4) 2分を超えない間隔で, 長音を1回鳴らすことにより汽笛信号を行わなければならない。【法

第35条第2項】《対水速力がない場合は，2分を超えない間隔で，長音を1回》

(5) 2分を超えない間隔で，長音1回に引き続く短音2回を鳴らすことにより汽笛信号を行わなければならない。【法第35条第4項】《航行中の，帆船・漁ろうに従事している船舶・操縦性能制限船・喫水制限船・引き船（動力船）・押し船（動力船）も同様の霧中信号を行う。》

(6) 2分を超えない間隔で，長音1回に引き続く短音2回を鳴らすことにより汽笛信号を行わなければならない。【法第35条第8項】《漁ろうに従事している船舶と操縦性能制限船は，錨泊中も航行中と同じ霧中信号を行う。》

解答34 2分を超えない間隔で，長音1回に引き続く短音3回の汽笛信号を行わなければならない。この場合において，汽笛信号はできる限り，引いている動力船が行う汽笛信号の直後に行わなければならない。【法第35条第5項】《引かれ船の霧中信号》

解答35 (1) 視界制限状態において，他の動力船に引かれている航行中の船舶（2隻以上ある場合は最後部のもの）で，乗組員がいる船舶。【法第35条第5項】

(2) 狭い水道等において，追越し船から追越しの意図（右または左側を追い越したいので，進路を空ける協力動作を依頼する旨）を示す信号を受けて，その意図に同意した追い越される船舶。《同意信号：同信号の後，追い越される船舶は，右または左側に寄るなどの協力動作をとらなければならない。一方，協力に同意できない（安全でない）場合は，警告信号（・・・・・・・）を行う。》【法第34条第4項第3号，第9条第4項】

(3) 視界制限状態において，乗り揚げている長さ100m以上の船舶【法第35条第9項】

解答36 短音1回，長音1回，短音1回の汽笛信号を行うことができる。【法第35条第6項】

解答37 海上衝突予防法に規定する信号と誤認されることのない音響信号または発光信号で行う。また，他の船舶を眩惑させない方法で，危険がある方向に探照灯を照射することができる。【法第36条第1項】

解答38 (1) 連続音響による信号【則第22条第1項第2号】

(2) 無線電話による，「メーデー」という語の信号【則第22条第1項第5号】

(3) 国際信号旗による，縦に上からN旗およびC旗を掲げることによって示される遭難信号【則第22条第6号】

(4) オレンジ色の煙を発することによる信号【則第22条第1項第10号】

(5) 左右に伸ばした腕を繰り返しゆっくり上下させることによる信号【則第22条第1項第11号】

解答39 工事または作業を行っているため接近してくる他の船舶の進路を避けることが容易でない国土交通省令の定める船舶で，国土交通省令で定めるところにより灯火または標識を表示しているもの。【法第2条第2項第3号】

解答40 航路外から航路に入り，航路から航路外に出，もしくは航路を横断しようとし，もしくは航路をこれに沿わないで航行している場合。【法第3条第2項】

解答41 漁ろうに従事している船舶。【法第3条第2項】

解答42 横断方法：その航路に対してできる限り直角に近い角度で，すみやかに横断しなければならない。【法第8条第1項】

　　　　この横断方法が適用されない場合：その航路と交差する航路を横断する場合である。【法第8条第2項】

解答43 海難を避けるためまたは人命もしくは他の船舶を救助するためやむを得ない事由がある

とき．【法第10条第1項】

解答44 （ア）総トン数100トン以上の船舶が航路外から航路に入り，航路から航路外に出，または航路を横断しようとするときには，信号により行先を表示しなければならない．【法第7条，則第6条】

（イ）（2つ解答）
- 第1代表旗の下にS旗：航路の途中から出入して右転する．
- 第1代表旗の下にP旗：航路の途中から出入して左転する．
- 第1代表旗の下にC旗：航路を横断するか，これに類する場合．
- 第2代表旗の下にS旗：航路の出入口を出てから右転するか，これに類する場合．
- 第2代表旗の下にP旗：航路の出入口を出てから左転するか，これに類する場合．

【法第7条，則第6条別表第2】

《その他特殊な進路信号として，浦賀水道航路および中ノ瀬航路における1代NS，2代NS，2代NP，2代N，備讃瀬戸北航路および水島航路における1代CSがある．》

解答45 浦賀水道航路【法第11条第1項】，明石海峡航路【法第15条第1項】，備讃瀬戸東航路【法第16条第1項】

解答46 伊良湖水道航路【法第13条第1項】，水島航路【法第18条第3項】

解答47 浦賀水道航路，中ノ瀬航路，伊良湖水道航路，水島航路【法第5条第1項，則第4条】

解答48 明石海峡航路，宇高東航路，宇高西航路，来島海峡航路【法第5条第1項，則第4条】

解答49 来島海峡航路《中水道および西水道の部分》

海難を避けるためまたは人命もしくは他の船舶を救助するためやむを得ない事由があるときを除き，中水道および西水道をこれに沿って航行している船舶は，当該区間をこれに沿って航行している他の船舶を追い越してはならない．ただし，漁ろうに従事している船舶，工事作業船，緊急用務船などのため著しく遅い速力で航行している船舶や対地速力が4knのお以下で航行している船舶を除く．【法第6条の2，則第5条の2第1，2項】

解答50 浦賀水道航路，中ノ瀬航路【法第11，12条】

解答51 (1) 明石海峡航路，備讃瀬戸東航路，備讃瀬戸北航路，備讃瀬戸南航路，宇高東航路，宇高西航路，水島航路，来島海峡航路

(2) 備讃瀬戸東航路と宇高東航路，備讃瀬戸東航路と宇高西航路，備讃瀬戸北航路と水島航路【法第15〜21条】

解答52 （エ）【法第17条，20条】

解答53 （ア）航路をこれに沿って航行するときは，同航路の中央から右の部分を航行しなければならない．【法第11，15条】

（イ）備讃瀬戸東航路【法第16条】

（ウ）浦賀水道航路，制限速力は対水速力12kn

（エ）海難を避けるためまたは人命もしくは他の船舶を救助するためやむを得ない事由．【法第5条，則第4条】

解答54 速力については

（ア）備讃瀬戸東航路：男木島北方よりも東方では安全な速力で，男木島北方よりも西方では対水速力12knを超えない安全な速力で，航路の中央から右の部分を航行しなければならない．

【法第6条, 則第4条, 法第16条第1項】
(イ) 宇高西航路：安全な速力で，南の方向に航行しなければならない。【法第6条, 則第4条, 法第16条第3項】
(ウ) 水島航路：航路の全区間，対水速力12knを超えない安全な速力で，できる限り，航路の中央から右の部分を航行しなければならない。【法第6条, 則第4条, 法第18条第3項】

航路の横断の制限区域があるのは，(ア) 備讃瀬戸東航路【法第9条, 則第7条】《宇高東航路および宇高西航路との交差部の前後に航路横断制限区間がある。》

解答55 北の方向に，対水速力12knを超えない速力で航行しなければならない。【法第5条, 法第11条第2項, 則第4条】

解答56 次の2か所【法第9条, 則第7条】
- 航路内にある宇高東航路の東側および西側の側方の境界付近。
- 航路内にある宇高西航路の東側および西側の側方の境界付近。

解答57 (ア) 航路の中央から右の部分を航行しなければならない。【法第16条第1項】
(イ) 宇高東航路：北の方向に航行しなければならない。
　　宇高西航路：南の方向に航行しなければならい。【法第16条第2項および第3項】

解答58 南の方向に，安全な速力で航行しなければならない。【法第16条第3項】

解答59 (1) (ア) 来島大角鼻潮流信号所　　(イ) 来島長瀬ノ鼻潮流信号所【則第9条第2項】
(2) 南流の場合【法第20条第1項】
(3) 南流の場合，航路内では西水道を航行する船舶と右舷対右舷で航過することになる。しかし，航路外では一般的に左舷対左舷で航行することになるので，航路の東側出口付近における入航船舶との進路の交差に，特段の注意が必要である。【法第20条】
(4) 長音3回の汽笛信号を適宜吹鳴する（来島または竜神島並航時から西水道を通過し終わるまで）。【法第21条, 則第9条第5項】

解答60 (ア) 航行する船舶に対して，逆潮のとき。
(イ) できる限り四国側に近寄って航行すること。【法第20条第1項および第3項】

解答61 (ア) 航行する船舶に対して，順潮のとき。
(イ) できる限り大島および大下島側に近寄って航行すること。【法第20条第1項および第2項】

解答62 西水道を航行して小島と波止浜との間の水道へ出ようとする場合または同水道から来島海峡航路に入って西水道を航行しようとする場合。【法第20条第1項】

解答63 (ア) 逆潮【法第20条第1項第5号】
(イ) 潮流の速度に4knを加えた速力【則第9条第1項】

解答64 (ア) 西水道を来島海峡航路に沿って航行する場合に，信号により転流することが予告され，西水道を通過中に転流すると予想されるとき。《津島一ノ瀬鼻または竜神島並航時から西水道を通過し終わるまでの間，随時吹鳴する。【法第21条第1項第1号, 則第9条第5項】》
(イ) 西水道を来島海峡航路に沿って航行して，小島と波止浜との間の水道へ出ようとするとき，または同水道から同航路に入って西水道を同航路に沿って航行しようとするとき。《来島または竜神島並航時から西水道を通過し終わるまでの間，随時吹鳴する。》【法第21条第1項第2号, 則第9条第5項】

解答65 (A) 工事または作業を行っているため接近してくる他の船舶の進路を避けることが容易

第 6 章　演習問題と解答

でない国土交通省で定める船舶。【法第 2 条第 2 項第 3 号ロ，則第 2 条第 2 項第 2 号】
　　(B) 危険物積載船（第 1 代表旗＋B 旗）【法第 27 条第 1 項，則第 22 条】

解答 66　最も見えやすい場所に，上の 1 個が白色のひし形，下の 2 個が紅色の球形である 3 個の形象物を，それぞれ 1.5 m 以上隔てて垂直線上に連携して表示しなければならない。【法第 2 条第 2 項第 3 号ロ，則第 2 条第 2 項第 2 号】

解答 67
- 巨大船の標識：最も見えやすい場所に，黒色円筒形形象物 2 個を 1.5 m 以上隔てて垂直線上に連掲する。
- 危険物積載船の標識：縦に上から国際信号旗の第 1 代表旗および B 旗を連掲する。【法第 27 条第 1 項，則第 22 条】

解答 68　少なくとも 2 海里の視認距離を有し，一定の間隔で毎分 180 回以上 200 回以下の閃光を発する緑色の全周灯 1 個を表示しなければならない。【法第 27 条第 1 項，則第 22 条】

解答 69　以下に該当する日本船舶。
- 総トン数 20 トン未満の船舶および端舟およびその他ろかいのみをもって運転し，または主としてろかいをもって運転する船舶
- 平水区域を航行区域とする船舶
- あらかじめ港長の許可を受けた船舶【法第 4 条，則第 2 条第 1 項第 1～3 号】《あらかじめ港長の許可を受けた船舶とは，旅客定期航路事業に使用される船舶であって，港長の指示する入港実績報告書および規定された書面を港長に提出している船舶。定期フェリーなど。》

解答 70
- 埠頭，桟橋，岸壁，係船浮標およびドックの付近【則第 6 条第 1 項第 1 号】
- 河川，運河その他狭い水路および船だまりの入口付近【同第 2 号】

解答 71　汽艇等以外の船舶【法第 11 条】
　　航路内で他の船舶と行き会うときは，右側を航行しなければならない。【法第 13 条第 3 項】

解答 72
- 海難を避けようとするとき
- 運転の自由を失ったとき
- 人命または急迫した危険のある船舶の救助に従事するとき
- 港長の許可を受けて工事または作業に従事するとき【法第 12 条第 1 項第 1～4 号】

解答 73
- 航路外から航路に入り，または航路から航路外に出ようとする船舶は，航路を航行する他の船舶の進路を避けなければならない。
- 航路内においては，並列して航行してはならない。
- 航路内において，他の船舶と行き会うときは，右側を航行しなければならない。
- 航路内においては，他の船舶を追い越してはならない。【法第 13 条第 1～4 項】

解答 74　他の船舶に危険を及ぼさないような速力で航行しなければならない。【法第 16 条第 1 項】

解答 75　船舶は，港内において防波堤，埠頭その他の工作物の突端または停泊船を右舷に見て航行するときは，できるだけこれに近寄り，左舷に見て航行するときは，できるだけこれに遠ざかって航行しなければならない。【法第 17 条】

解答 76　小型船は小型船および汽艇等以外の船舶の進路を避けなければならない。【法第 18 条第 2 項】

解答 77　甲丸の航法：甲丸は入航しようとする一般動力船なので

- 乙丸の動静に注意しながら，針路・速力を保持してそのまま進行する。
- 乙丸が避航の様子がなく接近するようであれば，急速に短音5回以上の警告信号を行う。
- それでも乙丸が接近し衝突のおそれを生じた場合は，機関を使用して行脚を停止するなどの衝突回避のための最善の協力動作をとる。この場合，転舵または機関を後進にかけているときは所定の操船信号を行う。

乙丸の航法：乙丸は汽艇等であるので，甲丸の進路を避けなければならないので
- 減速または停止して甲丸の通過を待つ。
- 避航の動作は明らかにわかるよう大幅に行う。
- 甲丸が通過した後，注意して航行する。【法第18条第1項，予防法第16条，予防法第17条第1～3項，予防法第34条第1項および第5項】

解答78　甲動力船：甲は航路航行船なので
- 乙・丙の動静に注意しながら，針路・速力を保持してそのまま進行する。
- 乙・丙が避航の様子がなく接近するようであれば，急速に短音5回以上の警告信号を行う。
- それでも乙・丙が接近し，衝突のおそれを生じた場合は，機関を使用して行脚を停止するなどの衝突回避のための最善の協力動作をとる。この場合，転舵または機関を後進にかけているときは所定の操船信号を行う。

乙動力船：甲は航路航行船なので，乙は甲の進路を避けなければならない。また，丙汽艇は汽艇等なので，その動静に十分に注意して航行する必要があるので
- 減速または停止して甲の通過を待つ。
- 避航の動作は明らかにわかるよう大幅に行う。
- 甲が通過した後，できるだけすみやかに航路を横断する。その際，丙汽艇の動静に十分注意して航行する。
- 丙汽艇が避航の様子がなく接近するようであれば，急速に短音5回以上の警告信号を行う。
- それでも丙汽艇が接近し，衝突のおそれを生じた場合は，機関を使用して行脚を停止するなどの衝突回避のための最善の協力動作をとる。この場合，転舵または機関を後進にかけているときは所定の操船信号を行う。

丙汽艇：丙は汽艇等なので汽艇等以外の船舶（甲および乙）の進路を避けなければならないので
- 減速しまたは停止して甲の通過を待つ。
- 避航の動作は明らかにわかるよう大幅に行う。
- 甲が通過した後，乙の進路を避けるため転舵または減速して航行する。【法第13条，法第18条第1項，予防法第16条，予防法第17条第1～3項，予防法第34条第1項および第5項】

解答79　甲動力船の航法：甲は航路航行船なので
- 乙の動静に注意しながら，針路・速力を保持してそのまま進行する。
- 乙が避航の様子がなく接近するようであれば，急速に短音5回以上の警告信号を行う。
- それでも乙が接近し，衝突のおそれを生じた場合は，機関を使用して行脚を停止するなどの衝突回避のための最善の協力動作をとる。この場合，転舵または機関を後進にかけているときは所定の操船信号を行う。

乙動力船の航法：甲は航路航行船であるため，乙は甲の進路を避けなければならないので
- 減速または停止して甲の通過を待つ。

- 避航の動作は明らかにわかるよう大幅に行う。
- 甲が通過した後，注意して航行する。【法第13条第1項，予防法第16条，予防法第17条第1～3項，予防法第34条第1項および第5項】

解答80 (1) 航路外から航路に入り，または航路から航路外に出ようとする船舶は，航路を航行する他の船舶の進路を避けなければならない。【法第13条第1項】

(2) A丸は保持船として次の処置をとる。
- B丸の動静に注意しながら，針路・速力を保持してそのまま進行する。
- B丸が避航の様子がなく接近するようであれば，急速に短音5回以上の警告信号を行う。
- それでもB丸が接近し，衝突のおそれを生じた場合は，機関を使用して行脚を停止するなどの衝突回避のための最善の協力動作をとる。この場合，転舵または機関を後進にかけているときは所定の操船信号を行う。

【法第13条第1項，予防法第17条第1～3項，予防法第34条第1項および第5項】

解答81 (1) 航路外から航路に入り，または航路から航路外に出ようとする船舶は，航路を航行する他の船舶の進路を避けなければならない。【法第13条第1項】

(2) A動力船：保持船として次の処置をとる。
- Bの動静に注意しながら，針路・速力を保持してそのまま進行する。
- Bが避航の様子がなく接近するようであれば，急速に短音5回以上の警告信号を行う。
- それでもBが接近し，衝突のおそれを生じた場合は，機関を使用して行脚を停止するなどの衝突回避のための最善の協力動作をとる。この場合，転舵または機関を後進にかけているときは所定の操船信号を行う。

B動力船：航路航行船であるAの進路を避けなければならないので
- 減速または停止してAの通過を待つ。
- 避航の動作は明らかにわかるよう大幅に行う。
- Aが通過した後，注意して航行する。【法第13条第1項，予防法第16条，予防法第17条第1～3項，予防法第34条第1項および第5項】

解答82 (1) 汽船が港の防波堤の入口または入口付近で他の汽船と出会うおそれのあるときは，入航する汽船は，防波堤の外で出航する汽船の進路を避けなければならない。【法第15条】

(2) A動力船：出航汽船優先となるので
- Bの動静に注意しながら，針路・速力を保持してそのまま進行する。
- Bが避航の様子がなく接近するようであれば，急速に短音5回以上の警告信号を行う。
- それでもBが接近し，衝突のおそれを生じた場合は，機関を使用して行脚を停止するなどの衝突回避のための最善の協力動作をとる。この場合，転舵または機関を後進にかけているときは所定の操船信号を行う。

B動力船：Aの進路を防波堤の外で避けなければならないので
- 防波堤の外でAの出航を待つ。
- 避航の動作は明らかにわかるよう大幅に行う。
- 転舵および機関の使用においては所定の信号を行う。【法第15条，予防法第16条，予防法第17条第1～3項，予防法第34条第1項および第5項】

解答83 船舶交通が著しく混雑する特定港の港内を航行中の小型船および汽艇等以外の船舶【法

第18条第3項，則第8条の3および第8条の4】

　　A丸の航法：A丸は小型船であるから，国際信号旗の数字旗の1を掲げた船舶の進路を避けなければならない。【法第18条第2項】

解答84　(1) A動力船。数字旗の1。図6.16（485ページ）【法第18条第3項，則第8条の4】

(2) Aは，Bの動静に注意しながら，針路・速力を保持して進行する。

　　Bに避航の様子がなく接近するようであれば，急速に短音5回以上の警告信号を行う。

　　それでもBが接近して衝突のおそれを生じた場合は，機関を使用して行脚を停止するなどの衝突回避のための最善の協力動作をとる。この場合，転舵または機関を後進にかけているときは所定の操船信号を行う。

【法第18条第2項，予防法第17条第1～3項，予防法第34条第1項および第5項】

解答85　(1) A船が避航船。理由：両船ともに航路外から航路に入ろうとしている動力船で，ともに総トン数500トンを超えているので，港則法に航法規定はない。したがって，海上衝突予防法の横切り船の航法が適用され，B船を右舷に見るA船が避航船となる。【予防法第15条第1項】

(2) B船が避航船。理由：B船は総トン数250トンであるから，船舶交通が著しく混雑する特定港において「小型船」に該当する。したがって，小型船であるB船はA船の進路を避けなければならない。【法第18条第2項】

解答86　（4つ解答）京浜港，千葉港，名古屋港，四日市港，阪神港，関門港【法第18条第2項，則第8条の3】

解答87　(1) 港の境界外で港長の指揮を受けなければならない。【法第21条第1項】

(2) 港長の指定した場所でなければ停泊してはならない。【法第22条】

(3) 港長の許可を受けなければならない。【法第23条】

解答88　(1) 港内においては，船舶はみだりに汽笛またはサイレンを吹鳴してはならない。【法第28条】

(2) 何人も，港内または港の境界付近における船舶交通の妨げとなるおそれのある強力な灯火をみだりに使用してはならない。【法第36条第1項】

(3) 散乱するおそれのある物が水面に脱落するのを防ぐため必要な措置をしなければならない。【法第24条第2項】

解答89　船舶交通の妨げとなるおそれのある港内の場所においては，みだりに漁ろうをしてはならない。【法第35条】

解答90　油送船の付近【法第37条第1項】

解答91　①整とん【法第1条】　②危険【法第16条第1項】　③防波堤の外【法第15条】　④荷卸【法第23条第1項】　⑤漁ろう【法第35条】

解答92　(1) 燃料，食料，清水，医薬品，船用品その他の航海に必要な物品が積み込まれていること。【法第8条，則第2条の2第4号】

(2) 気象通報，水路通報その他の航海に必要な情報が収集されており，それらの情報から判断して航海に支障がないこと。【法第8条，則第2条の2第6号】

解答93　● 船舶が港を出入するとき。

● 船舶が狭い水路を通航するとき。

- その他船舶に危険のおそれがあるとき。【法第10条】

解答94 (1) 船長は，互いに人命および船舶の救助に必要な手段を尽くさなければならない。

(2) 船舶の名称，所有者，船籍港，発航港および到達港を告げなければならない。【法第13条】

解答95 やむを得ない事由により自船が救助に赴くことができない旨を付近にある船舶に通報する。

他の船舶が救助に赴いていることが明らかでないときは，遭難船の位置その他救助のために必要な事項を海上保安機関または救助機関に通報しなければならない。【法第14条，則第3条第2項】

解答96 （4つ解答）暴風雨，流氷，異常な海象もしくは地象，漂流物（船舶の航行に危険なもの），沈没物（船舶の航行に危険なもの）【法第14条の2】

解答97 国土交通大臣に航行に関する報告をしなければならない。《この報告をしようとするときは，遅滞なく，最寄りの地方運輸局などの事務所ならびに国土交通大臣の事務を行う市町村長に対し第四号書式による報告書を提出する。》【法第19条，則第14条】

解答98 （4つ解答）【法第19条第1項第2～6号】
- 人命または船舶の救助に従事したとき。
- 無線電話で知ったときを除いて，航行中他の船舶の遭難を知ったとき。
- 船内にあるものが死亡し，または行方不明になったとき。
- 予定の航路を変更したとき。
- 船舶が抑留され，または捕獲されたとき，その他船舶に著しい事故があったとき。

解答99 （4つ解答）【法第21条】
- 職務を怠り，または他の乗組員の職務を妨げないこと。
- 船長の指定する時までに船舶に乗り込むこと。
- 船長の許可なく船舶を去らないこと。
- 船長の許可なく救命艇その他の重要な属具を使用しないこと。
- 船内の食料または淡水を濫費しないこと。
- 船長の許可なく電気もしくは火気を使用し，または禁止された場所で喫煙しないこと。
- 船長の許可なく日用品以外の物品を船内に持ち込み，または船内から持ち出さないこと。
- 船内において争闘，乱酔その他粗暴の行為をしないこと。
- その他船内の秩序を乱すようなことをしないこと。

解答100 (1) 船長【法第50条第2項】

(2) 船員手帳の余白がなくなったときまたは船員手帳の有効期間が経過したとき。地方運輸局長などに申請する。【法第50条第3項，則第34条第1項】

(3) 交付，再交付または書換えを受けたときから10年間。ただし，航海中にその期間が経過したときは，その航海が終了するまで。【則第35条第1項】

解答101 (3)《安全担当者は，船舶所有者が船長の意見を聞いて，海員のなかから選任する。》【法第2条第1項】

解答102 (1) 作業設備および作業用具の点検および整備に関する業務を行う。

(2) 発生した災害の原因の調査に関する業務を行う。

(3) 作業の安全に関する教育および訓練に関する業務を行う。【法第5条第1，4，5号】

解答 103　作業設備，作業方法などについて安全管理に関する改善意見を船長を経由して申し出ることができる。【法第6条第1項】

解答 104　防火性のふた付き容器に収めるなど，これを安全に処理しなければならない。【法第22条】

解答 105　(3)【法第28条】

解答 106　機関室，調理室など高温または多湿の状態にある船内の作業場。【法第33条】

解答 107　(ア) 火気の使用　(イ) 喫煙　(ウ) 火花　(エ) 高温となって点火源　(オ) 剥離したくず　(カ) 消火器具【法第47条】

解答 108　(1) ア　(2) イ【法第51条第1項第1号】

解答 109　(1) 床面から2m以上の高所であって，墜落のおそれのある場所。【法第51条第1項】
(2) 保護帽および命綱または安全ベルトを使用させなければならない。【法第51条第1項第1号】
(3) ボースンチェアを使用するときは，機械の動力によらせないこと。【法第51条第1項第2号】

解答 110　(1) 作業に従事する者に命綱または作業用救命胴衣を使用させなければならない。
(2) 作業場所の付近に，救命浮環などの直ちに使用できる救命器具を用意しておかなければならない。
(3) 船体の動揺または風速が著しく大である場合。【法第52条】

解答 111　(3)【法第74条第4号】

解答 112　排出された油または有害液体物質等の防除，消火，延焼の防止などの措置を講じることができるように常時備えると共に，当該措置を適確に実施することにより，海洋汚染および海上災害の防止に努めなければならない。【法第2条第2項】

解答 113　船舶の損傷その他やむを得ない原因により油が排出された場合において引き続く油の排出を防止するための可能な一切の措置をとったときの当該油の排出。【法第4条第1項】

解答 114　船舶の安全を確保し，または人命を救助するための油の排出。【法第4条第1項】

解答 115　(ア) 濃度　(イ) 排出方法　(ウ) 有害液体物質　(エ) 海上保安機関
【法第4条第2項，第38条第7項】

解答 116　(4)《貨物艙原油洗浄設備とは，原油により貨物艙を洗浄する設備のこと。》
【法第5条第1項，第2項，第3項】

解答 117　(1)【法第8条第2項，則第12条】

解答 118　(3)【法第8条第3項】

解答 119　船長は，油記録簿をその最後の記載をした日から3年間船内に保管しなければならない。【法第8条第3項】

解答 120　(1) 船舶内にある船員その他の者の日常生活に伴い生ずるごみまたはこれに類する廃棄物その他の政令で定める廃棄物をいう。
(2) 船舶内に備え置き，または掲示しておかなければならない。【法第10条の3】

解答 121　(3)

第Ⅳ部

英　語

第1章

海事英語

　安全に航海するためには，AISや操船信号だけでなく，他船との通話が必要である。海上輸送にあっては，沿岸にあっても多くの国籍の船舶が航行しており，それらと通話するためには英語での通話が欠かせない。ここでは，船舶間の航行に関する英語を説明する。

1.1　用語

　□ COLREGs：海上における衝突の予防のための国際規則, the International Regulations for Preventing Collisions at Sea.

(1) 船舶
　□ power-driven vessel：動力船
　□ sailing vessel：帆船
　□ vessel engaged in fishing：漁労に従事している船舶
　□ seaplane：水上航空機
　□ vessel not under command：運転不自由船
　□ vessel restricted in her ability to maneuver：操縦性能制限船
　□ vessel constrained by her draft：喫水制限船
　□ container ship：コンテナ船
　□ cargo ship：貨物船
　□ PCC：自動車専用船, pure car carrier
　□ tanker：タンカー，油槽船
　□ bulker：ばら積み船, bulk carrier
　□ VLCC：大型原油タンカー, very large crude oil carrier

(2) 見合い関係（図1.1）
　□ same way vessel：同航船
　□ giving way vessel：避航船
　□ meeting vessel：反航船
　□ overtaking vessel：追越し船

□ standing on vessel：保持船
□ crossing vessel：横切り船

(3) 航海灯など（図1.2）
□ masthead light：マスト灯
□ side light：舷灯
□ stern light：船尾灯
□ towing light：引き船灯
□ all-round light：全周灯
□ flashing light：閃光
□ restricted visibility：視界制限状態

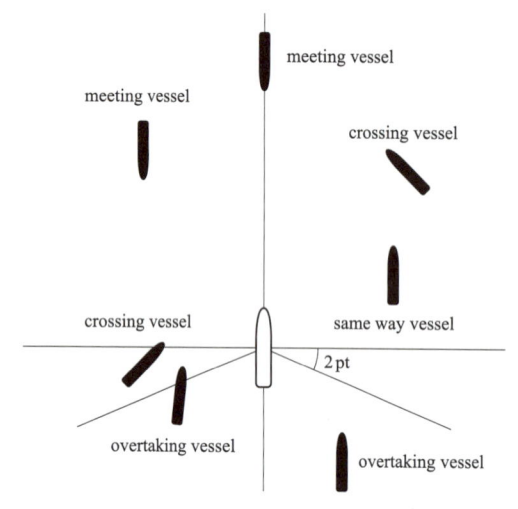

図1.1　見合い関係

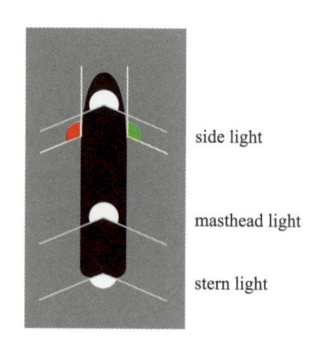

図1.2　航海灯

(4) 信号
□ whistle：汽笛
□ short blast：単音（・）
□ prolonged blast：長音（—）
□ one short blast / one flash：右転（・）
□ two short blasts / two flashes：左転（・・）
□ three short blasts / three flashes：後進出力（・・・）
□ two prolonged blasts followed by one short blast：右舷追越し（— — ・）
□ two prolonged blasts followed by two short blasts：左舷追越し（— — ・・）
□ one prolonged, one short, one prolonged and one short blast：同意（— ・ — ・）

(5) 方位，針路，速力
□ cardinal points：北，東，南，西，North, East, South, West
□ inter cardinal points：北東，南東，南西，北西，North-East, South-East, South-West,

North-West
- course：針路
- full speed：全速力
- heading：現在の針路
- leeway：リーウェイ，圧流
- safe speed：安全速力
- present speed：現在の速力
- track：航路
- underway：航海中
- way point：変針点

(6) 航路標識
- seamark：航路標識
- light house：灯台
- buoy：ブイ，浮標
- safe water buoy：安全水域標識（図 1.3）
- lateral buoy：側面浮標（図 1.4）
- cardinal buoy：方位標識（図 1.6）
- isolated danger mark：孤立障害標識（図 1.5）
- off station (of buoys)：（浮標が）海図位置にない
- unlit：消灯

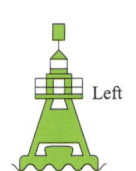

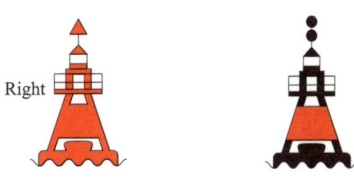

図 1.3　Safe water buoy　　図 1.4　Lateral buoys　　図 1.5　Isolated danger buoy

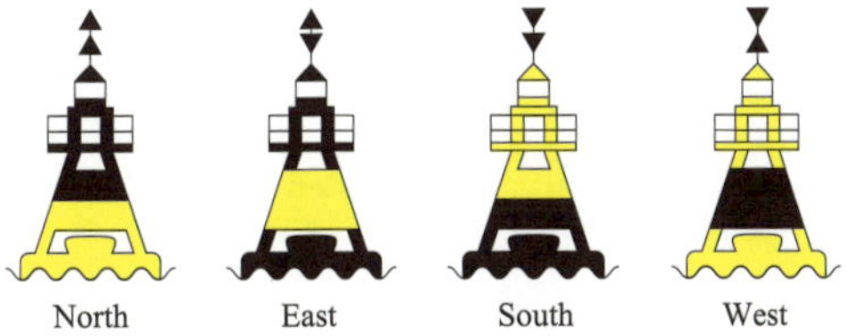

図 1.6　Cardinal buoys

(7) 港，航路など
- breakwater：防波堤
- destination：目的港，仕向港
- fairway：水路

- fairway speed：航路制限速力
- reporting point：通報地点
- separation zone / line：分離帯 / 線
- traffic lane：通航路
- VTS：航行管制，vessel traffic service
- TSS：通航分離方式，traffic separation schemes
- VTS-area：VTS 海域
- transit：（狭水道等の）通過
- transit speed：（狭水道等の）通過速力

1.2　通話

1.2.1　通話相手の特定

通話する前に，通話したい相手を特定する必要がある。

(1) AIS による特定

AIS 搭載船であれば，その表示データから相手船を特定する。
- コールサイン JFMC の船　　Vessel call sign Juliett Foxtrot Mike Charlie.
- パナマ船籍チャレンジャー　　Panamanian vessel Challenger.

(2) 相対位置による特定

本船との相対位置によって指定する。ただし，多数の船舶が存在する場合には，より詳細な指定が必要である。図 1.7 に本船から見た方位の表現を示す。

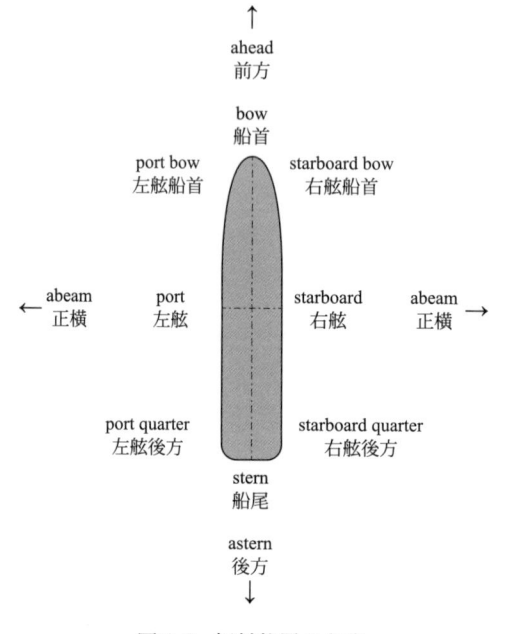

```
                    ↑
                  ahead
                   前方

                   bow
                   船首
       port bow         starboard bow
       左舷船首          右舷船首

  abeam    port         starboard    abeam
← 正横    左舷          右舷         正横 →

       port quarter     starboard quarter
       左舷後方         右舷後方

                  stern
                  船尾

                  astern
                  後方
                    ↓
```

図 1.7　相対位置の名称

□ 本船右舷前方の横切り船舶。　Crossing vessel on my starboard bow.
□ 本船左舷船首方向の反航船。　Meeting vessel on my port head.
□ 本船左舷側の黒い船体のタンカー。　Black hull oil tanker on my port side.
□ こちらは貴船の船首方向 1′ を南航中の日本丸です。
　This is the south bound vessel Nippon Maru one mile ahead of you.

(3) 相対の現在位置による特定
　□ 1番ブイ付近を北上中の船舶。　North bound vessel around No.1 buoy.
　□ 室戸岬南方 5′ を東航中の船舶。　East bound vessel 5 miles south of Murotozaki.

(4) 本船の動作による特定
　□ こちらは日本丸です。いま貴船に対し発光信号を送っています。
　　This is Nippon Maru, flashing you now.
　□ こちらは日本丸です。いま貴船に対し汽笛を鳴らしています。
　　This is Nippon Maru, sounding you now.

1.2.2　航行に関する通話例

(1) 行会い，横切り関係
　□ 右舷対右舷　Green to green. / Starboard to starboard.
　□ 左舷対左舷　Red to red. / Port to port.
　□ 本船の針路を横切らないでください。　Do not pass ahead of me.
　□ 貴船の船尾を航過します。　I will pass astern of you.
　□ 貴船の船首を航過します。　I will pass ahead of you.

(2) 追越し関係
　□ 追い越さないでください。　Do not overtake me.
　□ 右舷を追い越してください。　You may overtake on my starboard side.
　□ 左舷を追い越してください。　You may overtake on my port side.

(3) 変針
　□ 針路を右に変えています。　I am altering my course to starboard.
　□ 針路を左に変えています。　I am altering my course to port.
　□ 本船は右に変針できません。　I cannot alter course to starboard.
　□ 本船は左に変針できません。　I cannot alter course to port.

(4) 増減速
　□ エンジンを停止します。　I will stop engine.
　□ 本船は増速中です。　I am increasing speed.
　□ 本船は減速中です。　I am reducing speed.
　□ 本船は運転不自由です。　I am not under command.

(5) 航行情報

- 本船の針路は 165 度です。　My present course is 165 degrees.
- 本船の速力は 14.5 ノットです。　My present speed is 14.5 knots.
- 本船の目的地は神戸です。　My destination is Kobe.
- 本船は伊良湖水道航路入口に向かって航行しています。
   I am proceeding for the entrance of IRAGO Suido traffic route.
- 本船は間もなく貴船の前方に錨を入れます。　I will anchor ahead of you.
- 貴船の針路は何度ですか。　What is your present course?
- 貴船の速力はいくらですか。　What is your present speed?
- 貴船の仕向港はどこですか。　What is your destination?
- 本船の積荷は鋼材です。　My cargo is steel material.

1.2.3　通話手順

日本丸と Challenger 号の国際 VHF 電話通話手順を示す（表 1.1）。第 II 部 8.3.2 一般通信も参照されたい。

表 1.1　国際 VHF 電話の通話手順

自船 Nippon Maru（呼出）	相手船 Challenger（応答）	Ch
Challenger, … (≤ 3 times), This is Nipponn Maru. Change channel to 06	Nippon Maru, (≤ 3 times), This is Challenger. This is Challenger, Ch 06.	16 16 → 06
Challenger (≤ 3 times), This is Nipponn Maru. How do you read me?, over.	Nippon Maru, (≤ 3 times), This is Challenger. I read you good, over.	06 06
Conversation …	Conversation …	06
Challenger, This is Nippon Maru, out.	Channel one six, out.	06 → 16

第Ⅴ部

その他

第1章

資料

1.1 航海当直基準（甲板部に係る部分）

I 総則

1 この告示は，1995年に改正された1978年の船員の訓練及び資格証明並びに当直の基準に関する国際条約の規定に準拠して，航行中の当直及び停泊中の当直（以下「航海当直」という。）を実施するときに遵守すべき基本原則を定めるものとする。

2 航海当直の実施に当たっては，次に掲げる事項に十分に配慮すること。

(1) 当該船舶及び周囲の状況に応じて適切に航海当直を実施することができるような当直体制をとること。

(2) 航海当直中の者の能力が疲労により損なわれることがないこと。

(3) 航海当直をすべき職務を有する者が十分に休養し，かつ，適切に業務を遂行することができる状態とするために，次に掲げる事項を確保すること。

一 人命，船舶若しくは積荷の安全を図るため又は人命若しくは他の船舶を救助するため緊急を要する作業，防火操練，救命艇操練等その他これらに類似する作業その他の船舶の航海の安全を確保するための作業に従事する場合を除いて，船員（船員法第65条の3第3項第2号に規定する船舶に乗り組む船員を除く。）に与える休息時間（以下単に「休息時間」という。）は，24時間について10時間以上とし，1週間について77時間以上としなければならない。

二 休息時間は，14時間を超えない間隔で与えなければならない。

三 休息時間は，24時間について3回以上に分割して与えてはならない。

四 休息時間を24時間について2回に分割して与える場合にあっては，休息時間のうち，いずれか長い方の休息時間を6時間以上としなければならない。

五 三の規定にかかわらず，休息時間は，1週間のうち2日を限度として，24時間について3回に分割して与えることができる。この場合において，最も長い休息時間は6時間以上とし，残る2回の休息時間は，いずれも1時間以上としなければならない。

六 一の規定にかかわらず，休息時間は，連続した2週間を限度として，1週間について70時間以上77時間未満とすることができる。この場合において，休息時間を1週間について70時間以上77時間未満とした期間が終了する翌日から起算して当該期間の2倍の期間が経過する日までの間は，休息時間を1週間について77時間以上としなければならない。

(4) 船長は，船内に帳簿を備え置いて，休息時間に関する事項を記載しなければならない。
(5) 航海当直をすべき職務を有する者が，酒気を帯びていないこと。
(6) 船長は，航海当直予定表を定め，これを船員室その他の適当な場所に掲示しておくこと。
(7) 航海当直中の者に航海当直以外の業務に従事させることにより航海当直に支障が生ずることがないようにすること。
(8) 船長は，各部の長が航海に必要な物品を決定するに際し，その協議に応ずること。

II 航行中の当直基準

1 甲板部における当直基準

(1) 一般原則

一 船長は，次に掲げる事項を十分に考慮して甲板部の当直体制を確保すること。

(一) 適切な見張りを確保すること。

(二) 船橋を無人の状態にしないこと。

(三) 航海当直中の者のうち少なくとも一人は，6級海技士（航海）又はこれより上級の海技免状を有する者であること。ただし，漁船については，この限りでない。

(四) 気象，海象，視界，昼間と夜間との区別及び航海当直を行う職員の任務に影響を及ぼす航路障害物の接近等の状況

(五) レーダー，衛星航法装置等の航行援助装置その他の航行の安全に関係のある装置の使用状況及び作動状況

(六) 自動操舵装置の備付けの有無

(七) 操船上及び構造上の特性

(八) 交通のふくそう状況等の特殊な航行状況及び分離通行方式等の通行方式が当直に及ぼす影響

二 甲板部の当直を行う職員は，次に掲げるところにより当直を維持すること。

(一) 当直中，予定する針路を確保するために，利用することができる航行援助装置等の使用により，船舶の位置，針路及び速力を確認すること。

(二) 船内の安全設備及び航海設備の設置場所，操作方法及び停止距離その他の操縦性能等について精通していること。

(三) 航海設備を効果的に使用するとともに，必要に応じて操舵装置，機関及び音響による信号を的確に使用すること。

(四) 船橋において当直を行い，常に適切な見張りが行われることを確保すること。

(五) 船長が船橋にいる場合にあっても，船長が当直を引き受けることを相互の間で明確に確認するまでは，当該当直に係る責任を有するものとして，当直を行うこと。

(六) 船舶に備えられている航行設備の作動状況を，可能な限り頻繁に点検しなければならない。

(七) 航海の安全に関して疑義がある場合には，船長にその旨を連絡すること。さらに，必要に応じて，ためらわず緊急措置をとること。

(八) 船舶の航行に関して適切に記録すること。

(2) 見張りに関する原則

一　船長及び甲板部の当直を行う者は，次に掲げる事項を十分に考慮して見張りを維持すること。
　　　（一）見張りは，船舶の状況及び衝突，乗揚げその他の航海上の危険のおそれを十分に判断するために適切なものであること。
　　　（二）見張りの任務には，遭難船舶，遭難航空機，遭難者等の発見が含まれること。
　　　（三）見張りを行う者の任務と操舵員の任務とは区別されるものとし，操舵員は，操舵中にあっては，見張りを行う者とみなされてはならないこと。ただし，操舵位置において十分に周囲の見張りを行うことができる小型の船舶において，夜間における灯火等による視界の制限その他の見張りに対する障害のない場合は，この限りでない。
　　二　甲板部の当直を行う職員は，単独で見張りを行ってはならないこと。ただし，船舶の状況，気象，視界及び船舶交通のふくそうの状況，航海上の危険のおそれ，分離通行方式等について十分に考慮して，航海の安全に支障がないと考えられ，かつ船舶の状況が変化した場合に必要に応じ補助者を直ちに船橋へ呼び出すことができる場合は，この限りでない。
(3)　当直の引継ぎに関する原則
　　一　当直を引き継ぐ職員は，次に掲げるところにより当直を引き継ぐこと。
　　　（一）適切に当直を引き継ぐまで船橋を離れないこと。
　　　（二）引継ぎを受ける職員が明らかに当直を行うことができる状態ではないと考えられる場合には，当直を引き継がず，かつ，船長にその旨を連絡すること。
　　　（三）引継ぎを行う際に，危険を避けるための動作がとられている場合には，当該動作が終了するまで引き継ぎを行ってはならないこと。
　　二　当直の引継ぎを受ける職員は，次に掲げるところにより当直の引継ぎを受けること。
　　　（一）自己の視力が明暗の状況に十分順応するまでの間は，当直の引継ぎを受けてはならないこと。
　　　（二）引継ぎに際し，次の事項について確認すること。
　　　　　イ　船舶の航行に関する船長の命令及び指示事項
　　　　　ロ　予定する進路
　　　　　ハ　船舶の位置，針路，速力及び喫水
　　　　　ニ　気象，海象及びこれらが針路及び速力に及ぼす影響
　　　　　ホ　航行設備及び安全設備の作動の状態
　　　　　ヘ　コンパスの誤差
　　　　　ト　付近にある船舶の位置及び動向
　　　　　チ　当直中遭遇することが予想される状況及び危険
(4)　船長は，船舶が防波堤等に囲われていないびょう地にびょう泊している場合には，船舶の安全を図るため必要と認める場合は，当直を維持すること。

Ⅲ　停泊中の当直基準
1　船長（2に規定する船長を除く。）は，船舶が港内において通常の状況の下に安全に係留し，又はびょう泊している場合にあっても，緊急事態の発生等船舶の安全を確保する必要が生じた際に適切かつ有効な当直体制がとれるよう措置すること。

2　危険物船舶運送及び貯蔵規則（昭和32年運輸省令第30号）第2条第1号に掲げる危険物又は同条第1号の2に掲げるばら積み液体危険物（その船舶において使用されるものを除く。以下「危険貨物」という。）を運送している船舶の船長は，甲板部及び機関部における適切な当直を維持すること。さらに，危険貨物をばら積み以外の方法で運送している船舶の船長は，積載している危険貨物の性質，量，包装及び積付けの状況並びに船内，海上及び陸上の状況を十分に考慮すること。

3　甲板部における当直基準
(1)　船長は，人命，船舶，積荷，港内の安全及び環境の保護を十分に考慮して甲板部の当直体制を確保すること。
(2)　当直を行う職員は，次に掲げるところにより当直を維持すること。
　一　適当な間隔をおいて船内を巡視すること。
　二　次に掲げる事項に留意すること。
　　イ　げん梯，係留索及びびょう鎖の状態
　　ロ　船舶の傾斜，喫水及び水深
　　ハ　気象及び海象
　　ニ　船内にある者の数
　　ホ　船内の閉鎖された場所等にある者の数
　　ヘ　必要に応じた信号の使用
　三　人命，船舶，積荷，港内の安全及び環境を保護するために適切な措置をとること。
　四　非常事態の発生等船舶の安全を確保する必要が生じた場合には，船長に通報し，必要に応じて陸上機関又は他の船舶に援助を要請するとともに緊急措置をとること。
　五　プロペラを回転させる場合において，事故を防止するために必要な措置をとること。
　六　船舶の停泊に関して適切に記録すること。
(3)　当直を引き継ぐ職員は，次に掲げるところにより当直を引き継ぐこと。
　一　引継ぎを受ける職員が明らかに当直を行うことができる状態ではないと考えられる場合には，当直を引き継がず，かつ，船長にその旨を連絡すること。
　二　引継ぎを受ける職員に次に掲げる事項を知らせること。
　　イ　潮汐，係留索の状態その他の係留及びびょう泊に関し必要な事項
　　ロ　主機関の状態
　　ハ　船内で実施されている作業，荷役の状態
　　ニ　使用されている信号
　　ホ　船内にある者の数及びその所在
　　ヘ　船内の閉鎖された場所等にある者の数
　　ト　消火設備の状態
　　チ　船長の命令及び指示事項
　　リ　緊急事態の発生等船舶の安全を確保する必要が生じた際及び環境汚染が発生した際の陸上機関との通信連絡方法
　　ヌ　イからリに掲げるほか，人命，船舶，積荷，港内の安全及び環境を保護するために必要な事項

（4）当直の引継ぎを受ける職員は，次に掲げる事項について確認すること。
　一　係留索及びびょう鎖の状態が適切であること。
　二　信号の使用が適切であること。
　三　一及び二に掲げるほか，人命，船舶，積荷，港内の安全及び環境を保護するために必要な事項

1.2　国際信号旗およびモールス符号

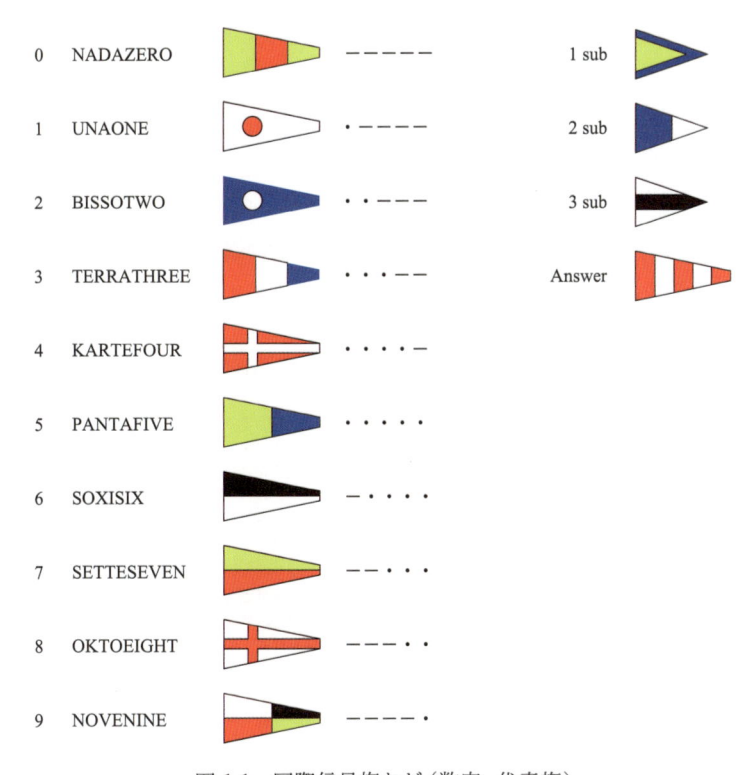

数字	名称	旗	モールス符号
0	NADAZERO		-----
1	UNAONE		·----
2	BISSOTWO		··---
3	TERRATHREE		···--
4	KARTEFOUR		····-
5	PANTAFIVE		·····
6	SOXISIX		-····
7	SETTESEVEN		--···
8	OKTOEIGHT		---··
9	NOVENINE		----·

1 sub	
2 sub	
3 sub	
Answer	

図 1.1　国際信号旗など（数字，代表旗）

文字	呼称	読み	モールス	意味
A	Alpha	アルファ	・−	私は潜水夫をおろしている。微速で十分避けよ。
B	Bravo	ブラボー	−・・・	私は危険物を荷役中または運送中である。
C	Charlie	チャーリー	−・−・	Yes（はい）。
D	Delta	デルタ	−・・	私を避けよ。私は操縦が困難である。
E	Echo	エコー	・	私は針路を右に変えている。
F	Foxtrot	フォックストロット	・・−・	私は操縦できない。私と通信せよ。
G	Golf	ゴルフ	−−・	私は水先人がほしい。私は揚網中である（漁場で接近して操業している漁船で）。
H	Hotel	ホテル	・・・・	私は水先人を乗せている。
I	India	インディア	・・	私は針路を左に変えている。
J	Juliett	ジュリエット	・−−−	私は火災中で，危険貨物を積んでいる。私を十分避けよ。
K	Kilo	キロ	−・−	私はあなたと通信したい。
L	Lima	リマ	・−・・	あなたはすぐに停船されたい。
M	Mike	マイク	−−	本船は停船している。行き足はない。
N	November	ノベンバー	−・	No（いいえ）。
O	Oscar	オスカー	−−−	人が海中に落ちた。
P	Papa	パパ	・−−・	本船は出港しようとしているので全員帰船されたい（港内で）。本船の漁網が障害物にひっかかっている（洋上の漁船で）。
Q	Quebec	ケベック	−−・−	本船は健康である。検疫上の交通許可を求める。
R	Romeo	ロメオ	・−・	
S	Siera	シエラ	・・・	本船は機関を後進にかけている。
T	Tango	タンゴ	−	本船を避けよ。本船は2艘引きのトロールに従事中である。
U	Uniform	ユニフォーム	・・−	あなたは危険に向かっている。
V	Victor	ビクター	・・・−	私は援助がほしい。
W	Whiskey	ウィスキー	・−−	私は医療の援助がほしい。
X	X-ray	エクスレイ	−・・−	実施を待って，そして私の信号に注意せよ。
Y	Yankee	ヤンキー	−・−−	本船は走錨中である。
Z	Zulu	ズールー	−−・・	私は引き船がほしい。私は投網中である（漁場で接近して操業している漁船で）。

図1.2 国際信号旗など（アルファベット）

第2章

海技試験

海技試験四級の出題範囲と本書の掲載ページを示す。※印のあるものは口述試験の対象範囲で、筆記試験では出題されない。

表2.1 航海に関する科目

試験科目	試験科目の細目	ページ
1 航海計器	(1) 磁気コンパス	107
	(ア) 自差の原因及び変化	
	(イ) 自差の測定	
	トランシットによる測定，太陽による測定	
	(ウ) 原理及び取扱い	
	(2) ジャイロコンパス	114
	(ア) 誤差の修正	
	(イ) 誤差の測定	
	(ウ) 原理及び取扱い	
	(3) 次の航海計器の取扱い	
	● 操舵制御装置	131
	● 方位鏡	119
	● 音響測深機	124
	● ログ	121
	● 六分儀	113
	● 衛星航法装置	102
	● レーダー	85
	● 自動衝突予防援助装置	99
	● 船舶自動識別装置	104
2 航路標識	(1) 灯光，形象及び彩色によるもの	35
	(2) 音響によるもの	42
	(3) その他の航路標識	42
	(4) 電波によるもの	41

（次ページへ続く）

(航海 続き)

試験科目	試験科目の細目	ページ
※3 水路図誌	(1) 海図 　　種類, 海図図式, 取扱い, 小改正	25
	(2) 水路書誌等の利用 　　水路誌, 灯台表, 水路図誌目録, 水路通報, 無線航行警報, 船舶の航路情報	33
4 潮汐及び海流	(1) 潮汐に関する用語 　　月潮間隔, 大潮, 小潮, 平均水面, 最低水面, 最高水面, 日潮不等, 潮時, 潮高, 潮時差, 潮高比	60
	(2) 潮汐表の使用法	62
	(3) 日本近海の潮流の激しい場所及びその場所における流向, 流速	19, 62
	(4) 日本近海の主要海流の名称, 流向及び流速	58
5 地文航法	(1) 距等圏航法, 中分緯度航法及び流潮航法	43
	(2) 地上物標による船位の測定 　　クロス方位法, 四点方位法, 船首倍角法, 方位線の転位による方法, 方位距離法	50
	(3) 針路改正	—
	(4) 海図による船位, 針路及び航程の求め方	50
	(5) 避険線の選定	57
6 天文航法	天体による船位の測定	
	(ア) 太陽子午線高度緯度法	78
	(イ) 北極星緯度法	80
	(ウ) 太陽による船位の測定	—
7 電波航法	レーダー, 及び衛星航法装置による船位の測定	89
8 航海計画	(1) 航路の選定及び図示（航路指定の一般通則に基づく航路の選定を含む。）	15
	(2) 次の水域における航海計画	
	(ア) 狭水道及び浅い水域	—
	(イ) 狭視界	—
	(ウ) 潮汐の影響の強い水域	—
	(エ) 分離通航方式	—
	(オ) 氷海及び流氷海域	—
	(カ) 海上交通サービス（VTS）海域	—

(航海 終わり)

表 2.2 運用に関する科目

試験科目	試験科目の細目	ページ
1 船舶の構造，設備，復原性及び損傷制御		
	(1) 船舶の主要な構造部材に関する一般的な知識及び船舶の各部分の名称 船舶の構造，船首材，船尾骨材，舵，外板，甲板，フレーム，ビーム，キール，ビルジキール，ハッチ	166
	(2) 船体要目 主要寸法，トン数	163
	※(3) 主要設備の取扱い及び保存手入れ 操舵装置，揚びょう装置，船内通信装置	176
	※(4) 主要属具の取扱い及び保存手入れ いかり，びょう鎖，チェーンストッパ	179
	(5) 入出渠及び入渠中の作業及び注意，船体の点検及び手入れ並びに塗料に関する一般的な知識	195
	(6) 復原性及びトリムに関する理論及び要素 重心，浮心，メタセンタ，GM，復原力，乾舷，動揺周期，喫水及びその読み方，満載喫水線の種類及びその標示，自由水が復原力に及ぼす影響	211
	(7) トリム及び復原性を安全に保つための措置	—
	(8) 区画浸水による影響及びこれに対応してとるべき措置	—
	(9) 復原性，トリム及び応力に関する図表	210
	※(10) 応力計算機の使用法	—
	※(11) 船舶の復原性に関する IMO の勧告についての基礎知識	—
2 当直	次の (ア) 及び (イ) を含む当直業務	
	(ア) 運輸省告示に示す甲板部における航海当直基準に関する事項	3
	(イ) 航海日誌	10
3 気象及び海象	(1) 気象要素 気温，気圧，風，湿度，露点，雲，降水，視程	217
	(2) 各種天気系の特徴 高気圧，低気圧，前線，気圧の谷，霧，突風，季節風，海陸風，代表的な地上天気図型	221
	(3) 地上天気図の見方及び局地的な天気の予測	235
	※(4) 高層天気図の見方	236
	(5) 暴風雨の中心及び危険区域の回避	251
	(6) 気象海象観測並びにその観測上の通報手順及び記録方式に関する知識 風，雲，風浪，うねり，水温，気温，気圧	238

(次ページへ続く)

（運用 続き）

試験科目	試験科目の細目	ページ
4 操船	（1）操船の基本	241
	舵及びスクリュープロペラの作用，操舵心得，速力，最短停止距離，旋回圏に関する用語，操船に及ぼす風，波及び流潮の影響，航過する船舶間の相互作用，側壁影響，損傷回避のための減速航行，操船上の推進機関の特徴	
	（2）一般運用	
	（ア）入出港	254
	（イ）岸壁の係留及び離岸	254
	（ウ）びょう泊，びょう地の選定，伸出びょう鎖長及び走びょう	261
	（エ）絡みいかりの解き方	264
	（オ）いかりの利用	―
	（カ）タグ使用上の注意	255
	（3）特殊運用	
	（ア）水先船に接近する場合における操船に関する基礎知識	―
	（イ）浅い水域，流氷海域，河川，河口等における操船に関する基礎知識	248
	（ウ）狭水道における操船	―
	（エ）狭視界及び荒天の場合における操船	249
	（オ）荒天時に救命艇又は救命いかだを降下する場合における操船上の注意	―
	（カ）救命艇等からの生存者の収容方法	―
	（キ）曳航	289
	曳航の方法，曳航中の注意	
	（ク）分離通航方式の利用に関する基礎知識	―
5 船舶の出力装置	（1）ディーゼル機関の作動原理の概要	―
	※（2）主機遠隔制御装置の取扱い	―
	※（3）船舶の補機に関する基礎知識	―
	発電機，ポンプ	
	※（4）船舶の機関に関する用語の一般的な知識	―
	暖機，ターニング装置，試運転，出力（kW，PS）	
6 貨物の取扱い及び積付け	（1）貨物，漁獲物，漁具，燃料の積付け及び保全（重量物，危険物及び固体ばら積み貨物の積付けに関する基礎知識を含む。）	―
	※（2）荷役装置及び属具の取扱い及び保存手入れ	265
	荷役装置，ロープ，ブロック，テークル	
	（3）ロープの強度及びテークルの倍力	268
	（4）危険物の運送中の管理（基礎的なものに限る。）	―
	（5）タンカーの安全に関する基礎知識	―
	（6）船内消毒	―

（次ページへ続く）

（運用 続き）

試験科目	試験科目の細目	ページ
7 非常措置	(1) 海難の防止 衝突, 乗揚げ, 転覆, 沈没, 火災, 浸水等の原因, 海難防止上の注意	273
	(2) 衝突の場合における措置	275
	(3) 乗揚げの場合における措置	277
	(4) 任意乗揚げの場合における事前の措置についての基礎知識	278
	(5) 救助船による引卸し（基礎知識に限る。）及び自力による引卸し	277
	(6) 浸水の場合における措置	280
	(7) 防水設備及び防水部署	280
	(8) 非常の場合における旅客及び乗組員の保護	—
	(9) 火災の場合における船舶の損傷の抑制及び船舶の救助	281
	(10) 船体放棄	—
	(11) 遭難船等からの人命の救助	283
	(12) 海中に転落した者の救助	283
	(13) 舵及び操舵装置故障の場合における措置	131
	(14) 海洋環境の汚染の防止及び汚染防止手順	463
※8 医療	(1) 災害防止	—
	(2) 救急措置（小型船医療便覧及び無線医療助言の利用を含む。）	—
※9 捜索及び救助	IMOの国際航空海上捜索救助マニュアル（IAMSAR）の利用に関する基礎知識	285
※10 船位通報制度	船位通報制度及び船舶交通業務（VTS）の運用指針及び基準に基づいた報告	285

（運用 終わり）

表 2.3 法規に関する科目

試験科目	試験科目の細目	ページ
1 海上衝突予防法, 海上交通安全法及び港則法並びにこれらに基づく命令	(1) 海上衝突予防法及び同法施行規則	329
	(2) 海上交通安全法及び同法施行規則	363
	(3) 港則法及び同法施行規則	405
2 船員法及びこれに基づく命令	(1) 船員法及び同法施行規則	433
	(2) 船員労働安全衛生規則	441
※3 船舶職員及び小型船舶操縦者法及び海難審判法並びにこれらに基づく命令	(1) 船舶職員及び小型船舶操縦者法並びに同法施行令及び同法施行規則	448
	(2) 海難審判法	449

（次ページへ続く）

（法規 続き）

試験科目	試験科目の細目	ページ
※4 船舶法及び船舶安全法並びにこれらに基づく命令		
	（1）船舶法及び同法施行細則	450
	（2）船舶安全法及びこれに基づく省令	452
	（ア）船舶安全法及び同法施行規則	452
	（イ）危険物船舶運送及び貯蔵規則	458
	（ウ）特殊貨物船舶運送規則	—
	（エ）海上における人命の安全のための国際条約等による証書に関する省令	459
	（オ）漁船特殊規則	—
5 海洋汚染等及び海上災害の防止に関する法律及びこれに基づく命令		
	海洋汚染等及び海上災害の防止に関する法律並びに同法律施行令及び同法律施行規則	463
※6 検疫法及びこれに基づく命令		
	検疫法及び同法施行規則	471
※7 国際公法	次の国際公法についての概要	
	（1）海上における人命の安全のための国際条約	473
	（2）船員の訓練及び資格証明並びに当直の基準に関する国際条約	473
	（3）船舶による汚染の防止のための国際条約	474

（法規 終わり）

表2.4　※英語に関する科目

試験科目	試験科目の細目	ページ
海事実務英語	（1）水路図誌，気象情報並びに船舶の安全及び運航に関する情報及び通報を理解し，かつ他船，海岸局又はVTSセンターと通信し，IMO標準海事通信用語集（IMO SMCP）を理解し，及び利用することができる程度	509
	（2）多言語を使用する乗組員とともに，船内業務を支障なく遂行できる程度	—

（英語 終わり）

参考文献

[1] 『航海訓練所シリーズ　読んでわかる三級航海航海編』（独）航海訓練所，成山堂書店，2013 年
[2] 『航海訓練所シリーズ　読んでわかる三級航海運用編』（独）航海訓練所，成山堂書店，2013 年
[3] 『乗船実習ワークブック』（独）航海訓練所，2010 年
[4] 『地文航法』長谷川健二，海文堂出版，1973 年
[5] 『磁気コンパスと自差修正』庄司和民・鈴木裕，成山堂書店，1983 年
[6] 『ECDIS 訓練テキスト』海技大学校 ECDIS 研究会，海文堂出版，2014 年
[7] 『ブリッジチームマネジメント―実践航海術』A.J. Swift，成山堂書店，2000 年
[8] 『実践航海術』関根 博，成山堂書店，2015 年
[9] 『航海造船学（二訂版）』野原威男原著・庄司邦昭著，海文堂出版，2010 年
[10] "The American Practical Navigator" Bowditch, DMA, 2002
[11] "RADAR and ARPA (2nd Edition)" Alan Bole / Bill Dineley / Alan Wall, 2005
[12] "Ship Stability for Masters and Mates (7th Edition)" C.B. Barrass / D.R. Derrett, Butterworth-Heinemann, 2012
[13] 『水路図誌使用の手引』海上保安庁，2014 年
[14] 『海図図式』海上保安庁，2015 年
[15] 『天測計算表』海上保安庁，2012 年
[16] 『灯台表 第 1 巻』海上保安庁
[17] 『潮汐表 第 1 巻』海上保安庁
[18] 『天測暦』海上保安庁，2015 年
[19] 『北海道水路誌』海上保安庁
[20] 『本州南・東岸水路誌』海上保安庁
[21] 『本州北西岸水路誌』海上保安庁
[22] 『瀬戸内海水路誌』海上保安庁
[23] 『九州沿岸水路誌』海上保安庁
[24] 『日本近海演習区域一覧図』海上保安庁
[25] 「新たな制度による船舶交通ルール」海上保安庁，2010 年，http://www.kaiho.mlit.go.jp/syoukai/soshiki/toudai/navigation-safety/pdf/panhu.pdf
[26] 「AIS への入力コード表」海上保安庁，http://www.kaiho.mlit.go.jp/10kanku//ais-kagoshima/pdf/zenkoku_code.pdf
[27] 海上保安庁，http://www1.kaiho.mlit.go.jp/KANKYO/KAIYO/qboc/kurosio-num.html
[28] 「海上保安庁所管航路標識基数表」燈光会，2020 年 3 月 31 日，http://www.tokokai.org/sign/sign14/
[29] 『船舶気象観測指針 改訂第 6 版』気象庁，2004 年
[30] 『天気と気象』ニュートンプレス，2011 年
[31] 「船舶向け天気図」気象庁，http://www.jma.go.jp/jmh/umiinfo.html
[32] 「台風の統計資料」気象庁，http://www.data.jma.go.jp/fcd/yoho/typhoon/statistics/index.html
[33] 「海上警報・予報」気象庁，http://www.jma.go.jp/jma/kishou/know/kurashi/umiyoho.html
[34] 「標準時間帯」CIA World Factbook, https://www.cia.gov/library/publications/the-world-factbook/graphics/ref_maps/physical/pdf/standard_time_zones_of_the_world.pdf

［35］「竜巻などの激しい突風とは」気象庁, http://www.jma.go.jp/jma/kishou/know/toppuu/tornado1-1.html
［36］日本小型船舶検査機構, http://www.jci.go.jp/areamap/index.html
［37］『塗装便覧』産業図書株式会社版, 1957 年
［38］運輸安全委員会, 船舶事故の統計, http://jtsb.mlit.go.jp/jtsb/ship/ship-accident-toukei.php
［39］『LaTeX2$_\varepsilon$ 美文書作成入門（改訂第 6 版）』奥村晴彦・黒木勇介, 技術評論社, 2013 年

索引

【アルファベット】
A/C RAIN（FTC） 95
A/C SEA（STC） 95
A1 水域 292, 452
A2 水域 292, 452
A3 水域 292, 452
A4 水域 292, 453
AIS 6, 104, 380, 438
　　―航路標識 41
AMVER 285
ARPA 99, 336

BRM 10

Course up 90
CPA 99

DCPA 99, 100
DGPS 104

ECDIS 32, 126
ENC 32

FP 163
FPP 256

GM 212
GNSS 102
GPS 102
　　―コンパス 117

Head up 90
hPa 218

IALA 海上浮標式 38
IAMSAR 285
IMO 8, 285, 473
　　―標準操舵号令 8

JASREP 285
L_{OA} 163
L_{PP}（L_{BP}） 163

MARPOL 条約 474
midship 163
MTC 215

No-go areas 13
North up 90

SAR 条約 285
SART 93
SOLAS 条約 473
STCW 条約 3, 473

TCPA 99

UKC 15, 21

VDR 129
VTS 12

Way Point 23

【あ】
明石海峡航路 390
秋雨前線 232
上げ潮流 30
アナレンマ 73
油記録簿 467
安全基準 443
安全航行指導 398
安全水域標識 40
安全担当者 441
安全通信 295
安全な速力 335

【い】
錨 179
行会い船 341
行先の表示 380
位置の線 50
緯度 27, 43, 78
伊良湖水道航路 389
インデックスエラー 114

【う】
ウイリアムソンターン　284
ウエザールーティング　16
浮ドック　198
右舷標識　39
宇高西航路　391
宇高東航路　391
雨雪反射　95
右側端航行　339
右側通航　385
浦賀水道航路　387
運航上の危険　333, 429
運転不自由船　331, 344, 349, 353

【え】
エアドラフト　15, 21
衛生基準　444
衛生担当者　441, 442
沿海区域　453
沿岸波浪実況図　237
演習区域　21
遠洋区域　436, 453

【お】
追越し　339, 423
　　―禁止　412
　　―信号　358, 424
　　―船　341
大潮　60
オートパイロット　131
押し船　350
親潮　58
音響測深機　124
温帯低気圧　222
温暖前線　223

【か】
海員　433
　　―名簿　439
海技士　448
海技免許　448
回航　196
海上交通安全法　329, 363
海上交通センター　382
海上衝突予防法　329
海図　25
　　航海用―　15, 25
　　電子―　32
海難　273, 449
　　重大な―　450
　　―審判所　450

―審判法　449
海氷　20
改補　30
海霧　18, 228
海面更正　239
海面反射　95
海里　44
海流　58
各種船舶間の航法　344
隔壁甲板　173
型幅　164
型深さ　164
滑車　269
貨物船安全証書　459
管系識別標識　444
乾舷　164
眼高　37
眼高差　82
管制信号　421
管制水路　421
ガンテークル　271
乾ドック　197
寒冷前線　223

【き】
気圧　218
気圧配置　231
キールブロック　197
気温　218
気温減率　219
危険物　420, 458
　　―運送船適合証　458
　　―積載船　399, 402, 420
　　―船舶運送及び貯蔵規則　458
　　―取扱規程　458
　　―ばら積船　453
　　個別―　458
　　常用―　458
　　特別―積載船　384
　　ばら積み液体―　458
器差（磁気コンパス）　109
器差（六分儀）　82, 114
基準面　26
気象潮　61
偽像　91
艤装数　176, 460
気団　231
起潮力　60
喫水制限船　331, 344
汽艇等　407, 414, 432
汽笛　357

―信号　339, 380
キャプスタン　183
キャンバー　168
救命胴衣　188
救命浮環　188, 446
強制検査　455
橋梁標識　41
協力動作　339, 379
　　　最善の―　344, 428
漁船　436, 453
　　　トロール―　352
巨大船　365, 384
距等圏　45
　　　―航法　45
距離分解能　89
漁ろうに従事している船舶　331, 344, 349
霧　18, 228
近海区域　453
　　　限定―　453
緊急沈船標識　40
緊急通信　294
緊急用務船　380
均時差　72

【く】
グリニッジ子午線　43
来島海峡航路　395
黒潮　58
　　　―大蛇行　58
クロス方位法　51
クロノメーター　130

【け】
計画満載喫水線　163
軽荷重量　208
警告信号　358, 424, 427
形象物　346
係船ウインチ　183
経度　27, 43
経度時　71
傾度風　225
憩流　61
舷外作業　446
圏界面　219
検査　455
　　　製造―　195, 456
　　　中間―　195, 456
　　　定期―　195, 455
　　　特別―　195, 456
　　　予備―　195, 456
　　　臨時―　195, 455

　　　臨時航行―　195, 456
ケンターシャックル　181
舷灯　347

【こ】
航海当直基準　3
航海日誌　4, 10, 439
航海用具　460
高気圧　221
航行区域　453
航行に関する報告　439
高所作業　446
高層天気図　236
港則法　329, 405
光達距離　36
高潮　60
航程　44
　　　―の線　43
高度　68
　　　視―　68
　　　真―　68
　　　測―　68, 81
　　　測―改正　68, 82
甲板機械　176
甲板室　166
甲板上の指揮　435
航路外待機指示　382, 399, 412
航路航行義務　378
航路筋　339
航路通報　399
航路標識　34
小型船　414, 432
小型船舶操縦者　448
国際海事機関（IMO）　8
国際航海　453
国際航空海上捜索救助マニュアル（IAMSAR）　285
国際条約　459
国際信号旗　380
国際満載喫水線証書　459
誤差三角形　52
小潮　60
コックドハット　52
個別作業基準　445
孤立障害標識　39
コンディションシート　207
コンパス誤差　111
コンパス方位　336

【さ】
最高水面　26
最小探知距離　88

最接近距離　99
最接近時間　99
最接近点　99
在船義務　435
最大探知距離　87
最大搭載人員　454
最低水面　26
サイドエラー　114
サイドローブ　92
　　　──偽像　92
サギング　167
下げ潮流　30
左舷標識　39
座礁　274, 277
　　　任意──　278

【し】
シェアー　168
シェードグラス　81
視界
　　　──制限状態　332, 345, 428
　　　あらゆる──の状態　332
時角　69, 77
指揮命令権　434
指向灯　36
子午線　43
子午線面図　78
視差　82
自差　110
視時　69
視太陽　69
湿度　219
自動衝突予防援助装置　99
視半径　82
シャックルマーク　181
シャルノウターン　284
重視線　35
修正差　80
出港届　408
巡視制度　436
順中逆西　396
春分点　67
小改正　31
消火作業指揮者　441, 442
上甲板　168
小縮尺　25
衝突三角形　99
衝突のおそれ　336
条約証書　459
真運動表示　91
シングルターン　284

真方位表示　90
針路　44, 45
進路警戒船　400
進路信号　380
針路表示　90

【す】
水源　40
垂線間長　163
水線長さ　163
垂直差　114
水密の保持　436
水路誌　33
水路書誌　33
水路図誌　15, 25
　　　──目録　34
スタンバイブック　10
スナップバックゾーン　185
図法　26
スラミング　167, 249
スロッシング　167
スロップタンク　465

【せ】
制限気圧　454
西高東低型　231
成層圏　219
正中　69
　　　──時刻　73
赤緯　67
赤経　67
切迫した危険　333, 334, 429
狭い水道　339
船位通報制度　285
船員手帳　440
船員の常務　334, 346, 429
船員労働安全衛生規則　441
船渠　197
閃光灯　348
全周灯　348
船首垂線　163
船首倍角法　57
船上教育　438
船上訓練　438
浅水影響　248
船籍港　435, 451
前線　220
船体検査　195
船体重量　207
船体中央　163
船体中心線　164

船長　434
全長　163
漸長緯度航法　48
船内安全衛生委員会　441
船舶安全法　452
船舶機関規則　463
船舶救命設備規則　460
船舶区画規程　463
船舶検査　452
　　　　―証書　453, 455
　　　　―手帳　455
船舶構造規則　462
船舶国籍証書　163, 439, 450, 451
船舶自動識別装置　6, 104, 438
船舶職員　448
船舶所有者　434
船舶設備規程　459
船舶通航信号所　43
船舶発生廃棄物汚染防止規程　469
船舶発生廃棄物記録簿　469
船舶復原性規則　462
船舶法　450
船舶防火構造規則　462
船尾垂線　163
船尾灯　347
船楼　166

【そ】
操縦性能制限船　331, 344, 349, 353
操船信号　358
操舵　131
　　　自動―装置　131
相対運動表示　91
相対方位表示　90
遭難信号　360
遭難通信　294
操練　436
速度誤差　117
側壁影響　249
側面標識　38
速力三角形　98
速力の制限　378
測高度改正　82
そのときの特殊な状況　334

【た】
大気圏　219
大気差　82
大圏航路　16
　　　集成―　16
大縮尺　25

対水安定　100
対地安定　100
第2掃引偽像　92
台風　230
対流圏　219
多重反射偽像　91
縦強度　169
縦メタセンタ　214
惰力　246
短音　357
堪航性　452, 459
断熱圧縮　226
断熱膨張　226
単ホイップ　270

【ち】
地衡風　224
地上解析図　235
地表風　225
地方海難審判所　450
注意喚起信号　360, 427
長音　357
潮高　60
潮差　60
潮汐表　34
長大物件曳航船等　384, 400, 401
潮流　30, 61
　　　―信号所　42

【つ】
対馬海流　58

【て】
停滞前線　224
低潮　60
ディファレンシャルGPS局　35
テークル　269
デッキクレーン　265
デブリーフィング　14
デリッククレーン　265
天球　67
電食作用　202
電磁ログ　121
天測計算表　34
天測暦　34
天頂　68
天の子午線　67
天の赤道　67
天の北極　67
電波標識　41
転流　61

【と】

同意信号　339, 358, 424
灯火　346
東西距　44
灯質　36
灯台　35
　　─表　34
導灯　35
動揺誤差　117
動力船　331
登録長さ　163
特殊書誌　34
特殊船　453
特殊標識　40
特定沿岸海域　468
特定港　407
　　船舶交通が著しく混雑する─　406, 414
特定船舶　404
特別海域　465
特別危険物積載船　400
ドック　197
ドップラー効果　123
ドップラーソナー　122
ドップラーログ　123
トリム　215
トロピカルサイクロン　229
トン数　164

【な】

中水道　395
中ノ瀬航路　387
南高北低型　231

【に】

西水道　395
日出没　74
日潮不等　19, 61
日本船舶　433, 450
入港届　408

【ね】

熱帯低気圧　229
年少船員　440, 447

【の】

ノーゴーエリア　13
乗り揚げ　357
ノンフォローアップ操舵　132

【は】

バーチャルAIS航路標識　42
梅雨前線　231
廃棄物　464
　　通常活動─　467
　　日常生活─　467
排水量　209
　　─等曲線図　210
倍力（テークル）　269
パイロットカード　14
薄明　69, 347
把駐力　180
発航前の検査　434
パラメトリック横揺れ　250
ハリケーン　229
パルス繰返し周期　86
盤木　197
帆船　331
パンチング　167

【ひ】

ビーム幅　87
引き船　349
　　─灯　347
避険線　13, 57
避航船　332, 341, 343
避航動作　343
備讃瀬戸北航路　393
備讃瀬戸東航路　391
備讃瀬戸南航路　393
非常配置表　436
避難港　16, 20
ヒューマンエラー　10
錨鎖　180
錨泊　261, 339
　　─灯　356

【ふ】

ファイヤーワイヤー　184
復原てこ　211
復原力　211
　　─曲線　212
　　初期─　212
　　縦方向の─　214
　　横方向の─　211
複ホイップ　270
ブリッジチーム　10, 15
ブローチング　250
ブロック　269
分弧　37
分離通航方式　339

索引

【へ】
平均水面　26
平均太陽　69
平均中分緯度航法　46
平時　69
平水区域　453
閉塞前線　223
ヘクトパスカル　218
変緯　44
変経　44
偏差　110
偏西自差　110
変速度誤差　117
偏東自差　110

【ほ】
方位標識　39
方位分解能　89
方位環　118
方位鏡　119
暴風域　230
ホギング　167
保持船　332, 341, 343

【ま】
毎センチトリムモーメント　215
マスト灯　347
満載喫水線　165, 454

【み】
右小回り・左大回り　413
右寄り通航　385
水先船　349
水島航路　393
見張り　5

【む】
無線従事者　448
霧中信号　345, 359, 428

【め】
明弧　37
メインローブ　92
メタセンタ高さ　212

【も】
持運び式泡放射器　192
持運び式消火器　192

【ゆ】
油濁防止管理者　466

油濁防止規程　466
油濁防止緊急措置手引書　466

【よ】
揚錨機　178
揚錨設備　460
横強度　167
横切り船　342
横傾斜　214
横メタセンタ　212
予備船員　433
四点方位法　57

【ら】
ラフテークル　271
ランナー　270
ランニングフィックス　55

【り】
リマン海流　59
流氷　20
両色灯　347
旅客船　436, 453
　　　―安全証書　459
旅客名簿　439

【れ】
レーシング　250
レーダー　85
レーダー距離法　52
レーダービーコン（レーコン）　42, 93
レーダープロッティング　98, 336

【ろ】
ロープ　266
　　　―の強度　267
ロールオン・ロールオフ　459
ろかい船　402
露点温度　218

【わ】
湾曲部　339
　　　―信号　358

ISBN978-4-303-41830-4

海技士 4N 標準テキスト

| 2016年10月15日 初版発行 | ⓒ JMETS 2016 |
| 2022年12月5日 4版発行 | |

編著者　独立行政法人 海技教育機構　　　　　　　　　検印省略
発行者　岡田雄希
発行所　海文堂出版株式会社

　　　　本　社　東京都文京区水道 2-5-4（〒112-0005）
　　　　　　　　電話 03（3815）3291（代）　FAX 03（3815）3953
　　　　　　　　http://www.kaibundo.jp/
　　　　支　社　神戸市中央区元町通 3-5-10（〒650-0022）

日本書籍出版協会会員・工学書協会会員・自然科学書協会会員

PRINTED IN JAPAN　　　　　　　　　　　印刷　ディグ／製本　誠製本

JCOPY ＜出版者著作権管理機構 委託出版物＞

本書の無断複製は著作権法上での例外を除き禁じられています．複製される場合は，そのつど事前に，出版者著作権管理機構（電話 03-5244-5088，FAX 03-5244-5089，e-mail: info@jcopy.or.jp）の許諾を得てください．